LEÇONS
ÉLÉMENTAIRES
DE
MATHÉMATIQUES.

Par M. l'Abbé DE LA CAILLE, *de l'Académie Royale des Sciences, de celles de Pétersbourg, de Berlin, de Stockholm, de Gottingue, & de l'Institut de Bologne; Professeur de Mathématiques au Collége Mazarin.*

NOUVELLE ÉDITION,

Avec de nouveaux Eléments d'Algèbre, de Géométrie, de Trigonométrie rectiligne & sphérique, de Sections coniques, de plusieurs autres Courbes, des Lieux géométriques, de Calcul Différentiel & de Calcul Intégral.

Par M. l'Abbé MARIE, *de la Maison & Société de Sorbonne, Sous-Précepteur des Enfants de Monseigneur* LE COMTE D'ARTOIS; *ci-devant Professeur de Mathématiques au Collége Mazarin.*

A PARIS,

Chez la Veuve DESAINT, Libraire, rue du Foin S. Jacques.

M. DCC. LXXXIV.

Avec Approbation, & Privilege du Roi.

PRÉFACE.

Les Éléments d'Arithmétique, d'Algèbre, de Géométrie, de Trigonométrie Rectiligne, & de Trigonométrie Sphérique forment la première Partie de cet Ouvrage. La seconde contient un abrégé des Sections Coniques, de plusieurs autres Courbes, & des Lieux Géométriques. Elle est terminée par les Éléments du Calcul Différentiel, & du Calcul Intégral.

Pour faire entrer ces diverses matières dans un seul Volume, il a fallu les presser un peu, & supprimer assez souvent des opérations intermédiaires dans le courant des calculs. Il en est résulté le double avantage, de renfermer entre des limites assez étroites toutes les parties élémentaires des Mathématiques pures, & d'offrir aux Lecteurs une suite de difficultés propres à exercer leurs forces, & à provoquer leur ardeur.

Cette lutte continuelle produit les meilleurs effets pour les jeunes Gens destinés à faire des progrès rapides dans les Mathématiques. Rien ne les flatte, rien ne les anime comme le plaisir de vaincre ces difficultés. Rien aussi ne leur donne plus de facilité pour les Calculs, & plus d'énergie pour la résolution des Problêmes.

Voulant leur procurer ces avantages, M. *l'Abbé de la Caille*, dont la mémoire est si justement célèbre, rédigea ses Leçons de Mathématiques d'après ce plan. Je m'y suis conformé dans les différentes Éditions que j'ai données de son Ouvrage.

J'ai mis en petit caractère, ce qui m'a paru moins utile ou moins aisé. On pourra donc se borner à ce qui est en gros caractère, quand on voudra n'apprendre que les premiers Eléments des Mathématiques. Si on veut pousser plus loin cette étude, il faut ne lire d'abord que ce qui est en gros caractère, après quoi on reprendra dans une seconde lecture tout le fil de ces Leçons.

TABLE
DES CHAPITRES
ET DE QUELQUES MÉTHODES PRINCIPALES.

ÉLÉMENTS D'ARITHMÉTIQUE, Page 2
Des Regles de l'Arithmétique, 4
De l'Addition, 5
De la Soustraction, 7
De la Multiplication, 9
De la Division, 16

DES FRACTIONS.

De quelques opérations préliminaires, 29
De l'Addition des Fractions, 34
De la Soustraction des Fractions, 35
De la Multiplication des Fractions, Ibid.
De la Division des Fractions, 37

DES FRACTIONS DÉCIMALES, 40

De l'Addition, Soustraction, Multiplication & Division des Fractions décimales, 41
De la Transformation & de l'utilité des décimales, 47
De quelques autres Fractions, 52

ÉLÉMENTS D'ALGEBRE.

Notions préliminaires, 60

De l'Addition Algébrique, 65
De la Soustraction Algébrique, 66
De la Multiplication Algébrique, 67
De la Division Algébrique, 72
De la formation des Puissances, 79
De la maniere d'exprimer & de calculer toutes sortes de Puissances, au moyen de leurs exposants, 87
De l'extraction des Racines, & en particulier de la Racine quarrée, 93
De l'extraction de la Racine cubique, 104
Deux méthodes pour extraire par approximation les Racines d'un degré quelconque, 106

APPLICATION DE L'ALGEBRE A LA RÉSOLUTION DE QUELQUES PROBLÊMES, 114

Résolution des Équations du premier degré, 115
Résolution des Équations du second degré, 130

DES RAPPORTS ET DES PROPORTIONS, 139

Des Proportions & Progressions Arithmétiques, 142
Des Proportions & Progressions Géométriques, 150

DE LA REGLE DE TROIS ET DE QUELQUES AUTRES REGLES QUI EN DÉPENDENT, 164

Regle de Compagnie, 167
Regle d'Alliage, 169
Regle de fausse Position, 172
Regle d'intérêt, 179
Quelques Notions sur les Séries, 181
De la Sommation des Séries, 185
De la Méthode inverse des Séries, 190

DES LOGARITHMES, 194

Des Propriétés des Logarithmes en général, 198
Du Calcul des Logarithmes par les Séries, 200

De l'usage des Logarithmes dans la résolution de plusieurs Équations, 203

INTRODUCTION A LA RÉSOLUTION DES EQUATIONS DES DEGRÉS SUPÉRIEURS,

205

Démonstration de la formule du Binome, 207
Méthode pour trouver les Facteurs commensurables, *du premier degré,* 214
du second degré, 216
Maniere de transformer les Équations, & d'en faire évanouir le second terme, 219
Du Calcul des Quantités radicales, 221
Méthode pour extraire les Racines des quantités en partie rationelles & en partie incommensurables, 225
Résolution des Équations du troisieme degré, 228
Résolution des Équations du quatrieme degré, 231
Des Équations plus élevées que celles du quatrieme degré, 236
Méthode générale pour en trouver les Facteurs d'un degré quelconque, Ibid.
Méthode pour trouver les Racines par approximation, 238
Méthode pour trouver les Racines égales, 240
Des Prolêmes indéterminés du premier degré, 241

ÉLÉMENTS DE GÉOMÉTRIE,

PREMIERE PARTIE.

Des Lignes, 252
Des Angles, 254
Des Lignes perpendiculaires, 256
Des Lignes perpendiculaires considérées dans le Cercle, 258
Des Tangentes, 260
Des Lignes paralleles, 261
De la mesure des Angles, 263

TABLE DES FIGURES.

Du Triangle, 265
De la similitude & de l'égalité des Triangles, 267
Des autres Polygones & de leurs principales propriétés, 270
De Polygones symmétriques, 272
Des Polygones réguliers, 273
Des Lignes proportionnelles, 277
Des Lignes proportionelles considérées dans le Cercle, 282
Solutions de quelques Problêmes sur les Lignes proportionelles, 285
Construction géométrique des Équations déterminées du premier & du second degré, 287
Des Figures semblables, 292

SECONDE PARTIE DES ÉLÉMENTS DE GÉOMÉTRIE.

Des Surfaces, 294
De la comparaison des Surfaces, 299
Des Surfaces planes, 304
Des Lignes droites coupées par des plans paralleles, 307

TROISIEME PARTIE DES ÉLÉMENTS DE GÉOMÉTRIE.

Des Solides, 309
De la mesure des Surfaces des Solides, 313
De la mesure des Solides, 316

APPLICATION DES PRINCIPES DE GÉOMÉTRIE ET D'ALGEBRE AU CALCUL DES SINUS ET A LA TRIGONOMÉTRIE, 324

Du Calcul des Sinus, Ibid.
Du Calcul des Tables de Sinus par les Séries, 334
Méthode d'approximation pour trouver la Quadrature du Cercle, 339
Résolution des Équations du troisieme degré dans le cas irréductible, par les Sinus, 341
Résolution des Triangles, par les Sinus, Cosinus, &c. 343

RÉSOLUTION DES TRIANGLES SPHÉRIQUES, 349

Principes & Proportions pour la Résolution des Triangles sphériques, 355
Applications des Principes & des Proportions qui précédent, 358
Résolution des Triangles sphériques-obliquangles, 363
Quelques Applications de la Trigonométrie sphérique, 369

TRAITÉ ANALYTIQUE DES SECTIONS CONIQUES.

Notions préliminaires sur l'usage de l'Algebre, dans la description des Courbes, 374
Origine des Sections Coniques, & leur Équation générale, 380
De la Parabole, 382
De l'Ellipse, 384
De l'Hyperbole, 390
De la Quadrature des Sections Coniques, 397
De quelques autres Courbes, 403
Des Lieux géométriques, 411
Résolution des Problêmes indéterminés du second degré, 416
Résolution des Problêmes déterminés qui ne passent pas le quatrieme degré, 421

ÉLÉMENTS DU CALCUL DIFFÉRENTIEL, 428

Regles du Calcul différentiel, 432
Des Différentielles secondes, troisiemes, &c. 434
Des Différentielles Logarithmiques & Exponentielles, 435
Des Différentielles des quantités affectées de Sinus, de Cosinus, &c. 437
Applications du Calcul différentiel à la théorie des Courbes, 439
Des Développées, 444

Des Points d'inflexion, & de la Méthode de Maximis & Minimis, 449
Des Fractions dont le Numérateur & le Dénominateur se réduisent à zéro dans certains cas, 455
Quelques autres Applications du Calcul différentiel, 458

ÉLÉMENTS DU CALCUL INTÉGRAL, 471

Méthode pour ramener l'intégration de plusieurs Différentielles binomes à celles d'autres Différentielles connues, 474
De l'intégration des Fractions différentielles, rationelles, 479
Méthode pour intégrer par Séries, 485
De l'intégration des Différentielles Logarithmiques & Exponentielles, 489
De l'intégration des Quantités Différentielles où il entre des Sinus, des Cosinus, &c. 493
De l'Intégration des Différentielles à plusieurs Variables, 498
Applications du Calcul Intégral, 503
De la Quadrature des Courbes, Ibid.
De la Rectification des Courbes, 507
De la Mesure des Solidités, 510
Des Surfaces courbes des Solides de révolution, 512
De la Méthode inverse des Tangentes, & des Équations différentielles, 513
Résultats des Solutions de quelques Problêmes énoncés dans le cours de l'Ouvrage, 521

TABLE

Des Numéros ajoutés ou changés.

NUMÉROS AJOUTÉS.

Depuis le Numéro 5 jusqu'au Numéro 15.

16
29
32
39 . 40.
43 51
59
64
68 71
74
77 80
81 97
100 106
113 116
126 129
132 137
141 149
167 175
180 185
186 217
229
251 274
275 280
283 288
296 358

NUMÉROS CHANGÉS.

Depuis le Numéro 1 jusqu'au Numéro 5.

15
17 23
36 39
63
67
71 74
80
97
106 126
131
137
149 164
217 229
230 251
282

Depuis le commencement de la Géométrie, Numéro 358, jusqu'à la fin de l'Ouvrage, Numéro 929, tout a été ajouté, ou entiérement changé, à l'exception des Numéros 509, 575, 657, 658 : de maniere que ce qui reste de l'Ouvrage de M. l'Abbé DE LA CAILLE ne fait pas la dixieme partie de celui-ci.

EXTRAIT DES REGISTRES DE L'ACADEMIE ROYALE DES SCIENCES.

Du 12 Août 1778.

MEssieurs DE LA LANDE & BAILLY qui avoient été nommés par l'Académie pour examiner la seconde Édition des *Leçons de Mathématiques de feu M. l'Abbé DE LA CAILLE, augmentées considérablement par M. l'Abbé MARIE*, en ayant fait leur rapport, l'Académie a jugé cet Ouvrage digne d'être approuvé & imprimé sous son Privilege; en foi de quoi j'ai signé le présent Certificat. A Paris, le 12 Août 1778.

LE MARQUIS DE CONDORCET.

PRIVILEGE DU ROI.

LOUIS, par la grace de Dieu, Roi de France & de Navarre, à nos amés & féaux Conseillers, les Gens tenans nos Cours de Parlement, Maîtres des Requêtes orninaires de notre Hôtel, Grand Conseil, Prévôt de Paris, Baillifs, Sénéchaux, leurs Lieutenants Civils, & autres nos Justiciers qu'il appartiendra: SALUT. Nos bien-amés LES MEMBRES DE L'ACADÉMIE ROYALE DES SCIENCES de notre bonne Ville de Paris, Nous ont fait exposer qu'ils auroient besoin de nos Lettres de Privilege pour l'impression de leurs Ouvrages: A CES CAUSES, voulant favorablement traiter les Exposants, Nous leur avons permis & permettons par ces Présentes, de faire imprimer, par tel Imprimeur qu'ils voudront choisir, toutes les Recherches ou Observations journalieres, ou Relations annuelles de tout ce qui aura été fait dans les Assemblées de ladite Académie Royale des Sciences, les Ouvrages, Mémoires ou Traités de chacun des Particuliers qui la composent, & généralement tout ce que ladite Académie voudra faire paroître, après avoir fait examiner lesdits Ouvrages, & jugé qu'ils seront dignes de l'impression, en tels volumes, forme, marge, caracteres, conjointement ou séparément, & autant de fois que bon leur semblera, & de les faire vendre & débiter par-tout notre Royaume, pendant le temps de vingt années consécutives, à compter du jour de la date des Présentes; sans toutefois qu'à l'occasion des Ouvrages ci-dessus spécifiés, il en puisse être imprimé d'autres qui ne soient pas de ladite Académie. Faisons défenses à toutes sortes de personnes, de quelque qualité & condition qu'elles soient, d'en introduire d'impression étrangere dans aucun lieu de notre obéissance; comme aussi à tous Libraires & Imprimeurs d'imprimer ou faire imprimer, vendre, faire vendre, & débiter lesdits Ouvrages, en tout ou en partie, & d'en faire aucunes traductions ou extraits sous quelque prétexte que ce puisse être, sans la permission expresse & par écrit desdits Exposants, ou de ceux qui auront droit d'eux; à peine de confiscation des Exemplaires contrefaits, de trois mille livres d'amende contre chacun des Contrevenants; dont un tiers à Nous, un tiers à l'Hôtel-Dieu de Paris, & l'autre tiers auxdits Exposants, ou à celui qui aura droit d'eux, & de tous dépens, dommages & intérêts; à la charge que ces Présentes seront enregistrées tout au long sur le Registre de la Communauté des Libraires & Imprimeurs de Paris, dans trois mois de la date d'icelles; que l'impression desdits Ouvrages sera faite dans notre Royaume, & non ailleurs, en bon papier & beaux caracteres, conformément aux Réglements de la Librairie; qu'avant de les exposer en vente, les Manuscrits ou imprimés qui auront servi de copie à l'impression desdits Ouvrages, seront remis ès mains de notre très-cher & féal Chevalier, Garde des Sceaux de France, le sieur HUE DE MIROMESNIL; qu'il en sera ensuite remis deux Exemplaires dans notre Bibliothéque publique, un dans celle de notre Château du Louvre, & un dans celle de notre très-cher & féal Chevalier, Chancelier de France, le sieur DE MAUPEOU, & un dans celle dudit sieur HUE DE MIROMESNIL; le tout à peine de nullité desdites Présentes, du contenu desquelles vous mandons & enjoignons de faire jouir lesdits Exposants & leurs ayans cause, pleinement & paisiblement, sans souffrir qu'il leur soit fait aucun trouble ou empêchement. Voulons que la copie des Présentes, qui sera imprimée tout au long, au commencement ou à la fin desdits Ouvrages, soit tenue pour duement signifiée; & qu'aux copies collationnées par l'un de nos amés & féaux Conseillers & Secrétaires, foi soit ajoutée comme à l'original: commandons au premier notre Huissier ou Sergent sur ce requis, de faire, pour l'exécution d'icelles, tous actes requis & nécessaires, sans demander autre permission, & nonobstant Clameur de Haro, Charte Normande, & Lettres à ce contraires. CAR tel est notre plaisir. DONNÉ à Paris le premier jour de Juillet, l'an de grace mil sept cent soixante-dix-huit, & de notre regne le cinquieme. Par le Roi en son Conseil.

Signé LEBEGUE.

Registré sur le Registre XX de la Chambre Royale & Syndicale des Libraires & Imprimeurs de Paris, N°. 1477, folio 582, conformément au Réglement de 1723, qui fait défenses, article 4, à toutes personnes, de quelque qualité & condition qu'elles soient, autres que les Libraires & Imprimeurs, de vendre, débiter & faire afficher aucuns Livres pour les vendre en leur nom, soit qu'ils s'en disent les Auteurs ou autrement, & à la charge de fournir à la susdite Chambre huit exemplaires, prescrits par l'art. CVII, du même Réglement. A Paris le 20 Août 1778.

Signé A. M. LOTTIN l'aîné, Syndic.

LEÇONS

LEÇONS
ÉLÉMENTAIRES
DE MATHÉMATIQUES.

1. On comprend ſous le nom de *Mathématiques*, les Sciences qui ont pour objet les Nombres, l'Étendue, le Mouvement, la Lumiere, & en général tout ce qui eſt ſuſceptible d'augmentation ou de diminution.

2. Mais chacune de ces Sciences a une dénomination particuliere, ſuivant la nature de l'objet qu'elle contemple. La Science des Nombres, par exemple, s'appelle *Arithmétique.* Celle qui a pour objet la connoiſſance des dimenſions de l'Étendue, s'appelle *Géométrie.* La Science du Mouvement, s'appelle *Méchanique:* celle qui traite de la Lumiere, s'appelle *Optique*, & ainſi des autres.

3. L'Arithmétique ſert de fondement aux autres parties des Mathématiques. Elle eſt d'ailleurs d'un uſage ſi univerſel dans la ſociété, qu'il faut au moins ſavoir en pratiquer les premieres regles.

ÉLÉMENTS D'ARITHMÉTIQUE.

4. Tous les hommes ont une idée distincte de l'*Unité*. La vue d'un objet quelconque, suffit pour faire naître cette idée.

Celle de la *Pluralité* n'est pas moins facile à acquérir. Il suffit de voir deux ou plusieurs objets qui se ressemblent.

5. Mais toute pluralité étant le résultat des unités particulieres qui concourent à la former, on dût bientôt sentir la nécessité d'imaginer un moyen de distinguer telle ou telle pluralité de toute autre.

6. Trois hommes, par exemple, quatre hommes, cent hommes rassemblés ne pouvoient pas être désignés de la même maniere. Il sembloit donc indispensable d'avoir recours à autant de signes différents, qu'il pouvoit y avoir de *Nombres*.

7. Cependant la moindre réflexion dût faire prévoir l'inconvénient qu'auroit entraîné cette multitude innombrable de signes. On renonça donc à ce moyen, & par un procédé aussi simple qu'ingénieux, on vint à bout d'exprimer toutes sortes de Nombres, par la simple combinaison des dix *Chiffres* si connus. . . . .

0,	1,	2,	3,	4,	5,	6,	7,	8,	9.
Zéro,	Un,	Deux,	Trois,	Quatre,	Cinq,	Six,	Sept,	Huit,	Neuf.

8. Le premier ne signifie rien quand il est seul; mais par une convention généralement adoptée, zéro placé à la droite d'un autre chiffre, lui donne une valeur dix fois plus grande. Ainsi pour exprimer dix ou une unité de *Dixaine*, on écrit 10; pour exprimer vingt ou deux dixaines, on écrit 20; & successivement trente, quarante, cinquante, soixante, soixante-dix, quatre-vingt, quatre-vingt-dix, s'écrivent par 30, 40, 50, 60, 70, 80, 90.

9. Les autres chiffres ont la même propriété que le zéro ; c'est-à-dire, que *tout chiffre placé à la droite d'un autre, le rend dix fois plus grand.*

Une *unité simple* peut donc devenir une unité de dixaine, une unité de *centaine*, une unité de *mille*, &c. en mettant un, deux, trois zéros ou tels autres chiffres qu'on voudra, à la droite du chiffre 1.

Un 5, un 4 & un 6 placés de cette maniere, 546 sont donc une expression abrégée du nombre *cinq cent quarante-six.*

10. Trois chiffres ainsi disposés à la suite l'un de l'autre, forment ce qu'on appelle la *Tranche* des unités. Trois autres chiffres mis sur la même ligne que ceux-ci vers la gauche, comme on le voit dans cet exemple, 921546, forment la tranche des Milles. On prononce ainsi : *Neuf cent vingt-un mille cinq cent quarante-six.* La tranche des *Millions* vient ensuite, puis celle des *Billions*, celle des *Trillions*, & ainsi des autres.

11. Elles sont composées de trois chiffres, dont le premier à droite marque toujours des unités du même ordre que la tranche. Ainsi dans la premiere tranche ce sont des unités simples ; dans la seconde ce sont des unités de mille ; dans la troisieme, des unités de million ; &c.

Le second chiffre de chaque tranche marque des dixaines en général : ces dixaines prennent le nom de la tranche où elles se trouvent. Il en est de même pour les centaines, que le troisieme chiffre de chaque tranche désigne toujours.

12. Avec cette Remarque, & un peu d'exercice, il n'y a pas de nombre déja écrit en chiffres, que l'on n'apprenne bien vîte à prononcer : il n'y en a pas non plus de prononcé ou d'écrit *en toutes lettres*, que l'on ne sache bientôt mettre en chiffres. On peut s'exercer sur les Exemples suivants, dont on trouvera les résultats à la fin du Livre, afin que chacun puisse les comparer avec les siens.

Soit donc proposé 1°. d'assigner la valeur des nombres

A	B	C	D	E
75....	893.....	1111......	67509......	10200701

Soit proposé 2°. d'exprimer en chiffres les nombres

F	G	H
trois cent-deux...	huit mille-un...	quinze mille-seize...

I	K
cinquante millions mille.....	vingt-deux billions quatre millions soixante dix-neuf.

Passons maintenant aux Regles de l'Arithmétique. On en compte quatre principales, l'Addition, la Soustraction, la Multiplication, & la Division.

Des Regles de l'Arithmétique.

13. PUISQUE les Nombres sont susceptibles d'augmentation ou de diminution, il est clair qu'en peut les assujettir à deux sortes d'opérations ; l'une par laquelle on les augmente, ce qui s'appelle faire une *Addition ;* l'autre par laquelle on les diminue, ce qu'on appelle *Soustraction.* Toutes les autres opérations de l'Arithmétique dépendent plus ou moins de ces deux opérations fondamentales, comme on le verra par la suite.

14. On distingue deux sortes de Nombres, *les entiers* & *les fractionaires.* Les premiers sont ceux qui contiennent *l'unité* sans reste, tels que deux, sept, mille, &c ; les autres ne contiennent que des parties de l'unité, par exemple, un tiers, un vingtieme, &c. Or il est clair que ces deux especes de nombres étant également susceptibles d'accroissement ou de diminution, on peut les soumettre aux mêmes regles. Voyons d'abord celles que l'on doit suivre pour les Nombres entiers.

Si ces nombres ne passent pas dix, auquel cas on les appelle *nombres simples*, on n'a pas besoin de regles pour les calculer, parce qu'on opere alors très-facilement. Mais lorsqu'il s'agit de nombres *composés*, il faut avoir recours à certaines opérations qui n'ont été inventées que pour suppléer au peu d'étendue de notre esprit : or les plus élémentaires de ces opérations sont d'une extrême facilité, comme on va le voir.

De l'Addition.

15. L'ADDITION sert à trouver la *somme* de plusieurs nombres donnés. Par exemple, 5, 7 & 4 ajoutés ensemble, font 16; & pour abréger le discours, on écrit $5 + 7 + 4 = 16$. (Le signe $+$ est le signe consacré pour l'Addition : on prononce *plus*; le signe $=$ signifie qu'il y a égalité : on prononce *égale.*)

Lorsque les nombres à ajouter sont composés de plusieurs chiffres, par exemple, lorsqu'on cherche la somme de 432 & 363, voici la Regle qu'il faut suivre.

1°. *Ecrivez ces nombres l'un au-dessous de l'autre, en sorte que les unités soient sous les unités, les dixaines sous les dixaines, les centaines sous les centaines, &c.*

2°. *Tirez un trait au-dessous; & allant de droite à gauche, prenez la somme des unités; si elle ne passe pas 9, écrivez-la sous la colonne des unités; si elle surpasse 9, n'écrivez que les unités, & réservez les dixaines pour les ajouter à la colonne suivante.*

3°. *Prenez de même la somme des dixaines, des centaines, &c. & écrivez-la successivement au-dessous de la colonne correspondante.* Ainsi dans la premiere colonne je dis; $2 + 3 = 5$, j'écris 5 au-dessous.

Dans la seconde, $3 + 6 = 9$.

Dans la troisieme, $4 + 3 = 7$, j'écris 7, & j'ai la somme cherchée, 795.

$$\begin{array}{r} 432 \\ 363 \\ \hline 795 \end{array}$$

Si l'on propose d'ajouter ces trois nombres, 6078, 9198, 483, je les écris l'un sous l'autre suivant la Regle, & je dis.... $8+8=16, +3=19$; c'est-à-dire, la somme de la premiere colonne, est 19 ou 1 dixaine & 9 unités; je n'écris que 9 au-dessous de la colonne des unités, & je tiendrai compte de la dixaine dans la somme de la colonne suivante.

6078
9198
483
15759

Je dis donc, $1+7=8, +9=17, +8=25$; par la même raison je n'écris que 5 sous la seconde colonne, & je retiens les deux dixaines pour la colonne suivante.

Après quoi je dis... $2+0=2, +1=3, +4=7$; je pose 7.

Enfin $6+9=15$; & parce que c'est la derniere colonne, j'écris 15 tout de suite. Ainsi la somme cherchée est 15759.

Voici quelques Additions à faire.

L	M	N
5783	77756	10376786
4328	3388	789632
5987	9763	589
8521	90257	73

16. On voit bien qu'en ajoutant successivement toutes les parties des Nombres donnés, on doit trouver la somme totale. Ainsi cette Regle est infaillible.

Tout infaillible qu'elle est cependant, il n'est pas rare de se tromper en la pratiquant. Il est donc à propos de la vérifier en recommençant l'opération; ce que l'on peut faire, en prenant la somme des colonnes de bas en haut.

Comme les erreurs qui échappent dans le cours des opérations numériques, proviennent souvent de la confusion des colonnes ou des chiffres mal faits, on ne sauroit prendre trop-tôt l'habitude de bien séparer les colonnes, & de donner aux chiffres une forme bien distincte. Cette double précaution fait éviter beaucoup de fautes.

Il faut prendre garde aussi à une autre cause d'erreur; on oublie quelquefois d'ajouter à la colonne suivante ce que l'on a retenu sur celle qui précede.

De la Soustraction.

17. LA Soustraction sert à trouver la *différence* de deux quantités données. Or cette différence est toujours égale à ce qui reste de l'une de ces quantités, quand on en a retranché l'autre.

On la trouve sans calcul dans les nombres simples. Il est clair, par exemple, que si on ôte 2 de 5, il reste 3, & qu'ainsi 3 est la différence qu'il y a entre 2 & 5. Cette opération s'exprime ainsi en abrégé, $5-2=3$; (ce signe $-$ signifie *moins*); de même $9-4=5$, & $8-7=1$.

18. Regle pour la soustraction des nombres composés. *Pour soustraire un nombre d'un autre, mettez le plus petit au-dessous du plus grand, comme dans l'Addition, & tirez un trait au-dessous; puis écrivez successivement sous chaque colonne les excès des unités, dixaines, centaines, &c. du nombre supérieur, sur les unités, dixaines, centaines, &c. du nombre inférieur, & vous aurez l'excès total ou la différence entre ces deux nombres.*

Ainsi pour soustraire le nombre 243 du nombre 695, je les écris d'abord comme vous le voyez.......................

$$\begin{array}{r} 695 \\ 243 \\ \hline 452 \end{array}$$

je dis ensuite, $5-3=2$ que je pose sous la colonne des unités: $9-4=5$, que j'écris sous la colonne des dixaines: $6-2=4$ que je pose au rang des centaines. La différence cherchée est donc 452.

Il est clair en effet qu'en prenant successivement toutes les différences partielles, on doit avoir pour résultat la différence totale : & c'est-là tout le fondement de cette regle.

19. *Lorsque le chiffre inférieur est plus grand que le chiffre qui lui correspond dan: le nombre supérieur, il faut ajouter à ce chiffre correspondant une dixaine prise sur le chiffre qui le suit à gauche ; puis écrire l'excès du chiffre supérieur, ainsi augmenté, sur l'inférieur ; & se souvenir que par-là on a diminué d'une unité le chiffre supérieur suivant.*

Pour ôter 38 de 64, par exemple, je dis... 4—8, cela ne se peut. Je détache une unité du 6, que je transporte sur la colonne des unités simples, où elle vaut dix, & ajoutant ces dix unités aux quatre autres, je dis.... 14—8=6, que je pose au rang des unités : puis 5—3 =2. La différence est donc 26.

Par une opération semblable, on trouveroit que NEWTON, a vécu 84 ans. Né en 1643, il est mort en 1727.

20. Si le chiffre qui suit à gauche étoit un *zéro*, ou s'il étoit suivi lui-même d'autres *zéros*, on iroit de proche en proche, jusqu'à ce qu'on eût trouvé un chiffre dont on pût détacher une unité. Par la décomposition de cette unité, *tous les zéros précédents deviendroient des 9*, & il resteroit une dixaine pour l'ajouter au chiffre plus petit que le chiffre inférieur.

Si l'on vouloit, par ex. soustraire 18 de 200, on diroit.... 0—8, cela ne se peut. Alors il faudroit détacher une unité du 2, que l'on décomposeroit en dix dixaines ; & de ces dix dixaines, on en laisseroit 9 à la place du second zéro. La dixieme, transportée sur le premier, rendroit possible la soustraction de 8, & on diroit 10—8=2....9—1=8....1—0 =1 ; resteroit donc 182.

$$\begin{array}{r} 200 \\ 18 \\ \hline 182 \end{array}$$

Un homme qui devoit 3000#, en a payé 1296, que

lui reſte-t-il à payer ?................	3000
0—6, cela ne ſe peut. Je détache une	1296
unité du 3. Cette unité vaut 1000=990	
+10. Je dis donc, 10 — 6 = 4....	1704
9—9=0.... 9—2=7.... 2—1=1.	

Il lui reſte donc 1704[tt] à payer.

21. Lorſque le chiffre ſupérieur n'eſt pas aſſez grand, on peut, ſans avoir recours à ceux qui le ſuivent, lui ajouter une dixaine : mais alors, pour compenſer ce que l'on a ajouté au nombre ſupérieur, il faut ſuppoſer que le chiffre ſuivant du nombre inférieur eſt augmenté d'une unité. On voit bien que cela revient au même.

Voici quelques autres exemples.

O	P	Q	R	S
6000	1798	6532	5002	150001
4000	1653	5421	4573	76385
____	____	____	____	____

22. *Quand une Souſtraction eſt bien faite, il faut néceſſairement que le reſte ajouté au nombre ſouſtrait, ſoit égal au nombre dont on avoit à le ſouſtraire.* Car un Tout quelconque doit être égal à ſes parties priſes enſemble : & c'eſt de là que l'on a déduit un moyen prompt & facile de vérifier les ſouſtractions. Ajoutez donc le reſte au plus petit nombre, & voyez ſi leur ſomme eſt égale au plus grand des deux nombres.

De la Multiplication.

23. On ſe ſert de la Multiplication pour trouver ſans beaucoup de calcul, la ſomme d'un nombre que l'on veut ajouter pluſieurs fois à lui-même. Pour trouver, par exemple, la ſomme de 12 ajouté neuf fois, il faudroit écrire neuf fois 12, & en chercher la ſomme, ce qui ſeroit aſſez long ; par la Multiplication on trouve tout de ſuite que 9 fois 12 font 108.

Dans cet Exemple, on appelle 12 *le Multiplicande*,

9 *le Multiplicateur*, & 108 *le Produit*. En général le multiplicande & le multiplicateur s'appellent les *racines* ou les *facteurs* du produit.

24. *Le produit est donc la somme du multiplicande pris autant de fois qu'il y a d'unités dans le multiplicateur :* ou ce qui est la même chose, le produit contient autant de fois le multiplicande, que le multiplicateur contient l'unité.

25. Si au lieu d'écrire neuf fois 12 en colonne, pour en prendre la somme, on écrivoit douze fois 9, il est clair qu'on trouveroit la même somme 108; d'où il suit que *lorsqu'on a deux nombres à multiplier, on peut indifféremment prendre celui qu'on voudra pour multiplicande; l'autre sera le multiplicateur; le produit sera le même.*

26. On n'a pas besoin de regles pour la Multiplication des nombres simples; on voit facilement que le produit de 2 multiplié par 3, est 6; ce qui s'exprime ainsi; 2×3, ou $2 . 3 = 6$. (le signe $\times$, ou le point mis entre deux nombres, signifie *multiplié par*); de même $3 \times 4 = 12$, $7 . 5 = 35$, &c. Il faut se rendre très-familiers les produits des nombres simples, si l'on veut pratiquer sûrement & promptement la Multiplication.

Voici les moins aisés de ces produits..........

$3 \times 3 = 9$	$4 \times 3 = 12$	$5 \times 3 = 15$	$6 \times 3 = 18$
$3 \times 4 = 12$	$4 \times 4 = 16$	$5 \times 4 = 20$	$6 \times 4 = 24$
$3 \times 5 = 15$	$4 \times 5 = 20$	$5 \times 5 = 25$	$6 \times 5 = 30$
$3 \times 6 = 18$	$4 \times 6 = 24$	$5 \times 6 = 30$	$6 \times 6 = 36$
$3 \times 7 = 21$	$4 \times 7 = 28$	$5 \times 7 = 35$	$6 \times 7 = 42$
$3 \times 8 = 24$	$4 \times 8 = 32$	$5 \times 8 = 40$	$6 \times 8 = 48$
$3 \times 9 = 27$	$4 \times 9 = 36$	$5 \times 9 = 45$	$6 \times 9 = 54$

$7 \times 3 = 21$	$8 \times 3 = 24$	$9 \times 3 = 27$
$7 \times 4 = 28$	$8 \times 4 = 32$	$9 \times 4 = 36$
$7 \times 5 = 35$	$8 \times 5 = 40$	$9 \times 5 = 45$
$7 \times 6 = 42$	$8 \times 6 = 48$	$9 \times 6 = 54$
$7 \times 7 = 49$	$8 \times 7 = 56$	$9 \times 7 = 63$
$7 \times 8 = 56$	$8 \times 8 = 64$	$9 \times 8 = 72$
$7 \times 9 = 63$	$8 \times 9 = 72$	$9 \times 9 = 81$

27. Lorsqu'on a deux nombres composés, comme 32 & 24, à multiplier l'un par l'autre, *il faut* 1°. *poser celui que l'on aura choisi pour multiplicateur* (c'est ordinairement le plus petit) *au-dessous du multiplicande*, comme dans l'Addition ; ainsi je pose 24 sous 32.

32
24
128
64
768

2°. Il faut *écrire au-dessous, en allant de droite à gauche, le produit de chaque chiffre du multiplicande par chaque chiffre du multiplicateur.* Ainsi *j'écris d'abord le produit de chaque chiffre du multiplicande, par les unités du multiplicateur*, en disant.... $2 \times 4 = 8$, je pose 8... $3 \times 4 = 12$, je pose 12.

Après cela, *j'écris aussi de droite à gauche, en commençant par la colonne des dixaines, le produit des chiffres du multiplicande par les dixaines du multiplicateur*, & je dis, $2 \times 2 = 4$, je pose 4 au rang des dixaines.... $3 \times 2 = 6$, je pose 6..... 3°. *Il faut prendre la somme de ces* deux *produits* ; ce qui donnera 768 pour produit total.

28. Pour concevoir cette opération, on peut, en la faisant, raisonner ainsi. Le produit de 32 par 24 est évidemment égal aux dixaines & aux unités de 32, prises autant de fois qu'il y a d'unités dans 24, c'est-à-dire, prises 4 fois, & 2 dixaines de fois. Il faut donc dire d'abord, les unités du multiplicande prises 4 fois produisent 8 unités que j'écris. Ensuite les 3 dixaines du multiplicande prises 4 fois, produisent 12 dixaines ; j'écris 12 sur la gauche de 8. Ainsi les 3 dixaines & les 2 unités de 32 prises 4 fois, produisent 128 unités.

Passant maintenant aux 2 dixaines du multiplicateur, je dis ; les 2 unités du multiplicande prises 2 dixaines de fois, produisent 4 dixaines. J'écris 4 dans la seconde colonne à gauche, ou, ce qui revient au même, j'écris 4 dans la colonne du *multiplicateur* actuel, parce que 4 exprime des dixaines, & qu'ainsi il doit être dans la colonne des dixaines. Enfin je dis, les trois dixaines du multiplicande prises 2 dixaines de fois, produisent 6 dixaines de dixaines, c'est-à-dire, 6 centaines; j'écris 6 après 4, afin qu'il se trouve dans le rang des centaines. Donc les 3 dixaines & les 2 unités de multiplicande prises 2 dixaines de fois, produisent 64 dixaines, ou 6 centaines & 4 dixaines. J'ajoute ce produit à celui que j'ai trouvé plus haut, afin d'avoir le produit de toutes les parties du multiplicande par toutes celles du multiplicateur. Ce produit total est donc 768.

Soit proposé de multiplier 564 par 249.... Je commence par écrire ces deux nombres l'un sous l'autre; puis je multiplie tout le multiplicande 564 par les 9 unités du multiplicateur, en disant $4 \times 9 = 36$, je pose 6, & retiens 3... $6 \times 9 = 54$, mais à cause de 3 que je viens de retenir, je dis $54 + 3 = 57$, je pose 7, & retiens 5... $5 \times 9 = 45$: or $45 + 5$ que j'ai retenu $= 50$, je pose 50 de suite, parce qu'il n'y a plus rien à multiplier par ce premier chiffre 9.

$$\begin{array}{r} 564 \\ 249 \\ \hline 5076 \\ 2256 \\ 1128 \\ \hline 140436 \end{array}$$

Je passe ensuite aux 4 dixaines du multiplicateur, par lesquelles je multiplie 564, en disant.... $4 \times 4 = 16$; je pose 6 au rang des dixaines, & retiens 1... $6 \times 4 = 24$, $+ 1 = 25$, je pose 5, & retiens 2... $5 \times 4 = 20$, $+ 2 = 22$, j'écris 22.

Enfin, je multiplie 564 par les 2 centaines du multiplicateur; disant à l'ordinaire, $4 \times 2 = 8$, je pose 8 au rang des centaines.... $6 \times 2 = 12$, je pose 2, & retiens 1.... $5 \times 2 = 10$, $+ 1 = 11$, je pose 11.

Je prends la somme de ces différents produits, & j'ai 140436 pour produit total.

29. Lorsqu'il y a un ou plusieurs zéros à la fin de l'un ou des deux nombres donnés, on abrege l'opération, en ne multipliant que les autres chiffres, & mettant à la suite de leur produit autant de zéros qu'il y en a, soit à la fin du multiplicande, soit à la fin du multiplicateur.

Par exemple, pour multiplier 120 par 120, on mettra deux zéros à la suite de 144, produit de 12 par 12, & on aura 14400 pour produit. Car il est bien évident que des dixaines multipliées par des dixaines, produisent des centaines. Or ce sont 12 dixaines que l'on a ici à multiplier par 12 dixaines. Leur produit doit donc être 144 centaines = 14400. On trouveroit de même que 406000 × 10700 = 4 344 200 000.

Voici quelques Exemples de Multiplications toutes faites.

```
    5874
     685
   -----
   29370
  46992
 35244
 -------
 4023690
```

```
   886633
      777
 ---------
  6206431
 6206431
6206431
---------
688913841
```

```
   466
  1002
 -----
   932
 46600
------
466932
```

```
    1 000 000
        1 000
-------------
1 000 000 000
```

```
   53687
     908
 --------
  429496
48318 30
--------
48747796
```

En voici quelques autres à faire.

```
  3020804
   570504
  -------
T
```

```
  55554444
  88979765
  --------
U
```

```
  987654321
  123456789
  ---------
X
```

Pour connoître si l'on ne s'est pas trompé dans la multiplication, on peut, en attendant que l'on sache la division, changer l'ordre des nombres donnés, c'eſt-à-dire, du multiplicateur faire le multiplicande, & réciproquement ; car on doit trouver le même produit.

30. On peut auſſi ſe ſervir de ce qu'on appelle la preuve par 9. C'eſt une opération ingénieuſe & prompte, qu'il eſt bon de ſavoir. Voici en quoi elle conſiſte.

1°. Ajoutez les chiffres du multiplicande, comme s'ils exprimoient tous des unités ſimples, & de leur ſomme retranchez 9 auſſi ſouvent que faire ſe pourra. Ou il ne vous reſtera rien après cette ſouſtraction, ou il vous reſtera un nombre moindre que 9. Dans le premier cas écrivez zéro. Dans le ſecond, écrivez le chiffre qui vous reſte.

2°. Faites de même pour les chiffres du multiplicateur, & vous aurez un ſecond reſte que vous pourrez écrire au-deſſous du premier.

3°. Multipliez ces deux reſtes, & de leur produit retranchez 9 auſſi ſouvent que vous le pourrez. Vous aurez un troiſieme reſte, que vous mettrez à côté des deux premiers.

4°. Ajoutez les chiffres du produit, comme ceux des deux facteurs, retranchez de leur ſomme tous les 9 qu'elle contient, & mettez le quatrieme reſte au-deſſous du précédent.

Si la multiplication que vous voulez vérifier eſt bonne, ce dernier reſte doit être le même que l'avant-dernier.

Je voudrois ſavoir, par exemple, ſi 97350 eſt le véritable produit de 354 par 275.

J'ajoute les chiffres du multiplicande, en diſant $3+5+4=12$; j'en ôte 9 ; reſte 3 que je mets en réſerve.

3	6
5	6

J'écris au-deſſous le reſte 5 provenant des chiffres du multiplicateur.

Je multiplie le premier reſte 3 par le ſecond reſte 5, & du produit 15 j'ôte 9. Reſte 6 que j'écris à côté de 3.

Enfin j'ajoute de même les chiffres du produit 97350, & je trouve qu'après en avoir retranché deux fois 9, il reſte 6, comme dans la derniere ſouſtraction. D'où je conclus que l'opération eſt bonne. Et voici ſur quoi eſt fondée cette concluſion.

31. Si j'ôte de 10, de 100, de 1000, &c. tous les 9 qui y sont contenus, il est évident, qu'il restera toujours 1. En faisant la même opération sur 20, sur 200, sur 2000, &c. on trouvera constamment 2 pour reste. En général, *tout nombre exprimé par un chiffre suivi d'un ou de plusieurs zéros, donnera toujours ce chiffre pour reste, après la suppression des 9 que ce nombre contient.*

Or il n'est aucun nombre que l'on ne puisse décomposer aux seules unités près, en nombres entiers & *décimaux*. Le multiplicande 354, par exemple, peut se décomposer en 300 + 50 + 4. On trouvera donc le même reste, après avoir ôté les 9 de la somme de 3 + 5 + 4, ajoutés comme unités simples, que si on les avoit ôtés successivement de 300 + 50 + 4. Il en est de même pour le multiplicateur 275; & c'est-là le fondement des deux premieres parties de la regle.

Cela posé, je remarque qu'en multipliant un nombre dans lequel 9 est contenu un certain nombre de fois sans reste, par un autre nombre qui contienne aussi 9 sans reste, le produit doit pareillement le contenir sans reste.

Si donc 354 le contient avec un reste 3, & si 275 le contient avec un reste 5, leur produit doit évidemment le contenir avec un reste 15. Supprimant donc le 9 contenu dans ce reste 15, il doit rester 6; & c'est effectivement ce qui est resté après avoir ôté tous les 9 de 97350.

Voilà le fondement de la quatrieme partie de la Regle. Voici celui de la troisieme.

Pour savoir ce qui reste du produit de deux nombres quelconques, après la suppression de tous les 9, il n'y a qu'à multiplier le reste du multiplicande par celui du multiplicateur, & soustraire de ce produit les 9 qu'il contient. Le reste sera toujours celui que l'on cherche.

On peut le démontrer généralement de cette maniere. Soit le multiplicande $= 9B + m$: & le multiplicateur $= 9C + n$, (B & C expriment le nombre de fois que les deux facteurs contiennent 9; m & n représentent les deux restes.) Le produit sera $81BC + 9Cm + 9Bn + mn$. Or les trois premiers termes de ce produit sont évidemment diviſibles ſans reſte par 9. Si le quatrieme l'eſt auſſi, tout le produit l'eſt de même. S'il provient un reſte de la diviſion de *mn* par 9, ce reſte ſera celui que l'on cherche. Donc pour ſavoir, &c.

Appliquons cette méthode à un autre exemple.

Je ſuppoſe que l'on ait trouvé 26532592 pour produit de 6546×4053, & qu'on veuille le vérifier. Le premier reſte eſt 7; le ſecond eſt 3; leur produit eſt 21; ſon reſte eſt 3; celui du produit total eſt 3 auſſi. L'opération eſt donc bonne.

7	3
3	3

32. Obſervez 1°, que pour abréger, on peut ſouſtraire les 9 à meſure qu'on en trouve dans le cours de l'addition des chiffres.

2°. Que 3 pourroit ſervir ainſi que 9.

3°. Qu'il y a deux erreurs à éviter. L'une qui conſiſte dans la tranſpoſition des chiffres du produit total, comme ſi au lieu d'écrire 97350, on écrivoit 79350, ou 57903, ou &c. L'autre, qui eſt de mettre dans ce produit des zéros au lieu des 9, ou d'oublier les 9, & de ne rien mettre à leur place. Car alors le réſultat de la vérification ſeroit le même; & cependant les produits ſeroient bien différents. Mais des erreurs difficiles à commettre, ne doivent pas empêcher de ſe ſervir d'une regle auſſi expéditive. Au reſte la diviſion tend directement à vérifier la multiplication.

De la Diviſion.

33. La Diviſion ſert à trouver combien de fois un nombre eſt contenu dans un autre; & comme il ne peut y être contenu qu'autant de fois qu'il peut en être ſouſtrait, la diviſion eſt un moyen abrégé de faire ces ſouſtractions.

Ainſi, pour ſavoir combien 12 contient de fois 4, la maniere la plus naturelle eſt d'ôter 4 de 12; reſte 8: enſuite 4 de 8; reſte 4: enfin 4 de 4; reſte zéro: d'où l'on voit que la quantité 12 eſt épuiſée, après que 4 en a été retranché 3 fois, & qu'ainſi 12 contient 4 préciſément

ment 3 fois. Mais cette méthode feroit trop longue, si les nombres étoient fort grands. On a donc imaginé un moyen de trouver en peu de temps combien de fois une quantité appelée *le Dividende*, contient une autre quantité appelée *le Diviseur*. On appelle *Quotient* le nombre qui exprime combien de fois le dividende contient le diviseur.

Dans cet exemple 12 est le dividende, 4 le diviseur, & 3 le quotient.

34. Il suit clairement de ces notions, I°. Que *le dividende contient autant de fois le diviseur, que le quotient contient l'unité.*

35. II°. Que le diviseur pris autant de fois que le quotient contient l'unité, doit être égal au dividende, (car alors c'est remettre le diviseur autant de fois qu'on l'a ôté; ce qui doit rétablir le dividende), ou, ce qui est la même chose, *le produit du diviseur par le quotient est égal au dividende.*

Donc, *pour savoir si un quotient est exact, il faut le multiplier par le diviseur, & en comparer le produit avec le dividende.*

Or on peut regarder le dividende comme le produit d'une multiplication, dont le diviseur & le quotient sont les facteurs. Ainsi diviser le dividende par le diviseur pour avoir un quotient, c'est la même chose que de diviser un produit par un de ses facteurs, pour trouver l'autre facteur.

Donc, *quand on connoît un produit & un facteur de ce produit, il faut, pour trouver l'autre facteur, diviser le produit par le facteur connu.*

36. Cela posé, parcourons les différents cas de la division. Il y en a trois; le premier a lieu, lorsque le dividende & le diviseur sont l'un & l'autre des nombres simples, comme si on proposoit de diviser 8 par 4.

Le second, lorsque le dividende est un nombre composé, & que le diviseur est un nombre simple; 7953, par exemple, à diviser par 3.

Le troisieme cas est le plus ordinaire, c'est quand le

dividende & le diviſeur ſont tous deux des nombres compoſés; par exemple, 147475 à diviſer par 362.

Premier Cas de la Diviſion.

37. *Lorſque le dividende & le diviſeur ſont des nombres ſimples*, on n'a pas beſoin de regles pour trouver le quotient. Par exemple, on voit tout de ſuite que le quotient de 8 diviſé par 4 eſt 2.

Pour abréger, on écrit le diviſeur immédiatement au-deſſous du dividende, & on les ſépare par un trait, qui ſignifie *diviſé par :* ainſi $\frac{8}{4} = 2$ ſignifie que 8 diviſé par 4 égale 2. De même $\frac{9}{3} = 3$.

Quand on ne trouve pas un quotient exact ; (comme ſi on vouloit diviſer 9 par 4, où l'on voit que 9 contient 4 plus de 2 fois, mais moins que 3 fois, & qu'ainſi le quotient véritable eſt entre 2 & 3) : *alors on écrit pour quotient le plus petit des deux nombres entre leſquels le vrai quotient doit ſe trouver : on multiplie ce nombre par le diviſeur, on retranche du dividende le produit de cette multiplication, & l'on a un reſte qu'on écrit à côté du quotient, en mettant le diviſeur au-deſſous de ce reſte, dont on le ſépare par un trait.*

Par exemple, il faut dire, 9 contient 4 deux fois & plus, mais non pas trois fois : j'écris donc 2 pour quotient, & je dis... $2 \times 4 = 8$, enſuite $9 - 8 = 1$, & j'ai $\frac{9}{4} = 2\,\frac{1}{4}$; ce qui ſignifie que 9 diviſé par 4, a 2 pour quotient, & qu'il reſte encore une des unités de 9 à partager en quatre parties. De même $\frac{7}{2} = 3\,\frac{1}{2}$... $\frac{8}{3} = 2\,\frac{2}{3}$... $\frac{6}{5} = 1\,\frac{1}{5}$.

38. REMARQUES. I. La diviſion conſiſte en trois opérations. 1°. *On diviſe le dividende par le diviſeur, pour avoir un quotient ;* 2°. *on multiplie le diviſeur par le quotient, pour avoir un produit ;* 3°. *on ôte ce produit du dividende, pour avoir un reſte.*

II. Si le diviſeur eſt plus grand que le dividende, comme s'il falloit diviſer 4 par 7, alors on ſe contente d'écrire $\frac{4}{7}$ comme un reste de division, & cette expression représente le quotient.

III. Une quantité qui peut se diviser exactement & sans reste par une autre, est *multiple* de cette autre quantité. Ainsi 8 est multiple de 4 & de 2.... 12 est multiple de 6, de 4, de 3, & de 2. Tout nombre est multiple de l'unité : mais 8 n'est pas multiple de 7, ni de 6, ni de 5, ni de 3. De même 11, n'est multiple d'aucun nombre entier plus grand que 1.

IV. Tout nombre entier qui n'est multiple d'aucun autre nombre entier plus grand que l'unité, s'appelle *nombre premier*. On trouve dans différents Auteurs des Tables de ces nombres. Voici ceux qui sont moindres que 500.

1, 2, 3, 5, 7, 11, 13, 17, 19, 23, 29, 31, 37, 41, 43, 47, 53, 59, 61, 67, 71, 73, 79, 83, 89, 97.

101, 103, 107, 109, 113, 127, 131, 137, 139, 149, 151, 157, 163, 167, 173, 179, 181, 191, 193, 197, 199.

211, 223, 227, 229, 233, 239, 241, 251, 257, 263, 269, 271, 277, 281, 283, 293.

307, 311, 313, 317, 331, 337, 347, 349, 353, 359, 367, 373, 379, 383, 389, 397.

401, 409, 419, 421, 431, 433, 439, 443, 449, 457, 461, 463, 467, 479, 487, 491, 499.

On peut voir dans le cinquieme Volume des Mémoires de Mathémathique & de Physique, présentés à l'Académie Royale des Sciences, (*page* 485) la méthode que M. Rallier des Ourmes a donnée pour trouver les nombres premiers. Cette méthode est fort simple, quoique indirecte.

Le célebre Jean Bernoulli en avoit déja indiqué une autre (*Tome I. page* 90 de ses Ouvrages). Elle est fondée sur la propriété commune à tous les nombres premiers, excepté 2 & 3, de ne différer que d'une unité, de 6 ou de ses multiples; ce qui n'est pas réciproque.

On a imprimé depuis peu à Berlin des Tables qui contiennent tous les nombres premiers depuis 1 jusqu'à 102000.

Second Cas de la Division.

39. *Lorsque le dividende est un nombre composé, & que le diviseur est un nombre simple :* 1°. Je cherche combien de

fois le diviseur est contenu dans le premier chiffre du dividende, en allant de gauche à droite.

2°. J'écris le chiffre qui exprime ce nombre de fois, & par ce chiffre je multiplie le diviseur que l'on place ordinairement sur la droite du dividende.

3°. Je soustrais ce produit du premier chiffre du dividende, & j'abaisse le second chiffre à côté du reste, s'il y en a. Après quoi, je recommence les mêmes opérations, jusqu'à ce que je sois parvenu à diviser successivement tous les chiffres du dividende.

Ainsi pour diviser 7953 par 3, j'écrirai d'abord le diviseur à droite du dividende, comme on le voit ici.

Ensuite je dirai... En 7 combien de fois 3? deux fois. J'écris 2 au quotient. Je multiplie 3 par 2, & je soustrais le produit 6, de 7; il me reste 1, à côté duquel j'abaisse 9.

Je dis ensuite... En 19 combien de fois 3? six fois. Je mets 6 au quotient. Je multiplie 3 par 6, & je soustrais le produit 18, de 19. Il me reste encore 1, qui, ajouté au chiffre suivant 5, fait 15.

7953	3
....	2651
6	
19	
18	
15	
15	
03	
3	
0	

Le même procédé dans cette troisieme division me fait trouver 5 pour quotient, 15 pour produit, 0 pour reste.

J'abaisse le 3, & je divise comme à l'ordinaire. Le quotient est 1, le produit 3, le reste 0. D'où je conclus que 3 est contenu 2651 fois exactement dans 7953. Pour m'en assurer, je multiplie 2651 par 3; je retrouve le dividende. L'opération est donc bonne.

Dans un cas aussi simple, on a plutôt fait de prendre sur chaque chiffre du dividende la partie désignée par le diviseur. On auroit pu dire, par exemple.... Le tiers de 7 est 2 avec un reste. Ce reste est 1, qui ajouté à 9, fait 19. Le tiers de 19 est 6. Le tiers de 15 est 5. Celui de 3 est 1. Donc 2651 est le tiers cherché de 7953.

Voici quelques autres exemples de cette abréviation.

$$\frac{12538}{2}=6269 \quad \frac{8764}{5}=1752\tfrac{4}{5} \quad \frac{97593}{7}=13941\tfrac{6}{7}.$$

40. REMARQUES. I. On commence la division par la gauche, afin que s'il y a des restes dans les premiers chiffres, on puisse les joindre aux chiffres suivants. En commençant par la droite, on seroit presque toujours obligé de revenir sur ses pas.

II. Si le premier chiffre du dividende est plus petit que le diviseur, il faut chercher combien de fois celui-ci est contenu dans les deux premiers du dividende.

III. Lorsqu'après une soustraction il ne reste rien, & que le chiffre abaissé est moindre que le diviseur, il faut mettre zéro au quotient, & abaisser le chiffre suivant, s'il y en a. On met zéro au quotient, pour conserver la valeur respective des chiffres.

IV. Quand après une soustraction, il se trouve un reste, ce reste doit toujours être plus petit que le diviseur. S'il lui étoit même égal, c'est qu'alors le chiffre mis en dernier lieu au quotient seroit trop petit d'une unité. Il faut donc interrompre le cours d'une division, aussi-tôt que l'on trouve un reste qui n'est pas plus petit que le diviseur.

V. A mesure que l'on abaisse un chiffre, il est à propos de le marquer par un point : cela sert à reconnoître chaque fois où l'on en est, & de combien de chiffres le quotient doit être composé.

VI. On ne peut jamais mettre plus de 9 au quotient, parce que l'Arithmétique dont nous nous servons est décimale.

Troisieme Cas de la Division.

41. *Si le dividende & le diviseur sont des nombres composés ;* si on a, par exemple, 147475 à diviser par 362, on commencera par écrire ces deux nombres, comme on

le voit ici. . . . . 147475 { 362

puis on cherchera combien de fois le diviſeur 362 eſt contenu dans le dividende 147475, ce que l'on fera par parties.

On dira donc d'abord : les trois premiers chiffres 147 du dividende ne contiennent pas les trois chiffres du diviſeur (abſtraction faite de la valeur relative de 147, qui, dans l'exemple préſent, exprime des milles, pendant que 362 n'exprime que des unités). Il faut donc prendre les quatre premiers chiffres 1474 du dividende, & chercher combien de fois 362 y eſt contenu. Il y eſt 4 fois & plus, ce que je trouve en cherchant ſeulement combien de fois les deux premiers chiffres 14 du dividende contiennent 3, premier chiffre du diviſeur. Je multiplie le diviſeur 362 par le quotient trouvé 4, pour ſavoir ſi ce produit 1448, eſt plus petit que 1474. Je mets donc 4 au quotient. Je ſouſtrais enſuite 1448 de 1474. Il me reſte 26, & la premiere partie de la diviſion eſt faite.

J'abaiſſe à côté du reſte 26 le cinquieme chiffre 7 que je marque d'un point, & le ſecond membre de la diviſion conſiſte à diviſer 267 par 362 : la diviſion n'eſt pas poſſible, parce que 267 ne contient pas même une fois 362 ; je poſe donc 0 au quotient, & la ſeconde partie de la diviſion eſt faite.

Enſuite j'abaiſſe à côté de 267 le dernier chiffre 5, & le troiſieme membre de la diviſion conſiſte à diviſer 2675 par 362. Je dis donc, en 26 combien de fois 3 ? 8 fois ; je multiplie 362 par 8, & je trouve le produit 2896, lequel étant plus grand que le dividende 2675, me fait connoître que 8 eſt trop grand. Je le diminue donc d'une unité, & après avoir multiplié 362 par 7, je vois que le produit 2534 peut être ſouſtrait de 2675. Souſtraction faite, il reſte 141 : & parce qu'il n'y a plus de chiffres à abaiſſer, la diviſion eſt finie. Ainſi le quotient eſt $407 + \frac{141}{362}$. Voyez le détail du calcul dans l'Exemple ci-joint.

```
147475 { 362
  ...  { 407 141/362
1448
----
  2675
  2534
  ----
   141
```

Autre Exemple. On demande le quotient de 790758 divisé par 394 ?

Je prends 790 pour premier membre de division, & après avoir mis un point sous le 0, je demande combien de fois 7 contient 3. Il le contient deux fois avec un reste : mais avant de mettre 2 au quotient, je multiplie 394 par 2, afin de voir si le produit pourra se soustraire de 790. Je trouve que le résultat de cette multiplication ne donne que 788 : ainsi je mets 2 au quotient.

Puis je soustrais 788 de 790; il reste 2, à côté duquel j'abaisse le quatrieme chiffre 7, & j'ai 27 à diviser par 394. La division ne peut se faire, & je mets 0 au quotient.

J'abaisse un nouveau chiffre, ce qui me donne 275; nombre plus foible encore que le diviseur 394. Je pose donc un second 0 au quotient.

Abaissant enfin le 8, je cherche combien de fois 2758 contient 394, ou plutôt combien de fois 27 contient 3. Au premier aspect, il semble que l'on doit mettre 9 au quotient : mais si on essaye de multiplier 394 par 9, on trouvera 3546, qui ne peut être soustrait de 2758.

En multipliant de même 394 par 8, on trouvera 3152, nombre encore trop fort : mais en ne multipliant le diviseur que par 7, le produit 2758, pourra se soustraire du dernier membre de division, & il ne restera rien. Le quotient demandé est donc 2007, sans reste.

42. *La preuve de l'exactitude de ces opérations se fait en ajoutant le dernier reste de la division au produit du diviseur par le quotient.* Leur somme doit égaler le dividende. Car s'il est vrai, par exemple, que 362 soit contenu 407 fois dans 147475, avec le reste 141, ne faut-il pas nécessairement que $362 \times 407 + 141 = 147475$?

43. On peut aussi s'assurer qu'une division est exacte en supprimant les 9 contenus, 1°. dans le diviseur, 2°. dans le quotient, 3°. dans le produit de leurs restes, 4°. dans le dividende. Car après ces soustractions, les deux derniers restes doivent être égaux comme dans la multiplication.

Observez seulement que lorsque la division n'a pu se faire sans reste, il faut ajouter les chiffres de ce reste comme des unités simples, au produit du reste du diviseur par celui du quotient, & ôter de cette somme tous les 9 qu'elle contient.

Vérifions l'avant-dernier quotient par cette méthode. Le reste du diviseur 362 est 2; celui du quotient 407 est 2 aussi. Leur produit est 4. Le reste 141 donne 6, que j'ajoute à 4. La somme est 10. J'en ôte 9; reste 1, qui doit rester aussi du dividende 147475, si l'opération est bonne; c'est effectivement ce qui reste.

2	1
2	1

44. REMARQUES. I. Au lieu de demander combien de fois tout le diviseur est contenu dans tout le dividende, on demande seulement combien de fois le premier chiffre à gauche du diviseur est contenu dans le premier, ou dans les deux premiers chiffres à gauche du dividende. C'est que le produit de ce premier chiffre du diviseur par le quotient, décide communément du nombre de fois que tout le diviseur est contenu dans le dividende.

II. Je dis *communément*; car il arrive assez souvent que ce produit peut être soustrait du premier ou des deux premiers chiffres du dividende, & que lorsqu'on vient à comparer le produit total du diviseur par le même quotient, avec la partie correspondante du dividende, la soustraction n'est plus possible.

III. Cela arrive sur-tout, lorsque le second chiffre du diviseur est au-dessus de 5. Mais alors, on regarde ce que le produit de ce second chiffre par celui que l'on veut mettre au quotient, feroit refluer d'unités sur le produit du premier chiffre par ce même quotient, & on reconnoît aussi-tôt le chiffre qu'il convient d'employer.

IV. Quand le dividende & le diviseur sont terminés par des zéros, on peut effacer le même nombre de zéros dans l'un & dans l'autre, & faire le reste de la division suivant les Regles précédentes. Ainsi ayant à diviser 417000 par

2500, je divise seulement 4170 par 25, & le quotient est $166\frac{20}{25}$. Pour diviser 43495000 par 2850000, je divise seulement 43495 par 2850; & j'ai $15\frac{745}{2850}$. De même le quotient de 100000 divisé par 1700 est $58\frac{14}{17}$.

V. Quand le diviseur seul est terminé par des zéros, on abrege la division, en séparant à la fin du dividende autant de chiffres qu'il y a de zéros à la fin du diviseur; on divise ensuite les autres par les chiffres restants du diviseur; on joint le reste de la division, s'il s'en trouve, à la gauche des chiffres qu'on a séparés, & on en fait une fraction: Par exemple, ayant à diviser 238873 par 3600, je divise 2388 par 36, je trouve le quotient *66* & un reste 12: je dis donc que le quotient cherché est *66* $\frac{1273}{3600}$. Le quotient de 324755 divisé par 300, est 1082 $\frac{155}{300}$. Le quotient de 843554 divisé par 1000, est 843 $\frac{554}{1000}$.

VI. On a dû voir par ce qui précede, que *la division est l'opération inverse de la multiplication*, & que par conséquent *ces deux regles peuvent se servir mutuellement de preuve.*

VII. Ainsi pour apprendre en peu de tems la pratique de la division, commencez par multiplier un nombre par un autre. Divisez ensuite leur produit par l'un des deux (par le plus grand ordinairement, pour avoir plutôt fait): vous trouverez toujours l'autre pour quotient, sans reste. Vous saurez donc à chaque fois quel chiffre il faut mettre au quotient, & par-là vous acquerrez promptement la facilité de diviser tous les autres nombres.

VIII. Lorsqu'on a pris au hazard un dividende & un diviseur, il y a tout le diviseur moins 1 contre 1 à parier, que la division ne se fera pas sans reste.

IX. Le quotient doit avoir autant de chiffres qu'il y a de membres de division: or le nombre de ces membres est toujours déterminé par celui des points que l'on met sous chacun de leurs derniers chiffres. On peut donc, dès le premier membre de la division, savoir le nombre de chiffres que le quotient doit avoir.

Voici maintenant quelques divisions toutes faites.

$$
\begin{array}{ll}
46728 & \{21 \\
\cdots\cdots & \\
42 & \{2225 \\
\hline
47 & \\
42 & \\
\hline
52 & \\
42 & \\
\hline
108 & \\
105 & \\
\hline
(3) &
\end{array}
\qquad
\begin{array}{ll}
72312146 & \{8369 \\
\cdots\cdots & \\
66952 & \{8640 \\
\hline
53601 & \\
50214 & \\
\hline
33874 & \\
33476 & \\
\hline
(3986) &
\end{array}
$$

$$
\begin{array}{ll}
823945687089 & \{8247685671 \\
\cdot\cdot & \\
74229171039 & \{\qquad 99 \\
\hline
81653976699 & \\
74229171039 & \\
\hline
(7424805660) &
\end{array}
$$

En voici quelques autres à faire.

$$
Y \; \frac{2567875}{2568} \qquad Z \; \frac{38678267}{99887} \qquad A' \; \frac{700200031}{683679}
$$

DES FRACTIONS.

De la nature des Fractions en général, de leur valeur & de leur comparaison.

45. UNE Quantité quelconque est divisible en deux moitiés, en trois tiers, en quatre quarts, en cinq cinquiemes, &c; donc si on ne prend qu'une moitié, ou qu'un ou deux tiers, ou qu'un, ou deux ou trois quarts, &c, on n'aura qu'une portion plus ou moins grande de la quantité dont il s'agit. C'est cette portion que l'on désigne en général par le mot *fraction*.

46. L'idée de fraction comprend donc *l'espece* & *le nombre* de parties que l'on veut prendre pour avoir une portion plus ou moins grande de telle ou telle quantité. Ainsi $\frac{1}{3}$ signifie que l'unité étant divisée en 3 parties égales, on en a pris une : la fraction $\frac{4}{5}$ exprime que l'unité étant divisée en 5 parties égales, on en a pris 4, &c.

Le nombre ou terme supérieur s'appelle *le numérateur* de la fraction, & l'inférieur s'appelle *le dénominateur;* ainsi dans la fraction $\frac{4}{5}$, le numérateur est 4, & le dénominateur est 5.

47. Une fraction proprement dite est donc une quantité moindre que l'unité, parce que son numérateur est plus petit que son dénominateur. Cependant, il n'est pas rare de trouver des expressions en forme de fractions, dont le numérateur est égal, ou même plus grand que le dénominateur. Or quand le numérateur est égal au dénominateur, la fraction est égale à l'unité; par ex. $\frac{4}{4}$ signifiant que l'unité est divisée en 4 parties égales, & que l'on prend à la fois ces 4 parties, il est clair qu'on a l'unité entiere. Ainsi $\frac{11}{11} = 1 \ldots \frac{99}{99} = 1$; &c. Et quand le numérateur surpasse le dénominateur, la valeur de la frac-

tion ſurpaſſe l'unité : ainſi $\frac{12}{4} = 3 \ldots \frac{49}{7} = 7 \ldots \frac{103}{20} = 5 + \frac{3}{20}$, &c.

48. Il n'eſt pas toujours aiſé de diſtinguer au premier coup d'œil quelle eſt la plus grande de deux fractions, à moins qu'elles n'ayent un même numérateur, ou un même dénominateur. On ne voit pas tout de ſuite, par exemple, quelle eſt la plus grande de ces deux fractions... $\frac{3}{4}$, $\frac{5}{7}$. Mais, 1°. *ſi elles ont un même numérateur, celle qui a un dénominateur plus petit eſt la plus grande :* ainſi il eſt clair que la fraction $\frac{1}{2}$ eſt plus grande que la fraction $\frac{1}{4}$; la fraction $\frac{3}{5}$ eſt plus grande que $\frac{3}{7}$, &c.

2°. *Si deux fractions ont le même dénominateur*, alors *la plus grande eſt celle qui a le plus grand numérateur.* Il eſt évident, par exemple, que $\frac{2}{3}$ ſont plus que $\frac{1}{3}$, & que $\frac{3}{8}$ valent plus que $\frac{1}{8}$.

49. Si une quantité eſt double, triple, ou centuple d'une autre, la moitié de la premiere quantité ſera évidemment double, triple, ou centuple de la moitié de la ſeconde quantité. Le tiers, le quart, le millieme, ou telle autre partie que l'on voudra de la premiere, ſera également double, triple ou centuple du tiers, du quart, du millieme, & en général de la partie correſpondante de la ſeconde. D'où il ſuit que *les parties ſemblables de deux ou de pluſieurs quantités ont toujours entre elles le même rapport que ces quantités.*

50. La valeur d'une fraction ne change donc pas, ſoit que l'on diviſe, ſoit que l'on multiplie ſes deux termes par un même nombre ; & par conſéquent *il y a une infinité de fractions de même valeur, quoique exprimées en termes différents.*

Exemples. $\frac{36}{72} = \frac{18}{36} = \frac{6}{12} = \frac{1}{2}$, comme il eſt évident. La ſeconde fraction vient des deux termes de la premiere, diviſés l'un & l'autre par deux. On a diviſé ceux de la ſeconde par 3, & ceux de la troiſieme par 6, ce qui a donné la fraction $\frac{1}{2}$, viſiblement égale à celles qui la précedent. On feroit parvenu immédiatement à ce dernier réſultat, en diviſant les deux termes de la premiere fraction par 36.

Pareillement $\frac{2}{3} = \frac{6}{9} = \frac{30}{45} = \frac{210}{315} =$ &c : mais quand il s'agit d'évaluer une fraction, on ſent bien que cela eſt plus aiſé dans les petits nombres que dans les grands; $\frac{2}{3}$, par exemple, d'une quantité quelconque, ont une valeur plus décidée que $\frac{210}{315}$ de la même quantité. D'où il ſuit qu'une méthode qui apprendroit à trouver, dans tous les cas qui en ſont ſuſceptibles, *l'expreſſion la plus ſimple* d'une fraction, ſeroit infailliblement fort utile. On l'a trouvée, cette méthode; & nous allons l'expliquer en parlant du calcul des fractions.

Du Calcul des Fractions; & d'abord de quelques opérations préliminaires.

OUTRE les quatre Regles ordinaires que nous avons développées dans le calcul des Nombres entiers, il y en a quelques autres qui ſont particulieres aux fractions. Elles conſiſtent 1°. à transformer tel nombre entier que l'on veut, en fraction; 2°. (& celle-ci eſt la plus uſitée,) à réduire pluſieurs fractions au même dénominateur; 3°. à réduire une fraction quelconque à la plus ſimple expreſſion. On ſentira bientôt l'utilité de ces Regles.

51. *Transformer les entiers en Fractions.* On peut donner à un nombre entier la forme d'une fraction, en lui donnant 1 pour dénominateur; ainſi 6 mis en forme de fraction, eſt $\frac{6}{1}$... $8 = \frac{8}{1}$, &c.

On peut auſſi le préſenter ſous une forme fractionaire qui ait un dénominateur à volonté. Pour cet effet on multiplie le nombre entier par le dénominateur qu'on a choiſi, le produit eſt le numérateur de la fraction; ainſi pour réduire 6 à une fraction dont le dénominateur ſoit 7, on écrit $\frac{42}{7}$. Or comme en faiſant la diviſion de 42 par 7, on a 6 au quotient, il eſt clair que $\frac{42}{7}$ & 6 ſont deux expreſſions équivalentes.

S'il falloit réduire en une fraction seule un nombre entier joint à une fraction, on multiplieroit le nombre entier par le dénominateur de la fraction, on ajouteroit le numérateur à ce produit, & de la somme on feroit le numérateur de la fraction cherchée; ainsi $6\frac{3}{4}$ se réduit à la fraction $\frac{27}{4}$.. $3\frac{1}{22}$ se réduit à $\frac{67}{22}$.

52. *Réduire plusieurs Fractions au même dénominateur.*

Multipliez le numérateur, puis le dénominateur de chaque fraction, par chacun des dénominateurs de toutes les autres fractions. Vous aurez d'autres fractions respectivement égales aux premieres & qui auront toutes le même dénominateur.

Voulez-vous, par exemple, réduire $\frac{1}{2}$ & $\frac{3}{4}$ au même dénominateur? multipliez les deux termes de la fraction $\frac{1}{2}$ par 4, vous aurez $\frac{4}{8}$; multipliez ensuite les deux termes de la fraction $\frac{3}{4}$ par 2, vous aurez $\frac{6}{8}$: les deux nouvelles fractions seront donc $\frac{4}{8}$ & $\frac{6}{8}$.

Pareillement pour réduire les fractions $\frac{2}{3}$, $\frac{5}{7}$, $\frac{3}{4}$, au même dénominateur, on multipliera les deux termes de la fraction $\frac{2}{3}$ par 7, puis par 4, & on aura $\frac{2\times7\times4}{3\times7\times4}=\frac{56}{84}$. Multipliant de même ceux de la fraction $\frac{5}{7}$ par 3, puis par 4, on trouvera $\frac{5\times3\times4}{7\times3\times4}=\frac{60}{84}$. Multipliant enfin ceux de la fraction $\frac{3}{4}$ par 7, les produits seront $\frac{3\times3\times7}{4\times3\times7}=\frac{63}{84}$. Ainsi les trois fractions réduites sont $\frac{56}{84}$, $\frac{60}{84}$, $\frac{63}{84}$, & chacune est respectivement égale à celle dont elle tire sa premiere origine.

53. On pourroit réduire par la même méthode tant de fractions qu'on voudroit au même numérateur, en multipliant les deux termes de chacune par chaque numérateur des autres. Ainsi les trois fractions $\frac{2}{3}$, $\frac{5}{7}$, $\frac{3}{4}$, se réduisent à celles-ci, $\frac{30}{45}$, $\frac{30}{42}$, $\frac{30}{40}$: mais cette réduction au même numérateur trouve rarement son application.

54. *Pour réduire une Fraction à l'expression la plus simple.*

Il faut examiner d'abord, si le numérateur est plus grand que le dénominateur; car alors, il faut diviser le numérateur par le dénominateur : ainſi $\frac{12}{4}$ ſe réduit à 3 .... $\frac{8}{3}$ ſe réduit à $2\frac{2}{3}$.

Il faut voir enſuite, ſi le numérateur & le dénominateur ne pourroient pas être diviſés tous deux ſans reſte par un même nombre ; car alors, l'expreſſion deviendroit plus ſimple, ſans changer de valeur. Elle deviendra d'autant plus ſimple, que ſes deux termes ſeront diviſés par un plus grand nombre.

Il arrive ſouvent que cette réduction eſt impoſſible ; mais comme il eſt rare que l'on puiſſe juger du premier abord, ſi elle eſt poſſible ou non, on peut s'en aſſurer au moyen de certaines propriétés des nombres, dont nous ne rapporterons que les principales.

55. I. Tout nombre pair eſt diviſible par 2 : ainſi tant que les termes d'une fraction ſeront des nombres pairs, ils pourront toujours être réduits à leur moitié. La fraction $\frac{128}{432}$, par exemple, ſe réduit à $\frac{8}{27}$, en diviſant quatre fois par 2.

II. Tout nombre terminé par 0, eſt diviſible par 5 & par 10. Ainſi la fraction $\frac{20}{90}$ ſe réduit à $\frac{2}{9}$.

III. Tout nombre terminé par 5, eſt diviſible par 5. Ainſi $\frac{15}{85}$ ſe réduiſent à $\frac{3}{17}$. De même $\frac{120}{215}$ ſe réduiſent à $\frac{24}{43}$.

IV. Tout nombre tel que la ſomme de ſes chiffres eſt un multiple de 3, eſt diviſible par 3. Ainſi la fraction $\frac{288}{351}$ eſt diviſible par 3, & ſe réduit d'abord à $\frac{96}{117}$, puis à $\frac{32}{39}$. Et ſi de plus le nombre diviſible par 3 eſt pair, on peut alors le diviſer par 6. On peut le diviſer par 9, lorſque la ſomme de ſes chiffres eſt multiple de 9 (31).

V. Quand le nombre qu'expriment les deux derniers chiffres d'un nombre eſt diviſible par 4, le nombre lui-même peut ſe diviſer par 4 : la fraction $\frac{184}{240}$ peut donc ſe réduire d'abord à $\frac{46}{60}$, puis à $\frac{23}{30}$, après quoi elle eſt *irréductible*. La fraction $\frac{2064}{3096}$ peut ſe réduire de même à $\frac{516}{774}$: enſuite à $\frac{172}{258}$, puis à $\frac{86}{129}$, & enfin à $\frac{2}{3}$.

VI. Tout nombre eſt diviſible par 8, lorſque la partie de ce nombre exprimée par ſes trois derniers chiffres eſt diviſible par 8. Ainſi $\frac{888}{2432} = \frac{111}{304}$.

56. Au lieu d'eſſayer les unes après les autres ces di-

verſes propriétés des nombres, on va plus directement au fait, en ſe ſervant de la méthode générale, fondée ſur ce principe, que *pour réduire à l'expreſſion la plus ſimple une fraction quelconque, il faut diviſer ſes deux termes par leur plus grand diviſeur commun.*

Or pour trouver le plus grand commun diviſeur poſſible de deux nombres quelconques, diviſez le plus grand par le plus petit; & ſi la diviſion ſe fait ſans reſte, le plus petit nombre eſt le plus grand diviſeur cherché.

Si après la diviſion, il ſe trouve un reſte, diviſez le plus petit nombre donné, par ce reſte; & ſi la diviſion ſe fait ſans un nouveau reſte, le premier reſte eſt le plus grand diviſeur cherché.

S'il ſe trouve un ſecond reſte, diviſez le premier par le ſecond, & ſi la diviſion ſe fait ſans troiſieme reſte, le ſecond eſt alors le plus grand commun diviſeur que vous puiſſiez trouver.

En général, le reſte qui diviſe exactement le reſte précédent, eſt le plus grand diviſeur cherché.

EXEMPLE. On veut réduire la fraction $\frac{91}{294}$ à l'expreſſion la plus ſimple qu'il ſoit poſſible. Pour cela 1°, diviſez 294 par 91; vous trouverez 3 pour quotient, 273 pour produit, & 21 pour reſte.

2°. Diviſez 91 par ce premier reſte 21 : le quotient ſera 4, le produit 84, & le ſecond reſte, 7.

3°. Diviſez le premier reſte 21 par le nombre 7, & vous aurez 3 pour quotient exact. D'où vous conclurez que 7 eſt le plus grand commun diviſeur de 294 & de 91.

4°. Diviſant donc ces deux nombres par 7, vous aurez, ſous l'expreſſion la plus ſimple, la fraction $\frac{13}{42} = \frac{91}{294}$.

57. Reprenons ces diverſes opérations, & faiſons voir, 1°. que 7 eſt un diviſeur commun des nombres propoſés; 2°. qu'il eſt le plus grand de tous leurs diviſeurs communs.

Puiſque 7 diviſe 21, il doit diviſer $21 \times 4 = 84$, & par conſéquent $84 + 7 = 91$. Mais s'il diviſe 91, il doit diviſer auſſi $91 \times 3 = 273$, & par conſéquent $273 + 21 = 294$. Il eſt donc diviſeur commun des deux nombres propoſés.

Il est aussi le plus grand de tous leurs diviseurs communs : car tout autre nombre qui diviseroit 91 & 294, devroit diviser 21 qui reste de 294 après en avoir soustrait $91 \times 3 = 273$: il devroit également diviser 7, reste de 91 après en avoir soustrait $21 \times 4 = 84$. Or un nombre plus grand que 7 ne peut être un diviseur exact de 7.

58. Pour démontrer cette regle d'une maniere générale, il faut observer que deux quantités ne sont divisibles sans reste par un même nombre, que lorsqu'elles sont des produits exacts de ce nombre. La plus grande quantité est produite par ce nombre pris plus de fois que dans la plus petite quantité. Or deux quantités A & B étant ainsi composées, si ayant ôté la plus petite B de la plus grande A, autant de fois qu'il est possible, par exemple trois fois, il n'y a pas de reste, il est clair que A est composé de B pris trois fois, que B est composé de B pris une fois, & que par conséquent B est, dans ce cas, le plus grand commun diviseur des quantités A & B.

2°. Mais si ayant retranché B de A autant de fois qu'il est possible, (c'est-à-dire, trois fois dans cet exemple) il se trouve un reste C; alors $A - C$ est une quantité composée de B pris trois fois justes; ou $A - C = 3B$; par conséquent si C est contenu un certain nombre de fois juste, par exemple, 4 fois dans B, il sera aussi contenu un nombre juste de fois dans $A - C$. Il est clair en effet qu'on aura $B = 4C$, & $A - C = 3B$ deviendra $A - C = 3 \times 4C$, d'où l'on tire $A = 13C$. Il faut donc ôter C de B autant de fois qu'il est possible, & si cela se fait sans reste, C est la quantité qui a servi à composer les quantités A & B.

3°. Mais si ayant ôté C de B autant de fois qu'il est possible, par exemple 4 fois, il se trouve un reste D : alors $B - D$ est une quantité composée de C pris juste 4 fois, ou $B - D = 4C$. Donc si D est contenu un certain nombre de fois juste, par exemple 3 fois dans C, il sera justement aussi dans A & dans B, il sera le nombre qui aura servi à composer les quantités A & B. Car on aura $C = 3D$. Donc dans l'équation $B - D = 4C$, on aura $B - D = 4 \times 3D$, & par conséquent $B = 13D$; & l'équation $A - C = 3B$, deviendra $A - 3D = 3 \times 13D$. Donc $A = 42D$.

En continuant ce raisonnement, on verra que le dernier reste qui se peut retrancher un certain nombre de fois juste du reste précédent, est la quantité qui a servi à former les deux quantités A & B, & par conséquent qu'il est leur plus grand commun diviseur.

Il est évident aussi que c'est la même chose de diviser une quantité par une autre, que d'en retrancher cette autre, autant de fois qu'il est possible.

59. Quand la fraction ne se peut réduire à une expression plus simple, ces divisions donnent enfin l'unité pour dernier reste. Car l'unité est un diviseur commun à tous les nom-

bres. Il est fâcheux cependant de ne pouvoir reconnoître qu'une fraction est irréductible, qu'après avoir fait tous les frais de calcul nécessaires pour s'en assurer.

Pour se rendre familiere la pratique de cette regle, il n'y a qu'à multiplier successivement par un même nombre les deux termes de quelques fractions irréductibles. On verra que le plus grand diviseur commun des fractions provenues de ces multiplications, sera toujours le nombre par lequel on aura multiplié.

Par exemple, les deux termes de la fraction $\frac{2}{3}$ multipliés par 84 donnent $\frac{168}{252}$. Et pour ramener cette derniere fraction à la premiere, il n'y aura qu'à diviser d'abord 252 par 168, ensuite 168 par 84, reste de la premiere division. On trouvera que la seconde division se fait exactement, & par conséquent que le plus grand commun diviseur cherché est 84.

Voici quelques fractions toutes réduites . . . .

$$\frac{441}{567} = \frac{7}{9} \ldots \frac{48}{272} = \frac{3}{17} \ldots \frac{840}{1848} = \frac{5}{11} \ldots \frac{3661}{11506} = \frac{7}{22}.$$

En voici quelques autres à réduire.

$$B' \ \frac{504}{1152} \qquad C' \ \frac{1248}{2016} \qquad D' \ \frac{14149}{38264} \qquad E' \ \frac{202994}{293215}.$$

De l'Addition des Fractions.

60. Pour ajouter ensemble des fractions, *réduisez-les au même dénominateur, & de la somme de tous les numérateurs des fractions réduites, faites-en le numérateur d'une nouvelle fraction qui ait le dénominateur commun.*

Ainsi pour ajouter les fractions $\frac{1}{2}$ & $\frac{1}{3}$, réduisez-les à celles-ci $\frac{3}{6}$ & $\frac{2}{6}$; leur somme est $\frac{5}{6}$.

Pour ajouter ensemble les fractions $\frac{2}{3}$, $\frac{1}{2}$, $\frac{3}{4}$, je les réduis à celles-ci (52) $\frac{16}{24}$, $\frac{12}{24}$, $\frac{18}{24}$; la somme des numérateurs est 46, j'ai donc $\frac{46}{24}$, & en réduisant à l'expression la plus simple, $1\,\frac{11}{12}$.

S'il y a des nombres entiers joints aux fractions, il faut

ajouter leur somme à celle des fractions, ainsi $4\frac{1}{2} + 2\frac{1}{3} = 6\frac{5}{6}$; .... $3\frac{2}{3} + 4\frac{3}{4} = 8\frac{5}{12}$.

De la Soustraction des Fractions.

61. POUR soustraire une fraction d'une autre, *réduisez-les au même dénominateur, prenez la différence entre les deux numérateurs, & faites-en le numérateur d'une nouvelle fraction qui ait le dénominateur commun.*

Voulez-vous, par exemple, soustraire $\frac{1}{4}$ de $\frac{2}{3}$? réduisez ces fractions à celles-ci $\frac{3}{12}$, $\frac{8}{12}$; il est clair que la différence est $\frac{5}{12}$.

S'il y a des nombres entiers joints aux fractions, il faut les soustraire à l'ordinaire, & joindre leur différence à la nouvelle fraction; ainsi pour ôter $3\frac{1}{2}$ de $4\frac{3}{4}$, il faut écrire $1\frac{2}{8}$, ou $1\frac{1}{4}$.

62. Mais si la fraction à soustraire est plus grande que celle dont on soustrait, ou si l'on a une fraction à soustraire d'un entier, alors il faut réduire en fraction une unité de ce nombre entier. Par exemple, pour ôter $3\frac{2}{3}$ de $6\frac{1}{4}$, je réduis la quantité $6\frac{1}{4}$ à $5\frac{5}{4}$, & réduisant $\frac{2}{3}$ & $\frac{5}{4}$ au même dénominateur, j'ai $\frac{8}{12}$ & $\frac{15}{12}$; j'ôte $\frac{8}{12}$ de $\frac{15}{12}$, restent $\frac{7}{12}$; j'ôte 3 de 5, & j'ai 2 pour reste; ensorte que la différence cherchée est $2\frac{7}{12}$.

De même, pour ôter $\frac{2}{3}$ de 4, je réduis 4 à cette expression; $3\frac{3}{3}$ de sorte que retranchant $\frac{2}{3}$ de $3\frac{3}{3}$, restent $3\frac{1}{3}$. Pour ôter $\frac{4}{5}$ de 2, je réduis 2 à $1\frac{5}{5}$, & la différence est $1\frac{1}{5}$.

De la Multiplication des Fractions.

63. Le multiplicateur d'une fraction peut être un nombre entier, ou un nombre fractionaire. Dans le premier cas, on multiplie le numérateur seul par l'entier; & on divise le produit par le dénominateur de la fraction. Ainsi $\frac{2}{13} \cdot 5 = \frac{10}{13}$.

Dans le second cas, on multiplie les deux numérateurs

l'un par l'autre, & on divise leur produit par celui des deux dénominateurs. C'est ainsi qu'en multipliant $\frac{5}{7}$ par $\frac{3}{4}$, on trouve $\frac{15}{28}$ pour produit.

La raison de cette double Regle est très-facile à comprendre. Car en se rappellant le Principe de la multiplication en général, on verra que le produit doit toujours contenir le multiplicande, comme le multiplicateur contient l'unité (24). Or dans le premier cas, le multiplicateur 5 contient cinq fois l'unité. Il faut donc que le produit contienne cinq fois aussi le multiplicande $\frac{2}{13}$, & par conséquent que le produit soit $\frac{10}{13} = \frac{2.5}{13}$.

Par la même raison, il faut dans le second cas, que le produit ne soit que les $\frac{3}{4}$ du multiplicande, puisque le multiplicateur n'est que les $\frac{3}{4}$ de l'unité. Or les $\frac{3}{4}$ de $\frac{5}{7}$ sont $\frac{15}{28}$: le quart de $\frac{1}{7}$ en effet est $\frac{1}{28}$; donc le quart de $\frac{5}{7}$ est $\frac{5}{28} = \frac{5}{7.4}$: donc les trois quarts de $\frac{5}{7}$ sont $\frac{15}{28} = \frac{5.3}{7.4}$.

Autrement. Si au lieu de ne multiplier $\frac{5}{7}$ que par $\frac{3}{4}$, on avoit eu à les multiplier par 3, il eût fallu, suivant la premiere Regle, écrire $\frac{15}{7}$ pour produit. Donc en les multipliant par un nombre quatre fois plus petit que 3, ou par $\frac{3}{4}$, on doit avoir un produit quatre fois moindre que $\frac{15}{7}$; on doit donc avoir $\frac{15}{28}$.

Exemples. $\frac{5}{8} . 9 = \frac{45}{8} = 5\,\frac{5}{8}$ ... $\frac{11}{18} . 36 = \frac{11.36}{18} = \frac{11.2.18}{18} = \frac{11.2}{1} = 22$ ... $\frac{19}{24} . 12 = \frac{19.12}{2.12} = \frac{19}{2} = 9\,\frac{1}{2}$. $\frac{1}{2} . \frac{1}{2} = \frac{1.1}{2.2} = \frac{1}{4}$ ... $\frac{1}{3} . \frac{1}{3} = \frac{1}{9}$ ... $\frac{3}{8} . \frac{2}{5} = \frac{6}{40} = \frac{3}{20}$ .... $\frac{8}{19} . \frac{57}{64} = \frac{8.57}{19.64} = \frac{8.3.19}{19.8.8} = \frac{3}{8}$.

64. Toute fraction proprement dite étant moindre que l'unité, le produit de deux fractions de cette espece, doit être moindre que le multiplicande, dans le même rapport que le multiplicateur est moindre que l'unité. C'est pourquoi $\frac{1}{2}$, par exemple, multiplié par $\frac{1}{2}$ donne $\frac{1}{4}$ pour produit, &c.

65. Si le multiplicande & le multiplicateur étoient des

nombres entiers joints à des fractions, on les transformeroit en une seule fraction chacun, pour les faire rentrer dans le second cas dont nous avons parlé.

Exemples. $3\frac{2}{9} \cdot 7\frac{1}{3} = \frac{29}{9} \cdot \frac{22}{3} = \frac{638}{27} = 23\frac{17}{27}$ ..... $12\frac{6}{7} \cdot 30\frac{1}{90} = \frac{90}{7} \cdot \frac{2701}{90} = \frac{2701}{7} = 385\frac{6}{7}$ .... $10\frac{1}{100} \cdot 15\frac{1}{10} = \frac{1003}{100} \cdot \frac{151}{10} = \frac{151453}{1000} = 151\frac{453}{1000}$.

66. REMARQUES. I. On a souvent des fractions à multiplier par des nombres qui sont des diviseurs exacts des dénominateurs. Alors on parvient tout de suite à l'expression la plus simple du produit, en divisant le dénominateur par l'entier, au lieu de multiplier le numérateur. C'est ainsi, par exemple, que $\frac{5}{12} \cdot 2 = \frac{5}{6}$; &c.

II. Souvent aussi le nombre par lequel on doit multiplier, est égal au dénominateur même. Alors le produit est égal au numérateur : ainsi $\frac{3}{11} \cdot 11 = 3$; &c.

III. Quand on a plusieurs fractions à multiplier les unes par les autres, il est très-rare que le calcul ne puisse pas s'abréger, en effaçant des nombres communs au numérateur & au dénominateur du produit.

Exemples. $\frac{2}{3} \cdot \frac{3}{4} \cdot \frac{5}{6} \cdot \frac{4}{5} = \frac{2}{6} = \frac{1}{3}$ ... $\frac{3}{7} \cdot \frac{21}{40} \cdot \frac{8}{9} = \frac{8}{40} = \frac{1}{5}$. Voici quelques autres réductions à faire. $\frac{5}{9} \cdot \frac{3}{5} = F'$ ... $\frac{7}{10} \cdot \frac{20}{21} = G'$ ... $4\frac{5}{27} \cdot \frac{27}{113} = H'$.

De la Division des Fractions.

67. Ou le diviseur d'une fraction est un nombre entier, ou c'est un nombre fractionaire; s'il est entier, multipliez le dénominateur seul par ce nombre, & divisez par leur produit le numérateur de la fraction. Ex. $\frac{3}{4}$ divisés par 2 donnent $\frac{3}{4 \cdot 2} = \frac{3}{8}$ pour quotient.

Si le diviseur est fractionaire, multipliez le numérateur du dividende par le dénominateur du diviseur, & divisez leur produit par celui que vous donnera la multiplication du dénominateur du dividende par le numérateur du diviseur. Ex. $\frac{2}{5}$ divisés par $\frac{3}{7} = \frac{2 \cdot 7}{5 \cdot 3} = \frac{14}{15}$.

Pour bien concevoir ces deux Regles, il faut se ressouvenir que dans une division quelconque, le quotient doit être à l'unité, comme le dividende est au diviseur (34). Or dans le premier cas le dividende $\frac{3}{4}$ est les $\frac{3}{8}$ du diviseur 2 ; donc le quotient doit être les $\frac{3}{8}$ de l'unité.

Il est aisé d'ailleurs de s'en convaincre par le raisonnement suivant. Diviser une quantité quelconque par 2, c'est en prendre la moitié : or la moitié de $\frac{1}{4}$ est $\frac{1}{8}$; donc la moitié de $\frac{3}{4}$ est $\frac{3}{8}$.

Dans le second cas, si on eût eu simplement $\frac{2}{5}$ à diviser par 3, le quotient auroit été $\frac{2}{5 \cdot 3} = \frac{2}{15}$: mais comme le diviseur $\frac{3}{7}$ est sept fois plus petit que 3, le quotient $\frac{2}{15}$ est sept fois trop foible. Il faut donc le multiplier par 7, ce qui donne $\frac{2 \cdot 7}{5 \cdot 3} = \frac{14}{15}$ pour le vrai quotient.

On peut le démontrer aussi de cette maniere. Dans une division quelconque, le quotient doit être au dividende comme l'unité est au diviseur. Or le diviseur est ici les $\frac{3}{7}$ de l'unité, donc le dividende doit être les $\frac{3}{7}$ du quotient. On a donc $\frac{2}{5} = \frac{3}{7} q$, (en désignant par q le quotient cherché) ; d'où l'on tire $\frac{2 \cdot 7}{5 \cdot 3}$ ou $\frac{14}{15} = q$.

68. Les divisions des fractions se vérifient comme celles des nombres entiers, en multipliant le diviseur par le quotient.

Or le quotient d'une quantité divisée par une fraction proprement dite, doit être toujours plus grand que le dividende. Car le quotient est d'autant plus grand, que le diviseur est plus petit. Puis donc qu'il est égal au dividende, quand le diviseur est 1, il sera plus grand que lui, toutes les fois que le diviseur sera moindre que l'unité.

Si le dividende & le diviseur sont des entiers joints à des fractions, on les transformera en une seule fraction chacun, sur laquelle on opérera ensuite à l'ordinaire.

69. Mais si le dividende est un nombre entier, & que le diviseur soit fractionaire, alors on multipliera l'entier par le dénominateur de la fraction, & on divisera le produit par le numérateur.

Exemple. 8 divisé par $\frac{3}{5}$ donne $\frac{8 \cdot 5}{3} = \frac{40}{3} = 13\,\frac{1}{3}$; car s'il ne s'agissoit de diviser 8 que par 3, il faudroit écrire $\frac{8}{3}$; donc en divisant 8 par $\frac{3}{5}$, c'est-à-dire, par une quantité cinq fois plus petite que 3, on doit avoir un quotient cinq fois plus grand que $\frac{8}{3}$: on doit donc avoir $\frac{40}{3} = 13\frac{1}{3}$. Il n'y auroit d'ailleurs qu'à mettre l'entier 8 sous la forme fractionnaire $\frac{8}{1}$, pour ramener cet exemple à la seconde Regle.

Voici maintenant quelques exemples de divisions de fractions sur lesquels on peut s'exercer. (Les deux points mis entre le dividende & le diviseur signifient *divisé par*, comme le trait dont nous nous sommes servi jusqu'ici).

$\frac{2}{5} : \frac{4}{5} = I' \ldots \frac{18}{19} : \frac{9}{38} = K' \ldots \frac{1}{17} : \frac{1}{17} = L' \ldots\ 16 : \frac{16}{19} = M'$.

70. REMARQUES. I. Une portion de fraction, telle, par exemple, que les $\frac{3}{4}$ de $\frac{2}{7}$, s'appelle *une fraction de fraction*. Or il est évident que cette expression, $\frac{3}{4}$ de $\frac{2}{7}$ signifie qu'il faut prendre trois fois le quart de $\frac{2}{7}$. Il faut donc diviser d'abord $\frac{2}{7}$ par 4, ce qui donne $\frac{2}{7.4} = \frac{2}{28}$; puis multiplier ce quotient par 3, ce qui donnera $\frac{6}{28}$, produit de $\frac{3}{4}$ par $\frac{2}{7}$; d'où il faut conclure 1°, que la valeur d'une fraction de fraction se trouve en multipliant l'une par l'autre les deux fractions qui l'expriment; 2°, qu'il n'y a par conséquent aucune différence entre la valeur de $\frac{2}{7}$ de $\frac{3}{4}$, & la valeur de $\frac{3}{4}$ de $\frac{2}{7}$.

II. Souvent la fraction que l'on doit diviser a le même dénominateur que la fraction par laquelle doit se faire la division. Alors on a tout de suite pour quotient la fraction des deux numérateurs. Ainsi pour diviser $\frac{1}{5}$ par $\frac{4}{5}$, il n'y a qu'à écrire $\frac{1}{4}$.

III. Si le numérateur du dividende peut se diviser sans reste par le numérateur du diviseur, il faut effectuer cette division, afin de parvenir immédiatement à l'expression la plus simple. Même remarque à faire sur les deux dénominateurs. Exemple. $\frac{9}{33}$ divisés par $\frac{3}{11}$ donnent 1 pour quotient.

IV. Il n'est pas rare de trouver deux numérateurs ou deux dénominateurs divisibles par un même nombre. Alors on simplifie le calcul en exécutant cette division. Soit, par exemple, la fraction $\frac{15}{16}$ à diviser par $\frac{5}{8}$. On divisera d'abord les numérateurs par 5, puis les dénominateurs par 8; le quotient sera $\frac{3}{2}$.

Des Fractions Décimales.

71. PAR Fractions Décimales, on entend généralement toutes les fractions qui ont pour dénominateur l'unité suivie d'un ou de plusieurs zéros. Telles sont les fractions $\frac{3}{10}$, $\frac{23}{100}$, $\frac{541}{1000}$, $\frac{8}{10000}$, &c.

On voit bien que sous cette forme elles rentrent dans la classe des fractions ordinaires. Ainsi on peut les assujettir aux mêmes Regles, & les calculer avec la même facilité.

Mais pour abréger le calcul, on a imaginé de sous-entendre les dénominateurs des fractions décimales, & de substituer aux Regles générales quelques Regles particulieres, dont voici le Principe.

72. La numération ordinaire a pour base la convention, que tout chiffre placé à la droite d'un autre, lui donne une valeur décuple (10). Ainsi pour écrire trois dixaines, on met zéro sur la droite du 3, & on écrit 30; donc pour écrire trois dixiemes, il suffit de mettre un zéro sur la gauche du 3, comme on le voit ici, 03.

Seulement pour fixer le rang des unités simples, on est convenu de le séparer du rang des dixiemes par une virgule, & au lieu d'écrire $\frac{3}{10}$, on écrit 0,3. On écriroit 0,2 pour deux dixiemes; 0,7 pour sept dixiemes; 0,9 pour neuf dixiemes, & si on avoit dix, ou vingt ou trente dixiemes à écrire, on en feroit une ou deux ou trois unités.

73. En suivant la même marche, on verra que puisque les centaines occupent le troisieme rang vers la gauche, à partir de celui des unités, les centiemes doivent occuper le troisieme rang en sens contraire. Et comme pour écrire cinq cents, on écrit 500, il est clair que pour écrire cinq centiemes, on peut se servir de l'expression suivante; 0,05. Pour exprimer huit mille, on écrit 8000; donc pour exprimer huit milliemes, on écrira 0,008. &c. &c.

Si au lieu de huit milliemes, on eût voulu en écrire

deux cent douze, on se seroit servi de cette expression 0,212. En général on écrit toujours le numérateur comme les nombres entiers.

74. D'après cela on devinera sans peine la valeur des quantités suivantes :

0,1=N'... 3,42=O'... 354,0063=P'... 8,700201 =Q'.

Il ne sera guere plus difficile de transformer en chiffres les quantités que voici.

Trois dix-milliemes = R'.

Mille + quatre centiemes = S'.

Neuf + deux millioniemes = T'.

Treize mille cent-millioniemes = U'.

75. Cela posé, on voit que le premier rang des décimales sur la droite de la virgule, exprime des dixiemes; que le second rang exprime des centiemes, & ainsi de suite : de maniere que 2,9654 n'est qu'une expression abrégée de la quantité $2 + \frac{9}{10} + \frac{6}{100} + \frac{5}{1000} + \frac{4}{10000}$ que l'on peut réduire à celle-ci $2 + \frac{9654}{10000}$.

Passons aux Regles du calcul de ces fractions.

De l'Addition, Soustraction, Multiplication & Division des Fractions Décimales.

76. Si aux Regles déja connues pour les nombres entiers, on ajoute celle qui concerne la virgule des décimales, rien n'est plus simple ni plus commode que le calcul de ces fractions.

I. Soit donc proposé d'ajouter 4852,791... 4,00745... 2,7... 0,0049. J'écris d'abord ces quatre nombres l'un sous l'autre, avec cette seule précaution que les virgules se trouvent dans la même colonne, comme vous le voyez ici.

```
4852,791
   4,00745
   2,7
   0,0049
----------
4859,50335
```

Puis j'ajoute ces nombres à l'ordinaire, & j'ai ſoin de placer la virgule de la ſomme totale, ſous la colonne des autres virgules. Autre exemple.

37,5602385642
91,7832036785
8,12
1,30005
138,7634922427

II. La ſouſtraction des décimales ſe fait comme celle des nombres entiers. Il ſuffit, pour l'entendre, de jeter les yeux ſur les exemples ſuivants.

57,02	4,8274	6,00435	3,842
48,1	2,0139	0,17	1,004554
8,92	2,8135	5,83435	2,837446

III. La multiplication des décimales ne differe preſque pas de celle des nombres entiers. On multiplie à l'ordinaire tous les chiffres du multiplicande par chaque chiffre du multiplicateur, ſans avoir d'abord égard aux virgules : mais lorſqu'on a pris la ſomme de chaque produit, pour avoir un produit total, *il faut ſéparer par une virgule autant de chiffres ſur la droite, qu'il y a de décimales dans le multiplicande & le multiplicateur :* enſorte que ſi cette ſomme n'étoit pas compoſée d'autant de chiffres qu'il y a de décimales dans ces deux nombres, il faudroit mettre ſur la gauche un nombre ſuffiſant de zéros : voyez le ſecond Exemple.

43,7	2,4542	3,7	21,32
13	0,0053	4,12	0,100103
1311	73626	74	6396
437	122710	37	2132
568,1	0,01300726	148	2132
		15,244	2,13419596

77. Ces multiplications peuvent se vérifier par la simple suppression des 9 (30) ou par la division. Quant à ce que la Regle a de particulier pour les décimales qu'il faut séparer, on peut s'en rendre raison de cette maniere. Le produit doit toujours être au multiplicande, comme le multiplicateur est à l'unité (24). Donc si le multiplicateur exprime des dixiemes de l'unité, par exemple, le produit doit exprimer des dixiemes du multiplicande. Donc si le multiplicande exprime des centiemes de l'unité, le produit doit alors donner des milliemes de l'unité. Ainsi $\frac{1}{100} \cdot \frac{1}{10} = \frac{1}{1000} = 0{,}001$. Or il est clair que pour avoir ces milliemes d'unité, il faut que le produit ait trois décimales, c'est-à-dire, autant qu'il y en a dans les deux facteurs ensemble.

78. Lorsque le multiplicande a des décimales, & que le multiplicateur est 10, ou 100, ou 1000, &c, il suffit de retirer la virgule vers la droite, d'autant de rangs qu'il y a de zéros dans le multiplicateur. Ainsi $45{,}3289 \times 100 = 4532{,}89$ .... $0{,}007854 \times 10000 = 78{,}54$ ..... $36{,}5 \times 1000 = 36500$.

79. Si le multiplicande & le multiplicateur avoient un grand nombre de décimales, l'opération seroit fort longue, & donneroit un résultat beaucoup plus exact qu'on n'en a besoin communément. Alors on peut simplifier le calcul, de cette maniere.

1°. Multipliez tous les chiffres du multiplicande par le premier à gauche du multiplicateur.

2°. Multipliez-les ensuite par le second chiffre à gauche du multiplicateur; mais en écrivant ce produit, ne tenez compte que des dixaines que la multiplication du premier chiffre à droite du multiplicande pourra donner; ajoutez-les au produit de son second chiffre; & conséquemment écrivez-en la somme sous le premier chiffre du produit déja écrit.

3°. Servez-vous du troisieme chiffre du multiplicateur pour multiplier ceux du multiplicande, à ne commencer qu'au second: encore faudra-t-il ne retenir que les dixaines de ce produit pour les ajouter aux unités du suivant. Vous en écrirez la somme sous les deux produits déja écrits.

4°. A mesure que vous avancerez vers la droite du multiplicateur, vous commencerez la multiplication par un chiffre plus avancé vers la gauche du multiplicande, & retenant les dixaines de ce premier produit, vous les ajouterez aux unités du suivant, jusqu'à ce que vous soyez parvenu au dernier chiffre du multiplicateur.

5°. Ajoutez tous les produits, & dans leur somme séparez autant de décimales qu'il y en avoit dans le multiplicande, lorsque vous l'avez multiplié par les unités du multiplicateur, ou, ce qui est plus général, voyez quel rang tiennent dans les deux racines, la décimale par laquelle vous multipliez chaque fois, & celle par laquelle commence alors la multiplication. La somme de ces deux rangs indiquera toujours le nombre de décimales que doit avoir le produit général.

Trois exemples suffiront pour rendre cette méthode familiere.

.....	.....	....
9,34528	2,302585	0,234567
3,44776	0,984977	0,003431
.....	......	....
2803584	20723266	703701
373811	1842068	93827
37381	92103	7037
6541	20723	234
654	1611	0,000804799
56	161	
32,22027	2,2679932	

Dans le premier, je multiplie d'abord par 3, & j'écris le produit : ensuite par 4, en disant 4 foit 8 = 32, que je n'écris pas : mais je retiens les trois dixaines pour les ajouter au produit suivant. Je dis donc 4 fois 2 = 8, & 3 de retenues font 11. J'écris 1 sous le 4, & je continue à l'ordinaire.

Puis je multiplie par le second 4, en commençant par le 2 du multiplicande. 4 fois 2 font 8. Je retiens 1, parce 8 approche plus de 10 que de 1, & je dis ; 4 fois 5 font 20, & un de retenu font 21. J'écris 1 dans le même rang que les premiers chiffres des autres produits, &c. &c.

Après avoir fait toutes ces multiplications j'ajoute les produits, & je sépare cinq décimales, parce qu'il y en avoit cinq au multiplicande, lorsque j'ai multiplié par les 3 unités du multiplicateur; ou, parce qu'en multipliant par la premiere décimale du multiplicateur, j'ai commencé par la quatrieme du multiplicande.

En faisant tout au long cette multiplication, on auroit trouvé 32,2202825728, c'est-à-dire, que le produit trouvé par la méthode abrégée, ne differe pas du produit exact, de $\frac{2}{10000}$ d'unité.

Afin de reconnoître à quelles décimales du multiplicande & du multiplicateur on en est chaque fois, il est à propos de les marquer d'un point à mesure qu'on s'en sert. Voyez les exemples.

Comme il est aisé de se rendre raison des différentes parties de cette méthode, nous laissons à chercher ces petits détails. Nous observerons seulement que dans le produit du troisieme exemple, il faut ajouter trois zéros, parce que 3 étant au troisieme rang des décimales dans le multiplicateur, & 7 au sixieme du multiplicande, le produit doit avoir 9 décimales.

80. IV. La division des décimales ne differe de celle des nombres entiers, qu'en ce qu'*il faut séparer dans le quotient autant de chiffres sur la droite, qu'il y a de décimales de plus dans le dividende que dans le diviseur.*

6,9345 { 3 — 2,3115	8,445 { 3,22 — 2,6	49,1 { 20,074 — 2,44
6	644	40148
0,9	2005	89520
9	1932	80296
,03	73	92240
3		80296
04		11944
3		
15		
15		
0		

Ainsi dans le second exemple on a procédé à la division, comme si l'on eût eu 8445 à diviser par 322. Le quotient s'est trouvé 26. Mais parce que le dividende avoit trois décimales, & que le diviseur n'en avoit que deux, on en a mis une au quotient, en plaçant la virgule avant le 6.

81. Lorsque le diviseur a plus de décimales que le dividende, (voyez le 3e. exemple) on ajoute autant de zéros que l'on veut au dividende; ensorte cependant que cela rende le nombre de ses décimales un peu plus grand que celui des décimales du diviseur, afin d'en avoir quelques-unes au quotient. Ici on est censé en avoir ajouté quatre

au dividende; car si l'on divise 49,10000 par 20,074, on trouvera le quotient 2,44.

Si l'on veut avoir égard aux restes de ces sortes de divisions, il faut leur ajouter de nouveaux zéros, & les quotients qu'on en tirera, en continuant la division par le même diviseur, seront de nouvelles décimales; ainsi dans le second exemple, ajoutant trois zéros au reste 73, on auroit le quotient 2,6226, avec un autre reste 228.

82. La Regle pour la division des décimales est fondée sur ce que le quotient doit toujours être à l'unité, comme le dividende est au diviseur. En effet; le quotient doit exprimer des dixiemes de l'unité, par exemple, toutes les fois que le dividende exprime des dixiemes du diviseur. Or pour exprimer des dixiemes du diviseur, il faut que le dividende ait une décimale de plus que lui. Il faut donc alors que le quotient ait une décimale, c'est-à-dire, autant qu'il y en a de plus dans le dividende que dans le diviseur.

Quand il faut diviser par 10, par 100, ou par 1000 une fraction décimale, il suffit d'avancer la virgule d'un, de deux, ou de trois rangs, vers la gauche. Ainsi $\frac{124,65}{100} = 1,2465 \ldots \frac{8,34}{1000} = 0,00834$.

83. Lorsque par la méthode ordinaire les divisions seroient trop longues, à cause du grand nombre de décimales, on peut en abréger le calcul de la maniere suivante.

Je suppose que l'on veuille vérifier le produit 32,22027 trouvé ci-dessus, en le divisant par 9,34528. Après avoir disposé ces deux nombres comme dans la division ordinaire, je demande en 32 combien de fois 9? Je mets 3 au quotient. Ensuite je multiplie tout le diviseur par 3, & je soustrais le produit du dividende; reste 418445.

Je divise ce reste, en disant, combien de fois 9 est-il contenu dans 41? Je mets 4 au quotient; & je multiplie le diviseur par 4; je dis donc 4 fois 8 font 32, que je n'écris pas. Je retiens seulement les trois dixaines que j'ajoute au produit suivant, comme on l'a vu dans la multiplication. Car ce n'est ici que l'opération inverse.

Soustrayant de 418443 ce qui provient de cette multiplication, je divise le reste 44632 par le même diviseur, & je mets au quotient un second 4 par lequel je multiplie le diviseur, à commencer au 2. Je dis donc, 4 fois 2 font 8 ; je retiens 1, que j'ajoute à 20 = 5×4 ; & ainsi de suite, jusqu'à ce que j'aye retrouvé 3,44776.

```
                 .....
32,22027  { 9,34528
 2803584  { 3,44776
 -------
  418443
  373811
  ------
   44632
   37381
   -----
    7251
    6541
    ----
     710
     654
     ---
      56
      56
      --
       0
```

De la transformation & de l'utilité des Décimales.

84. On sait que les fractions ordinaires peuvent être transformées en une infinité d'autres, qui auroient toutes la même valeur. Les fractions décimales ont le même avantage, d'une maniere encore plus simple ; car soit la fraction 0,4 : il est clair que sa valeur ne changera pas tant que son numérateur & son dénominateur seront multipliés par le même nombre ; & si 10, ou 100, ou 1000, &c. sert de multiplicateur, il est également clair qu'en ajoutant un, ou deux, ou trois zéros sur la droite du 4, on fera d'un seul coup la multiplication du numérateur & du dénominateur (73). Ainsi 0,4 = 0,40 = 0,400 = 0,4000 = &c.

85. Il suit de-là que *lorsqu'une fraction décimale est terminée par des zéros, on peut les supprimer tous, sans altérer sa valeur.*

Mais si on supprimoit d'autres chiffres que des zéros, on sent bien que la fraction diminueroit de valeur : en supprimant, par exemple, le chiffre 3, dans la quantité

0,683, il ne reste plus que 0,68, quantité moindre de $\frac{3}{1000}$ que la précédente.

86. Cette diminution est d'autant moins sensible, que la fraction a plus de chiffres. Ainsi la quantité 0,680003 n'est diminuée que de $\frac{3}{1000000}$, lorsqu'on retranche le dernier chiffre 3. On peut donc négliger plusieurs décimales dans une quantité qui en a beaucoup, sans diminuer sensiblement la valeur de cette quantité.

87. Comme il en résulte pourtant une petite erreur, on doit la corriger, du moins en partie, quand cela est possible : & cette correction consiste à ajouter une unité au dernier des chiffres conservés, toutes les fois que le premier sur la gauche de ceux que l'on retranche surpasse 5. Si on négligeoit, par exemple, les quatre dernieres décimales de la fraction 0,12346889, il faudroit écrire 0,1235, & non 0,1234.

La raison en est que 0,1235 differe moins de la quantité proposée 0,12346889, que 0,1234. Car la fraction 0,1235 équivaut à 0,12350000, & la fraction 0,1234=0,12340000. La quantité proposée se trouve comprise entre ces deux fractions, mais elle approche davantage de la premiere.

88. En général, ou le premier des chiffres retranchés est au-dessous de 5, ou c'est un 5, ou il surpasse 5. Dans le premier cas, il ne faut rien ajouter au chiffre qui reste le dernier. Dans le second cas, on peut indifféremment ajouter ou ne pas ajouter une unité à ce dernier chiffre ; mais dans le troisieme cas, l'erreur sera toujours moindre, si on ajoute cette unité.

Soit, pour exemple, la quantité 9,685243 que je suppose exprimer des livres & des parties décimales de livre de notre monnoie ; si on ne veut retrancher que les trois derniers chiffres 243, qui valent à peine un $\frac{1}{20}$ de denier, on écrira 9,685. Si on veut retrancher les quatre derniers chiffres 5243, dont la valeur n'est guere que d'un denier, on écrira indifféremment 9,68 ou 9,69. Mais en supprimant les cinq derniers chiffres 85243, qui équivalent environ à 20 deniers $= 1^{f}\ 8^{d}$, il faudra écrire 9,7, au lieu de n'écrire que 9,6; en effet le résultat total de la quantité proposée étant, à très-peu de chose près, $9^{tt}\ 13^{f}\ 8^{d}$,

on

on en approche davantage en écrivant 9, 7 = 9^{tt} 14^{f}, qu'en n'écrivant que 9,6 = 9^{tt} 12^{f}.

89. Dans les calculs ordinaires on a rarement besoin de plus de six décimales : souvent même deux ou trois suffisent.

90. Lorsque les premiers chiffres à gauche de deux fractions décimales ne sont pas les mêmes, il est clair que la plus grande est celle dont le premier chiffre surpasse celui de l'autre. Ainsi 0, 8 surpasse 0, 79 .... 0, 54 surpasse 0,49999 ... Par la même raison, 0, 111 surpasse 0, 1109999.

91. Et si les premiers chiffres d'une fraction décimale sont les mêmes que ceux d'une autre fraction, la plus grande sera toujours celle qui aura quelques chiffres de plus, pourvu qu'ils ne soient pas tous des zéros. La fraction 0, 76324102, par exemple, est plus grande que la fraction 0, 76324.

92. C'est de-là que dérive la principale utilité des décimales. Elle consiste à approcher de plus en plus de l'égalité avec les différentes expressions numériques dont il n'est pas possible d'avoir rigoureusement la valeur. Or toutes les parties des Mathématiques offrent une foule d'exemples de ces sortes d'*approximations :* en voici quelques-uns tirés de la simple Arithmétique.

Il est bien rare qu'un nombre pris au hazard, soit exactement divisible par un autre nombre pris de même (44). Presque toujours il y a un reste que l'on joint au quotient, en forme de fraction. Par exemple, en divisant 147475 par 362 ; on a trouvé (41) pour quotient 407 avec le reste 141, dont on a fait la fraction $\frac{141}{362}$ que l'on a ajoutée au quotient. Mais cette fraction est incommode, quand il s'agit de l'évaluer sous cette forme. On a donc imaginé un moyen de transformer ces fractions en d'autres, dont la valeur soit la même, ou du moins qui en approchent autant que le Calculateur le juge à propos.

93. Ce moyen se réduit à ajouter un zéro à chaque reste de division, afin de pouvoir continuer de diviser ;

& comme en ajoutant un zéro, ce reste devient dix fois trop grand, on corrige l'erreur qui en résulte, en plaçant au rang des dixiemes, le chiffre provenu de cette division ultérieure.

Reprenant donc l'exemple qui précède, j'ajouterois un zéro au reste 141, & j'aurois 1410 à diviser par 362. Le quotient seroit 3, que j'écrirois au rang des dixiemes; le nouveau reste seroit 324, auquel je pourrois ajouter un zéro, pour en former le nouveau dividende 3240. Je diviserois ce nombre par le même diviseur 362, ce qui me donneroit 8 pour quotient, & 344 pour reste. Le 8 seroit mis au rang des centiemes, & l'addition d'un troisieme zéro me feroit trouver 9 pour le rang des milliemes. Il y auroit encore un reste 182, que je négligerois, au cas qu'il suffît d'avoir trois décimales. Le quotient cherché seroit donc $407,389 = 407 \frac{141}{362}$, à moins d'un millieme près.

94. Toutes les fractions ordinaires peuvent se transformer de même en fractions décimales qui leur soient parfaitement égales, ou qui en approchent du moins autant que l'on voudra. $\frac{1}{2}$, par exemple, se transforme en 0, 5, dont la valeur est exactement la même : mais $\frac{1}{3}$ n'est susceptible que d'une approximation infinie, à laquelle on peut procéder ainsi. Ajoutez un zéro au numérateur 1, & divisez 10 qui en résulte, par le dénominateur 3. Le quotient le plus approché en nombres entiers, sera 3, que vous placerez au rang des dixiemes; il restera 1, auquel vous ajouterez un zéro, comme ci-dessus; & vous aurez encore une fois 10 à diviser par 3. Le quotient sera donc le même que le précédent, & il est clair que cela n'aura jamais de fin. On a donc $\frac{1}{3} = 0, 33333$ &c; & par conséquent $\frac{2}{3} = 0, 66666$, &c.

La même méthode fait trouver $\frac{1}{4} = 0, 25$; donc $\frac{3}{4} = 0, 75$. On trouve aussi que $\frac{1}{5} = 0, 2$; donc $\frac{4}{5} = 0, 8$. La fraction $\frac{1}{6}$ se transforme en 0, 16666 &c, où l'on voit que le même chiffre revenant toujours, il n'est pas possible d'avoir exactement en décimales la valeur de $\frac{1}{6}$.

La fraction $\frac{1}{7}$ eſt dans le même cas. On ne peut la mettre en décimales ſans trouver 0, 142857 142857 142857 &c. Or le retour périodique des mêmes chiffres, annonce l'impoſſibilité d'une transformation rigoureuſe. Il eſt vrai que dans les deux derniers exemples on peut pouſſer auſſi loin que l'on veut l'approximation qui en réſulte, dans l'un en écrivant le même chiffre, dans l'autre en répétant la même période ; ſans ſe donner la peine de recommencer le calcul.

95. En général, il eſt impoſſible de réduire en décimales une fraction ordinaire, dans deux cas différents. Le premier a lieu toutes les fois que deux diviſions ſucceſſives donnent le même reſte. Le ſecond, lorſque les chiffres du quotient reviennent dans le même ordre.

Il ſuit de-là que le dénominateur fait connoître la limite la plus reculée du retour périodique dont il s'agit. Le dénominateur 7, par exemple, indique qu'en réduiſant $\frac{1}{7}$ en décimales, les chiffres ne peuvent reparoître dans le même ordre, plus tard qu'au ſeptieme rang. On en trouvera aiſément la raiſon, en y réfléchiſſant un peu. Il eſt plus ordinaire cependant qu'ils reviennent, dans des cas ſemblables, avant le rang déſigné par le dénominateur. On peut le vérifier ſur la fraction $\frac{1}{13}$ entre autres.

96. S'il eſt toujours facile de transformer en décimales les fractions ordinaires, on éprouve ſouvent de la difficulté pour ramener les premieres à celles-ci. On opere néanmoins cette réduction d'une maniere bien facile, dans les exemples les plus familiers.

On ſuppoſe que l'on demande en fraction ordinaire la valeur de 0, 3333 &c... Si on multiplie par 10 la quantité donnée, on aura (78) 3,333 &c ; & ſi on la ſouſtrait de ce produit, il ne reſtera qu'une quantité neuf fois plus grande que 0, 3333 &c. Ce reſte eſt 3, dont la neuviéme partie eſt $\frac{1}{3}$. On conclura donc que 0,3333 &c. $=\frac{1}{3}$, comme on le ſait d'ailleurs.

Il en eſt de même de la fraction 0, 142857 142857 &c, qui, multipliée par 10, devient 1, 42857 142857 &c. Si on retranche de ce produit le triple de la quantité donnée, le reſte ne ſera que ſept fois plus grand que cette quantité. Or le triple de 0, 142857 142857 &c, eſt 0, 42857 142857 &c. Le reſte ſera donc 1, dont la ſeptieme partie eſt un $\frac{1}{7}$, comme ci-deſſus.

La fraction 0, 125 peut se transformer en $\frac{1}{8}$, par la méthode du plus grand commun diviseur (56). Mais outre qu'il y a beaucoup de fractions décimales qui ne sont pas susceptibles d'une transformation exacte, on voit bien que ce seroit un tâtonnement perpétuel, s'il n'y avoit pas d'autres méthodes.

De quelques autres fractions.

97. L'espece des fractions est toujours relative à l'unité dont elles font partie ; & comme dans les Sciences, dans les Arts, dans la Société même, on emploie différentes sortes d'unités, il est à propos de rappeler ici les noms qu'on a donnés à leurs fractions les plus usitées.

I. Le besoin très-fréquent d'un grand nombre de divisions du cercle, détermina les anciens Géometres à supposer que tous les cercles étoient composés de 360 parties égales, généralement connues sous le nom de *Degrés*. (On préféra le nombre 360 à tous les autres nombres inférieurs, parce qu'il a plus de diviseurs exacts ; & on le préféra à tous les nombres supérieurs, pour éviter l'embarras d'une plus grande quantité de chiffres). Chaque degré est donc $\frac{1}{360}$ de la circonférence du cercle auquel il appartient.

Mais comme on a souvent besoin aussi de différentes parties du degré, on a imaginé de le considérer à son tour comme une unité formée de l'assemblage de 60 parties égales, appellées des *Minutes*. Chaque minute est donc $\frac{1}{60}$ de degré, & par conséquent $\frac{1}{21600}$ de cercle.

Pour mettre encore plus de précision dans la mesure des arcs circulaires, on a sous-divisé les minutes en 60 *Secondes* chacune ; les secondes ont été sous-divisées en 60 *Tierces* ; les tierces en 60 *Quartes*, & ainsi de suite. Il y a donc 1296000 secondes dans chaque circonférence de cercle, & par conséquent 77760000 tierces. Chaque degré est de 3600 secondes, & de 216000 tierces.

On a cherché à abréger le discours, en marquant les diverses parties du cercle par des signes particuliers : de maniere qu'au lieu d'écrire tout au long 18 degrés, 34 minutes, 53 secondes, 26 tierces, on n'écrit simplement que 18° 34′ 53″ 26‴.

II. La division du Temps en *jours* est aussi ancienne que le monde; chaque lever du Soleil faisoit une époque trop brillante dans la Nature, pour que les premiers hommes n'en tirassent pas une mesure du temps.

Mais les divers travaux de la journée exigeant des sous-divisions de cette mesure, on imagina de partager le jour en plusieurs parties égales. Le nombre de ces parties étant arbitraire, on choisit le nombre 24, duquel on forma les 24 *Heures* du jour.

La durée d'une heure a été sous-divisée en 60 minutes, celle d'une minute en 60 secondes, & ainsi de suite, le jour est donc de $1440' = 86400'' = 5184000'''$, & la minute $= 3600''$. Mais ces sous-divisions sont de beaucoup postérieures à la premiere; parce qu'il falloit, avant d'en pouvoir faire usage, trouver le moyen de mesurer d'aussi petites parties du temps, & on sait que l'Horlogerie est un Art assez récent.

III. Pour mesurer les distances, il a fallu se servir d'une unité quelconque, dont la longueur fût connue, & la porter successivement d'un bout à l'autre de chaque distance à mesurer. Rien dans le monde ne fixant cette unité, chaque Peuple en a pris une à sa fantaisie. La plus usitée parmi nous est la toise.

Or la Toise se divise en six parties égales, que l'on nomme *Pieds*; le pied se divise en 12 *Pouces*; le pouce en 12 *Lignes*, & la ligne en 12 *Points*. De sorte que le pied est $\frac{1}{6}$ de la toise, que le pouce en est $\frac{1}{72}$, que la ligne en est $\frac{1}{864}$, &c.

Les besoins de la Société & du Commerce n'eurent pas plutôt introduit l'usage des Poids & des Monnoies, que chaque Nation, & presque chaque Ville voulut avoir les siens. De-là cette diversité vétilleuse dans la maniere de peser & de compter, chez les différents Peuples.

Comme il falloit cependant établir une unité de poids & une unité de monnoie pour base de ces deux opérations, chaque pays en choisit une. La nôtre s'appelle *la Livre ;* & nous en distinguons de deux especes, *la Livre Poids & la Livre Monnoie.*

IV. La premiere se divise en 16 parties égales, appellées des *Onces ;* chaque once contient 8 *Gros ;* le gros contient 72 *Grains*. Une livre pese donc 128 gros, ou 9216 grains. On emploie assez souvent une autre fraction de la livre, qui en est la moitié, & on la nomme le *Marc ;* le marc ne contient donc que 8 onces.

V. L'autre espece de livre se divise en *Sous :* elle en contient 20. C'est une mesure fictive, puisque nous n'avons point de piece de monnoie qui vaille 20 sous. Le sou contient 12 *Deniers*. Ainsi il y a 240 deniers dans chaque livre. Tout le reste de notre monnoie se rapporte à ces trois sortes ; livres, sous & deniers.

98. Cela posé, appliquons les premieres regles de l'Arithmétique à ces différentes grandeurs ; & d'abord proposons-nous d'en ajouter plusieurs ensemble. Pour cet effet, on commence par écrire les unes sous les autres les parties qui ont une même dénomination : puis on prend successivement la somme de chaque colonne, en allant de droite à gauche, & on pose à chaque fois ce qui reste, quand on en a ôté, s'il y a lieu, de quoi former une ou plusieurs unités, que l'on ajoute à la colonne suivante. Quelques exemples suffiront pour l'intelligence d'une regle aussi élémentaire.

36°	25′	47″		3^{j}	17^{h}	42′	16″
49	33	28		9	13	25	33
55	31	49		11	23	17	42
141	31	4		25	6	25	31

toises.	pieds.	pouces.	lignes.
9	3	11	2
100	0	0	0
47	5	3	8
11	0	10	8
168	4	1	6

℔	onces.	gros.	grains.
10	15	7	70
9	10	4	18
47	3	6	40
	13	0	55
68	11	3	39

livres.	sous.	den.
325	17	4
15	11	6
25	1	8
4	10	0
371	0	6

99. La soustraction de ces sortes de quantités s'opere avec la même facilité que leur addition. Après les avoir écrites l'une sous l'autre, on soustrait successivement toutes les parties de l'une des parties correspondantes de l'autre ; & si par hazard quelques-unes des premieres surpassent celles qui leur correspondent, on détache une unité de la colonne suivante dans le nombre supérieur, pour la décomposer en unités du genre de celles que l'on veut soustraire. Le reste s'entend assez par les exemples suivants.

48°	16′	17″
25	3	12
23	13	5

19ʲ	14ʰ	19′	40″
3	11	43	30
16	2	36	10

17ʲ	11ʰ	47′	5″
13	18	55	40
3	16	51	25

toises.	pieds.	pouces.	lignes.
100	0	0	0
17	4	5	11
82	1	6	1

℔	onces.	gros.	grains.	livres.	sous.	deniers.
47	10	2	55	655	3	4
12	12	5	12	30	0	0
34	13	5	43	625	3	4

100. Quoique la multiplication & la division de toutes ces quantités, à l'exception de celles qui ont rapport au Toisé, n'ayent presque jamais lieu dans les Mathématiques, il est à propos cependant de parler ici de ces deux regles, à cause du fréquent usage que l'on en fait dans la Société.

On voudroit savoir, par exemple, le prix de 34 Aunes $\frac{3}{4}$ d'une étoffe qui coûteroit $6^{₶}$ 12^{s} 6^{d} l'Aune ?

Il est clair 1°, que 34 Aunes, à raison de $6^{₶}$ chacune, doivent coûter $204^{₶}$.

2°. Qu'à raison de 2^{s} qui sont la dixieme partie de la livre, elles doivent coûter $3^{₶}$ 8^{s}. Donc à raison de 12^{s}, leur prix doit être de $20^{₶}$ 8^{s}. Ainsi nous avons déja. . . . . $224^{₶}$ 8^{s}

3°. Puisqu'à 2^{s} chacune, 34 Aunes coûteroient $3^{₶}$ 8^{s}, elles ne doivent coûter, à raison de 6^{d}, (quart de 2^{s},) que . . . . . 17^{s}

Donc en réunissant ces valeurs, on auroit le prix de 34 Aunes, à $6^{₶}$ 12^{s} 6^{d} l'Aune. Mais comme il y a $\frac{3}{4}$ d'Aune de plus, il faut en ajouter le prix à celui que nous avons déja trouvé.

Or 4°, ces $\frac{3}{4}$ égalant $\frac{1}{2} + \frac{1}{4}$, il est évident que la demi-Aune doit coûter . . . 3 6 3^{d}

Le quart d'Aune vaut donc . . . . . . 1 13 $1\frac{1}{2}$

Ainsi la somme totale est . . . . $230^{₶}$ 4^{s} $4\frac{1}{2}^{d}$

Chaque opération dans cette regle porte sa preuve. Deux autres exemples suffiront pour la rendre facile. Soit proposé d'abord de trouver le prix de 42^{t} 5^{pi} 9^{po}, à raison de $12^{₶}$ 19^{s} 8^{d} la toise.

Soit proposé ensuite de déterminer la valeur de $36^{m}\ 6^{on}\ 4^{gros}$ d'Argent, à $51^{tt}\ 15^{s}\ 9^{d}$ le Marc.

	12^{tt}	19^{s}	8^{d}	
	42^{T}	5^{pi}	9^{po}	
	24			pour 42^{T} à 12^{tt}
	48			
42^{T} à 2^{s} valent $4^{tt}\ 4^{s}$	37	16	..	à 18^{s}
	2	2	..	à 1^{s}
	1	1	..	à 6^{d}
		7	..	à 2^{d}
Le pied vaut $2^{tt}\ 3^{s}\ 3\frac{1}{3}^{d}$	10	16	$4\frac{2}{3}$	prix de 5^{pi}
	1	1	$7\frac{2}{3}$	de 6^{po}
		10	$9\frac{5}{6}$	de 3^{po}
	57^{tt}	14^{s}	$10\frac{1}{6}^{d}$	

	51^{tt}	15^{s}	9^{d}	
	36^{m}	6^{on}	4^{gros}	
	306			pour 36^{m} à 51^{tt}
	153			
	18			à 10^{s}
	9			à 5^{s}
		18^{s}	..	à 6^{d}
		9	..	à 3^{d}
Une once vaut $6^{tt}\ 9^{s}\ 5\frac{5}{8}^{d}$	38	16	$9\frac{1}{4}$	prix de 6^{on}
	3	4	$8\frac{13}{16}$	de 4^{gros}
	1906^{tt}	8^{s}	$6\frac{9}{16}^{d}$	

101. Remarquez en passant, que pour prendre le dixieme d'un nombre de livres, il n'y a qu'à doubler le chiffre des unités, & le regarder ensuite comme exprimant des sous. Les chiffres qui resteront à gauche, exprimeront des livres. Ainsi $\frac{12^{tt}}{10} = 1^{tt}\ 4^{s} \ldots \frac{347^{tt}}{10} = 34^{tt}\ 14^{s}$, &c. La raison en est évidente.

Ceux qui dans des moments de loisir voudront s'assurer s'ils possèdent bien la pratique de cette regle, pourront s'exercer sur les trois exemples suivants, dont les résultats se trouvent sous les lettres X', Y', Z'.

I. La livre de Tabac coûte $3^{tt}\ 4^{s}$. Que coûteront donc 19 livres 13 onces de Tabac?

II. Si la *Toise courante* d'un mur coûte $37^{tt}\ 4^{s}$, combien coûteront $9^{T}\ 5^{pi}\ 11^{po}$ de ce mur?

III. On est convenu de payer un cercle gradué en degrés, minutes & secondes, à raison de $7^{tt}\ 8^{s}$ par degré. L'Ouvrier chargé de cette graduation a déja divisé $258^{\circ}\ 48'\ 12''$. Que faut-il lui donner pour son travail?

102. Au lieu de la méthode que nous venons d'employer pour ces sortes de multiplications, on peut transformer le multiplicande & le multiplicateur en parties de la plus petite espece dont il soit fait mention dans l'exemple que l'on veut calculer. Ces parties n'étant que des fractions, les deux produisants auront donc une forme fractionaire; ainsi leur produit se trouvera par la regle de la multiplication des fractions (63).

Exemple. On a vu ce que 34 Aunes $\frac{3}{4}$ d'étoffe coûteroient, à raison de $6^{tt}\ 12^{s}\ 6^{d}$ l'Aune. Si on vouloit le vérifier par cette autre méthode, on transformeroit d'abord 34 Aunes $\frac{3}{4}$ en $\frac{139}{4}$. On transformeroit de même $6^{tt}\ 12^{s}\ 6^{d}$ en $\frac{1590}{240} = \frac{159}{24}$ de livre. Puis on multiplieroit les deux numérateurs l'un par l'autre, & on diviseroit leur produit par celui des deux dénominateurs. Il en résulteroit une fraction qui, étant réduite à sa plus simple expression, feroit connoître le prix cherché. Ainsi dans le cas présent, on auroit $\frac{139}{4} \cdot \frac{159^{tt}}{24} = \frac{22101^{tt}}{96} = 230^{tt}\ 4^{s}\ 4^{d}\ \frac{1}{2}$, comme nous l'avions déja trouvé.

103. Quant à la division de ces quantités, elle n'a point de difficulté dans le cas où le diviseur ne contient qu'une seule espece de grandeur. Supposons, par exemple, qu'un Ouvrier ait reçu $151^{tt}\ 14^{s}\ 6^{d}$ pour 42 jours de travail, & que l'on veuille savoir ce qu'il gagnoit par jour.

On divisera d'abord 151 par 42. Le quotient sera 3, le produit 126, & le reste 25; réduisant ce reste de livres en sous, on en aura 500, qui, avec les 14 du dividende, formeront le second membre de division, & ainsi des autres. Le quotient cherché sera donc $3^{tt}\ 12^{s}\ 3^{d}$.

Mais s'il entre dans le diviseur des quantités de différente eſpece, alors il faut le transformer en parties de la plus petite eſpece de celles qu'il contient dans l'exemple propoſé; & après avoir transformé de même le dividende, il faut le diviſer ſuivant la regle de la diviſion des fractions (67).

Appliquons cette méthode à la recherche du prix de la Toiſe, dans la ſuppoſition que $42^{T}\ 5^{pi}\ 9^{po}$ ayent coûté $557^{tt}\ 14^{f}\ 10\frac{1}{6}^{d}$.

$$\begin{array}{rcr} 557^{tt} & = & 133680^{d} \\ 14^{f} & = & 168^{d} \\ & & 10\frac{1}{6} \\ \hline \end{array}$$

$557^{tt}\ 14^{f}\ 10\frac{1}{6}^{d} = 133858\frac{1}{6}^{d} = \frac{803149}{6}$ de denier $= \frac{803149}{1440}$ de livre.

Voilà le dividende mis ſous une forme fractionaire: paſſons au diviſeur.

Ses plus petites parties ſont des pouces: ainſi on aura, toute transformation faite, $42^{T}\ 5^{pi}\ 9^{po} = 3093^{po} = \frac{3093}{72}$ de toiſe $= \frac{1031}{24}^{T}$. Diviſant donc $\frac{803149^{tt}}{1440}$ par $\frac{1031}{24}$, on trouvera $\frac{19275576^{tt}}{1484640} = 12^{tt}\ 19^{f}\ 8^{d}$, comme ci-deſſus.

Telles ſont les premieres regles de l'Arithmétique. Pour traiter les autres d'une maniere plus générale, il eſt à propos d'expoſer auparavant les principes du Calcul Algébrique.

ÉLÉMENTS D'ALGÈBRE.

104. L'ALGÈBRE eſt une eſpece d'Arithmétique univerſelle, dont les principaux avantages ſont 1°, de démontrer d'une maniere tout-à-fait générale, ce que l'Arithmétique ordinaire ne démontre que pour des cas particuliers.

2°, De mener rapidement à des réſultats qu'il eſt rare d'obtenir par l'Arithmétique, ſans de longs tâtonnements.

3°, D'exprimer avec un laconiſme ſingulier, ces mêmes réſultats que l'Arithmétique n'exprime ordinairement qu'avec beaucoup de paroles.

4°, De réſoudre une infinité de Problêmes, à la ſolution deſquels la Science des Nombres ne ſauroit guere atteindre.

5°, De fournir à l'Arithmétique même, dans des opérations compliquées, beaucoup de reſſources qui facilitent le calcul, en ſimplifiant le travail.

Ces avantages vont être rendus ſenſibles dans le Traité ſuivant.

NOTIONS PRÉLIMINAIRES.

105. Les chiffres ont une valeur déterminée par la convention générale des Peuples qui les emploient. Ainſi quoique le chiffre 3, par exemple, puiſſe auſſi bien ſignifier 3 pouces, que 3 toiſes, que 3 lieues, que 3 heures &c, on n'eſt plus à temps de lui en faire ſignifier cent ou mille, &c. Les chiffres ne ſont donc point des ſignes propres à repréſenter indiſtinctement toutes les quantités poſſibles; & en conſéquence on a imaginé de leur ſubſtituer d'autres ſignes, dont la valeur n'étant fixée par

aucune eſpece de convention, pût ſucceſſivement varier au gré du Calculateur qui voudroit en faire uſage.

Ces ſignes étoient tout trouvés dans les lettres de l'Alphabet. Chacun les connoît dès l'enfance, & par leur généralité ils ſont ſuſceptibles de toutes les valeurs qu'on juge à propos de leur donner : bien entendu cependant que ſi en commençant un calcul, on donne telle ou telle valeur aux lettres que l'on emploie, ces lettres conſervent juſqu'à la fin de l'opération, les valeurs reſpectives qui leur ont été attribuées.

106. Cela poſé, on appelle *Quantité* ou *expreſſion Algébrique*, tout ce qui eſt déſigné par des lettres de l'Alphabet.

On eſt convenu de repréſenter par certains autres ſignes les diverſes opérations que l'on peut faire ſur ces quantités. Par exemple, pour ajouter a avec b, on écrit $a+b$ (15). Pour marquer que c eſt ſouſtrait de d, on écrit $d-c$ (17).

La multiplication à faire de b par c, s'indique de la maniere ſuivante ..... $b \times c$ ou $b \,.\, c$. Mais la multiplication eſt cenſée faite, toutes les fois qu'une lettre eſt ſuivie d'une autre ou de pluſieurs autres, ſans la moindre interruption cauſée par des ſignes. Ainſi xy ſignifie que la quantité x, quelle qu'elle ſoit, a été multipliée par une autre quantité quelconque y .... abc ſignifie le produit des trois quantités a, b, & c.

La diviſion de deux quantités algébriques ſe marque comme celle des nombres. Ainſi pour marquer que a doit être diviſé par b, on écrit $\frac{a}{b}$ ou $a : b$. Pour marquer que xy doit être diviſé par abc, on écrit $\frac{xy}{abc}$, ou $xy : abc$.

107. On appelle *Monome* toute quantité iſolée, qui n'eſt ni précédée ni ſuivie d'aucune autre quantité dont elle ſoit ſéparée par le ſigne + ou par le ſigne —. Voici

donc autant de *monomes*; a, bcd, $m.n$, $\frac{\pi}{\varphi}$, $\frac{\alpha}{\beta}$; &c.

On appelle *Binome*, toute quantité qui a deux *Termes*; & par Terme on entend toute expression séparée d'une autre par un des deux signes + ou —. De maniere que $a+b$ est un binome, ainsi que $fg - sut$.... $1+x$ en est un aussi; &c.

Par *Trinome*, on entend une quantité composée de trois termes; en général celle qui en contient plusieurs s'appelle *Polynome*.

108. On distingue deux sortes de termes, les termes *Positifs* & les termes *Négatifs*. Ceux-ci sont toujours précédés du signe —; les autres sont tous précédés du signe +. Dans la quantité $+p-q-rr+x-y$, il y a deux termes positifs, & trois termes négatifs.

Quand le premier terme d'une quantité algébrique est positif, on néglige de l'affecter du signe +, parce qu'on est convenu de le regarder comme positif, toutes les fois qu'il n'est précédé d'aucun signe.

109. On a souvent les mêmes termes à écrire dans une même quantité : par exemple, $a+a+a-b-b+d$. Mais au lieu de les répéter ainsi, on a imaginé de ne les écrire qu'une fois chacun, en marquant par un chiffre qui les précède vers la gauche, combien de fois ils doivent être ajoutés ou soustraits. Par exemple, $3a-2b+d$ est l'expression abrégée de la quantité précédente. On appelle *Coefficients* ces chiffres respectifs dont chaque terme est affecté.

Lorsqu'un terme n'a point de coefficient marqué, il est censé avoir l'unité pour coefficient. C'est ainsi que dans l'exemple précédent, la lettre d est une expression abrégée de $1d$; pareillement $fh - pq = 1fh - 1pq$; c'est-à-dire, que ces sortes de quantités ne doivent être prises qu'une seule fois, soit en + soit en —.

110. Il arrive très-fréquemment qu'une quantité est multipliée par elle-même, & alors on l'écrit deux fois

de ſuite, ſans interruption de ſigne. Ainſi $a\,a$ marque le produit de la quantité a par elle-même : $a\,a\,a$ marque pareillement le produit de la quantité $a\,a$ par a, & $a\,a\,a\,a$ indique le produit de $a\,a\,a$ par a. Pour abréger ces expreſſions, on eſt convenu de déſigner le nombre de fois qu'une quantité doit être écrite de ſuite, par un chiffre mis à la droite & un peu au-deſſus de la quantité. Ainſi a^2 eſt une expreſſion abrégée de $a\,a$, & a^3, a^4 tiennent lieu de $a\,a\,a$, $a\,a\,a\,a$.

Ces chiffres s'appellent des *Expoſants*. Leur fonction, comme on vient de le voir, eſt d'indiquer la multiplication plus ou moins réitérée d'une quantité par elle-même, tandis que la fonction des coefficients eſt de marquer l'addition répétée d'une même quantité. $3\,a$, ſignifie donc $a + a + a$, au lieu que $a^3 = a \,.\, a \,.\, a$; en ſorte que ſi on ſuppoſe $a = 5$, on aura $3\,a = 15$, pendant que $a^3 = 125$. Il y a donc une grande différence entre les expoſants & les coefficients, & il faut bien ſe garder de confondre les uns avec les autres.

111. Chaque lettre a ſon expoſant particulier; mais quand cet expoſant eſt l'unité, on eſt convenu de le ſous-entendre. Ainſi $b\,c$ eſt la même choſe que $b^1\,c^1$, & $x\,x\,x\,y\,y\,z$ $= x^3\,y^2\,z^1 = x^3\,y^2\,z$.

112. On ne doit jamais réunir ſous un même coefficient que des termes abſolument ſemblables. Or *par termes ſemblables, on entend ceux qui ſont formés des mêmes lettres affectées reſpectivement des mêmes expoſants dans chacun de ces termes, quels que ſoient d'ailleurs leurs ſignes & leurs coefficients.*

Exemple. $a + 3\,a + 4\,a$ ſont trois termes ſemblables, c'eſt la même quantité a, qui eſt priſe d'abord une ſeule fois, puis trois fois, enſuite quatre autres fois. On peut donc réunir le tout ſous un ſeul coefficient, & écrire $8\,a$: & ſi on eût eu $- a - 3\,a - 4\,a$, on eût pu réduire le tout à $- 8\,a$.

Si au lieu de $+ 3\,a$ on avoit $- 3\,a$, alors ce ſeroit bien la même quantité a priſe trois fois, mais en ſens contraire, c'est-à-dire, soustraire trois fois. Réunissant donc les deux quantités positives $a + 4a = 5a$, on en auroit soustrait $3a$, & le reste eût été $2a$. Cette opération qu'il ne faut pas manquer de faire, quand il y a lieu, s'appelle *Réduction*. Elle est aussi facile que fréquente.

Si on eût eu $a + 3a - 4a$, alors les quantités positives étant égales aux négatives, le résultat eût été zéro. D'où on peut déduire la regle suivante.

113. *Toutes les fois qu'il y a des termes semblables dans une expression algébrique, il faut les réduire à un seul terme, ou les effacer s'ils se détruisent.*

On les efface, quand avec des coefficients égaux, ils ont des signes contraires. C'est ainsi que la quantité $2a + b - 2a - b$ se réduit à o.

On les réduit à un seul terme, 1°, quand ils sont affectés du même signe. Alors on ajoute leurs coefficients; & la somme sert de coefficient au nouveau terme. C'est ainsi que nous avons réduit $a + 3a + 4a$, au terme $8a$, & que nous réduirions $\gamma\varepsilon - \omega + 5\gamma\varepsilon$ à $6\gamma\varepsilon - \omega$; comme aussi $f^2 - 3x + 4f^2 - 8x$ se réduiroit à $5f^2 - 11x$.

2°. La réduction à un seul terme a lieu aussi, quand les termes semblables sont affectés de signes contraires & de coefficients inégaux. Alors on soustrait le petit coefficient du grand, & le reste sert de coefficient au nouveau terme, précédé du même signe que le grand. C'est en suivant ce procédé, que l'expression $12m - 5n^2 - 8m + 4nn$ se réduit à $4m - n^2$; & que $\frac{3}{4}\pi + 2\varphi - \frac{1}{4}\pi - 15\varphi$ se réduit à $\frac{1}{2}\pi - 13\varphi$.

114. Puisque la similitude des termes exige les deux conditions indiquées, savoir 1°, qu'ils soient composés précisément des mêmes lettres; 2°, que chacune de ces lettres ait un même exposant respectif dans tous ces termes, on ne doit jamais être embarrassé pour prononcer sur leur similitude ou leur dissimilitude. On jugera donc, du premier coup d'œil, quels sont les termes semblables

dans

dans les exemples suivants, & on les réduira sans peine.

I. $3x - 2xy - 3z + 2x - 32xy + 3z$ . . . A''.

II. $\frac{2}{5}a - \frac{4d}{7b} - 6a + \frac{7}{4}a + \frac{d}{b} - u^2$ . . . . B''.

III. $352\alpha\beta - \theta\omega^2 + \varphi - 57\alpha\beta + \theta\omega^2$ . . . . . C''.

Parmi les exemples des termes dissemblables, nous ne rapporterons que ceux-ci.

I. $ab - 30c + 4\gamma$

II. $x^2y - xy - xy^2$.

III. $8\varphi^3 + 5\varphi^2 - \gamma\varphi^3$.

115. C'est plutôt un usage qu'une regle dans les calculs algébriques, de faire garder aux lettres de chaque terme leur ordre alphabétique. Ainsi au lieu d'écrire cba, ou bca, ou bac, on écrit abc: au lieu d'écrire $\pi\gamma$, on écrit $\gamma\pi$. Encore est-ce un usage dont il ne faut point être esclave : il contribue seulement à faire mieux discerner les termes semblables. On va voir maintenant avec quelle facilité toutes les premieres regles de l'Algèbre s'exécutent.

De l'Addition algébrique.

116. POUR ajouter des quantités algébriques, il suffit de les écrire les unes après les autres avec les signes qu'elles ont, & de faire ensuite les réductions convenables, s'il y a lieu.

Ainsi on ajoute cdn avec $4m^2$ en écrivant $cdn + 4m^2$. Pour ajouter $xy + z^3$ avec $u - t - z^3$, on écrit $xy + u - t$. La somme de b, de d & de $-f$ est $b + d - f$. Celle de $2m + 3n - q$ & de $q - 3n - 2m$ est zéro.

117. Et si l'on a des fractions algébriques à ajouter avec des quantités entieres ou fractionaires, on suivra les regles déja pres-

crites pour réduire au même dénominateur les fractions numériques. Par exemple, $\frac{a}{m} + 1 = \frac{a+m}{m} \ldots \frac{a}{b} + \frac{c}{d} = \frac{ad+bc}{bd}$.

De la Soustraction algébrique.

118. POUR soustraire une quantité A, d'une autre quantité B, on change tous les signes de la quantité A, & on l'écrit ensuite à côté de la quantité B : après quoi, s'il y a des réductions à faire, on les fait.

Exemples. On veut soustraire g de c ; on écrit $c - g$. On veut soustraire $m^3 + n^4$ de $x^3z - u^2$: on écrit $x^3z - u^2 - m^3 - n^4$.

Veut-on soustraire $a^2b - 4c$ de $5a^2b - 4c$? on écrira $4a^2b$.

119. Ce changement de signes dans la quantité que l'on soustrait, ne laisse aucun nuage, quand il s'agit de changer les $+$ en $-$. Car tout le monde conçoit du premier abord, que pour indiquer la soustraction d'une quantité positive quelconque p, il faut lui donner la forme négative $-p$. Mais ce que l'on ne conçoit pas aussi facilement, c'est que pour indiquer la soustraction d'une quantité négative $-a$, il faille écrire $+a$.

Cependant les Inventeurs de cette regle n'avoient que deux partis à prendre, lorsqu'ils eurent des quantités négatives à soustraire. Le premier parti étoit de laisser ces quantités sous une forme négative : le second, de leur donner une forme positive, en changeant leur signe $-$ en $+$. S'ils balancerent entre ces deux partis, une réflexion bien simple dut mettre fin à leurs doutes ; voici cette réflexion.

120. Le but d'une soustraction quelconque est de faire connoître la différence qu'il y a entre la quantité soustraite, & celle dont on a dû la soustraire. Cette différence est toujours marquée par le reste de la soustraction. Et comme on sait d'ailleurs (22) que ce reste doit toujours être tel, qu'en le réunissant à la quantité soustraite,

on retrouve celle dont on a soustrait, les Inventeurs ne tarderent sûrement pas à reconnoître qu'on ne pouvoit retrouver cette quantité qu'en changeant tous les signes de la quantité à soustraire. De-là ils conclurent généralement qu'il falloit toujours changer en — les signes +, & en + les signes — des termes à soustraire.

Nous avons, par exemple, écrit $c - g$ pour marquer que g étoit soustrait de c. Le reste de cette soustraction est donc exprimé généralement par $c - g$; & la preuve que ce reste est le seul véritable, quelles que soient les valeurs de c & de g, c'est qu'en le réunissant avec la quantité soustraite g, on a $c - g + g$, qui se réduit à c, comme cela doit être.

Il en a été de même, lorsque soustrayant $a^2b - 4c$ de $5a^2b - 4c$, nous avons trouvé pour reste, $4a^2b$. Ce reste, en effet, ajouté à $a^2b - 4c$, reproduit toute la quantité primitive $5a^2b - 4c$.

De la Multiplication algébrique.

121. TOUT terme algébrique peut être regardé comme composé de quatre parties. La premiere est le signe qui le précède. La seconde est le coefficient dont ce terme est affecté. La troisieme est formée des lettres qu'il renferme. Les exposants respectifs de ces lettres forment la quatrieme partie. Or la multiplication de deux termes algébriques, l'un par l'autre, exige des regles particulieres pour ces quatre objets.

122. Regle pour les signes. Lorsque le multiplicande & le multiplicateur ont tous deux le même signe, soit + soit —, le produit doit toujours être affecté du signe +. Ainsi $a \times b = ab$ .... $-a \times -b$ donne pareillement ab (& non $-ab$).

Mais si le multiplicande & le multiplicateur ont des signes différents, le produit doit toujours être affecté du signe —. Ainsi $a \times -b$, ou $-a \times b$ donne également $-ab$

pour produit. Nous démontrerons cette regle, après avoir indiqué les trois autres.

123. Regle des coefficients. Multipliez l'un par l'autre, comme dans l'Arithmétique, les coefficients des deux facteurs, & faites servir leur produit de coefficient au produit algébrique. $3a \times 9b = 27ab \ldots \frac{1}{2}c \times \frac{1}{2}p = \frac{1}{4}cp$.

124. Regle des lettres. On est convenu (106) que toutes les fois que deux ou plusieurs lettres seroient écrites de suite, c'est-à-dire, sans aucun signe + ou —, intermédiaire, cela signifieroit le produit des quantités désignées par ces lettres. Ainsi pour multiplier $12x$ par $5y$, écrivez $60xy$, & pour multiplier $60xy$ par $3az$, écrivez $180axyz$.

125. Regle des exposants. Lorsqu'une lettre affectée d'un exposant quelconque doit être multipliée par cette même lettre, affectée d'un autre exposant ou d'un exposant égal au premier, il ne faut écrire qu'une seule fois cette lettre au produit, mais avec un exposant égal à la somme des deux exposants primitifs.

Exemple. $8a^2b^3 \times 4a^5b = 32a^7b^4$. Cette regle n'est qu'un cas particulier & abrégé de la troisieme : puisque si on écrivoit tout au long $8aabbb \times 4aaaaab = 32aaaaaaabbbb$, on auroit évidemment (116) le même produit $32a^7b^4$.

126. Jusqu'ici nous n'avons parlé que de la multiplication des monomes. Celle des polynomes se fait à peu-près comme la multiplication des nombres composés.

D'abord on multiplie tous les termes du multiplicande par un des termes du multiplicateur, n'importe par lequel on commence. Puis on les multiplie successivement par tous les autres termes du multiplicateur : & enfin si en prenant la somme de tous ces produits particuliers, on trouve quelque réduction à faire, on la fait.

Soit proposé pour exemple de multiplier la quantité $a + 3c - d$ par $2a - d$..... je dispose ces termes comme vous le voyez ici, ...

$$\begin{array}{rl} & a+3c-d \\ & 2a-d \\ \hline & 2aa+6ac-2ad \\ & -ad-3cd+dd \\ \hline \text{Red.} & 2aa+6ac-3ad-3cd+dd \end{array}$$

& je multiplie d'abord a par $2a$, le produit est $2aa$; ensuite $+3c$ par $2a$, le produit est $+6ac$; puis $-d$ par $2a$, le produit est $-2ad$. Je passe au second terme du multiplicateur, & je multiplie a par $-d$, le produit est $-ad$; je multiplie $+3c$ par $-d$, le produit est $-3cd$; enfin je multiplie $-d$ par $-d$, le produit est $+dd$; j'ajoute tous ces produits ensemble, & réduction faite, je trouve pour produit total . . . . $2aa+6ac-3ad-3cd+dd$.

Autres exemples.

$$\begin{array}{l} a+x \\ a-x \\ \hline a^2+ax \\ -ax-xx \\ \hline a^2-x^2 \end{array} \qquad\qquad \begin{array}{l} 2a-2b \\ 2a+b \\ \hline 4aa-4ab \\ +2ab-2bb \\ \hline 4aa-2ab-2bb \end{array}$$

$$\begin{array}{l} aa+2ac-bc \\ a-b \\ \hline a^3+2aac-abc \\ -aab-2abc+bbc \\ \hline a^3-aab+2aac-3abc+bbc \end{array}$$

Les fractions algébriques se multiplient comme les fractions numériques . . . . $\frac{x}{y}\times\frac{u}{z}=\frac{ux}{yz}$ . . . $\frac{c}{d}\times\frac{m+n}{p+q}=\frac{cm+cn}{dp+dq}$ . . . $\frac{a+b}{1-x}\times\frac{a-b}{1+x}=\frac{a^2-b^2}{1-x^2}$.

Il arrive ſouvent qu'au lieu d'effectuer la multiplication des polynomes, on ne fait que l'indiquer, en écrivant le ſigne × entre le multiplicande & le multiplicateur. Alors on les couvre chacun d'un trait, ou on les enferme entre parentheſes. Par exemple, pour exprimer le produit de $a + 3c - dd$ par $bb - 6dd$, on écrit $\overline{a + 3c - dd} \times \overline{bb - 6dd}$, ou bien $(a + 3c - dd)(bb - 6dd)$. Ces parentheſes ſont fort commodes, ſur-tout quand on a pluſieurs facteurs à multiplier les uns par les autres. On les enferme chacun dans une parentheſe, & s'il faut effectuer la multiplication, on en multiplie d'abord deux l'un par l'autre; puis leur produit ſe multiplie par le troiſieme facteur, & ainſi de ſuite. On en verra pluſieurs exemples dans le cours de cet ouvrage, & notamment, quand il nous tombera ſous la main des expreſſions algébriques dont pluſieurs termes auront un même facteur.

Par exemple, au lieu d'écrire

$$4a^2bc - 12a^3c^2 + 5axy - 10ax^2y^3 - 8a^2c - 15a^2xy;$$

on peut ſimplifier l'expreſſion, en écrivant

$$(b - 3ac - 2)\,4a^2c + (1 - 2xy^2 - 3a)\,5axy.$$

Pareillement au lieu d'écrire $s^4 - ps^3 + qs^2 - s$, on écriroit $(s^3 - ps^2 + qs - 1)\,s$.

Multiplications Algébriques à faire.

$(\frac{1}{4}y^2 - \frac{2}{5}xz)(8xy - 20uz^3)$ . . . . D″

$(a + b + c + d)(a + b - c - d)$ . . . . E″

$(\alpha^2\beta^2 - \alpha\beta^3 + \beta^4)(\alpha + \beta)$ . . . . F″

127. Maintenant il faut démontrer la regle des ſignes.

1°. Quand pour multiplier a par $b - c$, on écrit d'abord le produit de a par b qui eſt ab, il eſt clair que ce produit eſt trop grand; car ce n'eſt pas b en entier, mais $b - c$ par lequel on veut multiplier a. Donc c entre autant de fois de trop dans le produit ab, que la quantité b y entre de fois. Or a exprime combien de fois b entre dans le produit ab; donc il en faut retrancher c un nombre a de fois; ou, ce qui revient au même, il en faut retrancher $c \times a$ ou ac. Donc le produit de a par $b - c$ est $ab - ac$.

Application aux nombres.

Quand pour multiplier 5 par $6 - 4$, on dit d'abord, $5 \times 6 = 30$, ce produit 30 est trop grand; car $6 - 4$ ne vaut que 2 : & il est trop grand, parce qu'on y a fait entrer 5 fois le nombre 4 qui est retranché de 6. Pour avoir un produit juste, il faut donc ôter 5 fois 4, ou 20 de 30, & le reste 10 est le vrai produit; donc pour avoir le produit de $5 \ (6 - 4)$ il faut écrire $30 - 20$.

Autrement. $b - b = 0$. Donc $\overline{b - b} \times c$ doit être aussi $= 0$; ce qui ne peut avoir lieu, qu'autant que $- b \times c = - bc$.

2°. Quand on multiplie $a - b$ par $c - d$, il est constant que le premier produit de cette multiplication, savoir $ac - bc$, est trop grand, par qu'en multipliant par c seulement, on se sert d'un multiplicateur plus grand qu'il ne faut, de la quantité d; il faut donc de ce produit $ac - bc$, ôter autant de fois d, que c y entre de fois: or $a - b$ marque combien de fois c est entré dans le produit $ac - bc$; donc il faut en ôter d multiplié par $a - b$; c'est-à-dire, il faut ôter $ad - bd$ de $ac - bc$: or pour ôter $ad - bd$ de $ac - bc$, il faut écrire $ac - bc - ad + bd$; donc dans la multiplication de $a - b$ par $c - d$, le produit de $- b$ par $- d$, doit être $+ bd$.

Si à la place des lettres a, b, c, d, on met des nombres, comme 6, 4, 7, 3, on fera la même démonstration sur ces nombres.

On peut aussi multiplier $(b - b)$ par $(c - c)$. Le produit doit être 0. Il faut donc que $- b \times - c = + bc$; sans quoi jamais le produit ne se réduiroit à zéro.

118. Malgré ces raisonnemens & ces preuves, il faut pourtant convenir qu'il est assez étrange pour des oreilles peu faites au langage algébrique, d'entendre dire que $- a$ multiplié par $- a$ donne $+ a^2$. L'espece d'embarras & de doute que ce résultat occasionne au premier abord, semble venir principalement de l'expression même du

mot *multiplié*, lequel n'ayant été mis en uſage dans l'Arithmétique, que pour ſignifier des additions répétées d'une même quantité poſitive, doit naturellement offrir un ſens louche, quand on le fait ſervir pour marquer une véritable ſouſtraction de quantités négatives. Or c'eſt ce que l'on fait, en diſant, par exemple, que $-a \times -b = +ab$.

De la Diviſion algébrique.

129. QUAND on veut diviſer une quantité algébrique par une autre, on les met ordinairement en fraction. Ainſi pour diviſer $2bc$ par mn, on écrit $\frac{2bc}{mn}$; & parce que le numérateur de cette fraction n'a rien de commun avec ſon dénominateur, elle eſt cenſée irréductible à de moindres termes. On ſe contente alors d'indiquer la diviſion.

Mais lorſqu'on peut réduire la fraction algébrique à une plus ſimple expreſſion, il ne faut pas manquer de le faire. On y réuſſira communément au moyen des quatre regles ſuivantes. (Je dis *communément*, parce qu'il y a certains cas où l'on eſt obligé de ſe ſervir, outre cela, de la méthode du plus grand commun diviſeur, avec quelques modifications).

I. Pour les ſignes. Le quotient de deux termes qui ont un même ſigne, eſt poſitif; & le quotient de deux termes qui ont différents ſignes, eſt négatif.

II. Pour les coefficients. Si on peut les diviſer ſans reſte l'un par l'autre, il faut les effacer tous deux, & mettre leur quotient à la place du plus grand coefficient: s'ils ne ſont pas diviſibles ſans reſte, il faut les laiſſer en fraction tels qu'ils ſont; enfin s'ils ſont égaux, il faut les effacer l'un & l'autre.

III. Pour les lettres. Effacez celles qui étant communes au dividende & au diviſeur, ont le même expoſant dans les deux termes; & par-tout où elles ſont ſeules, écrivez 1 à leur place.

IV. Pour les expoſants. Quand une même lettre ſe trouve avec des expoſants différents dans le dividende &

dans le diviſeur, on l'efface dans le terme où elle a l'expoſant le plus petit, (on met 1 à ſa place, ſi elle eſt ſeule) & dans l'autre terme on ne lui laiſſe pour expoſant que la différence des deux expoſants primitifs.

EXEMPLES. Pour diviſer $4ac^3de^3$ par $-2bd^3e^3f$, je dis d'abord; $+4$ diviſé par $-2=-2$; que je mets au quotient, pour lui ſervir de coefficient. Je paſſe à la regle des lettres, en diſant, les lettres a & c ne ſe trouvent que dans le dividende, & les lettres b & f ne ſe trouvent que dans le diviſeur, il faudra donc les mettre au quotient, chacune à leur place. Puis, je vois par la regle des expoſants que $\frac{d}{d^3}=\frac{1}{d^2}$, & que $\frac{e^3}{e^3}=1$. D'où je conclus que le quotient cherché eſt $-\frac{2ac^3}{bd^2f}$.

Pareillement, je trouverai que $\frac{3a^3}{12a^4b^3}=\frac{1}{4ab^3}$, en diſant $\frac{12}{3}=4$. J'efface 3 dans le dividende, & je mets 4 à la place de 12 dans le diviſeur : puis je vois que ſelon la regle des expoſants, il faut mettre 1 dans le dividende à la place de a^3, & laiſſer a^1 ou a ſeulement dans le diviſeur. Ainſi le quotient eſt $\frac{1}{4ab^3}$.

On trouvera de même que $\frac{3abc}{3abc}=\frac{1}{1}=1$... que $\frac{-4bd}{2bd}=-\frac{2}{1}=-2$.... que $\frac{3aab}{5ac}=\frac{3ab}{5c}$.... que $\frac{-12abd}{3a}=-\frac{4bd}{1}=-4bd$.... que $\frac{4a^3bbd}{4abd}=\frac{aab}{1}=aab$, &c.

La regle des coefficients & celle des expoſants ne ſont, comme l'on voit, que des réductions de fractions aux expreſſions les plus ſimples.

Ainſi $\frac{a^3}{a^5}$ étant la même choſe que $\frac{aaa}{aaa\times aa}$, il eſt évident que $\frac{aaa}{aaa}=\frac{1}{1}$ ou 1; on peut donc écrire $\frac{1}{1\times aa}$, ou ſimplement $\frac{1}{aa}$ ou $\frac{1}{a^2}$; d'où il ſuit que cette réduction exige que la différence des deux expoſants ſerve d'expoſant à la lettre qui avoit le plus grand, & que l'on ſubſtitue 1 à la lettre dont l'expoſant étoit le plus petit, ſi elle eſt toute ſeule.

130. Ces regles peuvent s'appliquer aux fractions des Polynomes, lorſqu'il ſe trouve une même quantité dans tous les termes du dividende & du diviſeur. Ainſi $\frac{ax-2abx}{ax+axx}$ ſe réduit à $\frac{1-2b}{1+x}$, en effaçant ax dans tous les termes, & mettant 1 à ſa place dans ceux où il ſe trouve ſeul.

De même $\frac{3xx}{3axx+3bbxx}$ ſe réduit à $\frac{1}{a+bb}$. . . . . $\frac{4a^2xx+3a^3bbx}{aax-aabx}$ ſe réduit à $\frac{4x+3abb}{1-b}$ . . . . . $\frac{4abxx-2ab}{2aabb+4abb}$ ſe réduit à $\frac{2xx-1}{ab+2b}$.

131. On diviſe auſſi les Polynomes comme dans l'Arithmétique; & quoiqu'il arrive rarement que cette diviſion ſe puiſſe faire, il faut cependant l'eſſayer, avant que de ſe contenter de faire quelques-unes des réductions précédentes.

Mais pour s'épargner bien des tâtonnements, il faut arranger les termes du dividende & ceux du diviſeur, de façon que de part & d'autre, celui-là ſoit le premier, dont une lettre quelconque choiſie à volonté, pourvu qu'elle ſoit commune à tous les deux, ait un plus grand expoſant que dans les autres termes: que celui-là ſoit le ſecond, où la même lettre ait l'expoſant prochainement moindre, & ainſi de ſuite. Cela s'appelle *ordonner* une quantité. Voici un exemple dans lequel le dividende & le diviſeur ſont ordonnés par rapport à la lettre a.

$$a^4+4a^3b+6a^2b^2+4ab^3+b^4 \left\{ a^2+2ab+b^2. \right.$$

On auroit pu l'ordonner de même par rapport à la lettre b. Quelquefois cependant il est plus commode de préférer une lettre à une autre. C'est lorsque celle-ci se trouve avec le même exposant dans plusieurs termes ; par exemple, on a préféré la lettre x aux lettres b & c, dans la division suivante, dont nous allons détailler le procédé.

$$\begin{array}{rl|l} & 9b^2x^5 - 3b^2cx^4 - 3b^2cx^3 + b^2c^2x^2 & -3b^2x^2 + b^2cx \\ - & \underline{9b^2x^5 + 3b^2cx^4} & \overline{-3x^3 + cx} \\ & \quad 0 \quad - 3b^2cx^3 + b^2c^2x^2 & \\ & \quad\quad \underline{+ 3b^2cx^3 - b^2c^2x^2} & \\ & \quad\quad\quad 0 & \end{array}$$

Je dis donc .... $\frac{9b^2x^5}{-3b^2x^2} = -3x^3$ que je mets au quotient. Je multiplie le diviseur par ce terme, & je soustrais le produit $9b^2x^5 - 3b^2cx^4$, des deux premiers termes du dividende. Il ne me reste rien. J'abaisse les deux termes suivants, & je dis ; $\frac{-3b^2cx^3}{-3b^2x^2} = + cx$, que je mets au quotient.

Multipliant ensuite le diviseur par ce nouveau terme, je soustraits le produit $-3b^2cx^3 + b^2c^2x^2$ des deux termes abaissés ; reste zéro. Il n'y a plus rien au dividende. La division est donc finie, & le quotient exact est $-3x^3 + cx$. Je le vérifie, en le multipliant par le diviseur ; je retrouve le dividende, l'opération est donc bonne.

Au reste pour acquérir de la facilité dans ces sortes de calculs, il faut multiplier d'abord deux quantités algébriques l'une par l'autre, & diviser ensuite leur produit par l'une des deux. Le quotient doit être l'autre quantité.

132. On peut aussi s'exercer sur des expressions semblables à celle-ci, .. $\frac{a^5 + m^5}{a + m}$. Elles ont cela de particulier, qu'elles font naître, pour ainsi dire, de nouveaux termes dans le dividende, à mesure que l'on poursuit la division, comme on va le voir dans l'exemple suivant.

$$\begin{array}{rl}
 & a^5 + m^5 \quad \left\{ \begin{array}{l} a + m \\ \hline a^4 - a^3m + a^2m^2 - am^3 + m^4 \end{array} \right. \\
 & -a^5 - a^4m \\ \hline
\text{Prem. Reste.} & 0 - a^4m + m^5 \\
 & \quad + a^4m + a^3m^2 \\ \hline
\text{2. R.} & \quad 0 + a^3m^2 + m^5 \\
 & \quad\quad - a^3m^2 - a^2m^3 \\ \hline
\text{3. R.} & \quad\quad 0 - a^2m^3 + m^5 \\
 & \quad\quad\quad + a^2m^3 + am^4 \\ \hline
\text{4. R.} & \quad\quad\quad 0 + am^4 + m^5 \\
 & \quad\quad\quad\quad - am^4 - m^5 \\ \hline
\text{5. R.} & \quad\quad\quad\quad\quad 0
\end{array}$$

On trouve pour quotient $a^4 - a^3m + a^2m^2 - am^3 + m^4$. En divisant $1 - x^{12}$ par $1 - x$, le quotient sera $1 + x + x^2 + x^3 + x^4 + x^5 + x^6 + x^7 + x^8 + x^9 + x^{10} + x^{11}$.

Il en seroit de même pour d'autres exemples semblables. Aussi avec un peu d'usage voit-on, sans calcul, quels doivent être les quotients en pareil cas.

On trouveroit de même que $\frac{1}{1-x} = 1 + x + x^2 + x^3 +$ &c, &c sans fin; & que $\frac{1}{1+xx} = 1 - x^2 + x^4 - x^6 + x^8 -$ &c $+$ &c ... à l'infini pareillement.

133. La division des fractions algébriques par des entiers ou par d'autres fractions, ou d'un entier par une fraction, ne peut souffrir aucune difficulté (67). Exemples.

1°. Pour diviser par $4m$ la fraction $\frac{b}{c}$, on écrira d'abord $\cfrac{\frac{b}{c}}{4m}$; puis $\frac{b}{4cm}$. (On a soin, dans ce cas-là, de faire un peu plus long le trait qui sépare le diviseur du dividende, pour marquer que c'est $\frac{b}{c}$ que l'on veut diviser par $4m$, & non b par $\frac{c}{4m}$).

2°. Pour diviser un entier x par une fraction $\frac{p}{q}$, on écrira $\frac{x}{\frac{p}{q}} = \frac{qx}{p}$ ... Pour diviser xy par $\frac{3}{2}$ on écrira $\frac{2}{3}xy$.

3°. Le quotient d'une fraction divisée par une autre fraction, se trouve comme celui des fractions numériques. Ainsi $\frac{m}{n} : \frac{s}{t} = \frac{mt}{ns}$ .... $\frac{3}{4}\varphi : \frac{4}{5}\omega = \frac{15}{16} \cdot \frac{\varphi}{\omega}$.

134. Il a été dit (129) que pour réduire certaines expressions algébriques à leurs moindres termes, il falloit se servir de leur plus grand diviseur. Voici la maniere de le trouver. Elle ne differe de celle qui a été prescrite pour les nombres, que dans quelques cas particuliers.

Après avoir ordonné les deux quantités, il faut diviser la plus grande par la plus petite. Si la division se fait sans reste, la plus petite est le diviseur cherché : auquel cas il faut effectuer les deux divisions, & substituer les deux quotients aux quantités proposées.

$$\text{Ex. } \frac{a+x}{aa-xx} = \frac{1}{a-x} \ldots\ldots \frac{px+xx}{bmp+bmx} = \frac{x}{bm}$$

En divisant $aa - xx$ par $a + x$, la division se fait exactement. Donc $a + x$ est le plus grand commun diviseur. Effectuant donc la division, ou trouvera 1°, que $\frac{a+x}{a+x} = 1$; 2°, que $\frac{aa-xx}{a+x} = a - x$. Donc $\frac{a+x}{aa-xx}$ se réduit à $\frac{1}{a-x}$.

Si la plus grande quantité ne pouvoit se diviser sans reste par la plus petite, on diviseroit à son tour celle-ci par le reste de la premiere ; & ce reste seroit le plus grand commun diviseur, s'il divisoit exactement la plus petite, &c.

Jusque-là c'est la même méthode pour les lettres & pour les nombres ; mais cette méthode ne s'étend pas à tous les cas algébriques qui ſont ſuſceptibles de réduction, comme nous allons le voir, après les deux remarques ſuivantes.

135. 1°. Il n'eſt pas rare de trouver dans l'une des deux quantités propoſées, un diviſeur commun à tous ſes termes. Quand on en trouve, & que ce diviſeur n'eſt pas commun à tous les termes de l'autre quantité, on peut l'effacer dans la premiere quantité avant que de commencer la diviſion. Le calcul n'en ſera que plus ſimple, & le plus grand commun diviſeur n'en ſera point altéré.

Par exemple, dans $\frac{x^4 - z^4}{x^5 - x^3z^2}$ je vois que x^3 eſt commun aux deux termes du diviſeur, & qu'il ne l'eſt pas à ceux du dividende. Il ne peut donc pas faire partie du plus grand commun diviſeur que je cherche. Je l'efface donc, & par-là j'ai $\frac{x^4 - z^4}{x^2 - z^2} = x^2 + z^2$ ſans reſte. D'où je conclus que $x^2 - z^2$ eſt le diviſeur cherché. Effectuant donc les deux diviſions, je trouve $\frac{x^2 + z^2}{x^3}$; expreſſion plus ſimple que la premiere.

En général, toute quantité ſemblable à $\frac{bm + mx}{b^2n - nx^2}$ aura le même plus grand diviſeur que $\frac{b + x}{b^2 - x^2}$; & réciproquement. Soit donc que l'on diviſe, ſoit que l'on multiplie l'une des deux quantités données, par une grandeur qui n'ait aucun diviſeur commun avec l'autre, les réſultats auront toujours le même plus grand commun diviſeur que les deux quantités données.

136. 2°. Le changement des ſignes dans une de ces quantités, n'en produit aucun dans leur diviſeur commun, pourvu qu'on les change tous à la fois dans cette quantité. Il eſt clair, par exemple, que ſi $a^2 = b^2$ eſt diviſible par $a - b$, il le ſera encore par $-a + b$. Toute la différence ſera dans les ſignes des quotients.

Cela poſé, cherchons le plus grand diviſeur commun de $\frac{6x^3 - 6x^2y + 2xy^2 - 2y^3}{12x^2 - 15xy + 3y^2}$. On voit d'abord que tous les termes du dividende peuvent être diviſés exactement par 2, mais non ceux du diviſeur. On peut donc ſimplifier l'opération en diviſant les premiers par 2.

Par la même raiſon, on peut diviſer par 3 les termes du diviſeur. Ainſi tout ſe réduit à trouver le plus grand diviſeur commun de $\frac{3x^3 - 3x^2y + xy^2 - y^3}{4x^2 - 5xy + y^2}$.

Mais ici la méthode eſt en défaut, parce que le coefficient 3 n'eſt pas diviſible par 4. Pour y ſuppléer, on multipliera tout le dividende par 4, & l'on diviſera $12x^3 - 12x^2y + 4xy^2 - 4y^3$ par $4x^2 - 5xy + y^2$. Le quotient ſera $3x$, que l'on négligera à l'ordinaire : le reſte ſera $3x^2y + xy^2 - 4y^3$.

Suivant la méthode, il faudroit diviſer $4x^2 - 5xy + y^2$ par ce reſte.

Mais avant de procéder à cette division, on effacera d'abord dans tous les termes de ce reste la lettre y, qui leur est commune, & qui ne l'est pas à tous ceux du nouveau dividende. On aura donc $3x^2 + xy - 4y^2$ pour diviseur.

On remarquera ensuite que cette quantité ne peut pas diviser exactement $4x^2 - 5xy + y^2$, à cause des coefficients. On multipliera donc celle-ci par 3, & on essayera la division. Le quotient sera 4, & le reste sera $-19xy + 19y^2$.

Ce second reste servira de diviseur à $3x^2 + xy - 4y^2$: mais auparavant on effacera dans les deux termes la quantité $19y$ qui leur est commune. Procédant alors à une troisieme division, on aura $3x^2 + xy - 4y^2$ pour dividende, $-x + y$ pour diviseur, & $-3x - 4y$ pour quotient exact. On peut donc assurer que $-x + y$ est le plus grand commun diviseur cherché ; & si on effectue les divisions, on trouvera que $\frac{6x^3 - 6x^2y + 2xy^2 - 2y^3}{12x^2 - 15xy + 3y^2}$ se réduit à $\frac{-6x^2 - 2y}{-12x + 3y} = \frac{6x + 2y}{12x - 3y}$; fraction qu'il n'est plus possible de réduire.

Soit proposé maintenant de trouver le plus grand diviseur commun de $\frac{3bcq + 30mp + 18bc + 5mpq}{24ad - 7fgq - 42fg + 4adq}$.

1°. J'ordonne ainsi la quantité, $\frac{(3bc + 5mp)q + 18bc + 30mp}{(4ad - 7fg)q + 24ad - 42fg}$.

2°. Pour rendre la division possible, il faudroit multiplier tout le dividende par $(4ad - 7fg)$: mais auparavant il faut être sûr que cette quantité ne divise pas exactement le diviseur lui-même. Or par le fait elle le divise, & le quotient exact est $q + 6$.

Je substitue donc $q + 6$ au premier diviseur, & je cherche le plus grand commun diviseur de $\frac{(3bc + 5mp)q + 18bc + 30mp}{q + 6}$: il est visible que c'est $q + 6$ lui-même, puisque la division réussit.

Ainsi l'expression proposée peut se réduire à $\frac{3bc + 5mp}{4ad - 7fg}$. On trouvera d'autres exemples dans les Éléments d'Algèbre de M. Clairaut.

De la Formation des Puissances.

137. On distingue les degrés des puissances d'une quantité quelconque par les exposants de cette quantité. Ainsi a, ou a^1 est la premiere puissance de a. La seconde est a^2, la troisieme est a^3 &c. En général a^m est la puissance m de a, quelle que soit la valeur de m.

Cette quantité a est la *Racine* de ces divers produits ; & la dénomination de cette racine dépend de la puissance correspondante.

On verra dans les Éléments de Géométrie, pourquoi la premiere puissance d'une quantité s'appelle aussi la *Puissance linéaire* de cette quantité ; & pourquoi la seconde puissance s'appelle le *Quarré ;* de maniere qu'au lieu de dire que c^2 est la seconde puissance de c, on dit que c^2 est le quarré de c. C'est encore de la Géométrie que dérive le nom de *Cube*, donné à la troisieme puissance d'une quantité quelconque : les puissances qui sont au-dessus, se désignent simplement par leurs exposants. Ainsi b^4 est la quatrieme puissance de b, &c.

138. Réciproquement la racine seconde, ou la *racine quarrée* de c^2 est c. La racine troisieme, ou la *racine cubique* de a^3 est a. La racine quatrieme de x^4 est x, &c, &c.

Puisque la premiere puissance de a est a ou a^1 ; que la seconde puissance est a^2 ou $a.a$; que la troisieme puissance est a^3 ou $a.a.a$; que la quatrieme est a^4 ou $a.a.a.a$, &c ; on peut en conclure que . . .

139. Pour élever une quantité à une puissance donnée, il faut multiplier cette quantité par elle-même autant de fois moins une, que l'exposant de la puissance contient d'unités. Ainsi pour élever le nombre 9 à la troisieme puissance, il faut le multiplier deux fois par lui-même, en disant d'abord $9.9=81$ . . . puis $81.9=729$.

De même, le quarré de $\frac{1}{3}$ est $\frac{1}{3}.\frac{1}{3}=\frac{1}{9}$: son cube est $\frac{1}{3}.\frac{1}{3}.\frac{1}{3}=\frac{1}{27}$; sa quatrieme puissance est $\frac{1}{3}.\frac{1}{3}.\frac{1}{3}.\frac{1}{3}=\frac{1}{81}$, &c. Le quarré de $\frac{1}{10}$ est $\frac{1}{100}$; son cube est $\frac{1}{1000}$; sa quatrieme puissance est $\frac{1}{10000}$, &c.

D'où l'on voit que la valeur d'une fraction diminue, à mesure qu'on l'éleve à de plus hautes puissances, & que cette diminution est d'autant plus rapide, que le dénominateur est plus grand par rapport au numérateur.

140. Quant aux expressions algébriques. 1°. S'il s'agit d'un monome, on met à toutes ses lettres l'exposant de la

la puissance proposée. Ainsi la cinquieme puissance de abc est $a^5 b^5 c^5$. La puissance m de $\frac{ab}{cd}$ est $\frac{a^m b^m}{c^m d^m}$; & si le monome a un coëfficient, on éleve aussi ce coëfficient à la puissance indiquée. Le cube de $\frac{2ab}{5fg}$, par exemple, est $\frac{8a^3b^3}{125f^3g^3}$.

II°. S'il y a dans le monome d'autres exposants que l'unité, on les multiplie tous par celui de la puissance à laquelle on veut l'élever. Ainsi la quatrieme puissance de a^3b^2 est $a^{12}b^8$; & en général la puissance m de $\frac{a^s b^n}{cd^q}$ est $\frac{a^{sm}b^{mn}}{c^m d^{mq}}$.

III°. Pour un polynome, il suffit quelquefois d'indiquer la puissance à laquelle on veut l'élever. Cela se fait, ou en le couvrant d'un trait au bout duquel on écrit l'exposant, ou en le renfermant entre deux crochets. Ainsi $\overline{a+b}^m$, & $(a+b)^m$ désignent également la puissance m du binome $a+b$.

141. Si $m=2$, alors le binome $a+b$, qui par sa généralité, peut représenter tous les binomes possibles, doit être multiplié une fois par lui-même, & on trouve

$$\begin{array}{ll} \text{que} \ldots\ldots\ldots\ldots & a+b \\ \text{multiplié par} & a+b \\ \hline & a^2+ab \\ & \quad\;\; +ab+b^2 \\ \hline \text{donne} \ldots & a^2+2ab+b^2 \end{array}$$

Or a^2 est le quarré du premier terme du binome; $2ab$ est le double produit de ce premier terme par le second; b^2 est le quarré du second. Ainsi on doit conclure généralement que le *quarré d'un binome quelconque contient trois termes, savoir; 1°, le quarré du premier terme. 2°, le double du premier terme multiplié par le second. 3°, le quarré du second.*

Cette regle ne souffre aucune exception; & voilà comme l'Algebre s'éleve à des résultats généraux, pendant que l'Arithmétique n'y parvient que par analogie, en se traînant d'exemple en exemple.

Quant aux signes, ils sont tous positifs, lorsque les deux termes du binome ont le même signe; & lorsque ceux-ci ont des signes différents, le produit du double du premier par le second est le seul terme négatif.

En élevant au quarré le trinome $a+b+c$, on trouvera, réduction faite, $a^2+2ab+b^2+2ac+2bc+c^2$. C'est-à-dire que le quarré d'un trinome contient les quarrés de chaque terme en particulier, plus le double du premier par le second, plus le double du premier & du second par le troisieme.

D'après cela, il est aisé de voir que le quarré de $(ax+yz)$ $=a^2x^2+2axyz+y^2z^2$..... que celui de $(3mn-4m^2)$ $=9m^2n^2-24m^3n+16m^4$..... & que $(x+\frac{1}{2}a)^2=x^2+ax+\frac{a^2}{4}$. On voit aussi que $(b+2c-y)^2=b^2+4bc+4c^2-2by-4cy+y^2$.

142. Remarquez que pour compléter le quarré d'un binome, lorsqu'on a déja les deux premiers termes de ce quarré, il ne faut que leur ajouter le quarré de la moitié du *Coefficient total* du second. (J'appelle ainsi tout ce qui affecte ce second terme, soit en chiffres soit en lettres). Si j'avois, par exemple, x^2+2ax à compléter, je prendrois a, moitié de $2a$, coefficient total du second terme $2ax$, & j'ajouterois son quarré a^2 aux deux autres termes x^2+2ax, ce qui me donneroit alors le quarré parfait du binome $x+a$. Donc toutes les fois qu'on voudra compléter un quarré, ayant déja deux termes de cette forme, x^2+ax, il n'y aura qu'à écrire $x^2+ax+\frac{a^2}{4}$. Ceci trouvera plus d'une fois son application.

143. Si $m=3$, alors le binome $a+b$, doit être multiplié deux fois de suite par lui-même; ou, ce qui est

là même chose, son quarré doit être multiplié par la premiere puissance. Or toute réduction faite, on trouve que

$$\begin{array}{rl} & a^2 + 2ab + b^2 \\ \text{multiplié par} & \ldots\ldots a + b \\ \hline & a^3 + 2a^2b + ab^2 \\ & \quad + a^2b + 2ab^2 + b^3 \\ \hline \text{donne} \ldots\ldots & a^3 + 3a^2b + 3ab^2 + b^3 \end{array}$$

On doit donc en conclure généralement que *le cube d'un binome quelconque contient quatre termes ; 1°, le cube du premier terme du binome. 2°, le triple du quarré de ce premier terme multiplié par le second. 3°, le triple du quarré du second multiplié par le premier. 4°, le cube du second*. Ou plus briévement ; le cube d'un binome contient les cubes de ses deux termes, & les produits respectifs du triple du quarré de chacun de ces deux termes par l'autre.

Quant aux signes, ils sont tous positifs quand ceux du binome le sont ; on vient de le voir dans le cube de $a + b$. Lorsque les deux signes du binome sont négatifs, tous ceux du cube le sont aussi.

Exemples. $(-m - 2n)^3 = -m^3 - 6m^2n - 12mn^2 - 8n^3 \ldots -(a + 1)^3 = -a^3 - 3a^2 - 3a - 1$. (Le signe $-$ mis avant la parenthese annonce qu'il faut changer les signes de tous les termes qui y sont compris). Lorsque des deux termes du binome, il y en a un négatif, ceux du cube le sont alternativement, de maniere que les seuls termes négatifs du cube, sont ceux qui renferment les puissances impaires de la partie du binome affectée du signe $-$.

Exemples. $(-p + q)^3 = -p^3 + 3p^2q - 3p^1q^2 + q^3 \ldots (2ax - xx)^3 = 8a^3x^3 - 12a^2x^4 + 6ax^5 - x^6$.

144. Si $m = 4$, le binome $a + b$ doit être élevé à la quatrieme puissance, & il en résultera cinq termes,

$$(a + b)^4 = a^4 + 4a^3b + 6a^2b^2 + 4ab^3 + b^4.$$

Si $m = 5$, on aura par un procédé ſemblable la cinquieme puiſſance de $a + b$, compoſée de ſix termes.

$$(a+b)^5 = a^5 + 5a^4b + 10a^3b^2 + 10a^2b^3 + 5ab^4 + b^5.$$

Et ainſi des autres puiſſances d'un binome quelconque, qui toutes ont pareillement un terme de plus qu'il n'y a d'unités dans leurs expoſants.

145. Mais s'il falloit paſſer par toutes les puiſſances intermédiaires, avant d'arriver à une puiſſance plus élevée dont on auroit beſoin, on ſent bien que le calcul en ſeroit ſouvent fort long & toujours indirect. Les Géometres du ſiécle dernier avoient tant de fois éprouvé cet inconvénient, qu'ils tournerent leur attention vers la recherche d'une méthode qui pût les mener directement à leur but. Cette méthode, ils la trouverent; & Newton en eut la principale gloire.

Ce n'eſt pas encore ici le lieu de la démontrer : mais nous pouvons d'avance en préſenter les réſultats, comme une des choſes les plus utiles qu'il y ait dans l'Algèbre.

146. 1°. Une puiſſance quelconque d'un binome algébrique ne pouvant être compoſée que de ſignes, de coefficients, de lettres & d'expoſants qui doivent en former les différents termes, il falloit, avant tout, des regles générales pour ces diverſes parties.

Or 2°, La regle des ſignes ne pouvoit ſouffrir aucune difficulté. (122).

3°. Celle des lettres n'en pouvoit pas ſouffrir non plus (124).

4°. Celle des expoſants fut d'abord déduite par une ſimple analogie que voici. On avoit remarqué que le premier terme de toutes les puiſſances auxquelles on élevoit un binome, étoit formé de la premiere partie de ce binome, élevée à la puiſſance dont il s'agiſſoit.

On avoit remarqué auſſi que dans les termes ſuivants, l'expoſant de cette premiere partie diminuoit ſucceſſivement d'une unité, pendant que l'expoſant de la ſeconde partie augmentoit dans la même proportion.

On avoit remarqué enfin que cette diminution graduelle se continuoit jusqu'au dernier terme, où la seconde partie du binome restoit seule avec un exposant égal à celui de la puissance demandée.

De-là on conclut que pour élever un binome quelconque $p+q$ à la sixieme puissance, par exemple, on n'avoit qu'à écrire, (abstraction faite des coefficients.)
$(p+q)^6 = p^6 + p^5q + p^4q^2 + p^3q^3 + p^2q^4 + pq^5 + q^6$;
& ainsi des autres puissances plus élevées.

5°. Restoit donc la regle des coefficients à trouver, & c'étoit la plus difficile. On avoit bien remarqué que le coefficient du premier terme étoit toujours l'unité, & que celui du second terme étoit toujours l'exposant de la puissance proposée. Mais jusqu'à Newton, on n'avoit fait qu'entrevoir la loi qui sert maintenant à déterminer tous les autres coefficients.

Voici à-peu-près comment on l'avoit devinée. En dépouillant successivement de leurs coefficients les cinq premieres puissances d'un binome quelconque, on avoit trouvé que ces coefficients étoient,

pour la premiere puissance	1, 1
pour la 2e.	1, 2, 1
pour la 3e.	1, 3, 3, 1
pour la 4e.	1, 4, 6, 4, 1
pour la 5e.	1, 5, 10, 10, 5, 1

de maniere que chaque premier coefficient de toutes ces puissances étoit 1, ainsi que le dernier, & que chacun des autres étoit la somme des deux coefficients correspondants de la puissance immédiatement précédente. Ainsi les coefficients de la cinquieme puissance, à compter du second jusqu'à l'avant-dernier, se forment en disant $1+4=5 \ldots 4+6=10 \ldots 6+4=10 \ldots 4+1=5 \ldots$ Cette loi s'observant dans toutes les puissances que l'on avoit calculées, la seule analogie portoit à la regarder comme générale. Mais outre que l'analogie n'est point une démonstration, l'inconvénient de ne pouvoir connoître les coefficients d'une puissance, sans la connoissance préalable de ceux de la puiſſance précédente, reſtoit dans ſon entier. On s'aviſa donc d'un autre expédient qui fournit la regle ſuivante, dont nous donnerons la démonſtration (313).

147. Pour trouver le coefficient d'un terme quelconque de la puiſſance propoſée d'un binome $p+q$, multipliez le coefficient du terme précédent par l'expoſant que p a dans ce terme précédent, & diviſez le produit par le nombre qui marque le rang de ce terme précédent. Le quotient ſera toujours le coefficient cherché.

Exemple. On voudroit avoir le développement de la ſeptieme puiſſance de $p+q$.... Ecrivez,

$$(p+q)^7 = \begin{cases} p^7 + \frac{1.7}{1} p^6 q + \frac{7.6}{2} p^5 q^2 + \frac{7.6.5}{2.3.} p^4 q^3 + \frac{7.6.5.4}{2.3.4} p^3 q^4 \\ + \frac{7.6.5.4.3}{2.3.4.5} p^2 q^5 + \frac{7.6.5.4.3.2}{2.3.4.5.6} p q^6 + \frac{7.6.5.4.3.2.1}{2.3.4.5.6.7} q^7 \end{cases}$$

148. Et ſi on veut généraliſer les regles que nous venons d'indiquer, on trouvera que pour élever un binome quelconque $a+b$ à une puiſſance quelconque m, il faut écrire ....

$$(a+b)^m = \begin{cases} a^m + m a^{m-1} b + \frac{m.\overline{m-1}}{2} a^{m-2} b^2 + \frac{m.\overline{m-1}.\overline{m-2}}{2.3} \\ a^{m-3} b^3 + \frac{m.\overline{m-1}.\overline{m-2}.\overline{m-3}}{2.3.4} a^{m-4} b^4 \ldots\ldots \text{Et} \\ \text{ainſi de ſuite juſqu'à un dernier terme qui aura} \\ \text{cette forme } \frac{m.\overline{m-1}.\overline{m-2}\ldots\overline{m-(m-1)}}{2.3.\ldots\ldots m} b^m. \end{cases}$$

Si l'on veut maintenant appliquer cette *Formule* à quelques exemples, on verra avec quelle promptitude elle les expédie. Soit donc propoſé de trouver la neuvieme puiſſance du binome $a+b$.

On fera $m=9$, & on ſubſtituera les valeurs convenables dans la formule, ce qui donnera ....

$$(a+b)^9 = \left\{ \begin{array}{l} a^9 + 9a^8b + \frac{9.8}{2}a^7b^2 + \frac{9.8.7}{2.3}a^6b^3 + \frac{9.8.7.6}{2.3.4}a^5b^4 \\ + \frac{9.8.7.6.5.}{2.3.4.5.}a^4b^5 + \frac{9.8.7.6.5.4}{2.3.4.5.6}a^3b^6 + \frac{9.8.7.6.5.4.3}{2.3.4.5.6.7}a^2b^7 \\ + \frac{9.8.7.6.5.4.3.2}{2.3.4.5.6.7.8.}ab^8 + \frac{9.8.7.6.5.4.3.2.1}{2.3.4.5.6.7.8.9.}b^9. \end{array} \right.$$

Réduction faite, $(a+b)^9 = a^9 + 9a^8b + 36a^7b^2 + 84a^6b^3 + 126a^5b^4 + 126a^4b^5 + 84a^3b^6 + 36a^2b^7 + 9ab^8 + b^9$.

Soit proposé maintenant de calculer les premiers termes de la millieme puissance de $a+b$.

On supposera $m = 1000$, & on trouvera $(a+b)^{1000} = a^{1000} + 1000\,a^{999}b + \frac{1000.999}{2}a^{998}b^2 +$ &c.

De la maniere d'exprimer & de calculer toutes sortes de Puissances, par le moyen de leurs exposants.

149. Puisque les degrés des puissances dépendent de leurs exposants, il est clair qu'il y a autant de puissances différentes d'une quantité quelconque b, qu'il peut y avoir d'exposants différents.

Or 1°, il y a une infinité de nombres entiers; voilà donc déja une infinité de puissances différentes; & celles-là se conçoivent sans peine.

Mais 2°, il y a aussi une infinité de nombres fractionaires. Or ceux-là peuvent-ils, à leur tour, servir d'exposants? Et au cas qu'ils en servent, quelles puissances indiquent-ils?

3°. Il y a de plus une infinité de nombres négatifs, soit entiers soit fractionaires. A quelles puissances répondent-ils, quand ils servent d'exposants?

Pour répondre à cette double question, nous allons développer *la Théorie des exposants*, l'une des plus importantes de l'Algèbre élémentaire.

150. On a vu (125) que le produit d'une quantité affec-

rée d'un exposant, par cette même quantité affectée aussi d'un exposant, se trouvoit tout de suite, en écrivant une seule fois cette quantité avec un exposant égal à la somme de ceux des facteurs. Ainsi $a^2 \times a^6 = a^8 \ldots b^3 \times b^7 = b^{10} \ldots$ Et généralement $c^m \times c^n = c^{m+n}$.

Donc par la raison contraire, si le dividende ne differe du diviseur que par son exposant, leur quotient doit être la quantité qui leur est commune, affectée d'un exposant égal à la différence de ceux qu'ils avoient avant la division. Ainsi $a^8 : a^2 = a^{8-2} = a^6 \ldots b^{10} : b^7 = b^{10-7} = b^3 \ldots c^{m+n} : c^n = c^{m+n-n} = c^m$.

151. Cela posé, reprenons (129) la division de $a^3 : a^5$. On écrira, suivant la regle précédente, $a^3 : a^5 = a^{3-5} = a^{-2}$. (On prononce a élevé à la puissance -2, ou bien pour abréger, a puissance -2). Voilà donc des puissances négatives introduites dans le calcul par une suite de principes & d'exemples qui ne souffrent aucune difficulté. Mais nous avons trouvé (129) que $a^3 : a^5 = \frac{1}{a^2}$. Donc la quantité a élevée à la puissance négative -2, n'est autre chose que l'unité divisée par cette même quantité a élevée à la puissance positive 2.

152. Et comme au lieu des exposants 3 & 5, on peut en substituer une infinité d'autres, tels que leur différence soit également négative, il est évident que a^{-m} peut représenter en général toutes les puissances négatives d'une quantité quelconque. Or $a^{-m} = \frac{1}{a^m}$. Donc (& cette regle est d'un grand usage), *toutes les fois qu'une quantité a un exposant négatif, elle équivaut à l'unité divisée par cette même quantité, affectée du même exposant, mais positif.*

153. Soit maintenant la quantité $c^m : c^n$; on écrira pour quotient c^{m-n}. Or il peut arriver 1°, que m soit plus grand que $n \ldots$ 2°, que $m = n \ldots$ 3°, que m soit plus petit que $n \ldots$ 4°, que $m - n$ donne un résultat fractionnaire, positif ou négatif.

Dans le premier cas, la quantité c doit être élevée à une puiſſance poſitive, marquée par le reſte de m, quand on en a ſouſtrait n.

Dans le ſecond cas, l'expoſant $m - n$ ſe réduit à 0; réſultat qui paroît au moins ſingulier, la premiere fois qu'on le trouve. Ce réſultat en effet indique *la puiſſance* zéro de c, & il ſemble que la puiſſance 0 d'une quantité quelconque, doit être 0. Elle équivaut pourtant à l'unité; car $a^0 = a^{m-m}$. Or $a^{m-m} = \frac{a^m}{a^m} = 1$.

154. Donc *une quantité quelconque élevée à la puiſſance* 0, *eſt toujours égale à l'unité.*

Ainſi $a^0 = b^0 = (cd)^0 = (p+q)^0 = (\frac{1}{2})^0 = (\frac{\varphi}{\lambda})^0 = 1$.

Dans le troiſieme cas, m étant plus petit que n (ce qui s'exprime quelquefois ainſi, $m < n$; & pour exprimer que m eſt plus grand que n, on écrit $m > n$), la différence des deux expoſants eſt négative. Par exemple, ſi $n = 2m$, on aura $a^m : a^n = a^m : a^{2m} = a^{m-2m} = a^{-m}$. Or $\frac{a^m}{a^{2m}} =$ (129, IV) $\frac{1}{a^m}$.

Donc, encore une fois, *toute quantité affectée d'un expoſant négatif, n'eſt autre choſe que l'unité diviſée par la puiſſance égale, mais poſitive de cette quantité.*

Ainſi $a^{-3} = \frac{1}{a^3}$ . . . . . $(bc)^{-p} = \frac{1}{(bc)^p}$ . . . . . $bc^{-p} = \frac{b}{c^p}$ . . . $4^{-1} = \frac{1}{4}$ . . . $\beta\varepsilon^{-m}\omega^{-r} = \frac{\beta}{\varepsilon^m \omega^r}$.

155. Il ſuit de-là que l'on peut faire paſſer au numérateur toutes les quantités qui ſont au dénominateur d'une fraction & réciproquement, ſans altérer la valeur de la fraction. Il ne faut pour cela que changer les ſignes de leurs expoſants.

Exemples. $\frac{1}{a} = a^{-1} \ldots \frac{c}{f} = cf^{-1} = \frac{f^{-1}}{c^{-1}} \ldots \frac{mn}{p^2q^3} = mnp^{-2}q^{-3} = \frac{p^{-2}q^{-3}}{(mn)^{-1}} = \frac{1}{(mn)^{-1}p^2q^3} \ldots \frac{\lambda}{\varphi^{-5}} = \lambda\varphi^5 = \frac{\varphi^5}{\lambda^{-1}} = \frac{1}{\lambda^{-1}\varphi^{-5}}$.

156. Dans le quatrieme cas, où $m - n$ se réduit à un exposant fractionaire, on a toujours une racine à extraire. Pour s'en assurer, & discerner en même temps le degré de cette racine, il faut se rappeller la maniere dont on à formé les puissances.

Or nous avons dit (140) que pour élever une quantité à ses diverses puissances, il falloit multiplier son exposant par celui de la puissance à laquelle on vouloit l'élever.

157. Donc, *quand on voudra extraire une racine quelconque d'une quantité donnée, il faudra diviser l'exposant de cette quantité par celui de la racine.*

Exemples. On demande la racine quarrée de b^2 ? . . . . On écrira $b^{\frac{2}{2}}$ qui se réduit à b. . . . On demande la racine quatrieme de φ^{12} ? . . . on écrira $\varphi^{\frac{12}{4}} = \varphi^3$ . . . . La racine m de c^{2m} ? . . . . est $c^{\frac{2m}{m}} = c^2$.

158. La division ayant réussi dans tous ces exemples, on est sûr d'avoir exactement les racines demandées. Mais il arrive très-souvent que l'on ne peut diviser sans reste l'exposant de la quantité par celui de la racine; & alors il faut bien, de toute nécessité, se contenter d'une simple indication; ce qui introduit dans le calcul, lès exposants fractionaires dont l'usage est si fréquent.

Par exemple, si on demandoit la racine quarrée de b, il faudroit, suivant la regle précédente, écrire $b^{\frac{1}{2}}$. Ainsi *la puissance $\frac{1}{2}$ d'une quantité quelconque n'est autre chose que la racine quarrée de cette quantité.*

Pour avoir la racine cubique ou troisieme de b, il faudroit écrire $b^{\frac{1}{3}}$. Donc *la puiſſance* $\frac{1}{3}$ *d'une quantité quelconque n'eſt autre choſe que la racine cubique de cette quantité.*

Il en eſt de même pour les puiſſances $\frac{1}{4}$, $\frac{1}{5}$, $\frac{1}{6}$, &c, &c, qui répondent aux racines quatrieme, cinquieme, ſixieme, &c.

159. En général, *tout expoſant fractionaire annonce une racine à extraire; & le degré de cette racine eſt toujours égal au dénominateur de la fraction.* Ainſi $a^{\frac{1}{n}}$ = la racine n de la quantité a ... $b^{\frac{m}{n}}$ = la racine n de la quantité b^m.

160. On a coutume de ſe ſervir de la lettre initiale r du mot racine, pour déſigner toute extraction de racine à faire: mais afin que ce *ſigne Radical* ſe diſtingue mieux, on a altéré ſa forme ordinaire, & on l'écrit ainſi $\sqrt{}$; de maniere que pour indiquer la racine quarrée de c, on écrit $\sqrt{c}$. On a donc $\sqrt{c} = c^{\frac{1}{2}}$.

Pour déſigner la racine cubique de c, on écrit $\sqrt[3]{c}$. On a donc $\sqrt[3]{c} = c^{\frac{1}{3}}$. Pour déſigner la racine quatrieme de gf, on écrit $\sqrt[4]{gf} = (gf)^{\frac{1}{4}}$; & ainſi des autres, en affectant le ſigne radical, du chiffre qui marque le degré de la racine.

On excepte le radical quarré, parce que l'on eſt convenu de prendre pour tel, celui qui n'a point d'expoſant. Toutes les fois donc que l'on trouve des expreſſions de cette forme, $\sqrt{a}$ ... $\sqrt{(\frac{bc}{a})}$ ... $\sqrt{(a^2 - b^2)}$, c'eſt toujours de la racine quarrée de ces quantités qu'il s'agit. Et même le ſeul nom de racine s'applique toujours à la racine quarrée, de ſorte que pour en déſigner une autre, on eſt convenu d'ajouter à ce mot le *numéro* qui la diſtingue.

161. Puiſque les expoſants fractionaires annoncent des ſignes radicaux, on peut donc transformer toutes les *quantités radicales* en puiſſances fractionaires; ce qui eſt d'une

grande utilité, comme on le verra par la suite. Cette transformation se fait en divisant par l'exposant du radical, les exposants de la quantité qui est sous le signe.

Exemples. $\sqrt{(c^2g^4)} = c^{\frac{2}{2}} g^{\frac{4}{2}} = c\,g^2 \ldots \sqrt[3]{(b^6q^9)} = b^{\frac{6}{3}} q^{\frac{9}{3}} = b^2q^3 \ldots \sqrt[5]{(ab^2c^3)} = a^{\frac{1}{5}} b^{\frac{2}{5}} c^{\frac{3}{5}} \ldots$

162. Dans les deux premiers exemples, la division a réussi; & toutes les fois que cela arrive, on dit que l'extraction de la racine demandée peut s'effectuer. Ces sortes de racines s'appellent *rationelles* ou *commensurables*. Mais quand l'exposant du radical n'est point un diviseur exact des exposants soumis au signe, comme cela est arrivé dans le troisieme exemple, on dit alors que l'extraction est impraticable; & qu'il n'est pas possible d'obtenir, autrement que par approximation, la racine demandée. On appelle ces racines, des quantités *irrationelles* ou *incommensurables*. Quelques Auteurs les appellent encore des *racines sourdes*; ces trois mots sont synonymes.

163. La transformation réciproque des puissances fractionaires, en quantités radicales, n'est pas d'un aussi grand usage: mais elle est tout aussi facile; elle se fait, ainsi que nous l'avons déja insinué, en donnant pour exposant au radical, le dénominateur de la fraction qui marque la puissance, & en soumettant à ce signe la même quantité, élevée à la puissance désignée par le numérateur de la fraction.

Exemples. $(3a)^{\frac{1}{2}} = \sqrt{3a} \ldots (x^2-y^2)^{\frac{1}{2}} = \sqrt{(x^2-y^2)} \ldots b^{\frac{3}{2}} = \sqrt{b^3} \ldots c^{\frac{4}{5}} p^{\frac{1}{5}} = \sqrt[5]{c^4p} \ldots\ldots (2\varphi - 3\varepsilon + 4\omega)^{\frac{2}{3}} = \sqrt[3]{(2\varphi - 3\varepsilon + 4\omega)^2}$.

Souvent il arrive que les quantités dont on veut extraire la racine, sont affectées d'un coefficient numérique; & il faut bien alors savoir la maniere de faire subir à toute ſorte de nombres l'extraction convenable. On l'apprendra dans les trois Chapitres ſuivants.

De l'extraction des racines, & en particulier de la racine quarrée.

164. L'EXTRACTION des racines eſt l'opération inverſe de la formation des puiſſances. On cherche, par exemple, dans celle-ci le produit d'une quantité par elle-même, pour avoir ſon quarré. Dans l'autre, on a le quarré, & on cherche la racine.

Elle eſt très-aiſée à trouver dans les quantités algébriques, quand elles ſont commenſurables; & comme nous venons d'indiquer la méthode générale pour toutes les quantités monomes, il ne nous reſte qu'à traiter de l'extraction de la racine des polynomes. Commençons par la racine quarrée.

165. Soit la quantité $a^2+2ax+x^2$ dont on cherche la racine quarrée.... D'abord il eſt évident que ſi cette quantité qui n'a que trois termes, eſt un quarré complet, ſa racine ne peut être qu'un binome (141).

Il n'eſt pas moins évident enſuite, que le premier de ces termes eſt le quarré de la premiere partie du binome cherché; que le ſecond terme eſt le double du produit des deux parties de ce même binome, & que le troiſieme eſt le quarré de la ſeconde partie.

Je ſuis donc sûr de trouver la premiere partie du binome en prenant la racine quarrée de a^2. Or $\sqrt{a^2} = a$; j'écris donc a à la racine. Puis je ſouſtrais ſon quarré a^2 de la quantité propoſée. Il me reſte $2ax+xx$.

$$\begin{array}{r|l} a^2+2ax+x^2 & a+x \;\ldots\; \text{Raci.} \\ -a^2 \qquad\qquad & \\ 0+2ax+x^2 & 2a \;\ldots\ldots\; \text{Div}^{r}. \\ -2ax-x^2 & \\ \hline 0 & \end{array}$$

Mais puiſque $2ax$ doit être le produit du double de

la premiere partie a de la racine par la ſeconde, il eſt clair que pour connoître cette ſeconde partie, il n'y a qu'à diviſer $2ax$ par $2a$. Le quotient $+x$ me la fera connoître. Car s'il eſt vrai que $+x$ ſoit le ſecond terme de la racine, ſon produit par $2a$, plus ſon quarré x^2 étant ſouſtraits du reſte que j'avois, il ne doit rien reſter. Or pour avoir tout à la fois ce produit & ce quarré, je multiplie $(2a+x)$ par x; & j'ai $2ax+xx$. Souſtraction faite, il ne reſte rien; d'où je conclus que $a+x$ eſt la racine cherchée.

166. Dans des cas auſſi ſimples, on voit à la ſeule inſpection de la quantité donnée, ſi elle a une racine quarrée exacte, ou ſi elle n'en a point. Mais ſi on ne le voyoit pas du premier abord, on ne tarderoit pas à le reconnoître, en ordonnant la quantité, (131) & en obſervant les regles ſuivantes.

I. Si la quantité propoſée eſt un *quarré parfait*, compoſé de trois termes, on eſt sûr qu'elle a un binome pour racine.

II. Si les termes de cette quantité ſont tous poſitifs, ceux de la racine ſeront tous poſitifs, ou tous négatifs. On voit bien en effet que la racine quarrée de $a^2+2ab+b^2$ eſt également $a+b$, ou $-a-b$. Mais ſi le ſecond terme du quarré eſt négatif, l'un des deux termes de la racine (n'importe lequel doit être négatif. Car $a-b$, & $-a+b$ ſervent également de racine à la quantité $a^2-2ab+b^2$.

167. C'eſt-là l'origine de l'*ambiguité du radical quarré*; lequel eſt ſuſceptible, comme l'on voit, du ſigne $+$ & du ſigne $-$. Auſſi trouve-t-on aſſez ſouvent l'occaſion de l'*affecter* de ce double ſigne $\pm$ que l'on prononce *plus ou moins*, & qui eſt toujours ſous-entendu, quand on ne l'écrit pas.

La racine de c^2, par exemple, équivaut à $\pm\sqrt{c^2}$, c'eſt-à-dire, qu'elle eſt indifféremment $+c$ ou $-c$, ſans que l'on puiſſe ſe décider pour une valeur plutôt que pour une autre, à moins que l'état de la question n'exclue une des deux valeurs, comme cela arrive quelquefois.

III. Après avoir au moins entrevu la possibilité de l'extraction projettée, cherchez la premiere partie de la racine. Vous la trouverez en divisant par 2 l'exposant du premier terme de cette quantité. Donc si vous soustrayez de ce premier terme le quarré de la racine trouvée, il ne vous restera plus que deux termes dans la quantité.

IV. Et de ces deux termes, l'un sera le double du produit des deux parties de la racine totale; l'autre sera le quarré de la seconde partie de cette racine. Tous deux peuvent également servir à faire connoître cette seconde partie. Le dernier, par la simple extraction de sa racine; l'autre, en le divisant par le double de la partie déja connue. Si on préfere cette division, c'est uniquement parce qu'elle est toujours applicable aux quantités numériques.

V. Le second terme de la quantité étant donc divisé par le double de la premiere partie de la racine, vous aurez pour quotient la seconde partie, & c'est alors, que pour la vérifier, vous la multiplierez par le double de la premiere, plus par elle-même, afin de voir si ces deux produits soustraits des deux termes qui restoient dans la quantité, donnent zéro pour résultat. Quand cela arrive, l'opération est finie, & on a une racine exacte.

Application. On demande la racine quarrée de $4p^6 + 16p^3q^2 + 16q^4$.

1°. La racine de $4p^6$ est $2p^3$.
2°. Le double de $2p^3$ est $4p^3$.
3°. Le quotient de $16p^3q^2$ divisé par $4p^3$, est $4q^2$.
4°. $4q^2$ est la racine de $16q^4$.

Donc $2p^3 + 4q^2$ est la racine demandée.

Voici les détails.

$$\begin{array}{l|l}
4p^6+16p^3q^2+16q^4 & 2p^3+4q^2 \;\ldots\; \text{Raci.} \\
-4p^6 & \\
\quad 0+16p^3q^2+16q^4 & 4p^3 \;\ldots\ldots\; \text{Div}^r. \\
\quad\; -16p^3q^2-16q^4 & \\
\qquad\qquad 0 &
\end{array}$$

168. Pour que la racine ſoit un trinome, il faut que la quantité donnée ſoit non-ſeulement un quarré parfait, mais encore qu'elle ſoit composée de ſix termes (141). Il en faudroit dix pour un quadrinome, & ainſi de ſuite. Mais à peine trouve-t-on une fois dans la vie ces ſortes d'extractions à faire, ſur dix termes. Nous nous bornerons donc à un exemple de racine trinome.

Soit $a^4-2a^2b^2+b^4-2a^2c^3+2b^2c^3+c^6$, dont on cherche la racine quarrée.

$$\begin{array}{l|l}
a^4-2a^2b^2+b^4-2a^2c^3+2b^2c^3+c^6 & a^2-b^2-c^3 \;\ldots\; \text{Raci.} \\
-a^4 & 2a^2 \;\ldots\ldots\; \text{I. Div}^r. \\
\;0-2a^2b^2+b^4 & 2a^2-2b^2 \;\ldots\; \text{II. Div}^r. \\
\;\;+2a^2b^2-b^4 & \\
\qquad\qquad 0-2a^2c^3+2b^2c^3+c^6 & \\
\qquad\qquad\;\; +2a^2c^3-2b^2c^3-c^6 & \\
\qquad\qquad\qquad\qquad 0 &
\end{array}$$

Celle du premier terme eſt a^2, dont le quarré a^4 étant ſouſtrait de la quantité donnée, on a pour reſte les cinq autres termes $-2a^2b^2+b^4$ &c... Le premier terme de la racine eſt donc a^2.

Pour trouver le ſecond, j'abaiſſe $-2a^2b^2+b^4$, & je diviſe $-2a^2b^2$ par $2a^2$. Le quotient eſt $-b^2$, qui multiplié par $(2a^2-b^2)$ donne $-2a^2b^2+b^4$ pour produit. Je ſouſtrais ce produit des deux termes abaiſſés, & comme la ſouſtraction ſe fait ſans reſte, je vois que a^2-b^2 ſont les deux premieres parties de la racine.

Pour trouver la troiſieme, j'abaiſſe les trois derniers termes

termes de la quantité, & je divise les deux premiers par $2a^2 - 2b^2$, quantité double de ce qui est déja à la racine. Le quotient est $-c^3$, que je multiplie par $2a^2 - 2b^2 - c^3$. Soustraction faite, il ne reste rien; donc $a^2 - b^2 - c^3$ est la racine cherchée.

169. Maintenant rien ne sera plus facile que d'appliquer aux nombres, ces formules algébriques, sur-tout après avoir décomposé le quarré d'un nombre quelconque, comme nous allons y procéder.

On sait que le quarré de 9 est 81. Donc le quarré de $5+4$ doit être aussi 81. Or $5+4$ peut être comparé au binome $a+b$, en faisant $x=5$, & $b=4$. Ainsi on aura $81 = a^2 + 2ab + b^2$; quantité dans laquelle $a^2 = 5^2 = 25 \ldots 2ab = 2.5.4 = 40 \ldots b^2 = 4^2 = 16$.

$$\begin{aligned} a^2 &= 25 \\ 2ab &= 40 \\ b^2 &= 16 \\ \hline &\,81 \end{aligned}$$

Mais comme $9 =$ pareillement $6+3$, ou $7+2$, ou $8+1$, le même binome, en substituant ces diverses valeurs, donneroit toujours 81 pour quarré.

S'il falloit cependant retrouver deux de ces valeurs plutôt que deux autres pour racine, on sent bien qu'il n'y auroit pas moyen de les reconnoître, à cause du mélange que les chiffres auroient souffert dans la composition de 81: au lieu que dans les quantités algébriques, rien ne se mêle; tout est distinct jusqu'à la fin du calcul. Aussi reconnoît-on mieux la marche qu'il faut suivre dans l'extraction de leurs racines.

Le nombre 54 étant aussi décomposé en deux parties, $50+4$, on trouvera substitution faite, que son quarré est 2916

$$\left\{\begin{aligned} a^2 &= 2500 \\ 2ab &= 400 \\ b^2 &= 16 \\ \hline &\,2916 \end{aligned}\right.$$

Enfin si on décompose 523 en $500 + 20 + 3$, & que l'on fasse $a = 500 \ldots\ldots b = 20 \ldots\ldots c = 3$, on trouvera que son quarré contient exactement les mêmes parties, que celui de $a + b + c$. Ces parties sont (141)

a^2	$=$	250000
$2ab$	$=$	20000
b^2	$=$	400
$2ac$	$=$	3000
$2bc$	$=$	120
c^2	$=$	9

Donc $(523)^2 = 273529.$

170. On peut donc élever toutes sortes de nombres au quarré, sans les multiplier par eux-mêmes. Il suffit de leur appliquer la formule du binome, & d'additionner les termes qui en résultent. Encore un exemple. Quel est le quarré de 607?

Je suppose $a = 600 \ldots b = 7$, & je trouve $a^2 = 360000 \ldots 2ab = 8400 \ldots b = 49$; donc $(607)^2 = 368449$.

171. Après nous être assurés que les quarrés des nombres contiennent les mêmes parties que les quarrés des quantités algébriques, nous ne pouvons pas douter que la méthode d'extraction ne soit la même, à quelques différences près, que le mêlange des chiffres doit exiger. La premiere de ces différences est qu'il faut commencer l'opération par la gauche, au lieu que dans l'Algèbre on réussiroit également des deux côtés.

La seconde différence consiste à partager le nombre dont on veut extraire la racine quarrée, en tranches de deux chiffres chacune, en commençant par la droite, ce qui ne laissera dans tous les nombres impairs de chiffres, qu'un seul chiffre pour la derniere tranche.

172. Ce partage seroit inutile, si les parties des quar-

res numériques se présentoient toutes séparées, comme celles des quarrés algébriques. Mais ne formant qu'un seul tout, on est obligé de les diviser ainsi, pour savoir de combien de chiffres la racine doit être composée. C'est qu'en élevant au quarré différents nombres; on a reconnu 1°, qu'un nombre simple ne peut avoir plus de deux chiffres à son quarré; 2°, qu'un nombre composé de deux chiffres n'en sauroit avoir plus de quatre à son quarré, & qu'en général, *le quarré d'un nombre quelconque ne peut avoir tout au plus qu'un nombre de chiffres double de celui dont ce nombre est composé.*

173. Il doit donc y avoir autant de chiffres à la racine quarrée d'un nombre, qu'il y a de tranches dans ce nombre. La racine de 1849, par exemple, doit en avoir deux que l'on déterminera de la maniere suivante.

On cherchera d'abord le plus grand quarré contenu dans 18. C'est 16, dont on mettra à l'écart la racine 4. On soustraira ensuite de 18 ce quarré 16 qui représente ici a, & on écrira au-dessous le reste 2.

A côté de ce reste, on abaissera la tranche suivante 49, & on aura 249 pour représenter les deux autres termes $2ab + b^2$ de la Formule.

$$\begin{array}{r|l} 18,49 & 43\ldots\text{Raci.} \\ \underline{16} & 8\ldots\ldots\text{Div}^{r}. \\ 249 & \\ \underline{249} & \\ 0 & \end{array}$$

Nous avons donc trouvé $a = 4$ dixaines; donc pour trouver le nombre b d'unités, il n'y aura plus qu'à diviser par $8 = 2a$, la quantité qui tient lieu de $2ab$. Or cette quantité est toujours renfermée dans le reste de la premiere tranche, joint au premier chiffre de la seconde. C'est donc ici 24 qui doit servir de dividende; ce que l'on peut marquer par un point mis sous le 4, qui est le premier des chiffres abaissés.

Divisant maintenant 24 par 8, le quotient sera 3; qu'il ne faut pas mettre à la racine, sans s'être assuré qu'il a les qualités requises pour y être. On s'en assurera, en le soumettant aux mêmes épreuves que la quantité b, c'est-à-dire, que l'on multipliera ce quotient $3 = b$ par 8 dixaines $= 2\,a$, jointes à 3 unités, afin de voir si le produit de 83 par 3 peut se soustraire de 249.

Comme ce produit donne le même nombre 249, la soustraction ne laisse point de reste. On est donc sûr alors que 3 est le second chiffre de la racine cherchée. Et la preuve que 43 est vraiment cette racine, c'est qu'en élevant 43 au quarré, on retrouve 1849.

Autres exemples. Quelle est la racine de 121? . . . Rép. . . 11 sans reste.

```
1,21 { 11 . . . . Raci.
1    { 2 . . . . . Divr.
----
  21
  21
  --
   0
```

Quelle est la racine de 9999? . . . . Rép. . . . 99, avec 198 de reste.

```
99,99  { 99 . . . . Raci.
81     { 18 . . . . Divr.
----
1899
1701
-----
(198)
```

Quelle est la racine de 273529? . . . . Rép. . . . 523

sans reste. Car d'abord, on voit que cette racine doit avoir trois chiffres. On voit ensuite que le premier doit être un 5, parce que le plus grand quarré contenu dans 27 est 25. On mettra donc 5 à la racine, & on soustraira son quarré de 27. Il restera 2, à côté duquel on abaissera la seconde tranche 35; après quoi mettant un point sous le 3, on divisera 23 par 10. Le quotient sera 2.

Mais avant que de placer ce quotient à la racine, on l'ajoutera à la suite du diviseur 10, & on multipliera 102 par ce quotient. Le produit sera 204, qui peut être soustrait de 235. Le chiffre 2 est donc la seconde partie de la racine demandée, & comme on n'en est sûr qu'après cette épreuve, il ne faudra mettre qu'alors 2 à la racine. Reprenant ensuite le fil de l'opération, on dira :

Le reste de 235, quand on en a ôté 204, est 31, à côté duquel il faut abaisser la troisieme tranche, 29. Le nouveau dividende sera donc 312, & pour diviseur on aura 104, qui est le double de 52 déja mis à la racine.

Le quotient sera 3, que l'on vérifiera en multipliant 1043 par 3; & comme le produit 3129 est égal au reste de l'opération, on conclura que 523 est la racine demandée. Voici le calcul.

27,35,29	523 ..... Raci.
25	10 ...... I. Div.
2 3̣5.	104 ..... II. Div.
204	
3129	
3129	
0.	

Enfin s'il falloit chercher la racine du nombre 4243600; je serois déja sûr qu'elle doit être composée de quatre chiffres, & que le dernier doit être un zéro, au cas que le nombre proposé soit un quarré parfait. Je ne tarde pas à connoître ces quatre chiffres au moyen du calcul suivant.

4,24,36,00	2060	R.
4	4	I. D.
2436	40	II. D.
2436	412	III. D.
0		

174. Pour s'affermir de plus en plus dans la pratique de cette regle, on pourra s'exercer sur les exemples suivants.

$$\sqrt{728654} = D''.$$
$$\sqrt{1111088889} = E''.$$
$$\sqrt{900000027} = F''.$$

175. Comme il est très-rare qu'un nombre pris au hazard soit un quarré parfait, on ne doit guere s'attendre à trouver des racines exactes. Il y a presque toujours un reste, après la derniere soustraction. Mais alors si on n'a pas besoin d'une très-grande exactitude, on néglige ce reste, dont il n'est pas possible de tirer une seule unité de plus pour la racine.

Si l'on veut cependant en tenir compte, on calculera des décimales pour la racine, en ajoutant successivement deux zéros à chaque reste, & en continuant l'extraction autant qu'on le jugera à propos.

Après avoir trouvé, par exemple, que 624 est la racine approchée de 389489, & qu'il reste 113, j'ajoute deux zéros à ce reste; & regardant 624 comme la premiere partie d'une racine composée de deux termes, je le double, pour avoir le troisieme diviseur 1248.

Le dividende qui lui correſpond, eſt 1130; le quotient qui en réſulte eſt 0 que je mets au premier rang des décimales.

J'ajoute deux autres zéros à 11300, & je prends 113000 pour dividende. Le diviſeur eſt 12480. Le quotient eſt 9.

38,94,89	624,09 &c . . . . R.
36	12 . . . . I. D.
294	124 . . . . . . II. D.
244	1248 . . . . III. D.
50 89	12480 . . . . IV. D.
49 76	&c.
1130000	
1123281	
6719 &c.	

Avant de l'écrire à la racine, je le place à la ſuite de 12480, & je multiplie 124809 par 9. Le produit 1123281 pouvant être ſouſtrait de 1130000, je mets 9 au ſecond rang des décimales.

S'il falloit encore plus d'exactitude, on continueroit d'ajouter deux zéros chaque fois. Le calcul n'a plus d'autre difficulté que celle de la longueur.

176. On extrait la racine d'une fraction, en extrayant celle de chacun de ſes termes. Ainſi $\sqrt{\frac{4}{9}} = \frac{2}{3}$, puiſque $\frac{2}{3} \times \frac{2}{3} = \frac{4}{9}$. De même $\sqrt{\frac{1}{4}} = \frac{1}{2}$. Mais quand le numérateur & le dénominateur ne ſont pas des nombres quarrés, on ne fait qu'indiquer l'extraction en mettant le ſigne radical avant la fraction, ou bien on réduit la fraction en décimales (94), & l'on fait l'extraction de la racine, comme on vient de le pratiquer pour les reſtes des quarrés imparfaits.

177. Par tout ce détail, on voit aſſez que l'extraction des racines ſe rapporte à la diviſion, comme la formation des puiſſances ſe rapporte à la multiplication.

On doit voir auſſi que l'Algèbre ſimplifie beaucoup les raiſonnements qu'il faudroit faire pour démontrer par l'Arithmétique ſeule les regles de l'extraction, celle ſurtout qui preſcrit de diviſer chaque fois par le double de ce qui eſt la racine. Mais ce n'eſt encore là qu'une foible preuve de la ſupériorité de l'Algèbre ſur l'Arithmétique.

De l'extraction de la racine cubique.

178. ON a trouvé des regles pour extraire la racine cubique, en raisonnant sur la nature des polynomes élevés au cube, comme nous l'avons fait pour la racine quarrée. Mais ces regles sont si compliquées, & d'ailleurs il est si rare de trouver l'occasion de les appliquer, que ce n'est presque pas la peine de les apprendre. Cependant pour ne pas les omettre tout-à-fait, nous les appliquerons à quelques exemples.

Soit proposé d'extraire la racine cubique de $a^3 + 6a^2b + 12ab^2 + 8b^3$ .... Il est clair qu'au cas qu'il y en ait une, elle doit être composée de deux termes (143).

Cela posé, je vois que le premier terme de la quantité donnée est a^3, dont la racine cubique est a, que j'écris; je prends le cube a^3 de cette racine, & je l'ôte de la quantité proposée; reste $6a^2b + 12ab^2 + 8b^3$.

Je dis ensuite; dans ce reste, il y a un produit du triple du quarré du premier terme a que je viens de trouver, par le second terme que je cherche: j'élève donc a au quarré a^2; je le triple & j'ai $3a^2$, par lequel je divise le reste, en disant; $\frac{6a^2b}{3a^2} = 2b$. Mais si $+ 2b$ est le second terme de la racine, la somme de son produit par $3a^2$, plus le produit de son quarré par $3a$, plus son cube, doit être égale au reste de la quantité. Or cette somme est effectivement $6a^2b + 12ab^2 + 8b^3$, comme le reste de la quantité: donc la racine cubique cherchée est $a + 2b$.

179. Pour les nombres, il faut d'abord connoître les dix premiers cubes parfaits.

Cubes.	1.	8.	27.	64.	125.	216.	343.	512.	729.	1000.
Racines cub. .	1.	2.	3.	4.	5.	6.	7.	8.	9.	10.

Ce qui a donné lieu de remarquer qu'un nombre ne peut avoir à son cube plus que le triple de ses chiffres; car 10, premier des nombres composés de deux chiffres, a pour cube 1000, premier des nombres composés de 4 chiffres. 100 premier des nombres de 3 chiffres, a pour cube 1000000 premier des nombres de 7 chiffres, &c. On peut même, par une semblable induction, conclure en général, qu'*un nombre composé de* n *chiffres, n'en peut avoir à sa puissance* p *plus que* pn *n'en exprime.*

Cela posé, soit le nombre 74088 dont on demande la racine cubique . . . Il faut le partager en tranches de trois chiffres chacune, en allant de droite à gauche, sauf à n'en laisser qu'un ou deux pour la derniere tranche. Il faut dire ensuite la racine cubique la plus proche de la premiere tranche 74, est 4; j'écris 4 à la racine, j'éleve 4 à son cube, & j'ai 64 que je soustrais de 74; reste 10. J'abaisse la seconde tranche 088 à côté du reste 10. J'éleve au quarré la premiere partie trouvée 4, laquelle doit valoir 40 à l'égard du second chiffre que nous cherchons; j'ai 1600 que je triple, & j'écris le produit 4800 pour diviseur. Puis je dis, $\frac{10088}{4800} = 2$; nombre qu'il faut éprouver avant de l'écrire à la racine. Pour cet effet, je multiplie le diviseur 4800 par la seconde partie trouvée; le produit est 9600, que j'écris à l'écart; j'éleve 2 au quarré 4, je le multiplie par 40, qui est la premiere partie de la racine, j'en multiplie le produit 160 par 3, & j'écris le nouveau produit 480 au-dessous de 9600. Enfin j'éleve 2 au cube, & j'ai 8 que j'écris au-dessous de 480. J'ajoute ensemble les deux produits & ce cube, & parce que leur somme 10088 est égale au reste 10088, & qu'il n'y a plus de tranches à abaisser, je dis que la racine cubique de 74088 est précisément 42.

74,088	42. . . . Raci.	Soit $a = 40$, $b = 2$	Donc $3a^2b = 9600$
64	4800 . . . Div^r.		$3ab^2 = 480$
10 088			$b^3 = 8$
10 088			10088
0			

AUTRE EXEMPLE. Soit proposé d'extraire la racine cubique du nombre 5305472 . . . . Je le divise par tranches à l'ordinaire, & je dis; la racine cubique la plus proche de la tranche 5, est 1; le cube de 1 est 1, je l'ôte de 5, reste 4. J'abaisse la seconde tranche, & j'ai 4305. Je dis, 1 étant la premiere partie de la racine, vaut 10 à l'égard de la seconde; le quarré de 10 est 100, son triple est 300, je divise 4305 par 300, en disant, en 43 combien de fois 3? il doit y être 14 fois; mais parce qu'on ne met jamais plus de 9 au quotient, & même qu'en y mettant 9 dans le cas présent, on y mettroit trop, comme il est aisé de s'en assurer par les regles précédentes, je trouve après avoir essayé 9 & 8, qu'ils ne conviennent pas: j'essaye 7.

Et pour cela, je multiplie d'abord 300 par 7; j'ai 2100 pour produit: puis $7 \times 7 = 49$, ensuite $49 \times 10 = 490$, enfin $490 \times 3 = 1470$; j'écris 1470 au-dessous de 2100. Après quoi je dis: $7 \times 7 \times 7 = 343$, je l'écris au-dessous de 1470, j'ajoute ensemble 2100, 1470, & 343, & parce que la somme 3913 peut se soustraire du nombre 4305, je conclus que le chiffre 7 est le second de la racine que je cherche.

Comme il est resté 392 de la derniere soustraction, j'abaisse à côté de ce reste la troisieme tranche 472, & je regarde 17 que j'ai déja trouvé, comme la premiere partie de la racine : elle vaut donc 170 à l'égard de la partie qui m'occupe ; j'en prends le quarré 28900, je le triple, & j'ai 86700, par lequel je divise le troisieme membre 392472, j'ai le quotient 4. Pour le vérifier, je multiplie le divisseur 86700 par 4, & j'écris au-dessous le produit 346800. Puis $4 \times 4 = 16 \ldots\ldots 16 \times 170 \times 3 = 8160$. J'écris 8160 au-dessous de 346800. J'écris encore au-dessous le cube de 4, qui est 64 J'ajoute ces trois quantités, & j'ôte leur somme 355024 du troisieme membre 392472, reste 37448. Et parce qu'il n'y a plus de tranches à abaisser, je dis que la racine cubique demandée est 174, & que le nombre donné n'est pas un cube exact, mais qu'il a 37448 unités de trop.

Si l'on veut avoir égard à ce reste, il faut chercher des décimales pour la racine. On les trouve, en ajoutant aux restes autant de fois trois zéros, que l'on veut avoir de décimales, & en continuant l'extraction, regardant chaque fois tout ce qui a déja été trouvé à la racine, comme la premiere partie d'une racine dont on chercha la seconde. L'exemple fera mieux comprendre tout cela.

5,305,472	174,41 &c. . . . . Rac.
1	300 . . . . I. Div.
4305	86700. . . . . II. Div.
3913	9082800 . . . . . . III. Div.
392472	912460800 . . . . . IV. Div.
355024	&c.
37448000	
36414784	
1033216000	
912513121	
120702879 &c.	

La longueur des opérations qu'il faut faire pour ces sortes d'extractions approchées, rend encore plus précieuses les deux méthodes suivantes.

Deux Méthodes pour extraire par approximation les Racines d'un degré quelconque.

180. LA Formule du binome est d'une grande utilité, pour l'extraction des racines approchées, quand il n'y a pas moyen d'en avoir d'exactes ; ce qui arrive très-souvent.

Si on demandoit, par exemple, la racine quarrée de

$a^2 - x^2$, il eſt clair (165) que par quelque méthode que ce fût, on ne parviendroit jamais à la trouver, d'une maniere rigoureuſe ; de ſorte qu'en multipliant enſuite cette racine par elle-même, on reproduisît la quantité $a^2 - x^2$. On a recours alors aux méthodes d'approximation, qui ſont la derniere reſſource des calculs déſeſpérés.

Ces méthodes ſont des applications plus ou moins directes de la Formule ſi connue pour élever un binome à une puiſſance quelconque (148). Car telle eſt la généralité de cette Formule, qu'elle s'étend à tous les cas des puiſſances fractionaires, qui ne ſont autre choſe, comme l'on ſait (159), que des racines à extraire.

Soit donc propoſé de trouver la racine approchée de $a^2 - x^2$ . . . . . D'abord on comparera cette quantité avec celle du binome $(a+b)^m$, & on ſuppoſera que a^2 tient ici lieu de a, que $-x^2$ tient lieu de b ; & que $m = \frac{1}{2}$. Puis on ſubſtituera ces trois valeurs aux lettres qui les repréſentent dans la Formule . . . . . .

$$(a+b)^m = a^m + m\, a^{m-1} b + m.\frac{m-1}{2} a^{m-2} b^2 + m.\frac{m-1}{2}.\frac{m-2}{3} a^{m-3} b^3 + \&c.$$

Et on aura, toute réduction faite,

$$(a^2-x^2)^{\frac{1}{2}} = \left\{ \begin{array}{l} a - \dfrac{x^2}{2a} - \dfrac{x^4}{8a^3} - \dfrac{x^6}{16a^5} - \dfrac{5x^8}{128a^7} - \dfrac{7x^{10}}{256a^9} \\ - \dfrac{21x^{12}}{1024a^{11}} - \&c. \end{array} \right.$$

181. On eût trouvé, quoique d'une maniere plus laborieuſe, la même ſérie, par la ſimple regle de l'extraction, telle que nous l'avons donnée (165). Car la racine quarrée de a^2 eſt a. Souſtrayant a^2 de la quantité $a^2 - x^2$, reſte $-x^2$ qu'il faut diviſer par $2a$. On a donc $-\frac{x^2}{2a}$ pour le ſecond terme de la racine : ſon quarré eſt $\frac{x^4}{4a^2}$, & ſon produit par $2a$ eſt $-x^2$. Otant donc ces deux termes, du premier reſte $-x^2$, on aura pour ſecond reſte $-\frac{x^4}{4a^2}$ qu'il faudra diviſer par le double de tout ce qui eſt déja à la racine.

Ce nouveau diviſeur eſt $2a - \frac{x^2}{a}$; on aura donc $-\frac{x^4}{8a^3}$ pour troiſieme terme de la racine. Le quarré de ce terme eſt $\frac{x^8}{64a^6}$, & ſon produit par $2a - \frac{x^2}{a}$ eſt $-\frac{x^4}{4a^2} + \frac{x^6}{8a^4}$. Souſtrayant donc ce produit du reſte $-\frac{x^4}{4a^2}$, on aura pour troiſieme reſte $-\frac{x^6}{8a^4} - \frac{x^8}{64a^6}$, que l'on diviſera par le double de ce qui eſt déja à la racine; & de cette diviſion proviendra $-\frac{x^6}{16a^5}$, quatrieme terme de la ſérie. En continuant le même procédé, on trouveroit les termes ſuivants; & voilà où l'on en étoit réduit, lorſque Newton publia ſa formule.

182. Au lieu d'écrire les coefficients tout réduits, comme nous l'avons fait (180), on eût pu les écrire tout au long, ce qui eût ſervi à faire connoître la loi qu'ils obſervent. Alors on eût trouvé que . . . . .

$$(a^2-x^2)^{\frac{1}{2}} = \begin{cases} a - \frac{1}{2}.\frac{x^2}{a} - \frac{1}{2}.\frac{1}{4}.\frac{x^4}{a^3} - \frac{1}{2}.\frac{1}{4}.\frac{3}{6}.\frac{x^6}{a^5} - \frac{1.3.5}{2.4.6.8}. \\ \frac{x^8}{a^7} - \frac{1.3.5.7}{2.4.6.8.10}.\frac{x^{10}}{a^9} - \frac{1.3.5.7.9}{2.4.6.8.10.12}.\frac{x^{12}}{a^{11}} - \text{\&c.\&c.} \end{cases}$$

Où l'on voit que les nombres pairs ſont les ſeuls qui entrent dans la compoſition des dénominateurs, tandis que les ſeuls nombres impairs ſe trouvent dans les numérateurs. Il eſt donc bien facile de pouſſer l'approximation auſſi loin que l'on voudra.

Si au lieu de la quantité $a^2 - x^2$ on avoit $a^2 + x^2$, le réſultat ſeroit le même, aux ſignes près, qui deviendroient alternatifs. Car $(a^2+x^2)^{\frac{1}{2}} = a + \frac{1}{2}.\frac{x^2}{a} - \frac{1}{2}.\frac{1}{4}.\frac{x^4}{a^3} + \frac{1.3.}{2.4.6}.\frac{x^6}{a^5} -$ &c.

183. Les racines approchées des nombres qui n'en ont pas d'exactes, ſe calculent aiſément par ces formules. Exemple . . . . On ſait que la racine quarrée de 5 eſt entre 2 & 3. Pour la trouver d'une maniere approchée, partageons 5 en deux parties, dont l'une ſoit 4, & l'autre 1. Nous aurons $a^2 = 4$ . . . . $x^2 = 1$ . . . . &

$(a^2 + x^2)^{\frac{1}{2}} = (4 + 1)^{\frac{1}{2}} = 2 + \frac{1}{2}.\frac{1}{1}. - \frac{1}{2}.\frac{1}{4}.\frac{1}{8}. +$ &c.

En s'arrêtant aux deux premiers termes, on auroit $2 + \frac{1}{4}$ pour la racine de 5; ce qui n'est pas tout-à-fait juste, puisque $2 + \frac{1}{4}$, ou $\frac{9}{4}$ élevés au quarré donnent $\frac{81}{16} = 5 + \frac{1}{16}$. Cette premiere approximation nous montre donc que la racine cherchée est entre 2 & $2 + \frac{1}{4}$.

Si on calcule les trois premiers termes de la formule, on trouvera $2 + \frac{1}{4} - \frac{1}{64}$, ou $2 + \frac{15}{64}$, ou $\frac{143}{64}$ pour racine. Or $\left(\frac{143}{64}\right)^2 = \frac{20449}{4096} = 5 - \frac{31}{4096}$. La racine approchée est donc plus grande que $2 + \frac{15}{64}$. Mais nous venons de voir qu'elle est moindre que $2 + \frac{1}{4} = 2 + \frac{16}{64}$. Elle est donc entre $2 + \frac{16}{64}$ & $2 + \frac{15}{64}$.

En calculant d'autres termes, on resserreroit de plus en plus les limites entre lesquelles est comprise la racine de 5; sans pouvoir cependant parvenir à sa vraie valeur: car la racine de 5 est incommensurable, c'est-à-dire, qu'il n'y a aucun nombre ni entier, ni fractionaire, qui, multiplié par lui-même, puisse donner 5 pour produit. Cela est évident pour les nombres entiers, & on trouvera sans beaucoup de peine la raison pour les nombres fractionaires.

Autre exemple. Soit proposé de trouver la racine de 8 .... Je fais $8 = 9 - 1 \ldots a^2 = 9 \ldots x^2 = 1$, & je substitue ces valeurs dans la formule $(a^2 - x^2)^{\frac{1}{2}} = a - \frac{1}{2}.\frac{x^2}{a} - \frac{1}{2}.\frac{1}{4}.\frac{x^4}{a^3} -$ &c. Je trouve, en ne calculant que les deux premiers termes .... $(9-1)^{\frac{1}{2}} = 3 - \frac{1}{6} = 2 + \frac{5}{6} = \frac{17}{6}$. Cette valeur n'est pas bien exacte, puisque le quarré de $\frac{17}{6}$ est $\frac{289}{36} = 8 + \frac{1}{36}$. Mais en calculant les trois premiers termes, j'aurai $(9-1)^{\frac{1}{2}} = 3 - \frac{1}{6} - \frac{1}{216} = \frac{611}{216} = 3 - \frac{37}{216}$; valeur plus approchée, puisque $\left(\frac{611}{216}\right)^2 = \frac{373321}{46656} = 8 + \frac{73}{46656}$.

Et pour mener encore plus rapidement l'approximation, je ferai $8 = \frac{373371}{46656} - \frac{73}{46656} \ldots a^2 = \frac{373311}{46656}$, ou $\left(\frac{611}{211}\right)^2 \ldots x^2 = \frac{73}{46656}$; après quoi je calculerai les deux ou trois premiers termes de la formule. On trouvera le résultat sous la lettre G″.

184. L'extraction des racines cubiques se fait en suivant les mêmes procédés. Il n'y a de différence que dans les substitutions de l'exposant. Pour avoir donc la racine cubique de $a+x$, on écrira .....

$(a+x)^{\frac{1}{3}} = a^{\frac{1}{3}} + \frac{1}{3} a^{\frac{1}{3}-1} x + \frac{1}{3}\left(\frac{\frac{1}{3}-1}{2}\right) a^{\frac{1}{3}-2} x^2 +$ &c; d'où l'on tirera $(a+x)^{\frac{1}{3}} = a^{\frac{1}{3}} + \frac{1}{3} a^{\frac{-2}{3}} b - \frac{1}{9} a^{\frac{-5}{3}} b^2 + \frac{5}{18} a^{\frac{-8}{3}} x^3 -$ &c.

Cette expression peut prendre aussi la forme radicale suivante (163).

$$\sqrt[3]{(a+b)} = \sqrt[3]{a} + \frac{\frac{1}{3}x}{\sqrt[3]{a^2}} - \frac{\frac{1}{9}x^2}{\sqrt[3]{a^5}} + \frac{\frac{5}{81}x^3}{\sqrt[3]{a^8}} - \frac{\frac{10}{241}x^4}{\sqrt[3]{a^{11}}} + \text{\&c.}$$

Donc $\sqrt[3]{(1-y^3)} = 1 - \frac{y^3}{3} - \frac{y^6}{9} - \frac{5y^9}{81} - \frac{10y^{12}}{243} - \frac{22y^{15}}{729} -$ &c.

Quand il s'agit de la racine cubique d'un nombre, on parvient à l'obtenir au moyen des substitutions convenables.

Exemple. Quelle est la racine cubique de 2?.... Je décompose 2 en $1+1$, & faisant $a=1 \ldots b=1 \ldots$ j'ai $(1+1)^{\frac{1}{3}}=1+\frac{1}{3}-\frac{1}{9}+\frac{5}{81}-\frac{10}{243}-$ &c.

Si je m'arrête aux deux premiers termes, la racine approchée devient $\frac{4}{3}$. Or $\left(\frac{4}{3}\right)^3=\frac{64}{27}=2+\frac{10}{27}$. Donc cette valeur est trop grande, de $\frac{10}{27}$.

Prenons au lieu de 2, la quantité qui lui est égale, $\frac{64}{27}-\frac{10}{27}$, & supposons $a=\frac{64}{27} \ldots l=-\frac{10}{27}$; nous aurons $\left(\frac{64}{27}-\frac{10}{27}\right)^{\frac{1}{3}}=\frac{4}{3}-\frac{5}{72}$ pour les deux premiers termes. Réduisant $\frac{4}{3}-\frac{5}{72}$ à la quantité $\frac{91}{72}$, on trouvera que $\left(\frac{91}{72}\right)^3=\frac{753571}{373248}=2+\frac{7075}{373248}$. Ainsi $\frac{91}{72}$ est déja une racine fort approchée de celle que l'on demande.

Autre exemple. Quelle est la racine cubique de 100?.... Rép. 4 + une fraction que l'on déterminera d'une maniere approchée, par le calcul suivant.

Soit $100=125-25$. (Le but de cette transformation est d'avoir pour a un cube parfait). Soit $125=a \ldots 25=b$. On aura, en ne calculant que les deux premiers termes de la formule,

$$(125-25)^{\frac{1}{3}}=(125)^{\frac{1}{3}}-\frac{1}{3}.125^{-\frac{2}{3}}.25-\&c=5-\frac{1}{3}.$$

Donc la premiere approximation donnera $\sqrt[3]{100}=4+\frac{2}{3}=\frac{14}{3}$ quantité un peu trop grande, puisque $\left(\frac{14}{3}\right)^3=\frac{2744}{27}=101\frac{17}{27}$.

On fera donc $100=\frac{2744}{27}-\frac{44}{27}$, & par de nouvelles substitutions, on trouvera pour racine plus approchée, $\frac{2047}{441}=4+\frac{283}{441}$. Ce résultat surpasse encore la racine cubique de 100; puisque $\left(\frac{2047}{441}\right)^3=\frac{8577357823}{85766121}=100+\frac{6585723}{85697721}=100,008$ &c. L'approximation eût été plus prompte par la voie des Logarithmes.

Il en seroit de même pour les racines quatriemes, cinquiemes, & suivantes.

Mais comme les approximations que l'on obtient par cette méthode sont quelquefois trop lentes, nous ajouterons celle que Halley inséra dans les *Transactions Philosophiques* de 1694.

185. Seconde Méthode. Soit proposé généralement d'extraire par approximation la racine m d'une quantité quelconque $a^m \pm b \ldots$ On peut supposer que cette racine est représentée par la quantité $a+d$, a exprimant un nombre entier, & d la fraction décimale qu'il faut ajouter à ce nombre pour avoir la racine cherchée.

Cela posé, on aura $a+d = \sqrt[m]{(a^m \pm b)}$. Donc $(a+d)^m = a^m \pm b$. Donc $a^m + m\,a^{m-1}\,d + \frac{m.m-1}{2}\,a^{m-2}\,d^2 + \ldots$ &c $= a^m \pm b$. Négligeant les termes où la fraction d est élevée aux puissances supérieures au quarré, effaçant de part & d'autre a^m, & divisant le reste par m, on aura $a^{m-1}\,d + \frac{m-1}{2}\,a^{m-2}\,d^2 = \pm \frac{b}{m}$.

Multipliant ensuite par 2, divisant par $m-1\ a^{m-2}$, & ordonnant, on trouvera $d^2 + \frac{2a}{m-1}\,d = \pm \frac{2b}{[mm]\,a^{m-2}}$. Complétant le quarré, extrayant la racine, & transposant, il viendra .... $d = \frac{-a}{m-1} + \sqrt{\left(\frac{a^2}{(m-1)^2} \pm \frac{2b}{(mm-m)\,a^{m-2}}\right)}$.

Enfin si l'on ajoute a aux deux membres de cette équation, on aura généralement pour l'extraction d'une racine approchée quelconque, $a+d = \sqrt[m]{(a^m \pm b)} = \frac{m-2}{m-1}a + \sqrt{\left(\frac{a^2}{(m-1)^2} \pm \frac{2b}{(mm-m)\,a^{m-2}}\right)}$.

De cette Formule générale dont Halley ne parle pas, découlent par de simples substitutions toutes les formules particulieres qu'il a insérées dans son Mémoire. Leur principale utilité consiste à donner des approximations que les Tables ordinaires de Logarithmes ne sauroient donner. Commençons par détailler ces formules.

$$\sqrt[3]{(a^3 \pm b)} = \tfrac{1}{2}a + \sqrt{\left(\tfrac{1}{4}aa \pm \frac{b}{3a}\right)}$$

$$\sqrt[4]{(a^4 \pm b)} = \tfrac{2}{3}a + \sqrt{\left(\tfrac{1}{9}aa \pm \frac{b}{6aa}\right)}$$

$$\sqrt[5]{(a^5 \pm b)} = \tfrac{3}{4}a + \sqrt{\left(\tfrac{1}{16}aa \pm \frac{b}{10a^3}\right)}$$

$$\sqrt[6]{(a^6 \pm b)} = \tfrac{4}{5}a + \sqrt{\left(\tfrac{1}{25}aa \pm \frac{b}{15a^4}\right)}$$

$$\sqrt[7]{(a^7 \pm b)} = \tfrac{5}{6}a + \sqrt{\left(\tfrac{1}{36}aa \pm \frac{b}{21a^5}\right)}$$

&c. &c. &c.

Maintenant faiſons-en une application, en nous propoſant de trouver la racine cinquieme de 161900 avec 12 décimales.

Je diviſe par 5 le logarithme de 161900 qui eſt 5,2092468 : j'ai 1,0418494, logarithme de 11,012, racine approchée ; je fais 11,012 $= a$: j'éleve 11, 012 à la cinquieme puiſſance, & j'ai $a^5 = 161931,378732020728832$, qui excede 161900 de 31, 378732020728832. Je fais cet excès $= b$, & j'ai $a^5 - b = 161900$; donc par la formule $\sqrt[5]{(a^5 - b)} = \tfrac{3}{4}a + \sqrt{\left(\tfrac{1}{16}aa - \frac{b}{10a^3}\right)}$, j'ai en ſubſtituant les nombres .... $\sqrt[5]{(a^5 - b)} = 8,259 + \sqrt{\left(7,579009 - \frac{31,378732020728832}{13353,60753728}\right)} =$

$8,259 + \sqrt{(7,579009 - 0,0023498318288243159327 11)} =$

$8,259 + \sqrt{(7,5766591681711756840672 89)} =$

$8,259 + 2,752573190339 = 11,011573190339$, racine cherchée.

H

APPLICATION DE L'ALGEBRE

A

LA RÉSOLUTION DE QUELQUES PROBLÈMES.

186. La résolution des problêmes mathématiques est fondée sur les rapports connus entre des choses que l'on fait, & des choses qu'on ignore. Ces rapports s'appellent les *conditions du Problême*; & quiconque est parvenu à exprimer algébriquement ces conditions, ne tarde guere à en déduire la connoissance de ce qu'il cherche.

Ce résultat est donc le fruit de la comparaison des quantités connues avec celles qui ne le sont pas. Les premieres s'appellent les *données du problême*, & on a coutume de les représenter par les premieres lettres, a, b, c, &c. ou α, β, γ, &c. Les autres portent simplement le nom de quantités *inconnues* : on les désigne par les lettres x, y, z, φ, ω, &c.

Toute formule qui exprime l'égalité de deux ou de plusieurs quantités, s'appelle généralement *Equation*. Le signe d'égalité partage l'équation en deux membres. Celui qui est à gauche s'appelle *le premier membre*; l'autre est le second.

187. Le *Degré* d'une équation dépend de celui de la plus haute puissance des inconnues qu'elle renferme. Ainsi toute équation qui ne contient pas d'inconnue plus élevée que la premiere puissance, est une équation du premier degré. Les exemples suivants, $x = a \ldots z + b = y - c \ldots . \zeta\varphi - \varepsilon = (c + d)$ sont donc autant d'équations de ce genre.

On les appelle aussi quelquefois des *équations linéaires*, parce que les inconnues qu'elles renferment, n'offrent qu'une ſeule *Dimenſion*, comme les lignes.

Lorſqu'une équation contient une ou pluſieurs inconnues élevées ſéparément au quarré, ou multipliées deux à deux, elle appartient aux *équations du ſecond degré*. Telles ſont les équations ſuivantes :

$x^2 = a \ldots z^2 + y^2 = \varphi \ldots xy = b \ldots x^2 + px = q \ldots$

Pour qu'une équation ſoit du *troiſieme degré*, il ſuffit qu'une de ſes inconnues ſoit élevée au cube. Ainſi les équations ſuivantes ...

$x^3 = c \ldots x^3 + px^2 + qx = b \ldots\ldots y^3 - my = nz^2$

ſont toutes du troiſieme degré. L'équation $xyz = f$ eſt de la même claſſe, parce qu'elle contient le produit de trois inconnues ſimples. On doit en dire autant de l'équation $xy^2 = g$.

Les équations du quatrieme degré ſe diſtinguent avec la même facilité, & ainſi des autres. Mais de quelque degré qu'elles ſoient, le but général de leur réſolution eſt de faire connoître la valeur des inconnues qu'elles renferment.

Pour atteindre ce but dans les équations du premier & du ſecond degré, il ne faut qu'un peu d'habitude du calcul algébrique; & on va voir avec quelle facilité cette habitude s'acquiert. La réſolution des équations du troiſieme & du quatrieme degré eſt ſujette à des difficultés. Celle des équations du cinquieme eſt encore à trouver; & on verra par la ſuite à quoi tiennent les obſtacles qui ont rendu juſqu'à préſent inutiles tous les efforts que l'on a faits pour y parvenir. Commençons par les équations du premier degré.

Réſolution des Equations du premier degré.

188. Une équation eſt réſolue quand on eſt parvenu à laiſſer toute ſeule dans un membre l'inconnue dont on cherche la valeur, & à n'avoir dans l'autre membre que

des quantités connues. Alors en effet le problême est résolu, puisqu'une quantité égale à des quantités connues cesse d'être inconnue.

I. PROBLEME. Un pere a six fois autant d'âge que son fils, & la somme des deux âges est de 91 ans. Quel est l'âge du fils? Quel est celui du pere?

Pendant que les Arithméticiens tâtonneront, l'Algébriste dira .... J'appelle x l'âge du fils; donc par l'énoncé du problême, l'âge du pere sera $6x$. Or ces deux âges réunis doivent faire 91 ans; donc $7x = 91$; & voilà le problême *mis en équation*.

A présent qu'il est, pour ainsi dire, traduit en langage algébrique, le reste de la solution n'est qu'un jeu .... Si $7x = 91$, dira-t-on, donc $x = \frac{91}{7} = 13$; & par conséquent le fils a 13 ans. Le pere en a donc 78; & la preuve en est, que $13 + 78 = 91$; ce qui satisfait à la condition du problême.

189. Concluons de cet exemple, que pour *dégager l'inconnue*, quand elle est affectée d'un coefficient quelconque, il faut diviser toute l'équation par ce même coefficient. Ainsi pour connoître la valeur de x dans l'équation suivante $ax = b$, on écrira $x = \frac{b}{a}$.

II. PROBLÈME. Quel est le nombre dont le tiers & le quart ajoutés ensemble font 63?

Ce nombre m'est inconnu; mais quel qu'il soit, je l'appelle x. Son tiers est donc $\frac{x}{3}$ & son quart sera $\frac{x}{4}$. Ces deux parties réunies doivent faire 63. J'ai donc pour équation du problême ... $\frac{x}{3} + \frac{x}{4} = 63$.

Réduisant au même dénominateur, & ajoutant les deux fractions, j'aurai ... $\frac{7x}{12} = 63$. Le coefficient de l'inconnue sera donc $\frac{7}{12}$, par lesquels je diviserai les deux membres de l'équation, suivant la regle précédente: ce qui me donnera .... $x = \frac{12.63}{7} = \frac{12.9.7}{7} = 12.9$

$=108$. Effectivement le tiers de 108 est 36, le quart de 108 est 27; & $36 + 27 = 63$.

190. Concluons de cet exemple que toutes les équations de cette forme . . . $\frac{ax}{b} = c$, se résolvent en écrivant $x = \frac{bc}{a}$: c'est-à-dire que pour dégager une inconnue affectée d'un coefficient fractionaire, il faut multiplier tous les termes de l'équation par le dénominateur de ce coefficient, & les diviser par son numérateur.

III. PROB. On demande un nombre tel, qu'en le divisant par 5, on ait un quotient, qui ajouté au produit de ce même nombre par 4, & au multiplicateur 4, fasse $12\frac{1}{2}$.

Si on appelle x le nombre demandé, on aura . . . . $\frac{x}{5} + 4x + 4 = 12\frac{1}{2}$. Multipliant tout par le dénominateur 5, pour faire disparoître la fraction $\frac{x}{5}$ on aura . . . $20x + x + 20 = 62\frac{1}{2}$; d'où l'on tirera $21x + 20 = 62\frac{1}{2}$.

191. Or toutes les fois que deux quantités sont égales, on peut ajouter ou soustraire de part & d'autre une même quantité; on peut tout multiplier ou tout diviser par le même nombre; on peut tout élever à une même puissance, sans détruire l'égalité des deux membres de l'équation.

Je puis donc soustraire 20, par exemple, de chacun de ces membres dans l'équation . . . $21x + 20 = 62\frac{1}{2}$, & en déduire . . . . $21x = 42\frac{1}{2}$. Mais par la premiere regle (189) on a . . . $x = \frac{42\frac{1}{2}}{21}$; donc $x = 2 + \frac{1}{42} = \frac{85}{42}$; ce qui eut été un peu long à trouver par les tâtonnements de l'Arithmétique.

192. Il suit de la remarque précédente que pour faire passer une quantité positive d'un membre dans un autre, on n'a qu'à effacer cette quantité dans le membre où elle est, & l'écrire dans l'autre membre avec le signe $-$. Ainsi

toute équation de cette forme... $x + a = b$, se réduit à celle-ci... $x = b - a$.

Et réciproquement pour transporter d'un membre à l'autre une quantité négative, on l'effacera dans le membre où elle est, & on l'écrira dans l'autre membre avec le signe $+$. Exemple... $x - m = p$; donc $x = p + m$. En général, si on a.... $x \pm c = h$, on en conclura que $x = h \mp c$. Cette regle est d'un grand usage.

193. Avec ce petit nombre de principes & d'opérations bien élémentaires, il n'y a point d'équation du premier degré qui ne se résolve très-promptement. Prenons pour exemple un des cas les plus compliqués; & proposons-nous de trouver la valeur de l'inconnue x dans l'équation suivante.

$$\frac{ax}{b} + \frac{cx}{f} + m = px + \frac{cx}{f} + n.$$

D'abord je vois que les deux membres contiennent une même quantité $\frac{cx}{f}$, affectée du même signe. L'égalité subsistera donc, après que l'on aura retranché de part & d'autre cette quantité; (quand on trouve ainsi précédés du même signe des termes communs aux deux membres, il ne faut pas manquer de les effacer). On n'aura donc plus à résoudre que l'équation,

$$\frac{ax}{b} + m = px + n.$$

Je vois ensuite que pour laisser x toute seule dans un membre, il faut que je transporte du même côté les quantités connues, & que l'autre membre soit formé seulement des termes qui contiennent x. La regle des transpositions observée me donne

$$\frac{ax}{b} - px = n - m.$$

194. REMARQUE. Quelquefois on est embarrassé pour sa-

voir dans quel sens on fera ces sortes de transpositions : ici, par exemple, il n'y a pas plus de raison pour transposer le terme px dans le premier membre, que le terme $\frac{ax}{b}$ dans le second. Cela dépend uniquement de celui qui résoud le problême. La valeur de l'inconnue est la même dans les deux cas. Seulement elle est positive dans l'un & négative dans l'autre.

A présent que l'équation est transposée, il ne reste plus qu'à dégager l'inconnue ; & pour cela, je multiplie tout par le dénominateur b, ce qui me donne,

$$ax - bpx = bn - bm.$$

$$\text{ou } (a - bp)x = (n - m)b.$$

A cette nouvelle préparation j'en fais succéder une autre, qui est celle de la division de toute l'équation par le coefficient de l'inconnue. Ce coefficient est $a - bp$: j'ai donc enfin,

$$x = \frac{(n-m)b}{a-bp}.$$

IV. PROB. A la suite d'une inondation il est tombé dans un même jour la moitié des maisons d'une Ville ; il en est tombé le tiers le lendemain, & le douzieme dans les jours suivants ; on n'en compte plus que 63 sur pied. De combien de maisons cette Ville étoit-elle composée avant l'inondation ?

Soit x le nombre cherché ; $\frac{x}{2}$ sera l'expression du nombre de bâtiments écroulés le premier jour : $\frac{x}{3}$ & $\frac{x}{12}$ exprimeront combien il en est tombé dans les jours suivants ; l'équation du problême sera donc :

$$\frac{x}{2} + \frac{x}{3} + \frac{x}{12} + 63 = x.$$

Supposons, pour abréger, que $63 = a$, & que l'on multiplie toute l'équation par le plus grand dénominateur qui est ici 12. On aura

$$6x + 4x + x + 12a = 12x.$$

Réduisant......... $11x + 12a = 12x.$

Retranchant de part & d'autre la quantité commune $11x$, il restera pour solution du Problême,

$$12a = x.$$

Cette Ville renfermoit donc dans son enceinte 756 maisons.

V. PROB. Trois amis que je désignerai, l'un par B, l'autre par C, & le troisieme par D, ont pris en commun des billets de Loterie. La mise de B + celle de C font 21^{tt}. Ce que B & D ont mis d'argent fait 24^{tt}. Les deux mises de C & de D font 27^{tt}. Quelle est la mise de chacun?

Je suppose $a = 21 \ldots e = 24 \ldots f = 27$; & j'appelle x la mise de B; donc $a - x$ est la mise de C, & $e - x$ est celle de D. Or l'énoncé du problême porte que ces deux dernieres mises font 27^{tt}. Donc... $a - x + e - x = f$; d'où je tire,

$$x = \frac{a + e - f}{2} = 9^{\text{tt}}$$

ce qui me donne 12 & 15^{tt} pour les mises respectives de C & de D.

195. Au premier apperçu de ce problême, il paroissoit indispensable de regarder les trois mises comme autant d'inconnues différentes : mais en y regardant de plus près, on a dû voir qu'une seule de ces mises étant déterminée, les deux autres ne pouvoient manquer par-là même d'être déterminées aussi. D'où nous conclurons que le nombre des inconnues ne dépend pas du nombre des questions particulieres que l'énoncé d'un problême renferme; mais du degré de liaison, qui existe entre les conditions du problême proposé.

Ce n'est pas, au reste, que l'on ne fût également parvenu à la solution du dernier, en introduisant trois inconnues dans le calcul. On en verra la preuve tout à l'heure: mais en général il faut toujours tendre aux solutions les plus simples; & c'est au tact particulier de chacun qu'il appartient uniquement de mettre sur la voie qui mene à ces sortes de solutions. Ni Livres, ni Maîtres ne peuvent donner la sagacité nécessaire pour démêler dans un problême, ce qui en est le principal, & ce qui n'en est que l'accessoire. Les exemples cependant donnent une grande facilité : c'est pourquoi nous en ajouterons encore quelques-uns.

VI. PROB. Par le testament qu'un pere a fait avant sa mort, le fils aîné doit prélever d'abord 1000 écus sur la masse des biens, puis prendre le sixieme de ce qui restera. La part du second fils doit être formée; 1°, de 2000 écus; 2°, du sixieme de ce qui restera. La part du troisieme doit être composée de 3000 écus & du sixieme de ce qui restera, & ainsi de suite jusqu'au dernier, dont la part sera le reste de celles de ses freres. Les dispositions du testament s'exécutent, & le partage de chacun des enfants se trouve égal . . . On demande 1°, quel est le bien du pere? 2°, combien il y a d'enfants? 3°, quelle est la part de chacun?

On seroit porté à croire qu'il y a réellement trois inconnues dans ce problême. Cependant avec un peu de réflexion on verra que si le bien du pere étoit connu, tout le reste le seroit. Effectivement la part du fils aîné résultant de la somme de 1000 écus + du sixieme de ce qui resteroit, on n'auroit qu'à prélever ces mille écus sur le bien total, supposé connu, & puis on ajouteroit à ces mille écus, le sixieme du reste, pour connoître la part de l'aîné. Mais comme par l'énoncé du problême toutes les parts doivent être égales, il suffiroit de diviser le bien du pere par la portion du fils aîné, pour connoître le nombre des parts, & par conséquent celui des enfants. Cela posé, occupons-nous de la recherche du bien du pere.

Je l'appelle x, & pour abréger je fais $a = 1000$ écus. Après quoi je raisonne ainsi : quand l'aîné aura pris mille écus, le reste du bien sera exprimé par $x - a$. Il doit prendre le sixieme de ce reste, & ce sixieme est $\frac{x-a}{6}$; sa part sera donc $a + \frac{x-a}{6}$, ou en réduisant au même dénominateur, $\frac{5a+x}{6}$. Cette part doit être égale à celle de chacun de ses freres; cherchons donc, par exemple, la valeur algébrique de la part du second, afin de l'égaler à la valeur déja trouvée pour celle de l'aîné.

Quand du bien total on a soustrait la part de l'aîné, le reste est exprimé par $x - \frac{5a+x}{6} = \frac{5x-5a}{6}$. Sur ce reste, le second fils doit prélever 2000 écus $= 2a$; il ne restera donc que $\frac{5x-5a}{6} - 2a = \frac{5x-17a}{6}$, dont il faut prendre le sixieme, qui est $\frac{5x-17a}{36}$. Ajoutant ce sixieme aux 2000 écus, on aura pour la part du second fils, $2a + \frac{5x-17a}{36} = \frac{55a+5x}{36}$. Cela posé, on aura pour l'équation du problême,

$$\frac{5a+x}{6} = \frac{55a+5x}{36}.$$

Mais aussi-tôt qu'un problême du premier degré est mis en équation, il n'y a plus de difficulté. On trouve tout de suite la valeur de l'inconnue en la laissant seule dans un membre. Ici, par exemple, en multipliant par 36 les deux membres de l'équation, on aura

$$30a + 6x = 55a + 5x.$$

ôtant de part & d'autre les quantités communes qui sont $30a$ & $5x$, il viendra enfin pour la valeur du bien que le pere laisse.... $x = 25a = 25000$ écus.

Et par conséquent la part de chaque fils est de 5000 écus. Il y avoit donc cinq freres.

VII. *A* & *B* se sont mis au jeu, ayant autant d'argent l'un que l'autre. Ils en ont perdu une partie; la perte de *A* est de 12^{tt}, celle de *B* est de 57^{tt}, & par-là *B* n'a plus que le quart de l'argent qui reste à *A*. Combien avoient-ils avant le jeu?

Ils avoient x^{tt}, & puisque la perte de *A* est de 12^{tt}, il lui reste $x - 12$. La perte de B est de 57^{tt}. Ce qui lui reste est donc $x - 57$. Or la condition du problême est que pour égaler ces deux restes, il faut quadrupler le dernier ; donc l'équation cherchée est

$$x - 12 = 4(x - 57)$$

donc $x = 72^{\text{tt}}$.

VIII. Quel est le nombre dont le tiers & le cinquieme diffèrent entre-eux de 8?

Soit x ce nombre . . . Soit $a = 8$ . . $\frac{1}{3} = \frac{1}{m}$ . . . $\frac{1}{5} = \frac{1}{n}$ . . . On aura $\frac{x}{m} - \frac{x}{n} = a$; donc $x = \frac{amn}{n-m}$ $= 60$; & en effet le tiers de 60 est 20, le cinquieme de 60 est 12, & $20 - 12 = 8$.

IX. On a divisé un nombre par 6, & le quotient s'est trouvé tel, qu'en l'ajoutant avec le diviseur & le dividende, on a eu pour somme totale 69. Quel est ce nombre?

Soit $a = 6$ . . . $b = 69$. On aura $x + \frac{x}{a} + a = b$; donc $x = \frac{(b-a)a}{a+1}$, & substituant les valeurs de a & de b, on trouvera que $x = 54$.

X. Etant données la somme & la différence de deux quantités, trouver chacune de ces quantités.

Soit a la somme, b la différence, x la plus grande des deux inconnues, y la plus petite. On aura les deux équations suivantes;

$$x + y = a \ldots x - y = b.$$

Si on prend la valeur de x dans la premiere équation, on aura $x = a - y$.

Si on la prend dans la seconde, on trouvera $x = b + y$. Or ces deux valeurs étant nécessairement égales, on aura $a - y = b + y$; équation qui ne renfermant plus qu'une inconnue, se résout avec la plus grande facilité par une simple transposition, en disant $a - b = 2y$; d'où l'on tire $y = \frac{1}{2}(a - b) = \frac{1}{2}a - \frac{1}{2}b$.

196. Or la valeur de y étant une fois connue, il n'y a

plus qu'à la ſubſtituer dans l'équation $x = a - y$, ou $x = b + y$, pour trouver $x = \frac{1}{2}(a + b) = \frac{1}{2}a + \frac{1}{2}b$.

On peut donc dire généralement (& cette généralité dans les réſultats eſt encore une fois un des plus précieux avantages de l'Algèbre) que *toutes les fois que l'on connoît la ſomme & la différence de deux quantités, la plus grande ſe trouve en ajoutant la moitié de la ſomme à la moitié de la différence; & que la plus petite eſt égale à la moitié de la ſomme moins la moitié de la différence.*

APPLICATIONS. Deux freres ont 57 ans à eux deux; le frere aîné a 7 ans de plus que le cadet. Quel eſt l'âge de chacun?

La moitié de la ſomme eſt $28\frac{1}{2}$; la moitié de la différence eſt $3\frac{1}{2}$. L'aîné a donc 32 ans; le cadet n'en a que 25.

Une maiſon compoſée de deux étages a 35 pieds de haut. Le premier étage eſt de 4 pieds plus élevé que le ſecond. Quelle eſt la hauteur des deux étages?

$a = 35 \ldots b = 4$. Donc $x = \frac{1}{2}a + \frac{1}{2}b = 19\frac{1}{2}$, & $y = \frac{1}{2}a - \frac{1}{2}b = 15\frac{1}{2}$.

Deux poids réunis peſent 2878 livres, le moins lourd peſe 156 livres de moins que l'autre. Combien peſent-ils chacun?

$a = 2878 \ldots b = 156$. Donc $x = 1517 \ldots y = 1361$.

197. Au lieu de réſoudre ce petit problême en comparant les deux valeurs de x, on eût pu ajouter les deux équations ... $x + y = a \ldots x - y = b$, ce qui eût fait trouver tout de ſuite la valeur de $x = \frac{a+b}{2}$; & ſi on eût ſouſtrait la ſeconde équation de la premiere, la valeur de y ſe feroit trouvée avec la même promptitude. Mais cet abrégé ne ſe préſente pas toujours d'une maniere auſſi facile.

Un pere, avons-nous dit (*page* 116), a ſix fois autant d'âge que ſon fils, & la ſomme des deux âges fait 91 ans. Ne pourroit-on pas ramener ce problême à ceux qui ont deux inconnues?

Soit x l'âge du pere, y l'âge du fils. On aura

$$x=6y \ldots x+y=91.$$

Soustrayant la premiere équation de la seconde, on trouvera que

$$y=91-6y. \text{ Donc } y=13,$$

& par conséquent $x=78$, comme nous l'avions trouvé par la premiere méthode, qui est toujours préférable quand on peut l'employer.

198. Lorsqu'on a plusieurs inconnues, il faut les réduire successivement à une seule, ou, comme l'on dit, il faut les *éliminer* toutes, hors une derniere, qui se trouvant enfin en égalité avec des quantités connues, cesse d'être inconnue.

Cette *élimination* se fait en prenant d'abord la valeur d'une même inconnue dans deux équations différentes, & en égalant ces deux valeurs, pour avoir en y, par exemple, la valeur de x. C'est ainsi qu'après avoir trouvé dans le dernier problême ... $x+y=a \ldots x-y=b$, nous avons d'abord conclu ... $x=a-y \ldots x=b+y$, & puis $a-y=b+y$.

On peut aussi, après avoir pris la valeur d'une inconnue, substituer cette valeur par-tout où l'inconnue se trouve; cela revient absolument au même.

199. L'élimination des inconnues ne peut donc être poussée jusqu'au bout, si on n'a pas autant d'équations que d'inconnues. Car il est bien clair que si on propose de trouver deux quantités x & y dont on ne connoît que la somme a, la condition unique du problême, exprimée par l'équation $x+y=a$, ne permet pas d'éliminer aucune des deux inconnues: en prenant en effet la valeur de x, par exemple, c'est-à-dire, en laissant x toute seule dans un membre, on n'apprend autre chose, sinon qu'elle est égale à une quantité $a-y$, aussi inconnue qu'elle. Ces sortes de problêmes, dans lesquels il y a plus d'inconnues que de conditions, s'appellent des *Problêmes indéterminés*. Nous en parlerons dans la suite.

XI. Une perſonne ayant des jetons dans ſes deux mains, en prend un de la droite pour l'ajouter à ceux de la gauche, & par-là il s'en trouve autant dans une main que dans l'autre. Si cette même perſonne eût fait paſſer deux jetons de la gauche dans la droite, cette derniere main en eût contenu le double de ce qui ſeroit reſté dans l'autre. Là deſſus on demande combien de jetons il y avoit d'abord dans chaque main.

Soit x le nombre qu'il y en avoit dans la droite; ſoit y le nombre de ceux de la gauche. On aura par la premiere condition . . . . $x - 1 = y + 1$.
& par la ſeconde . . . . $x + 2 = 2(y - 2)$.

On pourroit prendre dans la premiere équation la valeur de x, & la ſubſtituer dans la ſeconde, pour n'avoir plus que l'inconnue y à évaluer : mais il eſt plus court de ſouſtraire cette premiere équation de la ſeconde. Le réſultat donnera $y = 8$, & par conſéquent $x = 10$; nombres qui ſatisfont aux deux conditions du problême.

XII. Un Orfevre a fait payer 318# pour 3 onces d'or & 5 onces d'argent. Il a fait payer auſſi 522# pour 5 onces d'or & 7 onces d'argent. A quel prix eſt donc l'once d'or? A quel prix eſt l'once d'argent?

Soient x & y les valeurs cherchées. Soient $a = 318$#... $b = 522$. On aura

$$3x + 5y = a \ldots 5x + 7y = b.$$

Mais à cauſe des coefficients différents qui affectent les mêmes inconnues, il n'eſt pas poſſible d'en éliminer aucune par la ſeule addition ou ſouſtraction des deux équations, comme nous l'avons pratiqué ci-deſſus. Il faut donc tâcher de donner dans ces deux équations un même coefficient à l'une des deux inconnues, pour pouvoir enſuite l'éliminer par cette voie. Or pour cela, il ſuffit de multiplier la premiere équation par le coefficient que cette inconnue a dans la ſeconde, & de multiplier enſuite la ſeconde équation par le coefficient que cette même inconnue a dans la premiere.

EXEMPLE. Je voudrois éliminer x des deux équations précédentes . . . . je multiplie la premiere par 5 (coefficient de x dans la seconde), & la seconde par 3 (coefficient de x dans la premiere). Les produits sont

$$15x + 25y = 5a \quad . \; . \; . \quad 15x + 21y = 3b.$$

Je soustrais le second du premier ; le reste est $4y = 5a - 3b$. Donc $y = 6^{\text{tt}}$. Je substitue cette valeur dans l'une des deux équations primitives, & j'en déduis $x = 96^{\text{tt}}$. Ces deux prix remplissent les conditions du problême.

On eût trouvé les mêmes valeurs par la substitution, mais le calcul eût été un peu plus long. Au reste, pour traiter ces sortes de problêmes avec toute la généralité dont ils sont susceptibles, nous résoudrons les deux équations suivantes,

$$px + qy = a \quad . \; . \; . \quad mx + ny = b.$$

En multipliant la premiere équation par m, & la seconde par p, nous aurons,

$$mpx + mqy = am \quad . \; . \; . \quad mpx + npy = bp,$$

& en soustrayant la seconde de la premiere, il viendra

$$mqy - npy = am - bp$$

donc $y\,(mq - np) = am - bp$

& par conséquent . . . . $y = \frac{am - bp}{mq - np}$.

Reste à substituer cette valeur dans une des deux équations générales, pour trouver la valeur de x.

Substitution faite, on trouvera que $x = \frac{bq - an}{mq - np}$.

Et si on donne aux lettres m, n, p, q les valeurs respectives qu'elles ont dans l'énoncé du dernier problême, on verra que x & y seront respectivement 96^{tt} & 6^{tt}, comme ci-dessus. Il y aura même cette facilité de plus, qu'en variant tant que l'on voudra les valeurs des données, on n'aura que de simples substitutions à faire dans les formules des valeurs de x & de y, pour résoudre tous les problêmes analogues à celui-là. Voilà pourquoi les solutions générales sont préférables, à tous égards, aux solutions particulieres.

XIII. On a acheté trois chevaux dont les prix ſont tels que le prix du premier plus la moitié du prix du ſecond & du troiſieme ſont 25 louis. Le prix du ſecond plus le tiers du prix des deux autres ſont 26 louis. Le prix du troiſieme plus la moitié du prix des deux autres ſont 29 louis. Quel eſt le prix de chaque cheval ?

En appellant x, y & z les trois prix demandés, on auroit pour équations du problême,

$$x+\frac{y}{2}+\frac{z}{2}=25 \ldots y+\frac{x}{3}+\frac{z}{3}=26 \ldots z+\frac{x}{2}+\frac{y}{2}=29;$$

& dans ces trois équations, après avoir fait diſparoître les fractions, on élimineroit ſucceſſivement deux inconnues x & y, par exemple, afin d'obtenir une derniere équation où il n'y eût plus que l'inconnue z. Mais cette voie, qui a d'ailleurs l'avantage d'être applicable à tous les cas d'élimination, eſt plus longue que la voie que nous allons ſuivre.

Et d'abord, pour éviter les fractions, ſoit $6x$ le prix du premier cheval; ſoit $6y$ le prix du ſecond, & $6z$ le prix du troiſieme. Soit enſuite, pour abréger le calcul, $a=25 \ldots$ $b=26 \ldots c=29$.

Cela poſé, on aura les trois équations ſuivantes,

$$\begin{aligned} \text{I. } & 6x+3y+3z=a. \\ \text{II. } & 6y+2x+2z=b. \\ \text{III. } & 6z+3x+3y=c. \end{aligned}$$

Or ſi on ajoute la premiere à la troiſieme, on trouvera...

$$\text{IV. } 9x+6y+9z=a+c$$

Et ſi on multiplie cette derniere équation par 2 (coefficient de x & de z dans l'équation II) il viendra

$$\text{V. } 18x+12y+18z=2a+2c.$$

Comparant ce réſultat au produit de l'équation II multipliée par 9 (coefficient des mêmes inconnues x & z dans l'équation IV), on verra que ces deux inconnues y ſont affectées du même coefficient. Donc en ſouſtrayant l'équa-

tion

tion IV de l'équation V, ces deux inconnues seront éliminées du même coup.

Soustraction faite, il restera

$$\text{VI. } 42y = 9b - 2a - 2c.$$

D'où on tire tout de suite,

$$6y = \frac{9b - 2a - 2c}{7} = \frac{234 - 50 - 58}{7} = 18 \text{ louis.}$$

C'est le prix du second cheval.

Pour avoir le prix du premier, je substitue la valeur de y dans les équations I & II, ce qui les change en celles-ci . . . . $\begin{cases} 6x + 9 + 3z = a \\ 2x + 18 + 2z = b; \end{cases}$

puis je multiplie la premiere par 2, & la seconde par 3 (coefficients respectifs de z)

& j'ai . . . . $\begin{cases} 12x + 18 + 6z = 2a \\ 6x + 54 + 6z = 3b. \end{cases}$

Je soustrais la seconde de la premiere, & il vient . . . . $6x - 36 = 2a - 3b$. Donc $6x = 8$ louis, & $6z = 16$. Les trois prix demandés sont donc 8 louis pour le premier cheval, 18 pour le second, & 16 pour le troisieme. Ces trois nombres satisfont aux trois conditions du problême, comme il est aisé de le vérifier, & il n'y en a pas d'autres qui puissent y satisfaire.

La résolution du problême V (*page* 117), où il s'agit de trois mises, sembloit également exiger trois inconnues; & dans le fait, on en seroit venu à bout très-facilement par cette méthode, si la premiere n'eût pas été encore plus facile. On s'y seroit pris de la maniere suivante.

Soient x, y, z les mises respectives des trois amis. Soit $a = 21$ . . . . $e = 24$ . . . . $f = 27$, comme ci-dessus. On aura par les trois conditions du problême,

$$x + y = a \;\ldots\; x + z = e \;\ldots\; y + z = f.$$

Prenant la valeur de x dans la premiere équation, on aura . . . $x = a - y$; & substituant cette valeur dans la seconde équation, afin d'en éliminer x, on trouvera . . . . $a - y + z = e$.

On pourroit ensuite prendre la valeur de y dans ce dernier résultat, & la substituer dans la troisieme équation du problême : mais il est plus simple d'ajouter cette équation qui est $y + z = f$, à celle que l'on vient de trouver, $a - y + z = e$.

Par cette addition, l'inconnue y est éliminée, & il reste . . . . $a + 2z = f + e$; d'où l'on tire $z = \frac{f+e-a}{2} = \frac{27+24-21}{2} = 15$.

Or la valeur de z étant une fois connue, celle de x se déduit de l'équation $x + z = c$; laquelle, en transposant & substituant donne $x = 9^{tt}$. La substitution de la valeur de x dans l'équation $x + y = a$, ou celle de la valeur de z dans l'équation $y + z = f$, donne aussi-tôt $y = 12$.

Résolution des Equations du second degré.

200. Toute équation du second degré peut être représentée par cette formule . . . $x^2 + px = q$, dans laquelle p & q expriment des quantités connues. Celui-là donc aura résolu généralement toutes les équations du second degré, qui aura une fois trouvé la résolution de la formule proposée.

Or il est évident 1°, que pour obtenir dans ce cas la valeur de x, il faut extraire la racine quarrée de l'équation $x^2 + px = q$. Il n'est pas moins évident 2°, que si $p = 0$, cette équation se réduit à celle-ci. . . . . . $x^2 = q$; d'où on tire $x = \pm \sqrt{q}$.

Cette premiere supposition n'entraîne donc d'autre difficulté que celle de l'extraction des racines numériques. Le radical est affecté du double signe, à cause de la double valeur qui en résulte pour l'inconnue (267).

201. Mais si p est une quantité réelle, comme il arrive le plus souvent, alors il faut *compléter le quarré* du premier membre (142), & ajouter au second membre la même quantité qu'on aura ajoutée au premier. Or pour

compléter ce qui manque à la quantité $x^2 + px$, pour en faire un quarré parfait, il faut ajouter $\frac{1}{4}p^2$; donc ..... $x^2 + px + \frac{1}{4}p^2 = q + \frac{1}{4}p^2$.

Maintenant, lorsque deux quantités sont égales, leurs racines de même nom sont égales aussi; donc ...... $\sqrt{(x^2 + px + \frac{1}{4}p^2)} = \sqrt{(q + \frac{1}{4}p^2)}$ & par conséquent... $x + \frac{1}{2}p = \pm\sqrt{(q + \frac{1}{4}p^2)}$; d'où l'on tire,

$$x = -\frac{1}{2}p \pm \sqrt{(q + \frac{1}{4}p^2)}.$$

202. Toutes les fois que la quantité représentée par q, sera positive, le radical affectera une quantité positive, puisque $\frac{1}{4}p^2$ est nécessairement positif (122). Ainsi de deux choses l'une; ou la substitution des valeurs de q & de $\frac{1}{4}p^2$ produira un nombre quarré, auquel cas la quantité soumise au radical sera commensurable; ou cette substitution donnera un nombre qui ne sera point susceptible d'extraction de racine quarrée exacte; & dans ce cas, la quantité radicale sera incommensurable; on ne pourra l'avoir que par approximation, mais au moins sera-t-elle *réelle* dans les deux cas.

203. Et à cause de l'ambiguité du signe $\pm$, il est évident que cette quantité réelle peut se prendre également en $+$ ou en $-$. Il en résulte donc deux valeurs différentes pour x; & comme en général les valeurs de l'inconnue s'appellent les *racines de l'équation*, on doit conclure que *toute équation du second degré a deux racines.*

L'une est . . . $x = -\frac{1}{2}p + \sqrt{(q + \frac{1}{4}p^2)}$.
L'autre est . . . $x = -\frac{1}{2}p - \sqrt{(q + \frac{1}{4}p^2)}$.

204. Mais ces racines ne sont pas toujours réelles; souvent elles sont *imaginaires*: or voici ce que l'on entend par des quantités imaginaires.

Supposons que sous le signe radical qui affecte $q + \frac{1}{4}p^2$, la quantité q soit négative. Cette supposition ne peut avoir que trois résultats. Le premier, que la quantité q soit moindre que $\frac{1}{4}p^2$; alors le positif l'emportera sur le négatif, & le reste de la soustraction sera réel.

Le second résultat est celui où la quantité négative q seroit égale à la quantité positive $\frac{1}{4}p^2$. Alors le radical disparoîtroit, & la double valeur de x se réduiroit à $-\frac{1}{2}p$; c'est-à-dire que les deux racines de l'équation ..... $x^2 + px = q$ seroient égales. Nous retrouverons l'occasion de parler de ces sortes de racines.

Enfin le troisieme résultat est celui où q étant négatif, seroit en même-temps plus grand que $\frac{1}{4}p^2$. Alors la quantité négative surpassant la quantité positive, le reste seroit négatif. Le signe radical affecteroit donc une quantité négative.

205. Or *la racine quarrée d'une quantité négative est imaginaire*, c'est-à-dire, qu'il n'est pas possible de trouver une quantité qui multipliée par elle-même donne un produit négatif. En effet, ou cette quantité seroit positive, ou elle seroit négative; il n'y a pas de milieu. Or dans les deux cas son quarré doit être positif (122); donc la racine quarrée d'une quantité négative est impossible. Ainsi $\sqrt{-1}$ ... $\sqrt{-2}$ ... $\sqrt{-9}$ ... $\sqrt{-a}$ ... $\sqrt{-b^2}$ ... $\sqrt{-(p^2+2pq+q^2)}$ sont autant de quantités chimériques, ou comme l'on dit ordinairement, toutes ces quantités sont autant d'imaginaires. Au reste, l'usage des imaginaires est fort étendu dans les calculs algébriques.

206. Après avoir parcouru tous les cas de la résolution générale des équations du second degré, il nous reste à en donner quelques applications; c'est ce que nous allons faire dans les problêmes suivants.

I. Probleme. Trouver un nombre tel, qu'en ajoutant sept fois ce nombre à son quarré, la somme soit 144.

J'appelle x le nombre demandé ... son quarré sera donc x^2, & la condition du problême sera exprimée par l'équation ... $x^2 + 7x = 144$.

Complétant le quarré, j'aurai ... $x^2 + 7x + \frac{49}{4} = 144 + \frac{49}{4}$; d'où en extrayant la racine quarrée, & transposant, je tirerai ... $x = -\frac{7}{2} \pm \sqrt{(144 + \frac{49}{4})}$.

Après quoi, réduisant au même dénominateur la quantité qui est sous le signe radical, je trouverai ... $x = \frac{7}{2} \pm \sqrt{(\frac{625}{4})}$.

Or la racine quarrée de $\frac{625}{4}$ est $\frac{25}{2}$. Donc $x = -\frac{7}{2} \pm \frac{25}{2}$. Si on prend le signe supérieur $+$, on aura $x = -\frac{7}{2} + \frac{25}{2} = 9$. Si on prend le signe inférieur, on aura $x = -16$. Ainsi le problême dont il s'agit peut être résolu de deux manieres; & en effet, si au quarré de 9 qui est 81, on ajoute sept fois 9 ou 63, la somme sera 144; comme aussi en prenant le quarré de -16 qui est 256, & ajoutant sept fois le nombre -16 (ou plutôt soustrayant sept fois 16) on trouvera 144. Voilà un exemple de la double solution dont les équations du second degré sont susceptibles.

207. Au lieu de faire tout au long le calcul de ce problême, je n'avois qu'à comparer son équation ... $x^2 + 7x = 144$ avec l'équation générale (200) ... $x^2 + px = q$. J'aurois eu $p = 7$ ... $q = 144$; & substituant ces valeurs dans la formule ... $x = -\frac{1}{2}p \pm \sqrt{(q + \frac{1}{4}p^2)}$, j'aurois trouvé tout de suite $x = 9$ & $x = -16$. Il est bon de s'accoutumer à ces sortes de comparaisons.

II. Prob. Trouver un nombre tel qu'en soustrayant 2 de son quarré, le reste soit 1.

Si on ne s'appercevoit pas d'abord que cela est impossible, le calcul ne tarderoit pas à en faire sentir l'impossibilité. Commençons par mettre le problême en équation.

Soit x le nombre cherché, & nous aurons ... $x^2 - 2 = 1$; d'où en transposant nous conclurons ... $x^2 = 3$, & en extrayant ... $x = \pm \sqrt{3}$.

C'est donc la racine quarrée de 3 qui, prise soit en $+$, soit en $-$, satisferoit à la condition du problême, & donneroit les deux solutions. Or on sait que cette racine est inassignable.

Pour rapporter cet exemple à la formule $x^2 + px = q$, il faudroit faire $p = 0$ ... $q = 3$, & alors l'équation ... $x = -\frac{1}{2}p \pm \sqrt{(q + \frac{1}{4}p^2)}$ donneroit par les substitutions convenables ... $x = \pm \sqrt{3}$, comme ci-dessus.

III. Partager le nombre 10 en deux parties telles que leur produit soit 100.

Le simple énoncé de ce problême suffiroit pour en

faire sentir l'impossibilité : mais en tout cas le calcul la démontrera.

Soit $a = 10 \ldots b = 100 \ldots x =$ une des parties cherchées, l'autre sera donc $a - x$, & leur produit sera $ax - xx$. On aura donc pour équation du problême... $ax - xx = b$; & transposant les deux membres, afin de rendre le quarré $-xx$ positif, on aura... $x^2 - ax = -b$.

Comparant cette équation à la formule, on trouvera $p = -a \ldots q = -b$. Donc en substituant, on aura...... $x = \frac{1}{2}a \pm \sqrt{(-b + \frac{1}{4}a^2)}$, & mettant les valeurs de a & de b, il viendra....... $x = 5 \pm \sqrt{(-100 + 25)} = 5 \pm \sqrt{(-75)}$. Or la racine quarrée de toute quantité négative est imaginaire (205). Donc il est impossible de partager 10 en deux parties assez grandes, pour que leur produit donne 100.

Voilà comme l'Algèbre résout toutes ces questions. On est sûr d'en trouver la solution, quand il y en a une, & quand il n'y en a point, l'Algèbre le fait connoître ; que peut-on désirer de plus ?

IV. Plusieurs personnes voyageant ensemble prirent une voiture qui devoit les conduire à leur destination, moyennant le prix convenu de 342tt. Le voyage fait, trois de ces Voyageurs s'échaperent sans payer ; mais ceux qui resterent, suppléant à ce qui manquoit par la fuite des autres, donnerent chacun 19tt de plus qu'ils n'auroient dû donner. On demande combien il y avoit de Voyageurs dans cette voiture.

Avant de résoudre ce problême, nous remarquerons que tout cet échaffaudage de paroles ne sert souvent qu'à embrouiller la question. Commençons donc par la réduire à ses véritables termes.

Un nombre x de personnes doivent payer par égales portions la somme de 342tt. Trois de ces personnes ne payant point leur quotepart, les autres payent pour elles, & il en coûte à celles-ci 19tt de plus. Quel est ce nombre x ?

Il faut d'abord mettre le problême en équation, ce qui

ne ſera pas difficile pour quiconque réfléchira un peu ſur l'unique condition que l'énoncé renferme.

La ſomme de 342tt, dira-t-on, doit réſulter de tout ce que payent les Voyageurs qui reſtent. Or le nombre de ces Voyageurs eſt $x - 3$; la part de chacun n'eût été que de $\frac{342^{tt}}{x}$, ſi tous euſſent payé : mais comme trois d'entre eux ne payent point, la part des autres eſt augmentée de 19tt; ainſi l'équation du problême eſt,

$$\left(\frac{342}{x} + 19\right)(x - 3) = 342^{tt}.$$

Faiſant ſubir à cette équation les préparations néceſſaires, on trouvera . . . $x^2 - 3x = 54$; & comparant ce réſultat avec la formule $x^2 + px = q$, on aura $p = -3$ . . . $q = 54$; d'où on tirera . . . $x = -\frac{1}{2}p \pm \sqrt{(q + \frac{1}{4}p^2)} = \frac{3}{2} \pm \sqrt{(54 + \frac{9}{4})} = \frac{3}{2} \pm \frac{15}{2} = 9$ ou -6. La premiere de ces deux ſolutions eſt évidemment celle que l'on cherche. La ſeconde indique ſeulement que le nombre -6 ſatisfait auſſi à l'équation . . . $x^2 + 3x = 54$. Il y avoit donc neuf Voyageurs, dont ſix, payant 57tt chacun, ont formé la ſomme de 342tt.

V. Un Général voudroit diſpoſer un corps de troupes en bataillon quarré : mais par ſon premier arrangement, il ſe trouve avoir 124 hommes de trop. Faiſant une ſeconde diſpoſition, il eſſaye de mettre un homme de plus ſur chaque ligne, & alors il lui manque 129 hommes, pour compléter ſon bataillon quarré. Quel eſt le nombre des troupes qu'il commande ?

Soit $a = 124$ . . . $b = 129$ . . . $x =$ le nombre des ſoldats placés d'abord ſur le front du bataillon ; on aura $x + 1 =$ le nombre d'hommes qui par le ſecond arrangement forment ce même front. En élevant au quarré ces deux expreſſions, on aura le nombre d'hommes que ces deux bataillons quarrés contiendroient. Mais puiſque c'eſt avec le même nombre de troupes que cette double diſpoſition a été faite, il eſt clair que l'on aura les deux

I iv

manieres ſuivantes d'exprimer ce nombre, & que de ces deux expreſſions réſultera l'équation du problême;

$$x^2+a=(x+1)^2-b=x^2+2x+1-b.$$

A la premiere inſpection, on croiroit que c'eſt un problême du ſecond degré: mais ſi on ôte de part & d'autre la quantité x^2 commune aux deux membres, on ne trouvera plus qu'une équation du premier degré à réſoudre, & ſa réſolution donnera . . . $x=\frac{a+b-1}{2}$; formule qui par de ſimples ſubſtitutions fera connoître l'inconnue dans tous les cas ſemblables. Ici, par exemple, on trouvera que $x=126$; d'où on conclura que $x^2=15876$, & par conſéquent que x^2+a, ou $15876+124=16000$. Ce Général avoit donc 16000 hommes ſous ſes ordres.

VI. On a diviſé le nombre 230 en deux parties, telles que le produit de quatre fois la plus grande par ſix fois la plus petite donne 144000. Quelles ſont ces parties?

Soit $a=230$ . . . $b=144000$ . . . $m=4$ . . . $n=6$. Si on appelle x l'une des deux parties, l'autre ſera exprimée par $a-x$, & on aura pour équation générale des problêmes analogues à celui-là . . .

$$m(a-x)(nx)=b;\ \text{d'où}\ mnax-mnx^2=b.$$

Tranſpoſant les deux membres, & diviſant par mn, on trouvera . . . $x^2-ax=-\frac{b}{mn}$; & comparant cette derniere équation avec $x^2+px=q$, on fera $p=-a$... $q=-\frac{b}{mn}$; puis on ſubſtituera dans la veleur générale de $x=-\frac{1}{2}p\pm\sqrt{(q+\frac{1}{4}p^2)}$, ce qui donnera . . . .

$$x=\tfrac{1}{2}a\pm\sqrt{\left(-\frac{b}{mn}+\tfrac{1}{4}a^2\right)}=115\pm\sqrt{(7225)},$$

d'où $x=200$, ou $=30$.

VII. On demande s'il y a deux nombres tels que le double de leur ſomme ſoit égal au triple de leur produit, en ſuppoſant que le triple de leur produit eſt lui-même égal à la différence de leurs quarrés.

Soit x, le plus grand de ces deux nombres; y, le plus petit. Par la premiere condition, $2(x+y)=3xy$; par la ſeconde, $2(x+y)=x^2-y^2$.

De cette derniere équation on déduit $x = y + 2$, ce qui change la précédente en $4y + 4 = 3y^2 + 6y$; d'où (201) $y = -\frac{1}{3} \pm \frac{1}{3}\sqrt{13}$, & $x = \frac{5}{3} \pm \frac{1}{3}\sqrt{13}$. Effectivement le double de ces deux nombres, le triple de leur produit, & la différence de leurs quarrés sont trois quantités égales, dont chacune est $\frac{8}{3} \pm \frac{4}{3}\sqrt{13}$.

208. Les solutions précédentes suffiront pour trouver celles des problêmes suivants. On pourra s'y exercer, quand on n'aura rien de mieux à faire; car les méthodes une fois comprises, il ne faut pas trop insister sur les exemples, ni s'appesantir sur les détails.

On demande à un homme combien il a d'écus. Il répond : si vous ajoutez ensemble la moitié, le tiers, & le quart de ce que j'en ai, la somme surpassera d'un le nombre que vous demandez.

Un pere a 50 ans; son fils en a 12. Quand est-ce que l'âge du pere ne sera que le triple de celui du fils?

Une personne charitable voulut un jour faire l'aumône à plusieurs pauvres, & donner également à tous. D'abord elle avoit projetté de donner 3 sous à chacun, mais il lui auroit fallu 9 sous de plus; elle ne leur en donna donc que 2, & il lui en resta 2. Combien y avoit-il de pauvres? combien cette personne avoit-elle de sous?

Un ouvrier n'avoit plus que 6# lorsqu'on lui paya cinq semaines de travail. Quinze jours après il avoit déja dépensé les trois quarts de tout son argent : mais ayant reçu le prix de son travail pour ces quinze jours, il se trouva avoir 21#. Que gagnoit-il par semaine?

Le Testament d'un oncle porte que chacun de ses neveux aura 12000#, & chacune de ses niéces 9000 sur la somme de 120000# qu'il leur laisse après sa mort. Par cette disposition il ne reste rien de cette somme. Si au contraire chaque niéce eût eu 12000#, & chaque neveu 9000#, il seroit resté 9000#. Trouver le nombre des neveux & celui des niéces.

Un chasseur promet à un autre de lui donner une somme b, toutes les fois qu'il manquera une piece de gibier. Cet autre à son tour s'engage à payer une somme c, toutes les fois qu'il la tuera. Après un nombre n de coups de fusil, il peut arriver, ou que les deux chasseurs ne se doivent rien, ou que le premier soit redevable au second, ou le second au premier d'une quantité *d*. On demande une formule qui fasse connoître dans les trois cas combien il y a eu de coups manqués.

Trouver un nombre tel qu'en le divisant en *m* parties égales, le produit de toutes ces parties soit égal à celui de $m + 1$ parties égales du même nombre; de maniere, par exemple, que le produit des deux moitiés de ce nombre soit égal au produit de ses trois tiers.

Une personne ayant doublé au jeu l'argent qu'elle avoit avant que de jouer, donne un louis à ses domestiques. Gagnant une seconde fois de quoi doubler l'argent qui lui reste, elle met à la loterie un louis qui ne lui rapporte rien. Entrant au jeu pour la troisieme fois, & doublant son argent, elle ne se trouve plus avoir qu'un louis dans sa poche. Combien avoit-elle d'argent d'abord ?

A, *B* & *C* ont chacun un certain nombre d'écus que l'on ne connoît pas. Tout ce que l'on en sait se réduit à ceci. *A* distribuant de ses écus à *B* & à *C*, a doublé les nombres respectifs qu'ils en avoient déja. *B* distribuant à son tour les siens, a doublé ceux qui restoient entre les mains de *A*, & ceux que *C* avoit alors. Enfin *C* a doublé de même ceux que *A* & *B* avoient au moment de sa distribution; & tout cela fait, chacun s'est trouvé en avoir 16. Combien en avoient-ils en commençant ?

Avec un nombre quelconque *a* de cartes, on fait un nombre quelconque *b* de tas, dont chacun contient un égal nombre quelconque *c* de points. On a compté ces points de maniere que la premiere carte de chaque tas vaut onze points, si c'est un as; dix points, si c'est une figure, & ainsi de suite: les autres cartes du même tas ne sont comptées que pour un point chacune. Quand tous ces tas sont faits, on vous remet le nombre *d* des cartes qui restent, & on vous propose de deviner la somme de points formée par les seules premieres cartes de tous les tas ? Comment la devinerez-vous ?

Etant donné le produit π de deux poids, & leur différence δ, chercher combien chacun de ces poids-là pese.

On suppose connues la somme de deux nombres & la somme de leurs cubes: trouver ces nombres.

Quel est le nombre dont p fois la puissance m est égale à g fois la puissance $m+2$?

Nous traiterons des Equations des degrés plus élevés, après avoir expliqué ce qui regarde les proportions.

DES RAPPORTS ET DES PROPORTIONS.

209. ÉTANT données deux quantités quelconques, on peut soustraire l'une de l'autre, pour savoir quelle est leur différence: on peut aussi diviser l'une par l'autre, pour connoître leur quotient.

Le résultat de la premiere opération est de marquer la quantité dont une grandeur surpasse l'autre; le résultat de la seconde est de marquer le nombre de fois qu'une grandeur en contient une autre. Le premier résultat s'appelle le *Rapport* ou la *Raison Arithmétique* de ces quantités. Le second s'appelle le *Rapport* ou la *Raison Géométrique* de ces mêmes quantités; (dénominations assez mal imaginées, mais que l'usage a pourtant consacrées).

Comparant, par ex. 39 avec 13, pour savoir de combien 39 surpasse 13, j'écris $39 - 13 = 26$, & je dis que la raison arithmétique de 39 à 13 est 26.

En comparant ces deux mêmes nombres 39 & 13 pour savoir combien de fois 13, par exemple, est contenu dans 39, je divise 39 par 13, & le quotient 3 exprime la raison géométrique de 39 à 13.

Si on eût divisé 13 par 39, le quotient eût été $\frac{1}{3}$ (54). Or rien n'oblige à diviser plutôt la premiere quantité par la seconde, que la seconde par la premiere. Il suffira donc de prévenir une fois pour toutes, que dans les exemples ſuivants nous eſtimerons les rapports géométriques en diviſant la ſeconde quantité par la premiere.

210. Comme toute comparaiſon ſuppoſe au moins deux termes, on eſt convenu de les appeller l'un l'*Antécédent*, l'autre le *Conſéquent* de la raiſon, ſoit arithmétique, ſoit géométrique qui en réſulte. Ainſi *tout rapport arithmétique conſiſte dans la différence qu'il y a entre l'antécédent & le conſéquent; & tout rapport géométrique s'exprime par le quotient d'un de ces deux termes diviſé par l'autre.*

211. Lorſque deux quantités ont entr'elles une différence égale à celle qui regne entre deux autres quantités, on dit alors que ces quatre termes ſont en *proportion arithmétique*. Les nombres 7 & 4, par exemple, different entr'eux de la même quantité 3, que les nombres 8 & 5; ainſi ces quatre nombres ſont en proportion, & pour l'indiquer on eſt convenu d'écrire .....

$$7 . 4 : 8 . 5, \text{ ou } 7 . 4 = 8 . 5$$

ce qui ſignifie 7 eſt à 4 comme 8 eſt à 5; ou le rapport arithmétique de 7 à 4 eſt égal au rapport arithmétique de 8 à 5.

Il ſuit delà que *deux raiſons arithmétiques égales forment toujours une proportion arithmétique.* Voici quelques exemples de ces ſortes de proportions.

$$24 . 12 : 60 . 48 \ldots 1002 . 1000 : 2 . 0$$

$$18\tfrac{2}{3} . 14\tfrac{1}{3} = 11 . 6\tfrac{2}{3} \ldots 19\tfrac{1}{5} . 23 = 24\tfrac{3}{5} : 28\tfrac{2}{5}.$$

212. Lorſqu'il regne entre deux quantités un même quotient qu'entre deux autres, ces quatre quantités ſont en *proportion géométrique*. Si on diviſe, par exemple, 12 par 6, le quotient eſt 2; & ſi on diviſe 18 par 9, le quotient eſt encore 2. Ainſi les nombres 6, 12, 9 & 18 forment une proportion géométrique que l'on indique de la maniere ſuivante.

$$6 : 12 :: 9 : 18 \ldots \text{ou } 6 : 12 = 9 : 18, \text{ ou } \tfrac{12}{6} = \tfrac{18}{9}.$$

On prononce 6 eſt à 12 comme 9 eſt à 18, ou ce que 9 eſt à 18.

Concluons donc que *deux raiſons géométriques égales forment toujours une proportion géométrique.*

Exemples . . . 2 : 6 :: 5 : 15 . . . 7 : 63 :: 1 : 9

$\frac{5}{17}$: $\frac{10}{17}$ :: 1 : 2 . . . $\frac{3}{8}$: $\frac{6}{16}$ :: 1 : 1.

213. Le premier & le dernier terme d'une proportion s'appellent les *extrêmes*. Le second & le troisieme s'appellent les *moyens*.

Quand on compare deux raisons géométriques ensemble, il arrive quelquefois que l'antécédent de la premiere est à son conséquent, comme le conséquent de la seconde est à son antécédent : on dit alors que ces deux derniers termes sont en *raison inverse* des deux premiers. Les quatre nombres suivants sont dans ce cas-là . . . 13 ; 26 . . . 14 ; 7. Dans les cas où le premier antécédent est à son conséquent comme le second antécédent est à son conséquent, on dit que les deux derniers termes sont en *raison directe* des deux premiers.

214. On appelle *proportions continues* toutes celles où le conséquent de la premiere raison sert d'antécédent à la seconde. On en distingue de deux sortes : les proportions continues arithmétiques, & les proportions continues géométriques.

Exemple des premieres . . . . 10 . 18 : 18 . 26.
On écrit pour abréger . . . . $\div$ 10 . 18 . 26.
Exemple des dernieres . . . . . . 6 : 24 :: 24 : 96.
On écrit . . . . $\because$ 6 : 24 : 96.

Dans les deux cas, le second terme s'appelle le *moyen proportionel*. Seulement on ajoute le mot arithmétique ou géométrique, suivant la nature des rapports dont ce terme fait partie.

215. Quand on écrit plusieurs raisons égales de suite, on a un certain nombre de quantités proportionnelles entre elles : mais quand le conséquent de la premiere de ces raisons sert d'antécédent à la seconde, & que le conséquent de la seconde sert d'antécédent à la troisieme, & ainsi des autres, la suite de ces raisons égales, forme une *progression*, dont l'espece se détermine par la nature des raisons qui la composent. Voici, par exemple, une progression arithmétique.

1.3 : 3.5 : 5.7 : 7.9 : &c. On écrit... ÷ 1.3.5.7.9.&c.
La progreſſion ſuivante eſt géométrique ;
1 : 2 :: 2 : 4 :: 4 : 8 :: 8 : 16 :: &c. On écrit ∺ 1 : 2 : 4 : 8 : 16 : &c.

216. En général, on appelle progreſſion arithmétique toute ſuite de termes qui comparés deux à deux ſucceſſivement ont entre eux une même différence : & on appelle progreſſion géométrique toute ſuite de termes tels que la diviſion ſucceſſive de l'un par l'autre ramene toujours le même quotient.

Des Proportions Arithmétiques.

217. S'il étoit poſſible d'avoir une formule générale des progreſſions arithmétiques, tout ce que l'on auroit démontré relativement à cette formule, s'étendroit généralement à tous les cas particuliers.

Or une proportion arithmétique, avons-nous dit (211), ne peut être formée que par deux raiſons arithmétiques égales : donc ſi nous parvenons à trouver deux de ces raiſons exprimées généralement, il en réſultera l'expreſſion générale des proportions arithmétiques.

Pour trouver ces deux raiſons, ſoit a l'antécédent de la premiere ; ſoit b ſon conſéquent ; ſoit d la différence de ces deux termes. On aura $a - b = \pm d$, ſuivant que a ſera plus grand ou plus petit que b ; & par conſéquent (192) $b = a \mp d$. Mais on peut repréſenter toute raiſon arithmétique par celle de $a . b$; donc en ſubſtituant la valeur de b, on peut auſſi repréſenter toute raiſon arithmétique par celle de $a . a \mp d$.

Cela poſé, toute autre raiſon arithmétique pouvant être repréſentée par celle de $c . f$, il faut que $c - f = \pm d$, pour que cette raiſon ſoit égale à celle de $a . b$ (210). De l'équation $c - f = \pm d$, on tirera donc $f = c \mp d$: ainſi toute raiſon arithmétique égale à celle de $a . a \mp d$ peut être repréſentée par celle de $c . c \mp d$. Nous avons donc l'expreſſion de deux raiſons arithmétiques égales, & par conſéquent la formule cherchée pour toutes les proportions arithmétiques. Cette formule est,

$$a \,.\, a \mp d : c \,.\, c \mp d.$$

218. Delà, nous conclurons 1°, que dans une raison arithmétique quelconque l'antécédent diminué ou augmenté de la différence est égal au conséquent.

219. Nous conclurons 2°, que *dans toute proportion arithmétique la somme des extrêmes est égale à la somme des moyens.* Car si on ajoute les extrêmes de la formule précédente, on trouvera $a + c \mp d$; & si on ajoute les moyens, on retrouvera les mêmes termes. L'égalité des extrêmes & des moyens a donc lieu dans la formule; & par conséquent elle a lieu dans tous les cas des proportions arithmétiques. C'est même la plus utile de leurs propriétés. Ainsi toutes les fois que l'on aura ... $a \,.\, b : c \,.\, d$, on en inférera ... $a + d = b + c$.

220. Nous conclurons 3°, que si dans une proportion arithmétique, il y a un des deux extrêmes inconnu, sa valeur se trouvera tout de suite, en soustrayant l'autre extrême, de la somme des moyens.

Exemple . . . On demande le quatrieme terme de la proportion . . . $17 \,.\, 29 : 13 \,.\, x$ . . . On a (219) $17 + x = 29 + 13$; donc $x = 42 - 17 = 25$.

Si le terme inconnu est un des deux moyens, on voit bien ce qu'il faut faire pour avoir sa valeur.

221. 4°, Dans toute proportion arithmétique continue, la somme des extrêmes est double du terme moyen-proportionnel. Car alors la proportion $a \,.\, b : c \,.\, d$, se change en celle-ci . . . $a \,.\, b : b \,.\, d$; d'où on tire $a + d = 2b$.

222. 5°, Pour trouver le moyen proportionnel arithmétique x entre deux termes a & b, on écrira ... $a \,.\, x : x \,.\, b$. Puis $\frac{a+b}{2} = x$; c'est-à-dire, que *le moyen proportionel arithmétique entre deux quantités données est égal à la moitié de la somme de ces quantités.*

223. 6°, Puisqu'une progression arithmétique est toujours une suite de termes entre lesquels il regne une même

différence, on doit voir que la formule suivante convient à toutes ces progressions, parce que chaque terme y differe également de celui qui le précede.

$$\div a \,.\, a \mp d \,.\, a \mp 2d \,.\, a \mp 3d \,.\, a \mp 4d \,.\, a \mp 5d \,.\, \&c.$$

Le signe supérieur est pour les *progressions décroissantes*; le signe inférieur est pour les *progressions croissantes*.

224. 7°, Ce qui est vrai dans cette nouvelle formule, doit donc trouver son application dans toutes les progressions arithmétiques. Or dans cette formule, la somme des termes également éloignés des extrêmes est toujours constante; c'est-à-dire qu'elle est égale à la somme de ces extrêmes, ou à la somme des moyens, ou au double du moyen, quand il y a un nombre impair de termes. Prenons pour exemple le second terme $a \mp d$, & l'avant-dernier $a \mp 4\,d$. Leur somme est $2a \mp 5d$. Les extrêmes sont a & $a \mp 5d$, dont la somme est évidemment la même. Les moyens sont $a \mp 2d$ & $a \mp 3d$ dont la somme est également $2a \mp 5d$.

On peut vérifier ces résultats sur les nombres suivants, par exemple,

$$\div 7 \,.\, 12 \,.\, 17 \,.\, 22 \,.\, 27 \,.\, 32 \,.\, 37 \,.\, 42 \,.\, 47.$$

225. 8°, On a remarqué dans la formule des progressions arithmétiques, qu'un terme quelconque étoit égal à la somme du premier terme a & du produit de la différence commune d par le nombre des termes précédents. Donc on peut avoir un terme quelconque dans une progression arithmétique dont on connoît le premier terme a, la différence d, & le nombre n des termes.

Le terme cherché étant appellé ω, on aura toujours $\omega = a \mp d\ (n - 1)$.

226. 9°, Dans cette même formule, on a remarqué que la différence du premier terme a au dernier $a \mp 5d$ est égale au produit de la différence commune d par 5, nombre des termes moins un : & on en a conclu que dans toutes les progressions arithmétiques croissantes on devoit avoir $\omega - a = d\ (n - 1) = dn - d$, en appellant ω le

dernier

dernier terme, a le premier, d la différence, & n le nombre des termes. C'est ainsi que dans la progression .... $\div 4 \cdot 9 \cdot 14 \cdot 19 \cdot 24 \cdot 29 \cdot 34 \cdot 39$. on trouve que $39 - 4 = 5(8-1) = 5 \cdot 7 = 35$.

Le même résultat a lieu dans les progressions décroissantes, en appellant leur premier terme ω, & le dernier a. Exemple. La différence des deux extrêmes de la progression ... $\div 42 \cdot 35 \cdot 28 \cdot 21 \cdot 14$, est $28 = 42 - 14 = 7(5-1) = 7 \cdot 4$.

227. 10°, En considérant de nouveau la formule générale des progressions, on a vu que la somme de tous ses termes étoit égale au produit des deux extrêmes par la moitié du nombre des termes. On a vu, par exemple, que la somme des extrêmes, $a + a \mp 5d$, ou $2a \mp 5d$ multipliée par 3, moitié du nombre des termes, donnoit pour produit $6a \mp 15d$. Or la somme de tous les termes $\div a . a \mp d . a \mp 2d . a \mp 3d . a \mp 4d . a \mp 5d$ donne aussi $6a \mp 15d$. Donc *la somme des termes d'une progression arithmétique quelconque est égale au produit de la somme des extrêmes par la moitié du nombre des termes.*

Appelant donc a & ω les deux extrêmes, s la somme des termes, n leur nombre, on aura généralement .....
$$s = (a + \omega)\frac{n}{2} = \frac{an + \omega n}{2}.$$

On peut donc dire aussi que la somme des termes d'une progression arithmétique est toujours égale à la moitié du produit de la somme des extrêmes par le nombre des termes, ou au produit du terme moyen, (si le nombre des termes est impair) par le nombre des termes. Tous ces produits sont égaux.

Il est donc bien aisé de calculer la somme des coups frappés par une horloge, à chaque tour du cadran.

228. Après tous ces détails, on ne trouvera point de difficulté dans la résolution des deux problêmes suivants.

I. Prob. Etant donnés deux termes a & ω, comment insérer entr'eux un nombre m de moyens proportionels, de maniere qu'il en résulte une progression arithmétique?

Ce problême sera résolu aussi-tôt que l'on connoîtra la différence de la progression cherchée. Or on sait (226) que $\omega - a = d(n - 1)$, & on voit que dans ce cas, $n - 1 = m + 1$; donc $\frac{\omega - a}{m+1} = d$. Divisant donc la différence des deux termes donnés par le nombre m des moyens proportionels, augmenté d'une unité, on aura toujours pour quotient la différence cherchée.

Exemples. On voudroit intercaler six termes proportionels-arithmétiques entre 4 & 32 . . . Faites $a = 4 \ldots \omega = 32 \ldots m = 6$, & vous aurez $\frac{\omega - a}{m+1} = \frac{28}{7} = 4 = d$. Ainsi la progression demandée sera . . . .

$$\div 4 . 8 . 12 . 16 . 20 . 24 . 28 . 32.$$

Entre 13 & 7 on voudroit insérer quatre termes qui fissent une progression arithmétique.

Je fais $\omega = 13 \ldots a = 7 \ldots m = 4$, & j'ai $d = \frac{13 - 7}{5} = \frac{6}{5}$. Mais comme la progression est décroissante, il faut soustraire de chaque terme la différence commune. Ainsi la progression sera $\div 13 . 11\frac{4}{5} . 10\frac{3}{5} . 9\frac{2}{5} . 8\frac{1}{5} . 7$.

229. II. Prob. On suppose que le premier terme soit représenté par a, que le dernier soit représenté par ω, la différence par d, le nombre des termes par n, & leur somme par s: & on demande des formules qui fassent connoître immédiatement la valeur de deux quelconques de ces quantités, les trois autres étant supposées connues.

Solution. De l'équation $\omega - a = dn - d$, on tirera d'abord quatre formules différentes pour les valeurs respectives de a, ω, d & n. (Mais avant que d'entrer dans aucun détail, il est à propos de prévenir le Lecteur que ce problême est rarement utile. On peut donc en négliger la solution, & passer tout de suite aux proportions géométriques). Ces quatre formules sont,

$$\text{I. } a = \omega - dn + d \ldots \text{ III. } d = \frac{\omega - a}{n - 1}.$$

$$\text{II. } \omega = a + dn - d \ldots\ldots \text{ IV. } n = 1 + \frac{\omega - a}{d}.$$

De l'équation $2s = an + \omega n$ (227), on tirera ces quatre autres formules,

$$\text{V. } a = \frac{2s}{n} - \omega \ \ldots \ \text{VII. } n = \frac{2s}{a + \omega}.$$

$$\text{VI. } \omega = \frac{2s}{n} - a \ \ldots \ \text{VIII. } s = \frac{an + \omega n}{2}.$$

Et si dans l'équation $2s = an + \omega n$, vous substituez la valeur de ω prise dans l'équation $\omega - a = dn - d$, vous aurez ..... $2s = 2an + dnn - dn$, d'où vous tirerez les quatre formules suivantes,

$$\text{IX. } a = \frac{s}{n} - \frac{dn + d}{2} \ldots \text{XI. } n = \frac{1}{2} - \frac{a}{d} + \sqrt{\left(\frac{2s}{d} + \frac{1}{4} - \frac{a}{d} + \frac{a^2}{d^2}\right)}$$

$$\text{X. } d = \frac{2s - 2an}{nn - n} \ldots \text{XII. } s = an + \frac{dnn - dn}{2}.$$

Substituant ensuite dans la même équation $2s = an + \omega n$, la valeur de a prise dans l'équation... $\omega - a = dn - d$, vous trouverez ... $2s = 2\omega n - dnn + dn$, équation qui vous donnera quatre nouvelles formules.

$$\text{XIII. } \omega = \frac{s}{n} + \frac{dn - d}{2} \ldots \text{XV. } n = \frac{1}{2} + \frac{\omega}{d} + \sqrt{\left(-\frac{2s}{d} + \frac{1}{4} + \frac{\omega}{d} + \frac{\omega^2}{d^2}\right)}$$

$$\text{XIV. } d = \frac{2\omega n - 2s}{nn - n} \ldots \text{XVI. } s = \omega n - \frac{dn^2}{2} + \frac{dn}{2}.$$

Substituant enfin dans $2s = an + \omega n$, la valeur de n prise dans la premiere équation, vous aurez .... $2s = a + \omega + \frac{\omega^2 - a^2}{d}$, d'où se tirent les quatre dernieres formules.

$$\text{XVII. } a = \tfrac{1}{2}d + \sqrt{(-2ds + \tfrac{1}{4}d^2 + \omega d + \omega^2)} \ldots \text{XIX. } d = \frac{\omega^2 - a^2}{2s - a - \omega}.$$

$$\text{XVIII. } \omega = -\tfrac{1}{2}d + \sqrt{(2ds + \tfrac{1}{4}d^2 - ad + a^2)} \ldots \text{XX. } s = \frac{a + \omega}{2} + \frac{\omega^2 - a^2}{2d}.$$

Et si l'on veut disposer ces vingt formules de maniere à reconnoître dans l'instant celle qui doit donner la valeur demandée, on peut les arranger de la maniere suivante.

Étant donnés	Trouver	FORMULES.
ω, d, n		$a = \omega - dn + d.$
ω, n, s		$a = \dfrac{2s}{n} - \omega.$
ω, d, s	a	$a = \frac{1}{2}d + \sqrt{(-2ds + \frac{1}{4}d^2 + \omega d + \omega^2)}.$
d, n, s		$a = \dfrac{s}{n} - \dfrac{dn + d}{2}.$
a, d, n		$\omega = a + dn - d.$
a, n, s		$\omega = \dfrac{2s}{n} - a.$
a, d, s	ω	$\omega = -\frac{1}{2}d + \sqrt{(2ds + \frac{1}{4}d^2 - ad + a^2)}.$
d, n, s		$\omega = \dfrac{s}{n} + \dfrac{dn - d}{2}.$
a, ω, n		$d = \dfrac{\omega - a}{n - 1}.$
a, n, s		$d = \dfrac{2s - 2an}{nn - n}.$
a, ω, s	d	$d = \dfrac{\omega^2 - a^2}{2s - a - \omega}.$
ω, n, s		$d = \dfrac{2\omega n - 2s}{nn - n}.$
a, ω, d		$n = 1 + \dfrac{\omega - a}{d}.$
a, ω, s		$n = \dfrac{2s}{a + \omega}.$
a, d, s	n	$n = \frac{1}{2} - \dfrac{a}{d} + \sqrt{\left(\dfrac{2s}{d} + \dfrac{1}{4} - \dfrac{a}{d} + \dfrac{a^2}{d^2}\right)}.$
ω, d, s		$n = \frac{1}{2} + \dfrac{\omega}{d} + \sqrt{\left(-\dfrac{2s}{d} + \dfrac{1}{4} + \dfrac{\omega}{d} + \dfrac{\omega^2}{d^2}\right)}.$
a, ω, n		$s = \dfrac{an + \omega n}{2}.$
a, d, n		$s = an + \dfrac{dnn - dn}{2}.$
a, d, ω	s	$s = \dfrac{a + \omega}{2} + \dfrac{\omega^2 - a^2}{2d}.$
ω, d, n		$s = \omega n - \dfrac{dnn + dn}{2}.$

APPLICATIONS. I. On sait d'après les observations de Galilée que les espaces parcourus en vertu de la gravité par un corps qui descend du repos, croissent suivant la progression des nombres impairs 1, 3, 5, 7 &c; c'est-à-dire qu'un corps tombant par la seule impression de la gravité parcourt à peu-près 15 pieds dans la premiere seconde de sa chûte, 45 pieds dans la seconde suivante, & ainsi de suite. On demande combien il aura parcouru de pieds au bout de six secondes.

Ce problême se réduit à trouver la somme d'une progression arithmétique dont le premier terme $a = 15$ pieds, dont la différence $d = 30$, & dont le nombre des termes $n = 6$.

Je prends donc pour le résoudre la seconde formule des valeurs de s, & j'ai . . . . .

$$s = an + \frac{(dn - d)n}{2} = 90 + \frac{(180 - 30)6}{2} = 540.$$

Ainsi le corps dont il s'agit aura parcouru 540 pieds après 6'' de chûte.

II. Un voyageur voudroit bien arriver en 4 jours à sa destination, en accélérant chaque jour sa marche de 3 lieues. Pour exécuter son dessein il est obligé de faire 29 lieues $\frac{1}{2}$ le dernier jour. On demande combien il a dû faire le premier jour.

Ce problême se résout par la formule qui donne la valeur de a quand on connoît ω, d, n. On a donc,

$$a = \omega - dn + d = 20\tfrac{1}{2}.$$

Ce Voyageur doit donc faire 20 lieues $\frac{1}{2}$ le premier jour; & par la formule $s = \omega n - \frac{dnn + dn}{2}$, on trouveroit que la route qu'il a faite dans ces quatre jours est de 100 lieues.

III. Si on eût demandé en combien de jours ce Voyageur auroit parcouru les cent lieues, en faisant 20 lieues $\frac{1}{2}$ le premier jour, 3 de plus le jour suivant, & ainsi de suite, on se seroit servi de la formule qui donne la valeur de n, quand a, d, s sont connus. Cette formule est,

$$n = \frac{1}{2} - \frac{a}{d} + \sqrt{\left(\frac{2s}{d} + \frac{1}{4} - \frac{a}{d} + \frac{a^2}{d^2}\right)};$$

& l'on auroit trouvé $n = 4$, après avoir fait les opérations convenables.

IV. Une personne a été mise à l'amende pendant plusieurs mois de suite. Elle a payé 6# pour le premier mois, & 102# pour le dernier. Chaque mois l'amende étoit plus forte de 12#; combien de mois l'a-t-elle payée?

Ici on connoît $a = 6$# ... $\omega = 102$# ... $d = 12$; & on cherche n. On prendra donc la formule suivante,

$$n = 1 + \frac{\omega - a}{d} = 1 + \frac{102 - 6}{12} = 9;$$

& on trouvera que l'amende a dû être payée pendant neuf mois.

V. Dans un amas de boulets de canon disposés en progression arithmétique croissante, je suppose 1°, qu'il y ait 18 rangs dont chacun soit formé par un nombre de boulets plus grand de 2 que le rang qui le précéde. 2°, qu'il y ait en tout 360 boulets; & je demande combien il y en a dans le dernier rang.

Puisque l'on connoît d, n, s, on aura,

$$\omega = \frac{s}{n} + \frac{d(n-1)}{2} = 20 + 17 = 37.$$

VI. Les mêmes choses étant posées, combien y a-t-il de boulets dans la premiere rangée?

$$a = \frac{s}{n} - \frac{d(n-1)}{2} = 20 - 17 = 3.$$

DES PROPORTIONS GÉOMÉTRIQUES.

230. SOIT appelé a l'antécédent d'une raison géométrique quelconque; soit appelé b le conséquent de cette même raison. On aura $\frac{b}{a}$ pour l'expression générale

du rapport qu'il y a entre ces deux termes (209). Soit q ce rapport ; on aura $\frac{b}{a} = q$, d'où on tirera $b = aq$. Ainsi par-tout où sera b, on pourra substituer aq ; ce qui change la raison de $a : b$ en celle de $a : aq$. On peut donc représenter toute raison géométrique quelconque par celle de $a : aq$; c'est-à-dire, que *dans les raisons géométriques le conséquent est toujours égal à l'antécédent multiplié par le quotient qui exprime le rapport de ces deux termes.*

231. Soit appellé c l'antécédent d'une autre raison quelconque : soit d le conséquent de cette raison. On aura $\frac{d}{c}$ pour l'expression du rapport qui se trouvera entre ces deux termes ; & si ce rapport est égal à celui de $\frac{b}{a}$, on aura $\frac{d}{c} = q$; d'où on tirera $d = cq$. On pourra donc substituer la raison de $c : cq$ à celle de $c : d$. Ainsi les deux rapports que l'on suppose égaux entre a & b, & entre c & d, peuvent être remplacés par ceux de $a : aq$, & de $c : cq$.

232. Donc *toute proportion géométrique est généralement représentée par la formule*...... $a : aq :: c : cq$. Par conséquent les propriétés de cette formule s'étendent à toutes les proportions géométriques. Or dans cette formule le produit acq des extrêmes est égal au produit aqc des moyens. Donc généralement, *dans toutes les proportions géométriques le produit des extrêmes est égal à celui des moyens.* Proposition remarquable par l'usage continuel que l'on en fait dans toutes les parties des Mathématiques.

233. Et de là il suit 1°, qu'étant donnés trois termes d'une proportion dont on ne connoît pas le quatrieme, il est fort aisé de trouver ce quatrieme terme. Car s'il est un des extrêmes, comme dans la proportion .... $a : b :: c : x$, on aura tout de suite, $ax = bc$, & par conséquent $x = \frac{bc}{a}$ . . . S'il est un des moyens, comme dans la propor-

tion . . . $a:y::c:d$, on aura tout de même, $ad=cy$, & $y=\frac{ad}{c}$.

234. Donc *un terme quelconque d'une proportion géométrique est égal, si c'est un moyen, au produit des extrêmes, divisé par l'autre moyen ; & si c'est un extrême, il est égal au produit des moyens, divisé par l'autre extrême.*

EXEMPLES. On demande le quatrieme terme de la proportion . . . $3:18::5:x$.

Faites $3x=18.5$, & concluez que $x=\frac{18.5}{3}=6.5=30$.

On demande le troisieme terme de la proportion . . . $7:63::x:18$.

Vous aurez . . . . $7.18=63x$; donc $x=\frac{7.9.2}{7.9}=2$.

235. De l'égalité du produit des extrêmes à celui des moyens il suit 2°, que de toute proportion géométrique représentée par celle de $a:b::c:d$, on peut toujours tirer une équation, qui est $ad=bc$.

236. Réciproquement, *d'une équation quelconque on peut toujours déduire une proportion ;* & comme on a souvent besoin de ces sortes de transformations, nous en donnerons ici plusieurs exemples.

Si on a $mn=pq$, on conclura que $m:p::q:n$; proportion bien juste, puisque le produit des extrêmes est égal au produit des moyens.

Si on avoit $a^2-x^2=b^2-y^2$, on en déduiroit (126) . . . $a+x:b+y::b-y:a-x$.

Etant donnée l'équation $1-z^2=\varphi$, on trouveroit $1+z:\varphi::1:1-z$.

Enfin de l'équation $xy=1$, on tireroit la proportion suivante $x:1::1:y$, ou $\div x:1:y$, que l'on fait (214) être une proportion géométrique-continue.

237. Or dans toutes les proportions de cette espece *le produit des extrêmes est égal au quarré du moyen proportionel.* Car si dans la proportion générale . . . $a:b::c:d$,

on suppose $c = b$, on aura la proportion continue ... $a : b ::$ $b : d$ qui donne $ad = b^2$.

Donc *pour insérer un moyen-proportionnel-géométrique* x *entre deux quantités connues* a & d, *il faut extraire la racine quarrée du produit de ces deux quantités.* C'est ainsi que pour trouver le moyen proportionel entre 3 & 12, on fait $\div\!\div 3 : x : 12$, & que l'on a $x^2 = 36$; ce qui donne $x = 6$.

238. De la propriété fondamentale des proportions géométriques il suit 3°, que l'on peut faire subir à quatre grandeurs proportionelles tous les changements qui n'alterent pas la proportion. On peut donc mettre les extrêmes à la place des moyens (inversion que l'on trouve annoncée dans plusieurs Ouvrages par le mot *invertendo*): on peut aussi mettre un moyen à la place de l'autre, ou un des extrêmes à la place de l'autre extrême (changement exprimé par le mot *alternando*) sans détruire la proportion qui subsistoit auparavant entre ces quatre termes. En un mot, tous les changements que l'on peut faire dans une proportion géométrique, sans détruire l'égalité du produit des moyens au produit des extrêmes, laissent subsister la proportion. Si on a, par exemple, $a : b :: c : d$, aucune des inversions ou permutations suivantes ne troublera l'égalité des deux rapports;

$$b : a :: d : c \quad b : d :: a : c \quad d : b :: c : a$$
$$a : c :: b : d \quad c : a :: d : b \quad c : d :: a : b.$$

Car on voit que toutes ces proportions donnent également $ad = bc$. Si l'on veut même en former une infinité d'autres par voie d'addition, de soustraction, de multiplication, de division, &c. on le pourra toujours, pourvu que l'on fasse les mêmes opérations sur deux raisons égales. On peut dire, par exemple, que si $a : b :: c : d$, on a

$$a \pm b : b :: c \pm d : d; \text{ ou } a : a \pm b :: c : c \pm d.$$
$$a \pm b : a \mp b :: c \pm d : c \mp d \ldots na : b :: nc : d.$$

On a auſſi $a^m : b^m :: c^m : d^m$ .... $a^{\frac{1}{n}} : b^{\frac{1}{n}} :: c^{\frac{1}{n}} : d^{\frac{1}{n}}$.

Car puiſque $ad = bc$, on a $a^m d^m = b^m c^m$, & $a^{\frac{1}{n}} d^{\frac{1}{n}} = b^{\frac{1}{n}} c^{\frac{1}{n}}$.

239. En général, *toutes les fois que l'on a des quantités proportionelles entr'elles, leurs puiſſances de même nom ſont proportionelles auſſi.* Les racines n'étant que des puiſſances fractionaires, celles de même nom forment toujours une proportion.

240. Il ſuit 4°, que ſi on a deux proportions géométriques repréſentées,

L'une par . . . . . $a : aq :: c : cq$,
L'autre par . . . . $g : gp :: h : hp$.

Leurs produits, terme par terme, ſont auſſi proportionels; de ſorte que l'on aura,

$$ag : agpq :: ch : chpq.$$

Il ſuffit, pour s'en convaincre, de comparer le produit des extrêmes avec celui des moyens. D'ailleurs pq eſt le quotient des deux conſéquents diviſés par leurs antécédents; donc les deux raiſons ſont égales. Pareillement ſi on diviſe les quatre termes d'une proportion par les quatre termes d'une autre, les quotients ſeront en proportion.

241. 5°, Soit une ſuite de termes proportionels repréſentée par . . . $a : aq :: c : cq :: e : eq :: g : gq$; on a remarqué qu'il régnoit un même quotient q entre la ſomme des antécédents $a + c + e + g$ de cette formule & la ſomme des conſéquents $aq + cq + eq + gq$, qu'entre un antécédent quelconque a & ſon conſéquent aq, ou même qu'entre un nombre quelconque de ces antécédents & le même nombre de conſéquents. Et de cette remarque on a conclu que *dans une ſuite de raiſons géométriques égales, quelles qu'elles ſoient, la ſomme des antécédents eſt à la ſomme des conſéquents, comme un ſeul antécédent eſt à ſon conſéquent; ou comme un nombre quelconque d'antécédents eſt au même nombre de conſéquents.*

On pourroit dire auſſi que cette proportion a lieu généralement dans tous les cas ſemblables, puiſque le produit des extrêmes eſt égal au produit des moyens dans la formule ſuivante qui peut repréſenter tous les cas pareils :

$$a+c+e+g:(a+c+e+g)q::a:aq::a+c+e:(a+c+e)q.$$

242. Ici nous remarquerons 1°, qu'étant donnée une raiſon géométrique quelconque, on peut en former une ſuite d'autres qui lui ſeront parfaitement égales, ſoit en multipliant, ſoit en diviſant ſes deux termes par une même quantité. Car ſoit $a:aq$ la raiſon donnée ; ſoit m le multiplicateur de ſes deux termes ; on aura pour produits am & amq, qui ont viſiblement entr'eux le même rapport q qui exiſtoit entre a & aq.

Si on eût diviſé par n ces deux termes, les quotients $\frac{a}{n}$ & $\frac{aq}{n}$, auroient eu pareillement le même rapport q. *Une raiſon géométrique ne change donc pas de valeur, ſoit que l'on multiplie, ſoit que l'on diviſe ſes deux termes par une même quantité.*

Or toute fraction peut être regardée comme une raiſon géométrique. Il eſt donc démontré [ce que nous n'avions pu qu'inſinuer (49)] que la multiplication ou la diviſion des deux termes d'une fraction quelconque par une même quantité n'altere jamais la valeur de cette fraction.

Et de là il ſuit évidemment que *deux quantités quelconques ont entr'elles le même rapport, que leurs moitiés, leurs tiers, leurs quarts, & toutes leurs parties ſemblables.* Ainſi on a toujours,

$$a:b::\tfrac{1}{2}a:\tfrac{1}{2}b::\tfrac{1}{10}a:\tfrac{1}{10}b::\frac{1}{p}a:\frac{1}{p}b.$$

243. Nous remarquerons 2°, que l'on appelle en général *raiſon compoſée*, le rapport des produits de deux ou de pluſieurs raiſons géométriques quelconques, multipliées antécédent par antécédent, & conſéquent par conſéquent. On dit, par exemple, que la raiſon de $m\,n\,p:q\,r\,s$ eſt une raiſon compoſée de trois *raiſons ſimples* ... $m:q$ ... $n:r$... $p:s$ qui peuvent être miſes auſſi ſous cette forme .... $\frac{m}{q}$, $\frac{n}{r}$, $\frac{p}{s}$.

Mais quand une raiſon eſt compoſée de deux raiſons égales, on dit alors que c'eſt une *raiſon doublée*. Ainſi la raiſon de $ab : abqq$ eſt la raiſon doublée des raiſons ſimples & égales de $a : aq$ & de $b : bq$. Quand il y a trois raiſons égales, le rapport des produits reſpectifs s'appelle une *raiſon triplée*, &c.

244. Or la raiſon doublée de deux autres eſt égale à celle des quarrés d'une quelconque de ces raiſons. Et la raiſon triplée eſt la même que celle des cubes d'une des trois raiſons qui lui ſervent de facteurs. Car ſoient les deux raiſons égales .... $a : aq$ & $b : bq$; il eſt évident que la raiſon doublée $ab : abq^2$ eſt exprimée par le même quotient q^2, que la raiſon des quarrés $a^2 : a^2q^2$ des deux premiers termes, ou celle de $b^2 : b^2q^2$, quarrés des deux derniers.

Ce qui regarde l'égalité de la raiſon triplée à celle des cubes d'une des trois raiſons ſimples, ſe démontre de la même maniere.

245. Cherchons maintenant les propriétés des progreſſions géométriques; & pour les trouver d'une maniere générale, tâchons de les déduire d'une formule qui repréſente toutes les progreſſions de cette eſpece.

On ſait (215) qu'une progreſſion géométrique eſt une ſuite de termes qui tous, à l'exception du premier & du dernier, ſont alternativement antécédents & conſéquents d'une ſuite de raiſons égales. Or l'égalité de ces raiſons ſe manifeſte par l'identité du quotient qui les exprime. Donc la formule ſuivante peut repréſenter toute progreſſion géométrique :

$$\div\!\div\; a : aq : aq^2 : aq^3 : aq^4 : aq^5 : aq^6 \ldots\ldots aq^n.$$

246. 6°, Dans cette formule on voit que les expoſants de q ſont en progreſſion arithmétique, puiſqu'à cauſe de $q^0 = 1$ (154), on peut y faire ce léger changement;

$$\div\!\div\; aq^0 : aq^1 : aq^2 : aq^3 : aq^4 : aq^5 \ldots\ldots aq^n.$$

On voit auſſi qu'en faiſant $a = 1$, cette derniere formule devient ..... $\div\!\div\; q^0 : q^1 : q^2 : q^3 : q^4 \ldots\ldots q^n$; & qu'alors elle exprime la ſuite des puiſſances entieres d'une quantité quelconque q. Ainſi les puiſſances ſucceſſives & entieres d'une même quantité forment toujours une progression géométrique. Il n'en est pas de même des puissances successives & fractionaires, parce que leurs exposants $\frac{1}{2}$, $\frac{1}{3}$, $\frac{1}{4}$ &c. ne sont pas en progression arithmétique.

En général, *toutes les fois que les exposants de diverses puissances d'une même quantité sont en progression arithmétique, les termes affectés de ces exposants sont en progression géométrique.*

EXEMPLES. $\div\div q^2 : q^5 : q^8 : q^{11} : q^{14}$ &c. . . . . $\div\div b : b^3 : b^5 : b^7 : b^9$ &c. La même chose se démontre généralement par la formule . . . . $\div\div aq^m : aq^{m+1d} : aq^{m+2d} : aq^{m+3d}$, &c, dont les exposants sont en progression arithmétique quelconque, & dont les termes sont évidemment en progression géométrique, puisqu'il régne entr'eux un même quotient q^d.

247. 7°, Reprenant la formule générale . . . $\div\div a : aq : aq^2 : aq^3 : aq^4$ &c, nous observerons que le produit de deux termes également éloignés des extrêmes y est égal au produit des extrêmes, lequel à son tour est égal au produit des moyens, si le nombre des termes est pair, ou au quarré du moyen, si le nombre des termes est impair. Car $aq \times aq^3 = a \times aq^4 = aq^2 \times aq^2$; donc toutes les progressions géométriques ont la même propriété.

248. Et puisque les proportions continues ne sont que des progressions de trois termes, nous conclurons généralement, comme nous l'avons déja fait (237), que *dans toute proportion géométrique-continue, le produit des extrêmes est égal au quarré du moyen-proportionel.*

249. 8°, Considérant la même formule, nous observerons aussi que son premier terme est au troisieme, comme le quarré du premier est au quarré du second; puisque l'on a . . . . $a : aq^2 :: a^2 : a^2q^2$ . . . . Cette propriété a donc lieu dans toutes les progressions géométriques.

On a pareillement . . . . . $a : aq^3 :: a^3 : a^3q^3$. Donc le premier terme d'une progression géométrique quelconque est au quatrieme, comme le cube de ce premier terme est au cube du second.

En général, deux termes quelconques de cette formule sont entr'eux comme le premier & le second élevés à la puissance marquée par l'intervalle qui sépare les deux termes dont il s'agit.

250. 9°, Dans la formule des progressions, on voit qu'un terme quelconque est égal au produit du premier par le quotient élevé à une puissance marquée par le nombre des termes précédents. Le sixieme terme, par exemple, aq^5, n'est autre chose que le produit du premier terme a par le quotient q élevé à la cinquieme puissance. Appellant donc ω le terme que l'on cherche, & désignant par n le nombre de tous les termes de la progression, on aura généralement.... $\omega = aq^{n-1}$; formule qui va bientôt nous être utile.

251. De ce qui précéde, on déduit facilement la valeur de la somme s des termes d'une progression géométrique quelconque, dont on connoît le premier terme a, le dernier ω, & le quotient q. Car tous les termes d'une progression, hors le dernier, étant antécédents, on peut représenter la somme des antécédents par $s - \omega$; & tous les termes de cette même progression, hors le premier, étant conséquents, la somme des conséquents peut être représentée par $s - a$. Mais nous savons (241) que dans une suite de raisons géométriques égales, & par conséquent dans toute progression géométrique la somme des antécédents est à la somme des conséquents, comme un antécédent quelconque est à son conséquent. On a donc... $s - \omega : s - a :: a : aq$; d'où l'on tire d'abord .... $saq - a\omega q = sa - aa$; puis ..... $sq - \omega q = s - a$; ensuite $sq - s = \omega q - a$; enfin .... $s = \frac{\omega q - a}{q - 1}$.

Cette formule, jointe avec la précédente, va nous servir à résoudre un problême analogue à celui que nous avons déja résolu (229) pour les progressions arithmétiques: mais pour en saisir tous les résultats, il faut avoir lu auparavant ce qui a rapport aux Logarithmes, & aux Equations des degrés supérieurs. On peut donc passer tout de suite au Chapitre suivant, quand on ne connoît pas ces deux théories.

252. I. PROBLEME. Etant données dans une progression géométrique trois des quantités suivantes, a le premier terme, ω le dernier, n le nombre des termes, s leur somme, q le quotient, trouver immédiatement l'une des deux autres.

La premiere formule, $\omega = aq^{n-1}$, en donne trois autres, de sorte que l'on a;

$$\text{I. } \omega = aq^{n-1} \ldots \text{III. } n = 1 + \frac{L\omega - La}{Lq}.$$

$$\text{II. } a = \frac{\omega}{q^{n-1}} \ldots \text{IV. } q = \sqrt[n-1]{\frac{\omega}{a}}.$$

La seconde formule, $s = \frac{\omega q - a}{q - 1}$ en donne trois nouvelles, & l'on a;

$$\text{V. } s = \frac{\omega q - a}{q - 1} \ldots \text{VII. } \omega = s - \frac{s + a}{q}.$$

$$\text{VI. } a = \omega q - sq + s \ldots \text{VIII. } q = \frac{s - a}{s - \omega}.$$

Substituant dans la seconde la valeur de ω prise dans la premiere équation, on trouvera,

$$\text{IX. } s = a\left(\frac{q^n - 1}{q - 1}\right) \ldots \text{XI. } n = \frac{L(sq - s + a) - La}{Lq}.$$

$$\text{X. } a = s\left(\frac{q - 1}{q^n - 1}\right) \ldots \text{XII. } q^n - \frac{s}{a}q + \frac{s}{a} - 1 = 0.$$

Si on substitue dans la même formule $s = \frac{\omega q - a}{q - 1}$, la valeur de $a = \frac{\omega}{q^{n-1}}$, on aura ....

$$\text{XIII. } s = \frac{\omega}{q^{n-1}}\left(\frac{q^n - 1}{q - 1}\right) \ldots \text{XV. } n = 1 + \frac{L\omega - L(\omega q - sq + s)}{Lq}.$$

$$\text{XIV. } \omega = sq^{n-1}\left(\frac{q - 1}{q^n - 1}\right) \ldots \text{XVI. } q^n - \frac{s}{s + \omega}q^{n-1} + \frac{\omega}{s - \omega} = 0.$$

Enfin substitution faite de la valeur de $q = \sqrt[n-1]{\frac{\omega}{a}}$ dans la même équation $s = \frac{\omega q - a}{q - 1}$, les quatre dernieres formules seront,

$$\text{XVII. } s = \frac{\omega^{\frac{n}{n-1}} - a^{\frac{n}{n-1}}}{\omega^{\frac{1}{n-1}} - a^{\frac{1}{n-1}}} \ldots \text{XIX. } (s - \omega)\,\omega^{\frac{1}{n-1}} = (s - a)\,a^{\frac{1}{n-1}}.$$

$$\text{XVIII.. } n = 1 + \frac{L\omega - La}{L(s-a) - L(s-\omega)} \ldots \text{XX. } (s - a)\,a^{\frac{1}{n-1}} = (s - \omega)\,\omega^{\frac{1}{n-1}}.$$

On peut maintenant disposer ces vingt formules en table, comme nous l'avons déja fait pour les progressions arithmétiques. Cet arrangement sera plus favorable à la résolution des problêmes particuliers.

Étant donnés	Trouver	FORMULES.
ω, q, n		$a = \frac{\omega}{q^{n-1}}$.
ω, s, n	a	$(s - a)\,a^{\frac{1}{n-1}} = (s - \omega)\,\omega^{\frac{1}{n-1}}$.
ω, q, s		$a = \omega q - s q + s$.
q, n, s		$a = s\left(\frac{q - 1}{q^n - 1}\right)$.
a, q, n		$\omega = a q^{n-1}$.
a, s, n	ω	$(s - \omega)\,\omega^{\frac{1}{n-1}} = (s - a)\,a^{\frac{1}{n-1}}$.
a, q, s		$\omega = s - \frac{s + a}{q}$.
q, n, s		$\omega = s\,q^{n-1}\left(\frac{q - 1}{q^n - 1}\right)$.
a, ω, n		$q = \sqrt[n-1]{\frac{\omega}{a}}$.
a, n, s	q	$q^n - \frac{s}{a} q + \frac{s}{a} - 1 = 0$.
a, ω, s		$q = \frac{s - a}{s - \omega}$.
n, ω, s		$q^n - \frac{s}{s - \omega} q^{n-1} + \frac{\omega}{s - a} = 0$.

Étant donnés	Trouver	FORMULES.
a, ω, q		$n = 1 + \frac{L\omega - La}{Lq}$.
a, ω, s		$n = 1 + \frac{L\omega - La}{L(s-a) - L(s-\omega)}$.
a, q, s	n	$n = \frac{L(sq - s + a) - La}{Lq}$.
ω, q, s		$n = 1 + \frac{L\omega - L(\omega q - sq + s)}{Lq}$.
a, ω, n		$s = \frac{\omega^{\frac{n}{n-1}} - a^{\frac{n}{n-1}}}{\omega^{\frac{1}{n-1}} - a^{\frac{1}{n-1}}}$.
a, q, n		$s = a\left(\frac{q^n - 1}{q - 1}\right)$.
a, ω, q	s	$s = \frac{\omega q - a}{q - 1}$.
ω, n, q		$s = \frac{\omega}{q^{n-1}}\left(\frac{q^n - 1}{q - 1}\right)$.

253. APPLICATIONS. I. On a tiré, à cinq reprises différentes, du vin d'un tonneau, en suivant une progression géométrique croissante, dont le dernier terme est 243 pintes, & dont le quotient est 3. Combien de pintes a-t-on dû tirer la premiere fois?

Soit $\omega = 243 \ldots q = 3 \ldots n = 5$: & on aura par la premiere des vingt formules .... $a = \frac{\omega}{q^{n-1}} = \frac{243}{3^4} = \frac{243}{81} = 3$. C'est-à-dire que l'on a tiré 3 pintes de vin la premiere fois.

II. Une personne ayant joué à quitte-ou-double contre une autre, a perdu dix fois de suite. Elle avoit joué 3^{tt} la premiere fois : que perd-elle après la dixieme?

Les données sont ... $a = 3^{\text{tt}}$ ... $q = 2$ ... $n = 10$, & on cherche ω. Je trouve la valeur demandée, par la cinquieme formule ... $\omega = aq^{n-1} = 3 \cdot 2^9 = 3 \cdot 512 = 1536$.

III. On ſuppoſe que la population d'un pays où les mœurs & la liberté régnent avec l'abondance, s'eſt accrûe uniformément tous les ans d'une maniere ſi rapide que de dix mille ames qu'il y avoit d'abord, il s'en eſt trouvé 14641 au bout de quatre ans; ſuivant quelle progreſſion a dû ſe faire cet accroiſſement?

$a = 10000$ ... $\omega = 14641$ ... $n = 5$; & on demande q. Jettant donc les yeux ſur la troiſieme caſe, où toutes les valeurs de q ſont réunies, je prends la formule $q = \sqrt[n-1]{\frac{\omega}{a}}$, & j'ai $q = \sqrt[4]{\frac{14641}{10000}} = \frac{11}{10}$. L'accroiſſement annuel a donc dû être de $\frac{1}{10}$.

IV. Pour s'être obſtiné à plaider, il en a coûté 121000# à un plaideur forcené. Le premier procès ne lui coûte que cent piſtoles, mais auſſi le dernier lui a-t-il coûté 81000#. On ſait d'ailleurs que les frais des autres ont été moyens-proportionels entre ces deux extrêmes: on voudroit ſavoir combien ce plaideur a perdu de procès.

Soit $a = 1000^{\#}$ ... $\omega = 81000^{\#}$ ... $s = 121000$; on trouvera la valeur de n par la formule ... $n = 1 + \frac{L\omega - La}{L(s-a) - L(s-\omega)}$, qui donne .... $n = 1 + \frac{L81000 - L1000}{L120000 - L40000} = 1 + \frac{L\left(\frac{81000}{1000}\right)}{L\left(\frac{120000}{40000}\right)} = 1 + \frac{L81}{L3} = 1 + \frac{4L3}{L3} = 5$.

V. Un Diſſipateur a mangé tout ſon bien en cinq mois de temps; chaque mois il quadruploit ſa dépenſe, & le premier mois il avoit dépenſé cent louis. On demande quel étoit ſon bien.

$a = 2400^{\#}$ ... $q = 4$ ... $n = 5$; ainſi la valeur de s ſe déduira de la formule .... $s = a\left(\frac{q^n - 1}{q - 1}\right) = 2400\left(\frac{4^5 - 1}{3}\right) = 800 \cdot 1023 = 818400^{\#}$.

Ces applications ſont plus que ſuffiſantes pour diriger dans tous les cas le choix que l'on doit faire des formules convenables.

254. II. PROB. Inférer un nombre m de moyens-proportionels-géométriques entre deux termes donnés a & ω.

SOLUTION. Si $m=1$, on a auffi-tôt $\div a : x : \omega$; donc $x=\sqrt{a\omega}$.

Si $m=2$, on aura $\div a : x : y : \omega$; & pour déterminer x, on fe rappellera (249) que $a : \omega :: a^3 : x^3$, & on en conclura que $ax^3 = a^3\omega$ . . . . . que $x^3 = a^2\omega$ . . . que $x=\sqrt[3]{a^2\omega}$.

La valeur de x étant une fois connue, on déterminera celle de y par la proportion fuivante . . . $a : \sqrt[3]{a^2\omega} :: y : \omega$, dont tous les termes élevés au cube donnent $a^3 : a^2\omega :: y^3 : \omega^3$; & par conféquent $a^3\omega^3 = a^2\omega y^3$; donc $y=\sqrt[3]{a\omega^2}$.

Plus généralement: foit m un nombre quelconque; la queftion fe réduira à déterminer le quotient q d'une progreffion dont on connoît déja le premier terme a, le dernier ω, & le nombre des termes n, qui dans le cas préfent peut être repréfenté par $m+2$. Or la neuvieme formule donne, $q=\sqrt[n-1]{\frac{\omega}{a}}$; donc $q=\sqrt[m+1]{\frac{\omega}{a}}$. Ainfi la progreffion cherchée aura la forme fuivante,

$$\div a : \sqrt[m+1]{a^m\omega} : \sqrt[m+1]{a^{m-1}\omega^2} : \sqrt[m+1]{a^{m-2}\omega^3} \ldots : \omega.$$

Et fi l'on veut en faire une application, en inférant quatre moyens-proportionels, par exemple, entre a & ω, on n'aura qu'à fubftituer 4 au lieu de m, on trouvera . . . .

$$\div a : \sqrt[5]{a^4\omega} : \sqrt[5]{a^3\omega^2} : \sqrt[5]{a^2\omega^3} : \sqrt[5]{a\omega^4} : \omega.$$

255. III. PROB. Entre les termes confécutifs d'une progreffion géométrique, inférer un nombre p de moyens-proportionels.

Soit repréfentée par $\div aq^0 : aq^1 : aq^2 : aq^3 : aq^4 :$ &c. la progreffion dont il s'agit. Il eft évident que fi vous inférez entre les expofants confécutifs de fes termes un nombre p de moyens-proportionels-arithmétiques, les termes affectés de ces expofants feront les moyens-proportionels-géométriques que l'on demande (246). Ainfi pour inférer cinq de ces termes dans la formule ; on écrira ;

$$\div\; aq^0 : aq^{\frac{1}{6}} : aq^{\frac{2}{6}} : aq^{\frac{3}{6}} : aq^{\frac{4}{6}} : aq^{\frac{5}{6}} : aq : aq^{\frac{7}{6}} : aq^{\frac{8}{6}} : \&c.$$

Dans le calcul des Logarithmes, on peut se servir de cette espece d'interpolation.

On trouve dans les Ouvrages du P. Mersenne un exemple connu des Amateurs de la Musique. Il s'agissoit de partager l'octave en douze semi-tons égaux, pour former ce que les Musiciens appellent *l'accord égal* & pour cela il falloit insérer onze moyens proportionels-géométriques entre 1 & 2. Le P. Mersenne les a calculés en nombres par la formule suivante que l'on trouve aussi dans la *Génération Harmonique* de M. Rameau, & dans plusieurs autres Ouvrages.

$$\div\; 1 : 2^{\frac{1}{12}} : 2^{\frac{2}{12}} : 2^{\frac{3}{12}} : 2^{\frac{4}{12}} : 2^{\frac{5}{12}} : 2^{\frac{6}{12}} \ldots 2.$$

DE LA REGLE DE TROIS,

Et de quelques autres Regles qui en dépendent.

256. ÉTANT donnés trois termes, on a souvent besoin d'en connoître un quatrieme qui leur soit proportionel ; & ce quatrieme terme se trouve, comme l'on sait (234), d'une maniere bien facile. La regle que l'on met alors en usage, s'appelle la *Regle de Trois* : ce n'est qu'une simple application de la propriété fondamentale des proportions géométriques (232).

L'usage est de distinguer deux sortes de regles de Trois ; l'une que l'on appelle *directe*, l'autre que l'on appelle *inverse*.

Soit proposé, par exemple, de déterminer le prix de 25 marcs d'argent, en supposant que le marc coûte $52^{\text{#}}$ ... Il est évident que le prix inconnu doit être au prix donné, dans le même rapport que les 25 marcs sont à un seul marc. Appellant donc x le prix que l'on cherche, on aura... $1^M : 25^M :: 52^{\text{#}} : x$, d'où on tirera $x = \frac{52 \cdot 25}{1} = 1300^{\text{#}}$.

Si on eût proposé de trouver le prix de 70 marcs dans l'hypothese qu'il en eût coûté 714# pour 14 marcs, on eût dit ... $14^M : 70^M :: 714^{\#} : x^{\#}$, & on auroit conclu que $x = \frac{70 \cdot 714}{14} = 3570$. Ces deux exemples sont du nombre des regles de trois directes.

Mais si on proposoit cette question ... 57 Ouvriers ont fait un certain ouvrage en 3 jours ; combien faudroit-il de jours à 19 Ouvriers pour faire le même ouvrage ? ... La regle de trois seroit inverse, parce que le temps nécessaire pour achever un même travail est en raison inverse du nombre des travailleurs. Aussi disposeroit-on les trois termes connus autrement que dans les regles de trois directes ; on écriroit par exemple, ... $57^{Ouv.} : 19^{Ouv.} :: x : 5^{j}$. Et on trouveroit $x = 15$; c'est-à-dire qu'il faudroit 15 jours pour que 19 Ouvriers fissent le même ouvrage que 57 Ouvriers auroient fait en 5 jours.

257. Remarquez 1°, que si l'un des deux premiers termes d'une regle de trois est multiple de l'autre, on peut simplifier le calcul, en réduisant à la plus simple expression l'espece de fraction qui en résulte. Au lieu d'écrire, ... $57 : 19 :: x : 5$, ou $\frac{57}{19} = \frac{x}{5}$, on peut écrire $3 : 1 :: x : 5$; & en général, toutes les fois qu'il y a moyen d'introduire l'unité dans une proportion, il ne faut jamais y manquer, parce qu'alors le terme que l'on cherche, est le produit ou le quotient des deux autres. Par exemple, une des proportions précédentes, $14 : 70 :: 714 : x$: eût pu se réduire à une beaucoup plus simple, $1 : 5 :: 714 : x$. Et quand bien même on ne rameneroit pas à l'unité un des termes connus, il suffit que l'on puisse le ramener du moins à un plus petit nombre, pour ne pas laisser échapper cette réduction.

258. Remarquez 2°, que pour discerner les regles de trois inverses on n'a qu'à comparer ensemble les termes qu'elles renferment, afin de voir si le rapport des deux premiers est l'inverse du rapport des deux autres. La moin-

dre réflexion suffit pour connoître l'ordre dans lequel ces termes doivent être placés. On en pourra juger par les deux exemples suivants.

Six Escadrons ont consommé un Magasin de fourage en 54 jours; en combien de jours l'eussent consommé neuf Escadrons?

Plus il y a de chevaux, & moins il faut de temps pour la même consommation. La regle est donc inverse. Ainsi $6^E : 9^E :: x^j : 54^j$. Donc $x = \frac{54 \cdot 6}{9} = 36^j$.

Autrement. $2 \times 3 : 3 \times 3 :: x : 54$. D'où $2 : 3 :: x : 54$; & $x = \frac{2}{3} \cdot 54 = 36$.

Si pour un meuble particulier il faut 6 aunes d'une étoffe large de $\frac{2}{3}$, combien en faut-il d'une étoffe large de $\frac{3}{4}$?

Il est clair que plus l'étoffe est large, moins il en faut. On a donc $\frac{2}{3} : \frac{3}{4} :: x : 6$, & réduisant au même dénominateur, $\frac{8}{12} : \frac{9}{12} :: x : 6$. D'où, $8 : 9 :: x : 6$, ou bien $8 : x :: 9 : 6$, ou encore $8 : x :: 3 : 2$, ce qui donne $x = \frac{16}{3} = 5^{Au} + \frac{1}{3}$.

259. Remarquez 3°, que dans une regle de trois inverse, on peut placer le terme inconnu au quatrieme rang; il ne faut que changer de place les deux premiers termes. Ainsi, au lieu d'écrire... $57 : 19 :: x : 5$, on peut écrire.... $19 : 57 :: 5 : x$. Cela revient au même. Au reste, les regles de trois directes sont presque les seules dont on fasse usage dans les différentes parties des Mathématiques.

260. Soit proposé maintenant de résoudre cette question. 20 hommes ont fait 160 toises en 15 jours; combien 30 hommes en feront-ils en 12 jours?

On appelle *regles de trois composées* ces sortes de problêmes où il entre plus de trois termes connus. Pour trouver alors le terme que l'on cherche, on réduit la question à des regles de trois simples. On peut dire, par exemple; si 20 hommes ont fait 160 toises, combien

30 hommes en feront-il dans le même temps? ......

$$20 : 30 :: 160 : x ; \text{ ou}, 2 : 3 :: 160 : x = 240.$$

Donc en 15 jours 30 hommes feront 240 toises. Mais on suppose qu'ils ne doivent travailler que pendant 12 jours. On aura donc $15 : 12 :: 240 : x$; ou, $5 : 4 :: 240 : x$, ou même, $1 : 4 :: 48 : x = 192^T$. C'est le nombre cherché.

Il eût été facile de le trouver en disposant ainsi les termes ... & en multipliant 20 par 15 & 30 par 12. Car 20 hommes qui travaillent 15 jours, font 300 journées de travail, pendant que 30 hommes qui travailleront 12 jours en feront 360. Mais si 300 journées de travail ont produit 160 toises, il est clair que 360 journées en produiront 192; par ce que $300 : 360$, ou $30 : 36$, ou $5 : 6 :: 160 : 192$.

$$\begin{Bmatrix} 20^h. & 30^h. \\ 15^j. & 12^j. \end{Bmatrix} :: 160^T. x.$$

On peut même résoudre cette question sans employer la regle de trois, en disant; 160 toises en 15 jours font $\frac{160}{15}$ par jour, dont la vingtieme partie, ou $\frac{160}{15 \times 20}$ est l'ouvrage que fait chaque homme par jour. 30 hommes feront donc $30 \times \frac{160}{15 \times 20}$, ou $\frac{30 \times 160}{15 \times 20}$ chaque jour; & par conséquent en 12 jours ils feront $\frac{12 . 30 . 160}{15 . 20} = \frac{12 . 2 . 8}{1 . 1}$ $= 192$.

Nous n'insisterons pas sur des choses aussi aisées. Quand on a un peu d'habitude du calcul, ces regles se présentent naturellement à l'esprit, ou on en imagine d'autres qui valent quelquefois mieux.

La regle de trois est du plus grand usage dans toutes les parties des Mathématiques. Elle sert beaucoup aussi dans quelques autres que nous allons parcourir.

261. *Regle de Compagnie.* Deux Négocians ont mis 12000# en société dans le commerce, & ils ont gagné 1350#. Ils veulent partager ce gain à raison de leurs

miſes, qui ſont 8000^{tt} pour le premier Négociant, & 4000^{tt} pour le ſecond. Que doit il revenir à chacun ?

La réponſe eſt aiſée ; car la miſe totale 12000^{tt}, eſt au gain total 1350^{tt}, comme la miſe de chaque Négociant eſt au gain qu'il doit faire. On a donc,

$12000 : 1350 :: 8000 : x$; ou $1200 : 135 :: 8000 : x$; ou encore ; $400 : 45 :: 8000 : x$; ou bien $80 : 9 :: 8000 : x$; ou enfin, $1 : 9 :: 100 : x = 900^{tt}$;
c'eſt le gain du premier. Ce qui reſte de 1350^{tt} eſt le gain du ſecond. Rien n'eſt plus facile.

Trois Amis ont fait une bourſe commune pour le jeu. Le premier a donné 117^{tt} ; le ſecond 72 ; le troiſieme 54. Ils ont perdu 93^{tt}. Quelle eſt la perte de chacun ?

$$243 : 93 :: \begin{cases} 117 : x = \frac{117 \times 93}{243} = 44 + \frac{189}{243}. \\ 72 : x = \frac{72 \times 93}{243} = 27 + \frac{135}{243}. \\ 54 : x = \frac{54 \times 93}{243} = 20 + \frac{162}{243}. \end{cases}$$

$$\overline{93}$$

On eût pu diviſer d'abord les deux premiers termes par 3, & diviſer enſuite par 9 le quotient du premier, & chacun des troiſiemes termes, en diſant :

$$81 : 31 :: \begin{cases} 117 : x. \\ 72 : x. \\ 54 : x. \end{cases}$$

$$\text{Puis....} 9 : 31 :: \begin{cases} 13 : x = 44 + \frac{7}{9} \\ 8 : x = 27 + \frac{5}{9} \\ 6 : x = 20 + \frac{2}{3} \end{cases}$$

On vérifie ces ſortes de regles en ajoutant les pertes ou les gains de tous les aſſociés. La ſomme doit toujours être la perte totale ou le gain total.

262. Lorſqu'outre les miſes particulieres, il y a encore

des temps différents, la regle de compagnie s'appelle *composée*.

EXEMPLE. A, B & C ont gagné 1660^{tt} 12^{f} avec un fonds qu'ils avoient mis en société. Il s'agit de partager ce gain en raison des mises. Celle de A est de 4500^{tt} pendant 6 mois; celle de B est de 3000^{tt} pendant 8 mois. C a mis 2250 pendant dix mois.

Multipliez d'abord chaque mise par le temps qu'elle a été employée, & dites ensuite: la somme de tous ces produits est au gain total, comme chaque produit en particulier est à la partie proportionelle de gain que je cherche.

$$\text{A}\ldots\ \begin{array}{r} 4500 \\ 6 \\ \hline 27000 \end{array} \qquad \text{B}\ldots\ \begin{array}{r} 3000 \\ 8 \\ \hline 24000 \end{array} \qquad \text{C}\ldots\ \begin{array}{r} 2250 \\ 10 \\ \hline 22500 \end{array}$$

La somme de ces produits est 73500; d'ailleurs 12^{f} $= \frac{6}{10}$ de livre. J'ai donc

$$73500 : 1660,6 :: \begin{cases} 27000 : x. \\ 24000 : x. \\ 22500 : x. \end{cases}$$

Ou bien, divisant par 300 le premier terme & chacun des troisiemes.

$$245 : 1660,6 :: \begin{cases} 90 : x = 610^{tt} + \frac{4}{245}. \\ 80 : x = 542 + \frac{58}{245}. \\ 75 : x = 508 + \frac{858}{245}. \end{cases}$$

$$\overline{1660^{tt} + \tfrac{147}{245}.}$$

La fraction $\frac{147}{245}$ se réduit à $\frac{3}{5} = 12^{f}$.

263. *La Regle d'Alliage* consiste, ou à trouver le prix moyen d'un mélange formé de plusieurs choses différentes, dont les quantités & les prix sont donnés; ou à trouver dans quelle proportion il faut prendre de chacune de ces choses, lorsque leurs prix & le prix moyen sont connus.

PREMIER CAS. A quel prix faudroit-il vendre le marc d'un alliage formé avec 6 marcs d'argent à 48^{tt}, & 12 marcs d'argent à 36^{tt}, pour n'y rien perdre, ni gagner?

Multipliez chaque partie de l'alliage par ſon prix reſpectif, & diviſez la ſomme des produits par celle des quantités mêlées ; le quotient ſera le prix moyen.

$$\begin{array}{rcl} 6 \times 48^{\text{tt}} & = & 288 \\ 12 \times 36 & = & 432 \\ \hline 18 & & 720 \end{array} \qquad \frac{720}{18} = 40^{\text{tt}}, \text{ prix cherché.}$$

Cette méthode eſt fondée ſur la régle de trois que voici. La ſomme des marcs eſt à celle de leurs prix, comme un ſeul marc de l'alliage eſt au prix moyen. Cette proportion qui eſt évidemment juſte, donne $18 : 720 :: 1 : x = \frac{720}{18} = 40$.

On vérifie le premier cas de la regle d'alliage, en évaluant tout le mélange au prix moyen.

Il eût été facile de trouver une formule algébrique qui eût indiqué la méthode dont nous venons de nous ſervir.

Second cas. Le prix moyen & celui de chaque partie de l'alliage étant connus, il peut arriver 1°, qu'aucune des quantités dont le mélange doit être formé, ne ſoit fixée; 2°, qu'il y en ait une qui le ſoit; 3°, que l'on ſoit reſtreint à une certaine quantité d'alliage. Les exemples vont éclaircir tout cela.

1°, Un Marchand de vin voudroit mêler du vin à 15^{f} la pinte avec du vin à 8^{f}, pour en avoir qu'il pût vendre 12^{f} la pinte. Combien doit-il prendre de chaque eſpece pour faire ce mêlange ?

Après avoir ainſi diſpoſé les trois prix ... $12 \left\{ \begin{array}{l} 15 \,..\, 4 \\ \;\,8 \,..\, 3 \end{array} \right.$ je prends la différence 3 de 12 à 15, & je la mets vis-à-vis 8. Je place réciproquement vis-à-vis 15 la différence 4 de 12 à 8, & je conclus que trois pintes de vin à 8^{f} mêlées avec quatre pintes de vin à 15 feront du vin à 12^{f}. Cela eſt évident par la compenſation qui ſe fait des deux prix, l'un ſupérieur, l'autre inférieur au prix moyen.

264. Il ne faut pas cependant conclure de cette compenſation, que les nombres 4 & 3 ſoient les ſeuls qui ſa-

tisfassent aux conditions du problême. Car c'est ici une question indéterminée qui a une infinité de solutions, même en nombres entiers. Il suffit, pour les trouver, de prendre deux nombres qui soient dans le même rapport que 4 & 3 ; & pour cela, il n'y a qu'à les doubler, tripler, &c.

Si le mêlange devoit être fait avec du vin à 15ᶠ, à 10 & à 8, pour avoir encore du vin à 12, on s'y prendroit à peu-près de la même maniere. C'est-à-dire, qu'après avoir comparé 15 & 8 avec le prix moyen 12, & disposé réciproquement les différences 3 & 4, on compareroit 15 & 10 avec le même prix moyen 12, & on disposeroit réciproquement aussi leurs différences 3 & 2. Voyez l'exemple.

Six pintes de vin à 15 sous, 3 pintes de vin à 10ᶠ, & 3 pintes à 8, mêlées ensemble feroient donc 12 pintes de vin à 12ᶠ.

12	15 . . 4 . 2 = 6.	
	10 . . 3	
	8 . . 3	
		12

S'il devoit entrer dans le mélange quatre, cinq, ou six sortes de vin à différents prix, on les compareroit successivement deux à deux avec le prix moyen, en observant de ne comparer à la fois que deux prix, l'un plus fort, l'autre plus foible que le prix moyen.

2°, Dans un temps de disette un Boulanger veut faire du pain avec de l'orge, du seigle & du froment, & le vendre 4 sous la livre. Il a 8 boisseaux & demi de froment qui feroient du pain à 5ᶠ la livre. Le pain fait avec le seigle seul reviendroit à 3ᶠ, 8ᵈ. Celui qu'il feroit avec l'orge coûteroit 1ᶠ 6ᵈ. On demande combien il doit mêler de seigle & d'orge avec ces 8 boisseaux & demi de froment, pour faire du pain à 4ᶠ la livre?

Le prix moyen est ici 48ᵈ. J'en prends les différences avec les autres prix, comme dans l'exemple précédent, & je dis :

48	60 . . 30 . . 4
	44 . . 12
	18 . . 12

Pour faire du pain à 4ᶠ la livre avec les prix marqués,

on pourroit donc prendre 34 boisseaux de froment avec 12 boisseaux de seigle & 12 boisseaux d'orge. Mais puisque la quantité de froment est fixée, il est clair que s'il faut 12 boisseaux de seigle & 12 d'orge sur 34 de froment, il en faudra sur 8 $\frac{1}{2}$ une quantité proportionelle que je déterminerai par cette regle de trois,

$$34 : 8\tfrac{1}{2} :: 12 : x = 3 \text{ boisseaux} \begin{cases} \text{de seigle} \\ \text{d'orge,} \end{cases}$$

Il en est de même pour un plus grand nombre de choses à mêler, quand on connoît leurs prix & la quantité de l'une d'entre elles.

3°, On a trois sortes de café. La livre du premier vaut 50^s, celle du second en vaut 38, celle du troisieme 24. Trouver dans quelle proportion il faut les mêler pour en faire 64 livres que l'on puisse vendre 30^s?

Prenez les différences comme ci-dessus, & après les avoir ajoutées, dites: la somme des différences est à la quantité de mélange que l'on veut faire, comme chaque différence en particulier est à la quantité qu'il faut prendre de tel ou tel café.

$$30 \left| \begin{array}{l} 50 \,..\, 6 \\ 38 \,..\, 6 \\ 24 \,..\, \underline{20.8} \\ \quad\quad 40 \end{array} \right. \qquad 40 : 64 :: \begin{cases} 6 : x = 9\frac{3}{5}. \\ 6 : x = 9\frac{3}{5}. \\ 28 : x = \underline{44\frac{4}{5}}. \\ \quad\quad\quad 64 \end{cases}$$

265. *La regle de fausse position* sert à trouver un nombre inconnu par le moyen d'un nombre supposé. Soit proposé, par exemple, de trouver un nombre dont la moitié, le quart & le cinquieme fassent 456.

Je suppose que ce nombre est 20. Mais il est clair que la moitié, le quart & le cinquieme de 20 ne font que 19. Ma supposition est donc fausse. Elle n'en servira pas moins cependant à me faire connoître le nombre demandé. Car puisque deux quantités sont toujours entre elles comme leurs parties ſemblables (242), on peut les regarder l'une comme la ſomme des antécédents d'une ſuite de termes proportionels, l'autre comme la ſomme des conſéquents. Or ces deux ſommes ſont entre elles (241), comme un nombre quelconque d'antécédents eſt au même nombre de conſéquents, & réciproquement; donc la moitié plus le quart, plus le cinquieme de 20, ſont à la moitié, plus au quart, plus au cinquieme du nombre que je cherche, comme le nombre 20 lui-même eſt au nombre cherché. J'ai donc, $19 : 456 :: 20 : x = 480$.

Trois Négociants ont perdu 2400^{tt} en ſociété. Cette perte devant être répartie à proportion des miſes, & la miſe du premier Négociant étant égale à la ſomme des deux autres, pendant que celle du ſecond eſt double de celle du troiſieme, on demande quelle doit être la perte de chacun?

Si je ſuppoſe que la miſe du troiſieme eſt de 3^{tt}, celle du ſecond doit être de 6, & celle du premier, de 9. D'où je conclus que

$$18 : 2400, \text{ ou } 3 : 400 :: \begin{cases} 3 : x = 400. \\ 6 : x = 800. \\ 9 : x = 1200. \end{cases}$$

Une infinité d'autres nombres formés ſuivant les mêmes conditions que 18, auroient donné le même réſultat.

Combien faudroit-il de temps pour remplir un baſſin, en ouvrant tout à la fois quatre robinets, dont le premier ſeul le rempliroit en 2 heures, le ſecond en 3, le troiſieme en 5, & le quatrieme en 6?

Suppoſons qu'il fallût une heure, & voyons ſi le baſſin ſe trouveroit rempli. Il eſt clair que dans cet intervalle le premier robinet en rempliroit la moitié, que le ſecond en rempliroit le tiers, &c; & qu'ainſi les quatre à la fois fourniroient dans une heure de quoi remplir $\frac{36}{30}$ ou $\frac{6}{5}$ du baſſin. Il ne faut donc pas une heure. Pour déterminer au juſte ce qu'il faut, on dira......

$$\tfrac{6}{5} : \tfrac{5}{5}, \text{ ou } 6 : 5 :: 1^h : x = \tfrac{5^h}{6} = 50'.$$

266. Il arrive ſouvent qu'une premiere ſuppoſition ne ſuffit pas pour réſoudre ces petits problêmes : on en fait alors une ſeconde. C'eſt ce que l'on appelle *la regle de double fauſſe poſition.*

EXEMPLE. On demande deux nombres dont la différence ſoit 8, & dont la ſomme ſoit 16.

Suppoſons que le plus petit de ces deux nombres ſoit 1 ; nous aurons 9 pour le plus grand, & 10 pour leur ſomme. Mais nous devons avoir 16 pour leur ſomme ; nous ſommes donc en erreur de 6.

Suppoſons maintenant que le plus petit des deux nombres cherchés ſoit 3, ce qui donnera 11 pour le plus grand. On aura 14 pour leur ſomme, & 2 pour erreur.

Mais nous ſavons d'ailleurs (196) que le plus petit nombre cherché doit être 4, & nous voyons que *la premiere erreur eſt à la ſeconde, comme la différence entre le premier nombre ſuppoſé & le nombre cherché, eſt à la différence entre le ſecond nombre ſuppoſé, & le même nombre cherché*, puiſqu'on a ... 6 : 2 :: 3 : 1. Reſte donc à trouver une méthode qui faſſe connoître le nombre cherché, dans tous les cas où il y a proportion entre les erreurs & les différences, dont nous venons de parler.

267. Soit donc x le nombre cherché ; ſoit a le premier nombre ſuppoſé, b le ſecond, c la premiere erreur, d la ſeconde. Il eſt clair que toutes les fois qu'il y aura proportion entre les erreurs & les différences indiquées, on aura ... $c : d :: x - a : x - b$, & que par conſéquent ...

$$x = \frac{bc - ad}{c - d}.$$

Donc *pour trouver, par la regle de double fauſſe poſition, le nombre cherché, il faut multiplier chaque nombre ſuppoſé par l'erreur qui répond à l'autre nombre ſuppoſé, & diviſer la différence de ces deux produits, par la différence des deux erreurs.*

Nous avons ſuppoſé dans l'exemple qui précede, que les deux erreurs étoient de même ſigne. Si elles euſſent été de ſignes contraires, ils eut fallu alors diviſer la *ſomme* des mêmes produits, par la *somme* des erreurs; puisque d, par exemple, étant une quantité négative, la formule devient $x = \frac{bc \pm ad}{c \pm d}$. Donc la formule générale sera . . . . $x = \frac{bc + ad}{c + d}$.

268. Toutes les fois que les deux nombres supposés ne satisferont point à l'énoncé du problême, on voit bien qu'il suffiroit de ramener l'un des deux au nombre cherché, par une correction convenable. Soit donc y cette correction; soit d la plus petite erreur; soit b le nombre qui l'a produite, & le reste, comme ci-dessus.

Il est clair que si b est plus petit que x, on aura . . . $b + y = x = \frac{bc - ad}{c - d}$; ce qui donnera . . . $y = \frac{(b - a)d}{c - d}$.

Mais si b est plus grand que x, alors $b - y = x = \frac{bc - ad}{c - d}$, d'où on tire . . . $y = \frac{(a - b)d}{c - d}$. C'est-à-dire que dans les deux cas, il faut multiplier la différence des deux nombres supposés par la plus petite erreur, & diviser ce produit par la différence des erreurs, lorsqu'elles ont le même signe, ou par leur somme, quand elles ont des signes différents. Le quotient est toujours la correction cherchée.

269. Rapprochons maintenant les diverses opérations de la regle de double fausse position. Elles consistent à supposer un nombre que l'on assujétit aux conditions du problême. S'il y satisfait, comme cela arrive quelquefois, le problême est résolu. S'il n'y satisfait pas, on marque l'erreur soit positive, soit négative, & on suppose un autre nombre, que l'on applique de même aux conditions du problême. S'il en résulte une nouvelle erreur, on la marque, comme la précédente. Ensuite, on multiplie la premiere erreur par le second nombre, & la seconde erreur par le premier. Cela fait, on divise la somme des deux produits par celle des deux erreurs, lorsque les signes de ces erreurs sont différents. S'ils sont les mêmes, c'est la différence des pro-

duits qu'il faut diviser par la différence des erreurs. Le quotient est le nombre cherché.

EXEMPLE. Pour engager un ouvrier paresseux à travailler, on lui promet un écu par jour, à condition que les jours où il ne travaillera pas, il ne recevra rien, & qu'il perdra au contraire 24s chaque fois. Au bout de 15 jours l'ouvrier ne reçoit que 24₶. Combien de jours a-t-il travaillé?

Je suppose qu'il a travaillé pendant 6; mais je vois que dans cette supposition il n'auroit dû recevoir que 7₶ 4s. Il en a cependant reçu 24. Je suis donc en erreur de 16₶ 16s, ou de 16, 8₶ en moins; d'où je conclus que cet ouvrier a travaillé plus de 6 jours.

Supposons donc qu'il ait travaillé pendant 12 jours, & voyons quel en sera le résultat. L'ouvrier auroit dû recevoir 32₶ 8s : il n'en a pourtant reçu que 24. L'erreur est donc de 8₶ 8s, c'est-à-dire 8, 4₶ en plus.

Je dispose ainsi les deux nombres supposés & les erreurs correspondantes;

$$\begin{array}{cc} 6^{j} & 12^{j} \\ -16{,}8 & +8{,}4 \end{array}$$

Puis je multiplie le premier nombre par la seconde erreur, & le second nombre par la premiere. Les produits sont 50,4 & 201,6. Je les ajoute, & divisant leur somme 252 par celle des erreurs (qui est 25,2) je trouve 10 pour quotient. C'est le nombre cherché.

Si les deux nombres supposés avoient donné deux erreurs de même signe, j'aurois divisé seulement la différence des produits par celle des erreurs.

Ex. Après avoir trouvé, par la premiere supposition, que cet ouvrier a travaillé pendant plus de 6 jours, je suppose qu'il a travaillé pendant 9. L'erreur sera encore en moins, de 4₶ 4s = 4,2₶. J'ai donc....

$$\begin{array}{cc} 6^{j} & 9^{j} \\ -16{,}8 & -4{,}2 \end{array}$$

Puis,

Puis, $6\times 4,2 = 25,2 \ldots 9\times 16,8 = 151,2 \ldots 151,2 - 25,2 = 126 \ldots 16,8 - 4,2 = 12,6 \ldots$ & $\frac{126}{12,6} = 10$, comme ci-dessus.

La formule de la correction s'applique aisément à ces petits problêmes. Ici, par exemple, on auroit $y = \frac{(9-6)\,4,2}{16,8-4,2} = \frac{12,6}{12,6} = 1$; ce qui indique que le second nombre supposé, 9, doit être augmenté d'une unité, pour être égal au nombre que l'on cherche.

La plûpart des problêmes du premier degré, qui ont déja été résolus ou proposés (197 & 208) peuvent se résoudre facilement par la regle de double fausse position, qui ne paroît d'abord fondée que sur un simple tâtonnement, mais qui n'en est pas moins ingénieuse, ni moins utile, aux yeux des Géomètres, & surtout des Astronomes.

270. IV. *La regle d'intérêt* a pour but de fixer la somme dûe pour de l'argent prêté sous certaines conditions.

On peut les varier à l'infini, & c'est ce qui rend assez compliqué le calcul nécessaire en plusieurs cas. Nous nous bornerons à ceux qui sont le plus en usage; & laissant à chacun le soin de résoudre par la regle de trois, ceux qui en sont susceptibles, nous considérerons la chose un peu plus généralement.

1°, Si un Usurier a prêté 15600# à 8 pour cent par an, quelle somme faudra-t-il lui donner dans cinq ans pour le rembourser, & lui payer en même temps l'intérêt de son argent?

Soit $p = 15600$#, que l'on appelle le *Principal*, ou le *Fonds*, ou le *Capital*. Soit $t = 5$ ans, ou le temps pendant lequel l'intérêt court. Soit $r =$ ce que rapporte 1# dans un an, ou en général dans le temps que 100# en rapportent 8. (On trouve la valeur de r en disant... si 100# en rapportent 8, que rapportera 1# dans le même temps?..... $100 : 8 :: 1 : r = 0,08$). Soit enfin $s =$ la somme dûe, tant pour le fonds que pour les intérêts.

Cela posé, nous aurons $1^{tt} : r :: p^{tt} : x = pr =$ l'intérêt du principal pour un an. Mais si au bout d'un an l'intérêt est pr, il sera prt au bout d'un temps t : car $1 : pr :: t : x = prt$. Réunissant donc le principal (p) & l'intérêt (prt), on aura généralement la somme demandée (s) $= p + prt$; d'où l'on tire; $p = \frac{s}{rt+1} \ldots r = \frac{s-p}{pt} \ldots t = \frac{s-p}{pr}$.

Substituons les valeurs, & nous trouverons $s = 15600 + 15600 \times 0{,}08 \times 5 = 21840^{tt}$.

Si la question eût été énoncée de cette maniere. Au bout de cinq ans il a été payé tant pour le fonds que pour les intérêts à 8 pour cent, la somme de 21840^{tt}. Quel étoit le fonds? On eût substitué ces valeurs dans la formule $p = \frac{s}{rt+1}$, qui eût donné 15600^{tt}. On trouveroit de même le temps ou l'intérêt.

271. 2°. Un Commerçant doit payer cent pistoles chaque année à un de ses confreres; mais comme il a besoin de son argent, il le prie de ne pas en exiger pendant 8 ans, promettant de payer à cette époque tous les arrérages avec les intérêts à 5 pour 100.

J'appelle a ce qui est dû chaque année, soit *Rente*, ou *Annuité*, soit *Pension*, &c. J'appelle r l'intérêt de 1^{tt} pendant un an; t le temps après lequel seront payés les intérêts & arrérages, dont je désigne la somme par s; & je dis... La rente ne doit être payée qu'à la fin de l'année. Le Commerçant ne devra donc aucun intérêt pour la premiere année. Mais à la fin de la seconde il devra ar d'intérêt; à la fin de la troisieme, $2ar$; & ainsi de suite jusqu'à la fin de la derniere, où les intérêts dûs seront exprimés par $ar(t-1)$.

Or ces intérêts forment une progression arithmétique, dont le premier terme est zéro, le dernier $= ar(t-1)$, & le nombre des termes $= t$. Leur somme est donc (227) $\frac{t(t-1)ar}{2}$; & cette somme réunie à ce qui est dû pour la rente, doit former la somme des arrérages & des intérêts. Donc $s = art\frac{(t-1)}{2} + at = (r(t-1)+2)\frac{at}{2}$; ce qui donne . . . . . $a = \frac{2s}{(r(t-1)+2)t}$ . . . . $r = \frac{2s-2at}{at(t-1)}$ . . . . . $t = \sqrt{\left[\frac{2s}{ar} + \left(\frac{2-r}{2r}\right)^2\right]} + \frac{r-2}{2r}$.

Substituant les valeurs, on trouvera $s = \overline{0{,}05 \times 7 + 2} \times \frac{8000}{2} = 9400$ ₶. Et si on connoissoit s, r, t, on trouveroit a par la formule . . . $a = \frac{2s}{(r(t-1)+2)t}$; &c, &c.

272. Ces sortes de questions appartiennent à ce que l'on appelle regle d'intérêt *simple*. Les deux suivantes se résolvent par la regle d'intérêt *composé*. On appelle ainsi l'intérêt qui provient du fonds & des intérêts de ce fonds.

3°, Une partie des biens d'un Pupille consiste dans une somme de 20000 ₶ que son Tuteur a placée à 5 pour 100. Au bout d'un an la personne qui avoit emprunté cette somme, la rembourse & en paye l'intérêt convenu. Le Tuteur trouvant aussi-tôt une occasion de placer cet argent au même intérêt, forme un nouveau capital de la somme des 20000 ₶ & de l'intérêt qu'elle a produit pendant un an, & place ce capital. Il place de même à la fin de la troisieme année le fonds, & l'intérêt de la seconde, & ainsi de suite pendant six ans. Que doit-il à son Pupille pour cette partie de son administration ?

Soit $p = 20000$ ₶ qui sont ici le principal; soit $t = 6$ ans; $s =$ la somme dûe par le Tuteur; $r =$ l'intérêt simple d'une livre; $q = 1$ ₶ $+ r =$ une livre plus son intérêt. On trouve q par cette proportion. Si 100 ₶ en produisent 105 au bout d'un an, que produira 1 ₶ ? ou . . . $100 : 105 :: 1 : q = 1{,}05$.

Il est clair maintenant que si 1 ₶ produit q dans un an, q produira la seconde année q^2; car $1 : q :: q : q^2$. La somme dûe pour 1 ₶ & pour son intérêt pendant deux ans sera donc q^2. Elle sera q^3 pour trois ans, & q^t pour un nombre t d'années. Mais puisque 1 ₶ produit q^t dans un temps t,

p^{tt} produiront pq^t dans le même temps. On aura donc $s = pq^t = 20000 \times 1{,}05^6 = 20000 \times 1{,}3401 = 26802^{tt}$ dont le Tuteur est redevable à quatre ou cinq sous de moins.

La formule $s = pq^t$ donne .... $p = \frac{s}{q^t}$ .... $q = \sqrt[t]{\frac{s}{p}}$, ou $Lq = \frac{Ls - Lp}{t}$ .... $t = \frac{Ls - Lp}{Lq}$. Les Logarithmes abrègent beaucoup le calcul, dans les problêmes de ce genre.

273. 4°, Un Banquier perçoit en 1783 une rente de 2400^{tt}, & il place ce revenu à quatre pour 100, en 1784. Il recevra donc à la fin de 1784, la somme de 2400^{tt} pour sa rente & 96^{tt} pour l'intérêt de celle qu'il avoit perçue en 1783. Son projet est de placer ainsi tous les ans jusqu'en 1791 la rente de l'année précédente avec les intérêts des autres années. On demande combien il recevroit d'argent, si à la fin de 1790 les personnes qui lui ont emprunté, le remboursoient toutes à la fois?

Soit $a = 2400^{tt}$ ... $t = 8$ ans ... $r = 0{,}04 =$ l'intérêt annuel d'une livre ... $q = 1^{tt} + r = 1{,}04$ .. $s =$ la somme demandée; & nous aurons $a =$ ce qui est dû au Banquier en 1783; $2a + ar = a + aq =$ ce qui lui est dû en 1784; $a + aq + aq^2 =$ ce qui lui est dû en 1785; & ainsi de suite jusqu'à ce qui lui sera dû à la fin d'un nombre t d'années; l'expression de cette dette est $a + aq + aq^2 \ldots + aq^{t-1}$.

Or la somme de cette progression est (252) $\frac{q \times q^{t-1} - 1}{q - 1} \times a = \frac{q^t - 1}{r} \times a$. La somme dûe après un nombre t d'années est donc généralement exprimée par $s = \frac{q^t - 1}{r} \times a$; formule qui donne ici $s = \frac{(1{,}04)^8 - 1}{0{,}04} \times 2400 = 22140^{tt}$, à très peu de chose près.

Elle donne aussi $a = \frac{rs}{q^t - 1}$ ... $t = \frac{L\left(\frac{rs}{a} + 1\right)}{Lq}$ ... $\frac{s}{a} q - q^t = \frac{s - a}{a}$, en substituant $q - 1$ au lieu de r. Or cette derniere équation donnera au moins une valeur approchée pour q, si elle n'a pas de diviseur commensurable. On pourra donc en déduire la valeur de r, qui étant multipliée par 100, fera connoître le taux de l'intérêt, toutes les fois que t, s, & a seront connus.

Quelques notions sur les Séries.

274. On appelle *Série* ou *Suite* un assemblage de termes qui pris consécutivement croissent ou décroissent suivant une même loi : telles sont les progressions arithmétiques, géométriques, &c.

On appelle *suite finie* celle dont le nombre des termes est limité & *suite infinie* celle que l'on suppose continuée jusqu'à l'infini.

Les suites dont les termes vont en augmentant de grandeur, s'appellent *divergentes*, & celles dont les termes décroissent de grandeur, s'appellent *convergentes*. Une suite diverge, ou converge d'autant plus rapidement, que chaque terme croît ou décroît plus sensiblement, à l'égard de celui qui le précéde.

Voyons d'abord de quel usage est pour le calcul des séries, la Méthode des coëfficients indéterminés.

On appelle ainsi une méthode fort connue des Géomètres, par la grande utilité dont elle est, & par l'esprit d'invention qui y régne. Cette méthode a pour but de faire connoître la suite des termes que l'on peut déduire de certaines quantités algébriques. Mais pour la rendre bien intelligible, il faut l'appliquer à quelques exemples.

275. Supposons donc que l'on veuille réduire en série la quantité $\frac{\varphi}{p+x}$. On le pourroit sans doute, soit par le seul procédé de la division, soit par la formule du binome, mais on le peut aussi par la méthode suivante.

Soient A, B, C, D, E, &c. des quantités telles que l'on ait l'équation.

$$\frac{\varphi}{p+x} = A + Bx + Cx^2 + Dx^3 + Ex^4 + \&c.$$

Cette supposition est très-permise, puisque les quantités A, B, C, &c. sont susceptibles de toutes les valeurs que pourra exiger la ſuite du calcul, & que la quantité x ſe trouve ſucceſſivement élevée à toutes ſes puiſſances. L'eſſentiel eſt de déterminer les valeurs de ces coëfficients : or pour cela, on a imaginé d'abord de multiplier le ſecond membre de l'équation par le dénominateur $p+x$ de la premiere, & on en a tiré, en ordonnant ....

$$\varphi = \left\{ \begin{array}{l} Ap + Bpx + Cpx^2 + Dpx^3 + Epx^4 + \&c. \\ \quad + Ax + Bx^2 + Cx^3 + Dx^4 + \&c. \end{array} \right.$$

Puis en tranſpoſant φ, on a eu .....

$$0 = \left\{ \begin{array}{l} Ap + Bpx + Cpx^2 + Dpx^3 + Epx^4 + \&c \\ -\varphi + Ax + Bx^2 + Cx^3 + Dx^4 + \&c. \end{array} \right.$$

Après quoi on a dit ... Puiſque le ſecond membre ſe réduit à zéro, il n'y a qu'à ſuppoſer que les quantités indéterminées A, B, C &c, opérent cette réduction, de maniere que tout ſe détruiſe, colonne par colonne : car alors on aura autant d'équations que d'inconnues, ce qui fera connoître les valeurs de ces quantités.

On a donc .... $Ap - \varphi = 0$ .... $Bpx + Ax = 0$ .... $Cpx^2 + Bx^2 = 0$ ... $Dpx^3 + Cx^3 = 0$ ... $Epx^4 + Dx^4 = 0$ ... &c, &c.

La premiere équation donne $Ap = \varphi$; d'où l'on tire $A = \frac{\varphi}{p}$ ... On ſubſtitue cette valeur dans la ſeconde équation, & on trouve $B = -\frac{\varphi}{p^2}$ .... On ſubſtitue de même la valeur de B dans la troiſieme équation, & on trouve que $C = \frac{\varphi}{p^3}$. Enfin tout calcul fait, on a $\frac{\varphi}{p+x} = \frac{\varphi}{p} - \frac{\varphi x}{p^2} + \frac{\varphi x^2}{p^3} - \frac{\varphi x^3}{p^4} + \frac{\varphi x^4}{p^5} -$ &c ; & la loi de la ſérie eſt ſi manifeſte, que l'on peut aiſément pouſſer le calcul auſſi loin que l'on voudra.

Soit propoſé maintenant de réduire en ſérie $\frac{a^2}{a^2 + 2ax - xx}$,

Je suppose que $\frac{a^2}{a^2+2ax-x^2}=A+Bx+Cx^2+Dx^3+$ &c. J'ai donc $a^2=(a^2+2ax-x^2)(A+Bx+Cx^2+Dx^3+\&c)$

$$\text{ou } a^2=\left\{\begin{array}{r} a^2A+a^2Bx+a^2Cx^2+a^2Dx^3+\&c \\ +2aAx+2aBx^2+2aCx^3+\&c \\ -\quad Ax^2-\quad Bx^3-\&c; \end{array}\right\}$$

d'où je conclus $a^2=a^2A$, & par conséquent $A=1$; ensuite $a^2B+2aA=0$, qui donne $B=-\frac{2}{a}$. Le même procédé me fait trouver $C=\frac{5}{a^2}\ldots D=-\frac{12}{a^3}$, &c; d'où $\frac{a^2}{a^2+2ax-x^2}=1-\frac{2x}{a}+\frac{5x^2}{a^2}-\frac{12x^3}{a^3}$, &c.

276. Quand il y a deux termes dans le numérateur, on les égale respectivement aux deux termes homogènes de la série déja multipliée par le dénominateur. Ainsi pour avoir la suite que donne $\frac{1+2x}{1-x-x^2}$, on supposeroit d'abord $1+2x=(1-x-x^2)(A+Bx+Cx^2+\&c)$; on effectueroit ensuite la multiplication, & après avoir trouvé $A=1$, & $B=3$, on détermineroit à l'ordinaire C, D, &c; d'où résulteroit $\frac{1+2x}{1-x-x^2}=1+3x+4x^2+7x^3+11x^4+18x^5$, série bien aisée à continuer, puisque chaque coefficient est la somme des deux coefficients qui précédent, & que x est élevée successivement à toutes ses puissances. Cette série est du nombre de celles que l'on appelle *Récurrentes*, parce que pour former chaque terme, il faut avoir recours à ceux qui le précédent.

277. Soit proposé d'extraire la racine quarrée de a^2-x^2, que nous connoissons déja (180) . . . Supposez $\sqrt{(a^2-x^2)}=A+Bx^2+Cx^4+Dx^6+\&c$, qui donne d'abord;

$$a^2-x^2=\left\{\begin{array}{l} A^2+2ABx^2+B^2x^4+2ADx^6+\&c \\ \qquad\qquad\qquad +2ACx^4+2BCx^6+\&c; \end{array}\right.$$

ensuite $A^2=a^2$ . . . $2ABx^2=-x^2$; d'où $A=a$ . . . $B=-\frac{1}{2a}$; ce qui donne $C=-\frac{1}{8a^3}$ . . . . $D=-$

$\frac{1}{16a^5}$; ensorte que la série .... $A + Bx^2 + Cx^4 + Dx^6$ $+$ &c, devient $a - \frac{x^2}{2a} - \frac{x^4}{8a^3} - \frac{x^6}{16a^5}$, &c. On calculera de même E, F, &c. si l'on veut un plus grand nombre de termes.

278. Il y a trois principales suites de nombres. Celles des nombres *figurés* ou de différents ordres, celles des nombres *polygones*, & celles des puissances.

I. Les suites des nombres figurés commencent ainsi . . . . .

<table>
<tr><td rowspan="4" style="writing-mode: vertical-rl;">NOMBRES</td><td>Constants ou du premier ordre . . . . . 1,1, 1, 1, 1, 1, &c.</td></tr>
<tr><td>Naturels ou du second ordre . . . . 1,2, 3, 4, 5, 6, &c.</td></tr>
<tr><td>Triangulaires ou du 3e ordre . . . . . 1,3, 6,10,15,21, &c.</td></tr>
<tr><td>Pyramidaux ou du 4e ordre . . . . .1,4,10,20,35,56, &c.</td></tr>
</table>

La loi des suites des nombres figurés est, que chacun de leurs termes doit être la somme des termes correspondants de la suite précédente. Ainsi la seconde suite est formée par l'addition continuelle des unités ; les termes de la troisieme suite sont formés par l'addition continuelle de la seconde. Par exemple $1 + 2 = 3$ . . . $1 + 2 + 3 = 6$ . . . $1 + 2 + 3 + 4 = 10$ . . . $1 + 2 + 3 + 4 + 5 = 15$, &c.

II. Les nombres polygones sont des nombres formés par la somme des termes consécutifs d'une progression arithmétique qui commence par 1. Et ces nombres s'appellent triangulaires, quarrés, pentagones, hexagones, &c, selon que la différence qui regne dans la progression est 1, 2, 3, 4, &c.

Progressions Arithmétiques.   Nombres Polygones.

1,2,3, 4, 5, &c. Diff. . 1 . . . . . . 1,3, 6,10,15 &c. Triangulaires.
1,3,5, 7, 9, &c. Diff. . 2 . . . . . . 1,4, 9,16,25 &c. Quarrés.
1,4,7,10,13, &c. Diff. . 3 . . . . . . 1,5,12,22,35 &c. Pentagones.
1,5,9,13,17, &c. Diff. . 4 . . . . . . 1,6,15,28,45 &c. Hexagones.

On les appelle Polygones, parce qu'ils expriment les divers nombres dont on peut disposer les unités en triangle, ou en quarré, ou en quelque autre Polygone régulier. Par exemple, la suite des nombres triangulaires 1,3,6,10,15 &c, tire sa dénomination de ce que 3 unités, ou 6, ou 10, ou 15 ou 21 &c, peuvent être arrangées en triangle, de la maniere suivante.

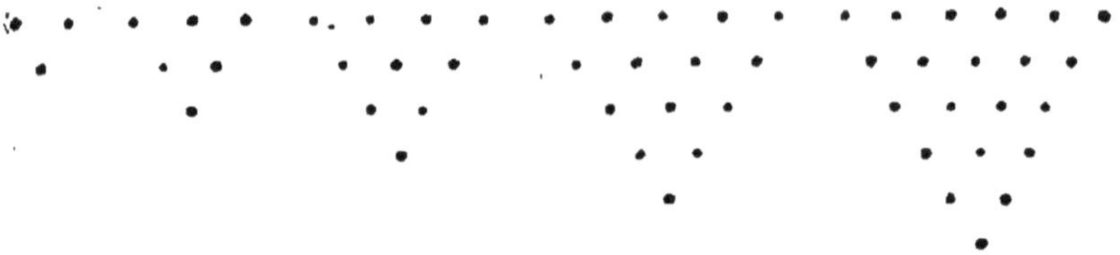

&c.

La ſuite des nombres quarrés 1,4,9,16 &c. eſt ainſi appellée, parce que l'on peut donner une forme quarrée aux unités qu'il contiennent ; on peut les diſpoſer, par exemple, de la maniere ſuivante

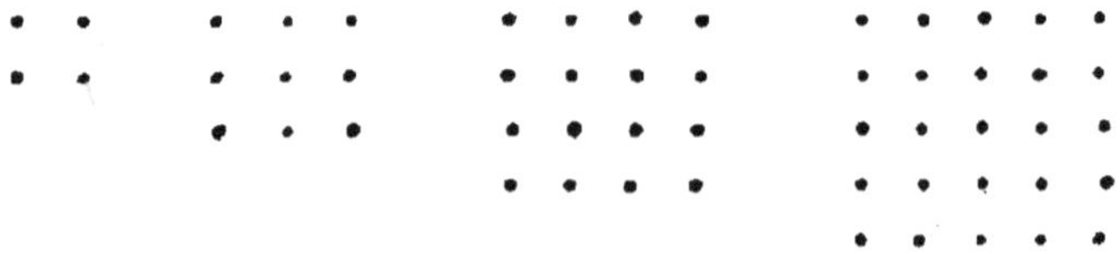

&c.

Il en eſt de même pour les nombres pentagonaux & ceux qui ſont au-deſſus. Pluſieurs Auteurs des deux derniers ſiecles ont beaucoup travaillé ſur ces nombres ; mais ce genre de travail eſt ſi ingrat, que l'on a jugé à propos de l'abandonner preſque tout-à-fait.

279. III. La troiſieme eſpece de ſuites comprend celles des diverſes puiſſances des nombres naturels, 1, 2, 3, 4, 5 &c. Or l'opération principale qu'il y ait à faire ſur les ſuites, conſiſte à trouver leur ſomme, & nous allons voir comment on peut la déterminer, dans quelques cas.

De la ſommation des Séries.

280. ON peut faire ſur les ſuites toutes les opérations de l'Arithmétique ; mais la plus utile de toutes, & en même temps la plus difficile, conſiſte à les *ſommer*, c'eſt-à-dire, à réduire en une ſeule expreſſion finie tous les termes d'une ſuite donnée. C'eſt ordinairement en cette expreſſion que conſiſte la ſolution des Problêmes dans leſquels les ſuites entrent, & ces problêmes ſont nombreux.

Nous ne pouvons pas entrer dans un grand détail ſur ce ſujet, qui fait une des plus conſidérables parties de l'Analyſe ; nous expliquerons ſeulement la maniere de ſommer quelques ſuites principales.

L'art de sommer les suites, se borne, pour ainsi dire, à trouver la méthode d'en sommer quelques-unes qui servent de formules, auxquelles on ramene, s'il est possible, les suites que l'on veut sommer. Par exemple, ayant trouvé une formule pour former une progression géométrique décroissante à l'infini, on pourra toujours sommer les suites que l'on décomposera en plusieurs autres dont les termes seront en progression géométrique décroissante. (On désigne *infini* par ce signe, ∞; d'où $\frac{1}{\infty}$, $\frac{a}{\infty}$, &c. sont des *infiniment petits.*)

Soit $\div\!\div \frac{d}{b} : \frac{d}{bq} : \frac{d}{bq^2} : \frac{d}{bq^3} : \frac{d}{bq^4} \ldots : \frac{d}{bq^\infty}$, une progression infinie décroissante (en supposant q plus grand que l'unité). Si on l'écrit dans un ordre renversé $\div\!\div \frac{d}{bq^\infty} \ldots : \frac{d}{bq^4} : \frac{d}{bq^3} : \frac{d}{bq^2} : \frac{d}{bq}, \frac{d}{b}$, on la rendra croissante, & en y appliquant la formule ... $s = \frac{\omega q - a}{q - 1}$ (251), dans laquelle $\omega = \frac{d}{b} \ldots\ a = \frac{d}{bq^\infty}$, on aura $s = \frac{\frac{dq}{b} - \frac{d}{bq^\infty}}{q-1}$; négligeant ensuite le terme infiniment petit $\frac{d}{bq^\infty}$, & réduisant, on trouvera $s = \frac{dq}{bq-b}$; formule propre à donner la somme de toute progression géométrique décroissante à l'infini.

281. Exemple. On a vu (94) que la fraction $\frac{1}{3}$ pouvoit être transformée par approximation en celle-ci ... 0,3 3 3 &c; mais que pour rendre cette transformation rigoureuse, il faudroit pousser l'approximation jusqu'à l'infini. La preuve en est que la somme de la progression $\div\!\div \frac{3}{10} : \frac{3}{100} : \frac{3}{1000} \ldots \frac{3}{10^\infty}$, qui en résulte, est véritablement $\frac{1}{3}$. Car si on écrit d'abord cette progression, de maniere à la rendre croissante, on aura $\frac{3}{10^\infty} \ldots \frac{3}{1000} : \frac{3}{100} : \frac{3}{10}$; & si on fait ensuite les sub-

ſtitutions convenables dans la formule $s = \frac{dq}{bq-b}$, on trouvera que $s = \frac{30}{100-10} = \frac{1}{3}$. Donc la ſomme de 0,99999 &c eſt 1 ; comme la formule le donne.

Soit propoſé maintenant de trouver en fraction ordinaire la valeur de 0,181818 à l'infini .... je fais $d = 18 \ldots b = 100 \ldots, q = 100$; & je trouve ... $s = \frac{1800}{10000-100} = \frac{1800}{9900} = \frac{2}{11}$.

Soit 0, 142857 142857 142857 &c, fraction périodique infinie dont on demande la valeur en fraction ordinaire ... je fais $d = 142857 \ldots b = 1000000 = q$; & je trouve que la formule $s = \frac{dq}{bq-b}$ ſe réduit à $\frac{1}{7}$, comme nous le ſavions déja (96).

282. Cherchons à préſent le moyen de ſommer une ſuite de fractions dont les numérateurs ſoient en progreſſion arithmétique, & les dénominateurs en progreſſion géométrique. Cette ſuite eſt $\frac{a}{b}, \frac{a+d}{bq}, \frac{a+2d}{bq^2}, \frac{a+3d}{bq^3}$, &c. Mettez-la d'abord ſous cette forme .... $\frac{a}{b}, \frac{a}{bq} + \frac{d}{bq}, \frac{a}{bq^2} + \frac{d}{bq^2} + \frac{d}{bq^2}, \frac{a}{bq^3} + \frac{d}{bq^3} + \frac{d}{bq^3} + \frac{d}{bq^3}$, &c.

De-là, vous pourrez déduire les ſéries ſuivantes, qui ne ſont que des progreſſions géométriques.

$$\because \frac{a}{b} : \frac{a}{bq} : \frac{a}{bq^2} : \frac{a}{bq^3} : \text{\&c. la ſomme eſt } \frac{aq}{bq-b}.$$

$$\because \frac{d}{bq} : \frac{d}{bq^2} : \frac{d}{bq^3} : \text{\&c. la ſomme eſt } \frac{d}{bq-b}.$$

$$\because \frac{d}{bq^2} : \frac{d}{bq^3} : \text{\&c. la ſomme eſt } \frac{d}{bq^2-bq}.$$

$$\because \frac{d}{bq^3} : \text{\&c. la ſomme eſt } \frac{d}{bq^3-bq^2}.$$

Or ces ſommes (excepté la premiere) forment la progreſſion $\because \frac{d}{bq-b} : \frac{d}{bq^2-bq} : \frac{d}{bq^3-bq^2}$: &c, dont la ſomme est $\frac{dq}{bq^2 - 2bq + b}$; si donc on y ajoute la premiere somme $\frac{aq}{bq - b}$, on aura $\frac{aqq - aq + dq}{bq^2 - 2bq + b}$ pour la somme des sommes, c'est-à-dire, pour la somme de toute la série proposée Et *c'est une formule générale pour sommer toutes les suites de fractions, dont les numérateurs sont en progression arithmétique, & les dénominateurs en progression géométrique.*

REMARQUE. Lorsqu'on ne peut sommer en termes finis une suite infinie, il faut tâcher de la mettre sous une forme rapidement convergente; car, *lorsqu'une suite converge très-vîte, il suffit de sommer quelques-uns de ses premiers termes; on peut ensuite négliger les autres sans erreur sensible.*

Par exemple, dans $\sqrt{(aa + xx}$ plus la valeur de x sera petite à l'égard de a, plus la suite $a + \frac{xx}{2a} - \frac{x^4}{8a^3} + \frac{x^6}{16a^5} -$ &c, convergera vîte, parce que les numérateurs deviennent très petits, à l'égard des dénominateurs. Soit $a = 10$, & $x = 1$, alors $\sqrt{101} = 10 + \frac{1}{20} - \frac{1}{8000} + \frac{1}{1600000}$; où l'on voit que le quatrieme terme est déja comme infiniment petit, & que par conséquent les trois premiers termes suffisent, pour avoir, à très-peu près, la racine de 101.

281. Soit proposé de trouver d'une maniere générale la somme d'un nombre quelconque de termes, dans une progression quelconque des puissances des nombres naturels . . . . .

Je prends pour exemple d'une suite quelconque de ces nombres, la progression arithmétique $\div a . b . c . d . \omega$, dont je suppose que le premier terme a représente le premier terme de la suite donnée, pendant que ω représente le dernier, & que b, c, d, tiennent lieu des termes intermédiaires. Cela posé, j'aurai donc $\omega = d + 1$ . . . . $d = c + 1$ . . . . $c = b + 1$ . . . . $b = a + 1$; & si j'éleve toutes ces équations à une puissance quelconque m, j'aurai (148).

$$1^\circ.\ \omega^m = d^m + md^{m-1} + \frac{m.m-1}{2} d^{m-2} + \frac{m.m-1.m-2}{2.3} d^{m-3} + \&c.$$

$$2^\circ.\ d^m = c^m + mc^{m-1} + \frac{m.m-1}{2} c^{m-2} + \frac{m.m-1.m-2}{2.3} c^{m-3} + \&c.$$

$$3^\circ.\ c^m = b^m + mb^{m-1} + \frac{m.m-1}{2} b^{m-2} + \frac{m.m-1.m-2}{2.3} b^{m-3} + \&c.$$

$$4^\circ.\ b^m = a^m + ma^{m-1} + \frac{m.m-1}{2} a^{m-2} + \frac{m.m-1.m-2}{2.3} a^{m-3} + \&c.$$

Mais si j'ajoute toutes ces puissances ensemble, je trouverai en réduisant, que

$$\omega^m = \left\{ \begin{array}{l} a^m + m(d^{m-1} + c^{m-1} + b^{m-1} + a^{m-1}) + \frac{m.m-1}{2}(d^{m-2} + c^{m-2} + \\ b^{m-2} + a^{m-2}) + \frac{m.m-1.m-2}{2.3}(d^{m-3} + c^{m-3} + b^{m-3} + a^{m-3}) + \&c. \end{array} \right.$$

Et remarquant que $d^{m-1} + c^{m-1} + b^{m-1} + a^{m-1}$ est la somme des puissances $m - 1$ de tous les termes excepté le dernier, je conclus que si j'appelle s^{m-1} la somme de toutes ces puissances, j'aurai

$1^\circ \ldots d^{m-1} + c^{m-1} + b^{m-1} + a^{m-1} = s^{m-1} - \omega^{m-1}$.

Par la même raison, il viendra

$2^\circ \ldots d^{m-2} + c^{m-2} + b^{m-2} + a^{m-2} = s^{m-2} - \omega^{m-2}$.

$3^\circ \ldots d^{m-3} + c^{m-3} + b^{m-3} + a^{m-3} = s^{m-3} - \omega^{m-3}$.

Ainsi la série précédente se changera en celle-ci,

$$\omega^m = a^m + m(s^{m-1} - \omega^{m-1}) + \frac{m.m-1}{2}(s^{m-2} - \omega^{m-2}) + \frac{m.m-1.m-2}{2}(s^{m-3} - \omega^{m-3}) + \&c.$$

Et c'est-là l'expression générale de la somme cherchée, puisque de simples substitutions de la valeur de m donneront immédiatement la somme s de tant de nombres naturels que l'on voudra, la somme s^2 de leurs quarrés, la somme s^3 de leurs cubes, & ainsi de suite.

Car si on fait d'abord $m = 1$, la formule se réduira à ... $\omega = a + s^\circ - \omega^\circ$; d'où l'on tire $s^\circ = \omega - a + 1$; c'est-à-dire, que la somme des puissances *zéro* d'une suite de nombres naturels est égale à la différence du premier au dernier terme, augmentée d'une unité.

EXEMPLE. Soit ÷ $3^\circ.\ 4^\circ.\ 5^\circ.\ 6^\circ$; la somme est visiblement 4, & c'est ce que donne l'équation $s^\circ = \omega - a + 1 = 6 - 3 + 1$.

Si on fait $m = 2$, la formule deviendra $\omega^2 = a^2 + 2(s - \omega) + \frac{2.1}{2}(s^\circ - \omega^\circ) = a^2 + 2s - 2\omega + s^\circ - \omega^\circ$. Or $s^\circ - \omega^\circ = \omega - a$ dans tous les cas semblables; donc $\omega^2 = a^2 + 2s - \omega - a$; & par conséquent $s = \frac{\omega^2 - a^2 + \omega + a}{2} = \frac{1}{2}\omega(\omega + 1) + \frac{1}{2}a(1 - a)$ ...

Exemple. Soit ÷ 8 . 9 . 10 . 11 . 12 . 13, dont il faille trouver la somme .... on aura $s = 13.7 + 4(-7) = 63$.

Si on fait $m = 3$, on aura $\omega^3 = a^3 + 3(s^2 - \omega^2) + 3(s - \omega) + s^\circ - \omega^\circ = a^3 + 3s^2 - 3\omega^2 + 3s - 2\omega - a$; & si on substitue dans cette équation la valeur déja trouvée pour s, on aura en transposant ... $s^2 = \frac{1}{3}\omega^3 + \frac{1}{2}\omega^2 + \frac{1}{6}\omega - \frac{1}{3}a^3 + \frac{1}{2}a^2 - \frac{1}{6}a$; expression que l'on peut réduire à celle-ci ... $s^2 = \frac{1}{6}\omega(2\omega^2 + 3\omega + 1) -$

$\frac{1}{6}a(2a^2-3a+1)$ . . . Exemple. Soit la ſuite des quarrés $2^2 . 3^2 . 4^2 . 5^2 . 6^2$, dont on cherche la ſomme . . . On aura $s^2 = 90$.

En faiſant $m=4$, & en ſubſtituant les valeurs trouvées pour s & pour s^2, on aura $s^3 = \frac{1}{4}\omega^4 + \frac{1}{2}\omega^3 + \frac{1}{4}\omega^2 - \frac{1}{4}a^4 + \frac{1}{2}a^3 - \frac{1}{4}a^2 = \frac{1}{4}\omega^2(\omega^2+2\omega+1) - \frac{1}{4}a^2(a^2-2a+1)$.

On trouvera de même que $s^4 = \frac{1}{5}\omega^5 + \frac{1}{2}\omega^4 + \frac{1}{3}\omega^3 - \frac{1}{30}\omega - \frac{1}{5}a^5 + \frac{1}{2}a^4 - \frac{1}{3}a^3 + \frac{1}{30}a$, & ainſi des autres.

Si on vouloit chercher la ſomme des puiſſances m d'une infinité de termes de la ſuite des nombres naturels, alors le dernier terme ω ſeroit infini ; on auroit donc $\omega = \infty$, & par conſéquent les puiſſances ∞^{m-1}, ∞^{m-2}, ∞^{m-3} &c ſeroient infiniment petites par rapport à ∞^m ; elles s'évanouiroient donc ; ce qui changeroit la formule générale en celle-ci.

$$\infty^m = ms^{m-1} + \frac{m.m-1}{2}s^{m-2} + \frac{m.m-1.m-2}{2.3}s^{m-3} + \&c.$$

Or s^{m-2}, s^{m-3}, s^{m-4}, &c. ſont autant de quantités infiniment petites par rapport à s^{m-1} ; car il eſt évident, par exemple, que la ſomme des quarrés qui eſt dans ce cas-là $\frac{1}{3}\infty^3$, eſt infiniment petite par rapport à la ſomme des cubes, qui eſt $\frac{1}{4}\infty^4$. Donc en négligeant tous ces termes, l'équation précédente deviendra . . . $\infty^m = ms^{m-1}$; d'où l'on tire $s^{m-1} = \frac{\infty^m}{m}$; ainſi ſuppoſant $m-1=n$, on aura $s^n = \frac{\infty^{n+1}}{n+1}$; c'eſt-à-dire que la ſomme des puiſſances n d'une infinité de termes pris dans la ſuite des nombres naturels eſt égale au produit de la puiſſance ∞^n du dernier terme multipliée par le nombre de tous les termes, & diviſée par $n+1$.

Au reſte, on voit bien que cette formule s'étend à tous les cas des puiſſances fractionaires, comme à ceux des puiſſances entieres, puiſque n peut également exprimer toutes ſortes d'expoſants. Le problême eſt donc réſolu d'une maniere générale, & ſi on vouloit en imiter la ſolution pour trouver la ſomme des puiſſances d'un nombre quelconque de termes, ſoit fini, ſoit infini, pris dans une progreſſion arithmétique quelconque, on n'auroit qu'à prendre δ pour la différence de ces termes, ce qui donneroit $\omega = d+\delta$ . . . $d = c + \delta$ &c ; après quoi on acheveroit le calcul, comme ci-deſſus.

De la Méthode inverſe des Séries.

284. ÉTANT donnée une équation de cette forme . . . . . $x = ay^m + by^{m+n} + cy^{m+2n} + dy^{m+3n} + \&c$, on demande la valeur de y . . . . La méthode qui apprend à la trouver, s'appelle *méthode inverſe des ſéries*, ou *retour des ſuites ;* parce que l'on ne parvient à cette valeur que par une ſérie inverſe des puiſſances de x. Voici en quoi cette méthode conſiſte.

I. Soit pris d'abord le cas le plus ſimple, qui eſt celui où $m = n = 1$. L'équation propoſée ſe changera en celle-ci . . . . . $x = ay + by^2 + cy^3 + dy^4$ &c. Il s'agit de trouver la valeur de y en x. Pour cela, je ſuppoſe $y = Ax + Bx^2 + Cx^3 + Dx^4 +$ &c.

$$\text{Donc } 1^\circ, \begin{cases} y^2 = A^2 x^2 + 2ABx^3 + B^2 x^4 \ \&c. \\ \qquad\qquad\qquad\qquad\qquad + 2AC \\ y^3 = \qquad\qquad A^3 + 3A^2B \ \&c. \\ y^4 = \qquad\qquad\qquad\quad A^4 \ \&c. \end{cases}$$

$$\text{Donc } 2^\circ, x = \begin{cases} ay = aAx + aBx^2 + aCx^3 + aDx^4 \ \&c \\ by^2 = \qquad A^2 b + 2ABb + B^2 b \ \&c \\ \qquad\qquad\qquad\qquad\qquad + 2ACb \\ cy^3 = \qquad\qquad A^3 c + 3A^2 Bc \ \&c \\ dy^4 = \qquad\qquad\qquad A^4 d \ \&c. \\ \&c \qquad\qquad\qquad\qquad \&c. \end{cases}$$

Or cette derniere équation donne (276) $x = Aax$, d'où $1 = Aa$, & $A = \frac{1}{a}$. Elle donne auſſi $aB + A^2 b = 0$; donc $B = -\frac{b}{a^3}$. Enſuite, $aC + 2ABb + A^3 c = 0$; d'où $C = \frac{2b^2 - ac}{a^5}$, & ainſi des autres. Cela poſé nous aurons la formule ſuivante pour changer une ſérie des puiſſances ſucceſſives de y, en une autre ſérie compoſée des mêmes puiſſances de x. Il n'y aura qu'à ſubſtituer les valeurs des coefficients a, b, c, d &c. que l'on ſuppoſe connus.

Je dis donc que ſi $x = ay + by^2 + cy^3$. &c, on a dans tous les cas ſemblables . . . $y = \frac{1}{a}x - \frac{b}{a^3}x^2 + \frac{2b^2 - ac}{a^5}x^3 + \frac{5abc - a^2 d - 5b^3}{a^7}x^4 + \frac{14b^4 - 21ab^2 c + 6a^2 bd + 3a^2 c^2 - a^3 e}{a^9}x^5 +$ &c.

APPLICATIONS. $x = y - y^2 + y^3 - y^4 + y^5 - y^6 +$ &c. Quelle eſt la valeur de y exprimée en x? . . . . . On a ici $a = 1$, $b = -1$, $c = 1$, $d = -1$, $e = 1$, &c. Donc $y = x + x^2 + x^3 + x^4$ &c.

Si on avoit $x = y + \frac{y^2}{2} + \frac{y^3}{3} + \frac{y^4}{4} + \frac{y^5}{5}$ &c, alors a ſeroit $= 1$, $b = \frac{1}{2}$, $c = \frac{1}{3}$, $d = \frac{1}{4}$, & $y = x - \frac{1}{2}x^2 + \frac{1}{6}x^3 - \frac{1}{24}x^4 + \frac{1}{120}x^5$, &c $= x - \frac{x^2}{2} + \frac{x^3}{2.3} - \frac{x^4}{2.3.4} + \frac{x^5}{2.3.4.5}$ &c.

Et ſi $z = \frac{x}{a} - \frac{x^2}{2a^2} + \frac{x^3}{3a^3} - \frac{x^4}{4a^4} + \frac{x^5}{5a^5}$ — &c, on trouvera $\frac{x}{a} = z + \frac{z^2}{2} + \frac{z^3}{2.3} + \frac{z^4}{2.3.4}$ &c.

285. II. Si nous ſuppoſons $m = 1$, & $n = 2$, la ſérie propoſée n'aura

que des puissances impaires, & l'équation deviendra $x = ay + by^3 + cy^5 + dy^7$ &c. Pour avoir une formule dans ce cas-là,

$$\text{Soit } y = Ax + Bx^3 + Cx^5 + Dx^7 \text{ \&c.}$$

$$\text{On aura } 1^\circ, \begin{cases} y^3 = & A^3 + 3A^2B + 3A^2C \text{ \&c.} \\ & + 3AB^2 \\ y^5 = & A^5 + 5A^4B \text{ \&c.} \\ y^7 = & A^7 \text{ \&c.} \end{cases}$$

$$2^\circ, x = \begin{cases} ay = aAx + aBx^3 + aCx^5 + aDx^7 \text{ \&c.} \\ by^3 = A^3b + 3A^2Bb + 3A^2bC \\ \qquad + 3AB^2b \\ cy^5 = A^5c + 5A^4Bc \\ dy^7 = A^7d \\ \text{\&c.} \qquad \text{\&c.} \end{cases}$$

De cette derniere équation je tire $x = Aax$, ou $A = \frac{1}{a}$ ..... $aB + A^3b = 0$, ou $B = \frac{-b}{a^4}$; puis $C = \frac{3b^2 - ac}{a^7}$ ..... $D = \frac{8abc - a^2d - 12b^3}{a^{10}}$, &c; ensorte que la formule est $y = \frac{1}{a}x - \frac{b}{a^4}x^3 + \frac{3b^2 - ac}{a^7}x^5 + \frac{8abc - a^2d - 12b^3}{a^{10}}x^7 + $ &c.

APPLIC. Exprimer en r la valeur de t dans l'équation $r = t - \frac{t^3}{2 \cdot 3 \cdot p^2} + \frac{t^5}{2 \cdot 3 \cdot 4 \cdot 5p^4} - \frac{t^7}{2 \cdot 3 \cdot 4 \cdot 5 \cdot 6 \cdot 7p^6} + $ &c?... On a ici $a = 1$, $b = -\frac{1}{2 \cdot 3p^2}$, $c = \frac{1}{2 \cdot 3 \cdot 4 \cdot 5p^4}$, $d = -$ &c, $t = y$, $r = x$; & substituant, on trouvera $t = r + \frac{1}{2 \cdot 3p^2}r^3 + \left[\frac{1}{3 \cdot 4p^4} - \frac{1}{2 \cdot 3 \cdot 4 \cdot 5p^4}\right]r^5 + $ &c. $= r + \frac{1}{2 \cdot 3p^2}r^3 + \frac{3}{2 \cdot 4 \cdot 5p^4}r^5 + \frac{3 \cdot 5}{2 \cdot 4 \cdot 6 \cdot 7p^6}r^7$ &c.

286. III. Supposons maintenant que m & n soient des nombres quelconques, entiers ou fractionaires; & cherchons une formule pour ce cas qui contient les deux autres. Je fais $u = \frac{x}{a}$ .... $y = u^{\frac{1}{m}} + Bu^{\frac{1+n}{m}} + Cu^{\frac{1+2n}{m}} + Du^{\frac{1+3n}{m}} + $ &c, & divisant par a la série

proposée

proposée $x = ay^m + by^{m+n} + cy^{m+2n} + \&c$, j'ai $\frac{x}{a} = u = y^m + \frac{b}{a}y^{m+n} + \frac{c}{a}y^{m+2n} + \&c.$

$$\text{Or}\left\{\begin{array}{ll} y^m & = u + m\,\mathrm{B}u^{\frac{m+n}{m}} + m\,\mathrm{C}u^{\frac{m+2n}{m}}\ \&c \\ & \qquad + \frac{m\,.\,m-1}{2}\mathrm{B}^2 u^{\frac{m+2n}{m}} \\ \frac{b}{a}y^{m+n} = & \frac{b}{a} \times u^{\frac{m+n}{m}} + (m+n)\,\mathrm{B}u^{\frac{m+2n}{m}}\ \&c \\ \frac{c}{a}y^{m+2n} = & \qquad \frac{c}{a} \times u^{\frac{m+2n}{m}}\ \&c. \end{array}\right.$$

Donc $m\,\mathrm{B} + \frac{b}{a} = 0$, ce qui donne $\mathrm{B} = -\frac{b}{ma}$; donc aussi $m\,\mathrm{C} + \frac{m\,.\,m-1}{2}\mathrm{B}^2 + (m+n)\frac{b\mathrm{B}}{a} + \frac{c}{a} = 0$, ce qui donne $\mathrm{C} = \frac{(m+1+2n)\,b^2 - 2mac}{2m^2a^2}$, & ainsi des autres; ensorte que la formule générale est $y = u^{\frac{1}{m}} - \frac{b}{ma}u^{\frac{1+n}{m}} + \frac{(m+1+2n)\,b^2 - 2mac}{2m^2a^2}u^{\frac{1+2n}{m}} - \left[\frac{(2m^2+9mn+9n^2+3m+6n+1)\,b^3}{6m^3a^3} - \frac{(m+3n+1)bc}{m^2a^2} + \frac{d}{ma}\right] \times u^{\frac{1+3n}{m}}$; & ainsi de suite.

APPLIC. Soit $x = \frac{1}{2}y^2 + \frac{1}{3}y^3 + \frac{1}{4}y^4 + \&c.$ On demande la valeur de y en x. J'ai d'abord $a = \frac{1}{2}$, $b = \frac{1}{3}$, $c = \frac{1}{4}$, $m = 2$, $n = 1$, $u = 2x$. Puis, $y = u^{\frac{1}{2}} - \frac{1}{3}u + \frac{1}{36}u^{\frac{3}{2}} + \frac{1}{270}u^2\ \&c.$

Soit encore $x = y^{-\frac{1}{2}} - \frac{1}{2}y^{\frac{1}{2}} - \frac{1}{8}y^{\frac{3}{2}} - \frac{1}{16}y^{\frac{5}{2}} - \frac{5}{128}y^{\frac{7}{2}}\ \&c.$ On aura 1°, $a = 1$, $b = -\frac{1}{2}$, $c = -\frac{1}{8}$, &c $u = x$, $m = -\frac{1}{2}$, $n = 1$. 2°, $y = \frac{1}{x^2} - \frac{1}{x^4} + \frac{1}{x^6} - \frac{1}{x^8}\ \&c.$ Voyez le savant Traité d'Algèbre de M. EMERSON.

DES LOGARITHMES.

287. Les Géomètres se plaignoient depuis long-temps de la lenteur du calcul, dans la multiplication & dans la division des nombres considérables, & sur-tout dans l'extraction des racines un peu élevées, lorsqu'enfin un Baron Ecossois, (il s'appelloit Nepper) imagina un moyen de remédier à cet inconvénient.

Il vint à bout de réduire les multiplications à de simples additions, les divisions à de simples soustractions, les formations des puissances à des multiplications toujours fort courtes, & les extractions des racines aux divisions les plus faciles. Nous regrettons de ne pouvoir faire connoître à nos Lecteurs toute la beauté de cette découverte : pour la bien sentir, il faut être plus avancé dans l'étude des Mathématiques. Nous n'avons pour objet dans ce chapitre, que le développement des premiers principes d'une théorie aussi utile.

288. Soit donc une progression géométrique quelconque $\div\!\div a^0 : a^1 : a^2 : a^3 : a^4 : a^5 :$ &c; on sait (125) que pour multiplier l'un par l'autre deux termes de cette formule, il suffit d'écrire une seule fois la quantité a, en lui donnant pour exposant la somme des deux exposants des termes que l'on multiplie. On sait par exemple, que $a^2 \times a^3 = a^{2+3} = a^5$, & que $a^7 \times a^9 = a^{7+9} = a^{16}$. Ainsi *le produit de deux termes quelconques d'une progression géométrique est toujours égal au terme qui dans la même progression a pour exposant la somme des exposants de ces deux termes.*

289. On sait aussi (129) que le quotient de deux termes quelconques d'une progression géométrique est le terme qui a pour exposant la différence des exposants de ces deux termes : a^6, par exemple, divisé par a^2 est égal à $a^{6-2} = a^4$. Donc *pour avoir le quotient de deux de ces termes, il faut prendre la différence de leurs exposants, & en faire l'exposant du quotient que l'on cherche.*

Or ces exposants sont ce que l'on appelle des *Logarithmes*. Ensorte que si $a = 10$, la formule devenant alors $\div 10^0 : 10^1 : 10^2 : 10^3 : 10^4 :$ &c. ou, $\div 1 : 10 : 100 : 1000 : 10000 :$ &c, l'exposant 0 est le logarithme de l'unité; l'exposant 1 est le logarithme de 10; 2 est le logarithme de 100, &c.

Mais parce que ces exposants ne donnent que les logarithmes des nombres qui sont dans la progression décuple $\div 1 : 10 : 100 : 1000 :$ &c, & que l'on a très-souvent besoin des logarithmes des nombres intermédiaires, 2, 3, 4, 5, 6, 7, 8, 9, 11, &c, ainsi que des logarithmes des fractions, voici comment on s'y est pris pour trouver tous ces logarithmes.

On a ajouté plusieurs zéros en forme de décimales à chacun des exposants de la formule, ce qui l'a changée en celle-ci, en n'y mettant que sept zéros.

$\div 10^{0,0000000} : 10^{1,0000000} : 10^{2,0000000} : 10^{3,0000000} :$ &c.

Puis on a remarqué qu'en insérant dans cette formule des exposants qui fussent en progression arithmétique, les valeurs du nombre 10 élevées aux puissances qu'ils désignent, seroient des nombres en progression géométrique, & que ces mêmes exposants seroient les logarithmes de ces nombres. Donc en faisant croître ces décimales consécutivement de $\frac{1}{10000000}$, ou, ce qui revient au même, en insérant 9999999 moyens proportionnels-arithmétiques entre deux quelconques des exposants de la progression (228), on a dû avoir une nouvelle progression géométrique dont les premiers termes sont,

$\div 10^{0,0000000} : 10^{0,0000001} : 10^{0,0000002} : 10^{0,0000003} :$ &c.

Et les valeurs correspondantes de chacun de ces termes sont des nombres qui vont en croissant fort lentement; puisque le premier terme vaut 1, & que le dix-millionieme ne vaut que 10.

Parmi ces termes insérés, il y en a donc un qui vaut 2, un autre qui vaut 3, un autre qui vaut 4, ou du moins qui en different très-peu, &c. On a trouvé, par exemple, que 2 étoit à peu-près la valeur du terme $10^{0,3010300}$, que 3 étoit à peu-près $= 10^{0,4771213}$, que 4 $= 10^{0,6020600}$, &c; & on a regardé ces exposants comme les logarithmes de 2, de 3, de 4, &c.

290. Par des calculs fondés sur cette idée, mais dont les détails sont immenses, on a construit des Tables de Logarithmes pour tous les nombres depuis 1 jusqu'à 100000, & qui servent à trouver ceux des nombres plus grands. Il y a de ces Tables où pour une plus grande précision, les Logarithmes ont dix, quinze, vingt décimales : mais les cinq premieres suffisent ordinairement. Quant à la maniere de s'en servir, on peut la voir assez détaillée dans la derniere édition des Tables de logarithmes avec six décimales (chez Desaint 1781); car pour en bien comprendre l'usage, il faut avoir des Tables entre les mains.

291. On peut concevoir cependant, sans y avoir recours, 1°, que les logarithmes de tous les nombres compris entre 1 & 10 doivent commencer par 0; que ceux de tous les nombres qui sont entre 10 & 100 commencent par 1; que le premier chiffre des logarithmes des nombres compris entre 100 & 1000 est 2, &c. Ce premier chiffre s'appelle *la Caractéristique* du logarithme, parce qu'il sert à faire connoître de combien de caracteres est composé le nombre qui répond à un logarithme donné; car il est évident que ce nombre doit avoir un chiffre de plus que la caractéristique ne contient d'unités. Ainsi je vois tout d'un coup que ce logarithme 4,814560 appartient à un nombre de cinq chiffres, parce que sa caractéristique est 4.

292. 2°, Que le produit de deux nombres répond à la somme de leurs logarithmes, & que leur quotient répond à la différence de leurs logarithmes. Ainsi, pour multiplier 48 par 166, j'ajoute leurs logarithmes, qui sont 1,681241 & 2,220108; la somme est 3,901349 : c'est un logarithme qui répond dans les Tables au nombre 7968, lequel est le produit de 48×166. Pour diviser 7336 par

56, il faut retrancher le logarithme de 56, qui est 1,748188, du logarithme de 7336, qui est 3,865459, & la différence 2,117271 est un logarithme, qui répond dans les Tables à 131. Donc 131 est le quotient de 7336 divisé par 56.

293. 3°, Que *pour faire une regle de trois par les logarithmes, il faut ajouter ensemble les logarithmes des termes qu'il eût fallu multiplier, & de la somme retrancher le logarithme du nombre par lequel il eût fallu diviser le produit; le reste est le logarithme du terme cherché.* Par exemple, soit la proportion 2843 : 8529 :: 3147 : x. Il faudroit pour avoir la valeur de x, multiplier 3147 par 8529, & diviser leur produit 26840763 par 2843; mais par les logarithmes, il suffit d'ajouter ensemble ceux de 8529 & de 3147, qui sont 3,93090 & 3,49790, & d'ôter 3,45378 logarithme de 2843, de la somme 7,42880; le reste 3,97502 est le logarithme de x, lequel répond dans les tables à 9441.

294. 4°, Que *pour élever une quantité à une puissance quelconque*, il faut en ajouter le logarithme à lui-même autant de fois qu'on auroit multiplié cette quantité; c'est-à-dire, qu'*il faut multiplier son logarithme par l'exposant de la puissance.* Ainsi pour élever 8 à la quatrieme puissance, il faut multiplier son logarithme 0,90309 par 4, & le produit 3,61236 est le logarithme de 4096, quatrieme puissance de 8.

295. Qu'enfin, *si on divise le logarithme d'une quantité donnée par l'exposant de la racine qu'on en veut extraire, le quotient sera le logarithme de cette racine*; ainsi pour extraire la racine cubique de 6859, divisez son logarithme 3,83626 par 3, & le quotient 1,27875 sera le logarithme de 19, qui est la racine cherchée. Mais on peut démontrer généralement toutes ces propriétés du calcul logarithmique: & c'est ce que nous allons faire dans le Chapitre suivant.

Des propriétés des Logarithmes en général.

296. Soit a un nombre plus grand que l'unité; soit m l'exposant de la puissance à laquelle il faut élever a pour avoir un nombre donné b, ensorte que l'on ait $a^m = b$. On est convenu d'appeller m le logarithme de b, & de l'écrire ainsi, $m = Lb$.

Supposant, par exemple $a = 10$, & $b = 100$, il faut que $m = 2$ pour que l'on ait $a^m = b$, & pour que 2 soit dans cette supposition, le logarithme de 100. Tel est, comme on l'a vu (289), le systême des Tables ordinaires.

297. Il suit de-là que *les logarithmes ordinaires sont les exposants des puissances auxquelles il faudroit élever* 10, *pour avoir les nombres qui répondent à ces logarithmes.*

Et puisque d'un côté, tous les nombres peuvent être regardés comme étant différentes puissances de 10, & que de l'autre le produit ou le quotient des puissances se trouve en ajoutant ou en soustrayant leurs exposants, il est clair que la somme ou la différence des logarithmes de deux nombres doit répondre dans les Tables au nombre qui est le produit ou le quotient des deux autres. Nous avons déja déduit de ce principe les propriétés du calcul logarithmique, dans le discours qui est à la suite des Tables déja citées. Voici une autre maniere de les démontrer.

298. Si $a^m = b$, il est évident que $La^m = Lb$; & si $a^n = c$, on aura de même $La^n = Lc$; donc $bc = a^m \times a^n = a^{m+n}$, & $Lbc = La^{m+n} = m + n = Lb + Lc$. C'est-à-dire, que le logarithme d'un produit quelconque résulte de la somme des logarithmes de ses facteurs. Voilà donc toutes les multiplications réduites à de simples additions.

Soit p le produit; F, f les facteurs, & nous aurons généralement $Lp = LF + Lf$; d'où $LF = Lp - Lf$; c'est-à-dire, qu'étant donnés le produit & un de ses facteurs, on trouvera le logarithme de l'autre facteur, en ôtant le logarithme du facteur connu de celui du produit ; ce qui ramene toutes les divisions à de simples soustractions.

De ce que $Lp = LF + Lf$, il suit que dans le cas où $F = f$, on a $Lp = LF^2 = 2LF$, & par conséquent $LF^3 = 3LF$, $LF^4 = 4LF$, ou en général, $LF^m = mLF$. Donc pour élever un nombre à une puissance quelconque, il suffit de multiplier le logarithme de ce nombre par l'exposant de la puissance proposée. Le logarithme qui en résulte est celui de la puissance que l'on cherche.

Et comme les racines ne sont que des puissances fractionnaires (159), il est clair qu'en multipliant le logarithme d'un nombre par la fraction indiquée, ou ce qui revient au même, en divisant ce logarithme par l'exposant de la racine, on aura toujours le logarithme de cette racine. Voici quelques exemples des cas les plus ordinaires.

$$Lab = La + Lb \quad \ldots\ldots \quad L\frac{a}{b} = La - Lb.$$

$$La^m = mLa. \quad \ldots\ldots \quad La^{-} = -mLa.$$

$$La^{\frac{m}{n}} = \frac{m}{n}La \quad \ldots\ldots \quad La^{-\frac{m}{n}} = -\frac{m}{n}La.$$

$$Labcd\ \&c = La + Lb + Lc + Ld + \&c.$$

$$L\frac{abc}{de} = La + Lb + Lc - Ld - Le.$$

$$La^m b^p c^q = mLa + pLb + qLc.$$

$$L\frac{ax^n}{r^z} = La + nLx - zLr.$$

$$L\frac{ab+bc}{m+n} = Lb + L(a+c) - L(m+n).$$

$$L\sqrt{(x^2+y^2)} = \tfrac{1}{2}L(x^2+y^2).$$

$$L\frac{a+x}{a-x} = L(a+x) - L(a-x).$$

$$L(a^2-x^2) = L(a+x) + L(a-x).$$

$$L\sqrt{(a^2-x^2)} = \tfrac{1}{2}L(a+x) + \tfrac{1}{2}L(a-x).$$

$$Lz^3 + \tfrac{3}{4}Lz = \tfrac{15}{4}Lz = L(z^3 \sqrt[4]{z^3}).$$

$$L\sqrt[n]{(a^3 - x^3)^m} = \frac{m}{n}L(a-x) + \frac{m}{n}L(a^2 + ax + x^2).$$

$$L\frac{\sqrt{(a^2 - x^2)}}{(a+x)^2} = \tfrac{1}{2}L(a-x) - \tfrac{3}{2}L(a+x).$$

$$L\,3a^2 + La^4 + 5L3 = 6L3a = L(3a)^6.$$

Du Calcul des Logarithmes par les Séries.

299. Les premiers Calculateurs des Tables avoient déja fini leurs calculs, lorſqu'on inventa des méthodes pour les ſimplifier. Mais ſi ces méthodes vinrent un peu tard, elles ne mériterent pas moins d'être accueillies pour la rapidité de leur marche. On en jugera mieux par les détails qui ſuivent.

Etant donné un nombre quelconque, trouver ſon logarithme.

Solution. Soit $1 + x$ le nombre donné .... ſoit $(1 + x)^m = 1 + z$ ..... Soit enfin $L(1 + x) = Ax + Bx^2 + Cx^3 + Dx^4 + \&c$; on aura donc auſſi $L(1 + z) = Az + Bz^2 + Cz^3 + Dz^4 + \&c$. Mais comme on a d'un côté l'équation $(1 + x)^m = 1 + z$, qui donne $z = mx + \frac{m \cdot m-1}{2}x^2 + \frac{m \cdot m-1 \cdot m-2}{2 \cdot 3}x^3 + \&c$, & que l'on a d'un autre côté, $mL(1 + x) = L(1 + z)$, on trouvera que ....

$$mAx + mBx^2 + mCx^3 + \&c = Az + Bz^2 + Cz^3 + \&c.$$

Subſtituant donc la valeur de z dans le ſecond membre, l'équation deviendra ....

$$mAx + mBx^2 + mCx^3 + \&c = \left\{\begin{array}{llll} mAx + \frac{m \cdot m-1}{2}Ax^2 & + \frac{m \cdot m-1 \cdot m-2}{2 \cdot 3}Ax^3 & + \&c. \\ \quad + m^2 Bx^2 & + m^2 \cdot m-1 \cdot Bx^3 & + \&c. \\ & + m^3 C x^3 & + \&c. \end{array}\right.$$

Réduiſant & comparant les termes homogenes (276) vous aurez 1° ... $B = -\frac{1}{2}A$ ... 2° ... $C = \frac{1}{3}A$ ... 3° ... $D = -\frac{1}{4}A$; & ainſi des autres, enſorte que toute réduction faite, vous trouverez que

$$L(1 + x) = A(x - \tfrac{1}{2}x^2 + \tfrac{1}{3}x^3 - \tfrac{1}{4}x^4 + \tfrac{1}{5}x^5 - \tfrac{1}{6}x^6 + \&c).$$

300. Remarquez maintenant que la quantité A eſt indéterminée, & que par conſéquent *le même nombre* $1 + x$ *peut avoir une infinité de logarithmes différents.* Mais comme le plus ſimple & le plus naturel de tous les ſyſtèmes logarithmiques, eſt celui où l'on ſuppoſe $A = 1$, on a donné le nom de *logarithmes naturels* à ceux qui ont

été calculés d'après cette ſuppoſition. Ce fut ſur cette eſpece de logarithmes que tomba d'abord le Géomètre Écoſſois, quoiqu'en ſuivant une route bien différente. On peut voir dans ſon Ouvrage (*Mirifici Logarithmorum Canonis Deſcriptio*) comment il y parvint. Ces Logarithmes s'appellent auſſi *Logarithmes Hyperboliques*, à cauſe du rapport qu'ils ont avec l'*Hyperbole Equilatére*, comme nous le dirons en ſon lieu.

301. Cela poſé, il eſt évident que tous les ſyſtêmes poſſibles de logarithmes peuvent être ramenés à celui des logarithmes naturels, puiſque dans tout ſyſtême, le logarithme de $1+x$ eſt égal au produit de ſon logarithme naturel par la quantité conſtante A que l'on appelle *le Module*, & que nous déterminerons bientôt. Ainſi toute la difficulté du calcul des logarithmes ſe réduit à calculer les logarithmes naturels ou hyperboliques. Or voici comment on peut faciliter le calcul de ces derniers.

302. Reprenons l'équation $L(1+x) = A\left(x - \frac{1}{2}x^2 + \frac{1}{3}x^3 - \frac{1}{4}x^4 + \&c\right)$ qui en ſuppoſant $A = 1$, devient $L(1+x) = x - \frac{1}{2}x^2 + \frac{1}{3}x^3 - \&c$; & ajoutons de part & d'autre La, nous aurons $L(a+ax) = La + x - \frac{1}{2}x^2 + \frac{1}{3}x^3 - \&c$. Soit $ax = y$, ou $x = \frac{y}{a}$; on aura $L(a+y) = La + \frac{y}{a} - \frac{y^2}{2a^2} + \frac{y^3}{3a^3} - \&c$. Faiſant donc y négative, nous aurons $L(a-y) = La - \frac{y}{a} - \frac{y^2}{2a^2} - \frac{y^3}{3a^3} - \&c$. Donc $L(a+y) - L(a-y)$ ou $L\left(\frac{a+y}{a-y}\right) = \frac{2y}{a}\left(1 + \frac{y^2}{3a^2} + \frac{y^4}{5a^4} + \frac{y^6}{7a^6} + \&c\right)$, ſérie toujours convergente, parce qu'il faut que y ſoit plus petite que a pour que $\frac{a+y}{a-y}$ ſoit une quantité poſitive.

303. Appliquons maintenant cette ſérie au calcul des logarithmes, & pour cela ſuppoſons que $\frac{a+y}{a-y} = \frac{m}{m-1}$. Nous aurons $\frac{y}{a} = \frac{1}{2m-1}$, & $L\left(\frac{m}{m-1}\right)$ ou $Lm - L(m-1) = \frac{2}{2m-1}\left(1 + \frac{1}{3(2m-1)^2} + \frac{1}{5(2m-1)^4} + \frac{1}{7(2m-1)^6} + \&c\right)$. Donc $Lm = L(m-1) + \frac{2}{2m-1}\left(1 + \frac{1}{3(2m-1)^2} + \frac{1}{5(2m-1)^4} + \&c\right)$. Mais lorſqu'on cherche le logarithme du nombre m, on eſt cenſé avoir celui de $m-1$; on aura donc celui de m par une ſérie très-convergente, dans les cas ſur-tout où m ſera un nombre un peu grand. On peut en juger par le cas le moins favorable, en calculant le logarithme hy-

perbolique de 2 ? On aura $m = 2$, & par conséquent $L\,2 = \frac{2}{3}$ $\left(1 + \frac{1}{3 \cdot 3^2} + \frac{1}{5 \cdot 3^4} + \frac{1}{7 \cdot 3^6} + \&c\right) = 0{,}69314718$ &c. Pour avoir ensuite le logarithme de 5, il n'y aura qu'à substituer 5 au lieu de m dans l'équation $L\,m = L\,(m - 1) + \&c$, & on aura $L\,5$, $= 2\,L\,2 + \frac{2}{9}\left(1 + \frac{1}{3 \cdot 9^2} + \frac{1}{5 \cdot 9^4} + \&c\right) = 1{,}60943791$.

Il est donc aisé de trouver par cette méthode les logarithmes des nombres premiers. Or ceux-ci une fois calculés, il est très-facile de trouver ceux de tous les autres nombres. Par exemple, étant donnés les logarithmes de 2 & de 3, leur somme donnera le logarithme de 6, (298). Celui de 4 sera le double de celui de 2, comme celui de 9 sera le double du logarithme de 3 ; & ainsi des autres.

304. Déterminons à présent le module A pour un autre systême logarithmique, pour celui des Tables, par exemple, dans lequel $a = 10$, & dans lequel par conséquent $L\,10 = 1$, car le logarithme de la base logarithmique est toujours l'unité.

Il faudra d'abord prendre le logarithme hyperbolique de 10 en ajoutant ceux de 5 & de 2 ; on aura 2,30258509. Ensuite (301), logarithme ordinaire de 10, ou $1 = A\,(2{,}30258509\ \&c)$; d'où l'on tire aussi-tôt $A = \frac{1}{2{,}30258509\ \&c.} = 0{,}43429448$ &c. *C'est la valeur du module des Tables.*

Il suit de-là, que *pour ramener les logarithmes hyperboliques aux logarithmes tabulaires, il faut multiplier les premiers par la fraction* 0,43429448 &c.

Et réciproquement, *pour changer les logarithmes des Tables en logarithmes hyperboliques, il faut multiplier les premiers par* 2,30258509. Si on les multiplioit par 3,3219277, on auroit des logarithmes correspondants à la supposition $a = 2$.

305. On détermineroit de la même maniere le module A dans tout autre systême. Celui des Tables (autrement appellé celui de Briggs, parce que Briggs en calcula le premier les logarithmes) sert pour les calculs de *la Trigonométrie*. Celui des logarithmes hyperboliques est d'un grand usage dans le *calcul intégral*.

Le nombre déterminé *a* est *la base logarithmique* de chaque systême. Ainsi 10 est la base du systême ordinaire. Celle du systême de Nepper est 2,71828183, comme nous le verrons bientôt.

En général, *la base d'un systême quelconque de logarithmes est toujours le nombre dont le logarithme est* 1.

306. *Étant donné un logarithme, trouver à quel nombre il répond.*

Solution. Si le logarithme donné est du nombre des logarithmes ordinaires, on commence par le réduire aux hyperboliques, après quoi la difficulté ne consiste plus qu'à trouver le nombre qui répond à un logarithme hyperbolique donné.

Soit donc z ce logarithme, soit $1 + x$ le nombre cherché, & on aura par ce qui précede, $z = x - \frac{1}{2}x^2 + \frac{1}{3}x^3 - \frac{1}{4}x^4 +$ &c. Il s'agit de trouver (284) la valeur de x en z.

Pour cela je suppose..... $x = Az + Bz^2 + Cz^3 + Dz^4 +$ &c;

$$\text{Ce qui donne} \ldots\ldots z = \left\{ \begin{array}{llll} Az + Bz^2 + Cz^3 + Dz^4 & \&c \\ \quad -\frac{1}{2}A^2 - AB - \frac{1}{2}B^2 & \&c \\ \qquad\qquad - AC & \\ \qquad + \frac{1}{3}A^3 + A^2B & \&c \\ \qquad\qquad -\frac{1}{4}A^4 & \&c \end{array} \right.$$

Donc $A = 1 \ldots B = \frac{1}{2} \ldots C = \frac{1}{6} \ldots D = \frac{1}{24}$, &c; donc $x = z + \frac{z^2}{2} + \frac{z^3}{2.3} + \frac{z^4}{2.3.4} + \frac{z^5}{2.3.4.5} +$ &c;

Donc enfin $1 + x$, ou le nombre cherché $= 1 + z + \frac{z^2}{2} + \frac{z^3}{2.3} + \frac{z^4}{2.3.4.}$ &c. En général, un nombre quelconque $n = 1 + Ln + \frac{L^2n}{2} + \frac{L^3n}{2.3} + \frac{L^4n}{2.3.4}$ &c, série convergente dans tous les cas, & par conséquent propre à résoudre généralement la question proposée.

307. Appliquons-la à la recherche de la base des logarithmes hyperboliques, c'est-à-dire, cherchons quel est le nombre dont le logarithme hyperbolique est 1. Ici $n = 1 + 1 + \frac{1}{2} + \frac{1}{2.3} + \frac{1}{2.3.4} + \frac{1}{2.3.4.5} +$ &c; donc $n = 2{,}71828183$. Ce nombre sert très-souvent dans le calcul intégral. Le voilà calculé d'avance.

De l'usage des Logarithmes dans la résolution de plusieurs Equations.

308. SOUVENT il arrive qu'une équation échappe à toutes les regles de l'Algèbre ordinaire, & qu'elle se résout avec la plus grande facilité par le moyen des logarithmes. En voici plusieurs exemples avec quelques applications.

I. Soit proposé de trouver la valeur de x dans l'équation $a^x = b$. On a (298) La^x ou $x\,La = Lb$, donc $x = \frac{Lb}{La}$.

Soit $\frac{a^{mx}}{b^{nx-1}} = c$. On aura $mx\,La + (1 - nx)\,Lb = Lc$, donc $mx\,La - nx\,Lb = Lc - Lb$; & $x = \frac{Lc - Lb}{mLa - nLb}$.

Soit encore $a^x = \frac{b^{mx-n}}{c^{qx}}$. Ici, $x\,La = mx\,Lb - n\,Lb -$

$qx\,Lc$; d'où $x = \dfrac{n\,Lb}{m\,Lb - q\,Lc - La} = \dfrac{Lb^n}{Lb^m - Lc^q - La} = \dfrac{Lb^n}{L(b^m : ac^q)}$.

Enfin soit l'équation $\dfrac{b^{n-\frac{a}{x}}}{c^{mx}} = f^{x-p}$. Nous aurons d'abord, $n\,Lb - \dfrac{a}{x}\,Lb - m\,x\,Lc = x\,Lf - p\,Lf$; puis ..... $(m\,Lc + Lf)\,x^2 - (n\,Lb + p\,Lf)\,x = -a\,Lb$, ou $x^2\,Lc^m f - x\,Lb^n f^p = -Lb^a$, qui se résout par la méthode du second degré (201).

309. II. Supposons qu'il y ait cent mille habitans dans une province, & que la population y augmente tous les ans de la trentieme partie; on demande quel sera le nombre des habitans de cette province au bout d'un siecle ? Ce problême & les suivants sont tirés d'un des meilleurs Ouvrages que nous connoissions. Il a pour titre *Introductio in Analysin infinitorum*, & pour Auteur, M. Euler, ce Géomètre si savant & si modeste !

Soit $n = 100000$. C'est le nombre donné des habitants, lequel par la condition du problême sera $n + \frac{1}{30}n$, ou $n\,(1 + \frac{1}{30})$ à la fin de la premiere année. Il deviendra $n\,(\frac{31}{30})^2$ à la fin de la seconde; $n\,(\frac{31}{30})^3$ à la fin de la troisieme, & ainsi de suite jusqu'au bout du siecle où son expression sera $n\,(\frac{31}{30})^{100}$, ou $100000\,(\frac{31}{30})^{100}$. On aura donc $100000\,(\frac{31}{30})^{100} = x$, nombre que l'on cherche.

Mais s'il falloit élever $\frac{31}{30}$ à la centieme puissance par des multiplications successives, on sent bien que le calcul seroit d'une extrême longueur : au lieu qu'en se servant des logarithmes, on aura tout de suite .... $L\,100000 + 100\,L\,\frac{31}{30} = L\,x$; puis .... $L\,\frac{31}{30} = L\,31 - L\,30 =$ (par des tables qui ayent dix décimales, celles d'Ulacq, par exemple) 0,014240439; donc $100\,L\,\frac{31}{30} = 1{,}4240439$. D'ailleurs $L\,100000 = 5$; donc $L\,x = 6{,}4240439$, & $x = 2654874$. Il y auroit donc, après 100 ans, deux millions six cents cinquante-quatre mille huit-cents soixante-quatorze habitants dans cette province.

La Terre n'ayant été repeuplée après le Déluge que par les trois enfants de Noé & par leurs trois femmes, on demande dans quel rapport la population auroit dû croître chaque année, pour qu'il y eût un million d'hommes au bout de 200 ans.

Soit $\dfrac{1}{x}$ l'accroissement annuel; & nous aurons l'équation ......
$6\left(\dfrac{1+x}{x}\right)^{200} = 1000000$, qui donne $\dfrac{1+x}{x} = \left(\dfrac{1000000}{6}\right)^{\frac{1}{200}}$, & par conséquent $L\,\dfrac{1+x}{x} = \frac{1}{200}\,L\,\frac{1000000}{6} = \frac{1}{200}\cdot 5{,}2218487 =$

0,0261092 ; d'où $\frac{1+x}{x} = \frac{1061963}{1000000}$, puis ... $1000000 = 61963\,x$.
Enfin $x = 16$ environ. Il eût donc fallu que le genre humain se fût accrû tous les ans de $\frac{1}{16}$, ce que la santé robuste, & les longs jours de nos premiers Peres rendent assez vraisemblable.

Cherchons maintenant la quantité dont il faudroit qu'un peuple s'accrût tous les ans, pour être deux fois plus nombreux à la fin de chaque siecle.

Soit n le nombre de ceux qui composent ce peuple; soit $\frac{1}{x}$ la quantité que nous cherchons; on aura pour chaque époque séculaire, l'équation $n\left(\frac{1+x}{x}\right)^{100} = 2\,n$, qui donne ...... $L\,\frac{1+x}{x} = \frac{1}{100}$ $L\,2 = 0,0030103$; d'où $\frac{1+x}{x} = \frac{100695555}{100000000}$, & $x =$ à peu-près 144. *Ainsi*, ajoute ce respectable Auteur, *on doit regarder comme bien ridicules les objections de ces incrédules, qui nient que la Terre ait pû être peuplée en aussi peu de temps par un seul homme.*

Supposons enfin qu'un certain nombre d'hommes augmente tous les ans de la centieme partie, combien faûdra-t-il d'années pour que ce nombre soit dix fois plus grand ?

Appellant n ce nombre d'hommes, x le nombre cherché d'années, on aura au bout de x années, $n\left(\frac{101}{100}\right)^x = 10\,n$, ou $\left(\frac{101}{100}\right)^x = 10$, qui donne $x = \frac{L\,10}{L\,101 - L\,100} = \frac{10000000}{43214} = 231$. Donc il y aura dix fois plus d'habitans à chaque époque de 231 années.

INTRODUCTION A LA RÉSOLUTION DES ÉQUATIONS DES DEGRÉS SUPÉRIEURS.

310. LES plus célebres Analistes se sont occupés successivement de la résolution des Équations, comme d'une théorie fort utile. Mais lorsqu'ils ont voulu la traiter dans toute son étendue, elle leur a paru si compliquée, qu'ils y ont presque tous renoncé pour se livrer à des détails. Au défaut des méthodes directes, ils ont eu recours aux méthodes d'approximation ; & lorsque les regles générales se sont refusées à leurs efforts, ils en ont accumulé tant de particulieres, que l'on peut désormais avoir, sinon des ra-

cines exactes, au moins des racines très-approchées de toutes les équations. Nous allons faire connoître quelques-unes de ces regles, après avoir fait sur la nature des équations en général les remarques suivantes.

311. Il est clair qu'en transposant tous les termes d'une équation dans un seul membre, ces termes se détruiront mutuellement. Ainsi toute équation peut être réduite à n'avoir que zéro dans un de ses deux membres. Si on a, par exemple, $x^2 + a^2 = 2ax$, on peut en déduire $x^2 - 2ax + a^2 = 0$. Or dans cet état, le premier membre peut être regardé comme le produit de $x - a$ par $x - a$; & puisque ce premier membre se réduit à zéro, il faut bien que $x = a$, ou, ce qui revient au même, que $x - a = 0$.

Mais parce que c'est ici un quarré parfait, un de ses facteurs ne peut être égal à zéro que l'autre ne le soit aussi: au lieu que si l'on eût eu $x^2 - ax - bx + ab = 0$, un seul des facteurs, $x - a$, $x - b$, égalé à zéro, eût suffi pour réduire à zéro le premier membre. Supposer tout à la fois les deux facteurs égaux à zéro, ce seroit regarder a & b comme nécessairement égaux entre eux, ce qui n'est pas.

312. *Toute équation transposée peut donc être considérée comme le produit de plusieurs facteurs égaux ou inégaux. Lorsqu'ils sont tous égaux, ils se réduisent tous à zéro, & quand ils sont inégaux, un seul doit être égal à zéro.*

Cherchons d'après cela le produit des quatre facteurs $x - a$, $x - b$, $x - c$, $x - d$, en supposant que l'un d'eux, n'importe lequel, soit égal à zéro. Nous trouverons,

$$\begin{array}{lllll} x^4 & - ax^3 & + abx^2 & - abcx & + abcd = 0. \\ & - b & + ac & - abd & \\ & - c & + ad & - acd & \\ & - d & + bc & - bcd & \\ & & + bd & & \\ & & + cd & & \end{array}$$

Or de cette équation & de toutes celles que l'on peut former de la même maniere, on doit conclure qu'une équation dont le degré est généralement exprimé par m, a pour premier terme x^m, c'est-à-dire, l'inconnue élevée à la puissance que désigne le nombre des facteurs de cette équation.

Le second terme est x^{m-1} avec un coefficient égal à la somme de toutes les racines a, b, c, d, &c.

Le troisieme est x^{m-2} avec un coefficient égal à la somme des produits ab, ac, ad, bc, &c, de ces racines prises deux à deux.

Le quatrieme est x^{m-3} avec un coefficient égal à la somme des produits abc, abd, &c, des mêmes racines prises trois à trois; & ainsi de suite jusqu'au dernier terme qui est toujours le produit de toutes les racines.

313. Il n'en faut pas davantage pour démontrer la formule qui sert à élever un binome quelconque $x + a$ à une puissance quelconque m (148). Car pour élever le binome $x + a$ à la puissance m, il faut le multiplier $m - 1$ fois par lui-même. Ainsi le développement de cette puissance doit être regardé comme le produit d'un nombre m de facteurs tous égaux; & si $x + a = 0$, tout ce que nous venons de dire d'une équation du degré m, aura lieu pour la puissance m de $x + a$.

Ensorte donc que le premier terme sera x^m; que le second sera x^{m-1} précédé d'un coefficient égal à la somme de toutes les racines. Or dans ce cas chaque racine est a, leur nombre est m. Donc leur somme est $m\,a$. Le second terme sera donc max^{m-1}.

Le troisieme doit être x^{m-2} précédé d'un coefficient égal à la somme des produits de toutes les racines prises deux à deux. Ce coefficient sera donc a^2 multiplié par le nombre des produits que peut donner un nombre m de lettres a, b, c, d, &c prises deux à deux. Pour le trouver, ce nombre, remarquez 1°, qu'il doit être la moitié de celui des lettres qui servent à former tous ces produits. 2°, Qu'il faut répéter chacune de ces lettres le même nombre de fois,

& que ce nombre de fois eſt exprimé par $m - 1$, puiſqu'il faut les multiplier chacune ſéparément par toutes les autres. Le nombre des lettres qui forment ces produits eſt donc $m(m-1)$, & par conſéquent celui de leurs produits deux à deux eſt $\frac{m(m-1)}{2}$. Ainſi le troiſieme terme ſera $\frac{m(m-1)}{2} a^2 x^{m-2}$.

Le quatrieme doit avoir pour coefficient la ſomme des produits que l'on peut faire avec les racines priſes trois à trois; & comme ici toutes les racines ſont égales, ce coefficient doit être a^3 multiplié par le nombre des produits qui peuvent réſulter d'un nombre m de lettres a, b, c, d, &c, priſes trois à trois. Or 1°, le nombre de ces produits ne doit être que le tiers du nombre des lettres dont ils ſont compoſés. 2°, Il faut répéter chaque lettre le même nombre de fois, & ce nombre eſt déſigné par celui des produits des autres lettres priſes deux à deux. Donc puiſque le nombre de ces produits eſt $\frac{m(m-1)}{2}$; lorſque celui des lettres eſt m, il eſt clair qu'il ſera $\frac{(m-1)(m-2)}{2}$ lorſque celui des lettres ſera $m - 1$, comme dans le cas préſent. Le nombre des lettres qui forment tous les produits abc, abd, &c, doit donc être $\frac{m(m-1)(m-2)}{2}$. Celui des produits ſera donc $\frac{m(m-1)(m-2)}{2 \cdot 3}$; de ſorte que le quatrieme terme ſera $\frac{m \cdot m-1 \cdot m-2}{2 \cdot 3} a^3 x^{m-3}$.

Formant de même les termes ſuivants, on trouvera que $(x+a)^m = x^m + max^{m-1} + \frac{m \cdot m-1}{2} a^2 x^{m-2} + \frac{m \cdot m-1 \cdot m-2}{2 \cdot 3} a^3 x^{m-3} + \frac{m \cdot m-1 \cdot m-2 \cdot m-3}{2 \cdot 3 \cdot 4} a^4 x^{m-4} + \&c$; . . . . & qu'en général $(a \pm b)^m = a^m \pm m a^{m-1} b + \frac{m \cdot m-1}{2} a^{m-2} b^2 \pm \frac{m \cdot m-1 \cdot m-2}{2 \cdot 3} a^{m-3} b^3 + \&c$

Pour

Pour faire quelque application de cette formule, cherchons d'abord la cinquieme puissance du binome $a+b$. Nous trouverons $a^5 + 5a^4b + 10a^3b^2 + 10a^2b^3 + 5ab^4 + b^5$. Car $m = 5$ dans ce cas; donc $a^m = a^5$; donc $ma^{m-1}b = 5a^4b$; donc $\frac{m.m-1}{2} a^{m-2}b^2 = 10a^3b^2$; & ainsi de suite jusqu'au sixieme terme $\frac{m.m-1.m-2.m-3.m-4}{2.3.4.5} a^{m-5}b^5$, qui se réduit à b^5. Le calcul ne peut s'étendre plus loin dans cet exemple, parce que tous les termes qui suivent, ayant $m-5$ parmi les facteurs de leurs coefficients, & $m-5$ se réduisant à zéro dans le cas présent, tous ces termes ultérieurs s'y réduisent aussi.

Cette formule peut également servir à élever un polynome quelconque à une puissance quelconque. Soit proposé, par exemple, d'élever le trinome $n+p+q$ à son cube. Je fais $a = n$; $b = p+q$; $m = 3$. Donc $a^m = n^3$; $ma^{m-1}b = 3n^2(p+q)$; $\frac{m.m-1}{2} a^{m-2}b^2 = 3n(p+q)^2$; & $\frac{m.m-1.m-2}{2.3} a^{m-3}b^3 = (p+q)^3$; ensorte que $(n+p+q)^3 = n^3 + 3n^2p + 3n^2q + 3np^2 + 6npq + 3nq^2 + p^3 + 3p^2q + 3pq^2 + q^3$.

Lorsqu'une expression n'est pas fort compliquée, & qu'elle est en même temps une puissance parfaite, on en cherche la racine par les regles ordinaires de l'extraction. On pourroit la trouver par la formule du binome, mais le calcul en seroit plus long; ce qui fait qu'on ne s'en sert communément que pour avoir des racines approchées.

314. Au reste, on peut exprimer cette formule d'une maniere encore plus simple. En effet, de ce que $(a+b)^m = a^m + ma^{m-1}b + \&c. \ldots$, il suit que $(P+PQ)^m = P^m + mP^mQ + \frac{m.m-1}{2}P^mQ^2 + \frac{m.m-1.m-2}{2.3}P^mQ^3 + \&c.$

Donc si on représente par la lettre A le premier terme P^m, le second sera mAQ, & si le second est représenté à son tour par la lettre B, le troisieme sera $\frac{m-1}{2}$ BQ. Celui-ci étant représenté par C, le quatrieme sera $\frac{m-2}{3}$ CQ, &c, &c. On aura donc,

$$(P+PQ)^m = \overset{A}{P^m} + \overset{B}{mAQ} + \overset{C}{\frac{m-1}{2}BQ} + \overset{D}{\frac{m-2}{3}CQ} + \overset{E}{\frac{m-3}{4}DQ} + \&c.$$

Or il est évident que cette formule est plus simple que la premiere, puisque le cinquieme terme, par exemple, se trouve tout de suite en multipliant D, terme déja calculé, par $\frac{m-3}{4}$ Q, & que la quantité Q n'est autre chose que le second terme PQ du binome, divisé par le premier terme P.

Application. Soit proposé de trouver la quatrieme puissance de $2a+3z$.... Je fais $m=4$.... $P=2a$.... $PQ=3z$, d'où $Q=\frac{3z}{2a}$. J'ai donc $P^m=16a^4$.... $mAQ=4.\ 16a^4.\frac{3z}{2a}=96a^3z$... $\frac{m-1}{2}BQ=\frac{3}{2}.96a^3z.\frac{3z}{2a}=216a^2z^2$... $\frac{m-2}{3}CQ=\frac{2}{3}.216a^2z^2.\frac{3z}{2a}=216az^3$... $\frac{m-3}{4}DQ=\frac{1}{4}.216az^3.\frac{3z}{2a}=81z^4$. Donc $(2a+3z)^4=16a^4+96a^3z+$ &c.

315. Enfin pour rendre cette derniere formule plus commode, supposons que l'exposant de la puissance à laquelle on veut élever le binome P + PQ soit $\frac{m}{n}$; nous aurons généralement

$$(P+PQ)^{\frac{m}{n}} = \overset{A}{P^{\frac{m}{n}}} + \overset{B}{\frac{m}{n}AQ} + \overset{C}{\frac{m-n}{2n}BQ} + \overset{D}{\frac{m-2n}{3n}CQ} + \overset{E}{\frac{m-3n}{4n}DQ} + \&c.$$

Application. Il s'agit de trouver la racine cinquieme

de $u^2 - z^2$, ou la valeur approchée de $(u^2 - z^2)^{\frac{1}{5}}$. Pour cela, je suppose $P = u^2$, $Q = -\frac{z^2}{u^2}$, $m = 1$, $n = 5$, $A =$ le premier terme, $B =$ le second, C le troisieme, &c. Et je trouve que $(u^2 - z^2)^{\frac{1}{5}} = u^{\frac{2}{5}} - \frac{z^2}{5u^2} A + \frac{2z^2}{5u^2} B + \frac{3z^2}{5u^2} C + \frac{7z^2}{10u^2} D + \&c = u^{\frac{2}{5}} \left(1 - \frac{z^2}{5u^2} - \frac{2z^4}{25u^4} - \frac{6z^6}{125u^6} - \frac{21z^8}{625u^8} - \&c\right)$. Revenons maintenant aux équations.

316. Lorsque parmi les facteurs d'une équation transposée, il n'y en a point d'imaginaires, & que ses termes sont précédés alternativement de signes différents, toutes les racines de cette équation sont positives. S'ils sont tous précédés du signe $+$, toutes les racines sont négatives. *Et en général, il y a autant de racines positives que de changements de signe, & autant de racines négatives que de répétitions immédiates du même signe.* C'est une exception fâcheuse que celle des facteurs imaginaires. Elle met en défaut la regle précédente, lorsqu'il y a de ces facteurs ; & lors même qu'il n'y en a pas, cette regle devient presque inutile, si on ne le sait pas déja.

317. *Lorsqu'une équation manque de second terme, la somme des racines positives est égale à celle des négatives*, sans quoi le second terme qui a pour coefficient la somme des unes & des autres ne se seroit pas évanoui (307).

Et puisque le dernier terme est toujours le produit de toutes les racines, il faut en conclure qu'*il y en a au moins une égale à zéro, toutes les fois que le dernier terme manque.*

318. Cette propriété qu'a le dernier terme d'être le produit de toutes les racines, a donné lieu à une méthode pour trouver celles qui sont commensurables. En effet, si après avoir cherché tous les diviseurs du dernier terme, on essaie de diviser l'équation par l'inconnue $x \pm$ quelqu'un de ces diviseurs, & que la division réussisse, on a dès-lors un facteur de l'équation, & par conséquent une de ses ra-

cines. Si on divise, par exemple, l'équation $x^4 - ax^3$ + &c (312) par $x - a$, on trouvera pour quotient x^3 — &c, lequel divisé à son tour par $x - b$, donnera x^2 — &c; & ainsi de suite jusqu'à ce qu'on ait trouvé tous les facteurs de l'équation $x^4 - ax^3$ + &c.

Si on proposoit donc de trouver ceux de l'équation $x^3 + 3x^2 - 25x + 21 = 0$, dans laquelle il doit y avoir deux racines positives & une négative, au cas toutefois qu'il n'y en ait pas d'imaginaires (316), on commenceroit par chercher tous les diviseurs de 21; & on trouveroit ± 1, ± 3, ± 7, ± 21. On essayeroit ensuite la division par $x + 1$, qui ne réussissant pas, feroit exclure ce diviseur du nombre des facteurs cherchés. On essayeroit donc par $x - 1$, qui divisant sans reste l'équation proposée, seroit regardé comme un de ses facteurs. En tâtonant de même, on trouveroit que $x - 3$ & $x + 7$ sont les deux autres facteurs; d'où l'on concluroit que les trois racines sont 1, 3 & -7, ensorte que l'une de ces trois valeurs indifféremment substituée dans l'équation au lieu de x, rendra son premier membre égal à zéro.

La pratique de cette méthode, (appellée communément la méthode des diviseurs) n'a pas été bien longue dans cet exemple, parce que 21 ayant un petit nombre de diviseurs il n'y a pas eu beaucoup de divisions à tenter. Mais lorsque le dernier terme a un grand nombre de diviseurs, cette méthode devient fatiguante. Rebutés de ses longueurs, les Analystes ont imaginé un expédient assez prompt pour écarter au moins la plûpart des divisions inutiles. Nous allons expliquer en quoi il consiste : mais il faut auparavant connoître la maniere de trouver tous les Diviseurs d'un nombre.

Soit donc proposé de trouver ceux du nombre 210. On voit d'abord que ce nombre peut être divisé exactement par 2, & que le quotient de cette premiere division est 105, qui étant un nombre impair n'est pas divisible par 2. Ainsi le nombre proposé 210 ne peut être divisé par 4 : mais comme 105 est divisible par 3 (155), on voit bien que 210, doit être divisible par 6, qui est le produit des diviseurs 2 & 6, dont on s'est servi.

Le quotient de la seconde division est 35 qui ne peut être divisé ni par 2, ni par 3, mais bien par 5. Ainsi 2.5, ou 10; 3.5, ou 15; 6.5, ou 30 sont autant de diviseurs exacts de 210.

Le quotient de la troisieme division est 7 qui n'est divisible que par lui-même. Donc 7 fois 2, 7 fois 3, 7 fois 5, 7 fois 6, 7 fois 10, 7 fois 15, & 7 fois 30, sont autant de nouveaux diviseurs de 210 : lesquels joints à ceux que les opérations précédentes ont fait connoître, composent la suite de tous les diviseurs demandés.

La regle pour trouver tous les diviseurs d'un nombre, se réduit donc à le diviser d'abord par 2, s'il est pair, ou par 3, ou par 5, ou par 7, ou par quelqu'un des autres *nombres premiers*, s'il est impair. Puis on divise ce premier quotient par 2 encore, s'il est pair, ou par 3, ou par 5, &c, s'il est impair. Ensuite on multiplie le premier diviseur par le second, & on écrit le produit au rang des diviseurs cherchés. Si le second quotient est encore pair, on le divise par 2, & s'il est impair on essaie de le diviser comme ci-dessus, par un des autres nombres premiers, en commençant toujours par les plus petits. Après quoi, on multiplie tous les diviseurs déja trouvés par celui dont on vient de faire usage, & on poursuit la division jusqu'à ce que l'on parvienne enfin à un dernier quotient qui soit l'unité.

Deux exemples suffiront pour rendre cette méthode familiere. Voici d'abord le détail de celui que nous venons d'expliquer.

Dividendes	210	1. *Diviseurs.*
&	105	2.
Quotients.	35	3.6.
	7	5.10.15.30.
	1	7.14.21.35.42.70.105.210.

Ainsi tous les diviseurs de 210 sont .... 1 .. 2 .. 3 .. 5 .. 6 .. 7 .. 10 .. 14 .. 15 .. 21 .. 30 .. 35 .. 42 .. 70 .. 105 .. 210.

Soit proposé maintenant de trouver les diviseurs de 900 .... je dispose les parties du calcul, comme dans l'exemple précédent, & je trouve

Dividendes & Quotients.		*Diviseurs.*
	900	1.
	450	2.
	225	2.4
	75	3.6.12
	25	3.9.18.36
	5	5.10.15.20.30.45.60.90.180.
	1	5.25.50.75.100.150.225.300.450.900.

Le nombre 900 a donc pour diviseurs ... 1 .. 2 .. 3 .. 4 .. 5 .. 6 .. 9 .. 10 .. 12 .. 15 .. 18 .. 20 .. 25 .. 30 .. 36 .. 45 .. 50 .. 60 .. 75 .. 90 .. 100 .. 150 .. 180 .. 225 .. 300 .. 450 .. 900.

On peut trouver par la même méthode tous les diviseurs de 360, & leur grand nombre fera sentir la raison du partage purement arbitraire que les anciens Géometres ont fait de la circonférence du cercle en 360 degrés (97).

319. Cela posé, soit a l'un des diviseurs du dernier terme, qui étant ajouté à x forme le facteur $x + a$ d'une équation quelconque. Il est certain que si dans cette équation on suppose successivement $x = 1$, $x = 0$, $x = -1$ &c, les résultats que donnera le premier membre par ces différentes suppositions, seront successivement divisibles par $1 + a$, par a, par $-1 + a$, &c, provenus des mêmes suppositions faites dans le facteur $x + a$.

Or $1 + a$, a, $-1 + a$ sont en progression arithmétique. Donc aucun des diviseurs du dernier terme (auquel seul l'équation se réduit par la supposition de $x = 0$) ne peut être le nombre cherché a, s'il n'est moyen proportionel entre deux autres diviseurs des nombres provenus, l'un de la supposition $x = 1$, l'autre de la supposition $x = -1$. Et comme la différence de cette progression est 1, il faut que le diviseur qui répond à la supposition $x = 0$, surpasse d'une unité le diviseur correspondant à la supposition $x = -1$, & soit surpassé à son tour d'une unité par le diviseur qui répond à la supposition $x = 1$.

Si on fait ensuite, $x = 2$, $x = 3$, &c, on doit trouver parmi les diviseurs qui en proviendront, des termes qui soient en progression arithmétique avec les précédents. Au moyen de cette condition, il est aisé de connoître les facteurs qui divisent exactement l'équation. On voit bien au reste que chacun des diviseurs du dernier terme doit être pris successivement en + & en —.

Pour faire quelque application de cette méthode, cherchons les racines commensurables de l'équation $x^3 + 3x^2 - 8x + 10 = 0$. Je suppose d'abord $x = 1$; le premier membre se réduit à 6 : si $x = 0$, il se réduit à 10 : & si $x = -1$, le résultat est 20. Je cherche tous les diviseurs de 6, de 10, & de 20. Ensuite, je regarde si parmi ceux de 10, il en est qui étant pris en + ou en —, surpassent d'une unité quelqu'un de ceux du nombre 20, & soient surpassés à leur tour de la même quantité par quelqu'un de ceux du nombre 6. Je trouve que + 2 & + 5 ont ces conditions. Car 3 & 6, diviseurs du nombre 6 surpassent d'une unité 2 & 5, diviseurs de 10; & ceux-ci surpassent de la même quantité 1 & 4, diviseurs de 20. Pour plus de clarté, on peut disposer ainsi les suppositions, les résultats, les diviseurs, & les progressions.

Supp.	*Résul.*	*Div.*	*Prog.*	
$x = 1$	6	1 . 2 . 3 . 6	3	6
$x = 0$	10	1 . 2 . 5 . 10	2	5
$x = -1$	20	1 . 2 . 4 . 5 . 10 . 20	1	4

Ces deux progressions me font déja connoître qu'il seroit inutile de tenter la division de l'équation proposée par d'autre facteur que $x + 2$, ou $x + 5$. Elles ne m'apprennent pas cependant si ces deux facteurs réussiront. Je ne puis m'en assurer qu'en essayant la division, ou en faisant une nouvelle supposition, par exemple $x = 2$, laquelle donne 14 pour résultat; d'où je conclus que la premiere progression 1, 2, 3 exigeant pour être continuée, que 4 soit un des diviseurs de 14, ce qui n'est pas, $x + 2$ ne peut être un des facteurs de mon équation. Mais la progression 4, 5, 6 exigeant 7 pour être continuée, & 14 étant divisible par 7, je suis sûr que si l'équation a un facteur commensurable, elle n'en a point d'autre que $x + 5$. Je la divise donc par $x + 5$, & la division me réussit. Le quotient $x^2 - 2x + 2$ n'est plus que du second degré, & ses deux facteurs imaginaires $x - 1 \pm \sqrt{-1}$, se trouvent tout de suite en résolvant l'équation $x^2 - 2x + 2 = 0$.

Soit pris pour second exemple, $x^4 - x^3 - 16x^2 + 55x - 75 = 0$. Je suppose $x = 1$, $x = 0$, $x = -1$ & j'écris comme ci-dessus tous les diviseurs des résultats 36, 75, & 144, provenus de ces trois suppositions.

Supp.	*Résul.*	*Div.*	*Prog.*			
$x=1$	36	1.2.3.4.6.9.12.18.36	4	−2	6	−4
$x=0$	75	1.3.5.15.25.75	3	−3	5	−5
$x=-1$	144	1.2.3.4.6.8.9.12.16.18.24.36.48.72.144	2	−4	4	−6

Je cherche ensuite parmi les diviseurs de 75, ceux qui surpassent d'une unité quelqu'un des diviseurs de 144, & qui sont surpassés de la même quantité par quelqu'un de ceux de 36. Les nombres 3 & 5 pris tant en + qu'en − ont cette propriété, ce qui forme quatre progressions.

Pour connoître maintenant celles qu'il faut exclure, (car le dernier terme n'étant que − 75, il ne peut être le produit de ces quatre nombres), je suppose $x=2$. Le résultat est 21, qui n'est pas divisible par 5, comme la premiere progression l'exigeroit. Donc $x+3$ n'est pas un des facteurs cherchés.

Pour vérifier les trois autres progressions, je suppose $x=-2$, ce qui donne pour résultat 225. Or 225 n'est pas divisible par 7, comme il le faudroit pour continuer la quatrieme progression, − 4, − 5, & − 6; on doit donc rejetter $x-5$. Mais 225 est divisible par 5 & par 3, comme la seconde & la troisieme progression l'exigent. Les seuls facteurs à essayer sont donc $x-3$, & $x+5$.

J'essaie le premier. Il réussit, & donne pour quotient $x^3+2x^2-10x+25$, que j'essaye de diviser par le second. La division réussit encore, & le quotient x^2-3x+5 n'a plus de facteurs commensurables.

On voit par ces exemples avec quelle facilité on trouve les facteurs simples d'une équation numérique, lorsqu'elle en a. La méthode en est aisée, & quoiqu'elle ne soit pas exempte de tâtonement, elle n'en est pas moins précieuse par tous ceux qu'elle fait éviter.

Si l'équation à résoudre passoit le troisieme degré, elle pourroit bien n'être décomposable qu'en facteurs du second. Voici en peu de mots la maniere de trouver ces facteurs. On peut la voir bien détaillée dans les éléments d'Algebre de M. Clairaut.

320. Si on représente par $xx+bx+c$ le diviseur à deux dimensions d'une quantité donnée, il est clair qu'en faisant successivement $x=2$, $x=1$, $x=0$, $x=-1$, $x=-2$, les résultats provenus de cette substitution dans la quantité donnée, seront divisibles successivement par $4+2b+c$, par $1+b+c$, par c, par $1-b+c$, & par $4-2b+c$ résultats du diviseur x^2+bx+c. Il y aura donc parmi les diviseurs du résultat de $x=2$, un nombre qui représentera $4+2b+c$; & si de chacun de ces diviseurs pris en + & en −, on retranche 4, quelqu'un de leurs restes représentera $2b+c$.

Il y aura parmi les diviseurs du résultat de $x=1$, un nombre qui représentera $1+b+c$. Donc si on ôte l'unité de tous ces diviseurs pris tant en + qu'en −, ce sera parmi ces restes que se trouvera $b+c$.

Parmi les diviseurs du dernier terme de l'équation auquel elle se réduit lorsque $x=0$, on trouvera un nombre qui représentera c.

Parmi ceux du résultat de $x = -1$, on trouvera $-b+c$ en retranchant l'unité de chacun de ces diviseurs. Enfin on trouvera $4-2b+c$ dans la suite des diviseurs du résultat de $x = -2$, & si on ôte 4 de chacun de ces diviseurs pris en $+$ & en $-$, quelqu'un de leurs restes représentera $-2b+c$.

Remarquez maintenant que $2b+c$, $b+c$, c, $-b+c$, $-2b+c$ forment une progression arithmétique, & que par conséquent dans les suites des nombres qui représenteront $2b+c$, $b+c$, c, $-b+c$, $-2b+c$, il ne faudra prendre que des proportionels-arithmétiques. Celui qui répondra à la supposition de $x = 0$, représentera c; celui qui répondra à $x = 1$ sera $b+c$; donc si l'on ôte celui qui représente c de celui qui représente $b+c$, on aura la valeur de b, & par-là le facteur $xx+bx+c$ sera déterminé.

Dans l'application de cette méthode, il pourra arriver qu'il y ait des progressions à rejetter. On saura bientôt à quoi s'en tenir, par une nouvelle supposition $x = 3$ ou -3 : car si de tous les diviseurs positifs & négatifs du nouveau résultat on ôte 9, il doit y avoir parmi leurs restes des nombres propres à continuer les progressions qu'il faut admettre. Toutes celles qui ne pourront être continuées, sont dans le cas d'être exclues.

Remarquez seulement que la quantité à retrancher chaque fois des diviseurs est le quarré de la valeur correspondante de x. D'après cela, il est aisé de saisir l'esprit de la méthode, & d'en faire des applications. Deux suffiront.

On demande si l'équation $x^4 - 3x^2 - 12x + 5 = 0$, a des facteurs commensurables du second degré ?

J'écris les suppositions dans une premiere colonne, les résultats dans la suivante; la troisieme est pour les diviseurs; la quatrieme pour les quarrés à soustraire; les deux autres sont pour les restes & les progressions.

Sup.	*Res.*	*Div.*	Q	*Rest.*	*Prog.*			
$x = 2$	15	1. 3. 5. 15	4	$-19, -9, -7, -5, -3, -1, +1, +11$	-3	1	-5	11
$x = 1$	9	1. 3. 9.	1	$-10, -4, -2, 0, +2, +8$	-4	0	-2	8
$x = 0$	5	1. 5.	0	$-5, -1, +1, +5$	-5	-1	$+1$	5
$x = -1$	15	1. 3. 5. 15	1	$-16, -6, -4, -2, 0, +2, +4, +14$	-6	-2	4	2
$x = -2$	33	1. 3. 11. 33	4	$-37, -15, -7, -5, -3, -1, +7, +29$	-7	-3	7	-1

Celle des restes se forme, comme nous l'avons dit, en retranchant de tous les diviseurs correspondants pris en $+$ & en $-$, le quarré de la valeur correspondante de x. La premiere ligne, par exemple, se forme en disant, $-15-4 = -19$.... $-5-4 = -9$... $-3-4 = -7$... $-1-4 = -5$. Voilà tous les restes des diviseurs de 15 pris en $-$. Pour les trouver quand on prend ces diviseurs en $+$, il n'y a qu'à dire, $+1-4 = -3$..... $+3-4 = -1$... $+5-4 = +1$... $+15-4 = +11$. Les lignes suivantes se forment de même. Il n'y a que la quantité à retrancher, qui varie dans chacune.

Comparons maintenant les restes de la troisieme ligne qui répond à $x = 0$, avec ceux des lignes supérieures & inférieures, afin de trouver des progressions. Je vois d'abord que -5 est moyen proportionel entre -4 & -3 qui sont au-dessus, & -6 & -7 qui sont dans les deux dernieres lignes. J'écris cette premiere progression, & je compare successivement -5 à tous les autres nombres supérieurs & inférieurs, pour savoir s'il n'y a pas d'autre progression. Je n'en trouve point.

Je passe donc à -1 qui n'en donne qu'une aussi dont la différence est 1. Ensuite à $+1$ qui en donne une autre dont la différence est 3. Enfin à $+5$ qui en donne une quatrieme. Mais il est bien évident que ces quatre progressions ne peuvent être admises toutes à la fois, puisque le dernier terme de l'équation n'est que 5 (318).

Pour en exclure quelqu'une, je suppose $x = 3$, & j'ai pour résultat 23, dont les diviseurs sont 1 & 23. Soustrayant ensuite de ces diviseurs pris en $+$ & en $-$ le quarré de 3, je trouve ces quatre restes, -32, -10, -8, $+14$, parmi lesquels manquent -2 & $+2$ qui seroient nécessaires pour continuer les deux premieres progressions. Il faut donc les rejeter.

A l'égard des deux dernieres, on voit qu'elles peuvent être continuées par -8 & par 14. Ainsi je prends dans l'avant-derniere le terme $+1$ qui répond à $x = 0$, pour représenter c; & le terme -2 qui répond à $x = 1$, pour représenter $b + c$. J'en conclus que $b = -3$, & que parconséquent le premier facteur à essayer est $x^2 - 3x + 1$. Je l'essaie, & la division qui réussit me donne pour quotient $x^2 + 3x + 5$. Les deux facteurs de l'équation proposée sont donc $x^2 - 3x + 1$, & $x^2 + 3x + 5$, qu'il est aisé de résoudre si l'on veut par les méthodes du second degré.

Soit pris pour second exemple, $x^5 - 2x^4 + x^3 - 5x^2 - 8x - 2 = 0$. Ayant fait à l'ordinaire $x = 2$, $x = 1$, $x = 0$, $x = -1$, $x = -2$, je cherche tous les diviseurs des résultats 30, 15, 2, 3, & 78; le reste s'entend assez par le détail suivant.

Supp.	*Résul.*	*Div.*	*Q*
$x = 2$	30	1.2.3.5.6.10.15.30	4
$x = 1$	15	1.3.5.15	1
$x = 0$	2	1.2	0
$x = -1$	3	1.3	1
$x = -2$	78	1.2.3.6.13.26.39.78	4

Restes.	*Progr.*		
-34, -19, -14, -10, -9, -7, -6, -5, -3, -2, -1, +1, +2, +6, +11, +26	− 6	+2	6
-16, -6, -4, -2, -0, +2, +4, +14	− 4	0	4
-2, -1, +1, +2	− 2	− 2	2
-4, -2, 0, +2	0	− 4	0
-82, -43, -30, -17, -10, -7, -6, -5, -3, -2, -1, +2, +9, +22, +35, +74	+ 2	− 6	-2

Des trois progreſſions que m'offre cet exemple, je vois qu'il faut rejeter les deux dernieres, en ſuppoſant $x = 3$: car le réſultat 37 n'ayant pour diviſeur que 1 & 37, il eſt clair qu'en ôtant 9 de ces deux diviſeurs pris poſitivement & négativement, les reſtes -46, -10, -8, $+28$ ne permettront de continuer que la premiere progreſſion par -8.

J'ai donc -2 pour repréſenter c, & -4 pour repréſenter $b + c$: d'où je tire $b = -2$. Ainſi, s'il y a un facteur commenſurable à deux dimenſions dans l'équation propoſée, ce doit être $x^2 - 2x - 2$; je tente donc la diviſion, & je trouve pour quotient exact $x^3 + 3x + 1$.

Ces principes ſuffiſent pour trouver les diviſeurs commenſurables du premier & du ſecond degré, dans les équations qui ne paſſent pas le cinquieme. Celles qui ſont plus élevées ne ſont quelquefois diviſibles que par des facteurs du troiſieme, quatrieme, &c. Mais nous ne nous árrêterons pas à expliquer la maniere de les trouver, tant à cauſe de la longueur des calculs, qu'à cauſe du peu d'utilité qui en réſulte.

Nous ne nous arrêterons pas non plus à expliquer comment on décompoſe une équation purement algébrique en ſes facteurs de deux ou de pluſieurs lettres, du premier ou du ſecond degré. Quoique fort ingénieuſes, toutes ces méthodes ſe reſſentent pourtant un peu du tâtonement.

Maniere de transformer les Equations, & d'en faire évanouir le ſecond terme.

321. Il eſt ſouvent utile de faire ſubir aux équations certains changements, de ſuppoſer, par exemple, l'inconnue égale à une autre inconnue $\pm$ une quantité indéterminée. Cette ſuppoſition facilite en certains cas la réſolution des équations.

Lorſque, par exemple, elles ſont affectées de coefficients fractionaires, comme celle-ci .... $x^3 + \frac{b}{a}x^2 + \frac{c}{d}x + \frac{f}{g} = 0$, & que l'on veut ôter toutes ces fractions, il n'y a qu'à ſuppoſer $x = \frac{y}{m}$ (y étant une nouvelle inconnue, & m une quantité que l'on détermine toujours facilement) : en ſubſtituant cette valeur à x, l'équation propoſée deviendra ... $\frac{y^3}{m^3} + \frac{by^2}{am^2} + \frac{cy}{dm} + \frac{f}{g} = 0$, ou $y^3 + \frac{bmy^2}{a} + \frac{cm^2y}{d} + \frac{fm^3}{g} = 0$. Or cette derniere équation n'aura plus de coefficients fractionaires, ſi m eſt diviſible tout à la fois par a, par d, & par g ; & il le ſera, ſi on prend pour m leur produit adg, ou même un plus petit nombre que ce produit, quand les nombres

a, d, g, ne sont pas premiers entre eux. Substituant donc adg au lieu de m dans $y^3 + \frac{bmy^2}{a} +$ &c, on aura l'équation $y^3 + bdgy^2 + a^2cdg^2y + a^3d^3fg^2 = 0$, où il n'y a plus de fractions.

Les racines de cette équation une fois trouvées, celles de $x^3 + \frac{b}{a}x^2 +$ &c. se présenteront d'elles-mêmes, en divisant les premieres par m que nous venons de déterminer. Toute la difficulté consiste donc à trouver ces premieres racines. Pour en faciliter la recherche, on a imaginé de faire évanouir le second terme des équations à résoudre ; & voici comment on fait cette transformation.

322. Soit l'équation générale, $x^m \pm ax^{m-1} \pm bx^{m-2} \pm$ &c .... $+ \omega = 0$. Je suppose $x = y + f$ (y étant une autre inconnue, & f une indéterminée à laquelle on donnera telle valeur qu'il conviendra, pour faire évanouir le second terme). J'ai donc la transformée,

$$\left.\begin{array}{l} y^m + my^{m-1}f + \frac{m \cdot m-1}{2}y^{m-2}f^2 + \text{\&c.} \ldots + \omega \\ \pm ay^{m-1} \pm \overline{m-1} \cdot ay^{m-2}f \pm \text{\&c} \\ \qquad\qquad \pm by^{m-2} \pm \text{\&c} \\ \qquad\qquad\qquad \text{\&c} \end{array}\right\} = 0.$$

Maintenant, pour que le second terme de cette équation s'évanouisse, il faut que $my^{m-1}f \pm ay^{m-1} = 0$. Il faut donc qu'après avoir divisé par my^{m-1}, & transposé, on ait $f = \mp \frac{a}{m}$. Ce qui nous fait voir d'une maniere générale, que *pour faire évanouir le second terme d'une équation, il n'y a qu'à supposer l'inconnue égale à une autre inconnue moins ou plus le coefficient du second terme de cette équation, divisé par le nombre qui en exprime le degré.* On met moins, lorsque le second terme est positif ; & plus, quand il est négatif.

Toute équation du second degré semblable à celle-ci $x^2 + ax = b$, se résout promptement par cette transformation, en faisant $x = y - \frac{a}{2}$, & en substituant. Nous ne nous y arrêterons pas. Soit donc $x^3 - 6x^2 + 4x - 7 = 0$, que l'on voudroit changer en une équation équivalente, dans laquelle il n'y eût plus de second terme.

Pour cela, je suppose $x = y + \frac{6}{3} = y + 2$; & substituant, il vient $y^3 * - 8y - 15 = 0$, qui n'a pas de second terme, c'est-à-dire, de y^2 dans cet exemple.

Pour transformer $x^4 + 2x^3 - 4 = 0$, je fais $x = y - \frac{2}{4} = y$

$-\frac{1}{2}$, & j'ai $y^4 * - \frac{3}{2} y^2 + y - \frac{67}{16} = 0$, dont le ſecond terme eſt évanoui. On transformeroit $z^5 + az^4 - bz^2 + cz + d = 0$, en ſuppoſant $z = x - \frac{a}{5}$; & ainſi des autres.

La même méthode ſerviroit à faire évanouir le troiſieme terme d'une équation; car en remontant à la transformée générale $y^m + my^{m-1} f +$ &c, il n'y auroit qu'à ſuppoſer $\frac{m \cdot m-1}{2} y^{m-2} f^2 \pm (m-1)\, ay^{m-2} f \pm by^{m-a} = 0$. On trouveroit $f = \mp \frac{a}{m} \pm \sqrt{\left(\frac{a^2}{m^2} \mp \frac{2b}{m \cdot m-1}\right)}$. Mais comme la ſubſtitution de cette valeur de f introduiroit des radicaux dans la transformée, on aime mieux ne faire évanouir que le ſecond terme. Le calcul deviendroit encore plus compliqué, ſi on vouloit faire évanouir le quatrieme ou le cinquieme, &c.

Du Calcul des Quantités radicales.

323. A commencer aux équations du ſecond degré, les quantités radicales ſont inévitables dans la réſolution de preſque toutes les équations. Il eſt donc à propos d'apprendre à calculer ces quantités, avant que d'aller plus avant dans cette théorie.

Quoique l'on appelle en général quantités radicales, toutes les quantités affectées du ſigne radical, il y en a pourtant beaucoup qui ne ſont radicales qu'en apparence; ce ſont des quantités commenſurables, qui peuvent par-là même ſubir les extractions de racine indiquées par l'expoſant du radical. Or toutes les fois que cette opération eſt poſſible, il ne faut pas manquer de la faire. C'eſt ainſi que les quantités ſuivantes

$\sqrt{225} \ldots \sqrt{a^2 b^4} \ldots \sqrt[3]{x^6 y^9} \ldots \sqrt[4]{(1 + 4\varphi + 6\varphi^2 + 4\varphi^3 + \varphi^4)}$ ſe réduiſent à celles-ci, (157).

$$\pm 15 \ldots \pm ab^2 \ldots x^2 y^3 \ldots 1 + \varphi, \text{ ou } -1 - \varphi.$$

Le reſte des quantités radicales ſe partage en deux claſſes, dont l'une comprend toutes les quantités incommenſurables; l'autre renferme toutes les quantités imaginaires.

Les incommenſurables que l'on appelle auſſi quantités irrationelles, ne peuvent jamais être débarraſſées du radical qui les affecte, parce qu'il n'eſt pas poſſible d'avoir leur valeur d'une maniere exacte. Tout ce que l'on peut faire de mieux, c'eſt d'approcher de cette valeur, par les méthodes les plus promptes, ou du moins de ſimplifier ces quantités, lorſqu'il y a lieu.

Par exemple, les quantités ſuivantes peuvent être ſimplifiées, en appliquant les regles d'extraction aux parties qui en sont susceptibles ; & on peut écrire ces quantités, comme on les voit ici.

$$\sqrt{8}=2\sqrt{2}\ldots\sqrt[3]{432}=2\sqrt[3]{54}=3\sqrt[3]{16}=6\sqrt[3]{2}\ldots\sqrt[4]{405}=3\sqrt[4]{5}.$$

$$\sqrt{m^2n}=m\sqrt{n}\ldots\sqrt[3]{\varphi^3\omega^5}=\varphi\omega\sqrt[3]{\omega^2}\ldots\sqrt[5]{\frac{c^6d^8}{g}}=\frac{cd}{g}\sqrt[5]{cd^3}.$$

$$\sqrt{(3a^2-6ab+3b^2)}=(a-b)\sqrt{3}.$$

Outre ces premieres réductions praticables seulement en certains cas, les incommensurables peuvent subir toutes les opérations de l'Arithmétique. Il faut donc savoir comment on les assujettit à ces opérations.

324. L'addition des radicaux se fait en les écrivant de suite, avec les signes qui leur sont propres ; & s'il se trouve des radicaux semblables, c'est-à-dire, qui aient le même exposant, & qui affectent la même quantité, on les réduit suivant la méthode ordinaire (113).

Soit proposé, par exemple, d'ajouter... $\sqrt{a}$, $\sqrt[3]{b}$, $2\sqrt{a}$, $-3\sqrt[3]{b}$... On écrira $3\sqrt{a}-2\sqrt[3]{b}$. Soit proposé ensuite d'ajouter, $\sqrt[4]{x^2y}$, $-a\sqrt[4]{x^2y}$ $+b\sqrt[4]{x^2y}$... On écrira $(1-a+b)\sqrt[4]{x^2y}$.

En général la somme de $\frac{a}{b}\sqrt[m]{\frac{c}{d}}+\frac{f}{g}\sqrt[m]{\frac{c}{d}}$ peut se réduire à $\frac{ag+bf}{bg}\sqrt[m]{\frac{c}{d}}$. La soustraction des radicaux consiste à changer seulement le signe du coefficient du radical que l'on veut soustraire ; & si par hazard les deux radicaux sont semblables, on les réduit comme ci-dessus.

EXEMPLE. $3\sqrt{7}-\sqrt{7}=2\sqrt{7}\ldots\sqrt{75}-4\sqrt{3}=5\sqrt{3}-4\sqrt{3}=\sqrt{3}\ldots\sqrt{27a^3b}-\sqrt{3a^3b^5}=3a\sqrt{3ab}-ab^2\sqrt{3ab}=(3a-ab^2)\sqrt{3ab}$.

325. La multiplication des quantités radicales se fait à peu-près comme celle des autres quantités. Il y a seulement deux regles particulieres à observer ; l'une dans le cas où le multiplicande & le multiplicateur sont soumis à des radicaux de même degré ; l'autre, dans le cas, où leurs radicaux sont différents.

Dans le premier cas, on multiplie à l'ordinaire les quantités soumises à ces signes, & on écrit leur produit sous le radical commun ; sauf à réduire ensuite, s'il y a lieu.

EXEMPLES. ..... $\sqrt{6}\times\sqrt{8}=\sqrt{48}=4\sqrt{3}$ .... $\sqrt[n]{a}\times\sqrt[n]{b}=\sqrt[n]{ab}$ .... $\sqrt[c]{5x^2y^4}\times\sqrt[c]{20ux}=\sqrt[c]{(100ux^3y^4)}$ .... $\sqrt[5]{p}\times\sqrt[5]{-q}=\sqrt[5]{-pq}$.

Dans le second cas, on se contente souvent d'indiquer la multiplication ; ou, si on veut l'effectuer, de maniere que le produit soit assujetti à un seul radical, on commence par réduire les deux radicaux des facteurs au même exposant : après quoi on multiplie comme dans le premier cas.

Or pour opérer cette réduction, il faut multiplier l'un par l'autre les deux exposants des signes radicaux, & multiplier de même les exposants des quantités soumises à un radical, par l'exposant de l'autre radical. Cette double opération fait rentrer le second cas dans le premier.

EXEMPLES.... $\sqrt{a}\,.\sqrt[3]{b} = \sqrt[6]{a^3}\,.\sqrt[6]{b^2} = \sqrt[6]{a^3b^2} \ldots \sqrt[n]{b}\,.\sqrt[m]{c} = \sqrt[mn]{b^m c^n} \ldots \sqrt[p]{b^s}\,.\sqrt[q]{c^t} = \sqrt[pq]{b^{sq} c^{tp}}$.

326. La division des radicaux peut quelquefois s'effectuer, quand ils ont le même exposant : mais lorsque la division est impraticable, on l'indique seulement, de la même maniere que pour les quantités rationelles.

EXEMPLES. $\frac{\sqrt{6}}{2\sqrt{6}} = \frac{1}{2} \ldots, \frac{\sqrt{11}}{4\sqrt{33}} = \frac{1}{4}\sqrt{\frac{11}{33}} = \frac{1}{4}\sqrt{\frac{1}{3}} \ldots \frac{\sqrt[n]{ax}}{\sqrt[n]{bxy}} = \sqrt[n]{\frac{a}{by}}$.

Mais pour diviser $\sqrt[m]{a}$ par $\sqrt[p]{x}$, on écrira $\sqrt[m]{a} : \sqrt[p]{x}$; ou si l'on veut réduire ces deux radicaux au même exposant, on aura ; $\sqrt[mp]{a^p} : \sqrt[mp]{x^m} = \sqrt[mp]{\frac{a^p}{x^m}}$.

En général $\frac{a}{b}\sqrt[m]{\frac{s}{t}} : \frac{c}{d}\sqrt[n]{\frac{y}{z}} = \frac{ad}{bc}\sqrt[mn]{\frac{s^n z^m}{t^n y^m}}$.

327. On éleve les quantités radicales à leurs différentes puissances, soit entieres, soit fractionaires, en multipliant leurs exposants par celui de la puissance à laquelle on veut les élever : après quoi, s'il y a quelque réduction à faire, on la fait.

Si on avoit, par exemple, $\sqrt{2}$ à élever au cube, on écriroit d'abord $\sqrt{2^3}$, ou $\sqrt{8}$; puis $2\sqrt{2}$. Pareillement pour élever au cube $\sqrt{a^n}$, on écriroit $\sqrt{a^{3n}}$; & pour élever $\sqrt{a^2 b^x}$ au quarré, on ôteroit simplement le radical. Ainsi $(\sqrt{x} + \sqrt{y})^2 = x + 2\sqrt{xy} + y \ldots$ & $(x + \sqrt{y})^3 = x^3 + 3x^2\sqrt{y} + 3xy + y\sqrt{y}$.

328. En général, quand l'exposant du radical est le même que celui de la puissance proposée, il n'y a qu'à ôter le radical. Ainsi $(\sqrt[m]{a})^m = a$. C'est une suite évidente du calcul des puissances par leurs exposants (157) ; & toutes les fois que l'on éprouvera quelque difficulté dans le calcul des radicaux, rien ne sera plus facile que de la résoudre, en transformant les quantités radicales en puissances fractionaires (161).

329. Les quantités imaginaires se calculent de la même façon. On

les ajoute, on les soustrait & on les réduit, comme toutes les autres quantités radicales: mais il y a dans leur multiplication un cas assez embarrassant, dont il est bon d'être prévenu.

Soit donc proposé de multiplier $\sqrt{-a}$ par $\sqrt{-a}$. Il semble d'abord que le produit doit être $\sqrt{+a^2} = a$: mais en remontant à l'origine du signe radical, on ne tarde pas à se convaincre que le produit de $\sqrt{-a}$ par $\sqrt{-a}$ doit être $-a$. Que désigne-t-on en effet par l'expression générale $\sqrt{m}$? N'est-ce pas la quantité, qui multipliée par elle-même, donne m? Soit donc $m = -a$; on aura $\sqrt{-a}.\sqrt{-a} = \sqrt{m}.\sqrt{m} = m = -a$.

Il est vrai qui si on multiplioit sous le signe radical, $-a$ par $-a$, on trouveroit $\sqrt{+a^2}$: mais si on observe que $\sqrt{+a^2}$ peut être également $+a$ & $-a$, & que l'ambiguité de signe (qui a lieu en général toutes les fois qu'on ignore si a^2 provient de $+a.+a$, ou de $-a.-a$) ne sauroit exister ici, puisque l'on sait que a^2 est provenu de $-a.-a$, il est impossible qu'on ne soit pas convaincu, que dans ce cas $\sqrt{a^2}$ est $-a$, & non $+a$.

D'après cette observation, il n'est pas difficile de voir que les puissances successives de $\sqrt{-a}$ sont....

$\sqrt{-a}, -a, -a\sqrt{-a}, a^2, a^2\sqrt{-a}, -a^3$, &c. & que les mêmes puissances de $-\sqrt{-a}$ sont pareillement... $-\sqrt{-a}, -a, a\sqrt{-a}, a^2, -a^2\sqrt{-a}, a^3$ &c...

330. Cela posé, la multiplication des polynomes qui ont des termes affectés d'imaginaires, ne doit plus être sujette à aucune difficulté, pourvu qu'on fasse attention aux signes qui précedent ces termes. Ainsi le quarré de $1+\sqrt{-1}$ est $1+2\sqrt{-1}-1$, ou $2\sqrt{-1}$.... Le cube de $-1+\sqrt{-3}$ est $-1+3\sqrt{-3}+9-3\sqrt{-3}$, ou 8.... Le produit de $x+a+\sqrt{-b}$ par $x+a-\sqrt{-b}$, est $x^2+2ax+a^2+b$.

331. Ces deux derniers exemples font voir qu'une quantité réelle est quelquefois le produit de plusieurs facteurs imaginaires, & que par conséquent *une équation peut avoir un certain nombre de racines imaginaires, quoique tous ses coëfficients soient réels.*

Soit $x+a+\sqrt{-b}$ l'un des facteurs imaginaires d'une équation dont le premier membre est A. On peut faire voir que cette même équation doit avoir aussi pour facteur $x+a-\sqrt{-b}$; car il n'y a qu'une quantité de la forme $B(x+a-\sqrt{-b})$ qui multipliée par $x+a+\sqrt{-b}$, puisse donner un produit réel $B(x^2+2ax+a^2+b)$ comme l'est le premier membre A. L'existence du facteur imaginaire $x+a+\sqrt{-b}$ dans une équation entraîne donc celle d'un autre facteur pareil $x+a-\sqrt{-b}$, qui ne differe du premier que par le signe de $\sqrt{-b}$. Leur produit est équivalent au facteur du second degré $x^2+2ax+a^2+b$ entierement réel, & dont le dernier terme a^2+b est toujours positif. On tire de-là diverses conséquences utiles dans la théorie des équations.

1°, Les racines imaginaires qui se trouvent dans une équation, y sont toujours en nombre pair.

2°, Les racines imaginaires que l'on rencontre dans la solution d'une équation, ont deux à deux la même quantité sous le signe radical, & ne different que par les signes + & —.

3°, Toute équation d'un degré impair, a au moins une racine réelle.

4°, Toute équation d'un degré pair dont le dernier terme est négatif, a au moins deux racines réelles, puisque le produit réel des radicaux imaginaires qui font alors partie des deux polynomes multipliés l'un par l'autre, ne peut être qu'une quantité positive (325).

Méthode pour extraire les Racines des quantités en partie rationelles & en partie incommensurables.

332. Les équations qui se résolvent par les méthodes du second degré offrent souvent à extraire des racines de quantités en partie rationelles & en partie radicales. Ces équations sont généralement représentées par $x^{2m} + px^m = q$, & leur solution générale donne $x = \sqrt[m]{[-\frac{1}{2}p \pm \sqrt{(\frac{1}{4}p^2 + q)}]}$. Il importe donc à la résolution complette de ces équations, que $\sqrt[m]{[-\frac{1}{2}p \pm \sqrt{(\frac{1}{4}p^2 + q)}]}$ soit réduite, lorsque cela est possible, à une expression plus simple, dans laquelle il n'entre qu'une quantité rationelle, avec un radical du second degré. C'est pourquoi nous allons donner la méthode de faire cette réduction.

Prenons d'abord le cas où $m = 2$, c'est-à-dire, cherchons la racine quarrée des quantités en partie rationelles, en partie radicales. Nous représenterons généralement ces quantités par $p + \sqrt{q}$, & leur racine par $\sqrt{x} + \sqrt{y}$. S'il n'y a qu'un seul radical dans la racine que l'on cherche, l'une de ces deux quantités $\sqrt{x}$, $\sqrt{y}$ sera commensurable.

On aura donc $\sqrt{x} + \sqrt{y} = \sqrt{(p + \sqrt{q})}$, d'où l'on tirera $x + y + 2\sqrt{xy} = p + \sqrt{q}$. Egalant ensuite la partie commensurable du premier membre à celle du second, on aura $x + y = p$. Leurs parties incommensurables donneront $xy = \frac{q}{4}$; d'où $y = \frac{q}{4x} = p - x$, & par conséquent $x^2 - px = -\frac{q}{4}$; d'où encore $x = \frac{1}{2}p \pm \sqrt{(\frac{1}{4}p^2 - \frac{1}{4}q)}$, & $y = \frac{1}{2}p \mp \sqrt{(\frac{1}{4}p^2 - \frac{q}{4})}$. Donc $\sqrt{x} + \sqrt{y}$, ou $\sqrt{(p + \sqrt{q})} = \ldots\ldots$ $\sqrt{[\frac{1}{2}p + \frac{1}{2}\sqrt{(p^2 - q)}]} + \sqrt{[\frac{1}{2}p - \frac{1}{2}\sqrt{(p^2 - q)}]}$.

Or quoique cette dernière quantité paroisse aussi compliquée que $\sqrt{(p + \sqrt{q})}]$, cependant lorsque celle-ci sera susceptible d'une racine exacte, l'autre pourra se réduire à une expression plus simple. Il est aisé de voir en effet, que si $\sqrt{x} + \sqrt{y}$ est la racine quarrée de $p + \sqrt{q}$, celle de $p - \sqrt{q}$ doit être $\sqrt{x} - \sqrt{y}$, & que par conséquent $(\sqrt{x} + \sqrt{y})(\sqrt{x} - \sqrt{y})$ ou $x - y = \sqrt{(p^2 - q)}$, quantité commensurable toutes les fois que $p + \sqrt{q}$ a une racine quarrée exacte.

APPLICATIONS. I°. On demande si $4+2\sqrt{3}$ a une racine quarrée exacte ? Pour le savoir, je fais $4=p$.. $2\sqrt{3}$ ou $\sqrt{12}=q$. J'ai donc $q=12$... $\sqrt{[\frac{1}{2}p+\frac{1}{2}\sqrt{(p^2-q)}]}=\sqrt{3}$, & .... $\sqrt{[\frac{1}{2}p-\frac{1}{2}\sqrt{(p^2-q)}]}=1$; d'où je tire $\sqrt{4+2\sqrt{3}}=1+\sqrt{3}$ ou $-1-\sqrt{3}$. C'est la racine demandée.

II°. On demande encore la racine de $8+2\sqrt{15}$?.... Ici on a $p=8$, $q=60$. Donc $\sqrt{[\frac{1}{2}p+\frac{1}{2}\sqrt{(p^2-q)}]}=\sqrt{5}$, & .... $\sqrt{[\frac{1}{2}p-\frac{1}{2}\sqrt{(p^2-q)}]}=\sqrt{3}$. Donc $\sqrt{(8+2\sqrt{15})}=\sqrt{3}+\sqrt{5}$ ou $-\sqrt{3}-\sqrt{5}$.

Il suit de là que $\sqrt{(4-2\sqrt{3})}=1-\sqrt{3}$ ou $\sqrt{3}-1$, & que $\sqrt{(8-2\sqrt{15})}=\sqrt{3}-\sqrt{5}$, ou $\sqrt{5}-\sqrt{3}$. En général, $\sqrt{(p-\sqrt{q})}=\sqrt{(\frac{1}{2}p+\frac{1}{2}\sqrt{(p^2-q)}]}-\sqrt{[\frac{1}{2}p-\frac{1}{2}\sqrt{(p^2-q)}]}$, ou $\sqrt{[\frac{1}{2}p-\frac{1}{2}\sqrt{(p^2-q)}]}-$ ..... $\sqrt{[\frac{1}{2}p+\frac{1}{2}\sqrt{(p^2-q)}]}$.

333. La même formule peut servir à extraire la racine quarrée d'une quantité en partie rationelle & en partie imaginaire. Soit, par exemple, $-1+2\sqrt{-2}$ qui étant comparée avec $p+\sqrt{q}$, donne $p=-1$, $q=-8$, $\sqrt{[\frac{1}{2}p+\frac{1}{2}\sqrt{(p^2-q)}]}=\sqrt{(-\frac{1}{2}+\frac{3}{2})}$, & $\sqrt{[\frac{1}{2}p-\frac{1}{2}\sqrt{(p^2-q)}]}=\sqrt{(-\frac{1}{2}-\frac{3}{2})}$, d'où $\sqrt{(-1+2\sqrt{-2})}=1+\sqrt{-2}$ ou bien $-1-\sqrt{-2}$.

334. On trouve quelquefois des quantités imaginaires monomes qui ont des racines binomes. Telle est la quantité $2\sqrt{-1}$ dont la racine est $1+\sqrt{-1}$. Pour extraire ces sortes de racines, on s'y prendra de la même maniere que dans les exemples précédents. Si on vouloit donc avoir celle de $m\sqrt{-1}$, (m étant une quantité réelle quelconque), on supposeroit $\sqrt{m\sqrt{-1}}=x+y\sqrt{-1}$, ce qui donneroit $m\sqrt{-1}=x^2-y^2+2xy\sqrt{-1}$; d'où $x^2-y^2=0$, ce qui donne $x=y$, & $2xy=m$, d'où l'on tire $x=\sqrt{\frac{1}{2}m}$. Donc, en général, $\sqrt{m\sqrt{-1}}=$ ... $\sqrt{\frac{1}{2}m}(1+\sqrt{-1})$.

335. Cherchons à présent la racine cubique de $p+\sqrt{q}$, & représentons-la par $(x+\sqrt{y})\sqrt[3]{z}$. Nous prenons $x+\sqrt{y}$, au lieu de $\sqrt{x}+\sqrt{y}$, parce que le cube de ces deux dernieres quantités ne contiendroit aucun terme commensurable. Nous prenons aussi $(x+\sqrt{y})\sqrt[3]{z}$, parce que dans le cube de cette expression il entre aussi bien une quantité commensurable, que dans celui de $x+\sqrt{y}$, & parce que cette indéterminée z nous sera utile.

Nous aurons donc $(x+\sqrt{y})\sqrt[3]{z}=\sqrt[3]{(p+\sqrt{q})}$, & par conséquent $(x-\sqrt{y})\sqrt[3]{z}=\sqrt[3]{(p-\sqrt{q})}$. Multiplions l'une par l'autre ces deux équations, il viendra $(x^2-y)\sqrt[3]{z^2}=\sqrt[3]{(p^2-q)}$; d'où $x^2-y=\frac{\sqrt[3]{(p^2-q)z}}{z}$. Donc si x^2-y est commensurable, c'est-à-dire, si on peut avoir la racine cubique exacte de la quantité proposée

$p + \sqrt{q}$, l'expression $\frac{\sqrt[3]{(p^2 - q) z}}{z}$ doit être aussi commensurable. Mais il faut pour cela, que $(p^2 - q) z$ soit un cube parfait ; il faut donc que $z = 1$, toutes les fois que $p^2 - q$ sera un cube parfait; ou s'il ne l'est pas, il faut que l'on prenne pour z un nombre propre à le rendre tel.

Soit pour abréger, $\frac{\sqrt[3]{(p^2 - q) z}}{z} = a$; nous aurons $x^2 - y = a$: & puisque d'un côté l'équation $(x + \sqrt{y}) \sqrt[3]{z} = \sqrt[3]{(p + \sqrt{q})}$ étant élevée à son cube, donne $x^3 z + 3xyz + 3x^2 z \sqrt{y} + yz \sqrt{y} = p + \sqrt{q}$, & que d'un autre côté, l'équation $x^2 - y = a$ donne $y = x^2 - a$, on trouvera 1°, que $x^3 z + 3xyz = p$, d'où $x^3 + 3xy = \frac{p}{z}$; 2°, qu'en substituant ici la valeur de y, on a $4x^3 - 3ax = \frac{p}{z}$; d'où $4x^3 - 3ax - \frac{p}{z} = 0$.

Il ne s'agit plus maintenant que de trouver les diviseurs commensurables de cette derniere équation. Elle doit en avoir si $p + \sqrt{q}$ a une racine cubique exacte. On connoîtra donc x, ce qui déterminera aussitôt la valeur de y; & comme z est déja connue, la racine que l'on cherche se trouvera toute connue.

APPLICATIONS. I°. Quelle est la racine cube de $10 + 6\sqrt{3}$? . . . On a $p = 10$, $q = 108$. Donc $p^2 - q = -8$, cube parfait; donc $z = 1$, $a = -2$, & l'équation $4x^3 - 3ax - \frac{p}{z} = 0$, devient $4x^3 + 6x - 10 = 0$. Or $x - 1$ est un diviseur commensurable de cette derniere équation ; on a donc $x = 1$, d'où $y = x^2 - a = 3$, & $\sqrt[3]{(10 + 6\sqrt{3})} = 1 + \sqrt{3}$.

II°. Quelle est la racine cube de $8 + 4\sqrt{5}$?... Ici $p = 8$, $q = 80$, donc $p^2 - q = -16$ qui n'est pas un cube. Pour qu'il le devienne, on supposera $z = 4$, ce qui donnera $\frac{\sqrt[3]{(p^2 - q) z}}{z} = -1 = a = x^2 - y$. Alors l'équation $4x^3 - 3ax - \frac{p}{z} = 0$, se change en celle-ci, $4x^3 + 3x - 2 = 0$, dont le diviseur $2x - 1$; donne $x = \frac{1}{2}$, & par conséquent $y = \frac{5}{4}$. La racine cherchée est donc $\frac{1 + \sqrt{5}}{\sqrt[3]{2}}$.

336. Nous remarquerons ici qu'une quantité quelconque a toujours trois racines cubiques. Cela suit de ce que la valeur de x se tire d'une équation du troisieme degré, $4x^3 - 3ax - \frac{p}{z} = 0$, & de ce que la valeur de y dépend de celle de x. Sur quoi il faut observer que si la quantité proposée est réelle, elle a une seule racine cube réelle, & que si elle est imaginaire, ses trois racines cubes le sont aussi.

Dans la premiere application, par exemple, que nous venons de faire, nous avons trouvé que $1+\sqrt{3}$ étoit la racine cube exacte & réelle de $10+5\sqrt{3}$. S'il falloit maintenant trouver les deux racines imaginaires, je chercherois les trois racines de l'équation $4x^3+6x-10=0$, qui sont (318) $x=1$, $x=-\frac{1}{2}\pm\frac{3}{2}\sqrt{-1}$. Ces trois valeurs de x donneroient $y=3$, & $y=\mp\frac{3}{2}\sqrt{-1}$; d'où je conclurois que les trois racines cubes cherchées sont $1+\sqrt{3}$, $-\frac{1}{2}\pm\frac{3}{2}\sqrt{-1}+\sqrt{(\mp\frac{3}{2}\sqrt{-1})}=-\frac{1}{2}-\frac{1}{2}\sqrt{3}\pm(\sqrt{3}+3)\frac{\sqrt{-1}}{2}$.

337. Il ne feroit guere plus difficile d'extraire les trois racines cubes des quantités en partie commensurables & en partie imaginaires. Soit, par exemple, la quantité $-10+9\sqrt{-3}$, qui donne $p=-10$, $q=-243$, & $p^2-q=343$, cube parfait; donc $z=1$, & $a=\sqrt[3]{343}=7\ldots y=x^2-7$, & $4x^3-21x+10=0$. Cette derniere équation donne $x=2$, $x=\frac{1}{2}$, $x=-\frac{5}{2}$, & par conséquent $y=-3$, $y=-\frac{27}{4}$, $y=-\frac{3}{4}$. Les trois racines cubes de $-10+9\sqrt{-3}$ sont donc $2+\sqrt{-3}$, $\frac{1}{2}-\frac{1}{2}\sqrt{-3}$, $-\frac{5}{2}+\frac{1}{2}\sqrt{-3}$.

Soit encore $-11-2\sqrt{-1}$ qui donne $p=-11$, $q=-4$, $p^2-q=125$, $z=1$, $a=5$, & $4x^3-15x+11=0$. De la derniere équation on tirera $x=1$, $x=-\frac{1}{2}\pm\sqrt{3}$. Donc $y=-4$, $y=-\frac{7}{4}\mp\sqrt{3}$ Donc $\sqrt[3]{(-11-2\sqrt{-1})}=1+2\sqrt{-1}$, ou $-\frac{1}{2}\pm\sqrt{3}+\sqrt{(-\frac{7}{4}\mp\sqrt{3})}$.

Pour extraire des racines plus élevées, dans le même genre, on suivroit à peu-près le même procédé.

Résolution des Equations du troisieme degré.

338. Pour résoudre une équation du troisieme degré, on commencera par en faire évanouir le second terme, ce qui la réduira à une équation de cette forme, $x^3+px+q=0$. On supposera ensuite $x=y+z$, & on déterminera les valeurs de ces nouvelles inconnues, de la maniere suivante.

Par la substitution de $y+z$ à la place de x dans l'équation $x^3+px+q=0$, elle deviendra $y^3+3y^2z+3yz^2+z^3+py+pz+q=0$; & si on suppose, comme on en est bien le maître, que $y^3+z^3+q=0$, il ne restera que $3y^2z+3yz^2+py+pz=0$, ou même que $3yz+p=0$ (en divisant par $y+z$), ce qui donne

$$y=-\frac{p}{3z}=-\frac{\frac{1}{3}p}{z}.$$

Substituons cette valeur de y dans $y^3+z^3+q=0$; nous aurons $z^3-\frac{\frac{1}{27}p^3}{z^3}+q=0$, ou $z^6+qz^3-\frac{1}{27}p^3=0$: équation du sixieme degré, mais qui se résout par les méthodes du second (332), & qui donne $z^3=-\frac{1}{2}q\pm\sqrt{(\frac{1}{4}q^2+\frac{1}{27}p^3)}$. D'où $z=\sqrt[3]{[-\frac{1}{2}q\pm\sqrt{(\frac{1}{4}q^2+\frac{1}{27}p^3)}]}$.

Maintenant, de $y^3+z^3+q=0$, on peut tirer $y^3=-z^3-q$ $=-\frac{1}{2}q\mp\sqrt{(\frac{1}{4}q^2+\frac{1}{27}p^3)}$. Donc $y=\sqrt[3]{[-\frac{1}{2}q\mp\sqrt{(\frac{1}{4}q^2+\frac{1}{27}p^3)}]}$. Donc $y+z$, ou $x=\sqrt[3]{[-\frac{1}{2}q\mp\sqrt{(\frac{1}{4}q^2+\frac{1}{27}p^3)}]}+\sqrt[3]{[-\frac{1}{2}q\pm\sqrt{(\frac{1}{4}q^2+\frac{1}{27}p^3)}]}=\sqrt[3]{[-\frac{1}{2}q+\sqrt{(\frac{1}{4}q^2+\frac{1}{27}p^3)}]}+\sqrt[3]{[-\frac{1}{2}q-\sqrt{(\frac{1}{4}q^2+\frac{1}{27}p^3)}]}$. Car la premiere expression se réduit à la seconde, dans les deux cas du signe $\pm$.

339. A la vue de cette valeur générale de x, on ne croiroit pas d'abord qu'il fût possible d'en tirer trois racines pour l'équation $x^3+px+q=0$. Mais si l'on divise cette équation par le facteur supposé, $x-y-z$, on verra que le quotient est une équation du second degré, laquelle à son tour se décomposera facilement en ses deux facteurs.

Soit en effet substitué dans l'équation $x^3+px+q=0$, $-3yz$ au lieu de p, (puisqu'on a trouvé $y=\frac{-p}{3z}$); & $-y^3-z^3$ au lieu de q, (puisqu'on a supposé $y^3+z^3+q=0$). Soit aussi substitué dans la valeur générale de x, y au lieu de $\sqrt[3]{[-\frac{1}{2}q+\sqrt{(\frac{1}{4}q^2+\frac{1}{27}p^3)}]}$, & z au lieu de $\sqrt[3]{[-\frac{1}{2}q-\sqrt{(\frac{1}{4}q^3+\frac{1}{27}p^3)}]}$. L'équation deviendra $x^3-3yzx-y^3-z^3=0$; & son premier facteur sera $x-y-z$.

Divisons à présent l'équation par ce facteur. Nous trouverons pour quotient exact, $x^2+xy+xz+y^2-yz+z^2=0$, équation du second degré, qui donnera pour les deux autres valeurs de l'inconnue, $x=(\frac{\pm\sqrt{-3}-1}{2})y-(\frac{1\pm\sqrt{-3}}{2})z$; & par conséquent $x=(\frac{\pm\sqrt{-3}-1}{2})\sqrt[3]{[-\frac{1}{2}q+\sqrt{(\frac{1}{4}q^2+\frac{1}{27}p^3)}]}-(\frac{1\pm\sqrt{-3}}{2})\sqrt[3]{[-\frac{1}{2}q-\sqrt{(\frac{1}{4}q^2+\frac{1}{27}p^3)}]}$.

Or cette derniere formule donne deux valeurs imaginaires de x, toutes les fois que $\sqrt{(\frac{1}{4}q^2+\frac{1}{27}p^3)}$ est une quantité réelle. Reste donc à savoir ce que deviennent ces valeurs, lorsque $\sqrt{(\frac{1}{4}q^2+\frac{1}{27}p^3)}$ est imaginaire, ou, ce qui revient au même, lorsque $\frac{1}{27}p^3$ est négatif & plus grand que $\frac{1}{4}q^2$.

Je suppose, pour abréger, que $f=\frac{1}{2}q$, & que $g\sqrt{-1}$ représente $\sqrt{(\frac{1}{4}q^2+\frac{1}{27}p^3)}$; on aura,

$$x=(-f+g\sqrt{-1})^{\frac{1}{3}}-(f+g\sqrt{-1})^{\frac{1}{3}};$$

& réduisant en série, on trouvera 1°, que $(-f+g\sqrt{-1})^{\frac{1}{3}}=-f^{\frac{1}{3}}+\frac{1}{3}f^{-\frac{2}{3}}g\sqrt{-1}-\frac{1}{9}f^{-\frac{5}{3}}g^2-\frac{5}{81}f^{-\frac{8}{3}}g^3\sqrt{-1}+\frac{10}{243}f^{-\frac{11}{3}}g^4+$ &c .... On trouvera 2°, que $(f+g\sqrt{-1})^{\frac{1}{3}}=\ldots\ldots f^{\frac{1}{3}}+\frac{1}{3}f^{-\frac{2}{3}}g\sqrt{-1}+\frac{1}{9}f^{-\frac{5}{3}}g^2-\frac{5}{81}f^{-\frac{8}{3}}g^3\sqrt{-1}-\frac{10}{243}f^{-\frac{11}{3}}g^4+$ &c. Donc $(-f+g\sqrt{-1})^{\frac{1}{3}}-$

$(f+g\sqrt{-1})^{\frac{1}{3}}$, ou $x = -2f^{\frac{1}{3}}\left(1 + \frac{g^2}{9f^2} - \frac{10g^4}{243f^4} + \frac{154g^6}{6561f^6} - \right.$ &c.), expression qui ne contient aucun terme imaginaire.

Et si nous reprenons les deux autres valeurs de $x = \left(\frac{\pm\sqrt{-3}-1}{2}\right)$ $\sqrt[3]{[-\frac{1}{2}q + \sqrt{(\frac{1}{4}q^2 + \frac{1}{27}p^3)}]} - \frac{(1\pm\sqrt{-3})}{2}\sqrt[3]{[-\frac{1}{2}q - \sqrt{(\frac{1}{4}q^2+\frac{1}{27}p^3)}]}$,

ou $x = \left(\frac{\pm\sqrt{-3}-1}{2}\right)\sqrt[3]{(-f+g\sqrt{-1})} + \left(\frac{1\pm\sqrt{-3}}{2}\right)\sqrt[3]{(f+g\sqrt{-1})}$,

nous aurons $x = f^{\frac{1}{3}}\left(1 + \frac{g^2}{9f^2} - \frac{10g^4}{243f^4} + \frac{154g^6}{6561f^6} - \text{\&c}\right) \mp$

$\frac{g}{f^{\frac{2}{3}}\sqrt{3}}\left(1 - \frac{5g^2}{27f^2} + \frac{22g^4}{243f^4} - \frac{374g^6}{6561f^6} + \text{\&c} \ldots\ldots\right)$, autre expression qui n'a point de terme imaginaire.

Donc *lorsque* $\frac{1}{27}$ p³ *est négatif & plus grand que* $\frac{1}{4}$ q², *les trois valeurs de* x *sont réelles.*

Il n'y a guere d'effort que l'on n'ait fait pour déterminer ces trois valeurs réelles, autrement que par des séries : mais on n'a pu en venir à bout. La difficulté attachée à ce cas, lui a fait donner le nom de *cas irréductible.*

340. Si p est positif, ou si étant négatif, il est tel que $\frac{1}{27}p^3$ soit moindre que $\frac{1}{4}q^2$, alors une des trois valeurs de x est réelle, & les deux autres sont imaginaires. Ainsi *toute équation du troisieme degré a au moins une racine réelle.*

Appliquons maintenant ces principes à un ou deux exemples, & d'abord proposons-nous de trouver les trois racines de l'équation $y^3 - 3y^2 + 12y - 4 = 0$.

Je fais $y = x + 1$, & le second terme disparoît dans la transformée $x^3 + 9x + 6 = 0$, qui étant comparée à $x^3 + px + q = 0$, donne $p = 9$, $q = 6$. Et parce que p se trouve ici positif, j'en conclus que des trois racines que je cherche, une seule est réelle. Pour la trouver, je substitue les valeurs de p & de q dans la formule générale $x = \sqrt[3]{(-\frac{1}{2}q + \sqrt[3]{\text{\&c}})} \ldots + \sqrt{\text{\&c}} \ldots$ & j'ai $x = \sqrt[3]{3} - \sqrt[3]{9} = \sqrt[3]{3}(1 - \sqrt[3]{3})$. Donc $x + 1$ ou $y = 1 + \sqrt[3]{3}(1 - \sqrt[3]{3})$. C'est la valeur réelle de y. Il est aisé de trouver ses deux valeurs imaginaires.

Proposons-nous ensuite l'équation $x^3 - 3x - 18 = 0$, qui donne $p = -3$, & $q = -18$. Or quoique p soit négatif ici, il est tel cependant que $\frac{1}{27}p^3$ est moindre que $\frac{1}{4}q^2$. La proposée a donc une racine réelle & deux imaginaires. La premiere est $x = \sqrt[3]{(9+4\sqrt{5})} + \sqrt[3]{(9-4\sqrt{5})} = \frac{3}{2} + \frac{1}{2}\sqrt{5} + \frac{3}{2} - \frac{1}{2}\sqrt{5} = 3$. Les deux autres ne sont pas difficiles à trouver.

Dans ce dernier exemple, il eût été plus simple de chercher les diviseurs commensurables de la proposée $x^3 - 3x - 18 = 0$. C'est même, en général, ce que l'on doit faire lorsqu'on a une équation du troisieme degré à résoudre, sur-tout lorsque cette équation est dans le cas irréductible. Au défaut de ces diviseurs, on peut avoir recours à une méthode d'approximation que nous expliquerons bientôt. On peut aussi se servir des séries trouvées ci-dessus : mais elles sont ordinairement si peu convergentes, que pour en tirer des valeurs suffisamment exactes, il faut en calculer un grand nombre de termes, ce qui devient fort long.

341. REMARQUE. Quoique dans le cas irréductible, la valeur de x ait une forme imaginaire, il n'est pas difficile cependant de trouver sa valeur réelle, lorsqu'elle est un nombre entier. Car l'expression générale de cette valeur étant la formule $x = \sqrt[3]{[-\frac{1}{2}q + \sqrt{(\frac{1}{4}q^2 + \frac{1}{27}p^3)}]} + \sqrt[3]{(-\frac{1}{2}q - \sqrt{(\frac{1}{4}q^2 + \frac{1}{27}p^3)})}]$, il est nécessaire qu'elle se réduise à un nombre entier, lorsqu'une des valeurs de x est un nombre entier. Or elle ne peut s'y réduire qu'autant que $-\frac{1}{2}q + \sqrt{(\frac{1}{4}q^2 + \frac{1}{27}p^3)}$ est un cube parfait, dont la racine est composée d'une partie réelle que j'appelle m, & d'une partie imaginaire n. C'est donc à dire que $\sqrt[3]{[-\frac{1}{2}q + \sqrt{(\frac{1}{4}q^2 + \frac{1}{27}p^3)}]} = m + n$, & que par conséquent $\sqrt[3]{[-\frac{1}{2}q - \sqrt{(\frac{1}{4}q^2 + \frac{1}{27}p^3)}]} = m - n$. Donc $x = 2m$.

Donc lorsque dans le cas irréductible une des valeurs de x est un nombre entier, on trouvera exactement cette valeur en doublant la partie réelle de la racine cube de $-\frac{1}{2}q + \sqrt{(\frac{1}{4}q^2 + \frac{1}{27}p^3)}$. Et parce que $-\frac{1}{2}q + \sqrt{(\frac{1}{4}q^2 + \frac{1}{27}p^3)}$ a trois racines cubes (337), il est clair que pour avoir les trois valeurs de x dans ce cas, il suffit de prendre le double des trois parties réelles de ces racines.

Soit pris pour exemble, $x^3 - 39x - 70 = 0$, qui étant comparée à $x^3 + px + q = 0$, donne $p = -39$, $q = -70$. Donc $-\frac{1}{2}q + \sqrt{\frac{1}{4}q^2 + \frac{1}{27}p^3} = 35 + 18\sqrt{-3}$. Mais $35 + 18\sqrt{-3}$ a pour ses trois racines cubes $-1 + 2\sqrt{-3} \ldots \frac{7}{2} + \frac{1}{2}\sqrt{-3} \ldots -\frac{5}{2} + \frac{3}{2}\sqrt{-3}$; dont les parties réelles sont $-1 \ldots +\frac{7}{2} \ldots -\frac{5}{2}$. Les trois valeurs de x sont donc $-2, +7, -5$.

Soit encore $x^3 - 17x - 4 = 0$; d'où $p = -17$, $q = -4$, & $-\frac{1}{2}q + \sqrt{(\frac{1}{4}q^2 + \frac{1}{27}p^3)} = 2 + \frac{31}{3}\sqrt{-\frac{5}{3}}$. Les trois racines cubes de cette derniere quantité sont $-2 + \sqrt{-\frac{5}{3}} \ldots 1 + \frac{1}{2}\sqrt{5} + \sqrt{(-\frac{41}{12} + \sqrt{5})} \ldots 1 - \frac{1}{2}\sqrt{5} + \sqrt{(-\frac{41}{12} - \sqrt{5})}$. Donc les trois racines cherchées sont $-4, 2 + \sqrt{5}, 2 - \sqrt{5}$. D'où l'on voit qu'il est inutile de chercher les parties imaginaires des trois racines cubes de $-\frac{1}{2}q + \sqrt{(\frac{1}{4}q^2 + \frac{1}{27}p^3)}$, quand on en connoît les parties réelles.

Résolution des Equations du quatrieme degré.

342. UNE équation du quatrieme degré étant proposée à résoudre, on commencera par en faire évanouir le second terme, ce qui la

changera en une autre de cette forme, $x^4 + px^2 + qx + r = 0$. Enſuite, on regardera la transformée comme le produit de deux équations du ſecond degré chacune, telles que $x^2 + zx + y = 0$, & $x^2 - zx + ſ = 0$. On ſuppoſe que z, y, & $ſ$ ſont des indéterminées, D'ailleurs le ſecond terme de ces deux équations eſt le même aux ſignes près, afin que leur produit puiſſe donner une équation qui n'ait pas de ſecond terme. Ce produit donne en effet . . . .

$$\begin{array}{l} x^4 + ſx^2 + ſzx + ſy = 0. \\ - z^2 - yz \\ - y \end{array}$$

Or de cette équation comparée terme à terme avec $x^4 + px^2 + qx + r = 0$, on tire $p = ſ - z^2 + y$ . . . $q = (ſ - y)z$ . . . $r = ſy$; ce qui donne 1°, $ſ + y = p + z^2$. . . . 2°, $ſ - y = \frac{q}{z}$, Donc $ſ = \frac{p+z^2}{2} + \frac{q}{2z}$ . . . $y = \frac{p+zz}{2} - \frac{q}{2z}$; & par conſéquent $ſy$ ou $r = \frac{(p+z^2)^2}{4} - \frac{q^2}{4z^2}$; d'où l'on tire $z^6 + 2pz^4 + (p^2 - 4r)z^2 - q^2 = 0$, équation du ſixieme degré, mais qui n'a d'autre difficulté que celle du troiſieme, en faiſant $z^2 = u$. On appelle cette équation *la Réduite*, & ſes racines étant une fois trouvées, on ne tarde pas à connoître celles de la propoſée $x^4 + px^2 +$ &c.

Effectivement, ſi dans les équations $x^2 + zx + y = 0$ . . . . . & $x^2 - zx + ſ = 0$, on ſubſtitue pour $ſ$ & y leurs valeurs en z, & qu'enſuite on réſolve ces équations, on aura pour la premiere, $x = -\frac{1}{2}z \pm \surd\left(-\frac{1}{4}z^2 - \frac{1}{2}p + \frac{q}{2z}\right)$, & pour la ſeconde, $x = \frac{1}{2}z \pm \surd\left(-\frac{1}{4}z^2 - \frac{1}{2}p - \frac{q}{2z}\right)$. Réuniſſant donc ces deux formules, on aura $x = \pm\frac{1}{2}z \pm \surd\left(-\frac{1}{4}z^2 - \frac{1}{2}p \mp \frac{q}{2z}\right)$, d'où l'on tire les quatre valeurs cherchées de x, dans leſquelles il n'y a plus qu'à ſubſtituer la valeur de z que donne la Réduite. Ces quatre valeurs ſont . . . .

$$x = \tfrac{1}{2}z + \surd\left(-\tfrac{1}{4}z^2 - \tfrac{1}{2}p - \frac{q}{2z}\right)$$

$$x = \tfrac{1}{2}z - \surd\left(-\tfrac{1}{4}z^2 - \tfrac{1}{2}p - \frac{q}{2z}\right)$$

$$x = -\tfrac{1}{2}z + \surd\left(-\tfrac{1}{4}z^2 - \tfrac{1}{2}p + \frac{q}{2z}\right)$$

$$x = -\tfrac{1}{2}z - \surd\left(-\tfrac{1}{4}z^2 - \tfrac{1}{2}p + \frac{q}{2z}\right)$$

D'où il suit, en général, que les racines d'une équation du quatrieme degré sont toutes quatre réelles ou toutes quatre imaginaires, ou que deux étant réelles, les deux autres sont imaginaires. Il ne peut jamais y avoir un nombre impair des unes ni des autres (331).

343. Soit, pour abréger, $a = \frac{1}{2}z \ldots b = \sqrt{(-\frac{1}{4}z^2 - \frac{1}{2}p - \frac{q}{2z})} \ldots$ $c = \sqrt{(-\frac{1}{4}z^2 - \frac{1}{2}p + \frac{q}{2z})}$, & nous aurons $x = a + b \ldots x = a - b \ldots x = -a + c, x = -a - c \ldots$ ou bien en transposant, $x - a - b = 0, x - a + b = 0, x + a - c = 0, x + a + c = 0$. Multipliant ces quatre facteurs les uns par les autres, nous trouverons...

$$\begin{array}{llll} x^4 & - 2a^2x^2 & + 2ac^2x & + a^4 = 0; \\ & - b^2 & - 2ab^2 & - a^2b^2 \\ & - c^2 & & - a^2c^2 \\ & & & + b^2c^2 \end{array}$$

équation qu'il est aisé de comparer avec $x^4 + px^2 + qx + r = 0$, & qui donne $p = -2a^2 - b^2 - c^2 \ldots q = 2ac^2 - 2ab^2 \ldots r = a^4 - a^2b^2 - a^2c^2 + b^2c^2$. Substituant ces valeurs de p, q, r dans la Réduite $z^6 +$ &c, elle deviendra . . . . . .

$$\begin{array}{llll} z^6 & - 4a^2z^4 & + 8a^2b^2z^2 & + 8a^2b^2c^2 = 0. \\ & - 2b^2 & + 8a^2c^2 & - 4a^2b^4 \\ & - 2c^2 & + \quad b^4 & - 4a^2c^4 \\ & & - 2b^2c^2 & \\ & & + \quad c^4 & \end{array}$$

Or les trois facteurs de cette derniere équation sont $z^2 - 4a^2 \ldots$ $z^2 - b^2 - 2bc - c^2 \ldots z^2 - b^2 + 2bc - c^2$. D'où il suit,

1°, Que la Réduite considérée comme une équation du troisieme degré n'a qu'une racine réelle, toutes les fois que l'une des deux quantités b & c est imaginaire, ou ce qui revient au même, toutes les fois que l'équation $x^4 + px^2 + qx + r = 0$ a deux racines réelles & deux imaginaires. On peut donc avoir dans ce cas la solution exacte de la Réduite, & par conséquent celle de la proposée.

344. 2°, Que si b & c sont toutes deux réelles ou toutes deux imaginaires, c'est-à-dire, si la proposée $x^4 + px^2 +$ &c, a ses racines ou toutes quatre réelles, ou toutes quatre imaginaires, alors la Réduite considérée encore comme du troisieme degré est dans le cas irréductible; elle a ses trois racines réelles. Et si ces trois racines sont toutes positives, l'équation proposée a ses quatre racines réelles. Car alors, $2a$, $b + c$, $b - c$ sont des quantités réelles. Soit donc la premiere $= M$, la seconde N, & la troisieme P, on aura $2b = N + P$, & $2c = N - P$. Donc $2a + 2b = M + N + P \ldots 2a - 2b$

$= M - N - P \ldots - 2a + 2c = N - P - M \ldots - 2a - 2c = P - N - M$, & puisque $2a + 2b$, $2a - 2b$, $-2a + 2c$, $-2a - 2c$ sont les quatre valeurs de $2x$, il est clair que les quatre valeurs de x sont toutes réelles dans ce cas.

Mais si la Réduite n'a qu'une de ces racines positives, toutes celles de la proposée sont imaginaires. Supposons en effet que $z^2 - 4a^2$ soit la seule racine positive de la Réduite, nous aurons $2a = M$ quantité positive, $b + c = N\sqrt{-1}$, & $b - c = P\sqrt{-1}$: d'où $b = \frac{1}{2}P\sqrt{-1} + \frac{1}{2}N\sqrt{-1}$, & $c = \frac{1}{2}N\sqrt{-1} - \frac{1}{2}P\sqrt{-1}$. Donc puisque b & c entrent dans les quatre valeurs de x, ces quatre valeurs doivent être imaginaires.

Si l'une des deux autres racines de la Réduite eût été supposée positive, $2a$ eût été imaginaire, & par conséquent les quatre valeurs de x qui renferment toutes la quantité a eussent encore été imaginaires. La résolution des équations du quatrieme degré a donc alors le même inconvénient que la résolution des équations du troisieme degré dans le cas irréductible.

Pour faire quelque application de ces principes, cherchons les racines de l'équation $x^4 - 3x^2 - 42x - 40 = 0$. On a $p = -3$, $q = -42$, $r = -40$, ce qui change la Réduite en $z^6 - 6z^4 + 169z^2 - 1764 = 0$. Or cette équation traitée à la maniere de celles du troisieme degré, en faisant $z^2 = u + 2$ devient $u^3 + 157u - 1442 = 0$, & comme celle-ci n'a qu'une racine réelle, j'en conclus que la proposée en a deux, & que les deux autres sont imaginaires. Pour les trouver, je résous d'abord l'équation $u^3 + 157u - 1442 = 0$, & j'ai $u = 7$. Donc $\pm\sqrt{(u+2)}$, ou $z = \pm 3$.

En substituant l'une de ces deux valeurs dans la formule générale $x = \pm\frac{1}{2}z \pm \sqrt{\left(-\frac{1}{4}z^2 - \frac{1}{2}p \mp \frac{q}{2z}\right)}$, je trouve les quatre valeurs suivantes, $x = 4$, $x = -1$, $x = -\frac{3}{2} \pm \frac{1}{2}\sqrt{-31}$. Ce sont les quatre racines cherchées. La méthode des diviseurs auroit donné le même résultat.

S'il falloit trouver les racines de $x^4 + 3x^2 + 2x - 5 = 0$, je ferois d'abord $p = 3$, $q = 2$, $r = -5$, & la Réduite $z^6 + 2pz^4 +$ &c se changeroit en $z^6 + 6z^4 + 29z^2 - 4 = 0$. Je ferois ensuite $z^2 = u - 2$, ce qui transformeroit la Réduite en $u^3 + 17u - 46 = 0$, équation qui n'ayant qu'une racine réelle, m'apprendroit que la proposée en a deux, & que les deux autres sont imaginaires. Je les chercherois donc en résolvant cette équation $u^3 + 17u - 46 = 0$, par la formule générale du troisieme degré. Cette formule donne $u = \sqrt[3]{(23 + \frac{2}{3}\sqrt{\frac{4799}{3}})} + \sqrt[3]{(23 - \frac{2}{3}\sqrt{\frac{1}{3}.4799})}$. Donc $\pm\sqrt{(u-2)}$, ou $z = \pm \ldots\ldots\ldots$ $\sqrt{[-2 + \sqrt[3]{(23 + \frac{2}{3}\sqrt{\frac{1}{3}.4799})} + \sqrt[3]{(23 - \frac{2}{3}\sqrt{\frac{1}{3}.4799})}]}$. En substituant cette valeur de z dans la formule générale $x = \pm\frac{1}{2}z \pm$

$\sqrt{\left(-\frac{1}{4}z^2-\frac{1}{2}p\pm\frac{q}{2z}\right)}$ je trouve pour les quatre racines de la proposée... $x=\pm\frac{1}{2}\sqrt{\left\{-2+\sqrt[3]{\left(23+\frac{2}{3}\sqrt{\frac{1}{3}\cdot4799}\right)}+\sqrt[3]{\left(23-\frac{2}{3}\sqrt{\frac{1}{3}\cdot4799}\right)}\right\}}$

$$\pm\sqrt{\left\{-1-\frac{1}{4}\sqrt{\left(23+\frac{2}{3}\sqrt{\frac{1}{3}\cdot4799}\right)}-\frac{1}{4}\sqrt{\left(23-\frac{2}{3}\sqrt{\frac{1}{3}\cdot4799}\right)}\mp\frac{1}{\sqrt{\left[-2+\sqrt[3]{\left(23+\frac{2}{3}\sqrt{\frac{1}{3}\cdot4799}\right)}+\sqrt[3]{\left(23-\frac{2}{3}\sqrt{\frac{1}{3}\cdot4799}\right)}\right]}}\right\}}$$

expression fort compliquée, dans laquelle pourtant les deux racines imaginaires se connoissent facilement. Il ne faut, pour les avoir, que prendre le signe — dans la quantité $\mp\frac{1}{\sqrt{\left[-2+\sqrt[3]{(23+\&c.)}\right.}}$

345. Remarquez que si les quatre racines d'une équation du quatrieme degré étoient réelles, on les trouveroit sans peine toutes les fois que la Réduite auroit un nombre entier pour l'une de ses racines. Il n'y auroit alors qu'à se servir de la méthode qui nous a fait trouver les trois racines réelles d'une équation du troisieme degré dans le cas irréductible, lorsque l'une de ces racines étoit un nombre entier.

Exemple. On demande les quatre racines réelles de l'équation $x^4-25x^2+60x-36=0$. En comparant terme à terme les coefficients de cette équation à ceux de l'équation générale x^4+px^2 &c, on a $p=-25$, $q=60$, $r=-36$, ce qui change la Réduite en $z^6-50z^4+769z^2-3600=0$. Je fais $z^2=\frac{u+50}{3}$, & non $z^2=u+\frac{50}{3}$ afin d'éviter les fractions. J'ai $u^3-579u-1150=0$. Je résous cette transformée (338). Ses racines sont $u=25$, $u=-2$, $u=-23$. Donc $\pm\sqrt{\left(\frac{u+50}{3}\right)}$ ou $z=\pm5$, ou bien ±4, ou encore ±3. Et si je substitue l'une quelconque de ces valeurs de z dans la formule $x=\pm\frac{1}{2}z\pm\sqrt{\left(-\frac{1}{4}z^2-\frac{1}{2}p\mp\frac{q}{2z}\right)}$, je trouverai également les quatre valeurs suivantes, $x=3$, $x=2$, $x=1$, $x=-6$.

On a six différentes valeurs de z, & la raison en est bien simple. C'est qu'une équation du quatrieme degré pouvant être regardée comme le produit des quatre facteurs, $(x+a)(x+b)(x+c)(x+d)$, elle est divisible par six facteurs du second degré. Voici ces facteurs, $(x+a)(x+b)$, $(x+a)(x+c)$, $(x+a)(x+d)$, $(x+b)(x+c)$, $(x+b)(x+d)$, $(x+c)(x+d)$. Et comme ils ont chacun un second terme dont le coefficient est généralement représenté par z, il est clair que z doit avoir six différentes valeurs. Voilà pourquoi l'équation en z est du sixieme degré.

Mais parce que la proposée manque de second terme; il faut bien que si une des valeurs de z est exprimée par g, une autre le soit par $-g$. Donc z^2-g^2 doit être un des facteurs de la Réduite. Donc si les quatre autres valeurs de z sont exprimées par $h, -h, i, -i$, la Réduite doit avoir, z^2-h^2, & z^2-i^2 au nombre de ses facteurs. Non-seulement donc elle doit être du sixieme degré ; mais encore elle doit avoir toutes ses puissances paires, comme elle les a en effet.

Autre Ex. On voudroit avoir les quatre racines de l'équation $x^4-20x^2-12x+13=0$ qui donne $p=-20$, $q=-12$, $r=13$, & pour Réduite, $z^6-40z^4+348z^2-144=0$. Soit donc $z^2=\frac{u+40}{3}$, la transformée sera $u^3-1668u-6608=0$, dont les racines sont $u=-4$, $u=2\pm6\sqrt{46}$. Substituant ces valeurs de u dans l'équation $z=\pm\sqrt{\left(\frac{u+40}{3}\right)}$, on aura $z=\pm2\sqrt{3}$, $z=(14\pm2\sqrt{46})$ & substituant celle des valeurs de z que l'on voudra, la premiere par exemple, dans la formule $x=+\frac{1}{2}z\pm$ &c, on trouvera $x=\sqrt{3}+\sqrt{(7+\sqrt{3})}$, $x=\sqrt{3}-\sqrt{(7+\sqrt{3})}$, $x=-\sqrt{3}+\sqrt{(7-\sqrt{3})}$, $x=-\sqrt{3}-\sqrt{(7-\sqrt{3})}$.

Des Equations plus élevées que celles du quatrieme degré.

346. APRÈS avoir résolu les équations du troisieme & du quatrieme degré, il nous resteroit à indiquer les moyens de résoudre celles des degrés plus élevés. Mais les méthodes générales ne s'étendent pas si loin ; ce qui joint aux exceptions nombreuses du cas irréductible fait presque désespérer de la perfection de cette théorie. Voici cependant deux méthodes qui peuvent être de quelque utilité.

La premiere sert à trouver les équations plus simples dont une équation composée est le produit. Si une équation du sixieme degré, par exemple, est le produit de deux équations du troisieme, cette méthode apprendra à trouver ces deux équations. On appelle *Réductibles* toutes les équations qui peuvent être ainsi décomposées en d'autres équations plus simples. Celles qui échappent à cette décomposition, s'appellent *Irréductibles*. Quand on en trouve, il faut avoir recours à la seconde méthode qui apprend à trouver des racines approchées. Les Analystes l'ont retournée de bien des façons, & il faut avouer que leurs travaux sur les approximations ont eu beaucoup de succès.

347. PREMIERE METHODE. Pour savoir si une équation proposée $x^m+ax^{m-1}+bx^{m-2}+$ &c. . . . . $+u=0$ peut être divisée sans reste par une équation du degré n, on supposera que la proposée est le produit de ces deux équations, $x^n+Ax^{n-1}+Bx^{n-2}+$ &c. . . $+T=0$, & $x^{m-n}+px^{m-n-1}+qx^{m-n-2}+$ &c. . . . . $+t=0$ dont tous les coefficients sont indéterminés. On prendra ensuite le produit de ces deux équations qui en donneront une du degré m dont on com-

parera les termes avec ceux de la proposée, afin d'avoir les équations nécessaires pour déterminer les coefficients A, B, C &c, p, q, r, &c. Enfin on réduira toutes ces équations à une seule qui ne renferme plus que l'une quelconque des indéterminées A, B, C &c, ou p, q, r, &c. Il ne s'agira plus alors que de chercher les diviseurs commensurables de cette équation, (elle doit en avoir puisque tous ces coefficients sont des nombres entiers); & on aura la valeur de ces coefficients; ce qui rendra déterminées les équations qui les renferment.

APPLICATIONS. On demande si l'équation $x^4+x^3+2x^2-x+15=0$ ne pourroit pas se décomposer en deux autres, chacune du second degré?

Je suppose que cette équation est le produit des deux équations indéterminées $x^2+px+q=0$, $x^2+mx+n=0$, que je multiplie l'une par l'autre. Le produit est . . . .

$$\begin{array}{lllll} x^4 & +px^3 & +qx^2 & +mqx & +nq=0. \\ & +m & +mp & +np & \\ & & +n & & \end{array}$$

Je le compare à la proposée, & j'ai $p+m=1$, $q+mp+n=2$, $mq+np=-1$, $nq=15$. Or ces quatre équations réduites à une seule dont q soit l'inconnue, donnent $q^6-2q^5-16q^4+44q^3-240q^2-450q+3375=0$. Les diviseurs commensurables de cette équation sont $q-3$ & $q-5$. Donc q peut être supposé égal à 3 ou à 5, & par conséquent $n=5$ ou $3 \ldots p=-2$ ou $+3 \ldots m=3$ ou -2. Les deux facteurs cherchés sont donc $x^2-2x+3=0$, & $x^2+3x+5=0$.

On demande aussi si l'équation $x^6-7x^4+8x^3+2x+1=0$ peut se décomposer en deux facteurs du troisieme degré?

Supposons, pour le savoir, que cette équation est le produit de $x^3+px^2+qx+r=0$ par $x^3+fx^2+mx+n=0$. Il est clair que le second terme devant manquer dans ce produit, f doit être $=-p$. Il est clair aussi que le produit de n par r devant être $=1$, on a $n=\pm 1$ & $r=\pm 1$. Servons-nous d'abord de leur valeur positive, & substituons-la dans les facteurs indéterminés x^3+px^2 &c. Ils deviendront $x^3+px^2+qx+1=0$, & $x^3-px^2+mx+1=0$. Leur produit sera

$$\begin{array}{llllll} x^6 & +qx^4 & +2x^3 & +mqx^2 & +mx & +1=0; \\ & -pp & -pq & & +q & \\ & +m & +mp & & & \end{array}$$

lequel étant comparé à la proposée, donne $q+m=pp-7 \ldots 2-pq+mp=8 \ldots mq=0 \ldots m+q=2$. Egalant les deux valeurs de $q+m$ tirées de la premiere & de la derniere équation, nous aurons $pp=9$, d'où $p=\pm 3$; & par conséquent $m=1\pm 1 \ldots q=1\mp 1$. C'est-à-dire, que si $p=+3$, on a $m=2$ & $q=0$: si $p=-3$, on aura $m=0$ & $q=2$. Les deux facteurs cherchés sont donc x^3+3x^2+1

$= 0$, & $x^3 - 3x^2 + 2x + 1 = 0$ dans les deux cas.

Prenons maintenant la valeur -1 de n & de r, & substituons-la dans les facteurs indéterminés $x^3 + px^2 +$ &c. Leur produit alors sera .... $x^6 + (q - pp + m)x^4 + (pm - pq - 2)x^3 + mqx^2 - x(m+q) + 1 = 0$. D'où $q + m = pp - 7$, $p(m-q) = 10$, $mq = 0$, $m + q = -2$; & par conséquent $pp - 7 = -2$, ou $p = \pm\sqrt{5}$. D'ailleurs $mq = 0$ & $m + q = -2$; donc $q = 0$, ou $q = -2$ & $m = -2$ ou 0. Mais comme ces valeurs substituées dans la seconde équation $p(m-q) = 10$ donnent $2\sqrt{5} = 10$, ce qui est absurde, il faut en conclure que l'équation proposée n'est divisible par aucune équation du troisieme degré dont le dernier terme soit -1.

348. SECONDE METHODE. Quand on a épuisé les moyens qui tendent directement à trouver les racines exactes, on a recours à ceux qui en donnent d'approchées. Celui qui suit nous a paru un des meilleurs. Pour le faire mieux comprendre, nous l'appliquerons à un exemple.

Soit $x^3 - 4x - 2 = 0$, équation qui est dans le cas irréductible, (339) & dont on demande les racines approchées.

Je commence par supposer successivement $x = 0$, $x = 1$, $x = 2$, &c. La premiere de ces suppositions réduit la proposée au dernier terme -2 qui ne peut être égal à zero. x doit donc être une quantité réelle. La seconde supposition donne pour résultat -5; celui de la troisieme est encore -2 : ces valeurs de x ne sont donc pas assez grandes. Je suppose $x = 3$; l'équation devient $+13 = 0$; d'où je conclus que la valeur de x est entre 2 & 3. Cela posé,

J'appelle d la fraction qu'il faut ajouter à 2 pour avoir une valeur approchée de x, j'ai donc $x = 2 + d$, & faisant $a = 2$ ... $x = a + d$. Je substitue cette derniere valeur dans l'équation $x^3 - 4x - 2 = 0$. Elle devient en transposant $d^3 + 3ad^2 + (3a^2 - 4)d = 4a + 2 - a^3$, & en négligeant d^3 qui est une fort petite quantité, il reste $3ad^2 + (3a^2 - 4)d = 4a + 2 - a^3$. Cette équation résolue donne $d =$ .... $\frac{4 - 3a^2 + \sqrt{(16 + 24a + 24a^2 - 3a^4)}}{6a}$. Donc $a + d$ ou $x =$ ....

$\frac{3a^2 + 4 + \sqrt{(16 + 24a + 24a^2 - 3a^4)}}{6a}$, & puisqu'ici $a = 2$, j'ai

$$x = \frac{4 + \sqrt{7}}{3} = 2,21.$$

S'il falloit une valeur plus approchée, je prendrois 2, 21 pour a, & pour les nouvelles décimales la quantité d, ensorte que $x = a + d$ seroit l'expression algébrique de $x = 2, 21 +$ les décimales que je cherche. Cette expression, je la substituerois dans la proposée, & je retrouverois la même équation que ci-dessus, en négligeant d^3 que l'on peut négliger avec moins d'inconvénient qu'auparavant. J'aurois donc la même formule pour la valeur de x, dans laquelle substituant 2, 21 au lieu de a, le résultat seroit $x = 2, 21432$, valeur plus exacte que la premiere.

S'il falloit encore une plus grande exactitude, on se la procureroit en prenant pour a la valeur 2, 21432, & pour d les nouvelles décimales cherchées; après quoi on détermineroit d par la formule, ce qui donneroit pour x une valeur beaucoup plus approchée que les deux autres.

349. Quand on a une des racines de l'équation proposée, il faut diviser l'équation par la racine déja trouvée. Cette division faite avec d'autant plus d'exactitude que la valeur de x sera plus approchée, abaissera l'équation d'un degré; & si on a le temps & la patience de traiter l'équation abaissée comme la proposée, & ainsi de suite, on parviendra enfin à connoître par approximation toutes les valeurs de x.

Prenons pour second exemple l'équation $x^4 + 2x^3 - 36x^2 + 5x - 116 = 0$, qui échappe à la résolution de celles du quatrieme degré, & cherchons-en une racine approchée.

En donnant successivement à x les valeurs que l'on voit ici, l'équation se réduit aux quantités qui sont vis-à-vis. Les six premieres font voir clairement que x doit être au-dessus de 5. La derniere indique que x est moins que 6.

	Suppos.	*Résult.*	
x	$= 0$	$- 116$	$= x^4 + \&c$
	$= 1$	$- 144$	
	$= 2$	$- 218$	
	$= 3$	$- 290$	
	$= 4$	$- 288$	
	$= 5$	$- 116$	
	$= 6$	$- 346$	

Sa vraie valeur est donc entre 5 & 6. Pour la trouver, je suppose $x = 5 + d = a + d$ & je substitue cette valeur dans la proposée. Cette substitution donne, en rejettant les termes affectés de d^3 & de d^4, $(6a^2 + 6a - 36)\, d^2 + (4a^3 + 6a^2 - 72a + 5)\, d = 36a^2 - 5a - 2a^3 - a^4 + 116$. Je résous cette équation, & j'ai $d =$ ....

$$\frac{36a - 3a^2 - 2a^3 - \frac{5}{2} + \sqrt{(-2a^6 - 6a^5 + 105a^4 + 52a^3 + 681a^2 + 696a - \frac{16679}{4})}}{6a^2 + 6a - 36}$$

Il ne reste plus qu'à mettre 5 au lieu de a dans cette valeur de d, pour avoir $x = 5,337$. Si l'on veut une racine plus approchée, il n'y a qu'à substituer 5,337 à la place de a dans la même formule de d. Le résultat du calcul sera $x = 5,335438$, valeur beaucoup plus exacte que la premiere. Elle le deviendroit encore davantage en répétant le même procédé.

On trouveroit les racines négatives en substituant 0, − 1, − 2, &c au lieu de x. Les résultats feroient connoître par le changement de signe entre quels nombres négatifs est la valeur cherchée, & on en approcheroit ensuite, autant qu'on le jugeroit à propos.

Mais lorsqu'après les substitutions des nombres positifs & négatifs compris entre zéro & le dernier terme de l'équation, on ne trouve aucun changement de signe, il faut en conclure que les racines sont égales deux à deux, ou quatre à quatre, &c, ou bien qu'elles sont toutes imaginaires, ou enfin qu'elles sont en partie égales deux à deux & en partie imaginaires.

On voit bien en effet que si les racines sont égales deux à deux, quatre à quatre, &c, comme dans ces équations, $(x-a)^2(x-b)^2=0$, $(x-a)^2(x-b)^2(x-c)^4=0$, &c, les résultats doivent toujours être positifs, quelque valeur que l'on prenne pour x. On voit bien aussi que, si toutes les racines sont imaginaires, les signes ne doivent jamais changer; puisque s'ils changeoient, la valeur de x se trouvant alors entre deux nombres réels, ne seroit plus imaginaire. On voit enfin que si les racines sont en partie égales & en partie imaginaires, on ne peut s'attendre à aucun changement de signe. Reste donc à faire voir comment on trouve les racines égales.

Pour avoir les racines égales d'une équation, on multipliera chacun de ses termes par l'exposant qu'a l'inconnue dans ce terme, & on diminuera cet exposant d'une unité. Cela donnera une autre équation dont le plus grand commun diviseur avec la proposée, contiendra les racines égales que l'on cherche, élevées seulement à une puissance moindre d'une unité. En voici la démonstration dans un cas.

Lorsque toutes les racines d'une équation sont égales, on peut représenter cette équation par $x^m + max^{m-1} + \frac{m.m-1}{2}a^2x^{m-2} \ldots + a^m = 0$; & si on multiplie chaque terme de la formule par l'exposant de x dans ce terme, on a (en remarquant que dans le dernier l'exposant de x est 0) cette nouvelle équation, $mx^m + (m.m-1)ax^{m-1} + \left(\frac{m.m-1.m-2}{2}\right)a^2x^{m-2} + \&c \ldots = 0$: laquelle étant divisée par mx, donne $x^{m-1} + (m-1)ax^{m-2} + \left(\frac{m-1.m-2}{2}\right)a^2x^{m-3} + \&c = 0$. Or cette expression est le développement du binome $(x+a)^{m-1} = 0$, & le plus grand diviseur commun de ce binome & de l'équation proposée, $(x+a)^m = 0$ est évidemment $(x+a)^{m-1}$. La méthode est donc démontrée pour le cas où toutes les racines sont égales entr'elles.

Si elles ne l'étoient que deux à deux, comme dans l'équation $(x+a)^m(x+b)^n = 0$, on multiplieroit l'un par l'autre les deux binomes développés; ce qui donneroit une nouvelle équation dont les termes étant multipliés chacun par l'exposant respectif de x produiroient $m(x+a)^{m-1}(x+b)^n + n(x+b)^{n-1}(x+a)^m = 0$. Or le plus grand commun diviseur de cette derniere équation & de la proposée est $(x+a)^{m-1}(x+b)^{n-1}$.

APPLICATIONS. I°. Trouver les racines égales de l'équation $x^4 - 4x^3 - 2x^2 + 12x + 9 = 0$.

Je multiplie chaque terme par l'exposant de x, j'ai $4x^4 - 12x^3 - 4x^2 + 12x = 0$. Divisant par $4x$, il vient $x^3 - 3x^2 - x + 3 = 0$. Je cherche (134) le plus grand commun diviseur de cette derniere

niere équation & de la proposée. Je trouve que c'est $x^2 - 2x - 3$, produit de $x - 3$ par $x + 1$. Les racines égales de la proposée sont donc $(x - 3)^2$ & $(x + 1)^2$.

II°. Trouver les racines égales de $x^6 - 6x^4 - 4x^3 + 9x^2 + 12x + 4 = 0$. Multipliez par les exposants respectifs & divisez ensuite par $6x$, vous aurez $x^5 - 4x^3 - 2x^2 + 3x + 2 = 0$, dont le plus grand commun diviseur avec la proposée sera $x^4 + x^3 - 3x^2 - 5x - 2$, ou $(x + 1)^3 (x - 2)$. Vous conclurez de-là que $(x + 1)^4$ & $(x - 2)^2$ sont les racines cherchées.

Des Problêmes indéterminés du premier degré.

350. LORSQUE dans un Problême, le nombre des inconnues surpasse d'une unité celui des conditions, on l'appelle *indéterminé.* Si le nombre des inconnues surpasse de plusieurs unités celui des conditions, le Problême est *plus qu'indéterminé.*

Or dans les Problêmes indéterminés, on ne peut jamais avoir pour résultat qu'une équation à deux inconnues : ensorte que pour fixer la valeur d'une de ces inconnues, il faut supposer une valeur arbitraire pour l'autre inconnue, & voir ensuite si ces deux valeurs satisfont au problême.

Soit proposé, par exemple, de trouver trois nombres x, y, z, dont la somme soit 105, & qui ayent entre eux une même différence.

Les conditions de ce problême s'expriment par ces deux équations... $x + y + z = 105$.... & $x - y = y - z$. Prenant dans la seconde, la valeur de x qui est $2y - z$, & substituant dans la premiere équation, on trouvera $y = 35$, & par conséquent $x + 35 + z = 105$, ce qui donne $x + z = 70$, équation d'où on ne peut faire évanouir ni x ni z.

Il faut donc supposer une valeur à l'une de ces deux inconnues, à x par exemple, pour avoir la valeur de l'autre. Soit $x = 10$, on aura $z = 60$, & les trois nombres 10, 35, 60 pourront satisfaire à la question. Et si on fait $x = 12$, on aura $z = 58$, & les trois nombres, 12, 35, & 58 y satisferont aussi.

On voit même que ce problême peut avoir 69 solutions en nombres entiers & positifs, parce qu'on peut supposer x égal successivement à tous les nombres depuis 1 jusqu'à 69, mais non au-delà, parce que la somme des deux inconnues $x + z$ est 70. Il peut cependant avoir une infinité d'autres solutions, en prenant pour x des valeurs fractionaires.

351. Quoique la solution de ces sortes de problêmes soit plus curieuse qu'utile, il est bon cependant de connoître un peu plus en détail la maniere de les résoudre en nombres entiers & positifs.

Soit l'équation $ax = by + c$, à laquelle tout problême indéterminé du premier degré peut être réduit, & dans laquelle a, b, c expriment des nombres entiers & connus. On mettra d'abord cette équation ſous cette forme. . . . $x = \frac{by + c}{a}$; & puiſque x doit être un nombre entier, $\frac{by + c}{a}$ doit l'être auſſi. Mais au lieu d'écrire tout au long ces mots, *nombre entier*, nous les déſignerons par la lettre E. On aura donc $\frac{by + c}{a} = E$.

Si l'on pouvoit maintenant transformer cette expreſſion en une autre où y n'eut que l'unité pour coefficient, & qui étant, par exemple, de cette forme, $\frac{y + d}{a}$, fût encore un nombre entier, différent à la vérité de celui que l'on avoit d'abord, mais également déſigné par E, on auroit $\frac{y + d}{a} = E$, d'où on tireroit $y = aE - d$.

Prenant alors pour E telle quantité numérique que l'on voudroit, pourvu qu'elle fût entiere & poſitive, à commencer même par zéro lorſque $-d$ eſt un nombre poſitif, on auroit différentes valeurs de y, que l'on ſubſtitueroit dans l'équation du problême, & chaque ſubſtitution donneroit une valeur correſpondante pour x. Quelques exemples vont rendre cette méthode fort intelligible.

Je ſuppoſe donc que l'on cherche toutes les valeurs entieres & poſitives de x & de y dans l'équation $3x = 4y + 5$. Je fais d'abord $x = \frac{4y + 5}{3} = y + 1 + \frac{y + 2}{3}$ (en diviſant par 3). Mais cette valeur de x doit être un nombre entier. Donc $y + 1 + \frac{y + 2}{3} = E$; & puiſque y doit être auſſi un nombre entier, il faut bien que $\frac{y + 2}{3}$ le ſoit de même. J'aurai donc $\frac{y + 2}{3} = E$; d'où $y = 3E - 2$.

Cela poſé, je fais $E = 1$ (& non pas 0, afin d'éviter la valeur négative -2 pour y). J'ai donc $y = 1$. Donc $x = 3$. Je fais enſuite $E = 2$, donc $y = 4$, ce qui donne $x = 7$. Faiſant $E = 3$, je trouve $y = 7$, d'où la valeur correſpondante de x eſt 11.

Je diſpoſe ainſi ces valeurs . . . & je remarque qu'elles ſont en progreſſion arithmétique.

$$\begin{cases} y = 1 \ldots 4 \ldots 7 \ldots \&c \\ x = 3 \ldots 7 \ldots 11 \ldots \&c \end{cases}$$

La différence de la premiere progreſſion eſt 3, coefficient de x. Celle de la ſeconde eſt 4, coefficient de y. Rien donc n'eſt plus aiſé que de trouver la ſuite de ces valeurs, & de voir que ce problême a une infinité de ſolutions.

352. Au reſte, ce n'eſt point par hazard que l'on trouve ces pro-

greſſions arithmétiques. En y réfléchiſſant un peu, on verra bien que c'eſt une ſuite néceſſaire de la méthode. Mais ces progreſſions ne ſont pas toujours infinies, au contraire elles ſont limitées toutes les fois que chaque membre de l'équation ayant une inconnue, ces inconnues ſont affectées d'un ſigne contraire.

EXEMPLE. On demande, en nombres entiers, toutes les valeurs poſitives de x & de y dans l'équation $9x = 2000 - 13y$.

On a d'abord $x = \frac{2000 - 13y}{9} = E$, enſuite, $\frac{2 - 4y}{9} = E$, en diviſant par 9, ou ce qui eſt plus ſimple, en ſupprimant tous les 9. (30). Mais ſi $\frac{2 - 4y}{9}$ eſt un nombre entier, le double de cette quantité doit être auſſi un nombre entier. Ce double eſt $\frac{4 - 8y}{9}$; donc en ajoutant un autre nombre entier, tel que $\frac{9y}{9}$, & en réduiſant, on aura $\frac{y + 4}{9} = E$; d'où l'on tire $y = 9E - 4$. Pour avoir maintenant toutes les valeurs de y, à commencer par la plus petite, je ſuppoſe $E = 1$; donc $y = 5$: ſi $E = 2$, $y = 14$; ſi $E = 3$, $y = 23$ &c, &c.

Subſtituant ces valeurs dans l'équation $x = \frac{2000 - 13y}{9}$, je trouve 1°, $x = 215$; 2°, $x = 202$; 3°, $x = 189$. &c. &c.: & diſpoſant ainſi toutes ces quantités,

$$y = 5 \ldots 14 \ldots 23 \ldots 32 \ldots \&c \ldots 149$$
$$x = 215 \ldots 202 \ldots 189 \ldots 176 \ldots \&c \;.\; 7.$$

Je ne tarde pas à reconnoître que les différences de ces deux progreſſions ſont les coefficients réciproques des deux inconnues, & que par conſéquent celui de y étant négatif, toutes les valeurs de x ſe trouveront en ſouſtrayant 13 de la valeur précédente. Or ces ſouſtractions réitérées doivent enfin épuiſer le nombre des valeurs poſitives, & on voit bien dans cet exemple, qu'il n'eſt pas poſſible d'en trouver au-deſſous de 7.

Bien loin donc que les deux progreſſions ſoient infinies, on trouvera tout de ſuite le nombre de leurs termes, en diviſant la plus grande valeur de x par le coefficient de y, & en ajoutant une unité au quotient. Ainſi $\frac{215}{13} = 16$ (avec un reſte 7 qui eſt la plus petite valeur de x). Il y a donc 17 valeurs de ces inconnues qui ſatisfont au problême.

Cela eſt général pour toutes les équations ſemblables, dont les coefficiens ſont des nombres *premiers entre eux*.

(On appelle ainſi les nombres qui n'ont d'autre diviſeur commun que l'unité). Et comme toutes les autres équations peuvent être ramenées à cette forme, en les diviſant par le plus grand commun diviſeur de ces coefficients, il eſt clair que la méthode eſt générale.

Ces détails suffisent pour l'intelligence des deux exemples suivants.

I. Un marchand doit 1200ᵗᵗ, & au défaut d'argent, il offre deux sortes de marchandises en payement. La premiere vaut 7ᵗᵗ l'aune, la seconde 5ᵗᵗ. Trouver de combien de manieres il peut acquitter sa dette.

Soit x le nombre d'aunes de la premiere marchandise, & y celui des aunes de la seconde. On aura $7x + 5y = 1200$ᵗᵗ; d'où $x = \frac{1200 - 5y}{7}$; d'où encore, $\frac{3 - 5y}{7} = E$; & par conséquent $\frac{12 - 20y}{7} = E$; donc $\frac{5 - 6y}{7} = E$; donc $\frac{7y}{7} + \frac{5 - 6y}{7}$, ou $\frac{y + 5}{7} = E$; donc enfin $y = 7E - 5$. Soit $E = 1$, on aura $y = 2$, d'où l'on tirera $x = 170$. Soit $E = 2$ on aura $y = 9$, & $x = 165$. Le reste va de suite. Les deux progressions ont 35 termes chacune; il y a donc 35 manieres différentes de faire la somme de 1200ᵗᵗ avec des effets dont les uns valent 7ᵗᵗ & les autres 5.

II. Un Laboureur a donné des agneaux en échange pour des brebis. Il estimoit 4ᵗᵗ chaque agneau, 9ᵗᵗ, chaque brebis, & il a donné 15ᵗᵗ en sus. Trouver de combien de façons il a pu varier son marché.

x, nombre des agneaux; y, celui des brebis. Donc $4x + 15$ᵗᵗ $= 9y$. Donc $x = \frac{9y - 15}{4}$; donc $\frac{y - 3}{4} = E$; donc $y = 4E + 3$; & si $E = 0$, $y = 3$. C'est le moins qu'il ait pu prendre de brebis, auquel cas il a dû livrer trois agneaux. Si $E = 1$, $y = 7$, & $x = 12$. La marche des deux progressions est manifeste, & puisqu'elles vont toutes deux en croissant, on peut varier à l'infini les solutions de ce petit problême.

353. Quand ces sortes de questions renferment quelque absurdité, on la découvre bientôt par le résultat du calcul. L'équation $6x = 6y + 7$ peut servir d'exemple.

354. La méthode prescrite pour la solution des problêmes indéterminés du premier degré, est fondée sur cet unique principe, que des nombres entiers, ajoutés ou soustraits, ou multipliés par d'autres nombres entiers, doivent toujours donner des entiers pour résultat. Or ce principe est évident.

Appliquons cette méthode à la résolution de quelques autres problêmes. . . . . Trouver un nombre x qui étant divisé par des nombres connus a, b, c, &c. donne pour restes d'autres nombres connus aussi m, n, p, &c.

Il est clair, d'après cet exposé, que $\frac{x - m}{a}$ est un entier, ainsi que $\frac{x - n}{b}$, &c. On a donc $x = aE + m$ (191), & substituant cette valeur dans la seconde quantité, on aura $\frac{aE + m - n}{b} = E'$. (On prononce E prime, & par cette lettre on entend ici un nombre entier en général, comme par la lettre E). Cherchant ensuite la valeur de E par la méthode qui a fait trouver ci-dessus la valeur de y, on la substituera dans l'équation $x = aE + m$; & cette nouvelle expression de la valeur de x, étant une fois mise dans la troisieme quantité $\frac{x-p}{c}$, on trouvera encore un nombre entier, que nous désignerons par E'' (E seconde). Le premier membre de cette équation contiendra E', qu'il faudra déterminer comme ci-dessus, & l'on aura enfin la valeur de x en nombres connus & en E'', ou en E''' (E Tierce), ou &c, selon le nombre des diviseurs. On prendra alors pour le dernier E telle quantité entiere que l'on voudra, & bientôt on aura déterminé les valeurs qui peuvent satisfaire aux conditions du problême.

EXEMPLES. Quels sont les nombres qui étant divisés par 5 & par 7 donnent 4 & 2 pour restes ?

On a $\frac{x-4}{5} = E$, & $\frac{x-2}{7} = E'$. Donc $x = 5E + 4$; donc $\frac{5E+2}{7} = E'$; donc $\frac{15E+6}{7} = E'$; & soustrayant $\frac{14E}{7}$, on aura $E = 7E' - 6$. Si on suppose $E' = 1$, on aura aussi $E = 1$ donc $x = 9$; & c'est le plus petit des nombres cherchés.

Pour avoir les autres, on supposera $E' = 2$, ce qui donnera $x = 44$. Si $E' = 3$, $x = 79$; & ainsi de suite, ajoutant à chaque valeur précédente le produit 35 des deux diviseurs 5 & 7 : car puisque 35 est divisible sans reste par 5 & par 7, il est clair que 35 + 9 ou 44, que 70 + 9 ou 79, &c, donneront les mêmes restes que le plus petit nombre 9.

Un avare a dans son coffre-fort plusieurs sacs de 1200# chacun. En les comptant un jour trois à trois, il n'en trouva aucun de reste, Il les compta un autre jour sept à sept, & il n'en resta qu'un. Les comptant un autre fois dix par dix, il en trouva six de reste. Ne pourroit-on pas deviner combien il en avoit, sachant d'ailleurs qu'il en avoit plus de cent, mais moins de trois cent ?

Soit x le nombre de ces sacs. E, E', E'' désigneront à l'ordinaire des entiers; & l'on aura $\frac{x}{3} = E \ldots \frac{x-1}{7} = E' \ldots \frac{x-6}{10} = E''$. La premiere expression donne $x = 3E$. La seconde, $\frac{3E-1}{7} = E'$: donc $\frac{15E-}{7}$ sera un entier, & soustrayant $\frac{14E}{7}$ de ce dernier nombre, le reste en sera un aussi. On aura donc $E = 7E' + 5$. D'où $x = 21E' + 15$.

Substituant cette valeur dans la troisieme expression, il viendra $\frac{21E'+9}{10} = E''$. D'où $E' = 10E'' - 9$. Si on fait $E'' = 1$, on aura

$x = 36$; & ce sera le plus petit des nombres qui divisés par 3, par 7, & par 10, auront pour restes, 0, 1, & 6. Pour trouver le second nombre, on supposera $E'' = 2$, d'où $x = 246$. Si $E'' = 3$, $x = 456$. Donc le nombre de sacs est 246.

355. Remarquez que la suite des nombres 36, 246, 456, &c se forme en ajoutant au nombre qui précede, le produit 210 des trois diviseurs 3, 7, 10, & cela aura lieu toutes les fois que les diviseurs seront des nombres premiers entre eux. S'ils ne l'étoient pas, la progression formée par l'addition de leur produit, ne contiendroit à la vérité que des nombres propres à satisfaire au problême; mais elle ne les contiendroit pas tous.

356. C'est par une application de cette méthode que l'on peut résoudre plusieurs problêmes relatifs au Calendrier. Soit proposé, par exemple, de trouver dans quelle année de l'Ere Chrétienne, on a eu 27 de Cycle solaire, 6 de Cycle Lunaire, & 5 d'indiction.

On sait que le Cycle solaire, autrement dit, le Cycle des Lettres Dominicales, est une révolution périodique de 28 ans; que le cycle Lunaire, plus connu sous le nom du Nombre d'Or, est une révolution de 19 ans, & que l'indiction Romaine recommence tous les 15 ans.

Cela posé, appellant x l'année que l'on demande, on aura....
1°, $\frac{x-17}{28} = E$ ... 2°, $\frac{x-6}{19} = E'$ ... 3°, $\frac{x-5}{15} = E''$. La premiere équation donne $x = 28E + 17$, & substituant cette valeur de x dans la seconde équation, on a $\frac{28E+11}{19} = E'$; d'où on tire, après les opérations convenables ... $E = 19E' + 22$, & par conséquent $x = 532E' + 633$.

Substituant cette nouvelle valeur de x dans la troisieme équation, on trouve $\frac{532E' + 628}{15} = E''$; ce qui donne $E' = 15E'' + 11$, & par conséquent $x = 7980E'' + 6485$.

Soit maintenant $E' = 0$, on aura $x = 6485$. Si on suppose $E'' = 1$, on aura $x = 14465$, & ainsi de suite. Mais comme ces années appartiennent à la Période Julienne, dont le commencement précede de 4713 ans celui de l'Ere Chrétienne, il faut soustraire 4713 de ces différentes époques, pour les réduire aux années de notre Ere qui satisfont aux trois conditions du problême.

Soustraction faite sur la premiere époque, qui est 6485, on trouve 1772 pour reste. Ainsi depuis le commencement de l'Ere Chrétienne, & même depuis le commencement du monde, tel que la Chronologie ordinaire le fixe, il n'y a eu que l'année 1772 de notre Ere qui ait réuni tout à la fois, 17 de Cycle Solaire, 6 de Nombre d'Or, & 5 d'Indiction.

En soustrayant pareillement 4713 de la seconde époque, 14465, on trouve que l'année 9752 de notre Ere sera la seule qui dans l'intervalle de 1772 à 9752, satisfera aux mêmes conditions. Les autres années qui y satisferoient de même, ne se suivroient que tous les 7980 ans, dont est formée la Période Julienne, ainsi appellée de Joseph-Jule Scaliger qui l'imagina le premier. Cette Période résulte du produit des trois Cycles, 28, 19 & 15. Elle est préférable à la Période Dyonisienne, qui n'est que de 532 ans, (produit de 28 par 19), en ce qu'elle embrasse un bien plus grand nombre d'événements dans sa durée.

357. Ceux qui désireront connoître plus en détail la Théorie des problêmes indéterminés, trouveront dequoi se satisfaire, dans le second Volume des Eléments d'Algebre de M. Euler. Nous terminerons ceux-ci par les énoncés de quelques problêmes, dont on trouvera les résultats à la fin du Livre, sous la lettre H''.

I. Deux Courriers sont partis au même instant, l'un de Paris pour Fontainebleau, l'autre de Fontainebleau pour Paris. Leurs vîtesses sont dans le rapport de 3 à 4; on demande où il se rencontreront, la distance des deux points de départ étant supposée de 14 lieues. Généraliser le problême.

II. Un lievre a déja fait un nombre n de pas, lorsqu'un Lévrier se met à sa poursuite. Les pas du Lévrier sont plus grands que ceux du Lievre dans le rapport de $p:q$: mais aussi le Lievre fait $m+a$ de pas, pendant que le Lévrier n'en fait qu'un nombre m. Trouver une formule qui fasse connoître si le Lévrier atteindra le Lievre, & au cas qu'il l'atteigne, à quelle distance il l'atteindra.

III. B a dépensé le tiers de son argent, & sa dépense est telle que la cinquieme puissance de l'argent dépensé est au cube de l'argent qui lui reste :: 9 : 8. C au contraire a gagné une somme dont le cube est au quarré de celle qu'il avoit d'abord :: 3 : 16. Trouver ce qu'ils avoient, & ce qui leur reste.

IV. Une personne à qui on avoit demandé quelle heure il étoit, répondit qu'il étoit entre 5 & 6 heures, & que l'aiguille des minutes se trouvoit exactement sur celle des heures. Quelle heure étoit-il donc?

V. Trois causes C, C', C'' agissant séparément, ont produit les trois effets E, E', E'' dans des tems T, T', T''. Quel temps leur faudroit-il, agissant toutes trois ensemble, pour produire l'effet E'''?

VI. Etant donnés les prix a & b de deux quantités, pour en former un mélange c dont le prix moyen soit m, quelles parties x & y doit-on prendre de ces quantités?

VII. Démontrer la Regle de double fausse position, autrement que dans le n° 268.

VIII. La somme de 6000ᵗᵗ placée à intérêt pendant 15 ans 4 mois a produit 18000ᵗᵗ, y compris les intérêts des intérêts. A quel denier cette somme a-t-elle été placée?

IX. Calculer par la méthode des coefficients indéterminés les premiers termes de la série qui provient de $\frac{a^2-x^2}{a+bx-x^2}$.

X. Trouver par la méthode inverse des séries la valeur de y, en supposant que l'on a $x = \frac{1 \cdot 3}{2 \cdot 4} y + \frac{5 \cdot 7}{6 \cdot 8} y^2 + \frac{9 \cdot 11}{10 \cdot 12} y^3 +$ &c.

XI. Résoudre généralement les problêmes sur la population, n° 309.

XII. On a divisé le nombre 37 en deux parties, dont la plus grande multipliée par le quarré de la plus petite, donne 800. Quelles sont ces parties ?

XIII. Connoissant la somme a de deux nombres, & le quotient q du moindre de ces nombres divisé par la racine cube du plus grand, déterminer ces nombres.

XIV. Soit un nombre composé de trois chiffres, tels 1°, qu'en les multipliant les uns par les autres, leur produit soit 54; 2°, que le chiffre du milieu ne soit que la sixieme partie de la somme des deux autres; 3° qu'en soustrayant 594 de ce nombre, le reste soit composé des mêmes chiffres que ce nombre, mais dans un ordre inverse. On demande quels sont ces trois chiffres.

XV. Etant donnée l'équation $x^4 + x^3 + 2x^2 - x + 3 = 0$, déterminer ses racines par la méthode des diviseurs.

XVI. Le Gouverneur d'une Place assiégée voulant obtenir au plutôt du secours de son Général, lui écrit que la Garnison est réduite à autant de centaines d'hommes qu'il y a d'unités dans la racine positive de l'équation $x^4 - x^3 - 44x^2 + 49x = 245$. L'homme chargé de ce billet est arrêté par les ennemis; on le fouille, on voit l'avis donné au Général, & on n'y comprend rien. Si vous eussiez été dans le camp des assiégeants, quel parti auriez-vous tiré de ce billet ?

XVII. Un Voiturier, chargé du transport d'un barril plein de vin, en a d'abord tiré 12 bouteilles, qu'il a remplacées par 12 bouteilles d'eau. Puis il a tiré 12 autres bouteilles de ce barril, qu'il a remplacées par 12 bouteilles d'eau; & il a fait deux autres fois la même manœuvre. Arrivé à sa destination, il est soupçonné d'avoir mis de l'eau dans le barril: on décompose ce mélange, & il n'en résulte que 54 bouteilles de vin pur. Le Voiturier offre de payer ce qu'il a soustrait: mais on ne sait comment l'évaluer, le barril n'existant plus. Si on s'étoit adressé à vous pour cette évaluation, comment en seriez-vous venu à bout ?

XVIII. Extraire la racine quarrée des quantités suivantes .... 1°. $14 + 6\sqrt{5}$ .... 2°. $28 + \sqrt{187}$ .... 3°. $39 + 2\sqrt{5}$ .... 4°. $10\sqrt{-1}$.

XIX. Extraire la racine-cube de $22 + 10\sqrt{7}$, & de $-24 - 40\sqrt{-2}$.

XX. Trouver par approximation les racines de l'équation $x^3 - 17x^2 + 54x - 350 = 0$.

XXI. Etant donnée l'équation $x^4 - 8x^3 + 20x^2 - 15x + \frac{1}{2} = 0$, trouver la valeur de x approchée jusqu'au cinquieme rang des décimales.

XXII. Par la Regle de double fausse position calculer la valeur de l'inconnue y dans l'équation *exponentielle*, $y^y = 2000$.

XXIII. Avec des écus de six francs & des écus de 3^{tt}, de combien de manieres pourroit-on faire la somme de 264^{tt} ?

XXIV. On désireroit avoir un nombre qui pût être exactement divisé par 7, & qui étant divisé par 2, 3, 4, 5 & 6 donnât 1 pour reste.

XXV. Résoudre par la méthode des problêmes indéterminés, le troisieme cas de la Regle d'Alliage (page 173).

XXVI. Un Aubergiste a fait payer 20^{tt} pour la dépense de quelques Voyageurs, à raison de 4 francs par Maître, de 40^{s} par Domestique, & de 30^{s} par Cheval. Combien y avoit-il de Maîtres, de Domestiques & de Chevaux?

XXVII. Avec des Pieces de 24^{s}, de 12^{s}, & de 6^{s}, est-il possible de faire un paiement de 19^{tt} ? Et au cas que cela soit possible, de combien de manieres cela l'est-il ?

XXVIII. On a acheté une Bibliotheque composée de mille volumes, dont les *infolio* ont été évalués à 6^{tt} chacun; les *in-quarto* à 3^{tt}, & les *in*-12 à 30^{s}. Elle a coûté 2190^{tt}. Combien y avoit-il de volumes de chaque format ?

XXIX. En quelle année le Pape Grégoire XIII réforma-t-il le Calendrier? Pour vous aider à en rappoller la date, on vous dit seulement que cette année-là avoit 6 pour Nombre d'Or, & 23 pour Cycle Solaire.

XXX. Il parut une Comète singulierement remarquable dans une certaine année, qui avoit pour Nombre d'Or 9, pour Cycle Solaire 9, & 3 pour Indiction. Quelle étoit cette année-là ?

ÉLÉMENTS DE GÉOMÉTRIE.

358. La Géométrie tire ſon nom du principal uſage, auquel il ſemble qu'elle fut employée dans l'origine. Le partage des biens exigeoit une ſcience qui apprît à connoître avec préciſion leur étendue ; cette ſcience fut appellée *Géométrie*, c'eſt-à-dire, meſure de la terre.

Elle reſta bornée à ce premier uſage, juſqu'à la brillante époque, où Archimede & pluſieurs autres Géomètres Grecs lui donnerent tant d'éclat. Mais elle ne mérita vraiment le nom de ſcience, qu'après avoir été réduite en corps de doctrine, par Euclide, qui raſſembla les principales découvertes géométriques faites avant lui.

Il joignit les ſiennes à celles des Géomètres qui l'avoient précédé, & toujours auſſi rigoureux dans ſes démonſtrations, que méthodique dans ſa marche, il vint à bout de fixer & de répandre les notions juſques-là fort vagues de la Géométrie. Son Ouvrage, conſacré depuis deux mille ans, par l'eſtime générale des ſiecles éclairés, eſt un des plus précieux monuments échappés aux injures du temps.

Euclide y conſidere l'étendue dans ſon berceau, pour ainſi dire, & procédant toujours du plus ſimple au plus compoſé, il s'éleve par une gradation bien ſoutenue, depuis le Point juſqu'aux Solides. Nous ſuivrons à peu-près la même gradation ; mais en nous rapprochant de la méthode que les Géomètres modernes ont adoptée. Si elle n'eſt pas auſſi rigoureuſe, elle a d'autres avantages qui nous la font préférer.

Au reſte, quoiqu'il n'y ait point d'étendue ſans longueur, largeur & profondeur, on peut cependant conſidérer ces trois dimenſions, les unes ſans les autres. C'eſt ainſi, par exemple, que l'on parle de la longueur d'une Toiſe, ſans ſonger à ſa largeur ; & que l'on parle de la grandeur d'un étang, ſans faire mention de la profondeur de ſes eaux.

Cette abſtraction ſimplifiant les recherches de la Géométrie Elémentaire, preſque tous les Auteurs qui ont écrit depuis un ſiecle ſur cette matiere, s'en ſont ſervis pour diviſer leurs Ouvrages en trois Parties. Dans la premiere, ils enſeignent ce qui a rapport à la ſeule dimenſion de longueur, ſavoir les propriétés des *Lignes*, la meſure des *Angles* qu'elles forment, & la deſcription des *Figures* qui en réſultent. Dans la ſeconde, ils conſidèrent tout-à-la fois la longueur & la largeur, & ils enſeignent à meſurer les *Surfaces*. Dans la derniere Partie ils ſuppoſent les trois dimenſions réunies, & ils cherchent à déterminer la *ſurface* & la *ſolidité* des corps. Nous ſuivrons le même plan.

PREMIERE PARTIE.

DES ÉLÉMENTS DE GÉOMÉTRIE.

IG. 1. 359. D'UN point A quelconque on peut aller à un autre point B, par une infinité de chemins différents : mais on voit bien qu'il doit y en avoir un plus court que tous les autres ; & celui-là, quel qu'il soit, s'appelle la *Ligne droite.*

360. Donc 1°, *La vraie mesure de la distance d'un point à un autre point, est toujours la ligne droite qui les joint.* Telle est la ligne AB.

Donc 2°, on ne peut mener qu'une seule ligne droite d'un point à un autre ; & par conséquent *deux points suffisent pour déterminer la position d'une ligne droite quelconque.* Toutes les autres que l'on voudroit mener par les mêmes points, se confondroient avec la premiere.

Donc 3°, *deux lignes droites ne peuvent se couper qu'en un seul point* : elles ne peuvent jamais avoir deux points communs.

361. Lorsqu'une ligne droite en rencontre une autre, il en résulte une *Ligne brisée.* Telles sont les lignes ADB & AFB, qui aboutissent aux mêmes points A & B, que la droite AB. Or cette droite est plus courte que toute autre ligne qui se termine aux mêmes points : Donc *une ligne droite quelconque menée entre deux points donnés, est plus courte que toutes les lignes brisées, menées entre les mêmes points.*

Donc aussi celles-là sont les plus longues parmi les lignes brisées, qui s'éloignent le plus de la ligne droite ; & on sent bien qu'il peut y en avoir une infinité.

On peut en décrire de même une infinité d'autres qui changeant, pour ainsi dire, de direction à chaque point, comme les lignes ACB, AMB, aboutissent pourtant aux mêmes points A & B. On les appelle des *Lignes courbes*, & elles sont diversifiées à l'infini. Mais il en est une plus connue & plus facile à décrire que les autres : c'est la *Courbe circulaire*. FIG. 1.

362. Soit la droite AC mobile autour du point A. Il est clair que si elle fait une révolution entiere, son extrémité C décrira une courbe fermée CEBDC. L'espace terminé par cette courbe se nomme *Cercle*. La courbe qui le termine s'appelle la *Circonférence*. (Il ne faut pas confondre ces deux choses).

Le point A est le *centre* du cercle. Toute ligne droite menée du centre à un des points de la circonférence, se nomme *Rayon* ; & tout rayon prolongé en ligne droite au-delà du centre jusqu'à la circonférence, se nomme *Diamètre*. Ainsi AB est un rayon ; BD est un diamètre.

363. Il suit de la description du cercle, 1°, que tous ses rayons sont égaux ; 2°, que tous ses diamètres le sont aussi ; 3°, que chaque diamètre divise le cercle & la circonférence en deux parties égales.

Une portion quelconque CEB de circonférence se nomme *Arc de cercle*. L'espace ACEBA renfermé entre l'arc CEB & les deux rayons CA, AB, se nomme *Secteur*. L'espace CEBC compris entre le même arc CEB & la droite CB se nomme *Segment* ; enfin la droite CB se nomme *la Corde de l'arc* CEB.

364. Concluons, 1°, que dans un même cercle le diamètre est toujours plus grand qu'une corde quelconque. Car si on mene AC, par exemple, on aura la ligne brisée CAB plus grande que CB : or CAB = DB ; donc DB > CB.

Concluons 2°, que dans un même cercle, les arcs égaux ont des cordes égales, & réciproquement.

3°, Que les plus grands arcs sont soutendus par les plus grandes cordes, & que les plus petits arcs sont soutendus par les plus petites cordes ; ce qui est réciproque.

Vous observerez seulement que lorsqu'on parle de l'arc soutendu par une corde, on entend toujours le plus petit

FIG. arc qui eſt terminé par cette corde. Ainſi la corde CB ſoutend l'arc CEB & non l'arc CDB.

2. Si les Géomètres diviſent la circonférence du cercle en 360 parties égales qu'ils nomment degrés, & s'ils ſoudiviſent enſuite chaque degré en 60 minutes, chaque minute en 60 ſecondes, &c, c'eſt que ces diviſions leur ont paru plus commodes à cauſe du grand nombre de diviſeurs exacts de 360 & de 60.

365. Il ſuit de-là que les degrés & les minutes d'un cercle ne ſont pas des quantités abſolues comme un pied, une toiſe, &c. Leur grandeur varie dans le même rapport que celle des circonférences auxquelles ils appartiennent, puiſqu'ils en ſont des parties ſemblables.

Des Angles.

3. 366. Si deux lignes droites AC, & CD ſe rencontrent; elles forment l'*Angle* ACD, qui a ſon *Sommet* au point de rencontre C, & dont les lignes AC, CD ſont les *Côtés*. (Quand on déſigne un angle par trois lettres, on place au ſecond rang celle qui eſt à ſon ſommet. Si on ne le déſigne que par une ſeule lettre, c'eſt toujours par celle qui eſt au ſommet).

Décrivons du centre C & d'un rayon quelconque CK l'arc KL, nous aurons une meſure bien naturelle de l'angle ACD; puiſque ſi l'on conçoit que cet angle augmente en devenant AC*d*, ou diminue en devenant ACI, l'arc KL augmentera ou diminuera dans le même rapport. On peut donc dire que *la meſure d'un angle qui a ſon ſommet au centre d'un cercle quelconque eſt l'arc compris entre ſes côtés.*

Au reſte, quoique l'on puiſſe décrire du centre C avec des rayons inégaux, une infinité d'arcs de cercle compris entre les mêmes côtés CA, DC, tous ces arcs n'en ont pas moins le même nombre de degrés, parce qu'ils ſont tous des parties ſemblables de leurs circonférences. C'eſt pourquoi, en diſant que l'angle ACD a pour meſure l'arc KL, on entend toujours le nombre de degrés de l'arc KL, & non la longueur absolue de cet arc. FIG.

367. Donc *la grandeur d'un angle est tout-à-fait indépendante de la longueur de ses côtés.* 3.

On distingue trois sortes d'angles, l'angle *aigu*, l'angle *droit*, & l'angle *obtus*. Tout angle qui a pour mesure moins de 90°, est un angle aigu. Tel est entre autres l'angle BC*d*. Tout angle qui a pour mesure 90°, ou le quart de la circonférence, est un angle droit. Tel est l'angle ACI. Enfin tout angle qui est mesuré par un arc de plus de 90°, est un angle obtus. Ainsi l'angle ACD est un angle obtus.

368. On nomme *Complément* d'un angle ou d'un arc, ce qui manque à cet angle ou à cet arc pour qu'il soit de 90°. Ainsi le complément d'un arc de 57° 31′ est de 32° 29′.

On nomme *Supplément* d'un angle ou d'un arc ce qu'il faut ajouter à cet angle ou à cet arc pour avoir 180°. Un angle aigu de 35° par exemple, a pour supplément un angle obtus de 145°, & réciproquement.

369. Il suit de-là que *deux angles sont égaux, quand ils ont un même supplément.*

Donc *les angles* ACD, BCF *opposés au sommet sont égaux*: car ils ont un même supplément DCB.

370. Il suit aussi qu'une droite DC qui tombe sur une autre AB, forme avec elle deux angles ACD & DCB, dont la somme est toujours de 180°. On peut donc dire que les *deux angles formés par la rencontre de deux lignes, équivalent toujours à deux angles droits.*

Et par conséquent la somme des quatre angles ACD, DCB, BCF, & FCA équivaut à quatre angles droits; ou ce qui revient au même, les angles formés par l'intersection de deux lignes, ont pour mesure 360°.

En général, si tant de droites ACB, DCI, ECH, que l'on voudra, viennent se couper en nombre quelconque au point C, la somme des angles ACD + DCE +

FIG. &c, qu'elles feront toutes ensemble d'un seul côté de AB sera de 180°, & la somme des angles qu'elles feront tant en dessus qu'en dessous de AB, sera de 360°.

Des Lignes perpendiculaires.

371. ON appelle *Lignes perpendiculaires* celles qui par
5. leur rencontre forment des angles droits. Ainsi AB est perpendiculaire à DF, si l'angle AGD, par ex. est de 90°.

Si on décrit du centre C & du rayon CD la circonférence DEFGD, l'arc DE sera de 90°, ainsi que l'arc EF. Donc leurs cordes ED, EF seront égales (364). Donc le point E sera à égale distance de D & de F, comme le point C. Ainsi la ligne AB aura deux de ses points également éloignés chacun de D & de F. Tous ses autres points seront donc autant éloignés du point D que du point F (360).

Réciproquement, si les deux points A, E de la ligne droite AB sont chacun également éloignés de D & de F, cette ligne AB sera perpendiculaire à DF. Car deux des points de la ligne AB étant chacun à égale distance de D & de F, tous les autres points de AB ont cette même propriété. Donc DC = CF; par conséquent la ligne AB divise en deux également la ligne DF. De plus ED = EF. Donc les arcs ED, EF sont égaux; ils sont donc chacun de 90°; donc AB est perpendiculaire à DF.

Enfin si AB est perpendiculaire à DF, & si d'ailleurs son point A est également éloigné des points D & F, tous les autres points de la ligne AB auront la même propriété que le point A; sans quoi cette ligne ne seroit plus perpendiculaire à la ligne DF. *Un seul point suffit donc pour déterminer la position d'une perpendiculaire, quand on a déja la ligne sur laquelle on veut la mener.*

372. Il est évident que la ligne droite DF est plus courte que la ligne brisée DEF, & que par conséquent DC, moitié de DF, est plus courte que DE, moitié de

de DEF, & à plus forte raison que toute autre oblique DA. FIG.

On doit donc regarder la perpendiculaire menée d'un point donné sur une ligne droite comme la vraie mesure de la distance de ce point à la ligne dont il s'agit.

373. D'après ce que nous venons de dire, il est facile de résoudre les problêmes suivants.

I. Diviser la ligne donnée DC en deux parties égales. 61

Je décris des points D & C pris pour centres, & du même rayon DG deux arcs de cercle qui se coupent aux points G & H, & par ces deux points d'intersection, je mene GFH, qui divisera la ligne DC en deux également au point F. Ce problême est d'un grand usage.

II. Mener d'un point donné G hors d'une droite AB une perpendiculaire GF sur cette ligne.

Je décris du centre G un arc DC qui coupe la ligne AB aux points D & C. Je divise ensuite DC en deux parties égales DF & FC, & par les points F & G je mene FG qui sera la perpendiculaire demandée. Car deux de ses points, savoir F & G sont chacun à égale distance des deux points D & C de la ligne AB. Donc (371) FG est perpendiculaire à AB.

374. Comme il n'y a qu'un seul point F qui soit le milieu de la ligne DC, & qu'on ne peut mener d'un point à un autre qu'une seule ligne droite, on en doit conclure que d'un point pris hors d'une droite, on ne peut mener qu'une seule perpendiculaire à cette droite.

III. Mener par un point donné F de la ligne AB une perpendiculaire à cette ligne.

Je prends d'abord DF = FC, ensuite des centres D & C, & du même intervalle DG, je décris deux arcs qui se coupent en G, & ayant mené FG, je dis qu'elle sera la perpendiculaire cherchée. Car deux de ses points sont chacun à égale distance de D & de C.

Il est donc évident que d'un point pris sur une ligne, on ne peut élever qu'une seule perpendiculaire à cette ligne.

Si le point donné F étoit à l'extrémité de la ligne AB,

FIG. on prolongeroit cette ligne, & on éleveroit la perpendiculaire, comme il vient d'être dit. Mais ſi on ne pouvoit pas prolonger la ligne donnée, on ſe ſerviroit d'une méthode que nous indiquerons bientôt.

Des Lignes perpendiculaires conſidérées dans le Cercle.

7. 375. SOIT le rayon CM perpendiculaire à la corde FG; il eſt clair que le point C eſt également éloigné de F & de G, & par conſéquent que tout autre point du rayon CM eſt également éloigné de F & de G; on a donc FD = DG, & FM = MG. L'arc FIM eſt donc égal à l'arc MLG, ou l'angle FCM = l'angle MCG; c'eſt-à-dire que *tout rayon ou diamètre perpendiculaire à une corde, coupe en deux parties égales cette corde & l'arc qu'elle ſoutend.*

Réciproquement, ſi la corde FG eſt diviſée en deux également par le rayon CM, ce rayon ſera perpendiculaire à la corde FG, & diviſera en deux également l'arc FMG ou l'angle FCG : en effet ce rayon a deux points C & D également éloignés de F & de G; donc il eſt perpendiculaire à FG, & par conſéquent MF = MG.

Si la corde FG eſt diviſée en deux également & perpendiculairement par la ligne DM, il n'eſt pas difficile de démontrer que cette ligne paſſe néceſſairement par le centre C, puiſque le point D de la perpendiculaire DM étant à égale diſtance de F & de G, tous ſes autres points doivent avoir la même propriété. Le centre C eſt dans ce cas; donc la perpendiculaire DM doit paſſer par le centre.

376. De-là il ſuit que de ces trois choſes, *être perpendiculaire à une corde, la diviſer en deux également, paſſer par le centre, deux étant poſées, la troiſieme ſuit néceſſairement.*

Pour faire quelque application de ces principes, propo-
5. ſons-nous de diviſer l'arc DMC en deux également.

On menera la corde DC, & on diviſera cette corde en deux également & perpendiculairement par la ligne GM qui coupera l'arc DMC en deux parties égales au point M.

Donc s'il falloit diviser l'angle DGC en deux parties égales, on décriroit du sommet G comme centre, & d'un intervalle quelconque GD l'arc DMC. On diviseroit ensuite cet arc en deux également au point M, & ayant mené MG, il est évident que cette ligne diviseroit en deux également l'angle DGC. FIG. 6.

Si on divise de la même maniere l'angle DGM en deux parties égales, on aura le quart de l'angle DGC, ensuite le huitieme, le seizieme, &c. Il est donc facile de diviser par la Géométrie élémentaire un angle quelconque en 2, 4, 8, 16, 32, &c, parties égales. Mais lorsqu'il s'agit de diviser un angle en 3, 5, 7, 9, &c parties égales, c'est un problême dont la difficulté ne peut être appréciée que par ceux qui sont déja avancés dans l'étude de la Géométrie.

377. Soit proposé maintenant de faire passer une circonférence par trois points A, B, D qui ne soient pas en ligne droite. 8.

Ayant mené AB & BD, on divisera ces deux lignes en deux également & perpendiculairement par FL & GI, dont le point de concours C sera le centre du cercle cherché. Car on aura, *par la construction*, AC = CB, & CB = CD; donc AC = CD: & par conséquent si du rayon CA on décrit la circonférence ABDA, elle passera par les trois points A, B, D.

378. De-là il suit que *trois points* A, B, D *qui ne sont pas en ligne droite déterminent la position d'un cercle*. Il est donc impossible que deux circonférences de cercle se coupent en plus de deux points. Car si elles se coupoient en trois, elles ne feroient plus qu'une seule & même circonférence.

Les trois points A, B, D ne peuvent jamais être supposés en ligne droite, parce que si l'on pouvoit faire passer une circonférence par trois points en ligne droite, il seroit possible de mener plusieurs perpendiculaires d'un même point sur une droite; ce qui est impossible (374).

Si l'on vouloit trouver le centre d'une circonférence, ou d'un arc de cercle donné, on prendroit à volonté dans cette

FIG. circonférence ou dans cet arc, trois points que l'on joindroit par deux cordes ; & l'on diviſeroit ces cordes comme ci-deſſus. Le centre cherché ſe trouvera toujours au point de concours des deux lignes de diviſion.

Des Tangentes.

7. 379. UNE droite MT qui n'a qu'un ſeul point M de commun avec la circonférence FMG ſe nomme *Tangente*, & le point commun M ſe nomme *point de Contact.*

Menons du centre C au point de contact M le rayon CM ; ce rayon ſera plus court que toute autre ligne COK menée du centre C à quelque point de la ligne MT. Donc il meſurera la diſtance du centre C à la ligne MT. Donc (372) il ſera perpendiculaire à cette ligne ; donc *tout rayon ou diamètre qui aboutit au point de contact, eſt perpendiculaire à la tangente qui ſe termine au même point.*

Réciproquement, une droite quelconque MT perpendiculaire à l'extrémité M du rayon CM eſt tangente en ce point M : car MT étant perpendiculaire au rayon CM, tous les autres points de la droite MT ſont plus éloignés du centre C que le point M. Donc ils ſont tous hors du cercle, à l'exception du point M, qui ſeul eſt commun à cette ligne & à la circonférence.

380. Il eſt donc facile de mener une tangente à un point quelconque M pris ſur une circonférence donnée : car ayant mené le rayon CM, on eſt sûr que *la perpendiculaire à l'extrémité du rayon eſt tangente au cercle.*

D'ailleurs il eſt évident qu'une droite MT ne peut toucher qu'en un ſeul point M la circonférence donnée. Car ſi elle touchoit cette circonférence en pluſieurs points, on pourroit mener autant de perpendiculaires différentes du centre C ſur la ligne MT, ce qui eſt impoſſible.

9. 381. Si deux, ou un plus grand nombre de cercles ſe touchent en un point, ſoit en dehors ſoit en dedans,

la ligne qui passe par leurs centres passe aussi par leur point de contact. FIG.

Car la même tangente TM est perpendiculaire aux rayons CM, AM. Donc ces rayons ne font qu'une seule ligne droite qui aboutit aux deux centres, & qui passe nécessairement par le point de contact. On a donc CA = CM ± AM. 9.

Des Lignes paralleles.

382. DEUX lignes AB, CD sont *paralleles* lorsque leur distance est par-tout la même. Par exemple, si toutes les perpendiculaires EG, FH, &c menées des points E, F &c de la ligne AB sur CD sont égales, les lignes AB, CD sont paralleles. Mais puisque deux points suffisent pour déterminer la position d'une droite, il suffit que deux de ces perpendiculaires soient égales, EG par exemple & FH, pour que la droite CD qui passe par les deux points G & H soit parallele à AB. 10.

De-là il suit que *deux lignes paralleles ne peuvent jamais se rencontrer à quelque distance qu'on les suppose prolongées.*

383. Si une ligne quelconque NQ coupe deux paralleles AB, CD, les angles AFG, FGD formés par l'intersection de cette ligne & des paralleles, sont *alternes-internes.* (On les appelle alternes, parce qu'ils sont de différents côtés de la sécante: on les appelle internes, parce qu'ils sont en dedans des paralleles). Or prenons les deux arcs indéfinis FLM, GKI décrits des centres G & F, & du même intervalle GF; & prolongeons les perpendiculaires EG, FH jusqu'à ce qu'elles rencontrent les arcs GKI, FLM; nous aurons EG = FH; donc 2EG = 2FH, ou (376) GI = FM : mais les arcs FLM, GKI sont décrits du même rayon; donc, puisque leurs cordes sont égales, ils sont égaux, ainsi que leurs moitiés GK, FL. Donc l'angle AFG qui a pour mesure GK est égal à l'angle FGD, dont la mesure est FL; donc *toutes les fois qu'une droite quelconque coupe deux paralleles, les angles alternes-internes formés par cette intersection sont égaux.*

FIG. 110. 384. D'où on peut conclure, 1°, que *les angles correspondants* NFB, NGD *sont égaux*, ainsi que NFA, NGC.

2°, Que les angles *alternes-externes* CGQ, NFB *sont égaux.*

Réciproquement, si les angles alternes-internes AFG, FGD sont égaux, les lignes AB, CD sont paralleles. On en trouvera aisément la démonstration.

Si les angles correspondants, ou les angles alternes-externes étoient égaux, les angles alternes-internes le seroient. Donc les lignes seroient encore paralleles.

385. Cela posé, il est facile de mener d'un point donné G la parallele GD à la ligne AB.

On décrira du centre G & d'un intervalle quelconque GF un arc indéfini FLM, ensuite du point d'intersection F pris pour centre & du même intervalle FG, on décrira l'arc GK. On prendra FL = GK, & la ligne GL menée par les points G & L sera la parallele demandée, puisque les angles alternes-internes AFG & FGD seront égaux.

111. De l'égalité des angles correspondants, il suit 1°, que si deux angles BAC, NLM ont leurs côtés AB, LN, & AC, LM paralleles, ces deux angles sont égaux. Car si l'on prolonge NL jusqu'à la rencontre D de la ligne AC, on aura NLM = NDC = BAC.

112. 2°, Que pour mener une perpendiculaire AF à l'extrémité A de la ligne AB (374), on peut mener d'abord la perpendiculaire CD sur la ligne AB, & mener ensuite par le point A la ligne AF parallele à DC. Elle sera la perpendiculaire demandée. Car FAB = DCB.

7. 386. 3°, Que deux paralleles FG, IL qui traversent un cercle coupent sur sa circonférence deux arcs égaux FI, LG. Car si on mene le rayon CM perpendiculaire sur FG, il sera aussi perpendiculaire sur IL, à cause des angles correspondants CDF, CHI. Or (375) FIM = MLG, & IM = ML, donc FIM − IM = MLG − ML, ou FI = GL.

Il en seroit de même si une de ces paralleles étoit tangente ; ou si elles l'étoient toutes deux. Jusqu'ici nous n'avons considéré que deux paralleles ; s'il y en avoit un plus grand nombre, elles auroient les mêmes propriétés. FIG.

De la mesure des Angles.

387. Si tous les angles avoient leur sommet au centre d'un cercle, leur mesure seroit toujours l'arc entier compris entre leurs côtés : mais on en rencontre souvent dont le sommet est à la circonférence, & dont on a besoin de connoître la grandeur. Quelquefois aussi on en trouve qui ont leur sommet au dehors du cercle, ou au-dedans, mais non au centre ; il s'agit de déterminer leur mesure dans tous les cas.

388. Proposons-nous d'abord de mesurer l'angle BAD 13. formé par la tangente AB & par la corde AD. (On le nomme *angle du segment*).

Par le centre C je mene le diamètre HCG parallele à AD, & le rayon CF perpendiculaire sur AD, enfin le rayon CA au point A de contact. Cela posé, BAC sera un angle droit ainsi que FCG. On aura donc FCG = BAC, dont la mesure est l'arc FAG : or l'angle ACG = l'angle DAC (383) dont la mesure est l'arc AG ; donc BAC — DAC, ou BAD a pour mesure FAG — AG = FA = $\frac{1}{2}$ AFD ; donc l'*angle du segment* BAD *a pour mesure la moitié de l'arc soutendu par la corde* AD.

389. Il suit de-là que l'*angle inscrit* DAK compris entre deux cordes DA, AK, *a pour mesure la moitié de l'arc* DK *compris entre ses côtés*. Car BAK a pour mesure $\frac{1}{2}$ AK, & BAD a pour mesure $\frac{1}{2}$ AD. Donc BAK — BAD, ou DAK a pour mesure $\frac{1}{2}$ AK — $\frac{1}{2}$ AD = $\frac{1}{2}$ DK.

Donc 1°, l'*angle central* DCK *est double de l'angle inscrit* DAK *appuyé sur le même arc* DK.

2°, *Tout angle inscrit appuyé sur le diamètre est un angle droit*, & tous les angles inscrits appuyés sur le même arc dans le même cercle, sont égaux. 14. & 15.

Il est aisé, d'après cela, de mener d'un point donné A

FIG. hors d'un cercle une tangente à la circonférence de ce cercle. En effet si on mene du point A au centre C la droite
16. CA, & si après avoir divisé cette droite en deux parties égales au point B, on décrit du rayon BC & du point B comme centre une circonférence, elle coupera le cercle donné aux points M & M', de sorte que si par ces points & par le point A on mene les lignes MA, AM', elles seront tangentes aux points M & M'.

Car si on mene CM, l'angle CAM sera droit. Donc la ligne MA est perpendiculaire à CM & par conséquent tangente en M (380). On voit donc que ce problême a deux solutions, puisqu'il est toujours possible de mener du même point A hors d'une circonférence deux tangentes AM, AM' à cette circonférence.

117. 390. Proposons-nous maintenant de mesurer l'angle *excentrique* BAD dont le sommet A est au-dedans du cercle.

Je suppose d'abord que l'angle BAD est aigu, & ayant prolongé BA & AD jusqu'en G & en F, je mene GE parallele à AD. Cela posé; on aura BAD = BGE = $\frac{1}{2}$ BD + $\frac{1}{2}$ DE = $\frac{1}{2}$ BD + $\frac{1}{2}$ FG. Si l'angle excentrique est obtus comme BAF, on aura BAF = 180° — BAD = $\frac{1}{2}$ BFGDC — $\frac{1}{2}$ BD — $\frac{1}{2}$ FG = $\frac{1}{2}$ BF + $\frac{1}{2}$ GD. Donc *l'angle excentrique a pour mesure la moitié de l'arc compris entre ses côtés, plus la moitié de l'arc compris entre ces mêmes côtés prolongés.*

118. 391. Soit l'angle *circonscrit* BAD dont le sommet A est hors du cercle, & dont les côtés AB, AD aboutissent à deux points de la circonférence, on aura pour sa mesure la moitié de la différence des arcs convexe & concave interceptés par ses côtés; c'est-à-dire que l'angle BAD aura pour mesure l'arc $\frac{1}{2}$ (BD — GI).

Car si on mene GE parallele à AD, on aura BAD = BGE = $\frac{1}{2}$ BE = $\frac{1}{2}$ BD — $\frac{1}{2}$ ED = $\frac{1}{2}$ BD — $\frac{1}{2}$ GI. Car ED = GI (386).

Si la sécante AB devient la tangente AF, on aura FAB = $\frac{1}{2}$ FB — $\frac{1}{2}$ FG; donc si AM est l'autre tangente menée du point A, on aura de même FAM = $\frac{1}{2}$ (FBM — FGM).

DES FIGURES.

392. ON appelle *Figure* tout espace terminé de tout côté par des lignes.

18. Si ces lignes sont droites, la figure qu'elles forment est *rectiligne*; si elles sont courbes, la figure se nomme *curvi-*

ligne. Elles ſont dans les deux cas les *côtés* de la figure, & leur ſomme en eſt *le contour* ou *le perimetre.* L'enſemble forme ce que l'on appelle un *polygone.*

Nous ne parlerons ici que des figures rectilignes. Or il eſt aiſé de voir qu'il faut au moins trois lignes droites pour renfermer un eſpace. Ainſi le premier & le plus ſimple de tous les polygones eſt *le triangle*, ou une figure de trois angles & de trois côtés.

Après le triangle vient le *quadrilatere*, ou une figure de quatre côtés; enſuite le *pentagone*, de cinq, l'*hexagone* de 6, l'*heptagone* de 7, l'*octogone* de 8... le *décagone* de 10.. le *dodécagone* de 12 ... le *pentédécagone* de 15, &c. Nous inſiſterons principalement ſur le triangle, parce que les autres polygones s'y rapportent facilement.

Du Triangle.

393. Un triangle dont les trois côtés ſont égaux, ſe nomme *équilatéral.* S'il n'a que deux côtés égaux, il ſe nomme *iſoſcele.* Enfin ſi tous ſes côtés ſont inégaux, il ſe nomme *ſcalene.*

Un triangle qui a un angle droit ſe nomme *rectangle*, & le côté oppoſé à l'angle droit ſe nomme *hypoténuſe.*

Le côté oppoſé à un angle quelconque d'un triangle ſe nomme la *Baſe* de cet angle.

Deux côtés quelconques d'un triangle font une ligne briſée. Leur ſomme eſt donc plus grande que le troiſieme côté.

Si on fait paſſer une circonférence par les ſommets 19.
A, B, C des trois angles d'un triangle ABC, ce triangle ſe trouvera *inſcrit* dans la circonférence ABC. Or (377) on peut faire paſſer une circonférence par trois points de cette eſpece; il eſt donc toujours poſſible d'inſcrire un triangle donné dans un cercle.

394. Cela poſé, l'angle $ABC = \frac{1}{2} AC$ (389), l'angle ACB a pour meſure $\frac{1}{2} AB$, & l'angle BAC a pour meſure $\frac{1}{2} BC$; donc $ABC + ACB + BAC = \frac{1}{2} ABC =$

FIG. 19. 180°. Donc *la somme des trois angles d'un triangle quelconque est égale à* 180°.

395. Delà on peut conclure 1°, que si on prolonge un côté quelconque AC, l'*angle extérieur* BAF *est égal à la somme des deux angles intérieurs opposés* ABC, ACB. Car la somme de ces deux angles + l'angle BAC = 180°; de même l'angle FAB + BAC = 180°; donc &c.

396. 2°, Que l'un quelconque des angles d'un triangle est le supplément de la somme des deux autres, & que par conséquent *si on connoît deux angles d'un triangle, ou seulement leur somme, on aura le troisieme, en ôtant cette somme de* 180°.

3°, Qu'un triangle quelconque ne peut avoir qu'un seul angle droit ou qu'un seul angle obtus; auxquels cas les deux autres sont nécessairement aigus.

4°, Que dans un triangle rectangle, l'un des angles aigus est complément de l'autre; d'où il est facile de conclure la valeur de l'un, quand on connoît celle de l'autre.

5°, Que dans un triangle quelconque les côtés opposés aux angles égaux sont égaux, & réciproquement. Car les cordes égales AC, BC soutendent des arcs égaux, & réciproquement.

6°, Que dans un triangle quelconque le plus grand angle est opposé au plus grand côté, le plus petit angle au plus petit côté; & réciproquement. Il ne faut pas croire cependant que les cordes croissent dans le même rapport que les angles, ensorte qu'un angle double par exemple soit opposé à une corde double. Nous verrons dans la Trigonométrie le rapport de leurs accroissements.

20. 7°, Que dans un triangle isoscele un seul des angles étant connu, les deux autres le sont immédiatement. Car si on connoît l'angle A ou son égal C, on aura l'angle B = 180° — 2 A. Si on donne au contraire l'angle B, on aura A = C = 90° — $\frac{1}{2}$ B.

8°. Que les angles opposés aux côtés égaux dans les triangles isosceles sont toujours aigus.

9°, Que chaque angle d'un triangle équilatéral = 60°.

Car ses angles sont tous égaux ; leur somme = 180°. FIG.
Donc chacun = 60°. 20.

397. Si du sommet B d'un triangle isoscele ABC on abaisse la perpendiculaire BF sur la base AC, tous les points de cette perpendiculaire seront chacun à égale distance de A & de C, & par conséquent la base AC sera divisée en deux également au point F. Car AB = BC, à cause du triangle isoscele ABC. Donc &c. (376).

REMARQUE. Toutes les fois que les deux angles de la base d'un triangle sont aigus, la perpendiculaire abaissée de son sommet tombe en dedans du triangle ; mais si l'un des deux est obtus, cette perpendiculaire tombe en dehors.
Voyez les triangles ACB, FCB. La démonstration est 21.
aisée.

De la similitude & de l'égalité des Triangles.

398. DEUX triangles sont *semblables* lorsque les angles 22.
de l'un sont respectivement égaux aux angles de l'autre. &
Si l'angle ABC, par exemple, est égal à l'angle dbf, & 23.
si en même temps BAC = bdf, & ACB = dfb, les triangles ABC, dbf sont semblables. La similitude des triangles n'entraîne donc pas leur égalité. Car pour que deux triangles soient égaux, il faut non-seulement que les angles de l'un soient respectivement égaux aux angles de l'autre ; mais il faut de plus que chaque côté de l'un soit égal au côté correspondant de l'autre.

Si deux triangles sont semblables, les côtés opposés aux angles égaux se nomment *côtés homologues.* En général, on appelle *dimensions homologues* de deux figures, les lignes de même dénomination dans l'une & dans l'autre, ou même des lignes tirées de la même maniere dans l'une & dans l'autre. Par exemple, dans deux cercles, les rayons, les diamètres, les circonférences, les arcs d'un égal nombre de degrés, ainsi que leurs cordes, sont des dimensions homologues.

Cela posé, nous allons faire connoître les cas dans les-

FIG. quels on peut conclure la similitude ou l'égalité de deux triangles.

399. I. *Deux triangles qui ont deux angles respectivement égaux sont semblables.* Car le troisieme est égal de part & d'autre (396).

Donc *si deux triangles rectangles ont chacun un angle aigu égal de part & d'autre, ces deux triangles seront semblables.*

22. 400. II. Deux triangles sont semblables lorsque tous leurs côtés homologues sont paralleles. Car alors tous leurs angles sont respectivement égaux.

401. III. *Deux triangles sont semblables, lorsque tous les côtés de l'un sont perpendiculaires aux côtés homologues de l'autre*, ou lorsqu'étant prolongés, ils se rencontrent à angles droits. Il suffit pour s'en convaincre de faire faire un quart de révolution autour d'un point fixe à l'un de ces triangles; car alors ses côtés homologues seront tous paralleles à ceux de l'autre triangle.

402. IV. Si un nombre quelconque de paralleles DF, IL, AC, coupent les côtés d'un angle ABC, tous les triangles BDF, BIL, BAC seront semblables. Car outre qu'ils ont l'angle B commun, tous les angles BDF, BIL, BAC sont égaux (384); il en est de même des angles BFD, BLI, BCA.

Si les deux triangles ABC, *b d f* sont semblables, & que l'on imagine le triangle *b d f* posé sur le triangle ABC de maniere que l'angle *b* tombe sur son égal B, & le côté *d b* sur son homologue AB, le côté *d f* représenté alors par DF sera parallele à la base AC. Car le triangle BDF égal à *b d f* sera semblable au triangle ABC. Donc l'angle BDF = BAC. Donc les lignes DF & AC sont paralleles.

403. V. Si deux triangles ont un angle égal & les côtés qui comprennent cet angle égaux de part & d'autre, ils sont égaux & semblables.

En effet, si le triangle BDF qui a déja l'angle B commun avec le triangle ABC, avoit aussi les deux côtés BD,

B F, égaux reſpectivement à A B, B C, il eſt évident que ces deux triangles ſe confondroient. FIG.

404. VI. Deux triangles ABC, *a b c*, qui ont tous leurs côtés homologues égaux, ſont égaux & ſemblables. 22.

Pour le prouver, imaginons le triangle *ab c* poſé ſur ABC, de maniere que le côté *a c* tombe ſur AC; il eſt clair que puiſque $AB = ab$, & que $BC = bc$, le point *b* doit ſe trouver ſur les deux arcs décrits, l'un du centre A & du rayon A B, l'autre du centre C & du rayon C B. Donc il ſe trouvera ſur leur interſection B. Le triangle *a b c* ſe confondra donc avec ABC, & lui ſera par conſéquent égal & ſemblable. & 24.

405. VII. Si deux triangles *abc*, A B C ont deux côtés homologues égaux *ab*, AB, & BC, *bc* avec les angles A & *a* oppoſés à l'un de ces côtés égaux de part & d'autre, je dis que ces triangles ſeront égaux & ſemblables, pourvu que les angles C, *c* oppoſés aux autres côtés égaux A B, *ab* ſoient de même eſpece, c'eſt-à-dire, ou tous deux aigus ou tous deux obtus.

Poſons l'angle *bac*, ſur l'angle B A C, le point *b* tombera ſur le point B, à cauſe de $AB = ab$, & le point *c* ſur quelque point de A C, à cauſe de l'angle $BAC = bac$. Mais $bc = BC$; donc le point *c* doit tomber auſſi ſur quelque point de l'arc C E décrit du centre B & du rayon BC. Donc il eſt ou en E, ou en C. Or le triangle BEC étant iſoſcele, les angles égaux C, E ſont aigus (396), & par conſéquent l'angle A E B eſt obtus. Donc ſi les angles C & *c* ſont tous deux aigus, le point *c* tombera ſur le point C; le triangle *abc* ſera donc confondu avec ABC & lui ſera égal & ſemblable. Mais ſi les angles *c*, C, ou plutôt *e*, E ſont obtus, le point *e* tombera en E & par conſéquent le triangle *abe* ſera confondu avec A E B & lui ſera égal & ſemblable.

406. De ce que nous venons de dire ſur l'égalité des triangles, il ſuit 1°, que deux obliques paralleles A B, C D compriſes entre deux autres paralleles A D, B C ſont égales. 25.

Car ſi l'on mene A F & D E perpendiculaires ſur BC, le triangle A B F ſera ſemblable au triangle C D E. Or par la nature des paralleles $AF = DE$. Donc le triangle A B F eſt égal au triangle C D E; donc $AB = CD$: on prouveroit de même que $AD = BC$.

407. 2°, Que tout triangle A B D peut être *circonſ-* 26.

FIG. *crit* à un cercle, c'est-à-dire, que l'on peut décrire au dedans de ce triangle une circonférence qui touche tous ses côtés.
26. Il suffit pour cela de diviser deux de ses angles en deux parties égales, & de mener du point de concours des deux lignes de division une perpendiculaire sur l'un des trois côtés, n'importe lequel. Cette perpendiculaire sera le rayon de la circonférence cherchée. Car les triangles ACE, ACG sont égaux. Donc CE = CG; & CG = CH, à cause de l'égalité des triangles BCG, BCH. Donc les trois perpendiculaires CE, CG, CH peuvent être rayons d'un même cercle inscrit dans le triangle proposé.

408. On a aussi BG = BH, HD = ED, AE = AG. Et appellant p le périmetre du triangle ABD, on aura $p = 2AE + 2ED + 2BH = 2AD + 2BH = 2BD + 2AE = 2AB + 2ED$. Donc $AE = \frac{AD + AB - BD}{2}$; le point E est donc déterminé. Les points G & H peuvent l'être de même. Il n'y aura donc qu'à faire passer une circonférence par ces trois points.

409. Si le triangle étoit rectangle en B, l'angle CBH moitié de ABD seroit de 45°; son complément BCH seroit donc aussi de 45°; & le triangle BCH seroit isoscele. Donc $CH = BH = \frac{1}{2}p - AD$. Donc le rayon du cercle inscrit dans un triangle rectangle est égal à la moitié de son périmetre moins l'hypoténuse.

Des autres Polygones & de leurs principales propriétés.

410. On distingue trois sortes de Polygones, *les irréguliers*, *les symmetriques*, & *les réguliers*.

Les polygones irréguliers sont ceux qui ont des angles & des côtés inégaux. On appelle polygones symmétriques ceux dont tous les côtés opposés sont paralleles & égaux. Les polygones réguliers ont tous leurs côtés & tous leurs angles égaux.

27. Un quadrilatere symmétrique se nomme *Parallélo-*
28. *gramme*. Un quadrilatere régulier s'appelle *Quarré*. Un
29. quadrilatere qui a deux côtés paralleles se nomme *Trapeze*.
30. Un parallélogramme dont tous les côtés sont égaux, mais
31. qui n'a d'angles égaux que les angles opposés, se nomme

Rhombe ou *Lozange*. Enfin un parallélogramme dont les côtés opposés sont égaux, & dont tous les angles sont droits, se nomme *Parallélogramme rectangle*, ou simplement *Rectangle*. FIG.

Une ligne quelconque A D qui traverse un polygone en passant d'un angle à un autre, se nomme *Diagonale*. 32.

On appelle *Angle saillant* celui dont le sommet sort de la figure, comme A B C, & on nomme *Angle rentrant* celui dont le sommet est au-dedans de la figure. 33.
Tel est l'angle C D E.

411. Supposons maintenant qu'un polygone n'ait pas d'angle rentrant, & cherchons quelle est la somme de ses angles *intérieurs*, A B C, B C D, C D E, &c. 32.

De l'un quelconque A des angles de ce polygone, on peut mener les diagonales A C, A D, A E qui divisent le polygone en autant de triangles qu'il a de côtés moins deux. Or il est évident que la somme de tous les angles de ces triangles est égale à celle des angles intérieurs du polygone; donc la somme des angles d'un polygone est égale à 180° multipliés par le nombre de ses côtés, moins deux; ensorte que si on appelle s la somme des angles du polygone, & n le nombre de ses côtés, on aura $s = 180° (n - 2)$.

Donc 1° la somme des angles d'un quadrilatere quelconque $= 360°$; la somme des angles d'un pentagone $= 540°$; &c.

2°, L'un quelconque des angles d'un polygone régulier $= 180 \left(1 - \frac{2}{n}\right)$. Car alors tous les angles intérieurs sont égaux. Donc leur somme est égale au produit de l'un quelconque de ces angles par leur nombre, par conséquent l'un de ces angles, ou $\frac{s}{n} = 180 \left(1 - \frac{2}{n}\right)$. On voit donc que les angles d'un polygone régulier sont d'autant plus obtus, ou approchent d'autant plus de 180°, que ce polygone a de côtés.

De-là il suit que chaque angle du triangle équilatéral

FIG. $= 60°$; que chaque angle du quarré $= 90°$; que celui du pentagone régulier $= 108°$; que celui de l'hexagone régulier $= 120°$; que celui de l'heptagone régulier $= 128° + \frac{4}{7} = 128°\ 34'\ 17'' + \frac{1''}{7}$, &c, &c.

412. Quant à la somme des suppléments des angles intérieurs d'un polygone quelconque qui n'a pas d'angle rentrant, elle est encore plus facile à déterminer. Car chaque supplément $= 180°$ moins l'angle intérieur auquel il appartient; donc la somme de tous les suppléments $= 180° \times n -$ la somme des angles intérieurs $= 180° \times n - 180° (n - 2) = 360°$.

413. Si un polygone a des angles rentrants, la somme de tous les suppléments des angles saillants plus tous les angles rentrants $= 360° + 180°$ pris autant de fois que le polygone a d'angles rentrants.

33. Car la somme de tous les suppléments des angles saillants du polygone ABCEFI $= 360°$. Or si on fait un angle rentrant CDE, la somme des suppléments augmente de ECD + DEC ou de $180° -$ l'angle rentrant CDE. De même si on faisoit un autre angle rentrant FHI, la somme des suppléments seroit $360° + 180° \times 2 -$ CDE $-$ FHI. Donc en général la somme des suppléments des angles saillants plus la somme des angles rentrants $= 360° +$ autant de fois $180°$ que le polygone a d'angles rentrants.

Des Polygones symmétriques.

414. Puisque les côtés opposés d'un polygone symmétrique doivent être paralleles & égaux, il est clair 1°, que le nombre de ces côtés est toujours pair; 2°, que tout polygone régulier d'un nombre pair de côtés est en même temps symmétrique.

34. & 35. Cela posé, si de chaque angle d'un polygone symmétrique, on mene des diagonales aux angles opposés, les triangles opposés au sommet, comme AFB, DFC seront égaux.

Car le côté AB est égal & parallele au côté homologue DC; donc l'angle FDC = FBA, & l'angle FCD = FAB. Les triangles AFB, DFC sont donc semblables. D'ailleurs ils ont un côté homologue égal de part & d'autre, savoir AB, DC. Donc ils sont égaux.

De-là

Dé-là il ſuit que AF = FC, que BF = FD, &c. Donc toutes les diagonales AC, DB, &c, ſe coupent en deux parties égales au même point F qu'on peut appeller à cauſe de cela le centre du polygone ſymmétrique. Une diagonale quelconque AC diviſe donc le polygone ſymmétrique en deux parties égales & ſemblables, puiſqu'il y a de part & d'autre de cette diagonale autant de triangles égaux & ſemblables. FIG. 34. & 35.

415. En général toute droite IL paſſant par le centre F d'un polygone ſymmétrique eſt diviſée en deux également au point F, & partage le polygone en deux parties égales & ſemblables. Cela ſe prouve par l'égalité & la ſimilitude des triangles FIB, DFL & AIF, LCF.

416. De ces propriétés on peut déduire une maniere facile de décrire un polygone ſymmétrique d'un nombre de côtés donné. Veut-on, par exemple, décrire un polygone ſymmétrique de ſix côtés? on menera par le point F, trois droites EFG, DFB, AFC qui faſſent entre elles des angles quelconques. On prendra enſuite FB = DF, & d'une grandeur arbitraire; de même AF = FC, EF = GF, & par les points A, B, G, C, D, E, ainſi trouvés, on menera AB, BG, &c qui ſeront les ſix côtés du polygone demandé. Cela eſt évident, puiſque les triangles AFB, DFC ayant deux côtés égaux autour d'angles égaux, doivent être égaux & ſemblables. Donc AB eſt égal & paralléle à DC, &c.

Des Polygones réguliers.

417. Tout polygone régulier peut être inſcrit & circonſcrit à un cercle.

Cela ſe réduit à prouver qu'il y a au-dedans de ce polygone un point C également éloigné des ſommets de tous les angles, & tel en même tems que les perpendiculaires menées de ce point ſur chaque côté du poly- 36.

FIG. 36. gone ſoient égales entre elles & diviſent chaque côté en deux parties égales.

Or ſi on diviſe en deux également tous les angles ABD, BDF, &c, par les lignes CB, CD, &c, je dis que toutes ces lignes ſe rencontreront au point cherché C. En effet les angles ABD, BDF, &c, étant égaux, leurs moitiés ABC, CBD, CDF, CFD, ſont égales. Donc tous les triangles ABC, BCD, DCF, &c, ſont iſoſceles & ſemblables. Mais les baſes AB, BD, DF, ſont toutes égales. Donc ces triangles ſont iſoſceles, égaux & ſemblables. Donc AC = BC = CD = CF, &c. Donc le cercle décrit du rayon CB paſſe par tous les ſommets des angles du polygone donné.

Pour prouver maintenant que l'on peut circonſcrire tout polygone régulier à un cercle, il faut faire voir que les perpendiculaires CK, CL, CM, &c ſont égales. Or les triangles ACB, BCD, &c étant iſoſceles, les perpendiculaires CK, CL, CM, &c diviſent en deux également les côtés ſur leſquels elles tombent (376). De plus, l'angle CBL = CBK. Donc les triangles rectangles CBK, CBL ſont égaux & ſemblables. Donc CK = CL; on prouvera de même que CL = CM = CN &c. Donc toutes ces perpendiculaires ſont égales.

418. De-là il ſuit que le côté d'un polygone quelconque régulier inſcrit dans un cercle eſt la corde d'un arc de $\frac{360^\circ}{n}$, n étant le nombre des côtés du polygone. Ainſi le côté d'un triangle équilatéral inſcrit, eſt la corde d'un arc de 120°.

On voit par ce qui précéde, qu'il eſt facile d'inſcrire dans un cercle un polygone régulier donné. Mais lorſqu'il s'agit d'inſcrire dans un cercle donné un polygone régulier d'un nombre de côtés donné, c'eſt un problême que la Géométrie élémentaire ne peut réſoudre que dans très-peu de cas. Nous allons les expoſer briévement.

419. I. Inſcrire dans un cercle donné un triangle équilatéral. D'un point quelconque B pris ſur la circonfé-

rence donnée, comme centre, & du rayon B C, je décris FIG.
l'arc A C D qui coupe en A & en D la circonférence; 36.
par ces points A & D, je mene A D, & prenant A G, D G égaux chacun à A D, j'aurai le triangle A D G qui sera équilatéral.

Car ayant mené les deux cordes A B, B D, les triangles A C B, B C D seront équilatéraux. Donc les angles A C B, B C D, ou les arcs A B, B D seront chacun de 60°; & par conséquent l'arc total A B D sera de 120°. Or la corde de 120° est égale au côté du triangle équilatéral. Donc, &c.

420. Puisque l'arc A B est de 60°, sa corde A B est le côté de l'hexagone régulier inscrit. Or A B = C B. Donc *le côté de l'hexagone régulier inscrit est égal au rayon.*

Si on divise l'arc A B en deux parties égales, la corde de la moitié de cet arc sera le côté du dodécagone régulier; on peut donc par la Géométrie élémentaire inscrire dans un cercle les polygones réguliers de 3, 6, 12, 24, 48, &c côtés.

421. Soit proposé maintenant de trouver l'expression analytique du côté du triangle équilatéral.

A cause du triangle isoscele B A C la perpendiculaire A Q menée du sommet A sur la base C B divisera cette base en deux parties égales au point Q. Donc C Q est la moitié de C B. Soit le rayon $CB = a$. On aura $CQ = \frac{1}{2} a$, & $\sqrt{(AC^2 - CQ^2)}$, ou $AQ = \frac{1}{2} a \sqrt{3}$. Donc 2 A Q ou le côté A D du triangle équilatéral a pour expression analytique $a \sqrt{3}$.

422. II. Inscrire un quarré dans un cercle donné. 37.

Si on mene les diametres A D, B F perpendiculaires l'un à l'autre, je dis qu'ils couperont la circonférence donnée aux points A, B, D, F, par lesquels si on mene les cordes A B, B D, D F, A F, on aura les quatre côtés du quarré demandé, puisque les arcs A B, B D, D F, A F sont chacun de 90°.

423. De-là il suit que si on nomme le rayon A C, a, on aura le côté du quarré $= a \sqrt{2}$. Car $AC^2 + CF^2 = AF^2$, ou $AF^2 = 2a^2$.

424. III. Inscrire dans un cercle donné un décagone régulier. 38.

Supposons que A B soit le côté cherché, & menons les rayons A C, B C avec la ligne B E, de maniere qu'elle divise en deux également l'angle A B C. Cela posé, l'angle A C B est de 36°. Donc

FIG. les angles ABC, BAC sont chacun de 72°. Or par la supposition
38. BE divise en deux également l'angle ABC. Donc l'angle ABE = 36° = ACB. Le triangle ABE est donc isoscele & semblable au triangle ACB. Donc AE : AB : : AB : AC; mais l'angle $EBC = \frac{1}{2}$ ABC = 36° = ACB. Donc le triangle ECB est isoscele. Donc EB ou AB = EC, & AE : EC : : EC : AC. Donc si on divise le rayon AC *en moyenne & extrême raison* au point E, le plus grand segment EC sera égal au côté AB du décagone régulier.

425. IV. Inscrire dans un cercle un *Pentédécagone* régulier, ou
39. un polygone régulier de quinze côtés.

On prendra d'abord AB égal au rayon AC, c'est-à-dire l'arc ADB de 60°; ensuite on fera AD égal au côté du décagone, & la corde DB menée par les extrémités des deux arcs AB, AD sera le côté du pentédécagone cherché. Car l'arc $ADB = \frac{1}{6}$ de la circonférence, & l'arc $AD = \frac{1}{10}$ de cette même circonférence. Or $\frac{1}{6} - \frac{1}{10} = \frac{1}{15}$; d'où il est aisé d'inscrire dans un cercle les polygones de 30, 60, 120, &c côtés.

426. Lorsqu'on voudra circonscrire à un cercle donné un polygone régulier, on commencera par inscrire dans ce cercle un polygone d'un égal nombre de côtés. Cela
40. fait, du centre C on abaissera sur chaque côté, comme AD, une perpendiculaire CB. Ensuite par le point B, on fera passer la tangente EBF qui rencontrera en E, & F les rayons CA, CD prolongés, & on aura EF pour l'un des côtés du polygone cherché. On fera la même chose pour les autres côtés FG, GH, &c, & par-là le polygone cherché se trouvera décrit.

On voit en effet, que les triangles ECB, FCB, FCM, MCG, &c, sont tous égaux entre eux. Donc EF = FG = GH, &c, & $EB = BF = \frac{1}{2} EF = FM$ &c. Donc le cercle donné touche chaque côté du polygone EFGH &c par le milieu. Ce polygone est donc circonscrit au cercle donné.

427. Si on veut avoir l'expression du côté d'un polygone circonscrit, on nommera CA, a, le côté AD d'un polygone d'un même nombre de côtés inscrit $= b$, & on aura $AQ = \frac{1}{2} b$, $QC = \sqrt{(aa - \frac{1}{4} bb)}$, & à cause des triangles semblables CAQ, CEB, $QC (\sqrt{aa - \frac{1}{4} bb}) : AQ (\frac{1}{2} b) : : CB (a) : EB$. Donc 2EB ou le côté cherché $= \frac{2ab}{\sqrt{(4aa - bb)}} =$ EF.

428. On peut déduire de la formule précédente, 1°. Que le côté du

quarré circonſcrit $= 2a$, ce qui d'ailleurs eſt évident. 2°. Que le côté du triangle équilatéral circonſcrit $= 2a\sqrt{3} =$ le double du côté du triangle équilatéral inſcrit. FIG. 40.

Des Lignes proportionelles.

429. LORSQU'UNE premiere ligne eſt à une ſeconde, comme une troiſieme eſt à une quatrieme, ces lignes ſont *proportionelles* entre elles.

Si la premiere eſt à la ſeconde, comme la quatrieme à la troiſieme, les deux premieres ſont *réciproquement* proportionelles aux deux autres.

Dans l'un & dans l'autre cas, celles-là ſont *réciproques* aux deux autres, qui ſont les extrêmes d'une proportion dont les deux autres ſont les moyens.

Si la premiere eſt à la ſeconde, comme la ſeconde à la troiſieme, on a une proportion continue dont la ſeconde ligne eſt *moyene proportionelle*.

Cette proportion continue devient une progreſſion, lorſque la premiere ligne eſt à la ſeconde, comme la ſeconde à la troiſieme, comme celle-ci à la quatrieme, & ainſi de ſuite.

En général toutes les propriétés que nous avons démontrées ſur les quantités proportionelles, conviennent aux lignes qui ont entre elles ce rapport. Au reſte, il ne s'agit ici que de proportions & progreſſions géométriques; & c'eſt la partie la plus eſſentielle des Eléments de Géométrie.

430. Suppoſons d'abord que ſur la droite AB on prenne 41.
des parties égales AD, DG, GI &c, & que l'on mene les paralléles DF, GH, IK, &c, ſur la droite AC; il eſt clair que les parties AF, FH, HK, de cette droite ſeront égales entre elles: car ſi on mene parallélement à AC les lignes DE, GR, IS, les triangles ADF, DGE, GIR ſeront égaux. Donc $AF = DE = GR = FH = HK =$ &c.

On aura donc $AD : AF :: DG : FH :: GI : HK$; &

FIG. par conséquent AP, somme de tous les antécédents, est à AQ, somme de tous les conséquents (241), comme un seul antécédent AD est à son conséquent AF; & comme un nombre quelconque de parties de AB est au même nombre de parties de AC; par exemple :: AG : AH :: AI : AK :: DI : FK, &c.

42. 431. Donc 1°, *Si deux droites* AE, AD *sont coupées par deux ou par un plus grand nombre de paralléles* ED, CB, *leurs parties* CE, BD *seront proportionelles aux lignes entieres* AE, AD.

43. 432. 2°, Si deux triangles ABC, *abc* sont semblables, tous leurs côtés homologues sont proportionels.

Car si l'angle B = *b*, & si on prend sur AB la partie DB égale au côté homologue *ab*, en menant DF paralléle à AC, le triangle BDF sera égal au triangle *abc*.

Or AB : BC :: BD : BF. Donc AB : BC :: *ab* : *bc*. On prouvera de même que AB : AC :: *ab* : *ac*; & que AC : CB :: *ac* : *cb*. Donc *les triangles semblables ont tous leurs côtés homologues proportionels.*

433. Réciproquement, si les deux triangles ABC, *abc* ont tous leurs côtés homologues proportionels, je dis qu'ils seront semblables.

Pour le prouver, prenons sur AB la partie DB égale au côté homologue *ab*, & menons DF paralléle à AC. Le triangle BDF sera semblable au triangle ABC. Donc AB : BD :: AC : DF :: CB : BF. Mais par la supposition AB : *ab* ou DB :: AC : *ac* :: BC : *bc*; Donc DF = *ac*, & BF = *bc*. Le triangle BDF est donc égal & semblable au triangle *abc*; & puisque le premier est semblable à ABC, le second l'est aussi.

434. Si deux triangles ABC, *abc*, ont un angle égal B, *b* & les côtés autour de cet angle proportionels, je dis qu'ils seront semblables.

Soit encore pris BD = *ab*, & on aura AB : BC :: *ab* : *bc* :: BD ou *ab* : BF. Donc BF = *bc*; de même DF = *ac*. Le triangle *abc* est donc égal & semblable au triangle BDF, & par conséquent semblable au triangle ABC. On prouvera de même que si les triangles ABC, *abc* ont un angle égal, B = *b*, & deux autres côtés homologues AB, AC, & *ab*, *ac* proportionels, ils seront semblables.

La propriété des triangles semblables que nous venons d'exposer, est un principe fondamental de la Géométrie. En voici deux applications. FIG.

435. Le point B étant supposé inaccessible, on demande la distance de ce point au point D. 44.

Du point D ayant visé le point B, on marquera sur le rayon visuel BD un point quelconque G, & on construira sur le terrein le triangle AGD dont on mesurera exactement les trois côtés; cela fait, d'un point quelconque C de la base AD, on visera de nouveau l'objet B, & on observera le point E où le rayon visuel BC coupe le côté AG; la distance EG étant mesurée, voici comment on trouvera la distance inconnue BD que j'appelle x.

Soit EF parallele à AD, soit $AD = a \ldots AG = b \ldots GD = c \ldots CD = d \ldots EG = f$. A cause des triangles semblables AGD, GEF, on aura $AG : EG :: AD : EF = \frac{af}{b} :: GD : GF = \frac{cf}{b}$. Donc $BF = BD - FD =$

$$BD - (GD - GF) = BD + GF - GD = x + \frac{cf}{b} - c.$$

Or à cause des triangles semblables BEF, BCD, on a $BD : CD :: BF : EF$, ou $x : d :: x + \frac{cf}{b} - c : \frac{af}{b}$; donc

$$\frac{afx}{b} = dx + \frac{cdf}{b} - cd;$$ & par conséquent $x = cd. \frac{b-f}{bd-fa}$.

Il n'y a donc qu'à substituer les valeurs dans cette formule.

436. La Regle de double fausse position peut se démontrer aussi par les triangles semblables: car soit représenté par $AC = a$ le premier nombre supposé: soit AB 45.
$= b$ le second nombre. Si le nombre cherché est entre ces deux-là, on pourra le représenter par $AP = x$, & supposant une droite indéfinie EG qui passe par le point P & qui fasse avec AC un angle aigu quelconque, on aura $CD = c$ pour marquer l'écart de ces deux lignes dans la premiere supposition: ainsi CD exprimera la

FIG. premiere erreur, & BE $= d$ exprimera la seconde.

45. Or les triangles BPE & CPD sont semblables; donc BP : BE :: CP : CD, ou $x - b : d :: a - x : c$; ce qui donne $cx - bc = ad - dx$, & $x = \frac{ad + bc}{c + d}$, formule exactement la même que celle que nous avons trouvée (238), pour le cas où les erreurs ont des signes contraires.

Si les deux quantités supposées eussent été moindres que AP, telles, par exemple, que AI & AB, on eût trouvé deux erreurs de même signe, & la formule qui convient à ce cas-là. On trouve avec la même facilité la correction indiquée (269).

437. De la propriété des triangles semblables il suit,
46. que si on divise un angle quelconque A d'un triangle ABC en deux parties égales par la droite AD, les côtés AB & AC seront proportionels aux *segments* BD & DC.

Car soit BF parallèle à AD & qui rencontre en F le côté AC prolongé, on aura BD : DC :: FA : AC. Or l'angle DAC = DAB = ABF = BFC. Donc le triangle FAB est isoscele, & par conséquent FA = AB. Donc BD : DC :: BA : AC.

438. Il suit aussi que les parties de deux droites qui se coupent entre parallèles, sont proportionelles. *Voyez* les Fig. 34 & 35.

47. 439. Si du sommet de l'angle droit A d'un triangle rectangle BAC on abaisse sur l'hypoténuse BC la perpendiculaire AD, il en résultera que les triangles BAD, ADC seront semblables entre eux & au triangle total BAC.

Il en résultera aussi que *la perpendiculaire* AD *sera moyene proportionelle entre les segments* BD, DC.

Il en résultera enfin que chaque côté AB, ou AC du triangle rectangle BAC sera moyen proportionel entre l'hypoténuse entière BC & le segment *adjacent* à ce côté, c'est-à-dire qu'on aura BC : AB :: AB : BD, & BC : AC :: AC : DC.

I°. Le triangle rectangle BAD a un angle aigu B commun avec le triangle rectangle BAC. Donc il lui est semblable. Le triangle rectangle ADC a aussi un angle aigu C commun avec le triangle BAC; il lui est donc semblable aussi. Or deux triangles semblables à un même triangle, sont semblables entre eux. Donc, &c. FIG.

II°. De la similitude des triangles BAD, ADC, on déduit BD : AD : : AD : DC. Donc $AD^2 = BD \times DC$.

III°. A cause des triangles semblables BAD, BAC, on a BD : BA : : BA : BC, & par la même raison les triangles BAC, ADC donnent DC : AC : : AC : BC. Or de ces deux dernieres proportions, on tire $AC^2 = DC \times BC$, & $BA^2 = BD \times BC$. Donc $BA^2 + AC^2 = (DC + BD) \times BC = BC \times BC = BC^2$.

440. Et par conséquent *dans tout triangle rectangle le quarré de l'hypoténuse est égal à la somme des quarrés des deux autres côtés*: proposition célebre par sa grande utilité. Elle est la quarante-septieme du premier Livre d'Euclide.

441. Soit le côté $AB = a$, $AC = b$, $BC = c$, on aura $c^2 = a^2 + b^2$, d'où il suit que deux quelconques des côtés d'un triangle rectangle étant connus, le troisieme l'est immédiatement. Ainsi $c = \sqrt{(a^2 + b^2)}$... $b = \sqrt{(c^2 - a^2)}$... $a = \sqrt{(c^2 - b^2)}$. Si $a = b$, on a $c = a\sqrt{2}$. Or dans ce cas BC est la diagonale du quarré ABCD dont le côté $AB = a$. Donc *la diagonale est incommensurable avec le côté du quarré*. 48.

442. De ce qui précede, on peut conclure que si du sommet A d'un triangle quelconque ABC on abaisse sur la base BC la perpendiculaire AD, on aura cette proportion : la base BC est à la somme $AC + AB$ des deux autres côtés, comme leur différence $AC - AB$ est à la somme ou à la différence $DC \pm DB$ des segments DC, BD. (On doit prendre la somme des segments lorsque cette perpendiculaire tombe en dehors du triangle). 49.

FIG. 49. Car $AB^2 - DB^2 = AD^2 = AC^2 - DC^2$. Donc $AC^2 - AB^2 = DC^2 - DB^2$; d'où l'on tire $BC : AC + AB :: AC - AB : DC \pm DB$.

Des Lignes proportionelles considérées dans le Cercle.

50. 443. *Si d'un point quelconque M pris sur la demi-circonférence AMB, on mene la perpendiculaire MP sur le diamétre AB, cette perpendiculaire sera toujours moyene proportionelle entre les deux segments* ou *abscisses* AP, PB; ensorte que l'on aura toujours $PM^2 = AP \times PB$.

Car si on mene AM & MB, le triangle AMB sera rectangle. Donc $MP^2 = AP \times PB$. On a aussi le quarré AM^2 de la corde AM, $= AP \times AB$.

444. Soit le diametre $AB = 2a$, l'abscisse $AP = x$; ce qui donne $2a - x$ pour l'autre abscisse BP. Soit la perpendiculaire ou l'*ordonnée* $PM = y$, & nous aurons généralement $yy = (2a - x)x = 2ax - xx$; équation fondamentale que nous retrouverons souvent, & qui exprime la propriété si connue du cercle, d'avoir toujours le quarré de chacune de ses ordonnées égal au produit des abscisses correspondantes. On l'appelle à cause de cela l'*équation du cercle.*

Si on eût fait $PC = x$, c'est-à-dire, si on eût mis l'*origine* des abscisses au centre du cercle, alors on eût trouvé par le triangle rectangle CPM, l'équation $yy = aa - xx$, laquelle exprime la même propriété du cercle.

Et si au lieu d'appeller $2a$ le diametre, on l'appelloit a, les deux équations précédentes deviendroient $yy = ax - xx$, & $yy = \frac{1}{4}aa - xx$; ce qui reviendroit toujours au même.

445. Imaginons maintenant la tangente MT, & prolongeons l'axe AB jusqu'à ce qu'il rencontre cette tangente au point T, la ligne PT est ce qu'on appelle la *soutangente.*

Pour en trouver l'expression, rappellons-nous que le triangle CMT est rectangle en M. On a donc $TP \times PC = PM^2$. Donc $PT = \frac{PM^2}{CP}$. Soit $CP = x$, & on aura $PT = \frac{aa - xx}{x}$. Donc $PT + CP = CT = \frac{aa}{x}$. Ce qui donne cette proportion, $CP : CA :: CA : CT$. D'où il est facile de connoître le point T, & par conséquent de mener la tengente TM, le point M étant donné.

Veut-on maintenant avoir l'expression de la tangente TM ? Le triangle TMC rectangle en M donnera $TM = \sqrt{(CT^2 - CM^2)} = \ldots$ FIG. 50.
$\sqrt{\left(\frac{a^4}{x^2} - aa\right)} = \frac{a}{x}\sqrt{(a^2 - x^2)}$.

446. *Si deux cordes se coupent dans un cercle, leurs parties seront réciproquement proportionelles*, c'est-à-dire qu'on 51.
aura CF : AF : : FB : FD, ou CF × FD = AF × FB.

Car si on mene AC, BD, les triangles ACF, FBD seront semblables, puisque l'angle CFA = DFB, & que l'angle CDB = CAB. Donc CF : AF : : FB : FD.

447. Par-là on peut résoudre les deux problêmes suivants.

I. Mener par le point donné A la corde BAD de maniere que AD soit à AB : : $m : n$. 52.

Par le point A & par le point C je mene d'abord le diametre FG; puis je remarque que le point A étant donné, on connoît sa distance AC au centre C. Soit donc $AC = b$, $CF = a$, $AD = x$, & on aura $AB = \frac{nx}{m}$, $BA \times AD = \frac{nx^2}{m} = FA \times AG = aa - bb$.

Donc x, ou $AD = \sqrt{\left[\frac{m}{n}(aa - bb)\right]}$, & $AB = \sqrt{\left[\frac{n}{m}(aa - bb)\right]}$.

Donc si du point A comme centre & d'un rayon $\sqrt{\left[\frac{m}{n}(aa - bb)\right]}$ on décrit un arc de cercle, cet arc coupera la circonférence en un point D par lequel & par le point A si on mene DAB, elle sera la corde demandée.

II. Par le point A mener la corde BAD égale à une droite donnée c. En gardant les mêmes dénominations, on aura $AB = c - x$, & $AB \times AD = cx - xx = aa - bb$. D'où l'on tire AD ou $x = \frac{1}{2}c + \sqrt{\left(\frac{1}{4}cc + bb - aa\right)}$, & $AB = \frac{1}{2}c - \sqrt{\left(\frac{1}{4}cc + bb - aa\right)}$.

448. Si du même point B pris hors la circonférence d'un cercle on mene les deux sécantes AB, AC, *leurs parties extérieures* AD, AE *seront réciproquement proportionelles aux sécantes entieres*; en sorte que l'on aura 53.
AD : AE : : AC : AB. Car si on mene BE, DC, les triangles ABE, ADC seront semblables, ayant, outre l'angle commun A, les angles DBE, DCE égaux. Donc AD : AE : : AC : AB. Donc AD × AB = AE × AC.

449. Si l'une des sécantes devient la tangente AM, cette tangente sera moyene proportionelle entre la sé- 54.

cante entiere AB & ſa partie extérieure AD.

54. Car ſi on mene MD, MB, les triangles AMD, AMB ſeront ſemblables, puiſqu'outre l'angle commun A, les angles AMD, ABM ſont égaux, ayant chacun pour meſure la moitié de l'arc MD. Donc $AD : AM :: AM : AB$, & $AM^2 = AD \times AB$. Donc les deux tangentes AM, AN menées du même point A ſont égales.

450. Si quatre cordes forment un quadrilatere inſcrit, le produit des deux diagonales BD, AC ſera égal à la ſomme des deux produits
55. de chaque côté par le côté oppoſé, c'eſt-à-dire qu'on aura $AC \times BD = BC \times AD + AB \times CD$.

Menons DE de maniere que l'angle $ADE = BDC$, les triangles AED, BCD ſeront ſemblables, puiſque par la ſuppoſition $ADE = BDC$, & que l'angle $DAE = DBC$. Donc $BD : BC :: AD : AE = \frac{BC \times AD}{BD}$. Or les triangles BAD, EDC ſont auſſi ſemblables, puiſque $ABD = ACD$, & que $ADB = CDE$ (car $ADB = ADE - BDE = BDC - BDE = CDE$). Donc $BD : AB :: CD : CE = \frac{AB \times CD}{BD}$.

Donc $AE + CE = AC = \frac{AB \times CD + BC \times AD}{BD}$. D'où l'on tire

$AC \times BD = AB \times CD + BC \times AD$.

451. Pour faire quelque application de cette propriété, ſoient les
56. deux arcs AC, CB, & ayant mené AB, propoſons-nous de trouver une équation générale qui exprime le rapport qu'il y a entre AC, CB, AB & le rayon du cercle.

Je mene par le point C le diametre CD & les cordes AD, DB; je nomme enſuite CD $(2a)$, AC (b), CB (c), AB (d); cela poſé, le quadrilatere inſcrit ACBD donne $2ad = CB \times AD + AC \times BD$: or $AD = \sqrt{(CD^2 - AC^2)}$, & $BD = \sqrt{(CD^2 - CB^2)}$. Donc $2ad = c\sqrt{(4a^2 - b^2)} + b\sqrt{(4a^2 - c^2)}$, équation générale par le moyen de laquelle on peut réſoudre les problêmes ſuivants.

I. Étant donnée la corde AC d'un arc, trouver la corde AB du double de cet arc.

On a dans ce cas $b = c$. Donc $d = AB = \frac{b}{a}\sqrt{(4a^2 - b^2)}$.

II. Etant donnée la corde AB d'un arc, trouver la corde AC de la moitié de cet arc.

Soit x la corde cherchée AC, & on aura $ad = x\sqrt{(4a^2 - x^2)}$.

Donc $x = \sqrt{2a^2 - \sqrt{4a^4 - a^2 d^2}} = \sqrt{(a^2 + \frac{1}{2}ad)} - \sqrt{(a^2 - \frac{1}{2}ad)}$.

III. Etant données les cordes AC, CB de deux arcs, trouver la corde AB d'un arc ACB égal à leur ſomme.

FIG.

On a $AB = d = \frac{c}{2a} \sqrt{(4a^2 - b^2)} + \frac{b}{2a} \sqrt{(4a^2 - c^2)}$. 56.

IV. Etant données les cordes AB, AC de deux arcs, trouver la corde CB d'un arc égal à leur différence.

Soit $CB = c = x$, on aura $2ad = x \sqrt{(4a^2 - b^2)} + b \sqrt{(4a^2 - x^2)}$.

D'où l'on tire $x = \frac{d}{2a} \sqrt{(4a^2 - b^2)} - \frac{b}{2a} \sqrt{(4a^2 - d^2)}$.

V. Etant donnés trois points A, C, B, trouver le rayon du cercle qui passeroit par ces trois points.

En regardant a comme l'inconnue dans l'équation $2ad = c\sqrt{(4a^2 - b^2)} + b\sqrt{(4a^2 - c^2)}$, on trouve $a = \frac{bcd}{\sqrt{4c^2d^2 - (d^2 + c^2 - b^2)^2}}$.

Si le triangle ABC est rectangle, on a $a = \frac{1}{2} b$. Donc le centre du cercle tombe alors au milieu de AB; ce qui d'ailleurs est évident.

Solutions de quelques problêmes sur les lignes proportionelles.

452. I. Etant données trois droites a, b, c, trouver une quatrieme proportionelle $\frac{bc}{a}$. 57.

Ayant mené deux droites AD, AE qui fassent entre elles un angle quelconque, je prends sur AD la partie $AB = a$, & $AD = c$, je prends ensuite sur AE la ligne $AC = b$, & ayant mené CB, je tire DE parallele à CB. Cela posé, je dis que AE est la quatrieme proportionelle demandée.

Car les triangles ACB, AED sont semblables. Donc $AB : AC :: AD : AE = \frac{bc}{a}$. On eût trouvé la même chose par l'intersection de deux droites entre paralleles.

S'il falloit trouver une troisieme proportionelle à deux droites données a & b, il est évident que la construction seroit toujours la même. Il faudroit seulement prendre $AD = AC$.

453. II. Trouver entre deux droites a & b une moyene proportionelle $\sqrt{ab}$. 58.

Ayant mené la ligne indéfinie APB, je prends sur cette ligne la partie $AP = a$, $BP = b$ & je décris une demi-circonférence sur le diamètre AB. Cela posé,

FIG. il est clair que la perpendiculaire PM menée par le point
58. de division P sera la moyene proportionelle demandée.
Car $PM^2 = AP \times PB$.

59. 454. III. Diviser une droite donnée *a* de la même maniere qu'une autre droite AB est divisée.

Par l'une des extrémités A de la droite AB je mene AC égale à la droite donnée *a* & qui fasse avec AB un angle quelconque. Ensuite, je tire CB, & des points de division I, F, D de la ligne AB, je mene parallelement à CB les lignes DE, FG, IH qui diviseront AC de la même maniere que la droite AB est divisée. Car les lignes BC, DE, FG, IH étant paralleles, on a $AB : AC :: AI : AH :: IF : HG :: FD : GE :: DB : EC$.

60. 455. IV. Diviser une droite AB en un nombre quelconque *n* de parties égales.

Par le point A on menera la ligne indéfinie AC sur laquelle ayant pris un nombre *n* de parties égales de telle grandeur que l'on voudra AE, EG, &c.... LC, on menera par l'extrémité C & par le point B la ligne CB. Cela posé, les lignes LK, IH, &c, paralleles à CB diviseront la ligne AB en un nombre *n* de portions égales. Car $AB : AC :: AD : AE :: DF : EG :: FH : GI$, &c. Or $AE = EG = GI = IL = \frac{1}{n} AC$.

Donc $AD = DF = FH = \frac{1}{n} AB$.

61. 456. V. Diviser une droite donnée AB en *moyene & extrême raison*; c'est-à-dire, de maniere que le plus grand segment FB soit moyen proportionel entre la ligne entiere AB & le plus petit segment AF.

Par l'extrémité A de la ligne AB élevez la perpendiculaire $AC = \frac{1}{2} AB$, & ayant mené CB, prenez $FB = CB - AC$; la ligne AB sera divisée en moyene & extrême raison au point F.

Car CB^2 ou $FB^2 + 2AC \times FB + AC^2 = AC^2 + AB^2$. Donc $FB^2 = AB^2 - 2AC \times FB = AB^2 - AB \times FB = AB \times AF$. Donc $AB : FB :: FB : AF$.

Construction géométrique des Equations déterminées du premier & du second degré.

PARMI les découvertes qui ont rendu Descartes si célèbre, il n'en est point qui ait plus contribué aux progrès des Mathématiques, que celle de l'application de l'Algebre à la Géométrie. Les constructions géométriques font partie de cette application; mais nous nous bornerons ici à celles des équations du premier & du second degré.

457. Construire géométriquement une équation, c'est trouver en lignes les valeurs de l'inconnue.

Si l'équation n'est que *linéaire*, ou du premier degré, on déterminera toujours la valeur de l'inconnue par la seule intersection des lignes droites.

Si l'équation est *quadratique*, ou du second degré, auquel cas l'inconnue doit avoir deux valeurs, on les trouvera par l'intersection de la circonférence du cercle avec une ligne droite.

Mais si l'équation à construire est plus élevée, il faut alors se servir de différentes courbes dont le choix & l'usage entraînent beaucoup de difficultés. Celle de les décrire exactement, est si grande que les résultats donnent des racines bien moins approchées, que ceux des méthodes purement algébriques.

458. Si on a $\frac{ac}{b}=x$, on prendra (452) une quatrieme proportionelle à b, a, c, & on aura la valeur de x. Si on a $x=\frac{abc}{de}$, on prendra $m=\frac{ab}{d}$, ensuite $n=\frac{cm}{e}$, & on aura $n=x$. De même $\frac{abcd}{efg}$ se construit en prenant une ligne $m=\frac{ab}{e}$, ensuite une ligne $n=\frac{cmd}{fg}$; & on a $n=\frac{abcd}{efg}$, & ainsi des autres. Ce seroit la même chose, si on avoit à construire $\frac{aa}{b}$, $\frac{a^3}{b^2}$, $\frac{a^4}{b^3}$, &c.

459. Mais si on a une fraction à construire dont le numérateur soit complexe, comme $\frac{abc+ccd+mnp}{rq}$, on prendra, par ce qui précede, une ligne $k=\frac{abc}{rq}$, une ligne $i=\frac{ccd}{rq}$, enfin une ligne $l=\frac{mnp}{rq}$, & en ajoutant k, i, l, on aura une ligne égale à la fraction proposée.

460. Si le numérateur & le dénominateur étoient complexes, comme

dans $\frac{abc+cfg}{mk+nh}$, on prendroit une ligne $l=k+\frac{nh}{m}$, & la fraction proposée deviendroit $\frac{abc}{ml}+\frac{cfg}{ml}$ que l'on construiroit, comme ci-dessus. De même si on avoit $x=\frac{abcc+q^3h+noqk-m^3p}{q^2i-klq+cmd}$, on prendroit une ligne $f=i-\frac{kl}{q}+\frac{cmd}{qq}$, & on auroit $x=\frac{abcc}{fqq}+\frac{qh}{f}+\frac{okn}{fq}-\frac{m^3p}{fqq}$, que l'on construiroit comme ci-dessus.

461. Au reste, il y a plusieurs cas où la construction est plus facile que par les méthodes précédentes ; nous en allons donner quelques exemples.

Soit $x=\frac{ab+bc}{c+d}$. Au lieu de décomposer cette fraction en deux autres $\frac{ab}{c+d}$, $\frac{bc}{c+d}$, on prendra une quatrieme proportionelle à $c+d$, $a+c$, b, & l'on aura la valeur de x.

Soit $x=\frac{aa-bb}{c}$, on prendra une quatrieme proportionelle à c, $a+b$, $a-b$. & on aura x.

Soit encore $\frac{abcc-aabb}{abc+c^3}$; on prendra une ligne $m=\frac{ab}{c}$; & on aura $x=\frac{cm-mm}{m+c}$; d'où en prenant une quatrieme proportionelle à $m+c$, $c-m$, m, on aura la valeur de x.

Nous ne nous arrêtons pas à éclaircir ces exemples par des figures; cela ne peut avoir aucune difficulté.

462. Voyons donc comment on peut construire les radicaux du second degré.

Si on avoit d'abord $xx=am$, ou $x=\sqrt{am}$, il faudroit prendre une moyene proportionelle entre a & m, & ce seroit la valeur de x. Si on avoit $x=\sqrt{(ab+bc)}$, on prendroit entre b & $a+c$ une moyene proportionelle qui seroit égale à $\sqrt{(ab+bc)}$.

De même si on avoit $x=\sqrt{(a^2+bc)}$, on prendroit $m=\frac{bc}{a}$, & on auroit $x=\sqrt{a(a+m)}$ qui se construiroit comme dans le cas précédent.

463. Soit maintenant $x=\sqrt{(ac+bd)}$, on prendra $m=\frac{bd}{a}$ &, on aura $x=\sqrt{a(c+m)}$.

Si on avoit $x=\sqrt{(a^2-b^2)}$, on prendroit une moyene proportionelle

tionelle entre $a+b$ & $a-b$, & on auroit la valeur de x. On peut aussi construire $\sqrt{(a^2-b^2)}$ de cette autre maniere. Soit décrite du diamètre $AB = a$ une demi-circonférence ACB, je dis que si on y inscrit la corde $AC = b$, en menant CB, cette ligne sera $= \sqrt{(a^2-b^2)}$. Car le triangle ACB est rectangle. FIG.

Si on avoit à construire $\sqrt{(a^2+b^2)}$, on prendroit $m = \frac{b^2}{a}$, ensuite une moyene proportionelle entre a & $a+m$; mais il est plus simple de construire un triangle rectangle ACB; dont les côtés AC, CB soient a, & b; l'hypoténuse AB sera égale à $\sqrt{(a^2+b^2)}$.

S'il y avoit sous le radical proposé plus de deux termes, comme dans $\sqrt{(ab+bc+df)}$, on prendroit (460) $m = \frac{ab}{d} + \frac{bc}{d} + f$, & le radical deviendroit $\sqrt{am}$, quantité facile à construire. Si on avoit $x = \sqrt{(ac-fg+mq+rd)}$, on prendroit $n = c - \frac{fg}{a} + \frac{mq}{a} + \frac{rd}{a}$, & on auroit $x = \sqrt{an}$.

464. Soit l'expression à construire, $\sqrt{(a^2+b^2+c^2+f^2+ \&c)}$; au lieu de faire comme dans la méthode précédente $m = \frac{b^2}{a} + \frac{c^2}{a}$ &c, on prendra $AB = a$; ensuite on menera $BC = b$ perpendiculaire à AB; & on aura $CA^2 = a^2+b^2$. Si on mene $CD = c$ perpendiculaire à CA, on aura $AD^2 = a^2+b^2+c^2$. En menant $DE = d$ perpendiculaire à DA, on aura $AE^2 = a^2+b^2+c^2+d^2$, &c. &c, d'où il est évident que la derniere hypoténuse AF sera $\sqrt{(a^2+b^2+c^2 \&c)}$. 63.

S'il y avoit dans cette expression quelques quarrés négatifs, on prendroit, par ce qui précede, un seul quarré m^2 égal à la somme des quarrés positifs, un autre quarré n^2 égal à la somme des quarrés négatifs, on auroit ensuite à construire $\sqrt{(m^2-n^2)}$, ce qui est facile.

465. On peut réduire à la construction que nous venons de donner toutes les autres quantités radicales. Si on a, par exemple, $\sqrt{(bc+am+dn-cq)}$, on prendra $bc = i^2$, $am = k^2$, $dn = l^2$, $cq = p^2$, & on aura à construire $\sqrt{(i^2+k^2+l^2-p^2)}$.

S'il y a des fractions sous le radical proposé, il sera aisé de s'en débarrasser. Qu'on ait, par exemple, $x = \sqrt{\left(\frac{ab^2+cd^2}{b+c}\right)}$, on prendra $\frac{ab}{b+c} = m$, $\frac{cd}{b+c} = n$, & on aura $x = \sqrt{(bm+dn)}$, quantité facile à construire.

Supposons maintenant qu'on ait $x = \sqrt{\left(aa - \frac{ccff-ddff}{ab+cd}\right)}$, je prends $cc+dd = mm$, $\sqrt{(ab+cd)} = n$, & j'ai $x = \sqrt{\left(aa - \frac{ffmm}{nn}\right)}$, je prends $p = \frac{fm}{n}$, & j'ai $x = \sqrt{(aa-pp)}$.

FIG. 63. 466. Nous avons supposé jusqu'ici 1°, que la quantité donnée étoit homogène : si elle ne l'étoit pas comme $\frac{a^3+b}{a^2+c}$, on la rendroit telle, en multipliant ses termes par différentes puissances d'une ligne l qu'on regarderoit comme l'unité, ce qui ne changeroit pas la valeur de la quantité. On auroit donc dans cet exemple $\frac{a^3+l^2b}{a^2+lc}$, quantité homogène & égale à la proposée. Si on avoit $\frac{a^4c+ab^3-d}{b^4+a^3-c}$, on rendroit cette expression homogène en l'écrivant ainsi $\frac{a^4c+alb^3-l^4d}{b^4+a^3l-l^3c}$, &c.

467. Nous avons supposé 2°, que la quantité donnée n'étoit que d'une dimension ; si elle en avoit plusieurs, il ne seroit pas difficile de la réduire à une seule quantité monome de la même dimension.

Qu'on ait, par exemple, $\frac{abc+cfg}{m+n}$. Je prendrois (460) $p=\frac{ab+fg}{m+n}$, & j'aurois $pc=\frac{abc+cfg}{m+n}$.

468. S'il entroit deux radicaux dans la quantité proposée, comme dans $\sqrt{[ff+g\sqrt{(kk-bb)}]}$, on prendroit $\sqrt{(kk-bb)}=c$, ensuite $\sqrt{(ff+gc)}=n=\sqrt{[ff+g\sqrt{(kk-bb)}]}$. Si on avoit à construire $\sqrt[4]{a^3c}$, on feroit $ac=m^2$, & on auroit $\sqrt[4]{(a^2m^2)}=\sqrt{am}=\sqrt[4]{(a^3c)}$. De même $\sqrt{abcd}$ se construit en prenant $ab=m^2$, $cd=n^2$, ce qui donne $\sqrt[4]{abcd}=\sqrt{mn}$. Enfin, si on avoit $\sqrt[4]{(a^2fg+bcfk-a^3f)}$, on prendroit $m=\frac{fg}{a}+\frac{bcfk}{a^3}-f$, & le radical proposé deviendroit $\sqrt[4]{a^3m}$, quantité facile à construire.

En général, on voit que toute quantité dans laquelle il n'entre que des radicaux du second degré, ou même du quatrieme, ou du huitieme, &c. peut toujours être construite par le moyen du cercle.

469. De-là il suit que toute équation du second degré peut être résolue par le moyen du cercle. En effet l'équation $xx-px=qq$, qui peut représenter toutes celles du second degré, donne $x=\frac{1}{2}p\pm\sqrt{(\frac{1}{4}pp+qq)}$, quantité facile à construire par ce qui précede.

64. 470. Pour donner quelques exemples, proposons-nous de mener du point donné A hors des paralleles EB, CD la droite AK de maniere que la partie KI interceptée par ces paralleles soit égale à une droite donnée c.

Soit menée AF perpendiculaire sur les paralleles AB, CD, & soit $AF=a$, $FG=b$, $FK=x$. On aura AK $\sqrt{(a^2+x^2)}$: AF (a) : : IK (c) : FG (b). D'où l'on tire $\frac{ac}{b}=\sqrt{(a^2+x^2)}$, & par conséquent $x = \frac{a}{b} \sqrt{(c^2 - b^2)}$, ce qui donne cette construction. FIG. 64.

Du point G comme centre & d'un rayon égal à la droite donné c, soit décrit un arc de cercle, qui coupe en H la ligne FB; je dis que AK parallele à GH sera la ligne demandée.

Car FG (b) : AF (a) : : FH $(\sqrt{cc - bb})$: FK $(x) = \frac{a}{b} \sqrt{(cc - bb)}$. Il est pourtant à remarquer que l'équation $\frac{ac}{b} = \sqrt{(a^2 + x^2)}$, donne $x = -\frac{a}{b} \sqrt{(cc - bb)}$ aussi-bien que $x = \frac{a}{b} \sqrt{(cc - bb)}$.

Mais pour savoir ce que signifie cette valeur négative $-\frac{a}{b} \sqrt{(cc - bb)}$, il faut observer que l'arc de cercle décrit du centre G & du rayon GH $= c$, coupe la ligne FB en deux points M & H. D'où il suit que AK′ parallele à MG n'est pas moins propre à résoudre le problême proposé que AK; c'est donc FK′ égale & directement opposée à FK, qu'exprime la valeur négative $-\frac{a}{b} \sqrt{(c^2 - b^2)}$. D'où l'on peut conclure en général, que *lorsque le résultat d'un calcul donne une valeur négative de l'inconnue, cela signifie qu'on doit prendre cette inconnue dans un sens opposé à celui où on l'avoit prise d'abord.*

471. Soit proposé maintenant de décrire un cercle qui passe par les deux points donnés A & B, & qui touche la droite CF donnée de position. 65.

Le problême se réduit à trouver le point M où le cercle touche la droite CF; car ce point étant trouvé, si on fait passer une circonférence de cercle par A, B, M, elle sera la circonférence cherchée.

Soit menée par les points A & B la droite ABF qui rencontre en F la droite CF, & soit divisée AB en deux également au point D; en nommant FM (x), FD (a), AD$=$DB$= b$, on aura $xx = $ BF $\times$ AF $= a^2 - b^2$. D'où $x = \sqrt{(a^2 - b^2)}$, ce qui donne cette construction.

Sur le diametre DF soit décrit la demi-circonférence DGF dans laquelle si on inscrit la corde DG $=$ DB, je dis que GF sera égale à FM, car FG $= \sqrt{(a^2 - b^2)} =$ FM. Or le point M étant déterminé, le problême est résolu.

FIG.

Des Figures ſemblables.

472. DEUX figures ſont ſemblables, lorſqu'ayant un égal nombre de côtés, tous les côtés de l'une ſont proportionels aux côtés homologues de l'autre, & que de plus tous les angles de l'une ſont reſpectivement égaux à ceux de l'autre.

D'où il faut conclure que tous les polygones réguliers d'un égal nombre de côtés ſont des figures ſemblables, & que par conſéquent les cercles ſont tous ſemblables entre eux, puiſqu'on peut les regarder comme des polygones réguliers d'une infinité de côtés.

66. 473. Si deux figures ABCDE, *abcde* ſont ſemblables, le contour ou le périmetre de la premiere figure ſera au contour de la ſeconde, comme un côté quelconque AB pris dans la premiere figure eſt au côté homologue *ab* pris dans la ſeconde, ou comme un nombre quelconque de côtés AB + AE + DE pris dans la premiere, eſt au même nombre *ab* + *ae* + *de* de côtés homologues pris dans l'autre.

Car AB : *ab* :: BC : *bc* :: DC : *dc* :: DE : *de* &c; donc la ſomme des antécédents, ou le périmetre de la premiere figure eſt à la ſomme des conſéquents, ou au périmetre de la ſeconde, comme AB : *ab*, ou comme AB + AE + DE, &c : *ab* + *ae* + *de*. &c.

67. De-là il ſuit que les contours de deux polygones réguliers ABDEFG, *abdefg* ſont entre-eux :: le côté AG : au côté homologue *ag* :: la portion BAGF du périmetre du premier polygone eſt à la portion homologue *bagf* du ſecond. Or ſi C eſt le centre de ces polygones, à cauſe des triangles iſoſceles & ſemblables *a*C*g*, ACG, on aura AG : *ag* :: CG : C*g*. Donc ABDEFG : *abdefg* :: BAGF : *bagf* :: CG : C*g*.

68. 474. *Les circonférences de deux cercles ſont donc entre elles comme leurs rayons* & comme deux arcs quelconques AM, BN compris entre deux rayons CA, CM.

Et puisqu'on a d'ailleurs CM : CN : : AM : BN, on aura aussi AMF : BND : : l'arc AM : l'arc BN : : la corde AM : la corde BN : : CM : CN. FIG.

Ainsi les circonférences AMF, BND contenant chacune 360 degrés, leurs arcs correspondants AM, BN, contiennent autant de degrés l'un que l'autre. On voit donc bien que la mesure d'un angle en degrés est toujours la même, de quelque rayon que l'on décrive l'arc qui doit mesurer cet angle.

475. Si dans deux figures semblables ABCDE, *abcde* on mene les diagonales AD & AC, *ad* & *ac*, elles seront proportionelles entre-elles & aux côtés homologues AE, *ae*. Car les triangles ADE, *ade* sont semblables, ayant 1°, un angle égal E, *e*; 2°, les côtés autour de cet angle proportionels. On a donc AD : *ad* : : AE : *ae*. On prouvera de même que AC : *ac* : : BC : *bc* : : AE : *ae* : : AD : *ad*. En général, *la propriété des figures semblables est d'avoir toutes leurs dimensions homologues proportionelles.* 66.

Cela posé, s'il s'agissoit de décrire un polygone semblable au polygone donné ABCDEF, & dont le côté homologue à AB fût donné; on prendroit sur AB prolongé, s'il étoit nécessaire, la ligne A*b* égale au côté homologue à AB donné par la supposition. On meneroit ensuite du point A les diagonales AC, AD, AE, & les paralleles *bc* à BC, *cd* à CD, *de* à DE, *ef* à EF formeroient le polygone demandé. 69.

Car, par la construction, les angles des figures ABCDEF, *abcdef* sont respectivement égaux. D'ailleurs leurs côtés sont proportionels à cause des triangles semblables ABC, *abc*, & ACD, A*cd* &c. Donc les figures *abcdef*, ABCDEF sont semblables.

SECONDE PARTIE

DES ÉLÉMENTS DE GÉOMÉTRIE.

476. ON appelle *Surface*, *Aire*, ou *Superficie* tout ce que l'on conçoit n'avoir que deux dimensions de l'étendue, la longueur & la largeur.

Supposons, par exemple, que ce Livre soit partagé en deux moitiés, & que chacune de ces moitiés soit partagée en deux autres, & ainsi de suite. Il est clair que chaque feuillet peut se diviser de même; & qu'après avoir épuisé tous les procédés des Arts pour diviser & soudiviser un seul de ces feuillets, on conçoit encore possibles des divisions sans fin, d'où résulteroient à chaque fois des feuillets de plus en plus minces, quoique toujours égaux en longueur & en largeur au premier.

Mais comme à l'image distincte des premieres divisions succédent des idées confuses du nombre de ces feuillets lequel va toujours croissant, & de leur épaisseur qui diminue de plus en plus, tout ce que l'on retire de cette considération, est une idée bien imparfaite de ce que l'on appelle infiniment grand & infiniment petit. Il en résulte cependant d'une maniere fort claire, 1°, qu'à force de diviser & de soudiviser, on approche de plus en plus du terme où le feuillet n'auroit aucune épaisseur: 2°, que pour atteindre ce terme, il faudroit un nombre vraiment infini de divisions: 3°, que ce nombre est impossible, & que par conséquent on n'arrivera jamais à ce terme, quoique l'on en approche de plus en plus.

477. On appelle *des Limites* ces sortes de quantités vers lesquelles d'autres tendent sans pouvoir jamais y atteindre. Ainsi on peut dire que *la surface est la limite du corps*, que la ligne est la limite de la surface, & que le point est la limite de la ligne.

On peut dire auſſi que la ſurface d'un corps eſt cette FIG. enveloppe extérieure dont il eſt revêtu, & ſur laquelle tombent nos regards. Pour en déterminer la grandeur, cherchons d'abord quelle eſt en général la meſure naturelle des ſurfaces, & nous verrons enſuite comment on évalue en particulier celles des différents polygones qui peuvent ſervir de faces aux corps.

478. Il faut 1°, que la meſure des ſurfaces ſoit elle-même une ſurface à laquelle on puiſſe rapporter celles que l'on veut évaluer. Cette ſurface primitive eſt en quelque ſorte la baſe de toutes ces évaluations, comme l'unité eſt la baſe de tous les calculs des nombres. Il faut 2°, que cette meſure ſoit la plus ſimple de toutes ; il faut donc que ſa longueur & ſa largeur ſoient égales, & que chacune de ces dimenſions ſoit repréſentée par l'unité. Or la largeur ſe meſure en prenant la diſtance des extrémités paralleles, & la meſure de cette diſtance eſt la perpendiculaire qui les joint (372) ; donc *la meſure la plus naturelle des ſurfaces eſt un quarré plus ou moins grand, que l'on prend toujours pour l'unité de ſurface.*

Une ſurface d'un pouce de long ſur un pouce de large, par exemple, eſt la meſure commune des ſurfaces eſtimées en pouces quarrés. Ainſi on dit qu'il y a 144 pouces quarrés dans une ſurface d'un pied de long ſur un pied de large, & qu'il y en a 5184 dans une toiſe quarrée.

479. C'eſt parce que la meſure commune des ſurfaces doit toujours être un quarré, que l'on nomme *Quadrature* l'évaluation d'une ſurface. Ainſi le problême ſi connu de *la quadrature du cercle, conſiſte à trouver un quarré égal* en ſurface à un cercle donné, c'eſt-à-dire qui renferme préciſément autant d'eſpace que ce cercle.

En général, lorſqu'on ſe propoſe de meſurer une ſurface, il faut chercher combien de fois elle contient le quarré que l'on prend alors pour l'unité. Or cette recherche eſt aiſée dans toutes les figures rectilignes, comme on va le voir.

Commençons par le quarré ABCD, autre que celui 70.

FIG. qui lui doit ſervir de meſure & que nous repréſentons par *abcd*. Il eſt certain que ſur la baſe AB on peut mettre autant de quarrés égaux au quarré *abcd*, que cette baſe contient de fois le côté *ab*, ou l'unité de longueur. Donc AB étant la ſomme de ces unités, ſi on exprime par *s* la ſurface du petit quarré, on aura $AB \times s$ pour celle de tous les petits quarrés qui peuvent être mis ſur AB, & qui forment le rectangle ABFE. Mais n'eſt-il pas évident que la ſurface du quarré total ABCD contient autant de fois celle de ce rectangle, que la ligne AD ou AB contient AE ou *ad*, unité de largeur? Donc ABCD, ou AC (car on déſigne ſouvent les quarrés & les rectangles par deux lettres diagonalement oppoſées $= AB^2 \times s$, & comme $s = 1$, on a $AC = AB^2$: c'eſt-à-dire que *pour avoir la ſurface d'un quarré, il faut multiplier l'unité de ſurface par le quarré, du nombre des unités ſimples contenues dans un de ſes côtés*, & non par le quarré d'un de ſes côtés.

Remarquez en effet que cette derniere expreſſion n'eſt pas exacte, puiſqu'on ne multiplie jamais une ligne par une autre. Mais comme elle eſt uſitée, nous nous en ſervirons dans le ſens que nous venons d'indiquer.

71. 480. Cela poſé, cherchons la meſure de la ſurface d'un rectangle quelconque ABCD.

Si on décrit ſur ſon plus grand côté AB le quarré ABEF, ce quarré contiendra autant de rectangles égaux à ABCD, que AF contient de fois AD. Il en contiendra donc un nombre exprimé par $\frac{AF}{AD}$, ou $\frac{AB}{AD}$; & ſi on appelle *x* la ſurface du rectangle, on aura $AB^2 = \frac{AB}{AD} x$; d'où $x = AB \times AD$; c'eſt-à-dire que *la ſurface d'un rectangle quelconque eſt égale au produit de ſa baſe par ſa hauteur.*

Par exemple, ſi un rectangle a 7 pouces de long, ſur 3 pouces de large, ſa ſurface contient 21 pouces quarrés,

Ce que nous disons des pouces quarrés peut s'appliquer à toute autre mesure semblable. FIG.

481. Il suit de ce que nous venons de prouver, 1°, que la surface du triangle rectangle ACB est égale au produit de sa hauteur par la moitié de la base. Car ce triangle est la moitié du rectangle ABCD. 71.

2°, Que *la surface d'un triangle quelconque* ABC *est égale au produit de l'un quelconque* AC *de ses côtés par la moitié de la perpendiculaire menée de l'angle opposé* B *sur cette base prolongée, s'il est nécessaire.* 72.

Car le triangle $ABD = \frac{1}{2} BD \times AD$, & le triangle $CDB = \frac{1}{2} BD \times DC$. Donc $CDB \pm ABD$, ou la surface du triangle $ABC = \frac{1}{2} BD\ (DC \pm AD) = \frac{1}{2} BD \times AC$.

482. Donc *la surface d'un parallélogramme quelconque* ABDE *est égale au produit de la base* AE *par la distance des côtés parallèles* AE, BD, $= AE \times BC$. Car si on mene la diagonale BE, le triangle ABE sera égal au triangle BED. Donc la surface du parallélogramme ABDE est double de celle du triangle AEB. 73.

483. Pour mesurer la surface d'un trapeze quelconque ABCD, soit menée la diagonale AC; on aura $ABC = \frac{AE \times BC}{2} = \frac{BC \times CF}{2}$, & $ACD = AD \times \frac{1}{2} CF$. Donc $ABC + ACD = ABCD = \frac{1}{2} CF \times (BC + AD)$; c'est-à-dire que *la surface d'un trapeze quelconque est égale au produit de la demi-somme de ses bases par la perpendiculaire qui en mesure la distance.* 74.

484. Il est également facile de mesurer la surface d'un polygone quelconque régulier; car si du centre de ce polygone on imagine des rayons menés à tous ses angles, ces rayons diviseront le polygone en autant de triangles égaux & semblables qu'il a de côtés. Or la surface de l'un quelconque de ces triangles est égale au produit de la moitié du côté du polygone par le rayon du cercle inscrit. Donc *la surface d'un polygone régulier quelconque est égale à la moitié du périmetre, multipliée par le rayon du cercle inscrit.*

FIG. 67. Donc la surface d'une portion BCG de polygone régulier, comprise entre deux rayons CB, CG & les côtés BA & AG, est égale à la portion $\frac{BA+AG}{2}$ du périmetre, multipliée par le rayon du cercle inscrit.

Donc *la surface d'un cercle quelconque est égale au produit de sa circonférence par la moitié de son rayon*, & par conséquent la surface d'un secteur quelconque, est égale au produit de son rayon, par la moitié de l'arc qui le termine.

Pour avoir la surface ou la quadrature d'un cercle, il faudroit donc connoître le rapport du rayon à la circonférence. Mais on n'a pu le déterminer que par approximation; & on a trouvé que le diametre d'un cercle est à sa circonférence, à peu-près comme 7 à 22, ou comme 113 à 355, ou plus exactement, comme 1 à 3, 14159265358979 32 avec cent onze autres décimales, ce qui fait une approximation presque infinie. *Voyez* l'Histoire des Recherches sur la Quadrature du Cercle, & l'Histoire des Mathématiques; Ouvrages de M. Montucla, généralement estimés.

485. Soit π le nombre 3, 14159 &c; on aura 1 : π pour le rapport du diametre à la circonférence. Soit r le rayon d'un cercle quelconque, on aura $1 : \pi :: 2r : 2r\pi$ pour la circonférence de ce cercle. Sa surface sera donc πr^2.

486. Soit proposé maintenant de mesurer la surface d'un polygone quelconque irrégulier.

On le divisera d'abord en triangles; on prendra ensuite la surface de chacun de ces triangles, & la somme de ces surfaces sera évidemment celle du polygone proposé. Mais s'il s'agissoit de trouver un seul triangle égal en
75. surface à un polygone donné, (au pentagone ABCDE, par exemple), on meneroit la diagonale CE pour retrancher l'angle D; ensuite par le point D on meneroit DG parallele à cette diagonale, & qui rencontre en G le côté AE prolongé. Cela posé, si on mene CG, le

quadrilatere A B C G sera égal en surface au pentagone A B C D E, puisque le triangle CKD = le triangle EKG; ce qui se prouve par l'égalité des triangles C G E, C D E, dont les bases & les hauteurs sont respectivement égales, de maniere qu'en retranchant le triangle commun C K E, il reste CKD = E K G. FIG. 75.

Si on mene à présent la diagonale C A, & BF parallele à cette diagonale, on prouvera de même que le triangle F C G est égal en surface au quadrilatere B C G A, & par conséquent au pentagone proposé qui se trouvera par ce moyen réduit en un triangle de même surface.

Par cette méthode, on peut réduire un polygone quelconque en un triangle de même surface, d'où il suit qu'*on peut trouver la quadrature exacte de toutes les figures rectilignes.*

De la comparaison des Surfaces.

487. Si B représente la base & H la hauteur d'un triangle quelconque, sa surface sera $S = \frac{1}{2} BH$: de même, si on nomme b & h la base & la hauteur d'un autre triangle dont la surface est s, on aura $s = \frac{1}{2} b\, h$. Donc $S : s :: BH : b\, h$, d'où il suit . . . .

I°. Que les surfaces de deux triangles quelconques sont entre-elles en raison composée de leurs bases & de leurs hauteurs.

II°. Que deux triangles qui ont la même base ou des bases égales sont entre-eux comme leurs hauteurs. Car alors $B = b$. Donc $S : s :: H : h$.

III. Que deux triangles qui ont des hauteurs égales sont comme leurs bases, puisque H étant égal à h, on a $S : s :: B : b$.

IV°. Que deux triangles sont égaux en surface, lorsque leurs bases & leurs hauteurs sont en raison inverse. Car si $B : b :: h : H$, on a $bh = BH$, & par conséquent $S = s$.

V°. Que *les surfaces de deux triangles semblables sont comme les quarrés de leurs dimensions homologues.* Car dans

FIG. ce cas $B : b :: H : h$; d'ailleurs $S : s :: BH : bh$. Donc $S : s :: B^2 : b^2 :: H^2 : h^2$, comme le quarré d'une dimenſion priſe dans l'un eſt au quarré de la dimenſion homologue de l'autre.

488. De-là il ſuit 1°, que la ſurface du triangle équilatéral circonſcrit eſt quadruple de celle du triangle équilatéral inſcrit. Car le côté de l'un eſt double du côté de l'autre (427).

2°, Que le quarré circonſcrit eſt double du quarré inſcrit. Car en appellant a le rayon du cercle, leurs côtés ſont $2a$, $a\sqrt{2}$. Or le quarré de $2a$ eſt double de celui de $a\sqrt{2}$.

76. 489. Si deux triangles BAC, bac ont chacun un angle égal A, a; je dis que leurs ſurfaces ſeront comme les produits des côtés qui entourent l'angle égal dans chacun. Ainſi on aura $BAC : bac :: AB \times AC : ab \times ac$.

Car ſi on mene les perpendiculaires BD, bd ſur les côtés AC, ac, on aura $BAC : bac :: BD \times AC : bd \times ac :: AC : ac \times \frac{bd}{BD}$. Or à cauſe des triangles ſemblables ABD, abd, on a $\frac{bd}{BD} = \frac{ab}{AD}$. Donc $BAC : bac :: AC : \frac{ac \times ab}{AB} : AC \times AB : ac \times ab$.

77. Pour faire quelque application de cette propriété, propoſons-nous de mener du point donné B la droite BF ſur le triangle ACD, de maniere qu'il ſoit diviſé en deux parties AEF, EFDC dont les ſurfaces ſoient dans le rapport de m à n.

Puiſque $AEF : EFDC :: m : n$, donc $AEF + EFDC$, ou $ACD : AEF : m+n : m$. Or $ACD : AEF :: AC \times AD : AE \times AF$. Donc $m+n : m :: AC \times AD : AE \times AF$. Cela poſé, ſoit mené BI parallele à AC, & ſoient nommées les connues BI (a), AI (c), AC (b), AD (d), & l'inconnue AF (x); à cauſe des triangles ſemblables AEF, BIF, on aura $FI\ (x+c) : BI\ (a) :: AF\ (x) : AE = \frac{ax}{x+c}$. Donc $m+n : m :: bd : \frac{ax^2}{x+c}$. D'où l'on tire $xx - \frac{bdmx}{a(m+n)} = \frac{bcdm}{a(m+n)}$. Donc $x = \frac{bdm \pm \sqrt{[b^2d^2m^2 + 4abdmc(m+n)]}}{2a(m+n)}$. De ces deux valeurs, l'une poſitive, l'autre négative, il n'y a que la poſitive $x = \frac{bdm + \sqrt{\&c}}{2a(m+n)}$ qui ſoit propre à réſoudre la queſtion propoſée.

Pour ſavoir ce que l'autre ſignifie, il faut obſerver que ſi AC, AD (b, d) étoient toutes deux négatives, c'eſt-à-dire devenoient AC′, AD′, cela ne changeroit rien du tout à l'équation trouvée ci-deſſus; d'où il ſuit que cette équation doit donner auſſi la ſolution du cas où il s'agiroit de mener du point B la droite B E' F' qui divise le triangle A D' C' en deux parties dont le rapport soit $\frac{m}{n}$. C'est donc A F' que signifie la valeur négative trouvée ci-dessus. Or A F' est directement opposée à A F. On voit donc se confirmer ce que nous avons déja dit des quantités négatives (470). FIG. 77.

Si le point donné B étoit sur le côté AC comme en E, on auroit alors AI $(c) = 0$, & $AF = \frac{bdm}{a(m+n)}$; & si ce point étoit en dedans du triangle ACD, on auroit, en faisant a négatif dans la formule trouvée ci-dessus, la solution de ce cas.

490. *Lorsque deux figures sont semblables, leurs surfaces sont toujours proportionelles aux quarrés de leurs dimensions homologues.*

Car soient A & B les deux dimensions dont le produit donne la surface S de la premiere figure, & a, b, les deux dimensions homologues dont le produit donne la surface s de la seconde. On aura $S : s :: AB : ab$. Mais par la nature des figures semblables on a, $A : a :: B : b$; donc $S : s :: A^2 : a^2 :: B^2 : b^2$. Donc les surfaces des figures semblables sont comme les quarrés de leurs dimensions homologues.

491. De-là il suit 1°, que *les surfaces des cercles sont comme les quarrés de leurs rayons, comme les quarrés de leurs diametres, comme les quarrés de leurs circonférences, & en général comme les quarrés de leurs dimensions homologues.*

2°, Qu'une figure quelconque ALMNC construite sur l'hypoténuse AC d'un triangle rectangle est égale à la somme des deux figures semblables ADFGB, BHIKC construites sur les deux autres cotés. 78.

Car $ALMNC : ADFGB : BHIKC :: AC^2 : AB^2 : BC^2$. Donc $ALMNC : ADFGB + BHIKC :: AC^2 : AB^2 + BC^2$. Or $AC^2 = AB^2 + BC^2$. Donc $ALMNC = ADFGB + BHIKC$.

Donc si sur l'hypoténuse AB on décrit un demi-cercle ACB, il sera égal en surface à la somme des demi-cercles ACD, CFB construits sur les deux autres côtés AC, CB. 79.
On aura donc $AECGB = ADC + CFB$, & en retranchant les parties communes $AECA + CGBC$, resteront

FIG. les espaces curvilignes ADCEA + CFBGC égaux en surface au triangle ABC. Si AC étoit = CB, chaque espace seroit égal au triangle ACK, ou KCB. On nomme ces espaces *les Lunules d'Hyppocrate*, parce qu'un ancien Géomètre de ce nom, en trouva la quadrature.

492. Nous allons terminer cette matiere par la résolution de quelques problêmes.

I. *Etant données les deux figures semblables* ADFGB,
78. BHIKC, *trouver une troisieme figure* ALMNC *égale à leur somme, & qui leur soit en même temps semblable.*

On disposera à angles droits les deux côtés homologues AB, BC, & AC sera le côté homologue du polygone demandé. Il sera donc facile de le décrire.

Donc pour trouver un cercle égal à la somme de deux autres cercles, il faut disposer les diametres ou les rayons de ceux-ci à angles droits, l'hypoténuse AC sera le diametre ou le rayon du cercle demandé.

II. *Trouver une figure* ADFGB *semblable à deux autres figures* ALMNC, BHIKC, *& qui soit égale à leur différence.*

De l'un quelconque AC des côtés de la plus grande figure comme diametre, on décrira un demi-cercle dans lequel on inscrira la corde BC égale au côté homologue à AC dans la seconde figure. Cela posé, je dis que AB sera le côté homologue du polygone demandé. Car $AB^2 = AC^2 - BC^2$. Il est donc facile de décrire un cercle égal à la différence de deux autres cercles donnés.

III. *Trouver une seule figure égale à la somme ou à la différence de tant de figures semblables qu'on voudra, & qui leur soit en même temps semblable.*

Soient A, B, D, &c les côtés homologues des figures qu'il faut ajouter; soient a, b, d, &c les côtés homologues des figures à soustraire; soit enfin x le côté homologue du polygone demandé, on aura $x^2 = A^2 + B^2 + D^2 +$ &c .... $- a^2 - b^2 - d^2$ ... &c. quantité facile à construire (464). On peut donc trouver un seul cercle égal à la somme ou à la différence de tant de cercles qu'on voudra.

IV. *Trouver une figure semblable à une autre figure donnée & qui soit avec elle dans le rapport de* m *à* n.

Je nomme a un côté quelconque de la figure donnée, & x le côté homologue dans la figure cherchée. J'ai donc $a^2 : x^2 :: m : n$. D'où x

$= \sqrt{(\frac{n}{m} a^2)} = a \sqrt{\frac{n}{m}} = \frac{a}{m} \sqrt{mn}$, quantité facile à construire. 71.

On peut donc trouver deux cercles qui soient entre eux :: $m : n$, quel que soit ce rapport, fût-il même incommensurable.

V. *Trouver la surface & les côtés d'un rectangle* ABCD *dont on ne connoît que le périmetre* (p), *& la diagonale* AC (a).

Soit AB $= x$, AD $= y$, on aura $x + y = \frac{1}{2} p$, & $x^2 + y^2 = a^2$. La premiere équation donne $xx + 2xy + yy = \frac{1}{4} pp$. D'où xy, ou la surface cherchée $= \frac{1}{8} pp - \frac{1}{2} a^2$, & $x =$ AB $= \frac{1}{4} p + \sqrt{(\frac{1}{2} a^2 - \frac{1}{16} p^2)}$, $y =$ AD $= \frac{1}{4} p - \sqrt{(\frac{1}{2} a^2 - \frac{1}{16} pp)}$.

VI. *Trouver la surface d'un triangle dont on ne connoît que les trois côtés.* 80.

Soit AC $= a$, AB $= b$, BC $= c$, la perpendiculaire BD $= x$, on aura AD $= \sqrt{(bb - xx)}$.... DC $= \sqrt{(cc - xx)}$. Donc AD + DC $= a$ $= \sqrt{(bb - xx)} + \sqrt{(cc - xx)}$. D'où l'on tire $x = \frac{1}{2a} \sqrt{[4a^2 b^2 - (a^2 + b^2 - c^2)^2]}$ Donc $\frac{ax}{2}$, ou la surface demandée $(s) = \frac{1}{4} \sqrt{[4a^2 b^2 - (a^2 + b^2 - c^2)^2]} = \frac{1}{4} \sqrt{[(b^2 - a^2) a^2 + (2c^2 - b^2) b^2 + (2a^2 - c) c^2]} = \ldots \frac{1}{4} \sqrt{[(2ab - (a^2 + b^2 - c^2))(2ab + (a^2 + b^2 - c^2))]} = \ldots \frac{1}{4} \sqrt{(c^2 - (a - b)^2)((a + b)^2 - c^2)} = \ldots\ldots\ldots\ldots$ $\frac{1}{4} \sqrt{[(b + c - a)(a + c - b)(a + b - c)(a + b + c)]}$. Soit q la demi-somme des trois côtés, ou $q = \frac{a + b + c}{2}$, on aura $2q - 2a = b + c - a$, $2q - 2b = a + c - b$, $2q - 2c = a + b - c$. Donc la surface $s = \sqrt{(q \cdot q - a \cdot q - b \cdot q - c)}$.

Si CN est le rayon du cercle inscrit dans le triangle ABC, en menant C′B, C′A, C′C & les perpendiculaires C′M, C′P, on aura le triangle ABC′ $=$ C′N $\times \frac{1}{2}$ AB, BC′C $= \frac{1}{2}$ C′P $\times$ BC $= \frac{1}{2}$ C′N $\times$ BC, AC′C $= \frac{1}{2}$ C′N $\times$ AC ; donc la surface s du triangle ABC $=$ C′N $\times \frac{1}{2}$ $(a + b + c)$. Donc le rayon C′N $= \frac{\frac{1}{2} \sqrt{[4a^2 b^2 - (a^2 + b^2 - c^2)^2]}}{a + b + c}$ $\sqrt{(\frac{q - a \cdot q - b \cdot q - c}{q})}$.

Si le triangle ABC est rectangle en A; on a $cc = a^2 + b^2$, & C′N $=$ $\frac{ab}{a + b + c} = \frac{ab(\frac{1}{2} a + \frac{1}{2} b - \frac{1}{2} c)}{(a + b + c)(\frac{1}{2} a + \frac{1}{2} b - \frac{1}{2} c)} = \frac{1}{2} a + \frac{1}{2} b - \frac{1}{2} c = q - c$. 81.

VII. *Etant donnés l'hypoténuse d'un triangle rectangle, & le rapport de ses deux autres côtés, trouver sa surface.*

Soit AC $= a$; BC : AB :: $m : n$; AB $= x$, BC sera $\frac{mx}{n}$, & on aura $x^2 + \frac{mm}{n^2} x^2 = a^2$. D'où $x = \frac{a^2 n^2}{m^2 + n^2}$, & $\frac{mx^2}{n}$, ou la sur-

FIG. face cherchée $= \frac{a^2 nm}{m^2 + n^2}$. On a aussi AB $= \sqrt{\frac{an}{(m^2+n^2)}}$, & BC $=$ $\sqrt{\frac{am}{(m^2+n^2)}}$.

VIII. *Etant donnés le rapport des trois côtés d'un triangle quelconque, & leur somme, trouver la surface de ce triangle.*

80. Soit AC $= x$, AB $= y$, BC $= z$, le périmetre $= p = x + y + z$, le rapport des trois côtés $x : y : z :: a : b : c$. Donc $x + y + z$ ou p : $a+b+c :: x : a :: y : b :: z : c$; d'où l'on tire ... $x = \frac{ap}{a+b+c}$ ... $y = \frac{bp}{a+b+c}$ ... $y = \frac{cp}{a+b+c}$. Or les trois côtés étant connus, on a la surface.

IX. *Le périmetre d'un triangle rectangle étant donné, avec le rapport de l'hypoténuse à la somme des deux autres côtés, déterminer la*
81. *surface de ce triangle.*

Soit p le périmetre donné; AC : AB + BC :: $m : n$; AC $= x$, AB $= y$, BC $= z$; on aura $x : y + z :: m : n$. Donc $x + y + z$, ou p : $x :: m + n : m$. Donc $x = \frac{mp}{m+n}$ ... $y + z = \frac{np}{m+n}$ ... $y^2 + 2yz + z^2 = \frac{n^2 p^2}{(m+n)^2}$; or $y^2 + z^2 = x^2 = \frac{m^2 p^2}{(m+n)^2}$. Donc la surface cherchée $\frac{1}{2} yz = \frac{1}{4} pp \left(\frac{n-m}{m+n}\right)$. Si on veut avoir les côtés du triangle, on trouvera que le plus petit $= \frac{\frac{1}{2}p}{m+n}(n - \sqrt{2m^2 - n^2})$, & le plus grand $= \frac{\frac{1}{2}p}{m+n}(n + \sqrt{2m^2 - n^2})$.

Des Surfaces planes.

On appelle Surface plane celle dont tous les points sont exactement de niveau. Telle seroit la surface d'un miroir parfaitement poli, s'il existoit un miroir de cette espece.

493. Le plan est donc parmi les surfaces ce que la droite est parmi les lignes. Mais pour nous en former une idée plus distincte, concevons un triangle rectangle ABF, qui tourne autour de la perpendiculaire immobile AB : il
82. est clair que si dans sa révolution la ligne BF laisse des traces

traces de son passage, elles seront toutes dans un plan circulaire, pendant que les traces de l'oblique A F couvriront une surface convexe. FIG. 82.

494. Il résulte de là, 1°; que si une droite quelconque a deux points communs avec un plan, tous les autres points de cette droite doivent être dans le même plan; & que par conséquent si on prolonge tout à la fois ce plan & cette droite, ils resteront toujours confondus.

495. 2°, Qu'une droite AB perpendiculaire à un plan est nécessairement perpendiculaire à toutes les droites FB, GB, DB, NB, HB, LB qui étant dans le même plan passent par l'extrémité B de cette droite.

On ne peut donc mener d'un point donné A hors d'un plan, qu'une seule perpendiculaire AB sur ce plan. Car si on en pouvoit mener une autre comme AF, l'angle AFB seroit droit ainsi que l'angle FBA; on pourroit donc mener du même point A deux perpendiculaires sur la même ligne FB, ce qui est impossible. On prouveroit de même que d'un point donné B dans un plan on ne peut élever qu'une seule perpendiculaire à ce plan.

3°, Que la distance d'un point à un plan se mesure par la perpendiculaire menée de ce point sur le plan.

4°, Que deux droites AB, MN perpendiculaires à un même plan sont paralleles entre elles. Car alors les angles ABC, MNC sont tous deux droits. On voit même que si ces droites étoient également inclinées & dans le même sens sur le plan PQ, elles seroient encore paralleles, puisque les angles ABC, MNC seroient égaux.

496. Lorsque deux plans se coupent, il est clair que leur intersection n'a qu'une seule dimension qui est la longueur, puisque les plans sont censés n'avoir aucune épaisseur. Il est clair aussi que leur intersection est toujours une ligne droite.

497. Il est donc évident que *trois points, non en ligne droite, déterminent la position d'un plan.*

On voit bien, en effet, qu'une infinité de plans dif-

G. férents, comme HD, CG, peuvent avoir les deux points A & B communs entre eux; mais on voit en même temps qu'il n'y a qu'un seul de ces plans qui passant par les points A & B, puisse passer par le point déterminé C. Donc les trois points A, B, C déterminent la position du plan CG.

Donc 1°, trois points ne peuvent être communs à deux plans différents, si ces points ne sont pas en ligne droite.

498. 2°, Deux droites CA & AD qui se coupent, sont dans un même plan PQ. Car les trois points C, A, D déterminent la position des deux droites CA, AD. D'où il suit qu'un angle quelconque CAD détermine la position d'un plan.

2. 499. 3°, Si une droite AB est perpendiculaire à deux droites FB, GB dans leur point d'intersection B, elle sera perpendiculaire à leur plan PQ.

Car si on conçoit que FB tourne autour de la ligne immobile AB, elle décrira dans ce mouvement un plan perpendiculaire à AB. Or il est clair que ce plan est celui des deux droites FB, GB, puisque GB est perpendiculaire à AB.

3. 500. Supposons maintenant que deux plans DH & CG se coupent dans la ligne AB, & menons AC dans le plan CG, perpendiculaire à AB, & AD perpendiculaire à AB dans le plan DH; alors l'angle CAD sera la mesure de l'inclinaison des deux plans DH, CG. D'où l'on voit que les inclinaisons des plans les uns à l'égard des autres se mesurent comme celles des lignes droites; ensorte que . . . .

1°, Un plan qui rencontre un autre plan fait avec lui deux angles dont la somme est de 180°.

2°, Dans l'intersection de deux plans les angles opposés au sommet sont égaux.

3°, Si un nombre quelconque de plans se coupent sur une même ligne, la somme de tous les angles qu'ils feront deux à deux, tant en-dessus qu'en-dessous de leur commune intersection, sera de 360°.

4°, Un plan qui coupe deux ou plusieurs plans paralleles fait avec eux des angles correspondants égaux, &c. &c.

501. Si un plan coupe deux ou plusieurs plans paralleles, les lignes droites qui naîtront de leurs intersections seront toutes paralleles. Car si elles ne l'étoient pas, elles se rencontreroient en les prolongeant. Les plans dans lesquels elles sont, se rencontreroient donc aussi. Ils ne seroient donc pas paralleles.

502. Si le plan CG est perpendiculaire au plan PQ, 83.
& si l'on mene d'un point quelconque B du plan CG la perpendiculaire BA sur la commune intersection CF, je dis que BA sera perpendiculaire au plan PQ.

Car si dans le plan PQ on mene DA perpendiculaire à CA, l'angle BAD sera droit à cause des plans perpendiculaires. Donc BA sera perpendiculaire aux deux droites CA & AD, & par conséquent (499) à leur plan PQ.

503. *Si deux plans* DH, CG *sont perpendiculaires à un troisieme plan* PQ, *leur intersection* BA *sera aussi perpendiculaire à ce troisieme plan.* Car BA est alors perpendiculaire aux deux droites CA, AD. Donc elle est perpendiculaire à leur plan PQ.

Des Lignes droites coupées par des Plans paralleles.

504. Si d'un même point A on mene à travers deux 84.
plans paralleles PQ, *pq* tant de droites que l'on voudra, A*d*D, A*f*F, &c, 1°, toutes ces droites seront coupées proportionellement; 2°, les figures DFGEH, *dfgeh* seront semblables.

Car si on fait passer un plan par les trois points A, D, F, ses intersections avec les plans paralleles PQ, *pq* seront (501) les droites paralleles DF, *df*. Donc les triangles ADF, A*df* seront semblables. On prouvera la même chose des triangles AFG & A*fg*, AEG & A*eg*, &c; d'où il suit que AD : A*d* :: DF : *df* :: AF : A*f* :: FG : *fg* :: AG : A*g*, &c :: les perpendiculaires AB & A*b* menées du même point A sur les deux plans q. Donc 1°, toutes les droites AD, AF, AG, &c sont coupées proportionellement par les plans PQ, pq.

2°, Puisque DF : df : : AF : Af : : FG : fg, &c, on a DF : df : : FG : fg : : EG : eg, &c : or si on mene DG, dg, on prouvera comme ci-dessus que les triangles ADG, Adg sont semblables. Donc AD : Ad : : DG : dg : : DF : df : : FG : fg ; les triangles DFG, dfg ont donc tous leurs côtés homologues proportionels, & sont par conséquent semblables. D'où il suit que les angles F, f sont égaux. On prouvera la même chose des angles G & g, E & e, &c. Donc tous les angles de la figure DFGEH sont respectivement égaux à ceux de la figure $dfgeh$. D'ailleurs tous leurs côtés homologues sont proportionels. Donc elles sont semblables.

505. De ce que l'angle F est égal à l'angle f, il suit que si deux angles DFG, dfg ont leurs côtés respectivement paralleles, ils seront égaux quoique situés dans différents plans, ce que nous avons déja démontré pour le cas où ces angles sont dans le même plan.

Si les lignes AdD, AfF, &c au lieu de partir d'un même point A étoient paralleles, il est clair que toutes les lignes dD, fF, gG, &c seroient égales entre elles, & les figures DFGEH, $dfgeh$ seroient égales & semblables.

De ce que les figures DFGEH, $dfgeh$ sont semblables, il suit que leurs surfaces sont entre elles : : DF^2 : df^2 : : AD^2 : Ad^2 : : le quarré BA^2 de la distance du point A au plan PQ est au quarré bA^2 de la distance du même point A au plan pq. Or le rapport de AB^2 à Ab^2 est constant pour un même point A. Donc quel que soit le nombre des droites AD, AF, &c, les surfaces des figures DFGEH, $dfgeh$ seront entre elles dans le rapport constant de AB^2 à Ab^2, & leurs périmetres seront aussi dans la raison constante de AB à Ab.

S'il y avoit un plus grand nombre de plans paralleles, ils auroient tous les mêmes propriétés.

TROISIEME PARTIE

DES ÉLÉMENTS DE GÉOMÉTRIE.

506. ON appelle *Solide* tout ce qui réunit les trois dimensions de l'étendue. Or pour former un solide, on peut supposer que plusieurs plans soient tellement unis par leurs angles, qu'ils enferment de tout côté un certain espace; alors on aura un *Polyedre* dont les *faces* seront les plans qui concourent à le former, & dont les *angles solides* résulteront du concours des angles plans.

Si le polyedre n'a que quatre faces planes, on le nomme *Tetraedre.* S'il en a six, c'est un *Hexaedre*, &c, &c. Lorsque tous les angles d'un polyedre sont égaux, & que toutes ses faces sont des plans égaux & semblables, ce polyedre est régulier.

507. On mesure les angles solides en prenant la somme des angles plans qui les forment. L'angle solide B, par exemple, a pour mesure la somme des degrés des angles plans ABC, CBD, DBE, EBA. 85.

Or il est aisé de voir qu'il faut au moins trois angles plans pour former un angle solide, & que la somme de deux quelconques de ces angles est toujours plus grande que le troisieme.

508. D'où il suit qu'*un angle solide est moindre que* 360°. Car soit la *pyramide quadrangulaire* BACDE, dont les faces sont les quatre triangles ABE, EBD, &c, & dont la base est le quadrilatere ACDE. Il est clair que les deux angles AEB + DEB sont plus grands que l'angle AED avec lequel ils forment l'angle solide E; donc leur supplément est moindre que celui de l'angle AED. Par la même raison, le supplément des deux angles EAB + CAB est moindre que celui de l'angle CAE, & ainsi de suite. Donc la somme des suppléments des

huit angles inférieurs des faces de la pyramide, laquelle somme est l'angle solide *B*, est moindre que la somme des suppléments des quatre angles de la base, qui est de 360°. L'angle solide est donc moindre que 360°.

509. Et par conséquent, *il ne peut y avoir que cinq Polyedres réguliers, savoir, trois dont les faces soient des triangles équilatéraux; un dont les faces soient des quarrés, & un dont les faces soient des Pentagones réguliers.*

Car puisqu'il faut au moins trois angles pour former un angle solide, & qu'un angle solide ne peut être de 360 degrés, il est clair qu'il n'y a que cinq cas où on puisse faire un angle solide avec des plans de Polygones réguliers. 1°, L'angle d'un triangle équilatéral étant de 60 degrés, trois de ces angles font un angle solide de 180 degrés; & par conséquent quatre triangles de cette espece peuvent faire un *Tétraedre*. 2°, Quatre triangles équilatéraux joints ensemble, peuvent faire un angle solide de 240 degrés, & former un corps régulier à huit faces, appellé *Octaedre*. 3°, Cinq de ces triangles joints ensemble peuvent former un angle de 300°, & par conséquent on en peut composer un corps régulier à 20 faces, appellé *Icosaedre*; mais six triangles équilatéraux joints ensemble feroient 360°. 4°, Chaque angle d'un quarré valant 90°, trois de ces angles feront un angle solide de 270, & par conséquent on en pourra composer un corps régulier à six faces, appellé *Hexaedre*; mais quatre de ces angles feroient 360°, ce qui ne peut faire un angle solide. 5°. Chaque angle du Pentagone régulier valant 108°, trois de ces angles joints ensemble pourront faire un angle solide de 324°; & on en pourra faire un corps régulier à douze faces, appellé *Dodécaedre*; mais si on joignoit quatre de ces angles, on auroit 432°, angle solide impossible. Enfin l'angle de l'hexagone régulier étant de 120°, si on en ajoute trois ensemble, la somme 360° montre qu'on ne peut faire d'angles solides, ni par conséquent de corps régulier avec des hexagones, & à plus forte raison n'en pourra-t-on pas faire avec des *Heptagones*, des *Octogones*, &c; donc il ne peut y avoir que cinq corps réguliers.

510. Comme il faut au moins trois angles plans pour former un angle solide, & qu'alors même ces angles laissent un vuide à la base, il faut un autre plan pour le fermer C'est pourquoi de tous les polyedres, le plus simple est la pyramide triangulaire, ou le tétraedre.

Si au lieu d un triangle ou d'un quadrilatere, on suppose que la base d'une pyramide est un polygone d'un plus grand nombre de côtés, les faces de cette pyramide se multiplieront dans le même rapport, jusqu'à ce que la baſe étant devenue un cercle, la pyramide alors devienne un *Cône*. FIG.

Si la perpendiculaire abaiſſée du ſommet de la pyramide ſur ſa baſe paſſe par le centre de cette baſe, la pyramide eſt *droite*. Il en eſt de même pour le cône: on l'appelle *droit* ou *oblique*, ſelon que la perpendiculaire, menée de ſon ſommet paſſe ou ne paſſe point par le centre de ſa baſe. 86.

511. Autre maniere de concevoir la formation des ſolides. Si la baſe ADHC monte parallelement à elle-même le long de GD ou AB, la ſomme de tous les éléments égaux à cette baſe forme un ſolide que l'on appelle *Priſme*. Il eſt droit ou oblique, ſuivant que DG eſt perpendiculaire ou incliné ſur la baſe. 87.

Le priſme eſt donc un ſolide terminé par des baſes égales & paralleles, & par des faces qui ſont des parallélogrammes. Sa groſſeur eſt donc uniforme. On l'appelle priſme triangulaire, lorſque le polygone générateur eſt un triangle; priſme quadrangulaire, lorſqu'il a pour baſe un quadrilatere: & ſi ce quadrilatere eſt un parallélogramme, le priſme alors ſe nomme *Parallelepipede*. 91.

Ce ſera un parallelepipede rectangle, toutes les fois que la baſe ſera un rectangle, & que de plus la ligne le long de laquelle ſe fait le mouvement ſera perpendiculaire à cette baſe. 87.

Si la baſe étoit un quarré, dont le côté fût égal à la ligne de hauteur, le priſme engendré par ſon mouvement ſeroit un hexaedre régulier, que l'on appelle auſſi *cube*. Le cube eſt donc un priſme à ſix faces toutes égales & toutes quarrées. Un dez à jouer, par exemple, eſt un cube. 96.

Lorſque le polygone générateur eſt un cercle, le priſme devient rond, & on l'appelle *cylindre*. Il eſt droit ou oblique ſelon la poſition de la ligne de mouvement ou de ſes côtés par rapport à la baſe.

512. Troiſieme maniere de former des ſolides. Si autour d'une ligne immobile CA, on fait tourner une figure 90.

FIG. quelconque AFBC, elle engendrera un ſolide, appellé *ſolide de révolution*. Son *axe* eſt la ligne immobile CA.

Il ſuit de cette deſcription qu'un point quelconque B de cette figure trace dans ſon mouvement la circonférence d'un cercle dont le rayon BP eſt perpendiculaire à l'axe, & dont le centre eſt P : ce qui fait voir que *toutes les ſections faites dans un ſolide de révolution par des plans perpendiculaires à ſon axe ſont des cercles.*

88. Si le polygone générateur eſt un rectangle, il engendrera un cylindre droit. Si ce n'eſt qu'un triangle rec-
86. tangle, le ſolide de révolution ſera un cône droit. Si c'eſt la moitié d'un polygone d'un grand nombre de côtés, elle produira un *ſphéroïde*. Enfin le ſolide de révolution ſera une *ſphere*, ſi le demi-polygone qui l'engendre eſt un demi cercle.

513. *La Sphere eſt donc un ſolide tel que tous les points de ſa ſurface ſont également éloignés d'un point en dedans que l'on nomme centre.* D'où il ſuit que toute ligne droite qui paſſe par ſon centre, & qui eſt terminée de part & d'autre à ſa ſurface, eſt égale à ſon axe.

On peut donc prendre pour axe de la ſphere toute droite qui paſſe par ſon centre, & qui aboutit des deux côtés à ſa ſurface. Donc toutes les ſections faites dans une ſphere par des plans qui paſſent par ſon centre, ſont des cercles égaux.

514. En général, ſi on coupe une ſphere par un plan quelconque, la ſection ſera toujours un cercle. Car ſi du centre de la ſphere on mene un diametre perpendiculaire au plan coupant, on pourra regarder ce diametre comme l'axe, autour duquel la ſphere a été engendrée. Or dans ce cas la ſection eſt un cercle (512).

On appelle *grands cercles* d'une ſphere tous ceux dont les plans paſſent par ſon centre. On appelle *petits cercles* ceux dont les plans paſſent au-deſſus ou au-deſſous du centre, & il eſt évident que plus ces cercles en ſont éloignés, plus ils ſont petits.

FIG.

De la mesure des Surfaces des Solides.

515. NOUS appellerons *surface latérale*, ou simplement surface d'un solide celle de ses faces, sans y comprendre celle des bases, & nous appellerons *surface totale* d'un solide celle de ses bases & de ses faces.

Un polyedre étant terminé par des faces planes, il est aisé d'en avoir la surface. C'est pourquoi nous ne nous y arrêterons pas.

516. La surface d'un prisme quelconque est égale à la longueur BC multipliée par le contour GIH de la section faite dans ce prisme par un plan perpendiculaire à BC. 91.

Car la surface du parallélogramme $BCED = DE \times GI = BC \times GI$... La surface du parallélogramme ABCF $= BC \times IH$; enfin celle du parallélogramme $AFDE = AF \times GH = BC \times GH$. Donc la somme de tous ces parallélogrammes, ou la surface du prisme $= BC \times GIH$.

517. De-là il suit que *la surface d'un prisme droit, & par conséquent celle d'un cylindre droit, est égale au produit du contour de sa base par sa hauteur*, ou par la distance de ses bases paralleles.

La surface du cylindre oblique ABCD est donc aussi égale à sa longueur AB multipliée par le contour GMIMG de la section faite par un plan perpendiculaire à AB. 89.

Or il est aisé de s'assurer que cette section est une ellipse; en effet par un point quelconque P de l'axe GI, faisons passer un plan parallele à la base du cylindre, son intersection avec la surface courbe sera un cercle, & son intersection avec le plan GMI sera la droite MPM perpendiculaire à l'axe GI. Cela posé, soit $GP = x$, $PM = y$, $LP = z$, $GI = a$, $LK = BC = AD = b$. On aura par la propriété du cercle, $yy = bz - zz$, & à cause des triangles semblables LPG, PKI, $z = \frac{bx}{a}$. Donc $yy = \frac{bb}{aa}(ax - xx)$ équation à l'ellipse, dont le grand axe est b & dont le petit axe est a. *Voyez* les Sections coniques.

518. La surface d'une pyramide réguliere est égale à la moitié du périmetre du polygone qui lui sert de base, multipliée par la perpendiculaire menée de son sommet sur

l'un quelconque des côtés de la base, & que l'on nomme *Apothême*. Cela est trop évident pour avoir besoin de démonstration.

Il suit de là que la surface du cône droit est égale au produit de la demi-circonférence de sa base par son apothême ou par la distance de son sommet à l'un quelconque des points de sa base.

92. 519. Supposons le cône droit ABC coupé par un plan DE parallele à sa base AC, & proposons-nous de mesurer la surface du *cône tronqué* ACED.

Soit $AC = a$, $DE = b$, EC reste de l'apothême $BC = d$; $BE = x$, on aura $x + d : a :: x : b$; d'où $x = \frac{bd}{a-b}$. Soit exprimé par $1 : \pi$ le rapport du diamètre à la circonférence, on aura $b\pi$ & $a\pi$, pour les circonférences des bases DE & AC. Donc $BC \times \frac{a\pi}{2}$ & $BE \times \frac{b\pi}{2}$ seront les surfaces des cônes droits ABC, BDE; & par conséquent leur différence, ou la surface du cône tronqué $= (x + d)\frac{a\pi}{2} - x \times \frac{b\pi}{2} = d \times \frac{\pi}{2}(a + b)$. Or $\frac{\pi}{2}(a + b)$ est la circonférence du cercle qui tient le milieu entre les bases DE & AC. Donc *la surface du cône tronqué est égale au produit de ce qui reste de l'apothême, par la circonférence moyenne proportionelle arithmétique entre celles des bases supérieure & inférieure.*

3. 520. Imaginons maintenant que le demi-polygone régulier SAN tourne autour de l'axe SN qui passe par son centre C, & cherchons la surface du sphéroïde que ce demi-polygone engendre par sa révolution.

Il faut d'abord observer qu'il y a deux côtés dans ce polygone qui décrivent des cônes : ce sont les côtés BS & IN. Le seul côté AE décrit un cylindre : tous les autres, comme BA & IE décrivent des cônes tronqués. Or il suit de ce qui précede que la surface de l'un quelconque de ces cônes tronqués est égale au produit du côté générateur

(AB, par exemple), par la circonférence du cercle que FIG.
décrit le milieu M de ce côté. 93.

Cela poſé, ſoit CM le rayon du cercle inſcrit dans le polygone donné, & ſoient menées les perpendiculaires BQ, MP, AR, ſur l'axe SN, & ſoit mené BD parallelement à QR; les triangles rectangles ABD, CPM ſont ſemblables, puiſqu'ils ont leurs côtés homologues perpendiculaires. Donc $AB : BD$ ou $QR :: CM : PM ::$ la circonférence qui a pour rayon CM : eſt à la circonférence qui a pour rayon PM :: *circ* CM : *circ* PM. Donc $AB \times circ\ PM$, ou la ſurface du cône tronqué décrit par $AB = QR \times circ\ CM$.

Par un raiſonnement ſemblable, appliqué aux ſolides décrits par les autres côtés du polygone, on prouve que la ſurface du ſphéroïde eſt égale à $(SQ + QR + RK + KL + LN)$ ou $SN \times circ\ CM$. Donc *la ſurface d'un ſphéroïde quelconque eſt égale au produit de ſon axe par la circonférence du cercle auquel il eſt circonſcrit.*

Or la ſphere peut être regardée comme un ſphéroïde d'une infinité de côtés. Donc *la ſurface de la ſphere eſt égale au produit de ſon axe par la circonférence de l'un quelconque de ſes grands cercles.*

Et la ſurface d'une calotte ſphérique *produite par la ré-* 90.
volution du demi-ſegment BCP *eſt égale à l'épaiſſeur* CP *de cette calotte, multipliée par la circonférence de l'un des grands cercles de la ſphere.*

521. Donc 1°, la ſurface de la ſphere eſt quadruple de celle de l'un quelconque de ſes grands cercles, puiſqu'un grand cercle n'a pour ſurface que la moitié de l'axe multipliée par la demi-circonférence.

2°, La ſurface de la ſphere eſt égale à la ſurface convexe du cylindre circonſcrit, puiſqu'elles ont toutes deux pour meſure le produit de l'axe EK ou FA, par la 94.
circonférence d'un des grands cercles de la ſphere, ou par la circonférence qui a pour diamètre AB.

3°, La ſurface de la ſphere eſt à la ſurface totale du cylindre circonſcrit :: 2 : 3. Car les deux baſes du cylin-

FIG. dre sont chacune égales à un grand cercle de la sphere. Donc la surface de la sphere est à la surface totale du cylindre circonscrit : : $1 : \frac{3}{2}$: : 2 : 3.

94. 522. Si on conçoit un *cône équilatéral* DIL circonscrit à la sphere, sa surface totale sera à celle de la sphere : : 9 : 4.

Car soit S la surface d'un des grands cercles de la sphere, & a son diamètre, on aura $IL = a\sqrt{3}$, & $AB^2\ (a^2) : IL^2\ (3a^2) : : S :$ la surface de la base du cône = 3 S. Or la surface du cône équilatéral est triple de celle de sa base, puisqu'elle est égale à $\frac{ID}{2} \times circ\ IL + \frac{IL}{4} \times circ\ IL = 3 \times \frac{1}{4} IL\ circ\ IL$. Cette surface est donc égale à 9 S. D'ailleurs la surface de la sphere est 4 S. Donc &c.

Les surfaces totales de la sphere, du cylindre circonscrit & du cône équilatéral circonscrit, sont donc : : 4 : 6 : 9. D'où il suit que la surface du cylindre circonscrit est moyenne proportionelle entre celle de la sphere & celle du cône équilatéral circonscrit; on trouveroit de la même maniere que la surface de la sphere est à celle du cylindre inscrit, est à celle du cône équilatéral inscrit : : 16 : 12 : 9. Donc la surface totale du cylindre inscrit est aussi moyenne proportionelle entre celle de la sphere & celle du cône équilatéral inscrit.

523. La comparaison des surfaces de deux solides quelconques est fort aisée. Car appellant S & s ces surfaces, A & B les facteurs de la premiere, a & b les facteurs de la seconde, on aura toujours $S : s : : AB : ab$.

D'où il suit 1°, que si $A = a$, on aura $S : s : : B : b$. 2°, que si $A : a : : b : B$, on aura $S = s$. 3°, que si $A : a : : B : b$, on aura $S : s : : A^2 : a^2 : : B^2 : b^2$. Ce dernier cas a lieu dans les solides *semblables*. On appelle ainsi ceux dont les dimensions homologues sont proportionelles. Les spheres, par exemple, sont des solides semblables. Ainsi leurs surfaces sont entre elles, comme les quarrés de leurs rayons, ou de leurs diamètres, ou des circonférences de leurs grands cercles, & en général, comme les quarrés de leurs dimensions homologues.

De la mesure des Solides.

524. La solidité d'un corps est la portion d'étendue comprise entre ses faces. Ainsi deux cylindres de même

grosseur & de même hauteur ont une même solidité, de quelque matiere qu'on les suppose, l'un de plomb massif, par exemple, l'autre de liége. Il ne faut donc pas confondre le *poids* d'un corps avec sa solidité.

525. On sait 1°, que pour mesurer la longueur des lignes, on se sert d'une mesure que l'on regarde comme l'unité, & que cette mesure est elle-même une ligne droite. 2°, Que pour mesurer les surfaces, on a recours aussi à la plus simple d'entre elles, qui est le quarré, auquel on rapporte toutes les autres comme à leur unité. Donc pour mesurer les solidités, il n'y a qu'à voir quel est le solide le plus simple, afin de le prendre pour l'unité commune à tous.

Or le plus simple des solides est celui dont les trois dimensions sont égales, & dont chacune est égale à l'unité. C'est donc le cube qui est la mesure la plus naturelle des solidités. Aussi dit-on indifféremment la *cubature* ou la solidité d'un corps.

La recherche de la solidité d'un corps se réduit donc à trouver le nombre de fois qu'un cube d'une grandeur déterminée, que l'on prend alors pour l'unité de solidité, est contenu dans ce corps. Si l'on veut, par exemple, estimer un solide en pieds cubes, on imaginera un autre solide plus petit, dont la longueur, la largeur, & l'épaisseur soient chacune d'un pied; ce sera un pied cube, ou l'unité à laquelle il n'y aura plus qu'à rapporter le solide proposé, pour savoir combien de fois il la contient.

526. Cela posé, cherchons la solidité d'un cube autre que celui que l'on prend pour l'unité. 95.

Je suppose que le cube à mesurer soit ABCDF, & & que celui que l'on veut prendre pour sa mesure soit 96. *abcdf*; il est clair 1°, que l'on pourra mettre sur la base ABCD un nombre de ces petits cubes exprimé par $\frac{ABCD}{abcd} = \frac{AB^2}{ab^2}$; 2°, qu'il y aura dans le grand cube autant de tranches composées d'un nombre $\frac{AB^2}{ab^2}$ de petits

G. cubes, qu'on pourra en mettre ſur la hauteur AE; 3°, que le nombre de ces tranches ſera $\frac{AE}{ae}$. Il y aura donc dans le cube ABCDF un nombre de petits cubes *abcdf*, repréſenté par $\frac{AB^2}{ab^2} \times \frac{AE}{ae} = \frac{AB^3}{ab^3}$; & puiſque $ab = 1$, l'expreſſion de la ſolidité du grand cube ſera ſimplement AB^3.

Donc la meſure de la ſolidité d'un cube eſt le produit de l'unité de ſolidité par la troiſieme puiſſance d'une quelconque de ſes dimenſions. *Un pied cube*, par exemple, *contient* 1728 *pouces cubes*; une *toiſe cube* = 216 *pieds cubes* = 216 × 1728 *pouces cubes*; &c.

Propoſons-nous maintenant de meſurer la ſolidité d'un parallelepipede rectangle HDMPI.

6. Pour cet effet, je ſuppoſe que ſur le plus grand côté DI de ce parallelepipede, on ait conſtruit le cube ABCDF; il eſt clair 1°, que ce cube doit contenir le parallelepipede propoſé, autant de fois que ſa baſe contient celle du parallelepipede; 2°, que ce nombre de fois eſt exprimé par $\frac{ABCD}{HDMP} = \frac{DI^2}{HDMP}$; 3°, que la ſolidité du cube doit être égale à celle du parallelepipede, priſe ce nombre de fois. Appellant donc x la ſolidité du parallelepipede, on aura $x \cdot \frac{DI^2}{HDMP} = DI^3$; d'où $x = DI \times HDMP = DI \times DH \times DM =$ le produit de la ſurface de ſa baſe par ſa hauteur.

527. Il ſuit de-là que *la ſolidité d'un priſme quelconque, droit ou oblique, eſt égale au produit de ſa baſe, par la perpendiculaire abaiſſée d'un des points de la baſe ſupérieure ſur la baſe inférieure, prolongée s'il eſt néceſſaire.*

7. Car ſoit le priſme ABCDEF, droit ou oblique, il n'importe. On peut réduire ſa baſe à celle d'un rectangle *abcd*, ſur lequel on peut former un parallelepipede rectangle *abcdf* dont la hauteur ſoit égale à la hauteur GO du priſme. On peut auſſi diviſer ces deux ſolides

par des plans paralleles à leurs bases, & former ainsi des sections IKLMN, *iklm* qui seront toutes égales aux bases & par conséquent égales entre elles. Or ces sections auront toujours la même propriété, à quelque point de hauteur qu'on les fasse, & leur somme est égale dans les deux solides. Donc la solidité du prisme est égale à celle du parallelepipede; elle s'estime donc en multipliant la surface de sa base par sa hauteur. FIG.

Le cercle pouvant être regardé comme un polygone d'une infinité de côtés, le cylindre peut être regardé aussi comme un prisme dont la base est un cercle; ainsi la mesure de la solidité d'un cylindre est toujours le produit de sa base par sa hauteur.

528. Soient à présent deux pyramides SABCDE, *sabc*, dont les hauteurs SF, *sf* soient égales; si l'on coupe ces pyramides par un plan parallele à celui de leurs bases, les sections seront deux polygones IKLMN, *ikl* également éloignés des sommets S, *s*. On aura donc (505) $SF^2 : SP^2 :: ABCDE : IKLMN :: sf^2 : sp^2 :: abc : ikl$; d'où l'on tire $ABCDE : abc :: IKLMN : ikl$; & par conséquent la somme de tous les éléments IKLMN, ou la solidité de la premiere pyramide, est à la somme de tous les *ikl*, ou à la solidité de la seconde, comme la base ABCDE est à la base *abc*. 98.

Cela posé, soient deux pyramides d'une même hauteur *a*, & appellons X la solidité de la premiere, B sa base; *x* la solidité de la seconde, *b* sa base: nous aurons $X : x :: B : b$, & par conséquent $X = \frac{B}{b} x$; ce qui fait voir que la solidité d'une seule pyramide une fois connue, on aura immédiatement celle de toutes les autres pyramides qui auront la même hauteur. Cherchons donc à connoître la solidité d'une pyramide de hauteur donnée.

529. Je me représente un cube comme formé par l'assemblage de six pyramides égales, qui toutes vont se réunir par leur sommet au centre du cube, & qui ont chacune pour base une de ses faces. La hauteur de ces

FIG. pyramides sera donc égale à la moitié de la hauteur du cube; de maniere que si la hauteur du cube est $2a$, j'aurai $8a^3$ pour l'expression de sa solidité, & par conséquent $\frac{8a^3}{6}$, ou $\frac{4a^3}{3}$, pour l'expression de la solidité x de chacune de ces pyramides. D'ailleurs leur base $b = 4a^2$; donc la formule $X = \frac{B}{b}x$, devient $X = \frac{1}{3}aB$; c'est-à-dire que *la solidité d'une pyramide quelconque est égale au tiers du produit de sa base par sa hauteur.*

Donc 1°, la pyramide est le tiers du prisme de même base & de même hauteur; 2°, la solidité du cône est aussi le tiers de celle du cylindre qui lui est circonscrit.

92. 530. Pour trouver celle du cône tronqué ADEC, menons la perpendiculaire BF sur ses bases, & supposons $AC = a$, $DE = b$, $GF = d$, le rapport du diamètre à la circonférence $= 1 : \pi$, & la partie $BG = x$. Nous aurons donc, $x : x + d :: b : a$. D'où $x = \frac{db}{a-b}$. Or les surfaces des cercles qui ont DE & AC pour diamètres, sont exprimées par $\frac{b^2\pi}{4}$ & $\frac{a^2\pi}{4}$. Donc les solidités des cônes ABC & BDE sont $(x + d)\frac{a^2\pi}{3\cdot4}$ & $\frac{b^2\pi x}{3\cdot4}$; & par conséquent leur différence ou la solidité du cône tronqué $ACDE = \frac{\pi}{3\cdot4}((a^2 - b^2)x + a^2d) = \frac{\pi d}{3\cdot4}(a^2 + b^2 + ab)$, en mettant pour x sa valeur $\frac{bd}{a-b}$.

531. Pour mesurer la solidité d'un polyedre, on le divisera en pyramides dont on calculera séparément la solidité. Leur somme sera celle du polyedre proposé. Si ce polyedre est régulier, on multipliera le rayon de la sphere à laquelle on peut le concevoir circonscrit, par le tiers de sa surface, & on aura sa solidité. Car on peut concevoir que du centre de la sphere inscrite on ait mené à tous les angles du polyedre des droites qui le divisent en autant de pyramides égales qu'il a de faces. Or la

solidité

solidité de l'une quelconque de ces pyramides est égale au tiers de sa base qui est une des faces du polyedre, multipliée par la perpendiculaire menée de son centre sur cette face, c'est à-dire, par le rayon de la sphere inscrite. FIG.

532. A l'égard de la sphere même, sa solidité est égale au tiers de sa surface multipliée par son rayon.

Car on peut concevoir la sphere divisée en un nombre infini de petites pyramides, qui ont toutes pour sommet le centre même de cette sphere, & pour base une portion infiniment petite de sa surface. Or la solidité de l'une de ces pyramides est égale au produit du rayon par le tiers de la portion infiniment petite de la surface de la sphere, qui lui sert de base. Donc la somme de toutes ces petites pyramides, ou *la solidité de la sphere est égale au produit de son rayon par le tiers de sa surface.*

533. Soit s la surface d'un des grands cercles de la sphere & a son rayon, sa solidité sera $\frac{4}{3}\ a\ s$. Or le cylindre circonscrit à la sphere a pour solidité $2\ a\ s$. Donc la solidité de la sphere est à celle du cylindre circonscrit $:: \frac{4}{3}\ a\ s : 2\ a\ s :: 2 : 3$. Archimede qui le premier découvrit ce rapport, fut frappé de son identité avec celui des surfaces des mêmes solides.

La surface de la base du cône équilatéral étant $3\ s$, & sa hauteur $3\ a$, sa solidité est $3\ a\ s$. Donc la sphere est au cône équilatéral $:: 4 : 9$, rapport qui est encore le même que celui de leurs surfaces.

Si l'on conçoit un cône A E B qui ait même hauteur que le cylindre circonscrit à la sphere, la soildité de ce cône sera le tiers de celle du cylindre. D'où il suit que le cylindre, la sphere & le cône sont alors $:: 3 : 2 : 1$. 94.

534. Supposons maintenant qu'un secteur circulaire BCD tourne autour du rayon DC; il décrira un secteur sphérique BCDM: or pour mesurer la solidité de ce secteur, soit BD $= a$, $x =$ CP, qui est l'épaisseur de la *Calotte* BCM, soit $1 : \pi$ le rapport du diametre à la circonférence. On aura $2\ a\ \pi$ pour la circonférence d'un des grands cercles de la sphere, & $2\ a\ \pi\ x$ sera la surface décrite par B C. Donc 90.

FIG. la solidité du secteur sphérique BCDM $= \frac{2a^2\pi x}{3}$. D'où l'on voit que dans la même sphere, les secteurs sphériques sont entre eux, comme les épaisseurs des calottes sur lesquelles ils sont appuyés.

535. A l'égard de la calotte décrite par le demi-segment BCP, sa solidité est égale à celle du secteur sphérique BCMP moins celle du cône droit décrit par le triangle BPD. Or il est aisé de trouver que ce cône a pour solidité $\frac{\pi}{3}(2ax - xx)(a-x)$; donc une calotte sphérique dont l'épaisseur est x, a pour expression de sa solidité $\frac{\pi}{3}[2a^2x - (2ax-xx)(a-x)] = \pi x^2 (a - \frac{1}{3}x)$.

536. De cette derniere expression on déduit facilement celle de la solidité de la portion sphérique engendrée par la révolution du trapeze
90. circulaire DPBF; car en nommant z son épaisseur DP, on a tout de suite $\pi(aaz - \frac{1}{3}z^3)$ pour sa solidité. On trouve de même qu'en nommant u l'épaisseur DQ, la portion sphérique décrite par le trapeze DQNF a pour expression $\pi(aau - \frac{1}{3}u^3)$.

Il n'est donc pas difficile de connoître la solidité de la *Zone* engendrée par le trapeze QPBN. Son expression est $\pi(aa \times \overline{z-u} + \frac{u^3-z^3}{3})$. Or appellant g son épaisseur PQ, y son plus grand rayon, ou la plus grande ordonnée NQ, y' la plus petite BP, on a $z = u+g$; ce qui donne d'abord pour sa solidité, $\pi g(aa - uu - gu - \frac{1}{3}gg)$; on a ensuite $yy = aa - uu$; d'où $yy + uu = aa = y'y' + uu + 2gu + gg$. Donc $gu = \frac{yy - y'y' - gg}{2}$; & par conséquent la solidité d'une zone quelconque $= \pi g(\frac{yy + y'y' + gg}{2} - \frac{gg}{3}) = \frac{\pi g}{6}(3yy + 3y'y' + gg)$. Ainsi quand même on ne connoîtroit pas le rayon de la sphere dont cette zone fait partie, on n'en détermineroit pas moins sa solidité.

537. Maintenant pour comparer deux solides ensemble, appellons S la solidité du premier, & A, B, C, ses trois facteurs; s la solidité du second, a, b, c ses facteurs. Nous aurons donc S : s : : ABC : abc. D'où il suit 1°, que si A $= a$, S : s : : BC : bc. 2°, Que lorsque A :

$a :: bc : BC$, on a $S = s$. 3°, Que dans les solides semblables, $S : s :: A^3 : a^3 :: B^3 : b^3 :: C^3 : c^3$; ensorte, par exemple, que *les solidités des spheres sont entre elles comme les cubes de leurs rayons, ou de leurs diamètres, ou de leurs dimensions homologues quelconques.*

Il suit de là que les solidités des spheres sont proportionelles aux cubes de leurs rayons, tandis que les surfaces des cercles sont proportionelles aux quarrés des rayons, & que les circonférences suivent le rapport simple des rayons.

APPLICATION DES PRINCIPES
DE GÉOMÉTRIE ET D'ALGEBRE
AU CALCUL DES SINUS ET A LA TRIGONOMÉTRIE.

IL étoit naturel de chercher à réduire toutes les figures rectilignes au triangle, parce que le triangle est la plus simple de toutes ces figures. Aussi voyons-nous que les anciens Géomètres avoient déja ramené l'arpentage à ce point de simplicité : ils partageoient en triangles les terreins qu'ils avoient à mesurer. De là vient le nom de *Trigonométrie* à la science qui apprend à *résoudre* les Triangles.

Quand ils sont formés par des lignes droites, on l'appelle *Trigonométrie rectiligne*. Quand ces triangles sont formés par des arcs de cercle, on l'appelle *Trigonométrie sphérique*. L'une & l'autre *Trigonométrie* sont d'une grande utilité : mais pour être en état d'en juger, il faut commencer par se rendre familière la théorie des *Sinus*.

Du Calcul des Sinus.

538. ON appelle *Sinus* d'un arc ou d'un angle, toute
99. ligne qui partant d'une des deux extrémités de cet arc ou de cet angle, tombe perpendiculairement sur le rayon ou le diamètre qui passe par l'autre extrémité. Ainsi la perpendiculaire BD, menée de l'extrémité B de l'arc BA, sur le rayon CA, qui passe par l'autre extrémité A, se nomme le *sinus* de l'arc AB, ou de l'angle ACB que cet arc mesure.

539. Si EB eſt le complément de l'arc BA, ſon ſinus GB eſt le ſinus de complément, ou le *coſinus* de l'arc AB. Or il eſt clair que CD = BG, & que BD = GC.

540. La perpendiculaire AT menée par le point A ſur le rayon CA juſqu'à la rencontre du rayon CB prolongé, ſe nomme la *tangente* de l'arc AB, & CT en eſt la *ſécante*. De même la tangente EM de l'arc EB eſt la tangente de complément, ou la *cotangente* de l'arc AB, & CM en eſt la *coſécante*.

On nomme encore *ſinus verſe* & *coſinus verſe* les lignes AD, EG; mais on s'en ſert rarement.

Pour abréger, nous écrirons *ſin*, *coſ*, *tang*, *cot*, *ſec*, *coſec*, *ſin v*, *coſ v*, au lieu de ſinus, coſinus, tangente, cotangente, ſécante, coſécante, ſinus verſe & coſinus verſe.

541. Il ſuit de la définition des ſinus, que *le ſinus d'un arc quelconque eſt la moitié de la corde d'un arc double.* Car ſi on prolonge BD juſqu'en F, BD ſera la moitié de BF, corde du double de l'arc BA.

Et c'eſt de là, pour le dire en paſſant, que vient probablement la dénomination des ſinus: car autrefois les cordes d'un cercle s'appelloient *inſcriptæ*, & leurs moitiés, ou *ſemiſſes inſcriptæ*, ſe déſignoient par S. *ins.* On finit donc par prononcer *ſinus* dans un temps, où la plupart des mots ſe terminoient en *us*.

De ce que le ſinus d'un arc eſt la moitié de la corde qui ſoûtend un arc double, il ſuit évidemment que *le ſinus d'un arc de 30° eſt la moitié du rayon* (420).

542. La définition des ſinus fait voir avec la même clarté, que le ſinus d'un angle aigu quelconque, BCA eſt le même que celui de l'angle obtus *a* CB, qui lui ſert de ſupplément.

543. Quant au coſinus d'un angle obtus, il eſt toujours négatif. Il en eſt de même de ſa tangente, cotangente, ſécante, &c.

544. On voit bien que les ſinus croiſſent depuis 0°, auquel cas leur coſinus eſt égal au rayon, juſqu'à 90°.

FIG. Alors le ſinus devient égal au rayon, & le coſinus s'évanouit. Les ſinus croiſſent enſuite depuis $90°$ juſqu'à $180°$, où ils deviennent nuls, pendant que leur coſinus devient égal au rayon pris négativement.

545. On voit également que les tangentes & les ſécantes croiſſent depuis o, où la tangente eſt nulle, pendant que la ſécante eſt égale au rayon, juſqu'à $90°$ où la tangente & la ſécante deviennent égales, paralleles & par conſéquent infinies. La cotangente eſt alors nulle, & la coſécante égale au rayon.

Depuis $90°$ juſqu'à $180°$, elles décroiſſent de plus en plus; mais elles ſont négatives. Lorſqu'elles ont atteint $180°$, la tangente s'évanouit, & la ſécante devient égale au rayon pris négativement. Dans ce même point la cotangente & la coſécante deviennent égales & infinies négatives.

546. *La tangente de* $45°$ *eſt égale au rayon*, ainſi que
99. la cotangente. Car alors les triangles rectangles CEM, CTA deviennent égaux & iſoſceles.

547. Cela poſé, ſoit l'arc $BA = A$, le rayon $CB = CA = 1$ (ſuppoſition que nous ferons déſormais, afin de rendre le calcul plus facile), on aura, à cauſe des triangles rectangles & ſemblables CBD, CGB, CTA, CEM, les proportions & les équations ſuivantes.

I. $CD^2 + BD^2 = CB^2$; ou $\textit{ſin}^2 A + \textit{coſ}^2 A = 1 = \textit{ſin}^2 B + \textit{coſ}^2 B$ (B étant un autre arc quelconque). Donc $\textit{ſin}\, A + \textit{ſin}\, B : \textit{coſ}\, B + \textit{coſ}\, A :: \textit{coſ}\, B - \textit{coſ}\, A : \textit{ſin}\, A - \textit{ſin}\, B$.

II. $CT^2 - AT^2 = AC^2 \,..\, \textit{ſec}^2 A - \textit{tang}^2 A = 1$.

III. $CE^2 = CM^2 - EM^2 \,...\, 1 = \textit{coſec}^2 A - \textit{cot}^2 A = \textit{ſec}^2 A - \textit{tang}^2 A$.

IV. $CD : BD :: CA : AT \,...\, \textit{coſ}\, A : \textit{ſin}\, A :: 1 : \textit{tang}\, A$. Donc $\textit{ſin}\, A = \textit{coſ}\, A \times \textit{tang}\, A \,...\, \textit{coſ}\, A = \frac{\textit{ſin}\, A}{\textit{tang}\, A} \,...\, \textit{tang}\, A = \frac{\textit{ſin}\, A}{\textit{coſ}\, A}$.

V. $CB : BD :: CT : AT \,...\, 1 : \textit{ſin}\, A :: \textit{ſec}\, A : \textit{tang}\, A$. Donc $\textit{ſec}\, A = \frac{\textit{tang}\, A}{\textit{ſin}\, A} = \frac{1}{\textit{coſ}\, A}$.

VI. $CG : GB :: CE : EM \,...\, \textit{ſin}\, A : \textit{coſ}\, A :: 1$

: $cot\ A = \frac{cos\ A}{sin\ A} = \frac{1}{tang\ A}$. Donc $cot\ A \times tang\ A = 1$. FIG.

548. Soit proposé maintenant de déterminer le sinus & le cosinus de la somme de deux arcs donnés AB & BE. 100.

Je nomme s le sinus BD de l'arc AB ... c son cosinus CD ... s' le sinus EG de l'arc CEB ... c' son cosinus CG .... enfin x le cosinus cherché CF $= cos$ (AB $+$ BE), & y le sinus EF $= sin$ (AB $+$ BE).

Cela posé, à cause des triangles semblables CBD, CFH, EGH, on aura CD (c) : CF (x) :: CB (1) : CH $= \frac{x}{c}$ :: BD (s) : FH $= \frac{sx}{c}$.

Ensuite CD (c) : EG (s') :: BD (s) : GH ($c' - \frac{x}{c}$) :: CB (1) : EH ($y - \frac{sx}{c}$). Donc $s's = cc' - x$, & $s' = cy - sx$.

La premiere équation donne $x = cc' - ss'$, & substituant cette valeur dans la seconde, on a, (en faisant attention que $1 - s^2 = c^2$), $y = sc' + s'c$. Donc en général a & b étant deux arcs quelconques, on a

$Sin\ (a + b) = sin\ a\ cos\ b + sin\ b\ cos\ a.$
$Cos\ (a + b) = cos\ a\ cos\ b - sin\ a\ sin\ b.$

549. Soit $a + b = c$, on aura

$Sin\ c = sin\ a\ cos\ (c - a) + cos\ a\ sin\ (c - a).$
$Cos\ c = cos\ a\ cos\ (c - a) - sin\ a\ sin\ (c - a).$

Or en traitant $sin\ (c - a)$ & $cos\ (c - a)$ comme des inconnues, on trouve $sin\ (c - a) = sin\ c\ cos\ a - sin\ a\ cos\ c$ .... & $cos\ (c - a) = cos\ c\ cos\ a + sin\ a\ sin\ c$. Donc en général.....

$Sin\ (a - b) = sin\ a\ cos\ b - sin\ b\ cos\ a.$
$Cos\ (a - b) = cos\ a\ cos\ b + sin\ a\ sin\ b.$

En faisant $a = b$, on a $sin\ 2\ a = 2\ sin\ a\ cos\ a$, & $cos\ 2\ a = cos^2\ a - sin^2\ a = 2\ cos^2\ a - 1$ (en mettant pour $sin^2\ a$, sa valeur $1 - cos^2\ a$). Il est donc bien facile d'avoir le sinus & le cosinus du double d'un arc dont on connoît déja le sinus & le cosinus.

On trouve avec la même facilité le ſinus & le coſinus de la moitié de cet arc. Car ſi on fait $2a = c$, on aura $\sin c = 2 \sin \frac{1}{2} c \cos \frac{1}{2} c$, & $\cos c + 1 = 2 \cos^2 \frac{1}{2} c$. Donc $\cos \frac{1}{2} c = \sqrt{\left(\frac{1 + \cos c}{2}\right)}$, & $\frac{\sin c}{2 \cos \frac{1}{2} c}$, ou $\sin \frac{1}{2} c = \frac{\sin c}{\sqrt{2(1 + \cos c)}} = \sqrt{\left(\frac{1 - \cos^2 c}{2(1 + \cos c)}\right)} = \sqrt{\left(\frac{1 - \cos c}{2}\right)}$.

Mais comme ces formules ſuppoſent que les ſinus & coſinus ſont déja connus, il faut, avant d'aller plus loin, apprendre à les connoître.

550. Et d'abord, il eſt clair que ſi on calcule les ſinus de tous les arcs compris dans un quart de cercle, depuis l'arc de 1″ juſqu'à l'arc de 90°, on connoîtra tous les ſinus, depuis celui de 1″, juſqu'à celui de 180° (542). Or depuis 180° juſqu'à 360°, les ſinus ſont les mêmes que depuis 0° juſqu'à 180, au ſigne près qui eſt négatif. Donc *le calcul des ſinus ſe réduit à celui des ſinus d'un quart de cercle.*

Il eſt clair enſuite que les coſinus peuvent aiſément ſe déterminer par la formule .... $\cos a = \sqrt{(1 - \sin^2 a)}$. Occupons-nous donc ſeulement du calcul des ſinus.

On ſait (485) que le rayon étant 1, l'arc de 90° eſt repréſenté par 1,5707963267948966, &c; donc l'arc de 1″ eſt de 0,000004848 &c parties du rayon; & comme un arc auſſi petit ne differe pas ſenſiblement de ſon ſinus, on a pris 0,000004848 &c, pour ſinus de l'arc de 1″. On a doublé, triplé cette fraction, & on a eu les ſinus de 2″, de 3″, &c.

On auroit pu calculer le ſinus de 2″, puis celui de 3″ &c, par les formules $\sin 2a = 2 \sin a \cos a$, & $\sin (a + b) = \sin a \cos b + \sin b \cos a$: mais on a trouvé que la différence entre des arcs auſſi petits & leurs ſinus étoit trop inſenſible, pour ne pas prendre chacun de ces arcs au lieu de ſon ſinus reſpectif.

En s'élevant ainſi des ſecondes juſqu'aux minutes, & en continuant le calcul depuis les minutes juſqu'aux degrés, par le moyen des deux formules précédentes, on parvient au ſinus de 30°. Ce ſinus devant être égal à la moitié du rayon, on peut vérifier par là les calculs antérieurs; & on ſe trouve avoir tous les ſinus depuis celui d'une ſeconde juſqu'à celui de 30°. Mais pour ne pas trop groſſir le volume des Tables, on n'y fait entrer que les ſinus des minutes & des degrés.

551. Suppoſons maintenant que $a = 30°$, on aura $\sin(30° + b) = \sin 30° \cos b + \cos 30° \sin b$. Or $\sin 30° = \frac{1}{2}$ .... & $\cos 30° = \sqrt{(1 - \frac{1}{4})} = \frac{1}{2}\sqrt{3}$. Donc $\sin(30° + b) = \frac{1}{2}\sin b\sqrt{3} + \frac{1}{2}\cos b$ .... & $\sin(30° - b) = \frac{1}{2}\cos b - \frac{1}{2}\sin b\sqrt{3}$. Donc $\sin(30° + b) = \sin(30° - b) + \sin b\sqrt{3}$. Il ſuit de là que connoiſſant tous les ſinus depuis 0° juſqu'à 30°, on a facilement tous ceux qui ſont depuis 30° juſqu'à 60°.

552. Cela poſé, ſoit $a = 60°$, on aura $\sin(60° + b) = \frac{1}{2}\cos b\sqrt{3} + \frac{1}{2}\sin b$ .... & $\sin(60° - b) = \frac{1}{2}\cos b\sqrt{3} - \frac{1}{2}\sin b$. Donc $\sin(60° + b) = \sin(60° - b) + \sin b$. Par exemple, $\sin 66° = \sin 54° + \sin 6°$.

Connoiſſant donc les ſinus des arcs qui ſont entre 30° & 60°, on aura tout de ſuite ceux qui ſont depuis 60° juſqu'à 90°; ce qui complétera ce genre de calcul.

553. Reprenons les deux formules .... $\sin(a + b) = \sin a \cos b + \sin b \cos a$ .... $\sin(a - b) = \sin a \cos b - \sin b \cos a$, & ajoutons-les enſemble; nous aurons

$$\sin a \cos b = \frac{1}{2}\sin(a + b) + \frac{1}{2}\sin(a - b).$$

En ſouſtrayant la ſeconde de la premiere, nous trouverons ....

$$\sin b \cos a = \frac{1}{2}\sin(a + b) - \frac{1}{2}\sin(a - b)$$

Faiſant les mêmes opérations ſur les deux autres formules .... $\cos(a + b) = \cos a \cos b - \sin a \sin b$ .... $\cos(a - b) = \cos a \cos b + \sin a \sin b$,

on en déduira ..
$$\cos a \cos b = \frac{1}{2}\cos(a + b) + \frac{1}{2}\cos(a + b)$$
$$\sin a \sin b = \frac{1}{2}\cos(a - b) - \frac{1}{2}\cos(a + b)$$

Ces quatre dernieres formules ſont utiles quand on veut transformer des produits de ſinus en ſinus ſimples. Les quatre ſuivantes ſervent à ſubſtituer à des ſommes ou à des différences de sinus, des produits d'autres sinus; afin que le calcul par logarithmes puisse s'y appliquer.

554. Soit $a+b=p \ldots a-b=q$, on aura $a=\frac{p+q}{2} \ldots b=\frac{p-q}{2}$. Donc ....

$$\sin p+\sin q=2\sin\frac{p+q}{2}\cos\frac{p-q}{2}.$$

$$\sin p-\sin q=2\sin\frac{p-q}{2}\cos\frac{p+q}{2}.$$

$$\cos p+\cos q=2\cos\frac{p+q}{2}\cos\frac{p-q}{2}.$$

$$\cos q-\cos p=2\sin\frac{p+q}{2}\sin\frac{p-q}{2}.$$

555. Supposons dans les deux premieres formules $p=90°$, & dans les deux dernieres $q=0$, nous aurons....

$1+\sin q=2\sin(45°+\frac{1}{2}q)\cos(45°-\frac{1}{2}q)=2\sin^2(45°+\frac{1}{2}q)$.
$1-\sin q=2\sin(45°-\frac{1}{2}q)\cos(45°+\frac{1}{2}q)=2\sin^2(45°-\frac{1}{2}q)$.
$=2\cos^2(45°+\frac{1}{2}q)=\cos v.\ q$.
$1+\cos p=2\cos^2\frac{1}{2}p$.
$1-\cos p=2\sin^2\frac{1}{2}p=\sin v.\ p$.

556. Divisons maintenant les formules du n° 554, les unes par les autres, nous aurons ......

$$\frac{\sin p+\sin q}{\sin p-\sin q}=\frac{\sin\frac{p+q}{2}}{\cos\frac{p+q}{2}}\times\frac{\cos\frac{p-q}{2}}{\sin\frac{p-q}{2}}=\operatorname{tang}\frac{p+q}{2}\cot\frac{p-q}{2}=\frac{\operatorname{tang}\frac{p+q}{2}}{\operatorname{tang}\frac{p-q}{2}}.$$

$$\frac{\sin p+\sin q}{\cos p+\cos q}=\operatorname{tang}\frac{p+q}{2}. \qquad \frac{\sin p-\sin q}{\cos p+\cos q}=\operatorname{tang}\frac{p-q}{2}.$$

$$\frac{\sin p+\sin q}{\cos q-\cos p}=\cot\frac{p-q}{2}. \qquad \frac{\sin p-\sin q}{\cos q-\cos p}=\cot\frac{p+q}{2}.$$

$$\frac{cos\,p + cos\,q}{cos\,q - cos\,p} = cot\,\frac{p+q}{2}\,cot\,\frac{p-q}{2}.$$

557. En divisant de même les unes par les autres, quelques-unes, des formules du n° 555, on trouve . . . . .

$$\frac{1 + sin\,q}{1 - sin\,q} = \frac{sin^2\,(45^\circ + \frac{1}{2}q)}{sin^2\,(45^\circ - \frac{1}{2}q)} = \frac{sin^2\,(45^\circ + \frac{1}{2}q)}{cos^2(45^\circ + \frac{1}{2}q)} = tang^2(45^\circ + \frac{1}{2}q).$$

$$\frac{1 + cos\,p}{1 - cos\,p} = \frac{cos^2\,\frac{1}{2}p}{sin^2\,\frac{1}{2}p} = cot^2\,\frac{1}{2}p.$$

$$\frac{1 + sin\,q}{1 + cos\,p} = \frac{sin^2\,(45^\circ + \frac{1}{2}q)}{cos^2\,\frac{1}{2}p}.$$

$$\frac{1 - sin\,q}{1 - cos\,q} = \frac{cos\,v.\,q}{sin\,v.\,q} = \frac{sin^\circ\,(45^\circ - \frac{1}{2}q)}{sin^2\,\frac{1}{2}q}.$$

558. Reprenons encore une fois les valeurs de $sin\,(a+b)$ $sin\,(a-b)$, $cos\,(a+b)$, $cos\,(a-b)$, nous en déduirons . . . . .

$$\frac{sin\,(a+b)}{sin\,(a-b)} = \frac{sin\,a\,cos\,b + sin\,b\,cos\,a}{sin\,a\,cos\,b - sin\,b\,cos\,a} = \frac{\frac{sin\,a\,cos\,b}{sin\,a\,sin\,b} + \frac{sin\,b\,cos\,a}{sin\,a\,sin\,b}}{\frac{sin\,a\,cos\,b}{sin\,a\,sin\,b} - \frac{sin\,b\,cos\,a}{sin\,a\,sin\,b}} =$$

$$\frac{\frac{cos\,b}{sin\,b} + \frac{cos\,a}{sin\,a}}{\frac{cos\,b}{sin\,b} - \frac{cos\,a}{sin\,a}} = \frac{cot\,b + cot\,a}{cot\,b - cot\,a} = \frac{\frac{1}{tang\,b} + \frac{1}{tang\,a}}{\frac{1}{tang\,b} - \frac{1}{tang\,a}} = \frac{tang\,a + tang\,b}{tang\,a - tang\,b}.$$

$$\frac{sin\,(a+b)}{cos\,(a-b)} = \frac{sin\,a\,cos\,b + sin\,b\,cos\,a}{cos\,a\,cos\,b + sin\,a\,sin\,b} = \frac{\frac{cos\,b}{sin\,b} + \frac{cos\,a}{sin\,a}}{\frac{cos\,a\,cos\,b}{sin\,a\,sin\,b} + 1} = \frac{cot\,b + cot\,a}{1 + cot\,b\,cot\,a} =$$

$$\frac{tang\,a + tang\,b}{1 + tang\,a\,tang\,b}.$$

$$\frac{sin\,(a-b)}{cos\,(a+b)} = \frac{sin\,a\,cos\,b - sin\,b\,cos\,a}{cos\,a\,cos\,b - sin\,a\,sin\,b} = \frac{cot\,b - cot\,a}{cot\,b\,cot\,a - 1} = \frac{tang\,a - tang\,b}{1 - tang\,a\,tang\,b}.$$

$\frac{\cos(a+b)}{\cos(a-b)} = \frac{\cos a \cos b - \sin a \sin b}{\cos a \cos b + \sin a \sin b} = \frac{\cot b - \operatorname{tang} a}{\cot b + \operatorname{tang} a} = \frac{1 - \operatorname{tang} a \operatorname{tang} b}{1 + \operatorname{tang} a \operatorname{tang} b} =$
$\frac{\cot a - \operatorname{tang} b}{\cot a + \operatorname{tang} b}.$

$\frac{\sin(a+b)}{\cos(a+b)} = \operatorname{tang}(a+b) = \frac{\operatorname{ang} a + \operatorname{tang} b}{1 - \operatorname{tang} a \operatorname{tang} b} = \frac{\cot a + \cot b}{\cot a \cot b - 1}.$

Donc $\cot(a+b) = \frac{1}{\operatorname{tang}(a+b)} = \frac{1 - \operatorname{tang} a \operatorname{tang} b}{\operatorname{tang} a + \operatorname{tang} b} =$
$\frac{\cot a \cot b - 1}{\cot a + \cot b}.$

$\frac{\sin(a-b)}{\cos(a-b)} = \operatorname{tang}(a-b) = \frac{\operatorname{tang} a - \operatorname{tang} b}{1 + \operatorname{tang} a \operatorname{tang} b} = \frac{\cot b - \cot a}{\cot b \cot a + 1}.$

Donc $\cot(a-b) = \frac{1 + \operatorname{tang} a \operatorname{tang} b}{\operatorname{tang} a - \operatorname{tang} b} = \frac{\cot b \cot a + 1}{\cot b - \cot a}.$

559. Soit $a = 45^\circ$; on aura $\operatorname{tang}(45^\circ + b) =$
$\frac{1 + \operatorname{tang} b}{1 - \operatorname{tang} b} = \frac{\cot b + 1}{\cot b - 1}$, & $\operatorname{tang}(45^\circ - b) = \frac{1 - \operatorname{tang} b}{1 + \operatorname{tang} b} =$
$\cot(45^\circ + b) = \frac{\cot b - 1}{\cot b + 1}.$

Si l'on fait $a = b = \frac{1}{2} c$, on aura $\operatorname{tang} 2a = \frac{2 \operatorname{tang} a}{1 - \operatorname{tang}^2 a}$, ou $\operatorname{tang} c = \frac{2 \operatorname{tang} \frac{1}{2} c}{1 - \operatorname{tang}^2 \frac{1}{2} c}$, & $\cot 2a = \frac{1 - \operatorname{tang}^2 a}{2 \operatorname{tang} a} =$ $\frac{1}{2} \cot a - \frac{1}{2} \operatorname{tang} a$. Donc $\cot c = \frac{1}{2} \cot \frac{1}{2} c - \frac{1}{2} \operatorname{tang} \frac{1}{2} c$, & $\cot \frac{1}{2} c = 2 \cot c + \operatorname{tang} \frac{1}{2} c$. Or (549) $\operatorname{tang} \frac{1}{2} c =$ $\sqrt{\left(\frac{1 - \cos c}{1 + \cos c}\right)} = \frac{1 - \cos c}{\sin c}.$

560. Puisque $\sec a = \frac{1}{\cos a}$, & $\operatorname{cosec} a = \frac{1}{\sin a}$, on a . . . :

$\operatorname{Sec}(a+b) = \frac{1}{\cos a \cos b - \sin a \sin b} = \frac{\frac{1}{\cos a \cos b}}{1 - \frac{\sin a \sin b}{\cos a \cos b}} = \frac{\sec a \sec b}{1 - \operatorname{tang} a \operatorname{tang} b} =$
$\frac{\operatorname{cosec} a \operatorname{cosec} b}{\cot a \cot b - 1}.$

$$Sec\,(a-b)=\frac{sec\,a\,sec\,b}{1+tang\,a\,tang\,b}.$$

$$Cosec\,(a+b)=\frac{cosec\,a\,cosec\,b}{cot\,b+cot\,a}.$$

$$Cosec\,(a-b)=\frac{cosec\,a\,cosec\,b}{cot\,b-cot\,a}.$$

561. Soit $a=b$, on aura $cosec\,2\,a=\frac{cosec^2\,a}{2.\,cot\,a}=\frac{1+cot^2\,a}{2\,cot\,a}=\frac{cot\,a+tang\,a}{2}$. Dodc $cosec\,a=\frac{cot\,\frac{1}{2}\,a+tang\,\frac{1}{2}\,a}{2}$. Or $cot\,\frac{1}{2}\,a=2\,cot\,a+tang\,\frac{1}{2}\,a$ (559). Donc $cosec\,a=cot\,a+tang\,\frac{1}{2}\,a=\frac{cot\,\frac{1}{2}\,a+tang\,\frac{1}{2}\,a}{2}=cot\,\frac{1}{2}\,a-cot\,a$, en mettant pour $tang\,\frac{1}{2}\,a$ sa valeur $cot\,\frac{1}{2}\,a-2\,cot\,a$)

On a auſſi $sec\,2\,a=\frac{sec^2\,a}{1-tang^2\,a}=\frac{1+tang^2\,a}{1-tang^2\,a}=\frac{(1+tang\,a)^2}{1-tang^2\,a}-\frac{2\,tang\,a}{1-tang^2\,a}=\frac{1+tang\,a}{1-tang\,a}-\frac{2\,tang\,a}{1-tang^2\,a}$. Mais $\frac{1+tang\,a}{1-tang\,a}=tang\,(45^\circ+a)$, & $\frac{2\,tang\,a}{1-tang^2\,a}=tang\,2\,a$.

Donc $sec\,2\,a=tang\,(45^\circ+a)-tang\,2\,a$, & $sec\,a=tang\,(45^\circ+\frac{1}{2}\,a)-tang\,a=cot\,(45^\circ-\frac{1}{2}\,a)-tang\,a$.

De ce que $sec\,a=\frac{1}{cos\,a}$, & que $cosec\,a=\frac{1}{sin\,a}$, on a $sec\,a=tang\,a\,cosec\,a$; & en ſubſtituant toutes les valeurs de $cosec\,a$ trouvées ci-deſſus, on aura $sec\,a=\frac{tang\,a}{2}\,(cot\,\frac{1}{2}\,a+tang\,\frac{1}{2}\,a)=tang\,a\,(cot\,a+tang\,\frac{1}{2}\,a)=1+tang\,a\,tang\,\frac{1}{2}\,a=tang\,a\,(cot\,\frac{1}{2}\,a-cot\,a)=tang\,a\,cot\,\frac{1}{2}\,a-1=\frac{tang\,a}{tang\,\frac{1}{2}\,a}-1$.

Au reſte toutes ces formules peuvent être variées d'une infinité de manieres, en les ajoutant, ſouſtrayant, diviſant, &c. Mais il eſt inutile d'inſiſter ſur une matiere auſſi facile; voyez l'Introduction à l'analyſe des Infinis par M. Euler.

Du Calcul des Tables de Sinus par les Séries.

Il eſt arrivé pour les Tables des Sinus, ce qui étoit déja arrivé pour les Tables des Logarithmes. Les premiers Calculateurs avoient fini depuis long temps leur travail, lorſqu'on imagina des moyens de le ſimplifier. Ces moyens cependant n'en ſont pas moins ingénieux, comme on peut en juger par celui que Jean Bernoulli propoſe dans le IIe Volume de ſes Ouvrages. En voici à peu-près l'analyſe.

562. Si l'on remonte à la valeur de $tang\,(a+b)$, on en déduira facilement $tang\,(A+B+C) = \frac{tang\,(A+B) + tang\,C}{1 - tang\,C\; tang\,(A+B)}$.
Soient donc a, b, c les tangentes reſpectives des arcs A, B, C; on aura $tang\,(A+B+C) = \frac{a+b+c-abc}{1-ab-ac-bc}$.
Pareillement ſi a, b, c, d ſont les tangentes reſpectives de quatre arcs A, B, C, D, on aura

$$tang\,(A+B+C+D) = \frac{a+b+c+d-abc-abd-acd-bcd}{1-ab-ac-ad-bc-bd-cd+abcd}.$$

D'où il ſuit, en général, que ſi l'on a un nombre quelconque d'arcs A, B, C, D, &c, on aura en nommant s la ſomme de leurs tangentes, s^{II} leurs produits deux à deux, s^{III} leurs produits trois à trois, &c) . . . . . .

$$Tang\,(A+B+C+D+\&c) = \frac{s - s^{III} + s^{V} - s^{VII} + \&c}{1 - s^{II} + s^{IV} - s^{VI} + \&c}.$$

Suppoſons pour un moment que tous les arcs A, B, C, &c ſoient égaux; ſi l'on nomme n leur nombre, $tang$ A la tangente de l'un quelconque de ces arcs, on aura (313)

$$s^{II} = \frac{n.n-1}{2}\, tang^2 A \ldots s^{III} = \frac{n.n-1.n-2}{2.3}\, tang^3 A \ldots$$

$$s^{IV} = \frac{n.n-1.n-2.n-3}{2.3.4}\, tang^4 A, \&c.$$

On a donc généralement . . . . . .

$$Tang\, n\, A = \frac{n\, tang\, A - \frac{n.n-1.n-2}{2.3} tang^3 A + \frac{n.n-1.n-2.n-3.n-4}{2.3.4.5} tang^5 A - \&c}{1 - \frac{n.n-1}{2} tang^2 A + \frac{n.n-1.n-2.n-3}{2.3.4} tang^4 A - \&c.} =$$

$$\frac{n \frac{\sin A}{\cos A} - \frac{n.n-1.n-2}{2.3} . \frac{\sin^3 A}{\cos^3 A} + \&c}{1 - \frac{n.n-1}{2} . \frac{\sin^2 A}{\cos^2 A} + \&c} \ldots\ldots\ldots\ldots =$$

$$\frac{n \cos^{n-1} A \sin A - \frac{n.n-1.n-2}{2.3} \cos^{n-3} A \sin^3 A + \&c}{\cos^n A - \frac{n.n-1}{2} \cos^{n-2} A \sin^2 A + \frac{n.n-1.n-2.n-3}{2.3.4} \cos^{n-4} A \sin^4 A - \&c.}$$

Soit N le numérateur de cette derniere quantité, soit D le dénominateur ; on aura, en faisant le calcul .....

$$N^2 + D^2 = \cos^{2n} A + n \cos^{2n-2} A \sin^2 A + \frac{n.n-1}{2} \cos^{2n-4} A \sin^4 A + \ldots \sin^{2n} A = (\cos^2 A + \sin^2 A)^n = 1.$$

Mais puisque d'un côté on a $N^2 + D^2 = 1$, & que de l'autre on a $\frac{N^2}{D^2} = tang^2 n\, A = \frac{\sin^2 n A}{\cos^2 n A}$, il est clair que $N = \sin n\, A$, & que $D = \cos n\, A$; on a donc en général ....

$$Sin\, n\, A = n \cos^{n-1} A \sin A - \frac{n.n-1.n-2}{2.3} \cos^{n-3} A \sin^3 A + \ldots \frac{n.n-1.n-2.n-3.n-4}{2.3.4.5} \cos^{n-5} A \sin^5 A - \&c.$$

$$Cos\, n\, A = \cos^n A - \frac{n.n-1}{2} \cos^{n-2} A \sin^2 A + \frac{n.n-1.n-2.n-3}{2.3.4} \cos^{n-4} A \sin^4 A - \&c.$$

Supposons maintenant que l'arc A soit infiniment petit, ensorte qu'il faille que n soit infini pour que l'arc $n\, A$ soit d'une grandeur finie a, on aura, 1° ... $\sin A = A$, parce que l'arc infiniment petit ne differe pas de son sinus.

On aura, 2° .... $c\, s\, A = 1$, parce que le cosinus d'un arc infiniment petit est égal au rayon. On aura, 3° .... $n - 1 = n = n - 2 = n - 3$ &c, parce que n est infini ; on aura enfin ... $A = \frac{a}{n}$. Ces valeurs étant substituées dans les formules précédentes donnent . . . . .

$$Sin\, a = a - \frac{a^3}{2.3} + \frac{a^5}{2.3.4.5} - \frac{a^7}{2.3.4.5.6.7} + \frac{a^9}{2.3.4.5.6.7.8.9} - \&c.$$

$$Cos\, a = 1 - \frac{a^2}{2} + \frac{a^4}{2.3.4} - \frac{a^6}{2.3.4.5.6} + \frac{a^8}{2.3.4.5.6.7.8} - \&c.$$

$$\frac{sin\, a}{cos\, a} = tang\, a = \frac{a - \frac{a^3}{2.3} + \frac{a^5}{2.3.4.5} - \frac{a^7}{2.3.4.5.6.7} + \frac{a^9}{2.3.4.5.6.7.8.9} - \&c.}{1 - \frac{a^2}{2} + \frac{a^4}{2.3.4} - \frac{a^6}{2.3.4.5.6} + \frac{a^8}{2.3.4.5.6.7.8} - \&c.}$$

$$\frac{cos\, a}{sin\, a} = cot\, a = \frac{1 - \frac{a^2}{2} + \frac{a^4}{2.3.4} - \frac{a^6}{2.3.4.5.6} + \&c.}{a - \frac{a^3}{2.3} + \frac{a^5}{2.3.4.5} - \frac{a^7}{2.3.4.5.6.7} + \&c.}$$

563. Soit maintenant l'arc a une partie quelconque $\frac{1}{m}$ de 90°; comme l'arc de 90° = 1,5707963267948966, &c . . . . on aura, en appellant c ce nombre . . . . . .

$$Sin \frac{90°}{m} = \frac{c}{m} - \frac{c^3}{2.3.m^3} + \frac{c^5}{2.3.4.5.m^5} - \frac{c^7}{2.3.4.5.6.7.m^7} + \frac{c^9}{2.3\ldots 9.m^9} - \&c. =$$

TERMES POSITIFS.	TERMES NÉGATIFS.
$\frac{1}{m}$. 1,5707963267948966	$\frac{1}{m^3}$. 0,6459640975062462
$\frac{1}{m^5}$. 0,0796926262461670	$\frac{1}{m^7}$. 0,0046817541353186
$\frac{1}{m^9}$. 0,0001604411847871	$\frac{1}{m^{11}}$. 0,0000035988432352
$\frac{1}{m^{13}}$. 0,0000000569217292	$\frac{1}{m^{15}}$. 0,0000000006688035
$\frac{1}{m^{17}}$. 0,0000000000060669	$\frac{1}{m^{19}}$. 0,0000000000000043
&c.	&c.

On aura de même la valeur d'un cosinus quelconque par la formule suivante . . . .

$$cos \frac{90°}{m} = 1 - \frac{c^2}{2m^2} + \frac{c^4}{2.3.4m^4} - \frac{c^6}{2.3.4.5.6m^6} + \&c.$$

qui en substituant les valeurs des puissances de c, donne

TERMES POSITIFS.		TERMES NÉGATIFS.	
$1+\frac{1}{m^4}$.	0,253669507901048	$\frac{1}{m^2}$.	1,233700550136169
$\frac{1}{m^8}$.	0,000919260274839	$\frac{1}{m^6}$.	0,020863480763352
$\frac{1}{m^{12}}$.	0,000000471087477	$\frac{1}{m^{10}}$.	0,000025202042373
$\frac{1}{m^{16}}$.	0,000000000065659	$\frac{1}{m^{14}}$.	0,000000006386603
$\frac{1}{m^{20}}$.	0,000000000000003	$\frac{1}{m^{18}}$.	0,000000000000529
$\frac{1}{m^{24}}$.	0,000000000000000	$\frac{1}{m^{22}}$.	0,000000000000000
&c.		&c.	

564. Il en est de même pour *tang* $\frac{90^\circ}{m}$, & pour *cot* $\frac{90^\circ}{m}$. On peut donc par le moyen de ces séries calculer les sinus & les tangentes de tous les arcs; il n'y a qu'à substituer les valeurs convenables de m. Par exemple, pour calculer le sinus de l'arc de 30°, on fera $m = 3$, & on aura...

Sin 30° =	0,523 598 775 598 299
+	0,000 327 953 194 428
+	0,000 000 008 151 256
+	0,000 000 000 000 036
+	0,523 926 736 944 019
—	0,023 924 596 203 935
—	0,000 002 140 719 769
—	0,000 000 000 020 315
—	0,023 926 736 944 019

Donc *sin* 30° = 0, 5; comme on le sait d'ailleurs (541).

Au reste, comme il suffit de calculer les sinus jusqu'à 30° pour avoir tous les autres, la fraction $\frac{1}{m}$ sera toujours plus petite que $\frac{1}{3}$: ensorte que la série égale à *sin*

$\frac{90°}{m}$ sera très-convergente. Veut-on, par exemple, avoir le sinus de 9°? On fera $m = 10$, & on trouvera aussitôt .... $\sin 9° = 0,15643446504023$1.

Si on proposoit de trouver le sinus d'un arc d'un certain nombre de degrés, avec des minutes, des secondes, &c; il est clair qu'on pourroit le trouver par la même méthode.

565. Les sinus que l'on a par ce calcul conviennent à un cercle dont le rayon $= 1$, & par conséquent pour avoir ceux qui conviendroient à un cercle dont le rayon seroit a, il faudroit multiplier les premieres par a.

Dans les Tables ordinaires, on suppose que le rayon $= 10\,000\,000\,000$, & pour faciliter le calcul, on y a mis les logarithmes des sinus, cosinus, tangentes, cotangentes, depuis 1′ jusqu'à 90°, en exceptant ceux des arcs où il entre des secondes, parce qu'il est facile d'en trouver les sinus, cosinus, &c, comme on peut le voir dans les Tables déja citées (290).

566. Quant aux sécantes & cosécantes, on n'en a point fait de Tables particulieres, parce que leur usage est peu fréquent, & qu'il est aisé d'ailleurs de les calculer par le moyen des formules $\sec a = \frac{1}{\cos a}$, & $\mathrm{cosec}\ a = \frac{1}{\sin a}$, qui deviennent pour le rayon R des Tables, $\sec a = \frac{R^2}{\cos a}$, & $\mathrm{cosec}\ a = \frac{R^2}{\sin a}$; d'où l'on tire $Log.\ \sec a = 2\,L\,R - L\cos a = 20.0000000 - L\cos a$, & $L\,\mathrm{cosec}\ a = 20.0000000 - L\sin a$.

567. Après avoir résolu généralement ce problême: *étant donné un arc, trouver son sinus, son cosinus, sa tangente*, &c, il nous reste à donner la solution du problême inverse: *étant donné le sinus, ou le cosinus, la tangente ou la cotangente d'un arc, trouver la longueur de cet arc.*

Si l'on donne le cosinus ou la cotangente, on a immédiatement le sinus & la tangente. Ainsi le problême se réduit à trouver la longueur d'un arc dont on donne le sinus ou la tangente.

Or 1°, si l'on remonte à la valeur de $\sin a$, on en déduira par la méthode inverse des séries (284); $a = \sin a + \frac{\sin^3 a}{2.3} + \frac{3 \sin^5 a}{2.4.5}$ $+ \frac{3.5.\sin^7 a}{2.4.6.7} + \frac{3.5.7.\sin^9 a}{2.4.6.8.9} +$ &c.

2°. Si l'on nomme t la tangente de l'arc a, on aura (561) $t = \dfrac{a - \frac{a^3}{2.3} + \frac{a^5}{2.3.4.5} - \&c}{1 - \frac{a^2}{2} + \frac{a^4}{2.3.4} + \&c}$, ou $t = a + \frac{a^2 t}{2} - \frac{a^3}{2.3} - \frac{a^4 t}{2.3.4} +$ &c. Soit $a = At + Bt^3 + Ct^5 +$ &c, on aura en substituant & déterminant les inconnues A, B, C, &c, $A = 1$, $B = -\frac{1}{3}$, $C = \frac{1}{5}$, &c. D'où $a = \text{tang } a - \frac{\text{tang}^3 a}{3} + \frac{\text{tang}^5 a}{5} - \frac{\text{tang}^7 a}{7} +$ &c.

568. Ces deux séries donnent donc la solution du problême proposé. Appliquons-les maintenant à la recherche du rapport du diametre à la circonférence.

Si on fait $\sin a = \frac{1}{2}$, on aura la longueur de l'arc de 30° $= \frac{1}{2} + \frac{1}{2.3.2^3} + \frac{3}{2.4.5.2^5} + \frac{3.5}{2.4.6.7.2^7} +$ &c. Cette quantité multipliée par 6 donneroit la demi-circonférence, & par conséquent le rapport cherché; mais comme cette série, toute convergente qu'elle est, est assez longue à calculer, il vaut mieux se servir de la seconde qui donne, en supposant l'arc a de 45° . . . . $a = 1 - \frac{1}{3} + \frac{1}{5} - \frac{1}{7} + \frac{1}{9} - \frac{1}{11} +$ &c. Et parce que la marche de celle-ci est encore trop lente, on a imaginé un moyen plus expéditif pour avoir la longueur de ce même arc de 45°.

569. Ce moyen consiste à décomposer l'arc de 45° en deux autres arcs que nous appellerons a & b, & à chercher séparément leur longueur. Or dans cette supposition, $\text{tang}(a+b) = 1 = \frac{\text{tang } a + \text{tang } b}{1 - \text{tang } a . \text{tang } b}$.

Donc $\text{tang } a = \frac{1 - \text{tang } b}{1 + \text{tang } b}$. Soit $\text{tang } b = \frac{1}{3}$, on aura $\text{tang } a = \frac{1}{2}$. La somme des arcs a & b, ou le quart de la demi-circonférence sera donc . . . . .

$$\frac{\pi}{4} = \left\{ \begin{array}{l} \frac{1}{2} - \frac{1}{3.2^3} + \frac{1}{5.2^5} - \frac{1}{7.2^7} + \frac{1}{9.2^9} - \&c \\ + \frac{1}{3} - \frac{1}{3.3^3} + \frac{1}{5.3^5} - \frac{1}{7.3^7} + \frac{1}{9.3^9} - \&c \end{array} \right\} = 0,785398163397448 3 \&c.$$

d'où l'on tire $\pi = 3,14159265358979 32$ &c; & le rapport du diametre à la circonférence, comme on l'a donné (484).

570. Avant de terminer cette matiere, nous remarquerons que les formules déja trouvées pour les valeurs de *tang n* A, *sin n* A, &c. peuvent servir à trouver les sinus, cosinus, tangentes, cotangentes des arcs multiples. Car faisant $\sin a = s$, $\cos a = c$, $\tang a = t$, on aura la Table suivante......

$\sin a = s$	$\cos a = c.$
$\sin 2a = 2sc.$	$\cos 2a = c^2 - s^2.$
$\sin 3a = 3sc^2 - s^3.$	$\cos 3a = c^3 - 3cs^2.$
$\sin 4a = 4sc^3 - 4cs^3.$	$\cos 4a = c^4 - 6c^2s^2 + s^4.$
$\sin 5a = 5sc^4 - 10s^3c^2 + s^5.$	$\cos 5a = c^5 - 10c^3s^2 + 5cs^4.$
&c.	&c.

$\tang a = t.$	$\cot a = \frac{1}{t}.$
$\tang 2a = \frac{2t}{1-tt}.$	$\cot 2a = \frac{1-tt}{2t}.$
$\tang 3a = \frac{3t-t^3}{1-3t^2}.$	$\cot 3a = \frac{1-3tt}{3t-t^3}.$
$\tang 4a = \frac{4t-4t^3}{1-6tt+t^4}.$	$\cot 4a = \frac{1-6tt+t^4}{4t-4t^3}.$
$\tang 5a = \frac{5t-10t^3+t^5}{1-10t^2+5t^4}.$	$\cot 5a = \frac{1-10t^2+5t^4}{5t-10t^3+t^5}.$
&c.	&c.

571. On peut aussi par le moyen des mêmes formules trouver les équations qui servent à diviser un arc ou un angle quelconque en un nombre donné de parties égales. Car alors *sin* (nA) est connu, & on cherche *sin* A. Soit donc *sin* (nA) $= b$, *sin* A $= x$, & *cos* A $= z$; on aura cette équation à résoudre .... $b = nz^{n-1}x - \frac{n.n-1.n-2}{2.3} z^{n-3}x^3 + \frac{n.n-1.n-2.n-3.n-4}{2.3.4.5} z^{n-5}x^5 -$ &c. Ainsi en donnant à n les valeurs successives 2, 3, 4, 5, &c, les équations suivantes serviront à diviser un arc en autant de parties égales.

$b = 2zx = 2x\sqrt{(1 - xx)}$ .... pour 2 parties.
$b = 3z^2x - x^3 = 3x - 4x^3$ 3
$b = 4z^3x - 4zx^3 = (4x - 8x^3)\sqrt{(1-xx)}$ 4
$b = 5z^4x - 10z^2x^3 + x^5 = 5x - 20x^3 + 16x^5$ 5
&c.

572. Pour faire quelque application de ces principes, nous allons donner la méthode de résoudre par approximation toute équation du troisieme degré dans le cas irréductible.

Selon ce que nous venons de voir, si a est un arc dont le sinus $= b$, on aura $\sin \frac{1}{3} a$, ou x, en résolvant cette équation $x^3 - \frac{3}{4} x + \frac{1}{4} b = 0$, & lorsque le rayon du cercle, au lieu d'être $= 1$, sera $= r$, on aura $x^3 - \frac{3}{4} r^2 x + \frac{1}{4} b r^2 = 0$.

Observons maintenant que les arcs $180° - a$, $-(180° + a)$ ont le même sinus que l'arc a, ensorte que pour les diviser en trois parties égales, on a la même équation, $x^3 - \frac{3}{4} r^2 x + \frac{1}{4} br^2 = 0$, à résoudre; d'où il suit que les trois racines de cette équation, sont $\sin \frac{1}{3} a$, $\sin \frac{180° - a}{3}$, $-\sin \frac{180° + a}{3}$, ou $\sin \frac{1}{3} a$, $\sin (60° - \frac{1}{3} a)$, $-\sin (60° + \frac{1}{3} a)$.

Cela posé, soit l'équation à résoudre $x^3 - px + q = 0$, (si elle étoit $x^3 - px - q = 0$, il seroit facile de la ramener à la forme précédente, en faisant $x = -y$); en comparant cette équation à $x^3 - \frac{3}{4} r^2 x + \frac{1}{4} br^2 = 0$, on a $\frac{3}{4} r^2 = p$, $\frac{1}{4} br^2 = q$, d'où l'on tire $r = 2\sqrt{\frac{1}{3} p}$, $b = \frac{3q}{p}$. Donc si l'on décrit un cercle dont le rayon soit $2\sqrt{\frac{1}{3} p}$, l'arc de ce cercle qui aura pour sinus $\frac{3q}{p}$, étant nommé a, on aura $\sin \frac{1}{3} a$, $\sin (60° - \frac{1}{3} a)$, $-\sin (60° + \frac{1}{3} a)$, pour les trois valeurs de x. Mais tout sinus doit être plus petit que le rayon; il faut donc que $2\sqrt{\frac{1}{3} p}$ surpasse $\frac{3q}{p}$, ou que $\frac{1}{27} p^3$ soit plus grand que $\frac{1}{4} q^2$. D'où il suit que *toutes les équations du troisieme degré dans le cas irréductible sont résolubles par cette méthode.*

573. Représentons par R le rayon des Tables, & nous aurons $\frac{R \times 3q\sqrt{3}}{2p\sqrt{p}}$ pour le sinus tabulaire de l'arc a, ou $\sin a = \frac{R \times 3q\sqrt{3}}{2p\sqrt{p}}$. Or a étant connu, $\sin \frac{1}{3} a$, $\sin (60° + \frac{1}{3} a)$, $-\sin (60° + \frac{1}{3} a)$ le seront aussi, & par conséquent les trois racines de la proposée, seront (en ramenant ces sinus à ceux qui conviennent au rayon $2\sqrt{\frac{1}{3} p}$), $x = \frac{2\sqrt{\frac{1}{3} p}}{R} \sin \frac{1}{3} a$, $x = \frac{2\sqrt{\frac{1}{3} p}}{R} \sin (60° - \frac{1}{3} a)$, $x = -\frac{2\sqrt{\frac{1}{3} p}}{R} \sin (60° + \frac{1}{3} a)$.

Ex. I. Soit l'équation $x^3 - 3x + 1 = 0$ qui donne $p = 3$, $q = 1$; d'où

$\sin a = \frac{1}{2}\,R$, & $a = 30°$. Les trois valeurs de x sont donc $x = \frac{2 \sin 10°}{R} = 0,3472964$, $x = \frac{2 \sin 50°}{R} = 1.5320888$, $x = - \frac{2 \sin 70°}{R} = -1.8793852$.

Ex. II. Soit $x^3 - x + \frac{1}{3} = 0$, on aura $p = 1$, $q = \frac{1}{3}$, $\sin a = \frac{R}{2}\sqrt{3}$. Donc $a = 60°$, & les trois valeurs de x sont $x = \frac{2 \sin 20°}{R\sqrt{3}} = 0.394931$; $x = \frac{2 \sin 40°}{R\sqrt{3}} = 0.742227$; $x = - \frac{2 \sin 80°}{R\sqrt{3}} = -1.137158$.

Ex. III. Soit encore l'équation $x^3 - 5x + 3 = 0$, qui donne $p = 5$, $q = 3$, $\sin a = \frac{R}{2}\sqrt{\frac{3^5}{5^3}}$, & $L \sin a = LR + \frac{5}{2}L3 - L2 - \frac{3}{2}L5 = 9.843318 = L \sin 44°11'52''$, donc $a = 44°11'52''$, & les trois valeurs de l'inconnue sont, $x = \frac{2\sqrt{5}\sin(14°43'57'')}{R\sqrt{3}}$, $x = \frac{2\sqrt{5}\sin(45°16'3'')}{R\sqrt{3}}$, $x = \frac{-2\sqrt{5}\sin(74°43'57'')}{R\sqrt{3}}$. En faisant le calcul on trouvera . . . $x = 0.656625$, $x = 1.834238$, $x = -2.490863$.

Rem. Quoiqu'il y ait une infinité d'autres arcs dont les sinus sont les mêmes que celui de l'arc a, ils sont tels cependant que les sinus de leurs tiers peuvent se ramener à l'une de ces trois formes, $\sin \frac{1}{3}a$, $\sin(60° - \frac{1}{3}a)$, $-\sin(60° + \frac{1}{3}a)$. Ainsi l'équation du troisieme degré, résolue par cette méthode, n'aura jamais que trois racines, comme cela doit être.

Résolution des Triangles Rectilignes.

574. TOUT triangle rectiligne peut être inscrit dans un cercle, & dans ce cas chaque côté de ce triangle sera la corde d'un arc double de celui qui mesure l'angle opposé, c'est-à-dire, le double du sinus de cet angle mesuré dans ce cercle : donc les côtés du triangle seront entre eux comme les sinus des angles opposés, mesurés dans ce même cercle, & par conséquent comme les sinus des mêmes angles mesurés dans le cercle qui a pour rayon celui des Tables. On a donc cette proposition dont l'usage est si fréquent dans la pratique de la Trigonométrie...

Dans tout triangle les sinus des angles sont proportionels aux côtés opposés à ces mêmes angles. 101

575. Donc 1°, dans tout triangle rectangle BAC, le sinus de l'angle droit A, ou le rayon, est à l'hypoténuse BC : : *sin* C : AB : : *sin* B : AC.

2°, Puisque dans tous les triangles rectangles, le sinus d'un angle aigu C, est le cosinus de l'autre angle aigu B, on a donc *sin* C = *cos* B, & réciproquement. Donc au lieu de la proposition *sin* B : *sin* C : : AC : AB, on pourra toujours substituer celle-ci.

sin B : *cos* B : : AC : AB.

Mais on a d'ailleurs (546) *sin* B : *cos* B : : *tang* B : R; donc AC : AB : : *tang* B : R : : *cot* C : R.

Il n'en faut pas davantage pour résoudre le triangle rectangle ABC, quand outre l'angle droit A on connoît deux de ces cinq choses, B, C, AB, AC, BC; pourvu cependant que ce ne soient pas les deux angles. Car alors on ne pourroit connoître que le rapport des trois côtés. Voyez la Table suivante.

FIG.

TABLE pour la Réſolution des Triangles Rectangles.

100.

Etant donnés	Trouver	FORMULES.
AB, AC	BC B C	$BC = \sqrt{(AB^2 + AC^2)}$. AB : AC :: R : *tang* B. AC : AB :: R : *tang* C.
AB, BC	AC B C	$AC = \sqrt{(BC^2 - AB^2)}$. BC : AB :: R : *coſ* B. BC : AB :: R : *ſin* C.
AC, BC	AB B C	$AB = \sqrt{(BC^2 - AC^2)}$. BC : AC :: R : *ſin* B. BC : AC :: R : *coſ* C.
AB, B	AC BC	R : *tang* B :: AB : AC. *coſ* B : R :: AB : BC.
AC, B	AB BC	R : *cot* B :: AC : AB. *ſin* B : R :: AC : BC.
AB, C	AC BC	R : *cot* C :: AB : AC. *ſin* C : R :: AB : BC.
AC, C	AB BC	R : *tang* C :: AC : AB. *coſ* C : R :: AC : BC.
BC, B	AB AC	R : *coſ* B :: BC : AB. R : *ſin* B :: BC : AC.
BC, C	AB AC	R : *ſin* C :: BC : AB. R : *coſ* C :: BC : AC.

Quant aux triangles *obliquangles*, ou qui n'ont pas d'angle droit, leur ſolution ſe réduit à celle des problêmes ſuivants.

576. I. Etant donnés deux angles quelconques B, A, & un côté BC, trouver les deux autres côtés BA, AC. FIG. 102.

Faites la proportion *ſin* A : BC : : *ſin* B : AC $= \frac{BC \times ſin\,B}{ſin\,A}$: : *ſin* C : AB : : *ſin* (A + B) ; AB $= \frac{BC.\,ſin\,(A+B)}{ſin\,A}$.

Si BA eût été le côté donné, on auroit eu *ſin* (A + B) : BA : : *ſin* B : AC : : *ſin* A : BC.

Suppoſons par exemple A = 88°, B = 36°, & BC de 56 toiſes, on trouvera Log. AB = L 56 + L *ſin* 56° — L *ſin* 88° = 1,667027; d'où AB = 46', 454, on trouvera de même AC = 32', 936.

577. II. Etant donnés deux côtés & un angle, trouver l'autre côté & les deux autres angles, ſachant d'ailleurs de quelle eſpece ils ſont ...

Ou l'angle donné eſt oppoſé à l'un des côtés connus, ou il eſt compris entre ces mêmes côtés, ce qui fait deux cas différents.

I. Cas. Soient donnés les côtés AB & AC avec l'angle B, on aura d'abord l'angle C par cette proportion .... AC : *ſin* B : : AB : *ſin* C; ce qui fera connoître le troiſieme angle A. On aura donc enſuite le côté BC par la proportion ... *ſin* B : AC : : *ſin* A : BC.

Mais pour trouver immédiatement le côté BC, ſoit menée la perpendiculaire AD ſur le côté BC, & ſoit nommé AB (a), AC (b), *ſin* B (s), *coſ* B (c) on aura R : AB (a) : : *ſin* B (s) : AD $= \frac{as}{R}$: : *coſ* B (c) : BD $= \frac{ac}{R}$. Donc DC $= \sqrt{(AC^2 - AD^2)} = \sqrt{(bb - \frac{a^2 s^2}{R^2})}$, & DC + BD = BC $= \frac{ac}{R} + \sqrt{(bb - \frac{a^2c^2}{R^2})}$.

578. II. Cas. On donne l'angle A & les deux côtés AB, AC qui comprennent cet angle; il s'agit de trouver les deux autres angles B & C, & le troiſieme côté BC.

Donc AC + AB : AC — AB : : *ſin* B + *ſin* C : *ſin* B — *ſin* C .... Or (556) $\frac{ſin\,B + ſin\,C}{ſin\,B - ſin\,C} = \frac{tang\,\frac{1}{2}\,(B+C)}{tang\,\frac{1}{2}\,(B-C)}$.

Donc AC + AB : AC — AB : : *tang* $\frac{1}{2}$ (B + C) : *tang* $\frac{1}{2}$

(B — C). Mais puisque B + C = 180° — A, on a donc $tang \frac{1}{2}$ (B + C) = $tang$ (90° — $\frac{1}{2}$ A) = $cot \frac{1}{2}$ A; AC + AB : AC — AB :: $cot \frac{1}{2}$ A : $tang \frac{1}{2}$ (B — C).

Et par conséquent connoissant B — C & B + C, il sera facile d'avoir les angles B & C, & on aura fin B : AC :: fin A : BC, ce qui fera connoître le troisieme côté BC.

102. On peut encore résoudre ce problême de la maniere suivante. Soit menée la perpendiculaire BF sur le côté AC, & soit AB = a, AC = b, fin A = s, cof A = c, on aura R : a :: s : BF = $\frac{as}{R}$ :: c : AF = $\frac{ac}{R}$. Donc FC = $b - \frac{ac}{R}$. Or dans le triangle rectangle BFC, on a FC $(b - \frac{ac}{R})$: BF $(\frac{as}{R})$ :: R : $tang$ C = $\frac{aRs}{bR-ac}$. De même $tang$ B = $\frac{bRs}{aR-bc}$. Si l'angle A est obtus, c devient négatif, & on a $tang$ C = $\frac{aRs}{bR+ac}$, & $tang$ B = $\frac{bRs}{aR+bc}$.

Le triangle rectangle BFC donne BC = $\sqrt{[\frac{a^2s^2}{R^2} + (b - \frac{ac}{R})^2]}$ = $\sqrt{(a^2 + b^2 - \frac{2abc}{R})}$, ou $\sqrt{(a^2 + b^2 + \frac{2abc}{R})}$, si l'angle A est obtus.

579. De la proportion .... AC + AB : AC — AB :: $tang \frac{1}{2}$ (B + C) : $tang \frac{1}{2}$ (B — C), il suit que *dans tout triangle la somme de deux côtés quelconques est à leur différence, comme la tangente de la demi-somme des angles opposés à ces côtés est à la tangente de la demi-différence de ces mêmes angles.*

Soit donc AC = a, AB = d, l'angle B = b, l'angle C = c; on aura $tang \frac{1}{2}(b + c) : tang \frac{1}{2}(b - c) :: a + d : a - d :: R : \frac{a-d}{a+d} R :: R :$

$$\frac{\frac{a}{d}R - R}{\frac{a}{d} + 1}.$$

Donc si $\frac{aR}{d}$ représente la tangente d'un arc quelconque u, on

aura $R : \frac{R\,tang\,u - RR}{tang\,u + R}$, ou $R : tang\,(u - 45°) :: tang\,\frac{1}{2}(b + c) :$ FIG.
$tang\,\frac{1}{2}(b - c)$. D'où il suit que si on fait cette proportion .... le plus petit côté AB est au plus grand AC :: R : la tangente d'un arc quelconque u, & si on ôte 45° de cet angle, le rayon sera à la tangente du reste :: $tang\,\frac{1}{2}(b + c)$: $tang\,\frac{1}{2}(b - c)$.

580. III. Etant donnés les trois côtés d'un triangle, trouver ses trois angles.

Soit $BC = a$ ... $AB = b$ ... $AC = d$ ... $R = 1$; on aura $cof\,B = \frac{a^2 + b^2 - d^2}{2ab}$. Donc $1 - cof\,B = \frac{d^2 - a^2 + 2ab - b^2}{2ab} = \frac{d^2 - (a-b)^2}{2ab} = 2\,fin^2\,\frac{1}{2}B$; d'où on peut tirer cette proportion ...

$$ab : \frac{d - a + b}{2} \times \frac{d + a - b}{2} :: R^2 : fin^2\,\tfrac{1}{2}B,$$

laquelle, en appellant q le demi-périmetre, devient ....

$$ab : (q - a)(q - b) :: R^2 : fin^2\,\tfrac{1}{2}B.$$

Et c'est par-là que l'on calcule ordinairement la valeur d'un angle par les trois côtés.

On peut la calculer aussi par la formule $cof\,B = \frac{R}{2ab}(a^2 + b^2 - d^2)$, qui donne ....

$$2ab : a^2 + b^2 - d^2 :: R : cof\,B.$$

C'est-à-dire que pour trouver un angle quelconque dans un triangle dont on connoît les trois côtés, il faut d'abord faire la somme des quarrés des deux côtés qui comprennent l'angle que l'on cherche, & retrancher de cette somme le quarré du troisieme côté ; cela vous donnera un reste. Il faut ensuite faire cette proportion ... Le double du rectangle des côtés qui comprennent l'angle cherché est à ce reste, comme le rayon est au cosinus de l'angle cherché.

Si l'angle B est obtus, on aura $cof\,B = \frac{R}{2ab}(d^2 - a^2 - b^2)$. Supposons, par exemple, $a = 25$ Toises ... $b = 36$ ... $d = 40$, nous aurons $a^2 + b^2 - d^2 = 321$ ... $2ab = 50 \times 36$. Donc $50 \times 36 : 321$, ou $6 : 1,07 :: R : cof\,B$ & $L\,cof\,B = 10.0000000 + L\,1,07 - L6 = 9.251233$. Donc l'angle B est de 79° 43′ 38″.

581. On auroit pu trouver la même formule d'une autre maniere. Soit F le centre du cercle inscrit dans le triangle ABC, & FG son rayon, en gardant les mêmes dénominations que ci-dessus, faisant de plus $q =$ la moitié du périmetre $a + b + d$, on aura (492) $BG = q - d$, & le rayon 103
$FG = \sqrt{\left(\frac{q - a \,.\, q - b \,.\, q - d}{q}\right)}$. Or dans le triangle rectangle BFG,

on a BG : FG : : R *tang* FBG $=$ *tang* $\frac{1}{2}$ B, ou $BG^2 : FG^2 :: R^2 : tang^2 \frac{1}{2} B :: (q-d)^2 . q : q-a . q-b . q-d$ ou $q . q-d : q-a . q-b :: R^2 : tang^2 \frac{1}{2} B$; formule qui donneroit l'angle B. Mais comme elle est moins simple que la suivante, nous ne nous y arrêterons pas.

Si l'on substitue à la place de q, sa valeur $\frac{a+b+d}{2}$, on aura $(a+b)^2 - d^2 : d^2 - (a-b)^2 :: R^2 : tang^2 \frac{1}{2} B$. Donc $(a+b)^2 - (a-b)^2$, ou $4ab : a^2 + 2ab + bb - dd :: R^2 + tang^2 \frac{1}{2} B : R^2 :: sec^2 \frac{1}{2} B : R^2 :: R^2 : cos^2 \frac{1}{2} B :: R^2 : \frac{R \times (R + cos B)}{2} :: 2R : R + cos B$, ou $2ab : a^2 + 2ab + bb - dd :: R : R + cos B$. Donc $2ab : a^2 + b^2 - d^2 :: R : cos B = \frac{R}{2ab}(a^2 + b^2 - d^2)$, comme ci-dessus.

582. Tels sont les principes de la Trigonométrie. On peut les appliquer à plusieurs autres problêmes sur les triangles : mais pour ne pas multiplier les exemples, nous n'en ferons qu'une seule application.

Etant donné l'un des angles aigus d'un triangle rectangle avec sa surface, trouver ses trois côtés.

Soit a l'angle donné, x le côté opposé, y l'autre côté, s la surface du triangle; on aura $xy = 2s$, & $x : y :: sin\ a : cos\ a$. Donc $xy = \frac{y^2 \, sin\ a}{cos\ a} = 2s$, & $y = \sqrt{\left(\frac{2s\, cos\ a}{sin\ a}\right)} = \sqrt{\left(\frac{2s\, cot\ a}{R}\right)} \ldots . x = \sqrt{\left(\frac{2s\, sin\ a}{cos\ a}\right)} = \sqrt{\left(\frac{2s\, tang\ a}{R}\right)}$; donc l'hypoténuse $= \sqrt{(x^2 + y^2)} = \sqrt{\left(\frac{2s R^2}{cos\ a\, sin\ a}\right)} = 2\sqrt{\left(\frac{Rs}{sin\ 2a}\right)}$.

RÉSOLUTION DES TRIANGLES SPHÉRIQUES.

583. Imaginez que le demi-cercle PA*p* fasse une révolution autour de son diamètre P*p*; & engendre en tournant, la sphère APA*p*; il est clair que le rayon AC décrira un grand cercle, pendant que les lignes *bd*, *ef* en décriront de plus ou moins petits, suivant qu'elles seront plus ou moins éloignées du rayon AC. 104.

584. Tout autre demi-grand cercle égal au premier, le demi-cercle APA, par exemple, eût engendré la même sphère, dans sa révolution autour du diamètre AA. Donc puisqu'il y a une infinité de diamètres égaux, autour desquels la révolution peut également se faire, il est clair qu'il y a une infinité de grands cercles dans chaque sphère, & qu'ils sont tous égaux.

Il y en a aussi une infinité de petits: mais leur inégalité est cause que l'on ne s'en sert point dans la Trigonométrie sphérique.

585. On appelle ainsi la science qui apprend à résoudre les triangles formés sur la surface d'une sphère par trois de ses grands cercles.

Prenez une boule quelconque, tracez-y trois arcs de cercles dont les plans passent par son centre (513); ces arcs, par leur rencontre, formeront un triangle sphérique. Ils en seront les côtés.

Chacun de ces arcs appartient donc à un cercle qui a pour centre le centre même de la boule, & à travers duquel on peut supposer que passe perpendiculairement un des diamètres de cette boule.

586. Un diamètre ainsi perpendiculaire au plan d'un grand cercle, s'appelle l'*Axe* de ce cercle. Les deux extrémités de l'axe s'appellent les *Pôles* de ce même cercle. D'où il suit que les points P, *p* sont les pôles du cercle ACA.

Chaque grand cercle de la sphere a donc ses deux pôles particuliers, puisque deux grands cercles ne sauroient avoir le même axe.

587. Et puisque l'axe d'un cercle doit toujours être perpendiculaire à son plan, & passer par son centre, il est évident 1°. qu'il y forme autant d'angles droits qu'il y a de rayons dans le plan de ce cercle.

2°, Que les arcs qui mesurent ces angles sont tous de 90°, & par conséquent égaux, puisqu'ils appartiennent à des cercles égaux. Leurs cordes sont donc égales.

Or ces cordes mesurent les distances du pôle de ce cercle aux divers points de sa circonférence. Donc le pôle d'un cercle quelconque est également éloigné de tous les points de sa circonférence.

588. Ainsi on peut dire que le pôle d'un cercle est un point de la surface de la sphere, éloigné de 90° de chaque point de la circonférence de ce cercle: ou, ce qui revient au même, *l'arc compris entre*

FIG. *le pôle d'un cercle & chaque point de sa circonférence est toujours de 90°.*

Il est donc bien facile de tracer sur la surface d'une sphere le cercle dont un des deux pôles est connu, & réciproquement de trouver les pôles d'un cercle donné. On a des compas sphériques avec lesquels on résout très-facilement ce double problême.

589. Puisque tous les grands cercles de la sphere ont un centre commun, la ligne de leur intersection est nécessairement un diametre de la sphere, lequel est en même-temps diamètre de tous ces cercles. Or tout diamètre coupe son cercle en deux parties égales; donc deux ou plusieurs grands cercles se coupent en parties égales.

Et par conséquent, 1° si deux arcs de grands cercles se sont déja coupés une fois, ils ne se couperont plus qu'à 180° de distance du premier point de leur intersection.

Il n'est donc pas possible d'enfermer entre deux arcs seulement la moindre portion d'une surface sphérique, à moins qu'ils ne soient chacun de 180°.

Au reste quel que soit le nombre de leurs degrés, ils formeront sur la surface de la sphere un angle dont il importe de connoître la mesure. Nous allons la chercher.

105. 590. Soient les deux arcs A B & A D que je suppose de 90° chacun, & qui par leur rencontre en A forment l'angle sphérique BAD.

Il est clair 1°, que les rayons BC & DC sont l'un & l'autre perpendiculaires sur AC.

2°, Que ces deux rayons ont entre eux la même inclinaison que les plans circulaires ACB & ACD auxquels ils appartiennent.

3°. Que la mesure de cette inclinaison est l'arc ABD, puisque l'angle BCD a son sommet au centre.

591. Donc *la mesure d'un angle sphérique quelconque est l'arc de grand cercle compris entre ses côtés, à 90° de distance du sommet de cet angle.*

En général, si du sommet d'un angle sphérique, pris pour pôle, on décrit un arc de grand cercle, la portion de cet arc, comprise entre les côtés de l'angle, sera toujours sa mesure.

Ce n'est pas qu'il ne fût également possible de le mesurer par des arcs de petits cercles : car on voit bien que l'angle *b c d*, par exemple, formé par les sinus des arcs A*b* & A*d* est égal à l'angle BCD, & que par conséquent l'arc *b d* qui lui sert de mesure est du même nombre de degrés que l'arc BD. Mais pour l'uniformité, on a mieux aimé prendre les valeurs des angles sphériques, sur les grands cercles décrits de leurs sommets comme pôles.

592. Les angles sphériques sont donc toujours égaux à ceux que forment, à 90° de distance de leur sommet, les sinus des arcs qu'ils ont pour côtés. Or tout angle formé par deux sinus doit avoir moins de 180°; dont *tout angle sphérique a moins de* 180°.

593. De ce que les angles sphériques sont égaux à ceux que forment

les sinus de leurs côtés, il suit évidemment 1°, que lorsqu'un arc de grand cercle tombe sur un autre, les deux angles qui en résultent sont égaux à deux angles droits.

2°, Que si on prolonge ces deux arcs au-delà de leur point d'intersection, les angles opposés au sommet sont égaux, comme ceux de leurs sinus prolongés de même.

3°, Que la somme des angles formés autour du point d'intersection est de 360°.

594. Supposons maintenant que les trois cercles dont les côtés d'un triangle sphérique font partie, soient décrits en entier, il est clair qu'ils formeront sur l'autre hémisphere un triangle parfaitement égal au premier. Il est clair aussi qu'en menant les cordes respectives de tous les arcs qui forment ces deux triangles sphériques, il en résultera deux triangles rectilignes parfaitement égaux en tout, l'un au-dessus, l'autre au-dessous du centre de la sphere.

Mais on sait que dans un triangle rectiligne quelconque *abc*, la somme de deux côtés est plus grande que le troisieme côté. Donc la somme de deux arcs, dans tout triangle sphérique A B C, est plus grande que le troisieme arc. 106.

On sait aussi que la ligne droite est la plus courte de celles que l'on peut mener d'un point à un autre point. Donc l'arc de grand cercle qui passe par deux points de la surface de la sphere, est le plus court que l'on puisse mener entre ces deux points. Il en mesure donc la distance sphérique.

595. Nous avons dit (589) qu'il n'étoit pas possible d'enfermer de tout côté aucune portion de surface sphérique entre deux arcs seulement, à moins qu'ils ne fussent chacun de 180°. Donc tout triangle sphérique CAB résulte de l'intersection de deux arcs coupés par un troisieme, avant que ces deux arcs se réunissent. Or ils ne peuvent se réunir qu'à 180° de distance de leur premier point de rencontre, donc *chaque côté d'un triangle sphérique quelconque doit avoir moins de* 180°. 107.

596. Si on prolonge les deux arcs CA & CB du triangle CAB jusqu'à leur réunion en D, il est évident que AB sera plus petit que la somme des prolongements AD & DB. Or cette somme ajoutée aux deux arcs prolongés CA & CB, n'est que de 360°. Donc *la somme des côtés d'un triangle sphérique est toujours moindre que* 360°.

597. Quant à la somme de ses angles, il évident qu'elle ne peut jamais être de six angles droits, puisque chaque angle doit avoir moins de 180°. Elle a donc une *limite en plus*, qui est 540° : mais n'auroit-elle pas aussi une *limite en moins* ? C'est ce que nous allons chercher.

598. Des trois angles A, B, C pris successivement pour pôles, soient décrits les arcs EF, DF, & DE qui par leur rencontre forment le triangle extérieur FDE.

Cette construction nous fait voir 1°, que le point A est éloigné de 90° de tous les points de l'arc EF; 2°, que le point B est pareillement à 90° de tous les points de l'arc DF : donc F est pôle de l'arc AB.

On prouve de même que les points E & D sont respectivement les pôles des arcs CA & CB.

Cela posé, soient prolongés ces deux arcs CA & CB jusqu'à la rencontre de l'arc DE : on aura EG = 90°, ainsi que DH ; donc EG + DH, ou ce qui revient au même, EG + DG + GH, ou bien encore, ED + GH = 180°. L'arc ED est donc le supplément de l'arc GH ; & par conséquent, de l'angle C dont GH est la mesure (591).

On prouveroit de la même maniere que les arcs EF & DF sont les suppléments respectifs des angles A & B.

Prolongeons maintenant l'arc GC jusqu'à la rencontre de l'arc EF ; nous verrons que GI sera la mesure de l'angle E, & que la partie AC en sera le supplément ; puisque GC + AI ou GI + AC = 180°. L'arc AB sera de même le supplément de l'angle F, & l'arc BC sera le supplément de l'angle D ; d'où nous pouvons généralement conclure que *si des trois angles d'un triangle sphérique quelconque, pris pour pôles, on décrit trois arcs dont la rencontre forme un nouveau triangle sphérique, les angles & les côtés de ce dernier triangle seront réciproquement les suppléments des côtés & des angles qui leur sont opposés dans le premier.*

Ainsi l'angle E du triangle extérieur + l'arc AC qui lui est opposé dans le triangle intérieur, ont 180° pour mesure : & réciproquement l'arc DE du triangle extérieur + l'angle C qui lui est opposé dans le triangle intérieur, ont aussi pour mesure 180°, &c.

599. Ce triangle extérieur DEF s'appelle *le Triangle supplémentaire* du triangle ABC. On en fait un grand usage dans la Trigonométrie sphérique ; & nous allons nous-mêmes l'appliquer à la recherche de la limite en moins, pour la valeur des trois angles A, B, C.

Ces trois angles ont pour suppléments respectifs les trois côtés du triangle supplémentaire Ils forment donc avec eux la valeur de six angles droits. Or la somme de ces trois côtés est toujours moindre que quatre angles droits (596). Donc la somme des trois angles A, B, C est nécessairement plus grande que 180°.

600. Il résulte de là 1°, que *la somme des angles d'un triangle sphérique peut varier depuis* 180° *jusqu'à* 540, *exclusivement.* Et que par conséquent il n'est pas possible de déduire la valeur du troisieme angle, de celles des deux autres, comme cela se pratique pour les triangles rectilignes.

Il résulte 2°, que les trois angles d'un triangle sphérique peuvent être droits, ou même obtus, & à plus forte raison aigus, pourvu que dans ce dernier cas, leur somme surpasse au moins 180°.

601. S'il falloit juger du rapport de deux triangles sphériques dont les trois angles seroient respectivement égaux, on auroit recours à leurs triangles supplémentaires, & on diroit. Les côtés de ces derniers triangles ne peuvent qu'être égaux, chacun à chacun, puisqu'ils sont les suppléments respectifs d'angles égaux. Or cette égalité des trois côtés entraîne celle des trois angles (404). Les deux triangles supplémentaires

taires sont donc parfaitement égaux : leurs angles ont donc des supplé- FIG.
ments égaux. Mais ces suppléments sont les côtés mêmes des triangles proposés. Donc *deux triangles sphériques sont égaux, toutes les fois que leurs trois angles sont respectivement égaux.*

C'est une propriété remarquable des triangles sphériques ; elle n'a pas lieu, comme on le sait, dans les triangles rectilignes, dont on ne peut jamais, en pareil cas, conclure autre chose que la similitude.

D'ailleurs l'égalité entre deux triangles sphériques a lieu encore, soit lorsque deux côtés respectivement égaux forment un angle égal dans chaque triangle, soit lorsque deux angles de l'un, égaux à deux angles de l'autre, sont formés sur un côté égal. Il est aisé de le démontrer de la même maniere que pour les triangles rectilignes.

602. Soit maintenant le triangle sphérique C A B, dont je suppose 109
que les côtés C A & C B sont égaux. Je voudrois savoir si les angles opposés à ces côtés sont égaux ?

Je prends C D = C E, & je mene les arcs B D & A E ; ce qui me donne d'abord deux triangles C A E, C B D parfaitement égaux. L'arc A E est donc égal à l'arc B D ; d'où je conclus l'égalité de deux autres triangles, savoir A B E & A B D. L'angle A & l'angle B sont donc égaux ; & par conséquent, *dans tout triangle sphérique, les côtés égaux sont opposés à des angles égaux.*

La proposition inverse se démontre par le triangle supplémentaire. 110

603. Si on vouloit prouver que dans un triangle sphérique A B C, un plus grand angle est toujours opposé à un plus grand côté, on pourroit dire.... Soit A plus grand que B ; je puis mener un arc D A qui fasse l'angle D A B égal à l'angle B : j'aurai donc un triangle isoscele A B D. L'arc B C D sera donc égal à A D + D C : mais A D + D C est visiblement plus grand que A C ; donc l'arc B C opposé à l'angle A, est plus grand que l'arc A C opposé à l'angle B.

Au moyen du triangle supplémentaire, la proposition inverse n'a aucune difficulté.

604. Soit maintenant le triangle sphérique A B C que l'on suppose 111
rectangle en A : il peut arriver que l'angle B soit opposé à un arc qui ait moins de 90°, tel que l'arc A C, ou qui soit de 90°, tel que A D, ou qui ait plus de 90°, comme l'arc A E. On demande de quelle espece sera l'angle B dans ces trois cas ? Sera-t-il aigu, droit, ou obtus ?

Puisque l'arc A D est de 90°, & que de plus il est perpendiculaire sur l'arc A B, on ne peut douter que le point D ne soit le pôle de A B ; donc en abaissant de ce point l'arc D B, on aura un angle droit D B A. L'angle C B A sera donc aigu, & l'angle E B A sera obtus. L'angle B est donc de même espece que le côté qui lui est opposé. Il en est de même de l'angle C.

605. Pour distinguer ces angles de celui que l'on a supposé droit, on les appelle *les angles obliques*. On peut donc dire que *dans tout triangle sphérique rectangle, chacun des angles obliques est de même espece que le côté qui lui est opposé.*

FIG. Cette dénomination d'angles obliques n'empêche pourtant pas qu'ils ne puiſſent être droits auſſi-bien que l'angle A. Ils peuvent même être
111. obtus; mais on eſt convenu de les déſigner ainſi, pour abréger le diſcours; & on appelle hypothénuſe, le côté oppoſé à celui des angles droits que l'on conſidere comme tel. Ainſi BC eſt l'hypothénuſe du triangle B A C.

606. Comme les deux côtés de l'angle droit peuvent être de même eſpece, ou d'eſpece différente, il eſt bon de ſavoir d'avance de quelle eſpece doit être l'hypothénuſe dans chacun de ces deux cas.

Suppoſons donc d'abord que A C & A B aient chacun moins de 90°; l'angle A C B ſera donc aigu, & par conſéquent ſon ſupplément B C D ſera obtus. Le côté B D oppoſé à ce ſupplément, dans le triangle D B C, ſera donc plus grand que le côté B C oppoſé à l'angle C D B (603), lequel doit être aigu par la même raiſon que l'angle A C B.. Or le côté B D n'eſt que de 90°; donc l'hypothénuſe B C doit alors avoir moins de 90°.

112. Suppoſons enſuite que A C & A B aient plus de 90° chacun, & menons un arc B D qui coupe l'arc A C de maniere que A D ſoit de 90°. Cet arc B D ſera auſſi de 90°. Mais l'angle C eſt obtus; l'angle A D B l'eſt de même; ſon ſupplément B D C eſt donc aigu; & comme tel, il doit être oppoſé, dans le triangle B C D, à un côté moindre que celui qui eſt oppoſé à l'angle C... L'hypothénuſe B C eſt donc alors moindre que B D; c'eſt-à-dire, qu'elle a, dans ce ſecond cas comme dans le premier, moins de 90°.

Reſte à ſavoir, ce qu'elle aura dans la ſuppoſition que les deux côtés de l'angle droit aient l'un plus de 90°, & l'autre moins.

113. Soit, par exemple, A B plus grand que le quart de cercle A D; ſoit A C plus petit que A D: on aura l'arc C D de 90°, & l'angle C D A ſera aigu; C D B ſera donc obtus; & par conſéquent l'arc B C qui lui eſt oppoſé, ſera plus grand que C D. Il aura donc plus de 90°.

607. Il ſuit de là que *ſi les deux côtés de l'angle droit d'un triangle ſphérique rectangle ſont de même eſpece, l'hypothénuſe a moins de 90°, & que toutes les fois qu'ils ſont de différente eſpece, l'hypothénuſe a plus de 90°.*

Et comme les angles obliques ſont toujours de même eſpece que les côtés qui leur ſont oppoſés, on voit bien qu'ils peuvent également ſervir à faire connoître de quelle eſpece eſt l'hypothénuſe.

608. Comme auſſi l'hypothénuſe peut ſervir, à ſon tour, à déterminer de quelle eſpece ſont les côtés de l'angle droit & les angles obliques. Car, par exemple, ſi l'hypothénuſe & un des côtés ſont de même eſpece, l'autre côté a moins de 90°; & toutes les fois que l'hypothénuſe & un des côtés ſont de différente eſpece, l'autre côté a plus de 90°.

Obſervez cependant que dans le cas où un des côtés de l'angle droit ſeroit de 90°, l'hypothénuſe auroit auſſi 90°; & qu'il peut arriver alors que l'autre côté ſoit de 90° comme le premier. Dans ce cas-là, les trois angles ſont droits, cela eſt évident. Il peut arriver auſſi que cet autre

FIG.

côté ait plus ou moins de 90°. Nous allons expliquer la maniere de résoudre les triangles sphériques dans ces différents cas.

609. On sait par la Trigonométrie rectiligne que les sinus des angles sont proportionels aux côtés opposés à ces mêmes angles. Mais comme dans les triangles sphériques, les côtés sont des arcs de cercle, cette proportion ne peut avoir lieu. Il faut donc tâcher d'en substituer une autre qui convienne à ces sortes de triangles.

Principes & Proportions pour la résolution des Triangles sphériques.

610. Je suppose que le triangle A B C soit rectangle en A, & que les côtés B A & B C soient prolongés, jusqu'à ce qu'ils aient 90°, l'un en H, l'autre en F. 114.

L'arc F H sera la mesure de l'angle B; F G en sera le sinus; F E, ou H E, ou B E sera le rayon de la sphere; C D le sinus de l'hypothénuse B C, & C I le sinus de l'arc perpendiculaire C A.

Or en menant la ligne D I, on voit que le triangle C D I, rectangle en I, est semblable au triangle F G E, rectangle en G : on a donc . . .

$$FE : CD :: FG : CI.$$

c'est-à-dire, que le rayon est au sinus de l'hypothénuse, comme le sinus de l'angle B est au sinus de l'arc opposé C A. On prouveroit de même que le rayon est au sinus de l'hypothénuse, comme le sinus de l'angle C est au sinus de l'arc opposé A B. On a donc généralement ce premier principe de solution . . .

611. *Dans tout triangle sphérique rectangle, le rayon est au sinus de l'hypothénuse, comme le sinus d'un des angles obliques est au sinus du côté qui lui est opposé.*

612. Si le triangle A B C est obliquangle, on aura, en abaissant un arc perpendiculaire C D, les deux proportions suivantes : 115 & 116

$$R : \textit{sin}\ AC :: \textit{sin}\ A : \textit{sin}\ CD.$$

$$R : \textit{sin}\ BC :: \textit{sin}\ B : \textit{sin}\ CD.$$

Donc *sin* A : *sin* B :: *sin* B C : *sin* A C; & par conséquent, *dans un triangle sphérique quelconque, les sinus des angles sont proportionels aux sinus des côtés opposés.*

613. Soit maintenant le triangle A B C, rectangle en A, dont les côtés B C & A C soient prolongés jusqu'à 90°, l'un en D, l'autre en F : si on mene l'arc D E, on aura le triangle C D E, rectangle en E, dont les quatre parties C E, C D, D E & D, seront les complémens respectifs des quatre BC, AC, B & A B du triangle ABC: (la démonstration en est facile.) De-là vient le nom de *triangles complémentaires* pour les triangles ainsi formés. Or dans le triangle complémentaire C D E, on a

FIG.

$$R : sin\,CD :: sin\,D : sin\,CE;$$

ou bien . . . . . $R : cos\,AC :: cos\,AB : cos\,BC.$

Donc, *dans tout triangle sphérique rectangle, le rayon est au cosinus d'un des côtés de l'angle droit, comme le cosinus de l'autre côté est au cosinus de l'hypothénuse.*

Et par conséquent, *si un triangle sphérique obliquangle est partagé en deux triangles rectangles par un arc perpendiculaire sur la base, on aura toujours les cosinus des segments de la base, proportionels aux cosinus des deux côtés adjacents.*

115. En sorte que dans le triangle ABC, par exemple, après avoir décrit l'arc perpendiculaire CD, on auroit

$$cos\,AC : cos\,BC :: cos\,AD : cos\,BD;$$

Or cette proportion en donne une autre, que voici:
$cos\,AC + cos\,BC : cos\,BC - cos\,AC :: cos\,AD + cos\,BD : cos\,BD - cos\,AD.$
De celle-là on peut en tirer une troisieme qui est (556).

$$cot\,\frac{AC+BC}{2} : tang\,\frac{BC-AC}{2} :: cot\,\frac{AD+BD}{2} : tang\,\frac{BD-AD}{2}.$$

Mais $AD + DB = AB$, toutes les fois que l'arc perpendiculaire tombe en dedans du triangle; on a donc alors, par la substitution des tangentes aux cotangentes, une derniere proportion qui est d'un fréquent usage, & que l'on peut énoncer de la maniere suivante.

614. *Dans tout triangle sphérique obliquangle, sur la base duquel on a abaissé un arc perpendiculaire qui tombe en dedans du triangle, la tangente de la demi-base est à la tangente de la demi-somme des deux autres côtés, comme la tangente de la demi-différence de ces côtés est à la tangente de la demi-différence des segments de la base.*

116. Remarquez que si l'arc tomboit en dehors, on auroit $AD - BD = AB$; & qu'il faudroit simplement substituer alors la tangente de la demi-somme des segments à la tangente de leur demi-différence.

117. 615. Revenons maintenant au triangle complémentaire CDE, qui donne

$$R : sin\,CD :: sin\,C : sin\,DE.$$

Donc . . . $R : cos\,AC :: sin\,C : cos\,B;$

C'est-à-dire, que *dans tout triangle sphérique rectangle, le rayon est au cosinus d'un des côtés de l'angle droit, comme le sinus de l'angle oblique opposé à l'autre côté, est au cosinus de l'autre angle oblique.*

115. & 116. 616. Et par conséquent, *si on abaisse un arc perpendiculaire sur la base d'un triangle obliquangle, les sinus des angles du sommet seront proportionels aux cosinus des angles de la base.*

Dans le triangle obliquangle ACB, on a donc

$$sin\,ACD : sin\,BCD :: cos\,A : cos\,B.$$

118. 617. Soit à présent le triangle ABC rectangle en A, & soient me-

nées les tangentes BP & BQ ; celle-ci pour l'hypothénuse BC, la premiere pour le côté BA. Si nous menons les sécantes EP & EQ, dont les extrémités soient jointes par la ligne PQ, nous aurons les triangles PEQ & BPQ dont les plans seront perpendiculaires à celui de la base BAE. Leur intersection PQ sera donc perpendiculaire au même plan (503), & le triangle BPQ, rectangle en P, sera semblable au triangle GFE. Ainsi nous aurons FIG.

FE : GE : : BQ : BP.

ou . . . R : *cos* B : : *tang* BC : *tang* AB.

On prouveroit de même que

R : *cos* C : : *tang* BC : *tang* AC.

Donc, *dans tout triangle sphérique rectangle le rayon est au cosinus d'un des angles obliques, comme la tangente de l'hypothénuse est à la tangente du côté opposé à l'autre angle.*

618. Si le triangle ABC est obliquangle, on pourra abaisser sur sa base l'arc perpendiculaire CD ; ce qui donnera, 115. & 116.

R : *cos* ACD : : *tang* AC : *tang* CD.

R : *cos* BCD : : *tang* BC : *tang* CD.

D'où l'on tirera,

cos ACD : *cos* BCD : : *tang* BC : *tang* AC.

C'est-à-dire qu'*en abaissant un arc perpendiculaire sur la base d'un triangle sphérique obliquangle, on a toujours les cosinus des angles au sommet réciproquement proportionels aux tangentes des côtés adjacents.*

619. Et comme dans le triangle complémentaire CDE, on a 117.

R : *cos* D : : *tang* CD : *tang* DE,

il est évident que l'on a aussi,

R : *sin* AB : : *cot* AC : *cot* B : : *tang* B : *tang* AC.

Donc, *dans tout triangle rectangle, le rayon est au sinus d'un des côtés de l'angle droit, comme la tangente de l'angle oblique opposé à l'autre côté, est à la tangente de ce dernier côté.*

620. Le même triangle CDE donne

R : *sin* CE : : *tang* C : *tang* DE ;

donc . . . R : *cos* BC : : *tang* C : *cot* B.

D'où il suit que *dans tout triangle sphérique rectangle, le rayon est au cosinus de l'hypothénuse, comme la tangente d'un des angles obliques, est à la cotangente de l'autre angle.*

IG.

Application des Principes & des Proportions qui précédent.

621. Au moyen des propositions que nous venons de démontrer, il n'y a point de triangle sphérique que l'on ne puisse résoudre très-facilement, pourvu que l'on connoisse trois de ses parties. Commençons par les triangles rectangles.

Et d'abord, remarquons que l'angle droit étant toujours donné, il suffit de connoître deux des autres cinq parties qui concourent à former ces triangles.

Remarquons ensuite que toutes les combinaisons différentes d'un nombre m de quantités prises deux-à-deux, sont généralement exprimées par $\frac{m.m-1}{2}$ (313). Il est donc évident 1°, qu'à cet égard, la résolution des triangles sphériques rectangles offre dix de ces combinaisons. Mais comme pour chaque combinaison, on a trois quantités à déterminer, il est évident 2°, que toutes les variétés possibles de la résolution des triangles sphériques rectangles, sont au nombre de trente.

19. On les a renfermées toutes dans la Table suivante, où l'on suppose que l'angle droit est en A, & que les deux autres angles sont indifféremment désignés par B & par C.

622. La construction de cette Table est uniquement fondée sur deux proportions déja connues. Nous allons les remettre ici sous les yeux du Lecteur.

I. Dans tout triangle sphérique rectangle, le rayon est au sinus de l'hypothénuse, comme le sinus d'un des angles obliques, est au sinus du côté qui lui est opposé (611).

II. Dans tout triangle sphérique rectangle, le rayon est au sinus d'un des côtés de l'angle droit, comme la tangente de l'angle oblique opposé à l'autre côté, est à la tangente de ce dernier côté (619).

Tantôt on applique immédiatement ces proportions au triangle ABC, tantôt il faut avoir recours à l'un des deux triangles complémentaires CDE, BFG, pour transporter ensuite les résultats au triangle ABC, comme on le verra dans quelques exemples.

TABLE pour la résolution de tous les cas possibles dans un Triangle sphérique ABC, *rectangle en* A. FIG. 119.

Etant donnés	Trouver	PROPORTIONS.
BC & B	AC AB C	R : *sin* BC : : *sin* B : *sin* AC. R : *cos* B : : *tang* BC : *tang* AB. R : *cos* BC : : *tang* B : *cot* C.
BC & C	AB AC B	R : *sin* BC : : *sin* C : *sin* AB. R : *cos* C : : *tang* BC : *tang* AC. R : *cos* BC : : *tang* C : *cot* B.
AC & C	AB BC B	R : *sin* AC : : *tang* C : *tang* AB. R : *cos* C : : *cot* AC : *cot* BC. R : *cos* AC : : *sin* C : *cos* B.
AC & B	AB BC C	*tang* B : *tang* AC : : R : *sin* AB. *sin* B : *sin* AC : : R : *sin* BC. *cos* AC : *cos* B : : R : *sin* C.
AC & BC	AB B C	*cos* AC : *cos* BC : : R : *cos* AB. *sin* BC : *sin* AC : : R : *sin* B. *tang* BC : *tang* AC : : R : *cos* C.
AB & C	AC BC B	*tang* C : *tang* AB : : R : *sin* AC. *sin* C : *sin* AB : : R : *sin* BC. *cos* AB : *cos* C : : R : *sin* B.
AB & B	AC BC C	R : *sin* AB : : *tang* B : *tang* AC. R : *cos* B : : *cot* AB : *cot* BC. R : *sin* B : : *cos* AB : *cos* C.
AB & AC	BC B C	R : *cos* AB : : *cos* AC : *cos* BC. R : *sin* AB : : *cot* AC : *cot* B. R : *sin* AC : : *cot* AB : *cot* C.
AB & BC	AC B C	*cos* AB : *cos* BC : : R : *cos* AC. R : *tang* AB : : *cot* BC : *cos* B. *sin* BC : *sin* AB : : R : *sin* C.
B & C	AB AC BC	*sin* B : *cos* C : : R : *cos* AB. *sin* C : *cos* B : : R : *cos* AC. R : *cot* B : : *cot* C : *cos* BC.

FIG. 119.

Suite de la Table pour la résolution de tous les cas possibles dans un Triangle sphérique ABC, *rectangle en* A.

Ce que l'on cherche, doit avoir moins de 90°.
Si B a moins de 90°. Si BC & B sont de même espece. Si BC & B sont de même espece.
Si C a moins de 90°. Si BC & C sont de même espece. Si BC & C sont de même espece.
Si C a moins de 90°. Si AC & C sont de même espece. Si AC a moins de 90°.
Ce cas est douteux. Ce cas est douteux. Ce cas est douteux.
Si BC & AC sont de même espece. Si AC a moins de 90°. Si AC & BC sont de même espece.
Ce cas est douteux. Ce cas est douteux. Ce cas est douteux.
Si B a moins de 90°. Si AB & B sont de même espece. Si AB a moins de 90°.
Si AB & AC sont de même espece. Si AC a moins de 90°. Si AB a moins de 90°.
Si BC & AB sont de même espece. Si BC & AB sont de même espece. Si AB a moins de 90°.
Si C a moins de 90°. Si B a moins de 90°. Si B & C sont de même espece.

Pour en faciliter l'intelligence, soit l'hypothénuse BC de 81° 13', & l'angle B de 37° 19'; on demande le côté AC opposé à cet angle B. FIG. 119.

Vous voyez que pour résoudre ce cas-là, il faut faire la premiere proportion de la Table, & dire ..... puisque R : *sin* BC : : *sin* B : *sin* AC, on a donc

Log sin BC de 81° 13'	9,994877.
Log sin B de 37° 19'	9,782630.
Somme	19,777507.
Log du Rayon	10.
Reste	9,777507.

Donc AC est de 36° 48', ou de 143° 12' qui en est le supplément: mais pour se décider sur le choix de la valeur convenable, il faut se rappeller que le côté AC doit être de la même espece que l'angle B qui lui est opposé (604). Au reste, pour rappeller au Calculateur les conditions d'où dépend le résultat qu'il cherche, on les a insérées dans la derniere colonne de la Table.

623. Si en supposant la même hypothénuse BC, & le même angle B, on eût demandé le côté adjacent AB, il eut été facile de chercher d'abord le côté AC comme ci-dessus, & d'appliquer ensuite la proportion ....

tang B : *tang* AC : : R : *sin* AB.

Mais ce procédé eût introduit deux analogies dans un calcul qui peut être terminé par une seule. Car dans le triangle complémentaire CDE, on a .. R : *sin* DE : : *tang* D : *tang* CE; donc en transportant cette proportion dans le triangle ABC, elle deviendra ... R : *cos* B : : *cot* AB : *cot* BC, ou si l'on aime mieux,

R : *cos* B : *tang* BC : *tang* AB.

On aura donc la valeur de AB par Logarithmes, en disant ...

Log *cos* B	37° 19' =	9,900529
Log *tang* BC ...	81 13 =	10,811042
Log *tang* AB	=	10,711571

Ce dernier Logarithme répond à 79°, ou à 101°: mais comme BC & B sont de même espece, il faut s'arrêter à la premiere valeur. Le côté AB est donc de 79°, ou plutôt en calculant jusqu'aux secondes, il est de 79° 0' 20''.

Enfin pour trouver l'angle C, on se fût servi du triangle CDE, dans lequel on a ..... *sin* CE : R : : *tang* DE : *tang* C; d'où on tire par la substitution,

cos BC : R : : *cot* B : *tang* C.

ou ... R : *cos* BC : : *tang* B : *cot* C.

On a donc la valeur de l'angle C par logarithmes, en faisant

FIG. 19.

Log *cos* BC .... 81° 13′ = 9.183834
Log *tang* B .... 37 19 = 9.882101

Log *cot* C .... = 9.065935

Ce qui donne 83° 22′, & non 96° 38′, puisque BC & B sont de même espece.

624. Si au lieu de connoître l'hypothénuse, on eût connu le côté adjacent AB, avec le même angle B, & que l'on eût cherché le côté opposé AC, il eût fallu alors employer la proportion suivante :

R : *sin* AB : : *tang* B : *tang* AC.

qui donne .... Log *sin* AB .. 79° = 9.991947
Log *tang* B ... 37.19′ = 9.882101

Log *tang* AC ..... = 9.874048

D'où on eût conclu que la valeur de A est de 36° 48′, comme nous l'avons déja trouvé.

625. Cherchons maintenant l'hypothénuse BC, en supposant connues les deux mêmes quantités AB & B.

Ni la premiere, ni la seconde des proportions énoncées ci-dessus (622) ne peut être appliquée immédiatement au triangle ABC : mais dans le triangle complémentaire CDE, on connoît D & DE; on a donc ... R : *sin* DE : : *tang* D : *tang* CE; & en substituant, on trouve.

R : *cos* B : : *cot* AB : *cot* BC.

Log *cos* B ... 37° 19′ = 9.900529.
Log *cot* AB ... 79° = 9.288652.

Log *cot* BC .... = 9.189181.

Donc BC est de 81° 13′, puisque B & AB sont de même espece.

Pour avoir la valeur de l'angle C, dans la même supposition, on aura recours à l'autre triangle complémentaire BFG, dans lequel R : *sin* BF : : *sin* B : FG, ce qui donne, en substituant,

R : *cos* AB : : *sin* B : *cos* C

Log *cos* AB ... 79° = 9.280599.
Log *sin* B .... 37° 19′ = 9.782630.

Log *cos* C .... = 9.063229.

L'angle C est donc de 83° 22′, ou si on veut pousser l'exactitude jusqu'aux secondes, de 83° 21′ 33″. Cette petite différence vient de ce que le côté AB est supposé ici de 79°, au lieu que nous avons déja trouvé 79° 0′ 20″ pour sa valeur.

626. Après avoir déterminé, dans deux cas différents, les trois parties inconnues du triangle rectangle ABC, il nous reste à examiner les cas où cette détermination est impossible.

Et d'abord, si on suppose connus le côté AB & l'angle opposé C, il

est clair que l'on ne peut connoître de quelle espece est l'hypothénuse : FIG.
car alors la premiere proportion donne 119.

$$\text{sin } C : \text{sin } AB :: R : \text{sin } BC.$$

Mais ce dernier sinus appartenant indifféremment à une hypothénuse moindre que 90°, ou à son supplément, il faudroit savoir de quelle espece sont les deux angles obliques, pour se déterminer dans le choix. Faute de cette connoissance, le cas est douteux : aussi est-il marqué comme tel, dans la quatrieme colonne de la Table.

On éprouve le même embarras, quand il s'agit de trouver la valeur du côté A C, les mêmes choses étant données. En effet, par la seconde proportion (622) on a

$$\text{tang } AC : \text{tang } AB :: R : \text{sin } AC;$$

mais rien n'indique, dans ce cas-là, de quelle espece est le côté A C.

Même difficulté pour l'angle B, dont la valeur se déduit de la premiere proportion (622), appliquée d'abord au triangle B F G, & transportée ensuite au triangle A B C.

Car on a, dans le triangle B F G,

$$\text{sin } BF : R :: \text{sin } FG : \text{sin } B;$$

ce qui donne, dans le triangle A B C,

$$\text{cos } AB : R :: \text{cos } C : \text{sin } B,$$

sans que l'on puisse savoir de quelle espece est l'angle B.

Voilà donc un premier cas dont les variétés offrent trois solutions ambiguës. Un autre cas parfaitement semblable, celui où l'on suppose connus le côté A C & l'angle opposé B, en offre trois autres. En général, toutes les fois que dans un triangle sphérique rectangle on ne connoîtra qu'un des angles obliques, & le côté qui lui est opposé, la valeur des trois autres parties ne pourra être déterminée.

627. Il y a donc six solutions imparfaites, parmi les trente Problêmes qu'offre à résoudre tout triangle sphérique rectangle. Au reste, on pourroit réduire à seize ces trente questions, en supprimant celles qui sont absolument semblables : mais on est bien aise de trouver dans une Table, la proportion dont on a besoin, sans qu'il y ait aucun changement à faire. Passons maintenant à la résolution des triangles obliquangles.

Résolution des Triangles sphériques obliquangles.

628. Elle est susceptible d'autant de variétés qu'il y a de combinaisons différentes entre les six parties d'un triangle, prises quatre à quatre. Or il y a quinze de ces combinaisons (313), & chacune a trois cas différents. Il y a donc 45 problêmes à résoudre, pour les triangles obliquangles. Mais comme la résolution des uns entraîne souvent celle des autres, on les a réduits aux douze suivants.

FIG. 20.

PROBLEME I.

629. Dans un triangle ſphérique obliquangle ABC, étant donnés deux angles, B & A, & le côté oppoſé à l'angle A, trouver le côté AC oppoſé à l'autre angle.

Soit	A = 61° 25'.	co. Log *ſin* A = 0.056445.
	B = 82 36.	Log *ſin* B = 9.996368.
	BC = 59 . 40. Faites la propor.	Log *ſin* BC = 9.936062.
	ſin A : *ſin* B : : *ſin* BC : *ſin* AC.	Log *ſin* AC = 9.988875.

Le calcul donnera 77° 5', ou 102° 55', ſans que l'on puiſſe ſe décider entre ces deux réſultats, à moins que l'on ne ſache d'ailleurs de quelle eſpece doit être le côté cherché.

I I.

630. Etant donnés deux angles A & B, avec le côté BC oppoſé à l'angle A, trouver le troiſieme angle.

115. & 116. Abaiſſez un arc perpendiculaire CD, & vous aurez dans le triangle BCD (620)

R : *coſ* BC : : *tang* B : *cot* BCD.

Puis (616) *coſ* B : *coſ* A : : *ſin* BCD : *ſin* ACD.

Ajoutant donc ces deux angles, ou ſouſtrayant l'un de l'autre, ſuivant que les angles donnés A & B ſont de même ou de différente eſpece, vous aurez l'angle cherché C.

Soit A = 61° 25' . . . B = 82° 36' . . . BC = 59° 40', & vous aurez

I°	II°
Log *coſ* BC = 9.703317.	co Log *coſ* B = 0.890099.
Log *tang* B = 10.886467.	Log *coſ* A = 9.679824.
Log *cot* BCD = 10.589784.	Log *ſin* BCD = 9.396150.
L'angle BCD eſt donc de 14° 25' (608)	Log *ſin* ACD = 9.966073.

L'angle ACD eſt donc de 67° 39', ou de 112° 21'; ce qui donne 82° 4', où 126° 46', pour l'angle cherché ABC, ſans qu'il y ait moyen de déterminer par les quantités connues la valeur qui doit être préférée.

I I I.

631. Etant donnés deux angles A & B avec le côté oppoſé BC, comme dans le problême précédent, trouver le côté AB compris entre ces deux angles.

L'arc perpendiculaire CD forme deux triangles rectangles ACD & DCB, dont le dernier donne (617)

R : *coſ* B : : *tang* BC : *tang* BD. 115.

D'ailleurs on a (619) *tang* A : *tang* B : : *ſin* BD : *ſin* AD. &

On aura donc AB = AD ± DB, ſelon que les angles donnés ſeront de même ou de différente eſpece. 116.

I°		II°	
Log *coſ* B =	9.109901.	*co* Log *tang* A =	− 1.736269.
Log *tang* BC =	10.232745.	Log *tang* B =	10.886467.
Log *tang* BD =	9.342646.	Log *ſin* BD =	9.332478.
BD eſt donc de 12° 25′		Log *ſin* AD =	9.955214.

Le côté AD eſt donc de 64° 25′, ou de 115° 35′; & comme dans cet exemple, les angles A & B ſont de même eſpece, il faut ajouter les deux ſegments BD & AD; par conſéquent le côté AB doit être de 76° 50′, ou de 128°.

I V.

632. Etant donnés deux angles A & C, avec le côté ſur lequel ces angles ſont formés, trouver le troiſieme angle B.

On a d'abord (620) . . . R : *coſ* AC : : *tang* A : *cot* ACD.

On a enſuite (616) . . . *ſin* ACD : *ſin* BCD : : *coſ* A : *coſ* B.

L'angle BCD ſe trouve en ſouſtrayant ACD de ACB, lorſque l'arc perpendiculaire tombe en dedans du triangle : mais toutes les fois que cet arc tombe en dehors, il faut ſouſtraire l'angle ACB de l'angle ACD, pour avoir BCD.

V.

633. Etant donnés, comme ci-deſſus, les deux angles A & C, avec le côté compris AC, trouver l'un des deux autres côtés, BC par exemple.

R : *coſ* AC : : *tang* A : *cot* ACD.

(618) *coſ* BCD : *coſ* ACD : : *tang* AC : *tang* BC.

V I.

634. On ſuppoſe connus deux côtés quelconques, AC & BC par exemple, avec un des angles oppoſés à ces côtés, tel que l'angle A, trouver l'angle B oppoſé à l'autre côté. 120.

Ce problême ſe réſout par la proportion ſi connue . . . .

ſin BC : *ſin* AC : : *ſin* A : *ſin* B.

Et ſi on donne aux côtés connus & à l'angle A, les mêmes valeurs que ci-deſſus, on trouvera celle de l'angle B, par le calcul ſuivant.

FIG. *co* Log *sin* BC . . . 59° 40′ = 0.063938.
Log *sin* AC . . . 77 5 = 9.988869.
Log *sin* A . . . . 61 25 = 9.943555.
Log *sin* B . . . . = 9.996362.

L'angle B est donc de 82° 36′, comme nous l'avons supposé, ou de 97° 24′ comme nous aurions pû le supposer aussi.

Ce problême rentre évidemment dans le premier, ils ne différent entre eux que par une inversion de termes, dans la proportion qui les résout l'un & l'autre.

VII.

635. Les mêmes choses étant données, on demande le troisieme
115. côté AB

R : *cos* A : : *tang* AC : *tang* AD.
& *cos* AC : *cos* BC : : *cos* AD : *cos* BD.
116.

Par la premiere de ces deux proportions on connoît AD, par la seconde on connoît BD : ainsi on aura AB = AD ± BD, suivant la position de l'arc perpendiculaire.

108. Si on eût rapporté au triangle supplémentaire les quantités connues dans le triangle ABC, on eût eu simplement à résoudre ce problême (*629*) . . . Connoître le troisieme angle, quand on connoît les deux autres & un des côtés qui leur sont opposés. Car ce problême une fois résolu, on eût trouvé la valeur du côté cherché AB, en prenant le supplément de ce troisieme angle.

VIII.

636. Dans la même hypothèse, trouver l'angle C, compris entre
115 les deux côtés connus AC & BC.

&. R : *cos* AC : : *tang* A : *cot* ACD.
16. *tang* BC : *tang* AC : : *cos* ACD : *cos* BCD ;

d'où l'on tire ACB = ACD ± BCD, suivant que les côtés AC & BC sont de même ou de différente espece.

Le triangle supplémentaire est également propre à résoudre ce problême, en le rappellant au troisieme.

IX.

637. Etant donnés deux côtés AC & AB, avec l'angle A compris entre ces côtés, trouver l'autre côté BC.

R : *cos* A : : *tang* AC : *tang* AD.
cos AD : *cos* BD : : *cos* AC : *cos* BC.

FIG.

X.

638. Les mêmes choses étant connues, trouver l'un des deux autres angles, l'angle B, par exemple.

$$R : cos\,A :: tang\,AC : tang\,AD.$$

$$sin\,BD : sin\,AD :: tang\,A : tang\,B.$$

X I.

639. Si les trois côtés sont connus, comment trouver un des trois angles, A, par exemple? .... On sait (613) que 115.

$$tang\,\frac{AB}{2} : tang\,\frac{AC+BC}{2} :: tang\,\frac{AC-BC}{2} : tang\,\frac{AD-DB}{2}.$$

Cette premiere proportion fera connoître le segment AD, & la proportion qui suit, donnera l'angle A;

$$tang\,AC : tang\,AD :: R : cos\,A.$$

Reprenant donc les mêmes valeurs que ci-devant, on aura 1°;

co Log tang $\frac{1}{2}$ (AB)	38° 25′ =	0.100692.
Log tang $\frac{1}{2}$ (AC+BC) ..	68 22 $\frac{1}{2}$ =	10.401838.
Log tang $\frac{1}{2}$ (AC−BC) ..	8 42 $\frac{1}{2}$ =	9.185174.
Log tang $\frac{1}{2}$ (AD−DB)	=	9.687704.

La demi-différence des deux segments est donc de 25° 59′ qui étant ajoutés à la demi-base, 38° 25′ donnent 64° 24′ pour le plus grand segment AD. Cela posé, on aura 2°.

co. Log tang AC ...	77° 5′ =	− 1.360474.
Log tang AD ...	64 24 =	10.319556.
Log R	=	10.
Log cos A	=	9.680030.

Ce Logarithme répond à 61° 24′. L'angle A est donc de 61° 24′. Nous avons pourtant supposé ailleurs (629) qu'il étoit de 61° 25′. D'où peut donc provenir cette petite différence?

Elle provient des quantités négligées dans l'évaluation des logarithmes: car si on eût calculé jusqu'aux secondes, on eût trouvé pour la demi-différence des segments, 25° 58′ 30″, qui étant ajoutés à 38° 25′, eussent donné pour la valeur de AD, 64° 23′ 30″. Or le logarithme de tang 64° 23′ 30″ est 10.319394, lequel substitué à 10.319556, donne pour résultat 9.679868, qui répond à 61° 25′.

640. Ce dernier problême peut se résoudre par une seule proportion, que l'on trouve démontrée dans plusieurs Traités de Trigonométrie, & dont il est facile de calculer les termes par logarithmes. Nous ne ferons que l'énoncer.

FIG. Le produit des sinus des côtés AB & AC qui comprennent l'angle cherché A, est au produit des sinus de ce qui reste de la demi-somme des trois côtés, quand on en a soustrait séparément ces mêmes côtés AB & AC, comme le quarré du rayon, est au quarré du sinus de la moitié de l'angle cherché.

XII.

121. 641. Etant donnés les trois angles, trouver un côté, AC, par exemple.

Ce problême, résolu par le triangle supplémentaire, ne différeroit pas du problême précédent : mais on peut aussi le résoudre par les deux proportions suivantes, en supposant que l'arc CF coupe en deux parties égales l'angle ACB.

$$\cot \tfrac{1}{2}(A+B) : \tang \tfrac{1}{2}(B-A) :: \tang \tfrac{1}{2} C : \tang DCE.$$

$$\tang A : \cot ACD :: R : \cos AC.$$

La premiere donne la valeur de l'angle DCE, qui étant ajouté à l'angle ACE fera connoître l'angle ACD : or celui-ci une fois connu, on trouve bien vîte le côté cherché AC par la seconde proportion.

Soit donc $A = 61^\circ\ 25'$ . . . $B = 82^\circ\ 36'$ . . . $C = 82^\circ\ 4'$, nous aurons.

co Log *cot* $\frac{1}{2}(A+B)$ . .	72°	0′	30″	=	0.488439.
Log *tang* $\frac{1}{2}(B-A)$ . .	10	35	30	=	9.271829.
Log *tang* $\frac{1}{2}$ C	41	2		=	9.939673.
Log *tang* DCE				=	9.699941.

Ainsi l'angle formé par l'arc perpendiculaire & par celui qui coupe l'angle C en deux parties égales, doit être dans ce cas, de $26^\circ\ 36'\ 59''$. Ajoutant donc cette valeur à la moitié de l'angle C, on aura $67^\circ\ 38'\ 59''$ pour la valeur de l'angle ACD ; & la seconde proportion donnera

co Log *tang* A . . . 61° 25′.	=	1.736269.
Log *cot* ACD. 67° 38′ 59″	=	9.614006.
Log R	=	10.
Log *cos* AC	=	9.350275.

Le côté AC sera donc de $77^\circ\ 3'\ 18''$.

Nous l'avions déja trouvé de $77^\circ\ 5'$ dans la résolution du premier problême, mais cette différence ne provient que des quantités négligées dans l'évaluation des logarithmes.

642. A cette double solution on pourroit en ajouter une troisieme, déduite de la proportion suivante.

Le produit des sinus des angles A & C est au produit des cosinus des deux restes que l'on trouve après avoir soustrait séparément chacun de ces deux angles, de la demi-somme des trois angles, comme le quarré du rayon est au quarré du cosinus du demi-côté AC.

643.

643. Et cette proportion peut également s'appliquer aux triangles rectilignes, parce qu'en supposant les triangles sphériques bien petits, leurs côtés sont des arcs insensibles que l'on peut regarder comme des sinus ou des tangentes des angles opposés. Telle est donc l'analogie de la Trigonométrie sphérique avec la Trigonométrie rectiligne; que la plûpart des formules de la premiere peuvent être appliquées à la seconde, par une simple substitution des côtés, aux sinus ou aux tangentes de ces mêmes côtés. FIG.

Vous observerez cependant que les formules où il entre des cosinus & des cotangentes, ne sont pas susceptibles de cette application; & vous savez bien pourquoi.

644. La théorie que nous venons d'exposer, embrasse généralement tous les cas des triangles sphériques. Mais le nombre des proportions à retenir, & celui des précautions qu'il faut prendre suivant les divers cas, n'étant pas réduits au degré de simplicité que l'on pourroit désirer, plusieurs Géometres ont travaillé successivement à cette réduction.

Nepper, que l'invention des logarithmes a rendu si célèbre, n'a pas été le moins heureux dans cette recherche. Deux seules proportions lui suffisoient pour résoudre presque tous les problêmes de trigonométrie sphérique. On peut voir l'énoncé de ces propositions dans son Ouvrage : il y a cependant une multiplicité de *parties adjacentes*, & de *parties séparées*, qui jointes à ce qu'il appelle *la partie moyenne*, entraînent quelque confusion.

D'autres Géomètres ont réduit toute cette théorie à des formules purement analytiques; mais quand même on donneroit la préférence à ces méthodes, on auroit bien de la peine à se passer entiérement de celle des anciens Géomètres, à cause de la clarté qu'y répandent les figures dont on se sert.

Quelques applications de la Trigonométrie sphérique.

645. Etant donnée la déclinaison d'un astre, trouver son amplitude & son arc diurne pour un lieu dont la latitude est connue.

La solution de ce problême suppose quelques notions d'Astronomie : ainsi tout Lecteur qui n'aura pas déja ces notions, peut passer au Chapitre suivant.

Soit HZO la moitié du Méridien du lieu proposé... HAO la moitié de son Horizon .... EAQ la moitié de l'Equateur .... Z le Zénith ... P le Pôle Boréal ... A le vrai point d'Est ... MN ou EC la déclinaison de l'astre dont il s'agit... CM*c* une partie du parallele que cet astre doit parcourir ... PMN un quart de cercle horaire. 122.

Cela posé, on aura l'arc AM pour l'amplitude ortive, l'arc MC ou NE pour l'arc semi-diurne, & on connoîtra dans le triangle rectan-

FIG. gle AMN, le côté MN, l'angle N & l'angle oblique MAN, qui est le complément de la latitude donnée.

Ainsi pour connoître AM on fera la proportion suivante.

$$\mathit{sin}\ MAN : \mathit{sin}\ MN :: R : \mathit{sin}\ AM;$$

& pour avoir AN, on fera cette autre proportion.

$$\mathit{tang}\ MAN : \mathit{tang}\ MN :: R : \mathit{sin}\ AN.$$

Appellant donc la latitude L & la déclinaison D, on aura,

$$\mathit{sin}\ AM = \frac{\mathit{sin}\ D}{\mathit{cos}\ L} \ldots \mathit{sin}\ AN = \frac{\mathit{tang}\ D}{\mathit{tang}\ (90^\circ - L)} = \mathit{tang}\ D\ \mathit{tang}\ L.$$

Ce qui donnera pour l'amplitude cherchée deux solutions, dont la plus petite sera la seule convenable. On aura aussi la valeur de AN, qui étant convertie en temps, à raison de 15° par heure, fera connoître ce qu'il faut ajouter au quart AE de l'équateur, c'est-à-dire, à six heures, pour avoir la moitié du temps que cet astre doit passer sur l'horizon.

122. Si par hazard on demandoit l'arc semi-diurne d'un astre dont la déclinaison fût australe, il faudroit alors soustraire AN de AE, après les avoir réduits en temps.

EXEMPLE I.

La latitude de Paris est de 48° 50', & on demande quel doit être, par rapport à cette ville, l'arc semi-diurne d'une étoile placée à 25° de déclinaison australe ?

Log *tang* D	. . . . . .	25°	= 9.668673.
Log *tang* L.	. . . . . .	48 50	= 10.058287.
Log *sin* AN	. . . .		= 9.726960.

Ce qui donne 32° 13' 40" pour l'arc AN. Cet arc réduit en temps vaut 2 h 8' 55", qu'il faut soustraire de six heures, pour avoir l'arc semi-diurne de 3 h 51' 5"; d'où on conclud qu'une étoile placée à 25° de déclinaison australe, reste sur l'horizon de Paris pendant 7 h 42' 10". On trouveroit que son amplitude est de 39° 56' 36", vers le pôle antarctique.

EXEMPLE II.

Quel est le plus long jour de l'année pour l'horison de Paris, & combien ce jour dure-t-il ? Le plus long jour est évidemment celui où le Soleil parcourt le Tropique du Cancer, & comme alors sa déclinaison est de 23° 28' 20", on a

FIG.

Log *tang* D	. . .	23° 28′ 20″	=	9.637726.
Log *tang* L	. . .	48 50	=	10.058287.
Log *sin* AN	. . . .		=	9.696013.

Ce dernier logarithme répond dans les Tables à 29° 46′ 33″; ce qui fait 1 h 59′ 6″. Donc l'arc semi-diurne du Solstice d'Été est de 7 h 59′ 6″; & par conséquent le plus long jour de l'année pour l'horizon de Paris seroit de 15 h 58′ 12″, si la réfraction n'influoit pas dans sa durée. De quelle quantité y influe-t-elle ? c'est ce que nous allons examiner dans l'exemple suivant.

EXEMPLE III.

On sait que la réfraction fait paroître à l'horizon tous les astres qui sont réellement 32′ 20″ au-dessous, en comptant ces 32′ 20″ sur un vertical. Le Soleil paroît donc se lever, avant qu'il ait atteint l'horizon, & le soir on le voit encore, quoique déja au-dessous de ce cercle. Il en résulte par conséquent une augmentation quelconque dans la durée du jour. De combien est-elle ?

Soit D *m d* un demi-cercle tracé parallélement à l'horizon, à 32′ 20″ d'intervalle : il est clair qu'aussitôt que le Soleil est parvenu à ce parallele en *m*, la réfraction l'élévera de 32′ 20″ = *m r*, & le fera paroître sur l'horizon au point *r*. Alors son amplitude apparente sera A *r* c'est-à-dire, que son amplitude vraie sera augmentée de la quantité M *r*, en vertu de la réfraction. 122.

D'ailleurs, puisque le Soleil paroît être à l'horizon, dès qu'il est en *m*, l'arc semi-diurne est représenté par E *n*; ainsi le prolongement du jour est exprimé par N *n*, qu'il s'agit de calculer.

Comme le triangle M *r m* est très-petit, on peut le résoudre par la Trigonométrie rectiligne, qui donne $Mm = \frac{mr}{cos\,PMO}$. Or $cos\,PMO = cos\,PO.\ Sin\,MPO = cos\,L.\ Sin\ ang.\ hor$; donc $Mm = \frac{mr}{cos\,L.\ sin\ ang.\ hor.}$

On a d'ailleurs la proportion suivante;

$$Mm : Nn :: sin\,PM : 1 :: cos\,D : 1.$$

Donc $Nn = \frac{Mm}{cos\,D} = \frac{mr}{cos\,D.\ Cos\,L.\ Sin\ ang.\ hor.}$; formule qui fait connoître immédiatement l'effet de la réfraction sur l'heure du lever & du coucher d'un astre quelconque, vu d'une latitude quelconque.

Si nous prenons, par exemple, le Soleil dans le Tropique du Cancer à 23° 28′ 20″ de déclinaison, vu à la latitude de Paris, & si nous faisons *m r* = 32′ 20″ = 1940″, nous aurons N *n* = 3702″.

FIG.

REMARQUE.

Si on imagine le petit arc vertical $m\,r$ prolongé jusqu'au Zénith Z, & si on mene le quart P $m\,n$ d'un cercle horaire, on aura un triangle sphérique Z P m, dans lequel on connoîtra le côté Z P, complément de la latitude, le côté P m, complément de la déclinaison, & le côté Z m qui est de $90^\circ\ 32'\ 20''$.

D'où il suit qu'en résolvant ce triangle par le Problême XI, on pourra connoître immédiatement l'angle Z P m, dont la mesure est l'arc semi-diurne E n. On pourra connoître aussi l'angle P Z m dont la mesure est l'arc r O, complément de l'amplitude apparente A r, ce qui menera à une solution plus directe du problême proposé.

EXEMPLE IV.

Etant données la longitude & la latitude de deux Villes, trouver leur plus courte distance.

Pour la connoître, il faut mesurer l'arc de grand cercle qui passe par les deux lieux proposés; car on sait que sur la surface d'une sphére le plus court chemin d'un point à un autre, est l'arc de grand cercle qui passe par ces deux points.

23. Cela posé, soit P le pôle .... E Q une portion de l'équateur .... P C Q & P B E deux quarts de cercle qui passent l'un par le point C & l'autre par le point B, que je suppose être les points donnés. Soit enfin B C l'arc de grand cercle qui mesure leur distance. On connoîtra dans le triangle sphérique P B C, les deux côtés P B & P C, compléments respectifs des latitudes données; & l'angle P dont la mesure est l'arc E Q, différence des longitudes. Ainsi on connoîtra B C par le problême IX.

Soit, par exemple, la latitude C Q de $48^\circ\ 50'\ 10''$, comme elle l'est pour Paris, & soit B E $= 43^\circ\ 7'\ 24''$, comme elle l'est pour Toulon. Ces deux Villes différent en longitude de $3^\circ\ 36'\ 35''$: ainsi l'angle C P B, ou ce qui est la même chose, l'angle E P Q est de $3^\circ\ 36'\ 35''$.

Si on fait le calcul, on trouvera B C $= 6^\circ\ 14'\ 15''$, ce qui donne pour la distance de Paris à Toulon, sans avoir égard à la sinuosité des chemins, 178 lieues de 2000 toises chacune, en supposant que le degré moyen du Méridien en France est de 57060 toises.

EXEMPLE V.

Etant données l'ascension droite & la déclinaison d'un astre, déterminer sa latitude & sa longitude.

Soit P le pôle de l'équateur A B C; soit N le pôle de l'écliptique
24. E B D; soit P M Q le cercle de déclinaison, & N M R le cercle de latitude qui passent l'un & l'autre par l'astre que je suppose en M.

Le problême se réduit à trouver B R & M R, étant donnés B Q &

QM : or dans le triangle PMN, on connoît PM complément de MQ, l'angle MPN complément de BQ, & le côté PN qui est égal à l'obliquité de l'écliptique. Il est donc bien facile de connoître le troisieme côté MN qui a pour complément la latitude de l'astre, & l'angle PNM qui après avoir soustrait 90°, donne la longitude cherchée.

EXEMPLE VI.

Connoissant la latitude d'un lieu donné & la déclinaison d'un astre, avec une hauteur de cet astre, observée à un instant quelconque, trouver son Azimut, sa distance au Méridien, & l'heure qu'il étoit au moment de l'observation.

Soit K le lieu de l'astre, quand on observe dans son parallele 122.
CM*c*; soit ZKF un vertical, PK un cercle horaire. On aura KF pour la hauteur observée, & ZK pour complément. PK sera le complément de la déclinaison, ZP sera le complément de la hauteur du pôle. Ainsi on connoîtra les trois côtés du triangle ZPK ; & par conséquent on pourra déterminer l'angle KZP, dont le supplément HF sera l'Azimut de l'astre, & l'angle ZPK qui mesure la distance de l'astre au Méridien, ou le temps qu'il emploiera à y parvenir, s'il n'y est pas déja passé. On aura donc par ce calcul & par celui de l'ascension droite du Soleil, le temps du passage de l'astre par le Méridien, & par conséquent l'heure vraie de l'observation.

TRAITÉ ANALYTIQUE DES SECTIONS CONIQUES.

646. ON appelle en général *Sections coniques* les sections faites dans un cône par un plan.

Le cercle, par exemple, est une section conique, parce qu'en coupant un cône droit par un plan parallele à sa base, la section est un cercle.

Le triangle est aussi une Section conique, puisqu'en coupant un cône par le sommet, la section est triangulaire.

Mais on a donné spécialement le nom de Sections coniques à trois autres Sections du cône, dont nous allons faire connoître l'origine & les propriétés, après avoir indiqué la maniere de les traiter analytiquement.

Notions préliminaires sur l'usage de l'Algebre dans la description des Courbes.

DESCARTES ayant imaginé d'appliquer l'Algebre à la Géométrie, on ne tarda pas à sentir l'utilité dont ces sortes d'applications pouvoient être. Les Géomètres qui sont venus après lui, ont tellement profité de cette découverte, qu'elle est devenue à jamais célebre par sa grande fécondité. Ses principaux usages consistent dans des recherches sur la théorie des courbes, dont l'étude est indispensable quand on veut approfondir les sciences Physico-Mathématiques.

647. L'objet de cette théorie est d'exprimer par des équations les loix suivant lesquelles on suppose que des courbes données ont été décrites; & réciproquement, de diriger l'Analyste, soit dans la description des courbes dont il a les équations, soit dans la recherche des propriétés de ces mêmes courbes.

Pour cela, on rapporte chaque point de la courbe que l'on veut tracer, à deux droites, dont l'une s'appelle *la Ligne* ou *l'Axe des abscisses*, l'autre *la Ligne* ou l'*Axe des ordonnées*. On cherche ensuite le rapport qui se trouve entre les abscisses & les ordonnées, & l'expression analytique de ce rapport donne l'équation de la courbe. FIG.

C'est ainsi, par exemple, que $yy = 2ax - xx$ exprimant le rapport constant d'égalité entre le quarré de chaque ordonnée du cercle, & le rectangle de ses abscisses, on a dit (444) que cette équation appartenoit au cercle.

648. Afin d'abréger, on est convenu d'appeller *fonction d'une quantité* toute expression algébrique où cette quantité entre. Ainsi on dit, par exemple, que l'équation au cercle exprime l'égalité constante d'une fonction de chaque ordonnée (c'est son quarré) avec une fonction de chaque abscisse correspondante (c'est son produit par le reste du diametre).

On appelle en général *Coordonnées* les abscisses, & les ordonnées correspondantes d'une courbe; & comme la longueur de ces lignes varie à chaque instant, on les nomme *variables* ou *indéterminées*, par opposition aux quantités *constantes* ou *déterminées*.

Le point d'où l'on commence à compter les abscisses, s'appelle *l'origine des abscisses*. On est le maître de la supposer où l'on veut, avant de chercher l'équation des coordonnées: mais sa position une fois déterminée, il faut la supposer toujours la même dans les détails du même calcul. Ordinairement on met l'origine des abscisses au sommet, ou au centre de la courbe.

Et comme en partant de leur origine, on peut les prendre de deux côtés opposés, on est convenu de désigner les unes par le signe +, & les autres par le signe —; de maniere qu'une abscisse est censée *positive*, lorsqu'elle est sur la partie de l'axe que l'on regarde comme positive. Le choix de cette partie est absolument arbitraire: mais quand il est une fois fait, on doit s'y tenir.

649. Les ordonnées peuvent être perpendiculaires ou obliques sur la ligne des abscisses, pourvu qu'elles soient paralleles entre elles. Communément on les suppose perpendiculaires, & on en distingue de positives & de négatives, suivant qu'elles sont d'un côté ou de l'autre de l'axe des abscisses. Quelquefois cependant elles partent d'un point fixe: on en verra des exemples dans la suite.

Cela posé, décrivons la courbe qui a pour équation $y^2 = 2ax - xx$. On sait déja que c'est la circonférence d'un cercle dont le diametre est $2a$; mais quand même on ne le sauroit pas, la construction de cette équation le feroit bientôt connoître.

Soit donc désignée par a une quantité constante que je suppose $= 5$, & soit menée une droite indéfinie BD, sur laquelle je prends 125.
$AD = 10 = 2a$, que je divise en dix parties égales AP, PP &c. Soit A l'origine des abscisses, BD leur axe, AD la direction des positives; AB sera donc celle des négatives, si la courbe cherchée en a. Soit menée ensuite au point A la perpendiculaire indéfinie EF, que je prends pour l'axe des ordonnées, & dont je suppose que la partie positive est AE. Soit enfin $AP = x$, & $PM = y$.

IG. Il est clair par l'équation même, $y = \pm \sqrt{(2ax - xx)}$, que lorsque $x = 0$, on a $y = 0$; donc la courbe a le point A de commun avec la ligne des abscisses. Si on fait $x = 1$, y devient ± 3; si $x = 2$, y devient ± 4; ensorte que les valeurs correspondantes de x & de y sont.........

$$x = 0,\ 1,\ 2,\ 3,\ 4,\ 5,\ 6,\ 7,\ 8,\ 9,\ 10$$
$$y = 0,\ \pm 3,\ \pm 4,\ \pm\sqrt{21},\ \pm\sqrt{24},\ \pm 5,\ \pm\sqrt{24},\ \pm\sqrt{21},\ \pm 4,\ \pm 3,\ 0$$

25. Or ces valeurs de y déterminent la longueur d'autant d'ordonnées, dont les extrémités M sont des points de la courbe que l'on cherche; & parce que ces valeurs sont tout-à-la fois positives & négatives, il est clair qu'en menant du point A deux *branches* égales, dont l'une passe par les points M qui sont au-dessus de l'axe des abscisses, & l'autre par les points correspondants qui sont au-dessous, on aura la courbe demandée.

Quant à sa description, elle sera d'autant plus exacte, que l'on multipliera davantage les divisions de la ligne AD. C'est ainsi que l'on peut décrire une courbe en rapportant chacun de ses points M à deux lignes BD, EF données de position : car si l'on achève le parallélogramme APMN, dont on connoît les deux côtés AP ou NM, & PM, l'intersection de ces deux dernieres lignes donnera le point M de la courbe. On appelle ce parallélogramme, *le parallélogramme des coordonnées*.

Les valeurs de y croissant ici de plus en plus jusqu'à un certain terme qui est 5, & décroissant ensuite dans le même rapport jusqu'à zéro, on doit conclure 1°, qu'il y a une ordonnée PM plus grande que toutes les autres; c'est ce que l'on appelle le *Maximum* de l'ordonnée. (La recherche des *Maximum* & des *Minimum* est une des plus curieuses de l'analyse; nous en donnerons quelques exemples dans la suite).

On doit conclure 2°, que la courbe qui a pour équation $yy = 2ax - xx$, est une courbe *rentrante & fermée*. Elle ne s'étend pas au-delà du point A; car alors ses abscisses étant négatives, les valeurs de y seroient *imaginaires*, ce qui indique qu'il ne peut y avoir aucune de ses branches au-delà de l'origine des abscisses. Cherchons maintenant quelques-unes de ses propriétés.

650. Du milieu C de la ligne AD, je mene des droites CM, & j'ai autant de triangles rectangles CPM, dans lesquels $CM^2 = PM^2 + CP^2 = y^2 + a^2 - 2ax + x^2$; donc puisque $y^2 = 2ax - x^2$, on aura toujours $CM = a$; c'est-à-dire que tous les points M sont à égale distance du centre C, propriété distinctive de la circonférence du cercle.

D'ailleurs l'équation $y^2 = 2ax - xx$, donne $x : y :: y : 2a - x$, ou ∻ AP : PM : PD; donc chaque perpendiculaire PM est moyenne proportionnelle entre les deux segments du diametre AD, autre propriété du cercle.

Menant ensuite une corde AM, on aura $AM^2 = 2ax$; donc x :

AM : : AM : 2 a; ce qui fait voir que dans la courbe demandée toutes les cordes menées du point A à un des points M sont moyennes proportionelles entre le diametre AD & le segment correspondant AP, ce qui convient encore au cercle. FIG.

Si l'on mene la corde MD, on aura $AM^2 + MD^2 = 4a^2 = AD^2$, propriété du triangle rectangle. Donc tous les angles AMD sont droits, comme ils doivent l'être dans le cercle.

Inscrivant le quadrilatere AMDM', on trouvera de même que $AM \times M'D + AM' \times MD = AD \times MM'$ (450). Et ainsi des autres propriétés.

651. Soit proposé maintenant de décrire la courbe dont l'équation aux coordonnées est $y^2 = ax$.

On voit d'abord que cette courbe doit couper la ligne des abscisses à leur origine, puisqu'en supposant $x = 0$, on a aussi $y = 0$; on voit ensuite qu'elle doit avoir deux branches égales, l'une positive, l'autre négative. Ces branches s'étendront à l'infini en s'écartant de leur axe, à mesure que l'on supposera des valeurs plus grandes pour x. Mais ces valeurs doivent toutes être positives, autrement les ordonnées deviendroient imaginaires. La courbe aura donc la forme 126.
MAM'.

652. Soit aussi $yy = xx - aa$. Il est clair que si la courbe à laquelle appartient cette équation, coupe la ligne des abscisses, ou ne fait même que la toucher en quelques points, on les déterminera en supposant $y = 0$. Or dans cette supposition on a $x = \pm a$. Ainsi en prenant sur une droite indéfinie BD un point A pour l'origine des abscisses, & deux parties AS, As égales à la quantité donnée a, la 127.
courbe doit passer par les points S, s que l'on appelle ses *sommets*.

Pour connoître la direction de ses branches, soit AD le côté des abscisses positives; on aura $y = \pm \sqrt{(x^2 - a^2)} = \pm \sqrt{(x+a)(x-a)}$, ce qui donne deux branches, l'une SM, l'autre SM', dont le cours s'étendra à l'infini, tant que x sera plus grande que a. Si elle étoit plus petite, y seroit imaginaire; la courbe ne passe donc pas au-delà du point S, tant que l'on ne prend que des abscisses positives.

Supposons qu'on les prenne négatives, l'équation deviendra ... $y = \pm \sqrt{(-x+a)(-x-a)}$. Or tant que les x seront plus petites que a, les valeurs de y seront imaginaires. Il n'y aura donc aucune partie de la courbe entre les points A & s.

Si $x = a$, on trouve comme ci-dessus, $y = 0$: si $x > a$, alors y a deux valeurs réelles, l'une positive, l'autre négative; & ces valeurs croissant de plus en plus, la courbe aura deux nouvelles branches opposées, mais égales aux deux premieres. L'axe des abscisses est BD, celui des ordonnées est EF; supposant donc des valeurs à x, on déterminera les y ou les PM, & les parallélogrammes des coordonnées donneront les points M, m &c, par lesquels doit passer la courbe demandée. Nous aurons bientôt occasion d'examiner ses propriétés.

653. Cherchons la figure de la courbe dont l'équation est $y^2 = \frac{bx^2 + x^3}{a - x}$.

Je prends BD pour la ligne des abſciſſes, AD $= a$ pour la direction des poſitives, AB $= b$ pour la direction des négatives, le point A pour leur origine, EF pour l'axe des ordonnées, & j'ai $y = \pm x \sqrt{\left(\frac{b+x}{a-x}\right)}$, ce qui donne 1°, $y=0$, lorſque $x=0$; la courbe doit donc paſſer au point A. 2°, Pour chaque valeur de x, je trouve deux valeurs de y. Il y a donc des ordonnées poſitives & des ordonnées négatives. Reſte à déterminer les points où elles ceſſeront d'être réelles.

FIG. 128.

3°, Je prends donc x poſitive, mais moindre que a ou AD, & j'ai pour y deux valeurs PM, PM′ qui croiſſent de plus en plus, juſqu'à ce qu'ayant pris $x = a$, elles deviennent infinies; car alors j'ai $y = \pm x \sqrt{\left(\frac{b+x}{0}\right)}$, ſuppoſant donc à l'ordinaire, que zéro exprime une quantité infiniment petite, ou que $0 = \frac{1}{\infty}$, y eſt infinie. C'eſt-à-dire, qu'il faudroit prolonger à l'infini la ligne GH pour qu'elle rencontrât les deux branches de la courbe.

654. On appelle *Aſymptotes* ces lignes qui s'approchant de plus en plus des branches d'une courbe, ne peuvent cependant les rencontrer jamais.

4°, Si $x > a$, y devient imaginaire. La courbe ne peut donc paſſer au-delà de GH.

5°, Si x eſt négative, y a deux valeurs, pourvu que x ſoit moindre que b. La courbe a donc auſſi deux branches dans le ſens négatif.

6°, Si $x = b$, on a $y = 0$; la courbe doit donc paſſer au point B. Mais elle ne peut deſcendre plus bas, puiſque $x > b$ rend les y imaginaires.

7°, Faiſant $y = 0$, dans la ſuppoſition de x négative & $= b$, on a $y^2 = xx\left(\frac{b-x}{a+x}\right) = 0$; d'où l'on tire $x^2(b-x) = 0$, qui donne $x = 0$, $x = 0$, $x = b$. La courbe paſſera donc une fois au point B, & deux fois au point A, où elle formera un *nœud*.

655. Lorſque pluſieurs branches de la même courbe paſſent par le même point, ce point s'appelle en général *point multiple*, & en particulier, *point double*, *triple*, &c, lorſque deux ou trois branches viennent s'y réunir. L'Algebre apprend auſſi à diſcerner ces points, & à connoître leur multiplicité.

8°, Si $b = 0$, le nœud s'évanouit, & l'équation $y^2 = x^2\left(\frac{b+x}{a-x}\right)$, devient $y^2 = \frac{x^3}{a-x}$, qui appartient à une courbe ancienne, nommée *Ciſſoïde*, dont nous parlerons bien-tôt.

656. Outre les points multiples, il y a encore des *points d'inflexion* & des *points de rebrouſſement*. Les premiers ſont ceux où la courbe,

après avoir tourné sa convexité dans un sens, commence à la tourner dans le sens opposé. Par exemple, la courbe MAM', dont l'équation est $y^3 = a^2x$, a un point d'inflexion en A. FIG. 129.

Les points de rebroussement sont ceux où deux branches de la même courbe se touchent, sans passer au-delà du point de contact. Voyez la courbe m A m'; son équation est $y^3 = ax^2$. 130.

657. Si l'équation des coordonnées est du premier degré, elle appartient toujours à une ligne droite; & c'est pour cela qu'on désigne les droites par le nom de lignes du *premier genre* ou du *premier ordre*.

Si dans l'équation des coordonnées, il n'entre que des yy ou des xx, ou des xy, les lignes qu'elle représente, s'appellent lignes du *second genre*.

Lorsque cette équation est du troisieme degré, les lignes qui en résultent sont du *troisieme genre*, &c. Et comme les lignes du second sont les courbes les plus simples, on les appelle aussi *courbes du premier genre*, ensorte que des lignes du troisieme sont des courbes du second; & ainsi de suite. Il n'y a que la ligne droite qui soit du premier genre. Il y en a quatre du second; soixante-douze du troisieme, comme on peut le voir dans les Opuscules de Newton, *(Enumeratio linearum tertii ordinis)*, & dans les Ouvrages des Géometres plus récents, Euler, Cramer, &c. Il y en a un bien plus grand nombre du quatrieme genre, &c.

658. Mais il faut remarquer que dans cette division des lignes en différents ordres, on ne comprend que les courbes *géométriques*. On nomme ainsi celles qui ont pour abscisses & pour ordonnées des lignes droites dont le rapport peut être déterminé géométriquement. Ainsi une courbe qui auroit pour abscisses des arcs de cercle, ou des lignes droites égales à des sinus, ne seroit pas une courbe géométrique. Ce seroit une des courbes appellées *mécaniques* ou *transcendantes*. Les premieres se nomment aussi des *courbes algébriques*.

Or ce qui fait le principal objet de l'Analyse dans l'examen d'une courbe, c'est 1°, d'en trouver l'équation, lorsque la courbe est donnée, ou de décrire la courbe, si on a déja son équation; 2°, d'en déterminer la tangente; 3°, d'en connoître la *courbure* dans un point donné; 4°, de chercher ses plus grandes ou ses plus petites ordonnées; 5°, de trouver sa quadrature exacte, si elle en est susceptible, ou au moins sa quadrature approchée; 6°, de trouver sa *rectification*, c'est-à-dire, de déterminer la longueur d'une ligne droite égale à l'un quelconque de ses arcs, &c.

Le calcul algébrique ordinaire peut absolument suffire pour toutes ces recherches; mais *le calcul différentiel & le calcul intégral* sont bien plus expéditifs.

FIG.

Origine des Sections Coniques, & leur Equation générale.

131. *659.* SOIT coupé un cône droit BCD par un plan quelconque AMP; on demande l'équation de la courbe MA*m* qui résulte de cette Section.

Si par le sommet B on fait passer un plan BCD perpendiculaire sur la base du cône & sur le plan coupant AMP, l'intersection de ces deux plans sera une droite A*a*; & si on coupe le cône parallélement à la base par un plan FMG, on aura un cercle dont le plan sera perpendiculaire au triangle BCD, & dont l'intersection avec le plan AMP sera une droite PM perpendiculaire aux droites A*a*, FG (502). La ligne PM sera donc une ordonnée commune au cercle & à la section MA*m*.

Cela posé, soit $AP = x$, $PM = y$, $AB = c$, l'angle $ABa = B$; l'angle $BAa = A$; la propriété du cercle donne.... $yy = FP \times PG$. Pour trouver l'expression analytique des lignes FP & PG, je mene AE parallele à CD, & PK parallele à BD, l'une & l'autre dans le plan BCD, ce qui donne ... $AB : \sin AEB :: AE : \sin B$. Or $AEB = \frac{180° - B}{2} = 90° - \frac{1}{2}B$; donc $\sin AEB = \sin(90° - \frac{1}{2}B) = \cos\frac{1}{2}B$, & par conséquent $AE = \frac{c \times \sin B}{\cos\frac{1}{2}B}$. D'ailleurs le triangle APK donne ... $\sin AKP : \sin APK$, ou $\sin AEB : \sin AaE$, ou encore $\cos\frac{1}{2}B : \sin(A + B) :: x : AK = \frac{x \sin(A+B)}{\cos\frac{1}{2}B}$; donc KE ou $PG = \frac{c \sin B - x \sin(A+B)}{\cos\frac{1}{2}B}$.

Quant à l'expression de la partie FP, on a dans le triangle APF... $\sin AFP$, ou $\sin BFG$, ou $\sin BGF$, ou $\cos\frac{1}{2}B : x :: \sin A : FP = \frac{x \sin A}{\cos\frac{1}{2}B}$; donc $yy = \frac{\sin A}{\cos^2\frac{1}{2}B}[cx \sin B - xx \sin(A+B)]$; équation demandée.

660. Maintenant, il ne peut arriver que trois cas. 1°, Que $A + B = 180°$, c'est-à-dire, que le plan coupant AMP, soit parallele au côté BD; alors la section conique se nomme *Parabole*, & son équation

132. est $yy = \frac{\sin A \times \sin B}{\cos^2\frac{1}{2}B} cx = \frac{\sin^2 B}{\cos^2\frac{1}{2}B} cx = 4cx \sin^2\frac{1}{2}B$ (549), ou $y = \pm 2 \sin\frac{1}{2}B \sqrt{cx}$. La parabole est donc une courbe formée par deux branches égales & semblables qui s'étendent à l'infini, en s'écartant de plus en plus l'une de l'autre.

FIG.

661. II°, Si A + B eſt moindre que 180°, il eſt aiſé de voir que le plan A M P prolongé doit rencontrer l'autre côté B D; ainſi la ſection conique qui en réſulte, & qui s'appelle *Ellipſe*, eſt une courbe rentrante formée par deux branches égales, ſemblables, & finies A M *a*, 131.
A *m a*. Son équation eſt $yy = \frac{\sin A}{\cos^2 \frac{1}{2} B} [cx \sin B - xx \sin (A + B)]$.

662. III°, Si A + B ſurpaſſe 180°, la ſection s'appelle *Hyperbole*, & ſon équation eſt $yy = \frac{\sin A}{\cos^2 \frac{1}{2} B} (cx \sin B + xx \sin \overline{A + B - 180°})$.

Or ſi on imagine un cône B *c d* égal & oppoſé par le ſommet au cône droit B C D, il eſt clair que le plan coupant A MP prolongé le rencontrera, & que de leur interſection réſultera une courbe M′ *a m′* égale, ſemblable, & oppoſée à la courbe inférieure M′A *m′*; ou plutôt ces deux courbes que l'on appelle *Hyperboles oppoſées*, ne feront qu'une ſeule & même courbe généralement repréſentée par la même équation. 133.

663. Au lieu de ſuppoſer les mêmes ſections faites dans un cône droit, on eut pû les ſuppoſer faites dans un cône oblique, tel que ſeroit par exemple le cône B C D, ſi l'angle C n'étoit pas égal à l'angle D. On eût alors trouvé pour leur équation générale . . : . . 131.

$$yy = \frac{\sin A}{\sin C \sin D} [cx \sin B - xx \sin (A + B)].$$

Or cette équation a cela de commun avec la précédente, qu'elle appartient à une ellipſe, ou à une parabole, ou à une hyperbole, ſelon que la ſomme des angles A & B eſt moindre ou égale, ou plus grande que 180°.

Dans le premier cas, elle exprime un cercle, toutes les fois que l'angle A eſt égal à l'angle C, ou à l'angle D: car alors on a une des deux équations ſuivantes,

$$y^2 = \frac{cx \sin B}{\sin C} - x^2 \; . \; . \; . \; . \; y^2 = \frac{cx \sin B}{\sin D} - x^2,$$

qui ſont évidemment deux équations au cercle, & qui font voir que dans un cône oblique, on peut faire des ſections circulaires de deux manieres: l'une en coupant le cône parallélement à ſa baſe, l'autre en le coupant par un plan qui faſſe avec un des côtés du triangle par l'axe, un angle égal à celui que l'autre côté du même triangle fait avec ſa baſe.

Dans le troiſieme cas, où l'équation exprime une hyperbole, on peut ſuppoſer $c = 0$, & alors on a . . $y^2 = \frac{\sin A \sin (A + B - 180°)}{\sin C \sin D} x^2$.
Faiſant, pour abréger, le coefficient de x^2 égal à une quantité conſtante $\frac{a^2}{b^2}$, on trouve . . . . $y = \frac{ax}{b}$, qui eſt l'équation à la ligne

FIG. droite; d'où on peut conclure, ce qui d'ailleurs est évident, que l'hyperbole dégénere en triangle, lorsque $c = 0$, c'est-à-dire, lorsque le plan coupant passe par le sommet du cône.

Pour ramener l'équation des sections du cône oblique à celle des sections du cône droit, il suffit de remarquer que dans celui-ci on a $\sin C \times \sin D = \cos^2 \frac{1}{2} B$.

On a vu l'origine des trois sections coniques, voici maintenant leurs principales propriétés; pour en simplifier la recherche, nous supposerons ces courbes décrites sur un plan.

De la Parabole.

664. L'EQUATION à cette courbe est $yy = 4\,c\,x \sin^2 \frac{1}{2} B$; donc si on fait la quantité constante $4\,c \sin^2 \frac{1}{2} B = p$, on aura $yy = px$. D'où il suit que les *quarrés des ordonnées à la parabole sont entre eux comme leurs abscisses.*

En prenant donc une abscisse double d'une autre, les quarrés construits sur les deux ordonnées correspondantes, seront dans le rapport de 2 à 1.

34. La ligne indéfinie AL se nomme l'axe de la parabole, le point A en est le sommet, AQ est une abscisse, MQ est l'ordonnée correspondante à cette abscisse, & la quantité constante p se nomme le *parametre* de l'axe.

On peut toujours déterminer cette quantité p par l'équation $yy = px$, qui donne $x : y :: y : p$. Il suffit pour cela, de prendre une abscisse & une ordonnée quelconque; la troisieme proportionnelle à ces deux lignes sera le parametre d'une parabole qui passera par leurs extrémités.

665. Si on prend l'abscisse $AF = \frac{1}{4} p$, le point F sera ce qu'on appelle le *foyer*, & l'ordonnée DF passant par ce point aura pour expression $\sqrt{\frac{1}{4} p^2} = \frac{1}{2} p$. Donc *la double ordonnée* D*d passant par le foyer est égale au parametre.*

Si sur LA prolongée, on prend $AG = AF = \frac{1}{4} p$, & si par le point G on mene la ligne indéfinie EG*e* parallele à l'ordonnée MQ, cette ligne EG*e* se nomme *directrice.*

666. Or $FM = \sqrt{[yy + (x - \frac{1}{4}p)^2]} = \sqrt{[px + (x - \frac{1}{4}p)^2]} = x + \frac{1}{4}p = AQ + AG = MH$: donc $FM = MH$; donc *la distance d'un point quelconque* M *de la parabole à la directrice, est égale à la distance de ce même point au foyer* F : propriété qui donne une maniere facile de décrire la parabole par un mouvement continu.

667. Soit en effet l'équerre EHO dont le côté EH puisse se mouvoir librement le long de la directrice AG, & soit un fil OMF égal en longueur à l'autre côté HO; si ayant fixé l'une des extrémités de ce fil au point O, & l'autre au foyer F, on approche l'équerre de l'axe, pour l'en éloigner ensuite en tenant toujours le fil tendu par le moyen d'un stile M qui descende le long de HO; je dis que la courbe décrite

dans ce mouvement par le ſtile M ſera une parabole, & que la diſtance MH à la directrice ſera par-tout égale à la diſtance MF au foyer. Rien n'eſt plus clair, puiſque la partie MO étant commune, & les tous étant égaux, les reſtes MF & MH ſont néceſſairement égaux. FIG.

668. Propoſons-nous maintenant de mener par le point donné M ſur la parabole AM la tangente MT. 135.

Ayant imaginé l'arc M m infiniment petit, ſon prolongement M m T ſera la tangente demandée. Or ſi on mene les perpendiculaires MQ, mq ſur la directrice, & les droites MF, mF au foyer F, enfin mg parallele à Qq, & ſi on ſuppoſe décrit du point F comme centre, & du rayon Fm l'arc infiniment petit mr que l'on peut regarder comme un ſinus, on aura MQ = MF, $mq = m$F: donc MQ − mq, ou Mg = MF - mF, ou Mr. Les triangles rectangles Mmg, Mmr ſont donc égaux & ſemblables, & par conſéquent l'angle mMr ou TMF = gMm = QMT = MTF. Donc le triangle MTF eſt iſoſcele, & par conſéquent, ſi on prend FT = FM, la ligne MT menée par les points T & M ſera la tangente demandée.

L'angle MTF = LMO = FMT. Donc *tous les rayons lumineux ou ſonores* OM *paralleles à l'axe* AP, *doivent à la rencontre de la parabole* AM, *ſe réfléchir à ſon foyer* F; car on ſait que l'angle de réflexion eſt égal à l'angle d'incidence.

669. Puiſque FM = $x + \frac{1}{4}p$, on a FT − $\frac{1}{4}p$ = AT = x. Donc *la ſoutangente* PT = $2x$. Donc *la ſoutangente dans la parabole, eſt toujours double de l'abſciſſe.*

La tangente MT = $\sqrt{(px + 4xx)} = \sqrt{(4\,\mathrm{MF} \times x)}$. Si on mene la ligne MN perpendiculaire à la parabole, ou ce qui revient au même, à ſa tangente MT au point M, on aura PN = $\frac{\mathrm{PM}^2}{\mathrm{PT}} = \frac{px}{2x}$ = $\frac{1}{2}p$. Donc *dans la parabole la ſounormale eſt toujours égale à la moitié du parametre.* Quant à la normale MN, ſon expreſſion eſt $\sqrt{(px + \frac{1}{4}p^2)} = \sqrt{(\mathrm{MF} \times p)}$. Elle eſt donc moyenne proportionelle entre la diſtance du point M au foyer, & le parametre.

670. Une ligne quelconque MO parallele à l'axe d'une parabole ſe nomme en général un *diametre.* Le point M en eſt l'origine; le quadruple de la diſtance de ce point au foyer F en eſt le parametre q; ſes ordonnées ſont des droites NP paralleles à la tangente en M, & les abſciſſes de ces ordonnées ſont les lignes MP. 134.

Pour trouver l'équation aux coordonnées du diametre MO, nommons MP (x), PN (y), AQ = AT = a, on aura MQ = $\sqrt{ap}$, $q = p + 4a$, MT = $\sqrt{aq}$; & ſi on mene NL perpendiculaire à l'axe, les triangles ſemblables NRL, MTQ donneront $\sqrt{aq} : y + \sqrt{aq} :: \sqrt{ap} : \mathrm{NL} = \frac{y\sqrt{ap}}{\sqrt{aq}} + \sqrt{ap} :: 2a : \mathrm{RL} = \frac{2ay}{\sqrt{aq}} + 2a$. Or AR = RT − AT = $x - a$; donc AL = $x + a + \frac{2ay}{\sqrt{aq}}$, & par la propriété

FIG. de la parabole, $NL^2 = p \times AL$, ou $\left(\sqrt{ap} + \frac{y\sqrt{ap}}{\sqrt{aq}}\right)^2 = ap + px + \frac{2apy}{\sqrt{aq}}$; d'où l'on tire en réduisant, $yy = qx$, équation semblable à celle que nous avons trouvée pour les axes : d'où il faut conclure qu'un diametre quelconque MO divise en deux également toutes les ordonnées Nn. Par le moyen de ces principes, il est facile de résoudre les problêmes suivants.

34. 671. I. L'axe AL d'une parabole étant donné avec son parametre p, trouver un diametre MO qui fasse avec ses ordonnées un angle donné $MPn = a$.

Le problême se réduit à trouver le point Q où la perpendiculaire MQ rencontre l'axe. Soit donc $AQ = x$, le triangle MTQ donnera $2x : \sqrt{px} :: 1 : tang\, a$. D'où $x = \frac{p}{4} cot^2\, a$, & le parametre du diametre MO, ou $q = p + 4x = \frac{p}{sin^2\, a}$. Il est aisé de voir que ce problême a deux solutions.

II. Le parametre q du diametre MO étant donné avec l'origine M de ce diametre & l'angle a qu'il fait avec ses ordonnées, trouver l'axe AL, son origine A & son parametre p.

Le problême se réduit à trouver la distance MQ de l'axe au diametre, ensuite la distance AQ afin d'avoir le sommet A & le parametre p. Or en gardant les mêmes dénominations que dans le problême précédent, on a $MQ = \sqrt{px}$, $q = p + 4x = \frac{p}{sin^2\, a}$. D'où l'on tire $p = q\, sin^2\, a$, $x = \frac{1}{4} q\, cos^2\, a$, $MQ = \pm \frac{1}{2} q\, sin\, a\, cos\, a = \pm \frac{1}{4} q\, sin\, 2a$.

Les propriétés de la parabole trouvent souvent leur application dans les Arts & dans les Sciences.

De l'Ellipse.

36. L'ÉQUATION à l'ellipse est $yy = \frac{sin\, A}{cos^2 \frac{1}{2} B} [cx\, sin\, B - xx\, sin\, (A + B)]$, d'où il suit qu'à chaque abscisse AP répondent deux ordonnées PM, PM′ égales & opposées. Si l'on fait $y = 0$, on aura les deux points où la courbe rencontre la ligne des abscisses, c'est-à-dire, le *grand axe* Aa. Le premier de ces points est en A, où $x = 0$; le second est en a, où $x = \frac{c\, sin\, B}{sin\, (A + B)}$, expression constante que je suppose égale au grand axe Aa. Soit donc le grand axe $= 2a$, & on aura $yy = \frac{sin\, A\, sin\, (A + B)}{cos^2 \frac{1}{2} B} (2ax - xx)$.

672.

FIG.

672. La double ordonnée BCb passant par le milieu C de l'axe A a, ou par le centre de l'ellipse, se nomme *le petit axe*. Pour faire entrer son expression dans l'équation à l'ellipse, nommons-le $2b$, & nous aurons $bb = \frac{\sin A \sin (A + B)}{\cos^2 \frac{1}{2} B} aa$. D'où l'on tire $yy = \frac{bb}{aa}(2ax - xx)$. Ce qui donne cette proportion $yy : 2ax - xx :: bb : aa$; ou $PM^2 : AP \times Pa :: CB^2 : CA^2$; c'est-à-dire que *dans l'ellipse les quarrés des ordonnées au grand axe sont aux produits de leurs abscisses, comme le quarré du petit axe est au quarré du grand.* 136.

Si on décrit un cercle dont le centre soit C & le rayon CA, on aura $PN^2 = AP \times Pa$. Donc $PN : PM :: a : b :: CB' : CB$.

Les ordonnées de l'ellipse sont donc proportionelles aux ordonnées d'un cercle décrit sur le grand axe; ce qui donne une méthode facile de décrire une ellipse. Il suffit pour cela de faire passer une courbe par une suite de points pris sur les ordonnées d'un cercle, coupées en parties semblables.

673. Si on eût compté les abscisses du centre C, en faisant $CP = x$, on auroit eu $yy = \frac{bb}{aa}(aa - xx) = b^2 - \frac{b^2 x^2}{a^2}$; équation dont nous nous servirons souvent.

Si b étoit égal à a, on auroit $yy = aa - xx$ équation au cercle, on peut donc regarder un cercle comme une ellipse dont les deux axes sont égaux.

L'équation $yy = \frac{bb}{aa}(aa - xx)$ donne $xx : bb - yy :: aa : bb$, ou $MQ^2 : BQ \times Qb :: CA^2 : CB^2$. Donc *les quarrés des ordonnées au petit axe de l'ellipse sont aux rectangles de leurs abscisses, comme le quarré du grand axe est au quarré du petit.*

674. Si de l'une des extrémités B du petit axe & d'un rayon BF égal au demi-grand axe CA, on décrit un arc de cercle, il coupera le grand axe en deux points F, f que l'on appelle *Foyers*. La distance CF est donc égale à $\sqrt{(aa - bb)}$, d'où il suit que $AF \times Fa = (a - \sqrt{aa - bb})(a + \sqrt{aa - bb}) = bb = CB^2$. Donc *le petit demi-axe est moyen proportionel entre les distances de l'un des foyers aux deux sommets de l'ellipse.*

675. L'ordonnée DF passant par le foyer a pour expression $\frac{b^2}{a}$, & Dd que l'on appelle le *parametre* p *du grand axe* $= \frac{2bb}{a} = \frac{4bb}{2a}$.

Donc $2a : 2b :: 2b : p$; *le parametre est donc une troisieme proportionelle au grand & au petit axe.* Par analogie à cette propriété, on appelle parametre du petit axe de l'ellipse une ligne $q = \frac{2aa}{b}$, troisieme proportionelle au petit & au grand axe.

FIG.

Puisque $\frac{2bb}{a} = p$, on a $bb = \frac{1}{2}ap$; mettant donc cette valeur dans les équations à l'ellipse trouvées ci-dessus, on a $yy = px - \frac{pxx}{2a}$, & $yy = \frac{p}{2a}(aa - xx)$, selon que l'origine des abscisses est à l'un des sommets, ou au centre.

676. Les lignes F M, fM menées des foyers à un point quelconque de l'ellipse, se nomment *Rayons vecteurs*, & supposant $FC = c$, on a F M $= \sqrt{(yy + c^2 - 2cx + xx)} = \sqrt{(b^2 - \frac{b^2x^2}{a^2} + a^2 - b^2 - 2cx + xx)} = \sqrt{(a^2 - 2cx + \frac{c^2x^2}{a^2})} = a - \frac{cx}{a}$, & fM $= a + \frac{cx}{a}$. Donc fM + F M $= 2a =$ A a; *la somme des rayons vecteurs dans l'ellipse est donc toujours égale au grand axe*, propriété remarquable d'où l'on peut déduire une autre maniere de décrire l'ellipse.

Ayant attaché à deux points fixes F, f un fil F M f plus grand que F f, on tendra ce fil par le moyen d'un style M, avec lequel on décrira autour des foyers F, f une courbe qui sera une ellipse, puisque la somme des rayons vecteurs sera par-tout la même.

Or de cette description il suit évidemment que sur le même grand axe on peut décrire un nombre infini d'ellipses, dont les unes s'approcheront de plus en plus de la figure du cercle circonscrit; & ce seront celles qui auront leurs deux foyers plus proches; pendant que les autres s'applatiront de plus en plus dans le sens du petit axe, à mesure que leurs foyers seront plus éloignés : ensorte que le cercle & la ligne droite sont les deux limites de toutes ces ellipses.

37. 677. Soit proposé maintenant de mener par le point donné M la tangente M T.

Ayant imaginé l'arc M m infiniment petit, on menera des foyers F, f les rayons vecteurs fm, fM, Fm, FM, & on décrira des centres F & f & des rayons F M, fm les petits arcs Mg, mr, & on aura $fm + m$F = FM + Mf, ou fM $- fm =$ Mr = Fm − F M $= mg$: donc les triangles rectangles m M g, m M r, sont égaux & semblables, & par conséquent l'angle gm M ou Fm T, ou F M T $= m$ M r = L M T. Donc si on prolonge le rayon vecteur fM, la ligne M T qui divisera l'angle L M F en deux également, sera la tangente demandée.

L'angle L M T = O M f = F M T. Donc tous les rayons partis d'un foyer lumineux F, doivent à la rencontre de l'ellipse A M se réfléchir à l'autre foyer f.

678. Si on mene la normale M N, l'angle fM N sera égal à l'angle N M F. On aura donc fM : F M : : fN : F N, ou fM + F M $(2a)$: F M $(a - \frac{c^2x}{a})$: : fN + F N $(2c)$: F N $= c - \frac{c^2x}{aa} = c - x +$

FIG.

$\frac{b^2 x}{a^2}$. Donc $FN + x - c = PN = \frac{bbx}{aa} = \frac{px}{2a}$. C'eſt l'expreſſion de la ſounormale dans l'ellipſe, lorſque l'origine des abſciſſes eſt au centre. Si elle étoit au ſommet, en nommant AP (z), on auroit $PN = \frac{bb}{a} - \frac{bbz}{a^2} = \frac{1}{2}p - \frac{pz}{2a}$.

La Normale $NM = \sqrt{(yy + \frac{b^4 x^2}{a^4})} = \sqrt{[b^2 - \frac{b^2 x^2}{a^4}(a^2 - b^2)]}$ $= b\sqrt{(1 - \frac{c^2 x^2}{a^4})}$.

La Soutangente $PT = \frac{PM^2}{PN} = \frac{\frac{bb}{aa}(aa - xx)}{\frac{bb}{aa}x} = \frac{aa - xx}{x} = \frac{2az - zz}{a - z}$.

Donc $CT = \frac{aa}{x}$, ce qui donne cette proportion; $CP : CA :: CA : CT$, au moyen de laquelle il eſt facile de déterminer le point T par où paſſe la tangente MT.

L'expreſſion de la tangente MT ſe trouve par le moyen du triangle rectangle PMT.

679. Une droite quelconque nCN qui paſſant par le centre de l'ellipſe aboutit aux deux points oppoſés de cette courbe, ſe nomme diametre, & ſi l'on mene DCd parallele à la tangente en N, les diametres DCd, nCN ſont nommés *Conjugués*; les lignes comme MP paralleles à la tangente en N ſont les ordonnées du diametre CN, & les parties CP en ſont les abſciſſes. Enfin le parametre d'un diametre quelconque eſt une ligne troiſieme proportionelle à ce diametre & à ſon conjugué. 138.

680. Soient menées des extrémités D & N les deux ordonnées NQ, DI au grand axe Aa, & ſoit $CQ = x$, $DI = u$; à cauſe des triangles ſemblables DIC, NQT, on aura $NQ^2 : QT^2 :: DI^2 : IC^2$, ou $\frac{bb}{aa}(aa - xx) : \frac{(aa - xx)^2}{xx} :: u^2 : aa - \frac{a^2 u^2}{b^2}$. D'où l'on tire $u = \frac{bx}{a}$, ce qui donne $CQ : DI :: a : b$; on trouveroit de même $CI : NQ :: a : b$. Donc $CQ : DI :: CI : NQ$; d'où il ſuit que les triangles DIC, CNQ ſont égaux en ſurface.

Donc 1°, $DI^2 = \frac{b^2 CQ^2}{a^2} = bb - NQ^2$, ou $DI^2 + NQ^2 = bb$. 2°, $CI^2 = \frac{a^2}{b^2}NQ^2 = aa - CQ^2$, ou $CI^2 + CQ^2 = a^2$. 3°, $a^2 + b^2 = CI^2 + CQ^2 + NQ^2 + DI^2 = CD^2 + CN^2$; c'eſt-à-dire que dans l'ellipſe, la ſomme des quarrés de deux diametres conjugué

FIG. quelconques est toujours égale à la somme des quarrés des deux axes.

4°, Si l'on mene ND, la surface du triangle NCD aura pour expression $\frac{1}{2}(DI+NQ)(CI+CQ)-\frac{1}{2}CI\times ID-\frac{1}{2}CQ\times NQ=$ $\frac{1}{2}CI\times NQ+\frac{1}{2}CQ\times DI=\frac{1}{2}(\frac{a}{b}NQ^2+\frac{b}{a}CQ^2)=$ $\frac{1}{2}(\frac{a}{b}\times\frac{b^2}{a^2}(a^2-CQ^2)+\frac{b}{a}CQ^2)=\frac{1}{2}ab$. Donc la surface du
38. parallélogramme CDEN sera ab, & celle du parallélogramme entier FEHG sera $4ab=2a\times 2b$. D'où il suit que *tous les parallélogrammes circonscrits à l'ellipse sont égaux entre eux & au rectangle des deux axes.*

681. Soit maintenant le demi-diametre $CN=m$, $CD=n$, l'angle $CPM=DCn=p$; on aura 1°, $m^2+n^2=a^2+b^2$; 2°, $ab=mn\sin p$ qui est l'expression de la surface du parallélogramme CDNE. Or ces deux équations donnent immédiatement les diametres conjugués & égaux de l'ellipse : car alors on a $2m^2=a^2+b^2$, ou $m=\pm\sqrt{\frac{1}{2}(a^2+b^2)}$, & $\sin p=\frac{2ab}{a^2+b^2}$. Donc puisque ces quantités sont toujours réelles, chaque ellipse doit avoir deux diametres conjugués égaux.

Quant à leur position, elle dépend de la valeur de CQ; or CQ^2+NQ^2, ou $b^2+\frac{a^2-b^2}{a^2}CQ^2=\frac{1}{2}(a^2+b^2)$; donc $CQ=\frac{a}{\sqrt{2}}$, valeur indépendante de b, & qui fait voir que l'ordonnée NQ prolongée, déterminera les diametres conjugués égaux dans toutes les ellipses qui auront l'axe Aa commun.

682. Cherchons à présent l'équation aux coordonnés CP, PM, & faisons $CP=x$, $PM=y$, $NT=q$, $NQ=r$, $QT=s$, $CQ=t$. Si l'on mene PK, MO perpendiculaires à l'axe, & LP perpendiculaire à MO, on aura par les triangles semblables NQT, MLP, $ML=\frac{ry}{q}$, $PL=\frac{sy}{q}$; & les deux autres triangles CPK, CNQ donneront $PK=\frac{rx}{m}$, $CK=\frac{tx}{m}$; d'où $CO=\frac{tx}{m}-\frac{sy}{q}$, & $MO=\frac{ry}{q}+\frac{rx}{m}$. Or par la propriété de l'ellipse, on a $\frac{a^2}{b^2}MO^2=a^2-CO^2$. Substituant donc & ordonnant, on aura $(\frac{a^2r^2}{b^2q^2}+\frac{s^2}{q^2})y^2+(\frac{a^2r^2}{b^2}-ts)\frac{2xy}{mq}+(\frac{a^2r^2}{b^2m^2}+\frac{t^2}{m^2})x^2=a^2$; & puisque $\frac{a^2r^2}{b^2}=a^2-CQ^2=ts$, on aura $(\frac{a^2r^2}{b^2q^2}+\frac{s^2}{q^2})y^2+(\frac{a^2}{b^2}\frac{r^2}{m^2}+\frac{t^2}{m^2})x^2=a^2$.

Observons maintenant que lorsque $x=0$, $y=n$, ainsi le coeffi-

FIG. 138.

cient de y^2 est $\frac{a^2}{n^2}$; lorsqu'au contraire $y=0$, alors $x=m$, d'où le coefficient de x^2 est $\frac{a^2}{m^2}$. L'équation devient donc $\frac{a^2}{n^2}y^2 + \frac{a^2}{m^2}x^2 = a^2$, qui donne $y^2 = \frac{n^2}{m^2}(m^2 - x^2)$, résultat parfaitement conforme à celui de l'équation aux axes.

Il suit de-là 1°, que tout diametre N C n divise en deux parties égales les ordonnées M P m, & par conséquent l'ellipse entiere. 2°, Qu'un diametre quelconque N n est divisé en deux également au centre C; car aux points N & n on a $x^2 = m^2$; d'où $x = \pm m$.

683. PROBL. I. Étant donnés les deux demi-axes a & b, trouver deux diametres qui fassent entre eux un angle donné $p =$ D C n.

On a $m^2 + n^2 = a^2 + b^2$, $mn = \frac{ab}{\sin p}$; donc $m^2 + n^2 + 2mn = aa + bb + \frac{2ab}{\sin p}$, & $m^2 + n^2 - 2mn = a^2 + b^2 - \frac{2ab}{\sin p}$; donc $m + n = \sqrt{(a^2 + b^2 + \frac{2ab}{\sin p})}$, & $m - n = \sqrt{(a^2 + b^2 - \frac{2ab}{\sin p})}$ donc $m = \frac{1}{2}\sqrt{(a^2 + b^2 + \frac{2ab}{\sin p})} + \frac{1}{2}\sqrt{(a^2 + b^2 - \frac{2ab}{\sin p})}$, & $n = \frac{1}{2}\sqrt{}$ &c.

Il ne reste maintenant qu'à déterminer la direction de l'un des diametres, ou l'angle A C N que j'appelle c. Or le triangle C N T donne $\sin(p - c) : m :: \sin p : \text{CT} = \frac{aa}{\text{CQ}} = \frac{m \sin p}{\sin(p-c)}$; d'où l'on tire $\text{CQ} = \frac{a^2 \sin(p-c)}{m \sin p}$; on a donc dans le triangle rectangle C N Q, $1 : m :: \cos c : \frac{a^2 \sin(p-c)}{m \sin p}$, qui donne $m^2 \cos c \sin p = a^2 \sin(p-c)$ $= a^2 \sin p \cos c - a^2 \sin c \cos p$, ou $\frac{a^2 - m^2}{a^2} \sin p \cos c = \sin c \cos p$; donc $\tang c = \frac{a^2 - m^2}{a^2} \tang p$.

684. PROBL. II. Les deux diametres m & n, & l'angle p qu'ils font entre eux étant donnés, trouver les deux axes, & leur direction.

Des équations $mn \sin p = ab$, & $a^2 + b^2 = m^2 + n^2$, on déduit en faisant un calcul semblable à celui du problême précédent, $a = \frac{1}{2}\sqrt{(m^2 + n^2 + 2mn \sin p)} + \frac{1}{2}\sqrt{(m^2 + n^2 - 2mn \sin p)}$, & $b = \frac{1}{2}\sqrt{(m^2 + n^2 + 2mn \sin p)} - \frac{1}{2}\sqrt{(m^2 + n^2 - 2mn \sin p)}$. L'angle C qui donne la direction des axes se trouve comme dans le problême précédent.

G.

De l'Hyperbole.

685. L'ÉQUATION $yy = \frac{\sin A}{\cos^2 \frac{1}{2} B} [cx \sin B + xx \sin (A + B - 180°)]$, fait voir que l'hyperbole rencontre ſon axe A P en deux points, dont l'un eſt en A, où $x = 0$; l'autre eſt en a où $x = -\frac{c \sin B}{\sin (A + B - 180°)}$; ainſi en ſuppoſant que Aa ſoit égal à $\frac{c \sin B}{\sin (A + B - 180°)}$, le point a ſera
39. à l'hyperbole oppoſée M′ $a\,m'$. Or les points A, a ſe nomment les ſommets de l'hyperbole, la ligne Aa ($2a$) en eſt l'axe, ſon milieu C en eſt le centre; enfin une droite B$b = 2$ CB $= 2b$, telle que $\frac{bb}{aa} = \frac{\sin A \sin (A + B - 180°)}{\cos^2 \frac{1}{2} B}$; menée perpendiculairement à l'axe, & paſſant par le centre C, ſe nomme le ſecond axe.

686. Les valeurs de b & de a étant ſubſtituées dans l'équation de l'hyperbole, donnent $yy = \frac{bb}{aa}(2ax + xx)$. Or cette équation fait voir que la courbe a deux branches AM & Am égales & infinies, dans le ſens poſitif. Mais ſi x eſt négative, il n'y aura point de courbe, tant que x ſera $< 2a$; ſi $x > 2a$, les ordonnées ſeront réelles, & la courbe aura deux autres branches qui s'étendront à l'infini.

Or il eſt aiſé de prouver que ces deux branches ſont égales à celles de l'hyperbole *poſitive*, M A m. Car puiſqu'en appellant A P′ ($-x$), P′m' = P′ M′ (y), on a $\frac{a^2}{b^2} yy = -2ax + xx$, ſi l'on fait aP′$= x'$, on aura $x = 2a + x'$, & par conſéquent $\frac{a^2 y^2}{b^2} = 2ax' + x'x'$; équation abſolument ſemblable à celle de l'hyperbole M A m.

687. Puiſque $yy = \frac{bb}{aa}(2ax + xx)$, on a $PM^2 : AP \times Pa :: CB^2 : CA^2$. Donc *dans l'hyperbole les quarrés des ordonnées au premier axe ſont aux rectangles de leurs abſciſſes*, (c'eſt-à-dire des diſtances aux deux ſommets), *comme le quarré du ſecond axe eſt au quarré du premier.*

Si on met l'origine des x au centre C, on aura CP $= x$, ce qui donnera $yy = \frac{bb}{aa}(xx - aa)$, équation un peu plus ſimple que la précédente. Elle donne $xx = \frac{aa}{bb}(bb + yy)$; donc ſi on mene MQ perpendiculaire sur le petit axe CB, prolongé s'il est nécessaire, & si on nomme les coordonnées CQ, MQ, x & y, on aura $MQ^2 = \frac{a^2}{b^2}(b^2 + CQ^2)$, ou $yy = \frac{aa}{bb}(b^2 + x^2)$, pour l'équation aux co-ordonnées du second axe. FIG.

688. Si $a = b$, alors l'hyperbole se nomme équilatere, & on a pour ses équations, $yy = 2ax + xx$, $yy = xx - aa$, selon que l'origine des abscisses est au sommet ou au centre, & l'équation au second axe devient alors ... $yy = aa + xx$.

689. Si, ayant mené BA, on prend de part & d'autre du centre C, $CF = Cf = BA$, les points F, f seront les *Foyers* de l'hyperbole. 139. La double ordonnée Dd passant par l'un des foyers, se nomme le parametre, & les lignes FM, fM menées de ces points à ceux de la courbe, se nomment *Rayons vecteurs*.

Cela posé, la distance $CF = \sqrt{(aa + bb)}$. Donc $FA \times Fa = \ldots (\sqrt{(aa + bb)} - a)(\sqrt{(aa + bb)} + a) = bb$. *Le second demi-axe de l'hyperbole est donc moyen proportionel entre les deux distances de l'un des foyers aux deux sommets.*

L'ordonnée $DF = \frac{b}{a}\sqrt{(a^2 + b^2 - a^2)} = \frac{bb}{a}$; donc le parametre $p = Dd = \frac{2bb}{a} = \frac{4bb}{2a}$. Il est donc troisieme proportionel au premier & au second axe. On appelle parametre du second axe une ligne q troisieme proportionelle au second & au premier axe.

690. Si l'on fait entrer l'expression du parametre dans les équations à l'hyperbole, $yy = \frac{bb}{aa}(2ax + xx) \ldots yy = \frac{bb}{aa}(xx - aa)$, on aura $yy = \frac{p}{2a}(2ax + xx) \ldots\ldots yy = \frac{p}{2a}(xx - aa)$. De même l'équation $yy = \frac{aa}{bb}(bb + xx)$ qui convient au second axe, se change en celle-ci ... $yy = \frac{4b^2}{p^2}(bb + xx) = \frac{2a}{p}(\frac{1}{2}ap + xx)$.

691. Soit $CF = Cf = c$, on aura $FM = \sqrt{(yy + xx - 2cx + cc)} = \frac{cx}{a} - a$, & $fM = \frac{cx}{a} + a$. Donc $fM - FM = 2a$. Ainsi *dans l'hyperbole la différence des rayons vecteurs est partout égale au premier axe.*

On tire de-là une maniere facile de décrire une hyperbole dont les axes soient $2a$ & $2b$. Il faudra prendre un intervalle $Ff = 2\sqrt{(aa + bb)}$,

FIG. & se servir d'une regle fMO d'autant plus longue que l'on voudra avoir une plus grande portion d'hyperbole; on en fixera une extrémité à l'un des foyers, au point f, par exemple, de maniere qu'elle puisse tourner librement autour de ce point. On prendra ensuite un fil FMO égal en longueur à $fMO - 2a$. On fixera l'une des extrémités de ce fil au point O de la regle, & l'autre au foyer F. Cela fait, on écartera la regle de l'axe autant que le fil FMO pourra le permettre, & on l'en approchera ensuite, ayant soin de tenir toujours ce fil tendu par le moyen d'un style M qui coule le long de la regle fMO. La courbe décrite dans ce mouvement par le style M, sera une branche hyperbolique AM, puisque la différence des rayons vecteurs sera par-tout égale au premier axe.

40. 692. Cette même propriété peut servir à mener la tangente MT en un point quelconque M de l'hyperbole. En effet, si l'on imagine l'arc Mm infiniment petit, en menant les rayons vecteurs fM, fm, FM, Fm, on prouvera, à peu-près comme dans l'ellipse, que les angles fmM, MmF sont égaux, & que par conséquent si l'on divise l'angle fMF en deux également par la ligne MT, cette ligne sera la tangente demandée.

Cela posé, dans le triangle fMF, on a... $fM : MF :: fT : FT$, ou $fM + FM\ (\frac{2cx}{a}) : fM\ (\frac{aa + cx}{a}) :: fT + FT\ (2c)$: $fT = \frac{aa + cx}{x} = \frac{aa}{x} + c$. Donc $fT - c$, ou $CT = \frac{aa}{x}$, ce qui donne cette proportion ... CP : CA :: CA : CT, avec laquelle il est facile de trouver le point T, & par conséquent de mener la tangente MT.

693. On peut remarquer que CT étant égal à $\frac{aa}{x}$, il est toujours positif tant que x l'est. Ainsi toutes les tangentes à l'hyperbole coupent l'axe en des points T situés entre A & C. Mais plus l'abscisse est grande, plus la ligne CT diminue, ensorte qu'elle est infiniment petite ou nulle lorsque l'abscisse est infiniment grande. D'où l'on voit qu'on peut mener par le centre C deux droites CX, Cx qui seront les limites des tangentes de l'hyperbole. Ces droites, dont nous allons bientôt déterminer la position, s'appellent les *Asymptotes* de l'hyperbole.

694. La soutangente $PT = x - \frac{aa}{x} = \frac{xx - aa}{x}$, & la tangente $MT = \sqrt{[\frac{bb}{aa}(xx - aa) + xx - 2a^2 + \frac{a^4}{x^2}]} = \ldots\ldots$ $\sqrt{[\frac{aa + bb}{aa}x^2 - bb - 2a^2 + \frac{a^4}{x^2}]}$. Si l'on mene la normale MN,

on aura la sounormale $PN = \frac{\frac{bb}{aa}(xx-aa)}{\frac{xx-aa}{x}} = \frac{bbx}{aa}$, & la normale $MN = \surd [\frac{b^4 x^2}{a^4} + \frac{b^2}{a^2}(x^2 - a^2)]$.

695. La ligne $AT = a - CT = a - \frac{aa}{x}$; & si l'on mene AS parallele à MP, on aura $\frac{xx-aa}{x} : y :: a - \frac{aa}{x} : AS = \frac{ay}{x+a} = b\surd(\frac{x-a}{x+a})$, Or si on suppose x infinie, la quantité $\frac{x-a}{x+a}$ ne différera pas de l'unité. On aura donc alors $AS = b$. D'où il suit que si on mene AD & Ad perpendiculaires à CA & égales chacune au demi-petit axe b, les lignes CD, Cd qui passeront par les points D, d & par le centre C, seront les asymptotes de l'hyperbole MAM', & en les prolongeant en sens contraire, elles seront celles de l'hyperbole opposée.

Si l'hyperbole est équilatere, l'angle DCd fait par les asymptotes est droit. Car alors $DA = Ad = CA$.

L'hyperbole rapportée à ses asymptotes a beaucoup de propriétés; voici les principales.

696. Si par un point quelconque N de l'asymptote, on mene la droite Nn parallele à la ligne Dd, ou aura $CA\ (a) : DA\ (b) :: CP\ (x) : NP = \frac{bx}{a}$. Donc $NM = \frac{bx}{a} - y$, & $Mn = \frac{bx}{a} + y$. Par conséquent $NM \times Mn = \frac{b^2x^2}{a^2} - y^2 = bb = DA^2$. 141.

Puisque $NP^2 = \frac{b^2x^2}{a^2}$, & que $MP^2 = \frac{b^2x^2}{a^2} - bb$, on a donc toujours $NP > MP$. La branche hyperbolique ne peut donc jamais se confondre avec son asymptote.

Elle s'en approche cependant de plus en plus: car à mesure que l'abscisse croît, la différence de $\frac{b^2x^2}{a^2}$ à $\frac{b^2x^2}{a^2} - bb$ devient moins sensible: ensorte qu'elle s'évanouit, si on suppose x infinie.

697. Menons MQ & AL paralleles à l'asymptote Cd. Il est facile de voir que les triangles DLA, LCA sont isosceles. Soit donc $AL = DL = m \ldots CQ = x \ldots QM = y$. Si on mene MK, parallele & égale à CQ, on aura, par les triangles semblables DLA, NQM, MKn; les proportions $MN : DA :: QM : LA$, $Mn : DA ::$

FIG. $MK : DL$. Donc $Mn \times MN : DA^2 :: QM \times MK : AL^2$. Or $Mn \times MN = DA^2$. Donc $xy = mm$, *équation à l'hyperbole entre ses asymptotes*, dans laquelle $mm = \frac{1}{4}(aa + bb)$ est ce qu'on appelle *la puissance de l'hyperbole*.

42. 698. Si deux paralleles Ff, Gg terminées aux asymptotes coupent une hyperbole aux points m, h, p, K, on aura $Gp \times pg = Fm \times mf$. Car si l'on mene MmN, PpQ perpendiculaires à l'axe, on aura $Fm : Mm :: Gp : Pp$, $mf : mN :: pg : pQ$. Donc $Fm \times mf : Mm \times mN :: Gp \times pg : Pp \times pQ$. Or (696) $Pp \times pQ = bb = Mm \times mN$. Donc $Fm \times mf = Gp \times pg$. On a donc aussi $Kg \times KG = fh \times hF$.

699. Si l'on suppose que les points p, K coincident en un seul point D, la ligne TDt sera tangente au point D, & on aura $Fm \times mf = Dt \times DT$ & $fh \times hF = Dt \times DT = Fm \times mf$; donc $fh\,(hm + mF) = Fm\,(mh + hf$; donc $fh = Fm$, & par conséquent $TD = Dt$. Or si l'on mene DE parallele à Ct, ou ordonnée à l'asymptote CT, les triangles semblables TDE, TtC, donneront $TE = EC$. Donc pour mener sur l'hyperbole une tangente en un point D, correspondant à l'ordonnée DE, il faut prendre $ET = EC$, & mener par le point T, la tangente TDt.

700. Puisqu'on a toujours $fh = Fm$, de quelque maniere que l'on mene la droite Ff, les deux parties Fm, fh interceptées entre la courbe & les asymptotes, seront toujours égales.

On tire de là une maniere facile de décrire une hyperbole entre deux asymptotes données CT, Ct & qui passe par un point donné m.

On menera par ce point les droites Ff, MN, &c. on prendra $fh = Fm$, $nN = Mm$, &c; & les points n, h, &c. seront à l'hyperbole.

43 701. Selon ce que nous avons vu (699), une tangente TMt terminée aux asymptotes est divisée en deux également au point de contact M. Or si l'on mene MCM', cette ligne se nomme un diametre; la tangente TMt en est le diametre conjugué. Ses ordonnées sont des droites mQm' paralleles au diametre conjugué TMt ou DCd, & le parametre d'un diametre quelconque est une ligne troisieme proportionelle à ce diametre & à son conjugué. On nomme encore premier diametre la ligne $MCM' = 2\,CM$, & second diametre la ligne $TMt = 2\,TM = DCd = 2\,DC$.

702. Cela posé, il est facile de voir qu'un diametre divise toutes ses ordonnées en deux parties égales. Car $NQ : Qn :: TM : Mt$, & $Nm = mn$. Soit donc $CM = m \ldots CD = MT = n \ldots CQ = x$, $Qm = y$, on aura $m : n :: x : NQ = \frac{nx}{m}$. Or $Nm \times mn = TM^2$. Donc $n^2 = \frac{n^2x^2}{m^2} - yy$, & $yy = \frac{n^2}{m^2}(x^2 - m^2)$, équation semblable à celle des coordonnées au premier axe.

FIG.

Cette équation donne $x^2 = \frac{m^2}{n^2}(y^2 + n^2)$. Donc si on fait C$p = x$, $pm = y$, on aura $yy = \frac{m^2}{n^2}(x^2 + n^2)$, pour l'équation aux coordonnées du second diametre CD; & on voit bien l'analogie que cette équation a avec celle des coordonnées au second axe.

703. Soit maintenant aCA le premier axe de l'hyperbole, & supposons que BA représente la moitié du second; si on mene DE, TG, MPK perpendiculaires à cet axe, & ML, tK qui lui soient paralleles, les triangles MTL, MtK, CDE seront égaux & semblables. Or si l'on nomme CP (u)... PM (z)... CE $=$ tK $=$ ML $= r$... MK $=$ DE $=$ TL $= s$, & comme auparavant CM (m).... TM (u).... CA (a).... AB (b), on aura TG $= z + s$, CG $= u + r$, & $z + s : u + r :: b : a$, & par conséquent $az + as = bu + br$; d'ailleurs TL (s) : ML (r) :: MP (z) : PS $= \frac{rz}{s}$; & PS $= \frac{u^2 - a^2}{u} = \frac{aazz}{b^2 u} = \frac{rz}{s}$. Donc $r = \frac{aasz}{b^2 u}$; substituant cette valeur dans l'équation $az + as = bu + br$ on a $(bu - as)(bu - az) = 0$. Or $bu - az$ ne peut se réduire à zéro; il faut donc que $bu - as = 0$. Donc $bu = as$, & par conséquent $az = br$. On a donc CP : DE :: $a : b$ :: CE : MP. 143.

704. Donc 1°; les triangles CED, CMP sont égaux en surface. 2°, Si l'on mene DM, on aura DMC, ou $\frac{1}{2}$ CDTM $=$ le trapeze DEMP $= (s + z)\left(\frac{u - r}{2}\right) = \frac{su + uz - sr - rz}{2} = \frac{su - rz}{2} = \frac{b}{2a}uu - \frac{a}{2b}zz = \frac{bbuu - aazz}{2ab} = \frac{a^2 b^2}{2ab} = \frac{1}{2}ab$; donc *le parallélogramme* TT' *construit sur les diametres conjugués est égal au rectangle des axes.*

3°. DE $= \frac{b}{a}$CP. Donc DE$^2 = \frac{b^2}{a^2}$CP$^2 = b^2 +$ PM^2, & DE$^2 -$ PM$^2 = b^2$. 4°. CE $= \frac{a}{b}$MP, & CE$^2 = \frac{a^2}{b}$MP$^2 =$ CP$^2 - a^2$. Donc CP$^2 -$ CE$^2 = a^2$. 5°. $a^2 - b^2 =$ CP$^2 +$ PM$^2 -$ DE$^2 -$ CE$^2 =$ CM$^2 -$ CD^2. *La différence des quarrés de deux diametres conjugués est donc égale à la différence des quarrés des deux axes.* D'où il suit que dans l'hyperbole équilatere un diametre quelconque est égal au diametre conjugué.

705. Soit p l'angle DCM compris par les deux diametres conjugués on aura les deux équations $mn \sin p = ab$, $m^2 - n^2 = a^2 - b^2$, par le moyen desquelles on peut résoudre les deux problêmes suivants.

PROBL. I. Etant donnés les deux axes a & b d'une hyperbole, trou-

IG. ver deux diametres conjugués qui fassent entre eux un angle donné p.

Les équations précédentes donnent .....

$$m = \sqrt{\left[\tfrac{1}{2}(a^2 - b^2) + \sqrt{\left(\frac{(a^2 - b^2)^2}{4} + \frac{a^2 b^2}{\sin^2 p}\right)}\right]}$$

$$n = \sqrt{\left[\tfrac{1}{2}(b^2 - a^2) + \sqrt{\left(\frac{(a^2 - b^2)^2}{4} + \frac{a^2 b^2}{\sin^2 p}\right)}\right]}$$

Il ne reste donc plus qu'à trouver la direction de l'un de ces diametres, ou l'angle MCP que j'appellerai c. Or dans le triangle CMP, on a... $1 : m :: \sin c : PM = m \sin c$. Donc $CE = \frac{a m \sin c}{b}$, & dans le triangle DCE, on a... $1 : n :: \cos(p + c) : \frac{am \sin c}{b}$. D'où l'on tire $\frac{a m}{b n} \sin c = \cos p \cos c - \sin p \sin c$, & $\tan c = \frac{b n \cos p}{am + b n \sin p}$ $= \frac{b^2}{b^2 + m^2} \cot p$, parce que $a = \frac{m n \sin p}{b}$.

PROBL. II. Étant donnés les diametres conjugués m & n d'une hyperbole, & l'angle p qu'ils font entre eux, trouver les deux axes & leur direction.

On a d'abord,

$$a \begin{cases} = \sqrt{\left[\tfrac{1}{2}(m^2 - n^2) + \tfrac{1}{2}\sqrt{(m^4 + 2 m n^2 + n^4 - 4 m^2 n^2 \cos^2 p)}\right]} \\ = \sqrt{\left[\tfrac{1}{2}(m^2 - n^2) + \tfrac{1}{2}\sqrt{((m^2 + n^2)^2 - 4 m^2 n^2 \cos^2 p)}\right]}. \end{cases}$$

On a ensuite,

$$b \begin{cases} = \sqrt{\left[\tfrac{1}{2}(n^2 - m^2) + \tfrac{1}{2}\sqrt{((m^2 + n^2)^2 - 4 m^2 n^2 \cos^2 p)}\right]} \\ = \sqrt{\left[\tfrac{1}{2}(n^2 - m^2) + \tfrac{1}{2}\sqrt{((m^2 - n^2)^2 + 4 m^2 n^2 \sin^2 p)}\right]}. \end{cases}$$

On a enfin la direction des axes, ou l'angle c comme dans le problême précédent.

Mais il est plus simple de se servir des asymptotes. Par l'extrémité M du premier diametre CM on menera TMt qui fasse avec MQ l'angle
43. TMQ $= p$, & ayant pris TM $=$ Mt $= n$, on menera CT, Ct. Alors si on divise l'angle TCt en deux également par la ligne CA, on aura la direction du premier axe.

De la Quadrature des Sections Coniques.

706. LA Quadrature exacte de la plupart des espaces curvilignes étant fort difficile à trouver, (si même elle n'est pas quelquefois impossible, comme quelques Auteurs l'ont pensé), on a cherché leur quadrature approchée. Les séries ont été d'un grand usage dans cette recherche ; & c'est pour pouvoir nous en servir, que nous ajouterons quelque chose à ce qui en a été dit dans les Éléments d'Algébre.

707. On appelle *Terme général* d'une série, l'expression algébrique qui donne chaque terme de cette série, par la simple substitution de la lettre n, par laquelle on représente tel nombre de termes que l'on veut. Par exemple, le terme général de la série 1 . 6 . 21 . 52 . 105. &c. est $n^3 - n^2 + n$, parce qu'en faisant $n = 1$, ou $= 2$, ou $= 3$, &c, on a immédiatement les termes 1, 6, 21, &c.

708. On appelle *Somme générale*, ou *Terme sommatoire d'une série*, l'expression qui donne généralement la somme d'un nombre quelconque de ses termes. Par exemple, $\frac{a\,q^n - a}{q - 1}$ est le terme sommatoire de toute progression géométrique dont on connoît le premier terme a, le quotient q, & le nombre n des termes (252).

709. Or la somme générale S d'une série étant donnée, il est aisé d'en trouver le terme général T. Car si dans cette somme on substitue $n - 1$ à n, on aura celle de tous les termes de la série jusqu'à celui dont le rang est $n - 1$, inclusivement. Donc si on soustrait cette somme que j'appelle s de la somme générale S, on aura le terme général $T = S - s$. Par exemple, si $S = \frac{n^2 + n}{2}$, on aura $T = n$; & si on suppose $S = \frac{aq^n - a}{q - 1}$, on trouvera $T = a\,q^{n-1}$.

710. Mais il n'est pas à beaucoup près aussi facile de trouver la somme générale, quand on connoît le terme général. Voici comment on peut résoudre ce problême dans un cas assez étendu dont nous aurons besoin.

Soit T une fonction quelconque rationelle du nombre n des termes ou $T = a\,n^m + b\,n^{m-1} + \&c \ldots\ldots + \alpha$; il s'agit de trouver la somme S de cette série,

Pour cela je suppose que .....

$$S = A\,n^{m+1} + B\,n^m + C\,n^{m-1} + D\,n^{m-2} \ldots\ldots + R;$$

& substituant $n - 1$ au lieu de n, je trouve que

FIG.

$$s=\left\{\begin{array}{llll} An^{m+1}-A.m+1.n^{m}+\frac{1}{2}A.m.m+1.n^{m-1} & & -\frac{A.m+1.m.m-1.}{2.3}n^{m-2}+ & \&c \\ +Bn^{m} & -Bm\,n^{m-1} & +\frac{1}{2}B.m.m-1.n^{m-2} & -\&c \\ & +Cn^{m-1} & -C.m-1.n^{m-2} & +\&c \\ & & +D.n^{m-2} & -\&c \end{array}\right.$$

Donc $S - s$, ou $an^{m} + bn^{m-1} + cn^{m-2} + \&c \ldots\ldots\ldots =$

$$\left\{\begin{array}{llll} A.m+1.n^{m}-\frac{1}{2}A.m.m+1.n^{m-1}+\frac{1}{2}A.\frac{m+1.m.m-1}{3}.n^{m-2} & & & -\&c \\ +Bm & -\frac{1}{2}B.m.m-1 & & +\&c \\ & +C.m-1 & & +\&c \end{array}\right.$$

Et comparant les termes correſpondants, on aura $A = \frac{a}{m+1} \ldots$ $B = \frac{1}{2}a + \frac{b}{m} \ldots C = \frac{c}{m-1} + \frac{1}{2}b + \frac{1}{12}am$, &c, ce qui donne

$$S = \frac{a}{m+1}n^{m+1} + \left(\frac{b}{m} + \frac{1}{2}a\right)n^{m} + \left(\frac{c}{m-1} + \frac{1}{2}b + \frac{1}{12}am\right)$$
$n^{m-1} + \&c.$

Ex. I. On demande la ſomme de la ſérie $1 . 3 . 4 \ldots\ldots n$, dont le terme général eſt n.

Cette application de la formule donne ... $a = 1 \ldots m = 1 \ldots$ $b = 0 \ldots c = 0$. Donc $S = \frac{1}{2}n^{2} + \frac{1}{2}n = \frac{1}{2}n(n+1)$ (n°. 227).

Ex. II. On demande la ſomme de la ſérie $1 . 4 . 9 . 16 . 25 \ldots$ dont le terme général n^{2} donne $m = 2$.

Puiſque $a = 1$, $b = 0$, $c = 0$, &c, on a $S = \frac{1}{3}n^{3} + \frac{1}{2}n^{2} + \frac{1}{6}n$.

711. En général, ſoit la ſérie $1^{m} . 2^{m} . 3^{m} . 4^{m} . 5^{m}$. &c, dont le terme général eſt n^{m}, on aura la ſomme $S = \frac{1}{m+1}n^{m+1} + \frac{1}{2}n^{m} + \frac{1}{12}m\,n^{m-1} + \&c.$ Or ſi on ſuppoſe n infini, alors n^{m}, n^{m-1} &c. ſeront infiniment petits par rapport à n^{m+1}, & par conſéquent ſi on néglige tous ces termes, on aura $1^{m} + 2^{m} + 3^{m} + 4^{m} + 5^{m} + \ldots + n^{m} = \frac{n^{m+1}}{m+1}$. Mais pour que cette formule ait lieu, il faut obſerver 1°, que n doit être ſuppoſé infini. 2° Que m doit être poſitif. Car s'il étoit négatif, la ſomme ſeroit finie, excepté le cas où $m = -1$.

14. 712. Il n'eſt pas difficile maintenant de trouver par approximation la quadrature de l'eſpace circulaire CBMP compris entre le rayon CB, l'ordonnée MP parallele à ce rayon, l'arc BM, & l'abſciſſe CP$=x$ ſi on le décompoſe en rectangles Ch, qf, &c. qui aient des baſes égales & infiniment petites Cq, qg, &c, & ſi on fait le rayon$=a$ ... Cq, ou

qg, ou &c.=*e*, on aura *e* √ (*aa—ee*) pour l'expreſſion du petit rectangle $\qquad$ FIG.
C h; *e* √ (*a a — 4 e e*) ſera celle du ſuivant, *e* √ (*a a — 9 e e*) celle du
troiſieme, & ainſi de ſuite. Donc là ſomme de tous ces rectangles, ou
l'eſpace C B M P = *e* √ (*a a - e e*) + *e* √ (*a a - 4 e e*) + *e* √ (*a a - 9 c e*)
+ *e* √ (*a a - 16 e e*) + &c.

Et ſi on développe toutes ces expreſſions, on aura C B M P =

$$a\,e\left(1+1+1+1+1+\&c.\right) - \frac{e^3}{2a}\left(1^2 + 2^2 + 3^2 + 4^2 + 5^2 + \&c.\right)$$

$$- \frac{e^5}{8a^3}\left(1^4 + 2^4 + 3^4 + 4^4 + 5^4 + \&c.\right) - \frac{e^7}{16a^5}\left(1^6 + 2^6 + 3^6 + 4^6 + \&c.\right)$$

$$- \frac{5e^9}{128a^7}\left(1^8 + 2^8 + 3^8 + 4^8 + 5^8 + \&c.\right) - \&c.$$

Or le nombre des rectangles qui compoſent l'eſpace cherché, ou le
nombre *n* des termes de ces ſuites de nombres, eſt la quantité
infiniment grande $\frac{x}{e}$. Donc puiſque *n* étant infini, on a généralement $\frac{n^{m+1}}{m+1}$ pour la ſomme de la ſérie $1^m + 2^m + 3^m + 4^m \ldots$
+ n^m, on aura d'abord . . . . . .

$$1 + 1 + 1 + 1 + \&c. \ldots + \left(\frac{x}{e}\right)^0 = \frac{x}{e}.$$

On aura enſuite . . . .

$$1^2 + 2^2 + 3^2 + 4^2 + 5^2 \ldots + \left(\frac{x}{e}\right)^2 = \frac{\left(\frac{x}{e}\right)^3}{3} = \frac{x^3}{3e^3} \ldots$$

$$1^4 + 2^4 + 3^4 + \&c. \ldots + \left(\frac{x}{e}\right)^4 = \frac{x^5}{5e^5}, \&c. \text{ Donc}$$

l'eſpace cherché C B M P = $a x - \frac{x^3}{6a} - \frac{x^5}{40a^5} - \frac{x^7}{112a^5} - \frac{5x^9}{1152a^7}$
— &c, ſérie convergente, & qui ne renferme que des quantités finies.

713. Si on fait dans cette ſuite *x* = *a*, on aura le quart de cercle
A M B C: mais ſi de l'eſpace C B M P on retranche le triangle C M P
= $\frac{x}{2}$ √ (*a²* - *x²*), on aura le ſecteur B M C; enfin ſi on diviſe
l'expreſſion de ce ſecteur par $\frac{1}{2}$ *a*, le quotient ſera l'arc B M, exprimé
par la ſérie . . . $x + \frac{x^3}{2 \cdot 3\, a^2} + \frac{3\, x^3}{2 \cdot 4 \cdot 5\, a^4} + \&c$, qu'il eſt aiſé de
rapporter à celle que nous avions déja trouvée (567).

714. Soit maintenant l'eſpace elliptique C B M P compris entre le
petit demi axe C B = *b*, l'ordonnée M P = *y*, l'abſciſſe C P = *x*,   145.

FIG. & l'arc elliptique MB; puisqu'on a $y = \frac{b}{a}\sqrt{(aa - xx)}$, en raisonnant comme pour le cercle, on trouvera que cet espace $= \frac{b}{a}$ $(ax - \frac{x^3}{6a} - \frac{x^5}{40a^3} - \&c)$. Or si on décrit une demi-circonférence ANB'a dont le rayon soit a, on aura l'espace CB'NP $= ax - \frac{x^5}{6a} - \frac{x^3}{40a^3} - \&c.$ Donc CBMP : CB'NP :: $b : a$ :: AMP : ANP; d'où il suit que la surface de l'ellipse est à celle du cercle construit sur son grand axe :: $b : a$. Or la surface de ce cercle $= a^2\pi$, en supposant le rapport du diametre à la circonférence :: $1 : \pi$. Donc la surface de l'ellipse entiere $= ab\pi$, c'est-à-dire, est égale à la surface d'un cercle dont le diametre seroit moyen proportionel entre les axes de l'ellipse.

On voit aussi qu'un secteur quelconque SAM est au secteur circulaire correspondant SAN :: $b : a$, puisque les triangles SPM, SNP sont entre eux :: PM : PN :: $b : a$.

146. 715. Proposons-nous maintenant de quarrer l'espace parabolique AMP.

Si on nomme AP (x), PM (y), le parametre (p), e une portion infiniment petite de l'abscisse AP, on trouvera par le même raisonnement que ci-dessus, l'espace APM $= e\sqrt{pe} + e\sqrt{2pe} + e\sqrt{3pe} + e\sqrt{4pe} \ldots + e\sqrt{px} = e\sqrt{pe}\,[1^{\frac{1}{2}} + 2^{\frac{1}{2}} + 3^{\frac{1}{2}} + 4^{\frac{1}{2}} + 5^{\frac{1}{2}} + \ldots + (\frac{x}{e})^{\frac{1}{2}}] = \frac{(\frac{x}{e})^{\frac{2}{2}}}{\frac{3}{2}} \times e\sqrt{pe} = \frac{2}{3}e^{\frac{3}{2}}p^{\frac{1}{2}}x^{\frac{2}{2}}e^{\frac{1}{2}}$ $= \frac{2}{3}x\sqrt{px} = \frac{2}{3}xy$. Donc l'espace parabolique AMP est les deux tiers du rectangle circonscrit APMN, & par conséquent l'espace AMN en est le tiers.

147. 716. Il nous reste à trouver la quadrature de l'hyperbole. Or si on rapporte les coordonnées CP, PM (x, y) au second axe CB, on aura $y = \frac{a}{b}\sqrt{(bb + xx)}$, & en faisant le même calcul que dans le cercle, on trouvera que l'espace ACPM $= \frac{a}{b}$ $(bx + \frac{x^3}{6b} - \frac{x^5}{40b^3} + \frac{x^7}{112b^5} - \&c)$. Il est donc facile d'avoir l'espace AMQ.

717. Si l'hyperbole est équilatere, alors $b = a$, & la série que l'on vient de calculer se réduit à $bx + \frac{x^3}{5b} - \frac{x^5}{40b^3} + \&c.$ Il y a donc la même analogie entre l'hyperbole équilatere & une hyperbole quelconque.

conique, qu'entre le cercle & l'ellipse. Ensorte que si on avoit la quadrature d'une seule hyperbole, on auroit aussi-tôt celle de toutes les autres. G FI.

718. Soit à présent C Q l'asymptote de l'hyperbole A M, $CD^2 = AD^2 = m^2$ sa puissance, M P une ordonnée y à l'asymptote C Q, ou une parallele à l'autre asymptote C O, il s'agit de trouver la quadrature de l'espace asymptotique A D M P, en supposant d'abord que l'angle fait par les asymptotes est droit. 148.

Je fais $DP = x$, & j'imagine l'espace A D M P décomposé en une infinité de petits rectangles dont les bases soient des portions infiniment petites & égales de l'abscisse x. En nommant e l'une de ces petites portions, l'ordonnée correspondante à la premiere au point D sera $\frac{m^2}{m+e}$, & le premier rectangle aura pour expression $\frac{em^2}{m+e}$, le second $\frac{em^2}{m+2e}$, &c. Donc l'espace $ADMP = em^2 [\frac{1}{m+e} + \frac{1}{m+2e} + \frac{1}{m+3e} +$ &c]. Et si on réduit en séries toutes ces fractions, on aura $ADMP = em(1+1+1+1+1+\&c.) - e^2(1+2+3+4+\&c.\ldots+\frac{x}{e}) + \frac{e^3}{m}(1^2+2^2+3^2+4^2+5^2+6^2\ldots+\frac{x^2}{e^2}) - \&c. = em \times \frac{x}{e} - e^2 \times \frac{x^2}{2e^2} + \frac{e^3}{m} \times \frac{x^3}{3e^3} - \frac{e^4}{m^2} \times \frac{x^4}{4e^4} + \&c. = mx - \frac{x^2}{2} + \frac{x^3}{3m} - \frac{x^4}{4m^2} + \frac{x^5}{5m^3} + \&c. = m^2(\frac{x}{m} - \frac{x^2}{2m^2} + \frac{x^3}{3m^3} - \frac{x^4}{4m^4} + \&c.) = m^2 \log.(1+\frac{x}{m}) = m^2 \log. \frac{m+x}{m}$. Donc si on fait $CP = z$, l'espace A D M P sera égal à $m^2 \log. \frac{z}{m}$; & si l'angle fait par les asymptotes, au lieu d'être droit, étoit en général a, on auroit $ADMP = m^2 \sin a \log. \frac{z}{m}$.

719. Si l'hyperbole est équilatere, & si la puissance $= 1$, alors l'espace $ADPM = \log. z$; c'est-à-dire qu'il est le logarithme naturel de l'abscisse CP; & voilà pourquoi on appelle logarithmes hyperboliques ceux dont le module est 1.

Ce même espace seroit le logarithme tabulaire de l'abscisse C P, si l'angle des asymptotes étoit de 25° 44′ 25″; car appellant A le module 0,43429448 &c, il faut que l'on ait $m^2 \sin a \log. \frac{z}{m} = A \log. z$;

or cette équation ne peut avoir lieu que lorsque $m = 1$; & alors on a $\sin a = A = 0,43429448$ &c, qui dans les Tables des sinus naturels répond à 25° 44′ 25″. Les logarithmes ordinaires représentent donc les aires asymptotiques d'une hyperbole dont la puissance est 1, & dont l'angle des asymptotes est de 25° 44′ 25″.

720. Si on prend sur l'asymptote d'une hyperbole quelconque une suite d'abscisses en progression géométrique $\div z : qz : q^2 z : q^3 z$, &c, les aires correspondantes formeront la progression arithmétique $\div m^2 \sin a \log \frac{z}{m} . m^2 \sin a \log \frac{z}{m} + m^2 \sin a \log q . m^2 \sin a \log \frac{z}{m} + 2 m^2 \sin a \log q . m^2 \sin a \log \frac{z}{m} + 3 m^2 \sin a \log q$, &c.

Ainsi quand les abscisses sont en progression géométrique, les différences des aires asymptotiques sont égales; & puisque la progression des abscisses peut être continuée à l'infini, il suit que l'espace compris entre l'hyperbole & son asymptote est infiniment grand.

S'il falloit déterminer un trapeze hyperbolique ADNQ qui fût au trapeze ADPM dans le rapport de p à q, on nommeroit CP (z), CQ (x); & on auroit $m^2 \sin a \log \frac{z}{m} : m^2 \sin a \log \frac{x}{m} :: p : q :: \log \frac{z}{m} : \log \frac{x}{m}$; donc $q \log \frac{z}{m} = p \log \frac{x}{m}$, ou $\log \left(\frac{z}{m}\right)^q = \log \left(\frac{x}{m}\right)^p$; équation qui donne

$$x = \frac{z^{\frac{q}{p}}}{m^{\frac{q}{p} - 1}} = z^{\frac{q}{p}} m^{\frac{p-q}{p}} = \sqrt[p]{(z^q m^{p-q})}.$$

FIG.

DE QUELQUES AUTRES COURBES.

PARMI les Courbes qui ſont le plus en uſage dans la Géométrie, les Sections coniques tiennent ſans doute le premier rang : mais il y en a pluſieurs autres dont il eſt à propos de faire mention.

721. I°. LA CONCHOÏDE DE NICOMEDE. Si par un point B pris à volonté hors d'une droite GH on mene des lignes BQM, BAD, &c. telles que leurs parties QM, AD, &c ſoient égales, la courbe MDM qui paſſe par les points M, D &c, ſe nomme *Conchoïde*. 149.

Le point B en eſt le *Pôle*, la ligne GH en eſt la *Directrice* ; & ſi on prend au-deſſous de GH des parties égales Q*m*, A*d*, &c, la courbe qui paſſera par les points *m*, *d* &c, ainſi déterminés, ſera la conchoïde *inférieure m d m'*, ou plutôt la partie inférieure de la même conchoïde.

722. Il ſuit de ſa conſtruction 1°, que GH en eſt l'aſymptote ; 2°, que *d*D en meſure la plus grande largeur, lorſque BA eſt perpendiculaire ſur GH. Mais comme BA peut être plus grande, ou plus petite, ou égale à *d*A, voyons quelle ſera la figure de la courbe dans ces trois cas.

Dans le premier, elle ſera telle que la repréſente la Figure 149 ; dans le ſecond, elle aura un nœud B*ndn'* comme dans la Figure 150, & alors on l'appelle conchoïde *nouée*. Dans le troiſieme, le nœud s'évanouit, & il ne reſte qu'un point de rebrouſſement en B, *fig.* 151. 149. 150. & 151.

723. Pour ſavoir ſi la conchoïde eſt du nombre des courbes algébriques, ſoit mené PM perpendiculairement ſur AP, & ſoit AD ou QM $= a$, AB $= b$, PM $= y$, AP $= x$: on aura PQ : PM :: AQ : AB, ou $\sqrt{(aa - yy)} : y :: x - \sqrt{(aa - yy)} : b$; donc $xy = (b + y)\sqrt{(aa - yy)}$; & c'eſt-là l'équation aux coordonnées de la conchoïde ſupérieure. Le même calcul donne $xy = (b - y)\sqrt{(aa - yy)}$ pour l'inférieure. L'équation eſt encore la même pour la conchoïde à nœud. Cette courbe eſt donc algébrique, & en débarraſſant ſon équation du radical, on trouvera que c'eſt une ligne du quatrieme ordre, ou une courbe du troiſieme, laquelle a pour équation ... $y^4 \pm 2by^3 + (b^2 - a^2 + x^2)y^2 \mp 2a^2by = a^2b^2$.

On peut la décrire par l'interſection continuelle d'une regle BCM mobile autour du point B, & d'un cercle décrit du rayon CM $= a$, que l'on fera mouvoir le long de GH, de maniere que le centre C ſoit toujours ſur cette ligne. Il ſuffit pour cela que la regle paſſe conſtamment par le centre du cercle. 152.

724. On peut même former ainſi une infinité de conchoïdes différentes. Car ſi au lieu du cercle on fait mouvoir une courbe quelconque CM le long de GH, ſon interſection avec une regle BM mobile autour du point B, & aſſujettie à paſſer par un point fixe Q de 153.

FIG. l'axe de la courbe CM, décrira une conchoïde dont il est aisé de trouver l'équation. En effet, si on mene MP & AB perpendiculaires
153. sur la directrice, & si on suppose $AP = x$, $PM = y$, $CP = z$, $CQ = a$, $AB = b$, on aura $PQ\ (z - a) : PM\ (y) :: AQ\ (x + a - z) : AB\ (b)$; d'où $z = a + \frac{xy}{b+y}$. Substituant donc cette valeur dans l'équation à la courbe CM, on aura celle de la conchoïde MD.

Par exemple, si la courbe CM est un cercle, dont Q soit le centre, on a $yy = 2az - zz$, qui donne $xy = (b+y)\sqrt{(aa-yy)}$ pour l'équation à la conchoïde ordinaire.

725. Mais si la courbe mobile est une parabole dont l'équation soit $y^2 = pz$, alors $y^3 + by^2 - apy - apb = pxy$ devient l'équation de la conchoïde parabolique dont Descartes s'est servi pour résoudre une équation générale du sixieme degré. Voyez sa Géométrie, & les Sections coniques du Marquis de l'Hôpital.

154. 726. II°. La Cissoïde de Dioclès. Soit le cercle ANBn dont le diametre est AB, & dont QBq est tangente au point B. Si après avoir mené du point A des droites AQ à différents points de la tangente, on prend $QM = AN$, la courbe MAm qui passe par les points M, m ainsi déterminés, se nomme *Cissoïde*.

Elle est composée, comme l'on voit, de deux parties semblables & égales AM, Am qui forment en A un point de rebroussement, & qui après avoir coupé la circonférence aux points C, c également éloignés de A & de B, s'écartent toutes les deux à l'infini, sans pouvoir jamais atteindre la tangente QBq, qui est par conséquent leur asymptote.

727. Pour trouver l'équation de la Cissoïde, je mene OM parallele à AP, & MP, NG perpendiculaires. Je fais $AP = x$, $PM = y$, & AB ou le diametre du cercle *générateur* $= a$. Puisque $AN = MQ$, j'ai $AG = PB$, & $AG\ (a - x) : GN$ ou $\sqrt{(ax - xx)} :: AP\ (x) : PM\ (y) = \frac{x\sqrt{x}}{\sqrt{(a-x)}}$; d'où $y^2 = \frac{x^3}{a-x}$, équation cherchée.

728. Or cette équation fait voir 1°, que la cissoïde est une courbe algébrique du second ordre. 2°, Qu'à chaque abscisse AP, répondent deux ordonnées égales PM, Pm, l'une positive, l'autre négative, & qu'ainsi la courbe a deux branches parfaitement égales & semblables. 3°, Que lorsque $x = 0$, y est aussi $= 0$; la courbe passe donc à l'origine des abscisses. 4°, Que si $x = \frac{1}{2}a$, alors $y = \pm \frac{1}{2}a$; c'est-à dire, que les deux branches de la cissoïde coupent la circonférence en des points C, également éloignés de A & de B. 5°, Que si $x = a$, y est infinie, & que par conséquent la tangente BQ est l'asymptote de cette courbe, comme nous l'avions déja conclu de sa description.

La conchoïde & la cissoïde furent employées par leurs inventeurs Nicomede & Dioclès à trouver la *Duplication* du cube, Problême célebre parmi les anciens Géometres, mais qui n'a plus de célébrité parmi les nouveaux.

729. III°. LA LOGARITHMIQUE. Si après avoir pris un point A sur la droite indéfinie G H, on éleve des ordonnées P M qui ayent pour logarithmes leurs abscisses A P, la courbe B M m qui passe par les extrémités de ces ordonnées, s'appelle *Logarithmique*. FIG. 155.

Soit donc A P $=x$, P M $=y$, $m=$ le module, $e=$ le nombre 2.7182818, dont le logarithme hyperbolique est 1, on aura $x=m\,l\,y=x\,l\,e$, ou $y^m=e^x$, qui donne $y=e^{\frac{x}{m}}$, équation de la logarithmique.

Elle fait voir 1°, que cette courbe est du nombre des transcendantes; 2°, que lorsque $x=0$, y ou A B $=1$; 3°, que si $x=$ A E $=$ A B $=1$, y ou E F $=e^{\frac{1}{m}}$, & qu'ainsi en faisant E F $=a$, on aura toujours $y=a^x$; d'où il suit que si les abscisses forment la progression arithmétique ÷ 1 . 2 . 3 . 4 . &c, les ordonnées formeront la progression géométrique ∺ $a^1 : a^2 : a^3 : a^4$ &c. La logarithmique s'étend donc à l'infini au-dessus de A P

Mais si on prend sur A Q des abscisses négatives, $x=-1$, $x=-2$, $x=-3$, &c, les ordonnées deviendront successivement $\frac{1}{a}$, $\frac{1}{a^2}$, $\frac{1}{a^3}$, &c, c'est-à-dire, que la courbe a une branche infinie B O qui s'approche de plus en plus de la directrice ou de l'axe G H, sans pouvoir jamais l'atteindre.

730. La propriété la plus remarquable de la logarithmique est que sa soutangente est toujours de la même grandeur. On le prouve avec la plus grande facilité par le calcul différentiel: voici, en attendant, une démonstration à peu-près semblable.

Soit menée l'ordonnée mp infiniment proche de M P, & soit prolongé le petit côté Mm pour avoir la tangente M T. Cela posé, si on mene Mr parallele à l'axe, & si on nomme Pp (e), mr (i), on aura $x+e=\text{A}\,.\,l\,(y+i)=\text{A}\,.\,l\,y\,(1+\frac{i}{y})=\text{A}\,l\,y+\text{A}\,(\frac{i}{y}-\frac{i^2}{2y^2}+\frac{i^3}{3y^3}-\&c)$; donc puisque $x=\text{A}\,l\,y$, il faut que $e=\frac{\text{A}i}{y}(1-\frac{i}{2y}+\frac{i^2}{3y^2}-\&c.)$ Mais la quantité i étant infiniment petite, ses puissances i^2, i^3, &c, doivent être rejettées; on a donc $\frac{ey}{i}$ ou P T $=$ A. *La soutangente est donc toujours égale au module*; & puisqu'en général $x=\text{A}\,l\,y$, il est clair que dans deux logarithmiques différentes, les abscisses des mêmes ordonnées sont com-

FIG. me les soutangentes, ou ce qui revient au même, les logarithmes des mêmes nombres dans différents systêmes sont entre eux comme les modules. On peut voir dans un petit Traité de Keil sur la logarithmique, comment il en a déduit les regles du calcul des logarithmes.

156. 731. IV°. LA CYCLOÏDE. Si un cercle A G roule sur une droite A a, jusqu'à ce que le point qui touchoit d'abord cette droite en A, la touche encore en a, ce point décrira une courbe, appellée *Cycloïde* ou *Roulette*, ou *Trochoïde*. Les travaux de Paschal, d'Huyghens, des Bernoulli, &c, ont rendu cette courbe fort célebre.

Ce sera une cycloïde *ordinaire*, lorsque ce cercle générateur n'aura d'autre mouvement que celui de sa révolution. Mais s'il a de plus un mouvement de translation dans le même sens, le point A décrira une
157. cycloïde *accourcie*. Si ce mouvement est en sens contraire, la cycloïde sera *allongée*.

158. Or il est clair que dans la cycloïde ordinaire la *Base* A a est égale à la circonférence du cercle générateur; qu'elle est plus courte dans la cycloïde accourcie, & qu'elle est plus grande dans la cycloïde allongée.

Le diametre B C du cercle générateur se nomme l'*Axe* de la cycloïde, lorsqu'il est perpendiculaire au milieu de sa base. Le point B en est le *Sommet* : ainsi B C est sa plus grande hauteur.

156. 732. Cela posé, menons MP perpendiculaire sur B C, & tirons les cordes égales M F & O C; nous aurons $FC = MO$; donc puisque $FC = AC - AF = BOC - FKM = BOC - OLC = BIO$, il est clair que la partie MO de l'ordonnée MP est toujours égale à l'arc correspondant B I O du cercle générateur. D'ailleurs l'autre partie O P est le sinus du même arc; donc appellant MP (y), BIO (u), on aura pour l'équation à la cycloïde ordinaire, $y = u + \sin u$.

Et pour la rendre plus générale, on fera $MO = \frac{b}{a} BIO$ ce qui convient à la cycloïde ordinaire, ou accourcie, ou allongée, suivant que b est égal, ou plus petit, ou plus grand que a; ensorte que l'on aura $y = \frac{b}{a} u + \sin u$. La cycloïde est donc une courbe transcendante.

159. 733. Pour mener au point M la tangente M T, on imaginera l'arc infiniment petit M m, l'ordonnée mp, & la petite ligne M r parallele à la tangente O T au point O de la circonférence du cercle générateur. On aura donc $MO = \frac{b}{a} BIO$, & $mo = \frac{b}{a} BIo$, ce qui donne $mr = \frac{b}{a} Oo$. D'ailleurs par les triangles semblables on a $mr : Mr ::$ $MO : OT = \frac{MO \times Mr}{\frac{b}{a} Oo} = \frac{a}{b} MO = BIO$. Il faut donc prendre sur la tangente au cercle générateur la partie $OT = BIO$, &

 FIG.

mener par les points M & T la ligne MT qui sera la tangente de la cycloïde, soit ordinaire, soit accourcie, soit allongée. Dans la premiere cependant, la construction peut être simplifiée; car puisque MO = BIO = OT, on a l'angle TOP, ou 2 BOP = 2 TMO; c'est-à-dire, qu'*une droite* MT *parallele à la corde* OB *est nécessairement tangente au point* M *de la cycloïde ordinaire.*

734. Maintenant soient menées la ligne indéfinie BQQ' perpendiculaire à l'axe BC, & Qq, $Q'm$ paralleles au même axe; on aura par les triangles semblables, $mq : Mq$, ou $Q'Q :: Pp :: OP : BP$; donc $Q'Q \times BP = Pp \times OP$, ou $MmQ'Q = PpoO$; & par conséquent l'espace circulaire BIOP = BQM, & le demi-cercle BOCB = BDAB. Or le rectangle AB dans la cycloïde ordinaire est quadruple de ce demi-cercle; donc *l'espace cycloïdal est triple du cercle générateur.*

735. Si au lieu de prendre un point de la circonférence du cercle pour décrire la cycloïde, on l'eût pris au-dedans ou au-dehors du cercle, alors la courbe décrite eût été une autre espece de cycloïde; & si au lieu de faire rouler un cercle sur une droite, on l'eût fait rouler sur la circonférence d'un autre cercle, alors la courbe décrite par un de ses points eût été du genre de celles que l'on appelle *Epicycloïdes.* Nous ne pouvons qu'indiquer ces objets.

736. V°. LA QUADRATRICE DE DINOSTRATE. Supposons qu'une droite AG tangente en A se meuve uniformément, parallélement à elle-même le long du diametre Aa, & qu'au même instant qu'elle part du point A, le rayon AC tourne uniformément autour du centre C vers le point E, de maniere qu'il se confonde avec CE au moment où la droite AG s'y confondra aussi, nous aurons par l'intersection continuelle de ces deux lignes une courbe AMD, appellée *Quadratrice.* 160

Il suit de cette description qu'un espace quelconque AP parcouru par la droite AG est à l'arc circulaire AB décrit dans le même temps par l'extrémité du rayon, comme un autre espace AC parcouru par cette droite est à l'arc correspondant ABE décrit par le rayon. Faisant donc $AP = x$, $PM = y$, $AB = u$, $AC = a$, $ABE = 90° = c$, on aura 1°, $x : a :: u : c ::$ l'angle ACB : l'angle ACE; donc $u = \frac{cx}{a}$.

On aura 2°, $CP : PM :: CA : AT$, ou $a - x : y :: a : tang\, u$, donc $y = \frac{a-x}{a}\, tang\, \frac{cx}{a}$; & ce sera l'équation aux coordonnées de la quadratrice, lorsque le point A sera l'origine des abscisses.

737. Mais si on met leur origine au centre C; en faisant $CP = x$, on aura.... $y = \frac{x}{a}\, tang\left(c - \frac{cx}{a}\right) = \frac{x}{a}\, cot\, \frac{cx}{a} =$ . . . . .

FIG.

$$\frac{x\left(a-\frac{c^2x^2}{2a^3}+\frac{c^4x^4}{2.3.4.a^7}-\&c.\right)}{\frac{cx}{a}-\frac{c^3x^3}{2.3.a^5}+\frac{c^5x^5}{2.3.4.5a^9}-\&c.}=\frac{a-\frac{c^2x^2}{2a^3}+\frac{c^4x^4}{2.3.4.a^7}-\&c.}{\frac{c}{a}-\frac{c^3x^2}{2.3.a^5}+\frac{c^5x^4}{2.3.4.5a^9}\ \&c.}$$

60. Donc lorſque x ſera zéro, y qui deviendra la *baſe* CD, aura pour expreſſion $\frac{a^2}{c}$; d'où il ſuit que ſi la baſe de la quadratrice étoit une fois connue, on auroit auſſi-tôt la quadrature du cercle. C'eſt ce qui a fait donner à cette courbe le nom de quadratrice.

738. Si on décrit du centre C & du rayon C D le quart de cercle D L K, ſa longueur ſera égale au rayon C A; car $\frac{aa}{c}$: D L K : : $a : c$; donc D L K $= a$. On aura auſſi P C = l'arc L D; car $\frac{aa}{c}$: K L : : $a : u$; d'où K L $= x =$ A P, & P C = L D.

739. Prenons maintenant des abſciſſes négatives A P′, & ſubſtituons leur valeur dans la premiere équation. Elle deviendra $y = -\frac{(a+x)}{a}$ $tang\,\frac{cx}{a}$, ce qui donne des ordonnées négatives P′ M′. Ainſi la courbe a une branche A M′, dont on trouvera que la droite Q N menée à la diſtance A Q $= a$ eſt l'aſymptote, en ſuppoſant y infinie; car alors on trouvera que $tang\,\frac{cx}{a} = \infty$, & que par conſéquent $x = a$.

Si après s'être confondus avec C E, la droite A G & le rayon C A continuent de ſe mouvoir l'une en deſcendant vers a, l'autre en tournant dans le même ſens, il eſt viſible que leur interſection décrira la partie D a de la quadratrice.

Il eſt viſible auſſi que ſi on pouvoit décrire géométriquement cette courbe, on auroit immédiatement tous les angles d'un nombre donné de degrés, par exemple, de $\frac{1}{m}90°$. Il n'y auroit pour cela, qu'à diviſer A C au point P, de ſorte que A P fût à A C : : 1 : m; car alors menant l'ordonnée P M, & le rayon C B, l'angle A C B ſeroit $= \frac{1}{m}90°$; puiſque $x : a :: u : c :: 1 : m$.

161. 740. VI°. LA SPIRALE D'ARCHIMEDE. On appelle ainſi la courbe C K M A décrite par un point C qui ſe meut uniformément le long du rayon C A, pendant la révolution uniforme de ce rayon autour du centre C, de maniere que lorſque le rayon a parcouru la circonférence entiere, ce point ſe trouve confondu avec le point A.

Si après avoir prolongé le rayon CA, on lui fait faire une ſeconde révolution, le point C continuant de s'éloigner de l'origine de son mouvement décrira une *seconde Spirale*, puis une *troisieme*, & ainsi de suite, ou plutôt toutes ces spirales ne feront qu'une seule & même courbe, dont les révolutions peuvent se multiplier à l'infini.

741. Cela posé, l'ordonnée C M (y) est au rayon C A (a) : : l'arc A B N qui est l'abscisse correspondante, & que j'appelle x, est à la circonférence entiere A B N A, que j'appelle π. On a donc $y = \frac{ax}{\pi}$ pour l'équation à la spirale d'*Archimede*. D'où il suit 1°, que c'est une courbe transcendante; 2°, qu'elle passe par le centre du cercle générateur; 3°, qu'elle passe aussi par le point A; 4°, que si on fait $x = \pi + x'$, l'équation deviendra $y = a + \frac{ax'}{\pi}$, & qu'ainsi en donnant à x' les valeurs qui sont entre o & π, la spirale fera une seconde révolution qu'elle terminera à l'extrémité d'un rayon double du premier. Elle en fera une troisieme, une quatrieme, &c, si on fait $x = 2\pi + x''$, $x = 3\pi + x'''$, &c.

742. Pour mener à son point M la tangente M T, on imaginera le rayon C mn infiniment proche du rayon C M N, & après avoir décrit un cercle du rayon C M on menera C T perpendiculaire à C M : puis on aura par les triangles semblables M m r, M T C, mr : M r : : C M : $CT = \frac{CM \cdot Mr}{mr}$. Or $CM = \frac{a}{\pi}$ A B N, & $Cm = \frac{a}{\pi}$ A B n; Donc $Cm - CM$, ou $mr = \frac{a}{\pi}$ N n; & puisque $a : y :: Nn : Mr$, on aura $\frac{Mr}{mr} = \frac{y \cdot Nn}{a \cdot \frac{a}{\pi} Nn} = \frac{\pi y}{aa} = \frac{x}{a}$, & la soutangente $CT = \frac{\pi y^2}{a^2} = \frac{xy}{a}$; mais $a : y :: x$: l'arc $OQM = \frac{xy}{a}$; donc la soutangente C T doit être prise égale à l'arc circulaire O Q M.

743. VII°. La Spirale parabolique. Si on prend sur un rayon quelconque C N une partie N M moyenne proportionelle entre l'arc A N & une ligne donnée p, la courbe qui passera par tous les points M ainsi déterminés, sera la *Spirale parabolique*.

Soit donc $AN = x$, $CM = y$, $AC = a$, & on aura $y = a - \sqrt{px}$; équation qui en substituant $\pi + x$, $2\pi + x$, &c, au lieu de x, fait voir que cette courbe peut faire une infinité de révolutions autour du centre C, & que par conséquent elle est du nombre des spirales.

744. VIII°. La Spirale hyperbolique. Je suppose que du point C pris pour centre sur l'indéfinie C P, on décrive des arcs A G, Q M, P O, &c, égaux en longueur, & que par leurs extrémités G, M, O

FIG. &c, on fasse passer une courbe CKGMO. Ce sera une *Spirale hyperbolique.*

Il est aisé de voir que si on éleve une droite AR parallele à l'axe CP, & qui en soit éloignée d'une quantité CB = AG = QM = PO, &c, cette droite sera l'asymptote de la spirale hyperbolique, parce qu'elle ne peut la rencontrer que lorsque le rayon CM est infini.

745. Soit le rayon CA = a, AN = x, CM = y, AG = QM, &c = b; on aura $x : b :: a : y$, qui donne $xy = ab$, équation semblable à celle de l'hyperbole entre les asymptotes. Or si on appelle π la circonférence dont le rayon = a, & si on substitue à x les valeurs $\pi + x$, $2\pi + x$ . . . . . $m\pi + x$, on aura successivement $y = \frac{ab}{\pi + x}$, $y = \frac{ab}{2\pi + x}$ . . . . $y = \frac{ab}{m\pi + x}$. D'où on voit que plus l'abscisse est grande, plus l'ordonnée est petite, & que celle-ci ne devient nulle, que lorsque m est infini. *La spirale hyperbolique fait donc une infinité de révolutions autour de son centre, avant que d'y arriver.*

746. Cherchons maintenant la valeur de la soutangente CT, & pour cela imaginons la ligne Crm infiniment proche de CM, & l'arc mq; menons ensuite CT perpendiculaire à CM, qui rencontre en T la tangente TM, & nommons Qq = rm = i; nous aurons $y + i : b :: y : Qr = \frac{by}{y + i}$. Donc $rM = b - \frac{by}{y + i} = \frac{bi}{y + i}$; or $rm : rM :: Cm : CT$; donc $i : \frac{bi}{y + i} :: y + i : CT = b$. Ainsi *dans la Spirale hyperbolique la soutangente est constante*, comme dans la logarithmique (730).

747. IX°. LA SPIRALE LOGARITHMIQUE. On nomme *Spirale logarithmique* la courbe qui coupe sous un même angle tous les rayons CM tirés de son centre C; ensorte que la tangente MT fait toujours un angle égal avec le rayon CM, de quelque côté qu'on le suppose. Cette courbe a plusieurs belles propriétés que l'on ne peut bien détailler que par les méthodes du calcul différentiel & intégral dont nous allons bientôt faire connoître les principes.

DES LIEUX GÉOMÉTRIQUES.

EN construisant l'équation . . . . $y^2 = 2ax - xx$, nous avons trouvé (649) qu'il en résultoit un cercle dont le diametre étoit $2a$: ce cercle est ce qu'on appelle *le Lieu géométrique* de l'équation . . . $y^2 = 2ax - xx$. FIG

748. En général, *le Lieu d'une équation est la ligne décrite d'après le rapport des* x *& des* y *que cette équation renferme.*

Ce rapport entre les coordonnées sert de base aux constructions géométriques, & la théorie qui enseigne à résoudre ce genre de problêmes est également ingénieuse & utile.

On a vu (N° 457 & suivants) la maniere de construire les équations déterminées : nous allons nous occuper maintenant de la construction des équations indéterminées. On appelle ainsi toutes les équations à deux variables, & on en distingue les degrés par ceux des plus hautes puissances auxquelles ces mêmes variables sont élevées. Commençons par les équations indéterminées du premier degré.

749. Toute équation de ce genre, peut être représentée par celle-ci . . . . $ay = bx + c$; d'où on tire $y = \frac{bx}{a} + \frac{c}{a}$. Il s'agit donc de trouver le lieu géométrique de cette derniere équation.

Soit AP la ligne des abscisses x, dont je suppose l'origine au point A; soit PM une ordonnée y qui fasse avec AP un angle donné quelconque APM. 165

Cela posé, si je prends sur AP une partie déterminée AB que j'appellerai a, & si je mene parallélement à PM une ligne BD que j'appellerai b, il est évident qu'une droite indéfinie ADN menée par les points A & D, formera deux triangles semblables ABD & APN, qui donneront . . . $a : b :: x : PN = \frac{bx}{a}$. Donc la ligne AN seroit le lieu cherché, si l'équation proposée étoit simplement . . . .

$$y = \frac{bx}{a}.$$

Mais à cause de $\frac{c}{a}$ qu'il faut ajouter au second membre, les y doivent être augmentées de cette quantité : il faut donc trouver une ligne qui ait pour expression $\frac{bx}{a} + \frac{c}{a}$. Or en élevant au-dessus de

AP une droite AE parallele à PM & qui soit égale à $\frac{c}{a}$, & en tirant par le point E une ligne indéfinie MM′ parallele à la ligne AN, il est clair que l'on aura PM ou $y = PN + NM = \frac{bx}{a} + \frac{c}{a}$: auquel cas la droite MM′ est le lieu géométrique de l'équation donnée.

Si la quantité $\frac{c}{a}$ est négative, il faut alors diminuer les PM de cette quantité ; ce qui est aisé à faire, en menant AE′ au-dessous de AP ; & en tirant par le point E′ une parallele à la ligne AN. Cette parallele MM″ sera le lieu de l'équation . . . $y = \frac{bx}{a} - \frac{c}{a}$.

Sa partie OM répondra à la valeur positive de y, & son prolongement OM″ répondra à $-y$. On peut donc conclure généralement, que *la ligne droite est le lieu géométrique de toutes les équations indéterminées du premier degré.*

Voyons maintenant quel est le lieu des équations indéterminées du second degré.

750. Toutes ces équations peuvent être ramenées à la formule générale . . . .

$$y^2 + axy + bx^2 + cx + dy + f = 0.$$

D'où il suit que la construction de cette formule fera connoître généralement la nature des courbes exprimées par des équations du second dégré, quel que soit d'ailleurs l'angle des coordonnées.

Or pour construire plus facilement cette formule, commençons par la simplifier, en faisant . . . $y + \frac{ax}{2} + \frac{d}{2} = u$. Nous aurons . . . . $u^2 = y^2 + axy + dy + \frac{1}{2}adx + \frac{1}{4}a^2x^2 + \frac{1}{4}d^2$; ce qui donnera . . . .

$$u^2 + (b - \tfrac{1}{4}a^2)x^2 + (c - \tfrac{1}{2}ad)x + f - \tfrac{1}{4}d^2 = 0.$$

66 Construisons maintenant l'équation . . . $y + \frac{1}{2}ax + \frac{1}{2}d = u$; & pour cela, menons AB $= \frac{1}{2}d$ parallele à PM, & au-dessous de AP, lorsque d est positif : menons ensuite BO parallele à AP ; nous aurons déja MO $= y + \frac{1}{2}d$: il faut donc augmenter MO de la quantité $\frac{1}{2}ax$ pour avoir une ligne que nous puissions appeller u.

Or si on prend sur BO une ligne BE de telle grandeur que l'on voudra, en faisant BE $= m$, & en menant EF $= \frac{1}{2}am$ parallele à PM, de maniere que par le point B & par le point F, on tire une droite indéfinie BFN, on aura deux triangles semblables, BEF & BON qui donneront ON $= \frac{ax}{2}$; donc la ligne MN $= u$.

Soit à présent BN $= z$, & la ligne connue BF $= n$, on aura . . .

FIG.

$m : n :: x : z$; donc $x = \frac{m}{n} z$, d'où on déduira

$$u^2 + (b - \tfrac{1}{4}a^2) \frac{m^2}{n^2} z^2 + (c - \tfrac{1}{2}ad) \frac{m}{n} z + f - \tfrac{1}{4}d^2 = 0.$$

Cela posé, il peut arriver 1°, que $b = \frac{1}{4}a^2$, auquel cas $y^2 + axy + bx^2$ est un quarré parfait ; 2°, que b soit plus grand que $\frac{1}{4}a^2$; 3°, que b soit plus petit que $\frac{1}{4}a^2$. Ainsi la derniere équation est susceptible des trois formes suivantes . . . .
$u^2 - Az + B = 0 \ldots u^2 + Az^2 - Bz - C = 0 \ldots u^2 - Az^2 - Bz - C = 0$.
Reste donc à la construire sous ces trois formes.

La premiere fait voir que la courbe cherchée rencontre la ligne BN à un point C tel que BC est égal à $\frac{B}{A}$; car alors $u = 0$, & par conséquent z devient $\frac{B}{A}$.

Soit donc CN $= t$; on aura BN $=$ BC $+$ CN, ou $z = \frac{B}{A} + t$; & substituant cette valeur de z, on trouvera . . . $u^2 = At$, équation au diametre CN d'une parabole MCm, qu'il sera très-aisé de décrire, puisque l'on connoît le parametre A de son diametre, l'origine C de ce diamètre, & l'angle MNC qu'il fait avec ses ordonnées.

751. Concluons donc généralement que *toutes les fois que les trois premiers termes* $y^2 + axy + bx^2$ *de l'équation générale du second degré forment un quarré parfait, cette équation appartient à la parabole.*

La seconde forme sous laquelle nous devons considérer l'équation préparée, est $u^2 + Az^2 - Bz - C = 0$; & si nous faisons $z - \frac{B}{2A} = t$, nous aurons l'équation

$$u^2 = A\left(\frac{BB + 4AC}{4AA} - t^2\right)$$

qui appartient évidemment à l'ellipse, & qui étant comparée à l'équation (682) . . . $y^2 = \frac{n^2}{m^2}(m^2 - x^2)$, donne pour les valeurs des demi-diametres conjugués . . . . .

$$m = \frac{1}{2A}\sqrt{(BB + 4AC)} \ldots n = \tfrac{1}{2}\sqrt{\left(4C + \frac{BB}{A}\right)}.$$

D'où il suit qu'en prenant BC $= \frac{B}{2A}$, & en décrivant une ellipse 16
dont le centre soit C, & dont les demi-diametres conjugués soient CD $= m$, & CG $= n$, cette ellipse sera le lieu cherché.

FIG. 752. En général, *toutes les fois que* b *est plus grand que* $\frac{1}{4}a^2$; *l'équation générale du second degré appartient à l'ellipse.*

Sous la troisieme forme, cette même équation appartient à l'hyperbole; car si on fait $z+\frac{B}{2A}=t$, on aura, en substituant cette valeur dans $u^2-Az^2-Bz-C=0$, l'équation

$$u^2=A(t^2+\frac{4AC-BB}{4AA})$$

qui exprime le rapport des coordonnées d'une hyperbole dont le centre

68. C est éloigné du point B de la quantité $CB=\frac{B}{2A}$.

Mais suivant que $4AC$ est plus grand ou plus petit que BB, il faut comparer cette équation avec l'une des deux équations suivantes

$$y^2=\frac{m^2}{n^2}(x^2+n^2)\ \ldots\ y^2=\frac{n^2}{m^2}(x^2-m^2),$$

dont la premiere exprime le rapport des coordonnées au second diametre (702). Celle-là donne

$$n=\frac{1}{2A}\sqrt{(4AC-BB)}\ \ldots\ m=\tfrac{1}{2}\sqrt{(4C-\frac{BB}{A})}.$$

Ainsi en décrivant une hyperbole MGm dont le premier diametre $CG=m$, & le second $CD=n$, on aura le lieu cherché pour l'équation proposée, dans le cas de $4AC>BB$.

Si BB au contraire est plus grand que $4AC$; on comparera l'équation ci-dessus avec la seconde ..... $y^2=\frac{m^2}{n^2}(x^2-m^2)$; & on aura

$$m=\frac{1}{2A}\sqrt{(BB-4AC)}\ \ldots\ n=\tfrac{1}{2}\sqrt{(\frac{BB}{A}-4C)};$$

69. ce qui donne toute espece de facilité pour décrire l'hyperbole MDm, qui dans le cas de $4AC<BB$, est le lieu géométrique de l'équation générale.

753. Il suit de-là que *toutes les fois que* b *est plus petit que* $\frac{1}{4}a^2$, *la formule des équations du second degré appartient à l'hyperbole.*

754. Mais si par hasard le terme y^2 manquoit dans une équation du second degré, comment venir à bout de la construire?

On supposeroit d'abord le reste de l'équation divisé par b, coefficient de x^2, & on auroit un résultat de cette forme ....

$$x^2+mxy+nx+py+q=0.$$

Puis on supposeroit $x+\frac{my}{2}+\frac{n}{2}=u$, & on auroit, en substituant ......

FIG.

$$u^2 - \frac{1}{4}m^2y^2 + (p - \frac{mn}{2})y + q - \frac{1}{4}n^2 = 0;$$

équation à l'hyperbole, qui se construiroit comme la formule . . .

$$u^2 - Az^2 - Bz - C = 0.$$

Et si on supposoit $b = 0$, alors les deux quarrés des coordonnées manquant dans l'équation à construire, on n'auroit plus qu'une quantité de cette forme . . . .

$$xy + mx + ny - p = 0$$

qui appartient à l'hyperbole rapportée à ses asymptotes, comme il est aisé de s'en convaincre par la construction qui suit.

Soit $x + n = u$; on aura . . $uy + mu = mn + p$. Soit $y + m = z$; on aura $uz = mn + p$ . . . Soit prolongé AP vers D jusqu'à ce que AD soit égal à n, & soit mené DC $= m$, parallélement à PM, de maniere que par le point C on puisse mener une droite indéfinie CQ parallele à AP. 170

Cette construction une fois faite, il est clair que l'on aura

$$MQ = y + m \ . \ . \ . \ CQ = x + n.$$

Donc $(y + m)(x + n) = mn + p$; équation à l'hyperbole décrite entre les asymptotes CK & CQ, en supposant qu'elle ait $mn + p$ pour puissance (697).

Or cette derniere équation est précisément la même que $xy + mx + ny - p = 0$, dont nous cherchions le lieu géométrique.

755. De tout ce qui précede, on doit conclure que *toute équation indéterminée du second degré appartient à une section conique*; & que pour en connoître l'espece, il suffit d'avoir égard aux trois premiers termes $y^2 + axy + bx^2$ de la formule générale de ces équations.

Résumant donc les diverses suppositions que nous avons faites, nous dirons;

I°, Que si ces trois termes forment un quarré parfait, ou, ce qui revient au même, si $b = \frac{1}{4}a^2$, l'équation appartient toujours à la parabole. Donc si $b = 0$, ou s'il ne reste des trois premiers termes que y^2, l'équation appartient encore à la parabole. On voit que la même chose auroit lieu, s'il n'y avoit simplement que x^2.

II°, Si b coefficient de x^2 surpasse $\frac{1}{4}a^2$, quarré de la moitié du coefficient de xy, l'équation est alors à l'ellipse. Il faut dans ce cas-là que le terme qui renferme x^2 soit positif.

Remarquez que l'ellipse peut devenir au cercle dans deux cas. 1°, Lorsque CD $=$ CG, ou A $= 1$, & que l'angle CNM $=$ BCG est droit. Alors $BE^2 = BF^2 + FE^2$, ou $m^2 = n^2 + \frac{a^2m^2}{4}$; 167

FIG.

& puisque $A = 1 = (b - \frac{1}{4} a^2) \frac{m^2}{n^2}$, on a . . . .

$b = \frac{n^2}{m^2} + \frac{1}{4} a^2 = 1$. Ainsi l'équation à construire auroit cette forme . . . . . . $y^2 + axy + x^2 + cx + dy + f = 0$, & elle appartiendroit au cercle, tant que l'angle B N M seroit droit.

2°, L'ellipse devient encore un cercle, si $a = 0$, si $b = 1$, & si l'angle A P M est droit : car alors l'équation devenant . . . $y^2 + x^2 + cx + dy + f = 0$, on voit bien qu'elle doit appartenir au cercle, & que ce cas-là suit immédiatement du précédent.

III°. L'équation générale des équations du second degré appartient à l'hyperbole, lorsque dans ses trois premiers termes, $y^2 + axy + bx^2$, le coefficient b est plus petit que $\frac{1}{4} a^2$, quarré de la moitié du coefficient du terme xy. Si b est négatif, l'équation est donc encore à l'hyperbole, & si $b = 1$, l'hyperbole est équilatere.

Si l'un des deux quarrés, y^2 ou x^2 manque, le rectangle xy restant toujours, la courbe est encore à l'hyperbole ; & si les deux quarrés manquent à la fois, alors l'équation doit se rapporter aux asymptotes.

756. Il peut arriver que l'équation proposée ne soit pas réellement du second degré, & qu'elle appartienne à la ligne droite. Telle est l'équation . . . $y^2 - xy + \frac{1}{4} x^2 = a^2$; mais alors la section conique qu'elle représente, dégénere en ligne droite, comme on sent bien que cela doit avoir lieu pour une parabole dont le parametre seroit nul, & qui par conséquent se confondroit avec son axe.

757. Si par hasard l'équation proposée impliquoit quelque contradiction, le calcul le feroit bientôt connoître, par les opérations qu'il indiqueroit ; comme, par exemple, en conduisant le calculateur à décrire un cercle d'un rayon imaginaire, &c, &c. Ces détails suffiront pour l'intelligence des problêmes suivants.

Résolution des Problêmes indéterminés du second degré.

PROBLEME I.

71. 758. Les deux points A & B étant donnés, trouver la courbe A M B, telle qu'en menant de l'un quelconque M de ses points, les droites M A & M B, l'angle A M B soit toujours le même.

Soit mené M P perpendiculaire sur A B, & soit A P $= x$ . . . . P M $= y$ . . . . A B $= a$ . . . . *tang* A M B $= t$, on aura *tang* A M P $= \frac{x}{y}$, & *tang* B M P $= \frac{a-x}{y}$. Donc $t = (\frac{x}{y} + \frac{a-x}{y})$:

$\left(1 - \frac{x(a-x)}{y^2}\right)$; ce qui donne . . . $y^2 + x^2 - ax - \frac{a}{t}y = 0$; équation au cercle que l'on peut construire ainsi.

Soit d'abord cette équation écrite sous cette forme . . . .

$$\left(y - \frac{a}{2t}\right)^2 + \left(\tfrac{1}{2}a - x\right)^2 = \tfrac{1}{4}a^2 + \tfrac{1}{4}\frac{a^2}{t^2}.$$

Soit divisé ensuite AB par la moitié au point F, par lequel on menera EF $= \frac{a}{2t}$ perpendiculaire sur AB; puis du centre E & du rayon EA $= \sqrt{\left(\frac{1}{4}a^2 + \frac{a^2}{4t^2}\right)}$, soit décrit le cercle AMB. Il est clair que ce sera le lieu de l'équation trouvée; car en menant EQ parallele à AB, on aura . . . EQ $= \frac{1}{2}a - x$ . . . MQ $= y - \frac{a}{2t}$. Donc &c.

Puisque EF $= \frac{a}{2t}$, l'angle AEF doit être égal à l'angle AMB; donc si on mene AT, de maniere que l'angle TAB soit égal à l'angle AMB, la ligne AE perpendiculaire sur AT rencontrera EF au centre du cercle cherché.

PROBLÊME II.

759. Imaginons que la ligne droite AB, d'une longueur donnée, se meuve dans l'angle BCA, de maniere que ses extrémités A & B restent toujours sur les côtés de cet angle; il s'agit de trouver la courbe décrite par un point déterminé M, pris sur cette ligne AB. 172.

Soit mené MP parallele à AC, & soit CP $= x$ . . . PM $= y$ . . . AM $= m$ . . . BM $= n$ . . . cos ACB $= cos$ MPB $= c$; on aura BP $= \frac{nx}{m}$, & le triangle MPB donnera (580) . . . . . .

$$cy \cdot \frac{2nx}{m} = y^2 - n^2 + \frac{n^2x^2}{m^2};\ \text{ou} \ldots y^2 - \frac{2nc}{m}xy + \frac{n^2}{m^2}x^2 - n^2 = 0$$

équation qui appartient évidemment à l'ellipse.

Pour la construire, soit $y - \frac{cnx}{m} = u$; on aura, en faisant sin MPB $= s$ . . . $u^2 + \frac{n^2s^2}{m^2}x^2 - n^2 = 0$. Ayant donc pris arbitrairement CE $= g$, & mené EF $= \frac{cgn}{m}$, parallélement à AC, si on tire CFQ, on aura QM $= u$.

FIG.

Soit donc $CF = f$, & $CQ = z$, on aura $x = \frac{gz}{f}$; donc $u^2 = \frac{n^2 s^2 g^2}{m^2 f^2} (\frac{f^2 m^2}{g^2 s^2} - z^2)$. Ainsi les diametres conjugués CO & CG seront respectivement exprimés par $\frac{fm}{gs}$ & par n; & puisque l'on connoît l'angle GCO, il est facile de décrire l'ellipse (684).

Si l'angle ACB étoit droit, l'équation primitive deviendroit . . . $y^2 = \frac{n^2}{m^2}(m^2 - x^2)$; auquel cas elle appartiendroit à une ellipse qui auroit m & n pour demi-axes. On peut donc décrire par ce procédé toute ellipse dont les axes seront donnés; le premier étant désigné par $2a$, & le second par $2b$, ou prendra $AM = a$ . . . $MB = b$, & on fera mouvoir la droite AB entre les côtés d'un équerre. Le point M décrira le quart de l'ellipse demandée.

PROBLÊME III.

73. 760. La parabole NAK étant donnée, trouver le lieu de tous les points M tels qu'en menant les deux tangentes NM & KM, l'angle qu'elles formeront soit toujours égal à un angle donné.

Menons MP, KL & NQ perpendiculairement sur l'axe AQ, & supposons $AP = x$ . . . $PM = y$ . . . $NQ = z$ . . $KL = u$ . . . le parametre de la parabole $= p$ . . . *tang* $NMK = t$; & nous aurons, à cause des triangles semblables TPM, TNQ, & SPM, SLK, les proportions suivantes.

$$\frac{2z^2}{p} : z :: \frac{z^2}{p} - x : y \ldots \frac{2u^2}{p} : u :: x - \frac{u^2}{p} : y.$$

Donc $2yz = z^2 - px$, & $2uy = px - u^2$. Ajoutant & soustrayant ces deux équations, on trouve pour résultat . . . $2y = z - u$ . . . $z^2 + u^2 - 2px = 4y^2$. Or la premiere donne . . . $z^2 + u^2 - 2uz = 4y^2$; donc $uz = px$. Cette équation jointe à celle-ci . . . $z - u = 2y$, exprime que les lignes MK & MN touchent la parabole. Il ne reste donc plus qu'à faire ensorte que l'angle NMK soit constant.

Or $NMK = NTQ + KSL$; & puisque *tang* $NTQ = \frac{NQ}{TQ} = \frac{pz}{2zz} = \frac{p}{2z}$, & que *tang* $KSL = \frac{p}{2u}$, on a

$$tang\ NMK = t = \frac{\frac{p}{2z} + \frac{p}{2u}}{1 - \frac{pp}{4zu}} = \frac{\frac{1}{2}p(u+z)}{zu - \frac{1}{4}pp} = \frac{2p(u+z)}{4px - p^2},$$

d'où l'on tire . . . $\frac{1}{2}t(4x-p) = u+z$. D'ailleurs puisque $z-u = 2y$, on en déduit

$$z = y + \frac{1}{4}t(4x-p) \ldots u = -y + \frac{1}{4}t(4x-p);$$

donc uz, ou $px = -y^2 + t^2(x - \frac{1}{4}p)^2$; & ordonnant, on obtient enfin

$$y^2 - t^2x^2 + x(\frac{1}{2}pt^2 + p) - \frac{1}{16}p^2t^2 = 0,$$

équation à l'hyperbole que l'on peut construire ainsi.

Soit $x - \frac{1}{4}p - \frac{p}{2t^2} = z$, on aura . . . . $y^2 = t^2[z^2 - \frac{p^2}{4t^4}(t^2+1)]$; & comparant cette équation à . . . $y^2 = \frac{n^2}{m^2}(x^2 - m^2)$, on trouvera en appellant s le sinus de l'angle NMK,

$$m = \frac{p}{2t^2}\sqrt{(t^2+1)} = \frac{p}{2ts} \ldots n = \frac{p}{2s}.$$

Diminuant donc les x de la quantité AC $= \frac{1}{4}p + \frac{p}{2t^2}$, & décrivant une hyperbole dont le premier axe D$d = 2m$, & le second $= 2n$, cette courbe sera le lieu géométrique de l'équation trouvée.

On peut remarquer 1°, que si l'angle NMK étoit obtus, la tangente t seroit négative: mais cela ne changeroit rien à l'équation, parce qu'elle ne renferme que des puissances paires de t; d'où il suit que des deux branches hyperboliques MDm & M'dm', l'une satisfait au problême dans le cas où l'angle donné est aigu, & l'autre dans le cas où cet angle seroit obtus; & il est clair que c'est la plus éloignée, MDm, qui convient au premier cas.

On peut remarquer 2°, que si l'angle donné étoit droit, la ligne cherchée seroit la directrice même de la parabole; en sorte que si de chaque point de cette directrice on mene deux tangentes à la parabole, l'angle qu'elles formeront sera toujours droit.

PROBLÊME IV.

761. Faire passer une section conique par cinq points donnés A, C, D, B, E. 174.

Par deux de ces points, menons la ligne AB, & tirons des autres points, les perpendiculaires CF, DH, GE sur cette ligne. Supposons ensuite que l'équation de la section conique cherchée est

FIG. $ay^2 + bxy + cx^2 + dx + fy + g = 0$,

& faisons $AF = p$ ... $FC = q$ ... $AG = p'$ ... $GE = q'$ ... $AH = p''$ ... $DH = q''$ ... $AB = p'''$. Il faudra que lorsque $x = 0$, on ait $y = 0$: ainsi $g = 0$; ce qui réduit l'équation à

$$ay^2 + bxy + cx^2 + dx + fy = 0$$

Ensuite, selon que $x = p$, ou p', ou p'', ou p''', on a $y = q$, ou $-q'$, ou q'', ou zéro : ainsi on a les quatre équations suivantes

$$aq^2 + bpq + cp^2 + dp + fq = 0 \ldots aq'q' - bp'q' + cp'p' + dp' - fq' = 0.$$
$$aq''q'' + bp''q'' + cp''p'' + dp'' + fq'' = 0 \ldots cp'''p''' + dp''' = 0;$$

d'où l'on tirera les valeurs des quatre inconnues b, c, d, f, qui étant substituées dans l'équation... $ay^2 + bxy + cx^2 + dx + fy = 0$, donneront l'équation de la courbe cherchée, après avoir divisé par a.

Il n'y aura donc plus qu'à construire cette équation par les principes déja connus.

On peut appliquer la même méthode à la résolution d'un problême semblable pour les lignes du troisieme, du quatrieme degré, & ainsi de suite.

762. Cette même méthode peut servir à trouver par approximation la loi qu'observent entre elles plusieurs quantités liées ensemble par de certains rapports ; & on l'appelle alors la *Méthode des interpolations*.

75. Supposons, par exemple, les trois quantités BC, DE, FG dépendantes de trois autres quantités AB, AD, AF : il s'agit de trouver en général une loi qui unisse ces six quantités.

Pour cela, imaginons la ligne indéfinie ABDF, dont nous regarderons les parties AB, AD & AF comme les abscisses d'une courbe CEMG, & supposons que chaque ordonnée y est une fonction indéterminée $A + Bx + Cx^2 +$ &c de l'abscisse correspondante. (On prendroit quatre termes pour exprimer cette fonction, s'il y avoit quatre quantités données, BC, DE, PM & FG, & ainsi de suite).

Cela posé, puisque l'on a dans cet exemple $y = A + Bx + Cx^2$, on fera $AB = a$ ... $BC = b$ ... $AD = a'$ ... $DE = b'$ ... $AF = a''$ ... $FG = b''$, ce qui donnera les trois équations suivantes.

$$b = A + Ba + Ca^2 \ldots b' = A + Ba' + Ca'a' \ldots b'' = A + Ba'' + Ca''a'',$$

par lesquelles on déterminera les coefficients A, B, C ; ce qui donnera une équation approchée de la courbe CM : ainsi on pourra trouver une quantité AP qui dépende d'une autre quantité PM, de la même maniere que AB dépend de BC, & que AD dépend de DE ; ce qui est réciproque.

763. On peut trouver aussi par la même méthode l'équation approchée d'une courbe que l'on auroit tracée au hazard sur le papier.

Il suffit pour cela 1°, d'abaisser des perpendiculaires de différents points de cette courbe, & sur-tout de ceux où elle change le plus de concavité, sur une droite quelconque, que l'on prendra pour ligne des abscisses. 2°, De supposer que l'équation de la courbe tracée est de cette forme . . . $y = A + Bx + Cx^2 + Dx^3 + \&c$, dans laquelle on fera entrer autant de coefficients indéterminés que l'on aura abaissé de perpendiculaires sur la ligne des abscisses : après quoi on déterminera, comme ci-dessus, les coefficients A, B, C, D, afin d'obtenir une équation approchée de la courbe en question.

Résolution des Problêmes déterminés qui ne passent pas le quatrieme degré.

764. Etant données deux équations indéterminées du second degré, on peut construire séparément leurs lieux géométriques, en leur donnant la même ligne des abscisses, la même origine, & le même angle des coordonnées. Dans cette supposition, il est clair que les deux courbes se couperont en des points tels que les ordonnées correspondantes à ces points seront les racines de l'équation déterminée que l'on auroit en réduisant les deux équations données à une seule qui ne renfermât plus que x ou y.

Réciproquement, étant proposée une équation déterminée du troisieme ou du quatrieme degré à résoudre, si on prend deux équations affectées l'une & l'autre de deux inconnues x & y, telles qu'en éliminant une de ces deux inconnues, on trouve l'équation proposée, il est évident qu'en construisant séparément les lieux de chacune de ces deux équations indéterminées, les points d'intersection des courbes qui en résulteront, auront chacun pour l'une de ses coordonnées une valeur de l'inconnue.

Soit, par exemple, l'équation générale

$$x^4 + ax^3 + bx^2 + cx + d = 0;$$

si on fait $x^2 = py$, on aura l'équation

$$p^2y^2 + apxy + bpy + cx + d = 0;$$

qui appartient à une section conique, & qui étant construite avec la parabole exprimée par l'équation $x^2 = py$, coupera cette courbe en des points dont les abscisses correspondantes seront les valeurs de x.

Si l'équation proposée a quatre racines réelles, les deux sections qu'il faudra construire, se couperont en quatre points. S'il n'y a que deux racines réelles, il n'y aura que deux intersections entre les lieux trouvés; & si toutes les racines sont imaginaires, il n'y aura aucun point d'intersection. Au cas enfin qu'il y eût quelques racines égales, les deux courbes se toucheroient en un ou deux endroits.

FIG.

REMARQUE.

765. Il peut arriver cependant que l'équation ait des racines réelles, & que les courbes ne se rencontrent pas, ou qu'elles se rencontrent en moins de points que l'équation n'a de racines. C'est une exception qui donne lieu à une difficulté dont on peut voir les détails & la résolution dans les *Institutions analytiques* du P. Riccati. Nous n'insisterons pas sur cet objet, ne devant proposer dans les problêmes suivants aucun cas qui soit sujet à une pareille exception.

PROBLÊME I.

766. Etant données deux droites a & b, trouver deux moyenes proportionelles x & y entre ces deux lignes.

Puisque l'on a par la supposition $\div a : x : y : b$, on en conclura d'abord que $x^2 = ay$, & que $y^2 = bx$. Ainsi en construisant les paraboles qui seroient les lieux géométriques de ces équations, & en leur donnant la même ligne des abscisses, le même sommet, & le même angle des coordonnées, (angle que l'on suppose ordinairement droit) ces paraboles donneroient par leur intersection les valeurs cherchées de x & de y.

Mais pour un problême aussi facile, une pareille solution seroit trop compliquée : car, en général, on ne doit point construire une équation du troisieme ou du quatrieme degré, par le moyen de deux sections coniques, sans y employer le cercle dont la description est beaucoup plus aisée que celle des autres courbes.

Il est vrai que pour introduire le cercle dans ce genre de solution, on a quelquefois besoin d'une certaine adresse que l'habitude seule peut faire acquérir : mais aussi il est des cas où cette maniere de construire les équations se présente tout de suite.

Par exemple, si on ajoute les deux équations précédentes.

$$x^2 - ay = 0 \quad \ldots\ldots \quad y^2 - bx = 0;$$

on trouvera qu'en supposant les coordonnées perpendiculaires, il résulte une équation au cercle, qui est

$$x^2 + y^2 - ay - bx = 0;$$

laquelle étant construite avec une des deux équations à la parabole, $x^2 = ay \;\ldots\; y^2 = bx$, fera connoître les valeurs de x & de y.

6. Soit donc décrite une parabole A M dont le parametre soit b, & qui ait pour axe la droite indéfinie A P; cette courbe sera le lieu géométrique de l'équation $y^2 = bx$.

Pour trouver celui de l'équation ... $x^2 + y^2 - ay - bx = 0$, faisons $x - \frac{1}{2}b = u$, & $y - \frac{1}{2}a = z$: nous aurons ... $u^2 + z^2 = \frac{1}{4}a^2 + \frac{1}{4}b^2$. Menons ensuite par le point A perpendiculairement sur A P

 FIG.

une droite A B qui soit $= \frac{1}{2} a$, & par le point B la droite B C Q, parallele indéfinie à A P.

Cela posé, si on prend $BC = \frac{1}{2} b$, & si du rayon C A on décrit un cercle, on aura le lieu de l'équation . . . $x^2 + y^2 - ay - bx = 0$: ce cercle coupera donc la parabole en un point M, tel qu'en abaissant la perpendiculaire M P, les coordonnées A P & P M seront les deux moyenes proportionelles cherchées.

Si on supposoit $b = 2a$, le cube construit sur A P seroit double du cube a^3; ce qui résoudroit à peu de frais le problême de la duplication du cube, dont quelques anciens Géomètres firent grand bruit.

On peut même généraliser la solution de ce problême, en prenant $b = \frac{m}{n} a$, pour trouver un cube $AP^3 = \frac{m}{n} a^3$, qui seroit à un cube donné a^3, dans le rapport de m à n.

PROBLÊME II.

767. Diviser un arc de cercle BF en trois parties égales.

Je suppose que M F soit le tiers de l'arc B F, & après avoir mené les perpendiculaires B O G, & M P m sur le rayon A F, je tire m R perpendiculaire sur B G. 177.

Puis, faisant $AP = x$ . . . . $PM = y$ . . . . $AM = a$ . . . $AO = b$ . . . $BO = c$, j'aurai par les triangles semblables A M P & B m R.

$$x : y :: c + y : x - b, \text{ ou } y^2 - x^2 + cy + bx = 0;$$

équation à l'hyperbole équilatere (755), qui étant construite déterminera le point M où le cercle & l'hyperbole se couperont.

Or l'équation . . . $y^2 - x^2 + bx + cy = 0$, peut être mise sous cette forme

$$(y + \tfrac{1}{2} c)^2 - (x - \tfrac{1}{2} b)^2 = \tfrac{1}{4} c^2 - \tfrac{1}{4} b^2.$$

Donc si c est plus grand que b, l'équation appartiendra au second axe, & si b est plus grand que c, elle appartiendra au premier. Dans cette derniere hypothèse, on pourra décrire l'hyperbole, de la maniere suivante.

Par le centre A soit mené $AD = \frac{1}{2} BO$, perpendiculairement sur A F: soit tiré ensuite D C parallélement à la ligne A O, de maniere que D C soit égal à $\frac{1}{2}$ A O: le point C ainsi déterminé, sera le centre de l'hyperbole; de sorte que si on prend $CL = CK = \sqrt{(\frac{1}{4} b^2 - \frac{1}{4} c^2)}$, & si on décrit sur l'axe L K une hyperbole équilatere K M, elle coupera le cercle au point cherché M.

L'hyperbole opposée M' L M'' coupe le cercle en deux points M' & M'', dont le premier donne (572) l'arc $F'M'' = \frac{1}{3} F'M'B$, pendant que le second détermine l'arc $F'M'' = \frac{1}{3} F'M''GFB$.

Quant au point d'intersection G, il est aisé de voir que l'hyperbole

FIG. est assujettie à passer par ce point, & qu'il ne donne par conséquent aucune solution.

768. Si on eût voulu résoudre le même problême par le moyen d'une parabole, cela eût été facile en ajoutant les deux équations

$$x^2 + y^2 = a^2, \ \& \ y^2 - x^2 + bx + cy = 0$$

Car alors on eût trouvé . . . $y^2 + \frac{1}{2}bx + \frac{1}{2}cy = \frac{1}{2}a^2$; équation à la parabole qui se construit ainsi.

178. Du point A ayant mené parallélement à BG la ligne AD $= \frac{1}{4}$ BO, on tirera DC $= \frac{\frac{1}{8}c^2 + a^2}{b}$, parallele à AF, & on décrira du sommet C & de l'axe CD une parabole dont le parametre soit $= \frac{1}{2}$ AO.

Cette parabole coupera le cercle aux points cherchés M, M', & M''. On peut varier ces solutions de bien des manieres, en multipliant les deux équations du problême, par des quantités indéterminées, & en ajoutant ou soustrayant ensuite les produits, ce qui mene à des sections coniques différentes, toutes également propres à résoudre le problême.

769. Si on vouloit, par exemple, le résoudre par le moyen d'une ellipse, il n'y auroit qu'à multiplier l'équation du cercle . . . . $y^2 + x^2 - a^2 = 0$, par l'indéterminée m, & qu'à joindre le produit à la seconde équation. Il en résulteroit

$$y^2 + \frac{(m-1)x^2 + bx + cy - a^2 m}{m+1} = 0,$$

qui appartient à l'ellipse tant que m est positive & plus grande que l'unité: si m étoit négative & < 1, l'équation appartiendroit à l'hyperbole. On peut ensuite déterminer m par une condition arbitraire; par exemple, si on demandoit que les axes de l'ellipse fussent entre eux dans le rapport de $p:q$, il faudroit que $\frac{m-1}{m+1}$ fût égal à $\frac{p^2}{q^2}$, ce qui donne $m = \frac{q^2 + p^2}{q^2 - p^2}$.

PROBLÊME III.

79. 770. L'espace parabolique ACB étant donné, mener une droite CM qui le divise en deux secteurs égaux ACM & BCM.

Soit mené MP perpendiculaire sur AC, & soit AP $= x$ . . . PM $= y$ . . . AC $= a$ . . . BC $= b$ . . . le parametre de la parabole $= p$, on aura $\frac{2}{3}xy + \frac{1}{2}y(a-x) =$ ACM $= \frac{1}{3}ab = \frac{1}{2}$ ACB, ou $xy + 3ay = 2ab$; équation à l'hyperbole entre les asymptotes, que l'on peut construire ainsi.

Soit prolongé AP au-delà de l'origine A, jusqu'à ce que AF soit égal à 3 AC, & soit mené FK perpendiculaire sur FA; si on décrit entre les asymptotes FA & FK une hyperbole équilatere dont la puissance soit $2ab$, elle sera le lieu de l'équation ... $xy + 3ay = 2ab$, & coupera par conséquent la parabole au point cherché M.

Mais si on vouloit se servir d'un cercle pour la résolution de ce problême, on le pourroit de la maniere suivante.

1°, Soit substitué $\frac{y^2}{p}$ à la place de x dans l'équation $xy + 3ay = 2ab$, elle se changera en une autre équation de cette forme ... $y^3 + 3b^2y - 2b^3 = 0$.

2°, Soit multiplié cette équation par y; elle deviendra .... $y^4 + 3b^2y^2 - 2b^3y = 0$; de laquelle on tirera, après avoir substitué px à y^2, cette nouvelle équation .... $x^2 + 3ax - \frac{2a^2}{b}y = 0$.

3°, A celle-ci soit ajouté $y^2 - px = 0$; on aura $y^2 + x^2 + (3a - p)x - \frac{2a^2}{b}y = 0$, équation au cercle, dont la construction peut s'effectuer ainsi.

Soit menée perpendiculairement sur AP une ligne $AD = \frac{a^2}{b}$; sur cette ligne AD soit menée de l'autre côté du point M une perpendiculaire $DC' = \frac{3a - p}{2}$, (on suppose dans cette figure que $3a$ surpasse p). Cela posé, si du rayon C'A & du centre C' on décrit un arc de cercle, on trouvera facilement que cet arc coupera la parabole au point cherché M, puisqu'il est par la construction même le lieu de l'équation ... $y^2 + x^2 + (3a - p)x - \frac{2a^2}{b}y = 0$,

On a donc $PM = b[\sqrt[3]{(1 + \sqrt{2})} - \sqrt[3]{(-1 + \sqrt{2})}]$.

PROBLÊME IV.

771. Résoudre par une construction géométrique l'équation générale du troisieme degré ... $x^3 \pm p^2x - p^2q = 0$.

Multipliant cette équation par x, on aura $x^4 \pm p^2x^2 - p^2qx = 0$; & faisant $x^2 = ay$, on trouvera ... $y^2 \pm \frac{p^2}{a}y - \frac{p^2q}{a^2}x = 0$; équation qui, ajoutée avec $x^2 - ay = 0$, devient une équation au cercle de cette forme ......

$$y^2 + x^2 - y\left(\frac{a^2 \mp p^2}{a}\right) - \frac{p^2q}{a^2}x = 0.$$

Or la construction de celle-ci avec celle de la parabole, $x^2 = ay$,

FIG. donnera les racines de l'équation proposée. Mais il faut distinguer deux cas ; celui où l'on a $x^3 + p^2 x - p^2 q = 0$, & celui où $x^3 - p^2 x - p^2 q = 0$.

Dans le premier, l'équation au cercle est

$$y^2 + x^2 - y\left(\frac{a^2 - p^2}{a}\right) - \frac{p^2 q x}{a^2} = 0;$$

& comme la quantité a est indéterminée, on peut simplifier cette équation, en faisant $a = p$; ce qui donnera . . . $y^2 + x^2 - q x = 0$, que l'on pourra construire ainsi.

Soit décrit un cercle sur le diametre $AB = q$, & ayant élevé sur AB la perpendiculaire AL, décrivons une parabole dont le sommet soit A, l'axe AL, & le parametre p; cette courbe coupera le cercle en un point M qui déterminera l'abscisse AP, seule racine réelle (340) de l'équation proposée.

Dans le second cas on a

$$y^2 + x^2 - y\left(\frac{a^2 + p^2}{a}\right) - \frac{p^2 q x}{a^2} = 0.$$

81. Ainsi en faisant $a = p$, on aura . . . $x^2 = p y$ . . . $y^2 + x^2 - 2 p y - q x = 0$. Décrivons donc une parabole MAM', comme dans le cas précédent, & prenons $AD = p$: menant ensuite la ligne $DC = \frac{1}{2} q$, perpendiculairement sur AD, décrivons du centre C & du rayon CA un cercle ; ce cercle coupera la parabole aux points M, M' & M'', qui donneront MQ, $M'Q'$ & $M''Q''$ pour les racines cherchées.

Quant au point A où le cercle & la parabole se rencontrent, il donne la racine introduite . . . $x = 0$.

De ces trois valeurs, il n'y a que la premiere qui soit positive ; les deux autres sont négatives, & leur somme est égale à la seule racine positive MQ (317).

Il pourroit arriver que le cercle ne coupât la parabole qu'en un point M; & cela arrive toutes les fois que $\frac{1}{4} q^2$ surpasse $\frac{1}{27} p^3$ (340).

PROBLÊME V.

771. Trouver les racines de l'équation générale du quatrieme degré . . . $x^4 - p^2 x^2 + p^2 q x + p^3 r = 0$, par le moyen d'un cercle & d'une parabole.

Je fais à l'ordinaire . . . . $x^2 = p y$, & j'ai . . . $y^2 + q x - p y + p r = 0$; j'ajoute $x^2 - p y = 0$; il en résulte l'équation au cercle.

$$x^2 + y^2 - 2 p y + q x + p r = 0.$$

Soit donc décrite une parabole $M'AM'''$ qui ait pour axe la droite
2. AQ perpendiculaire sur AP, & p pour parametre. Cela posé, si on prend $AD = p$, & $DC = \frac{1}{2} q$, perpendiculaire sur AD, du côté

que l'on voit dans la figure (ou de l'autre côté si D C devoit être négatif) on trouvera qu'un cercle décrit du centre C & du rayon $\sqrt{(CA^2 - pr)}$, coupera la parabole aux points M, M', M'' & M''', qui détermineront les quatre racines de l'équation proposée. Il y en aura deux positives, savoir M Q & M' Q'; les deux autres seront négatives; & leur somme sera égale à celle des deux premieres (317). FIG.

REMARQUE.

773. Il peut arriver 1°, que le cercle coupe la parabole en quatre points, comme on le voit dans la Figure 182. 2°, Qu'il n'y ait que deux points d'intersection. 3°, Qu'il n'y en ait aucun. Or on sait (764) que dans le premier cas l'équation a ses quatre racines réelles; que dans le second cas, elle en a deux réelles & deux imaginaires; & que dans le troisieme cas, toutes ses racines sont imaginaires.

Vous remarquerez cependant que la construction précédente n'auroit pas lieu, si l'équation à construire étoit $x^4 + p^2 x^2 - p^3 q x + p^3 r = 0$. Mais en supposant à l'ordinaire $x^2 = py$, on auroit... $y^2 + x^2 - qx + pr = 0$; équation au cercle, comme dans le cas précédent, & qui est encore plus facile à construire, c'est pourquoi nous ne nous y arrêterons pas.

PROBLÊME VI.

774. Trouver les racines de l'équation . . . $x^4 - pqx^2 + p^2 rx + p^2 m^2 = 0$, par le moyen d'un cercle & d'une hyperbole entre les asymptotes.

Je fais $xy = pm$, & j'en déduis . . . $x^4 - pqx^2 + p^2 rx + x^2 y^2 = 0 = x^2 + y^2 - pq + \frac{p^2 r}{x} = x^2 + y^2 - pq + \frac{pry}{m}$; équation au cercle, qui donne la construction suivante.

Entre les asymptotes perpendiculaires Q A Q', & P''' A P', soient décrites deux hyperboles équilateres opposées, dont la puissance soit pm. Si on prend au-dessous de A P la ligne $AC = \frac{pr}{2m}$, & si on décrit un cercle du centre C & du rayon $\sqrt{(AC^2 + pq)}$, ce cercle coupera les hyperboles opposées aux quatre points M, M', M'' & M''', qui détermineront les quatre valeurs de x, par les abscisses A P, A P', A P'' & A P'''. 183.

Les deux premieres sont positives, les deux dernieres sont négatives; d'où l'on voit que cette solution ne peut avoir lieu que lorsque le dernier terme de l'équation proposée est positif.

Les principes que nous avons exposés dans le premier Chapitre des lieux géométriques, & les applications que nous venons d'en faire dans la résolution de divers problêmes, suffisent pour donner au moins une idée des constructions géométriques. Nous allons maintenant passer au Calcul Différentiel.

ÉLÉMENTS DU CALCUL DIFFÉRENTIEL.

Il en eſt du Calcul Différentiel comme de l'Algebre : on ne ſauroit le définir d'une maniere intelligible pour ceux qui n'en connoiſſent pas les premiers éléments.

Newton fut le premier Inventeur de ce calcul, & perſonne n'en eût partagé la gloire avec lui, s'il eût été plus empreſſé de mettre au jour ſes découvertes.

Mais l'eſpece de myſtère dont il les enveloppa dans l'origine, donna le tems à Leibnitz de marcher à grands pas dans la même carriere. Bientôt après Jacques & Jean Bernoulli y firent des progrès rapides ; de-là cette vive conteſtation que les Géomètres Allemands eurent avec les Géomètres Anglois, ſur la part que Leibnitz avoit eue à cette nouvelle théorie. Sans entrer dans cette diſcuſſion, nous obſerverons que d'autres Géomètres avoient préludé depuis long-tems à la découverte du calcul différentiel.

Il ne ſeroit même pas difficile de faire voir l'analogie qui regne entre ce calcul d'une part, & de l'autre *la Méthode d'Exhauſtion*, ſi connue des Anciens, *la Méthode des Indiviſibles*, donnée par Cavalieri, & les procédés dont Fermat, Deſcartes, Barrow & tant d'autres faiſoient uſage avant Newton. Les travaux de ces derniers Géomètres ſemblent avoir ſervi d'échelons à ce grand homme.

775. Quoi qu'il en ſoit, ſuppoſons qu'une *variable* quelconque x reçoive un accroiſſement fini e ; de maniere qu'après l'avoir reçu, ſon état ſoit exprimé par $x + e$. On demande quels doivent être les accroiſſements correſpondants des autres fonctions de x ?

D'abord il eſt clair que ſi x devient $x + e$, ſon quarré x^2 deviendra $x^2 + 2ex + ee$; ainſi le rapport de ces deux accroiſſements ſera $\frac{1}{2x + e}$. Mais ſi e diminue, ce rapport augmentera, & il approchera de plus en plus de celui de $\frac{1}{2x}$. Cependant il ne lui deviendra égal, qu'au moment où e s'évanouira : le rapport $\frac{1}{2x}$ eſt donc la *limite* de ceux que les accroiſſements finis de x & de xx peuvent avoir entre eux. On trouvera de même que la limite de ceux de x & de x^n eſt $\frac{1}{nx^{n-1}}$.

776. Or le calcul différentiel a pour objet de déterminer ces limites dans tous les cas. Voyez ce que M. d'Alembert a écrit ſur cette matiere ; vous y trouverez les vraies notions de ce calcul. S'il reſte encore quelques difficultés, c'eſt qu'elles ſont inſéparables des idées abſtraites de limite & d'infini.

777. Voici une des applications les plus propres à faire entendre la maniere de déterminer ces limites. Soit proposé de mener une tangente au point M de la courbe A M m, ou, ce qui revient au même, soit proposé de déterminer la soutangente P T.

On supposera que l'abscisse A P $= x$ croît d'une quantité finie P$p = e$; on menera l'ordonnée P M $= y$, & on déterminera l'ordonnée mp, en substituant $x + e$ au lieu de x dans l'équation de la courbe. Quelle que soit la valeur de cette ordonnée, on pourra toujours la représenter par $y + \mathrm{P}e + \mathrm{Q}e^2 + \mathrm{R}e^3 +$ &c. (P, Q, R, &c. étant des fonctions de x); on aura donc pour l'expression de rm, accroissement correspondant de l'ordonnée P M, la quantité $\mathrm{P}e + \mathrm{Q}e^2 + \mathrm{R}e^3 +$ &c.

Cela posé, soient menées la sécante S M m, & la ligne Mr parallele & égale à Pp; on aura $\mathrm{PS} = \frac{y}{\mathrm{P} + \mathrm{Q}e + \mathrm{R}e^2 + \&c}$. Rapprochons maintenant le point p du point P; le point m s'approchera du point M, & le point S du point T: mais on aura toujours $\mathrm{PS} = \frac{y}{\mathrm{P} + \mathrm{Q}e + \mathrm{R}e^2 + \&c}$. Si la quantité P$p$ diminue encore & devient très-petite, il ne s'en faudra que de très-peu que m ne se confonde avec M, & que la sécante ne devienne tangente. Mais si e s'évanouit, le rapport déja trouvé se réduit à $\frac{y}{\mathrm{P}}$, P S devient P T, Sm devient T M qui n'a plus que le point M de commun avec la courbe, & la soutangente est déterminée par cette limite.

PAR EX. Si A M m est une parabole, on substituera $x + e$ à x dans l'équation $y = \sqrt{px}$, & on aura $y = p^{\frac{1}{2}}(x+e)^{\frac{1}{2}} = p^{\frac{1}{2}}x^{\frac{1}{2}} + \frac{\frac{1}{2} \cdot p^{\frac{1}{2}}}{x^{\frac{1}{2}}}e -$ &c, qui donne $\mathrm{P} = \frac{1}{2}\sqrt{\frac{p}{x}}$; d'où $\mathrm{PT} = \frac{\sqrt{px}}{\frac{1}{2}\sqrt{\frac{p}{x}}} = 2x$, comme nous l'avons déja trouvé (669). 184

On voit par là avec quelle promptitude cette méthode résout le problême des tangentes, qui est en quelque sorte le berceau du calcul différentiel. Mais on verra bien plus amplement dans la suite la conformité des résultats de ce calcul avec ceux de l'ancienne Géométrie.

En attendant, nous remarquerons que ces quantités Pp, ou Mr, & rm qui diminuent de plus en plus, à mesure que le point p se rapproche du point P, sont les éléments respectifs de l'abscisse A P & de l'ordonnée M P.

778. Ces éléments, quelque petits qu'on les suppose, conservent entre eux le même rapport que les quantités finies auxquelles ils appartiennent; cela est visible par la seule inspection des triangles semblables T P M &

Mmr. Et comme la limite de ce rapport n'a lieu qu'au moment où ces éléments s'évanouissent, on peut dire avec M. Euler, que le calcul différentiel a pour objet de faire connoître à quoi se réduisent les rapports des éléments des quantités variables, lorsque ces éléments deviennent nuls.

Mais ne pouvant devenir nuls, sans passer par tous les degrés possibles de diminution, on sent bien qu'il doit résulter de leur décroissement infini des idées un peu confuses : car notre esprit ne comporte pas de perception claire de ce qui tient à l'infini. Aussi depuis son origine, le calcul différentiel a-t-il éprouvé beaucoup de contradictions. Il en éprouvera sans doute encore ; mais s'il falloit répondre à toutes les chicanes d'une Métaphysique pointilleuse, on n'en finiroit pas. L'existence même du mouvement seroit encore un problême, si on s'étoit arrêté aux difficultés que Zénon proposoit autrefois pour la combattre.

Ce n'est pas au reste que Maclaurin, dans son *Traité des Fluxions*, n'ait répondu à la plûpart des sophismes dont quelques Auteurs ont voulu embrouiller la matiere.

Mais on ne peut se dissimuler, que pour suivre la marche rigoureuse de ce savant homme, il faut essuyer bien des longueurs.

779. Au reste, si les principes dont Leibnitz est parti, ne semblent pas aussi rigoureux que ceux de Newton, ils ont du moins l'avantage de conduire aux mêmes résultats, ce qui finit par inspirer le même degré de confiance. Or telle est, suivant Leibnitz, la subordination d'une quantité infiniment petite par rapport à la quantité finie dont elle fait partie, qu'elle peut être négligée sans erreur sensible, de même qu'on néglige une quantité finie par rapport à une quantité infinie. C'est ainsi, par exemple, que $\infty - 1$, & plus généralement $\infty \pm a$ se réduisent à ∞. On peut regarder de même un infiniment petit du second ordre, comme une quantité qui s'évanouit par rapport à un infiniment petit du premier.

Cela posé, Leibnitz imagine qu'une variable x croisse ou décroisse d'une quantité infiniment petite, qu'il désigne par dx, & il cherche quels doivent être les accroissemens ou les décroissemens respectifs des autres fonctions de x. Son quarré x^2, par exemple, devenant $(x \pm dx)^2 = x^2 \pm 2xdx + dxdx$, il est clair que $dxdx$ doit être rejetté comme un infiniment petit du second ordre, & que par conséquent la différence entre x^2 & $x^2 \pm 2xdx$ est $\pm 2xdx$. Ainsi l'accroissement correspondant du quarré d'une variable quelconque est le produit du double de cette variable multipliée par son accroissement.

780. En général, la différence qui regne entre une quantité variable, avant qu'elle ait reçu aucune altération infiniment petite, & cette même quantité, après qu'elle a reçu quelque altération de ce genre, s'appelle *la différentielle* de cette quantité; ce qui a fait donner le nom de calcul différentiel, à la méthode qui détermine dans tous les cas ces différences.

Newton lui avoit donné auparavant le nom de *Calcul des Fluxions*, par une suite de l'idée qu'il s'étoit faite de la formation de toutes les quantités. Imaginant en effet que tout ce qui croît ou diminue dans la nature, reçoit ces accroissements ou ces diminutions par le mouvement d'un de ses éléments, il appella calcul des fluxions, la méthode dont il se servoit pour déterminer les rapports de ces variations.

781. Il nomma *Fluentes* les quantités que Leibnitz appelle *variables*, & ce que nous désignerons par dx, il le désigna par un point mis sur x; ensorte que dx & $\dot{x}$ signifient la même chose, & que fluxion de x, ou différentielle de x sont absolument synonymes. Le seul avantage qu'il y ait à se servir de la lettre d, au lieu d'un point, pour marquer les différentielles ou les fluxions des variables, c'est qu'elle les fait mieux reconnoître parmi d'autres quantités. Il eût même été à propos d'introduire dès le commencement quelque caractere propre à marquer les différentielles, comme on en a introduit un pour marquer les radicaux. Mais à présent que l'usage a prévalu, toute innovation de ce genre seroit déplacée, outre qu'elle auroit bien peu d'utilité.

782. Ainsi que les quantités finies & variable x & y ont des différentielles dx & dy, ces différentielles à leur tour en ont aussi. On les appelle *Différences secondes*, pour les distinguer des premieres, & on les désigne indifféremment par ddx & ddy, ou par $\ddot{x}$ & $\ddot{y}$. Les différentielles troisiemes sont $dddx$ & $dddy$, ou $\dddot{x}$ & $\dddot{y}$, & ainsi de suite.

Pour abréger, on écrit d^2x, d^3x au lieu de ddx, $dddx$. En général, la lettre d mise devant une quantité quelconque indique qu'il faut *différentier* cette quantité; & l'exposant de la même lettre d annonce combien de fois de suite il faut procéder à la *différentiation*.

Lorsque la quantité proposée est polynome, on la met entre deux parenthèses, que l'on fait précéder de la lettre d. Ainsi $d\,(x^2 + y^2)$ indique qu'il faut différentier le binome $x^2 + y^2$.

783. Quoique les différentielles de même degré soient toutes infiniment petites, elle ne sont égales entre elles, que lorsqu'il y a égalité entre les quantités variables, dont elles dépendent respectivement. En attendant que nous enseignions la maniere de trouver l'expression du rapport que peuvent avoir des quantités qui s'évanouissent en même temps, soit $\frac{aa - xx}{a - x}$; il est certain que $a + x$ exprime la valeur de cette fraction, quelle que soit la valeur de x; mais si $x = a$; la fraction se réduit à $\frac{0}{0}$, & le quotient devient $2a$. Voilà donc un exemple de ces sortes de fractions dont le numérateur & le dénominateur s'évanouissent en même temps, & qui cependant ont des valeurs très-réelles.

784. Si on suppose infini le diviseur d'une quantité finie quelconque a, il est clair que le quotient doit alors se réduire à zéro. On a donc $\frac{a}{\infty} = 0$; ce qui donne $a = 0 \times \infty$; d'où il suit que zéro multiplié par une quantité infinie peut représenter indifféremment toute sorte de quantités finies; réciproquement, que *toute quantité finie divisée par*

FIG. *zéro a pour quotient l'infini*, C'est-à-dire, que ∞ & o servent dans le calcul différentiel, comme autant de quantités indéterminées. Ce sont des expressions vagues, dont il semble que l'on ne s'est avisé, que pour éviter des circonlocutions.

Regles du Calcul Différentiel.

785. ÉTANT donné $y = ax$, on suppose que x reçoive un accroissement infiniment petit, désigné par dx; y en recevra donc un aussi que nous désignerons par dy, & nous aurons $y + dy = ax + a\,dx$; d'où $dy = a\,dx$; c'est la différentielle de l'équation proposée.

Elle eût été la même pour l'équation $b + y = ax - c$; car *les constantes n'ont point de différentielle.*

786. Et toutes les fois que les variables ne passeront pas le premier degré, on aura les différentielles des quantités proposées, en effaçant les termes constants & en substituant aux variables leurs propres différentielles. S'il falloit, par exemple, différentier $bx + cy - a = \frac{m}{n} z + f$, vous écririez $b\,dx + c\,dy = \frac{m}{n} dz$.

Mais si les variables sont élevées à d'autres puissances que la premiere; si on a, par exemple, $y = x^m$, alors en supposant que x devienne $x + dx$, on aura $y + dy = (x + dx)^m = x^m + m x^{m-1} dx + \frac{m \cdot m - 1}{2} x^{m-2} dx^2 +$ &c. Or dx^2, dx^3 &c. s'évanouissent par rapport à dx: restera donc $dy = m x^{m-1} dx$; donc si $m = 2$, $dy = 2x\,dx$; si $m = 3$, $dy = 3x^2\,dx$; &c.

787. En général, *pour différentier une variable élevée à une puissance quelconque, diminuez son exposant d'une unité, & multipliez-la par l'exposant qu'elle avoit d'abord & par sa différentielle.* On auroit pû déduire cette regle par induction, sans y employer la formule du binome, & alors on eût trouvé cette formule même avec plus de facilité que par l'Algebre ordinaire. Supposons en effet que l'on demande la valeur générale de $(1 + z)^m$. On peut représenter cette valeur par l'équation . . . $(1 + z)^m = 1 + Az + Bz^2 + Cz^3 +$ &c. Cela posé, différentions en suivant la regle précédente; nous aurons . . . $m(1 + z)^{m-1} dz = A\,dz + 2Bz\,dz + 3Cz^2\,dz +$ &c, en divisant par dz, nous trouverons $m(1 + z)^{m-1} = A + 2Bz + 3Cz^2 +$ &c.

Or cette équation doit avoir lieu quelle que soit la valeur de z, sup-
2. posons-la donc $= 0$; alors $m = A$; donc $m(1 + z)^{m-1} = m + 2Bz + 3Cz^2 +$ &c. Différentions de nouveau, & divisons ensuite par dz; il viendra $m \cdot m - 1\,(1 + z)^{m-2} = 2B + 2 \cdot 3\,Cz + 3 \cdot 4\,Dz^2 +$ &c. Soit $z = 0$; donc $B = \frac{m \cdot m - 1}{2}$, & $m \cdot m - 1$

$(1 + z)$

$(1+z)^{m-2} = m \cdot m-1 + 2 \cdot 3 Cz +$ &c. Le même calcul donnera $C = \frac{m \cdot m-1 \cdot m-2}{2 \cdot 3}$, & ainsi des autres coefficients indéterminés D, E, &c. On aura donc $(1+z)^m = 1 + mz + \frac{m \cdot m-1}{2} z^2 +$ &c, & $(a+b)^m$, ou $a^m(1+\frac{b}{a})^m = a^m(1+m \cdot \frac{b}{a} + \frac{m \cdot m-1}{2} \cdot \frac{b^2}{a^2} +$ &c$) = a^m + ma^{m-1}b + \frac{m \cdot m-1}{2} a^{m-2} b^2 +$ &c. Revenons aux différentielles.

788. Lorsque deux variables x & y se trouvent multipliées l'une par l'autre, alors $d(xy) = (x+dx)(y+dy) - xy = ydx + xdy + dxdy = ydx + xdy$, parce que $dxdy$ s'évanouit.

On a de même, $d(xyz) = zd(xy) + xydz = xydz + xzdy + yzdx \ldots d(uxyz) = yzd(ux) + uxd(yz) = uxydz + uxzdy + uyzdx + xyzdu$.

Donc en général, *pour différentier le produit de tant de variables que l'on voudra, il n'en faut différentier qu'une à la fois, comme si toutes les autres étoient constantes; & après avoir fait la même chose pour chacune, il faut rassembler toutes ces différentielles.*

Soit, par exemple, la quantité $x^3 y$. Je fais varier y, & j'ai $x^3 dy$; je fais varier x, & j'ai $3yx^2 dx$. Donc $d(x^3 y) = x^3 dy + 3yx^2 dx$. De même $d(x^2 y^3 z^4) = 3x^2 z^4 y^2 dy + 4x^2 y^3 z^3 dz + 2xy^3 z^4 dx$.

789. Soit maintenant la fraction $\frac{x}{y}$; je l'écris ainsi ... xy^{-1}, & en différentiant j'ai $d(\frac{x}{y}) = y^{-1}dx - xy^{-2}dy = \frac{dx}{y} - \frac{xdy}{yy} = \frac{ydx - xdy}{yy}$.

Donc *pour différentier une fraction où il entre des variables, il faut 1°, multiplier le dénominateur par la différentielle du numérateur; 2°, multiplier le numérateur par la différentielle du dénominateur; 3°, retrancher le dernier produit du premier; & diviser le reste par le quarré du dénominateur.*

Avec ces règles seules, il n'est pas de quantité algébrique que l'on ne puisse différentier. Voici quelques exemples de celles qui sont les plus usitées.

I. Soit $x = \frac{1}{y}$; on aura $dx = d(\frac{1}{y}) = -\frac{dy}{yy}$.

II. Soit $x = \sqrt{(qy+yy)} = (qy=yy)^{\frac{1}{2}}$, on aura ...

$$dx = \tfrac{1}{2}(qy+yy)^{\frac{1}{2}-1} d(qy+yy) = \frac{(\frac{1}{2}q+y)dy}{\sqrt{(qy+yy)}}.$$

790. En général, si $x = \sqrt[m]{(az + z^2)} = (az + z^2)^{\frac{1}{m}}$, on trouvera que $dx = \frac{1}{m}(az + z^2)^{\frac{1}{m} - 1}(adz + 2zdz)$

$$= \frac{dz(a + 2z)}{m\sqrt[m]{(az + z^2)^{m-1}}}.$$

D'où il suit que *pour différentier un radical du degré* m, *il faut diviser la différentielle de la quantité qui est sous le signe, par l'exposant* m *& par la racine* m *de cette* quantité élevée à la puissance $m - 1$.

III. Soit $x = (a + by + cyy)^m$, on aura . . . . . .
$dx = m(a + by + cy^2)^{m-1}(b + 2cy)\,dy$.

IV. Si $y = (ax + bxx + cx^3)^{\frac{m}{n}}$, on trouvera . . . . . .

$dy = \frac{m}{n}(ax + bxx + cx^3)^{\frac{m}{n} - 1}(a + 2bx + 3cx^2)\,dx$.

V. Soit $z = \frac{x}{-x + \sqrt{(aa + xx)}} = \frac{x}{aa}(x + \sqrt{(xx + aa)})$,

on aura $dz = \frac{2xdx}{aa} + \frac{dx}{aa}\sqrt{(aa + xx)} + \frac{x^2\,dx}{aa\sqrt{(a^2 + x^2)}}$

$= \frac{2xdx}{aa} + \frac{aadx + 2xxdx}{aa\sqrt{(a^2 + x^2)}}$.

Des Différentielles secondes, troisiemes, &c.

791. La différentielle seconde d'une quantité est la différentielle de la premiere différence. La différentielle troisieme est la différentielle de la seconde, & ainsi de suite : ddx ou d^2x signifie la différentielle seconde de x, d^3x ou $dddx$ marque la troisieme, &c. Le quarré de la différentielle dx s'écrit ainsi, dx^2, & sa puissance m s'écrit dx^m, &c. Il ne faut pas confondre $d(x^m)$ avec dx^m.

D'après ce que nous venons de dire sur les différentielles premieres, il est facile d'avoir les secondes, &c. Soit x^2 dont on demande la différentielle seconde : on aura pour la premiere $2xdx$; la seconde sera donc $2dxdx + 2xddx = 2dx^2 + 2xddx$. De même, puisque $d(x^m) = mx^{m-1}dx$, on a $dd(x^m) = mx^{m-1}ddx + m.m - 1.x^{m-2}dx^2$. On a aussi $d(xy) = xdy + ydx$; donc $dd(xy) = xddy + yddx + 2dydx$.

De ce que $d\left(\frac{x}{y}\right) = \frac{ydx - xdy}{yy} = \frac{dx}{y} - \frac{xdx}{yy}$, on tire

$dd\left(\frac{x}{y}\right) = \frac{ddx}{y} - \frac{dxdy}{yy} - \frac{xddy}{yy} - \frac{dxdy}{yy} + \frac{2xdy^2}{y^3}$.

$= \frac{2xdy^2}{y^3} + \frac{ddx}{y} - \frac{xddy}{yy} - \frac{2dxdy}{yy} = \ldots\ldots$
$\frac{2ydy^2 + y^2ddx - xyddy - 2ydxdy}{y^3}$, & ainsi des autres.

Par les mêmes principes on peut trouver les différentielles troisiemes, quatriemes, & en général les différentielles d'un degré quelconque, de toutes sortes de quantités affectées de dx & de dy.

Par exemple, la différentielle de ydx est $yddx + dydx \ldots$ celle de $\sqrt{(dx^2 + dy^2)}$ est $\frac{dxddx + dyddy}{\sqrt{(dx^2 + dy^2)}} \ldots\ldots$ celle de $\frac{ydx}{dy}$ est $dx + \frac{yddx}{dy} - \frac{ydxddy}{dy^2}$; celle de la quantité infiniment grande $\frac{a}{dx}$ est $-\frac{addx}{dx^2}$, &c, &c.

792. Pour abréger le calcul des secondes différentielles de plusieurs variables, on suppose ordinairement une des premieres différentielles constante; c'est-à-dire, que l'on rapporte les autres différentielles à celle-là, comme à un terme fixe de comparaison; on en verra bientôt des exemples. Cette supposition simplifie le travail en ce qu'elle fait disparoître tous les termes affectés de la différentielle de la quantité que l'on a prise pour constante.

Si on cherchoit, par exemple, la différentielle de $\frac{ydx}{dy}$, en supposant dx constante, on trouveroit $dx - \frac{ydxddy}{dy^2}$; & si on faisoit dy constante, on auroit $dx + \frac{yddx}{dy}$.

793. REM. Nous avons supposé jusqu'ici que les variables qu'on avoit à différentier, augmentoient toutes en même-tems. Si les unes augmentant, les autres diminuoient, il n'y auroit pas de difficulté pour cela: car dx & dy peuvent être positives ou négatives, comme toutes les autres quantités algébriques.

Des Différentielles Logarithmiques & Exponentielles.

794. Soit proposé de différentier le logarithme naturel de la variable x. . . . Je désigne ce logarithme par lx, & faisant $lx = z$, j'ai $z + dz = l(x + dx)$; ce qui donne dz, ou $d(lx) = l(x + dx)$ $- lx = l(1 + \frac{dx}{x}) = \frac{dx}{x} - \frac{dx^2}{2x^2} + \frac{dx^3}{3x^3} - \text{\&c.} = \frac{dx}{x}$.

Donc *la différentielle du logarithme d'une quantité quelconque est égale à la différentielle de cette quantité divisée par elle-même.* Par conséquent pour un système dont le module $= m$, on a $d(lx) = \frac{mdx}{x}$. Mais nous ne parlerons dans la suite que des logarithmes naturels dont le module $= 1$.

Cette regle posée, il est facile d'entendre les exemples suivants, $dlx^n = \frac{nx^{n-1}dx}{x^n} = \frac{ndx}{x} \ldots dlxy = \frac{dx}{x} + \frac{dy}{y} = \frac{ydx + xdy}{xy}$; $dl\frac{x}{y} = \frac{dx}{x} - \frac{dy}{y} = \frac{ydx - xdy}{xy} \ldots\ldots dl(aa - xx) = \frac{-2xdx}{aa-xx} = \frac{-dx}{a-x} + \frac{dx}{a+x} \ldots\ldots dl\sqrt{(a+bx^n)}^p = \frac{p}{m}.\, dl(a+bx^n) = \frac{\frac{bpn}{m}x^{n-1}dx}{a+bx^n} \ldots\ldots dl\frac{x}{\sqrt{(1+xx)}} = \frac{dx}{x} - \frac{xdx}{1+xx} = \frac{dx}{x(1+xx)}$.

795. Si on a des puissances de logarithmes, ou même des logarithmes de logarithmes, leur différentiation sera aisée. Soit, par exemple, $y = (lx)^m$, on aura $dy = m(lx)^{m-1}\frac{dx}{x}$. Si on a $y = x^m(lx)^n$, il viendra $dy = mx^{m-1}dx(lx)^n + nx^{m-1}dx(lx)^{n-1} = x^{m-1}dx(lx)^{n-1}(n + mlx)$ &c. Soit ensuite $y = llx$, on fera $lx = z$, & on aura $dy = \frac{dz}{z} = \frac{dx}{xlx}$.

796. L'équation $d(lx) = \frac{dx}{x}$, donne $dx = xd(lx)$. Donc *la différentielle d'une quantité quelconque est égale au produit de cette quantité par la différentielle de son logarithme.* Cette regle peut servir à trouver facilement les différentielles des quantités même algébriques. Par exemple $d(x^m) = x^m dlx^m = \frac{mx^m dx}{x} = mx^{m-1}dx$; $d(xy) = xy(\frac{dx}{x} + \frac{dy}{y}) = ydx + xdy$; $d(\frac{x}{y}) = \frac{x}{y}(\frac{dx}{x} - \frac{dy}{y}) = \frac{ydx - xdy}{y^2}$ &c. On l'applique sur-tout avec succès à la différentiation des quantités *exponentielles.* On nomme ainsi celles qui ont des exposants variables. Telles sont a^x, x^y, &c. qui sont du premier ordre; x^{y^z} est du second, &c.

La différentielle de a^x, ou $d(a^x)$ sera $a^x\, d\, l\, a^x = a^x d(x\, l\, a)$ $= a^x\, d\, x\, l\, a$. Donc si e est le nombre 2,7182818, dont le logarithme $= 1$, on aura $d(e^x) = e^x\, dx$. De même $d(x^y) = x^y\, d(y\, lx)$ $= x^y\left(dy\, lx + \frac{y\, dx}{x}\right)$, &c.

797. On auroit pu trouver ces différentielles de cette autre maniere. Nous avons vu (306) que $n = 1 + ln + \frac{(ln)^2}{2} + \frac{(ln)^3}{2.3} + \&c.$ Supposons donc que $n = a^x$, & substituons cette valeur de n, nous trouverons .... $a^x = 1 + la^x + \frac{(la^x)^2}{2} + \frac{(la^x)^3}{2:3} + \&c.$ Or $la^x = x\, l\, a$, & $(la^x)^2 = (x\, l\, a)^2 = x^2\, l^2\, a$; donc $a^x = 1 +$ $x\, l\, a + \frac{x^2\, l^2\, a}{2} + \frac{x^3\, l^3\, a}{2.3} + \&c$, & par conséquent $d(a^x) =$ $d\, x\, l\, a + x\, d\, x\, l^2\, a + \frac{x^2\, d\, x\, l^3\, a}{2} + \&c = d\, x\, l\, a\left(1 + x\, l\, a +\right.$ $\left.\frac{x^2\, l^2\, a}{2} + \frac{x^3\, l^3\, a}{2.3} + \&c\right) = a^x\, d\, x\, l\, a.$

A l'égard des exponentielles telles que x^{y^z}, leur différentielle est aisée à trouver : car on a $d(x^{y^z}) = x^{y^z}\, d(y^z\, lx) = x^{y^z}\left[y^z\, \frac{dx}{x}\right.$ $\left.+ y^z\, lx\left(dz\, ly + \frac{z\, dy}{y}\right)\right] = x^{y^z}\, y^z\left(\frac{dx}{x} + \frac{z\, dy}{y}\, lx + dz\, l\, x\, l\, y\right)$; si $x = y = e$, on a $e^{e^z}\, e^z\, dz$ pour la différentielle de e^{e^z}. On trouveroit de même les différentielles secondes, troisiemes, &c. des quantités logarithmiques & exponentielles, mais nous ne nous y arrêterons pas. Voyons maintenant comment on différentie les sinus, cosinus, &c.

Des Différentielles des quantités affectées de Sinus, de Cosinus, &c.

798. Soit $\sin x = y$, on aura $y + dy = \sin(x + dx) =$ $\sin x \cos dx + \sin dx \cos x$. Or dx étant un arc infiniment petit, on aura 1°, $\cos dx = 1$; 2°, $\sin dx = dx$. Donc $y + dy = \sin x +$ $dx \cos x$, ou $dy = d \sin x = dx \cos x$. *La différentielle du sinus d'un arc quelconque est donc égale à la différentielle de cet arc multipliée par son cosinus.*

799. Puisque $d \sin x = dx \cos x$, si on fait $x = 90° - y$,

FIG. on aura $dx = -dy$, & $d\,cos\,y = -dy\,sin\,y$, formule que l'on auroit pu trouver de ces deux autres manieres. 1°, $sin^2 x + cos^2 x = 1$. Donc $sin\,x\,d\,sin\,x + cos\,x\,d\,cos\,x = 0$, & $d\,cos\,x = -\frac{sin\,x}{cos\,x}\,d\,sin\,x = -dx\,sin\,x$ .... 2°, $d\,cos\,x = cos\,(x + dx) - cos\,x = cos\,x\,cos\,dx - sin\,dx\,sin\,x - cos\,x = -dx\,sin\,x$. Concluons donc que *la différentielle du cosinus d'un arc quelconque est égale à la différentielle négative de cet arc multipliée par son sinus.*

800. Soit $tang\,x = z = \frac{sin\,x}{cos\,x}$, on aura $dz =$ .....

$$\frac{cos\,x\,d\,sin\,x - d\,cos\,x \times sin\,x}{cos^2 x} = \frac{dx\,cos^2 x + dx\,sin^2 x}{cos^2 x} = \frac{dx}{cos^2 x}$$

$= d\,tang\,x$. *La différentielle de la tangente d'un arc est donc égale à la différentielle de cet arc divisée par le quarré de son cosinus.*

Si au lieu de supposer le rayon $= 1$, on le supposoit $= a$, on auroit $d\,tang\,x = \frac{aa\,dx}{cos^2 x}$.

801. Soit $x = 90° - y$, on aura $d\,cot\,y = \frac{-dy}{sin^2 y}$; de même

$$d\,sec\,y = d\,\frac{1}{cos\,y} = \frac{-d\,cos\,y}{cos^2 y} = \frac{dy\,sin\,y}{cos^2 y} = \frac{dy\,tang\,y}{cos\,y}, \&$$

$$d\,(cosec\,y) = d.\,\frac{1}{sin^2 y} = \frac{-d\,sin\,y}{sin^2 y} = \frac{-dy\,cos\,y}{sin^2 y} = \frac{-dy\,cot\,y}{sin\,y}.$$

9. On trouveroit les mêmes formules d'une autre maniere, en supposant que l'arc AB désigné par z, a pour cosinus $x = CD$, pour sinus $y = BD$, & 1 pour rayon.

Car on auroit d'abord $y = \sqrt{(1 - x^2)}$, ce qui donneroit $dy = d\,sin\,z = x.\,\frac{-dx}{\sqrt{(1-x^2)}}$, $=$ or $x = cos\,z$, & $\frac{-dx}{\sqrt{(1-x^2)}} = dz$, comme on le prouveroit aisément par deux triangles semblables; donc $d\,sin\,z = dz\,cos\,z$ ... On auroit ensuite $cos\,AB = x = \sqrt{(1-y^2)}$, d'où on tireroit dx ou $d\,cos\,z = -y\,\frac{dy}{\sqrt{(1-y^2)}} = -sin\,z\,dz$.

D'où on pourroit déja conclure que $d\,\frac{sin\,z}{cos\,z}$, ou $d\,tang\,z = \frac{dz}{cos^2 z}$. Mais cette formule peut se trouver d'une autre maniere.

Soit AT $tang\,z = t$, on aura $t : 1 :: y : \sqrt{(1-y^2)}$; & par conséquent $t = \frac{y}{\sqrt{(1-y^2)}}$; donc $dt = \frac{dy}{(1-y^2)^{\frac{3}{2}}} = \frac{dy}{\sqrt{(1-y^2)}}$

$\times \frac{1}{(1-y^2)} = \frac{dz}{cos^2 z}$.

FIG.

D'où il ſuit que $d\left(\frac{1}{t}\right)$, ou $-\frac{dt}{t^2}$ ou $d\,cot\,z = -\frac{dy}{y^2\sqrt{(1-y^2)}}$ $= -\frac{1}{y^2}\times\frac{dy}{\sqrt{(1-y^2)}} = \frac{-dz}{ſin^2 z}$, comme ci-deſſus.

Ces regles ſuffiſent pour trouver les différences premieres, ſecondes, &c. de toute quantité dans laquelle entrent des ſinus, des coſinus, &c. Voici quelques Exemples. $d(ſin\,x)^m = m(ſin\,x)^{m-1} dx\,coſ\,x = m\,ſin\,x^m\,dx\,cot\,x$ .... $dd(ſin\,x) = ddx\,coſ\,x - dx^2\,ſin\,x$ ... $dd(coſ\,x) = d(-dx\,ſin\,x) = -ddx\,ſin\,x - dx^2\,coſ\,x$ .... $d(ſin\,mx) = m\,dx\,coſ\,mx$ .... $d\,coſ\,mx = -m\,dx\,ſin\,mx$ ... $d(ſin\,x\,coſ\,x) = dx\,coſ^2 x - dx\,ſin^2 x = dx\,coſ\,2x$.

Puiſque $\sqrt{\frac{(1+coſ\,x)}{2}} = coſ\frac{1}{2}x$, on a donc $d\left(\frac{1+coſ\,x}{2}\right) = d\,coſ\frac{1}{2}x = -\frac{1}{2}dx\,ſin\frac{1}{2}x$.

On trouvera de même, que $d(coſ\,l\,x) = -d\,l\,x\,ſin\,l\,x = -\frac{dx}{x}ſin\,l\,x$; & que $d(x\,ſin\,x) = dx\,ſin\,x + x\,dx\,coſ\,x$.

802. Si x eſt un arc quelconque, ſa différentielle $dx = \frac{d\,ſin\,x}{coſ\,x}$ $= \frac{-d\,coſ\,x}{ſin\,x} = coſ^2 x\,d\,tang\,x = \frac{d\,tang\,x}{ſec^2 x} = \frac{d\,tang^2\,x}{1+tang^2 x} =$ $-d\,cot\,x\,ſin^2 x = \frac{-d\,cot\,x}{coſec^2 x} = \frac{-d\,cot\,x}{1+cot^2 x}$, &c, &c.

Applications du Calcul Différentiel à la Théorie des Courbes.

803. De tous les problêmes que l'on peut propoſer ſur une courbe, le plus ſimple eſt celui qui a pour objet de mener une tangente à l'un quelconque de ſes points. Commençons donc par rappeller la ſolution qui en a été donnée (777).

Soit la courbe AM, ſon axe AP, ſes coordonnées AP & PM; 18
il eſt clair que pour mener la tangente au point M, il ſuffit de déterminer la ſoutangente PT.

Imaginons donc l'arc infiniment petit Mm, les deux ordonnées infiniment proches MP, mp, & ſuppoſons Mr parallele à Pp. Soit à l'ordinaire AP $= x$, PM $= y$, & nous aurons Pp ou M$r = dx$, $mr = dy$, & PT $= \frac{y\,dx}{dy}$. Il n'y aura donc plus qu'à différentier l'équation de la courbe, afin d'en tirer la valeur de $\frac{dx}{dy}$, que l'on ſubſtituera dans la formule des ſoutangentes, & PT ſera déterminée.

804. L'expreſſion de la tangente MT eſt $\sqrt{(y^2 + \frac{y^2 dx^2}{dy^2})}$, ou $\frac{y}{dy}\sqrt{(dx^2 + dy^2)}$; celle de la ſounormale PN eſt $\frac{y^2}{PT}$, ou $\frac{ydy}{dx}$; la normale $MN = \frac{y}{dx}\sqrt{(dx^2 + dy^2)}$; & ſi on mene par le point A la ligne AQ parallele à MP, on aura $\frac{ydx}{dy} : \frac{ydx}{dy} - x$ ou $AT :: y : AQ = y - \frac{xdy}{dx}$. Ces valeurs de AQ & de AT ſerviront à trouver les aſymptotes de la courbe AM, lorſqu'elle en aura: car ſi après avoir ſubſtitué dans ces deux valeurs celle de $\frac{dy}{dx}$ tirée de l'équation même de la courbe, on ſuppoſe x infinie, il y aura autant d'aſymptotes que de valeurs différentes des lignes AQ & AT. Quant à la poſition des aſymptotes, elle ſera toujours déterminée par les points T & Q. Appliquons maintenant ces formules à quelques exemples.

On ſait que l'équation au cercle eſt $y^2 = a^2 - x^2$; donc $ydy = -xdx$, & $\frac{ydx}{dy} = \frac{-y^2}{x} = -\frac{(a^2 - x^2)}{x} = PT$. Le ſigne $-$ indique que la ſoutangente doit être priſe dans le même ſens que l'abſciſſe, parce que dans la conſtruction de la formule on l'a priſe en ſens contraire. Si on eût compté les abſciſſes du ſommet, l'équation $y^2 = 2ax - xx$ eût donné un réſultat poſitif comme la formule.

Par l'équation $y^2 = a^2 - x^2$, on trouve $\frac{ydy}{dx}$ ou la ſounormale $= -x$, & la normale $\sqrt{(y^2 + \frac{y^2 dy^2}{dx^2})} = \sqrt{(x^2 + y^2)} = a =$ le rayon, comme cela doit être.

Dans la paraboſe, $y^2 = px$; donc $\frac{ydy}{dx} = \frac{1}{2}p$, & $\frac{ydx}{dy} = \frac{2y^2}{p} = 2x$.

FIG.

Dans l'ellipse, $y^2 = \frac{b^2}{a^2}(a^2 - x^2)$; donc $y\,dy = \frac{-b^2}{a^2}(-x\,dx)$, & $\frac{y\,dy}{dx} = \frac{-b^2 x}{a^2}$; ensuite $\frac{y\,dx}{dy} = \frac{-a^2 y^2}{b^2 x} = \frac{-(a^2 - x^2)}{x}$.

Dans l'hyperbole, $y^2 = \frac{b^2}{a^2}(2ax + xx)$; donc $\frac{y\,dy}{dx} = \frac{b^2}{a^2} \times (a + x)$, & $\frac{y\,dx}{dy} = \frac{a^2 y^2}{b^2(a+x)} = \frac{2ax + xx}{a + x}$.

On a aussi $AT = \frac{ax}{a+x}$, expression qui est réduit à la seule quantité a, quand on suppose x infinie. Dans la même supposition on trouve que $AQ = y - \frac{x\,dy}{dx} = y - \frac{b^2 x}{a^2 y}(a+x) = \frac{a^2 y^2 - b^2 x(a+x)}{a^2 y} = \frac{b^2 x}{ay} = b\sqrt{\left(\frac{x}{2a+x}\right)}$ se réduit à b. Ces deux valeurs de AT & de AQ donnent la position des asymptotes, telle que nous l'avons déja trouvée (695). 185.

805. Soit $y^m = x^n a^{m-n}$, on aura $n\,lx + (m-n)\,la = m\,ly$, $\frac{n\,dx}{x} = \frac{m\,dy}{y}$, & la soutangente $\frac{y\,dx}{dy} = \frac{m}{n}x$. Toutes les courbes représentées par l'équation générale $y^m = x^n a^{m-n}$, sont nommées paraboles, lorsque m & n sont positives. Si $m = 2$, & $n = 1$, on a $yy = ax$, équation à la parabole ordinaire ou *Apollonienne*, comme l'appellent quelques Auteurs, du nom d'Apollonius ancien Géometre, dont on a un Traité sur les Sections coniques. Si $m = 3$, & $n = 1$ l'équation est $y^3 = a^2 x$, & la courbe qui en résulte, est *la premiere parabole cubique* à cause de $n = 1$. Si $m = 3$, & $n = 2$, c'est alors *la seconde parabole cubique*, dont l'équation est $y^3 = ax^2$. Voyez les Fig. 129 & 130.

806. Si n est négative, les paraboles se changent en hyperboles dont l'équation est $x^n y^m = a^{m+n}$; la soutangente de ces courbes est donc généralement $-\frac{m}{n}x$, c'est-à-dire qu'elle doit être prise dans le même sens que les x. Et si $m = n = 1$, on a l'hyperbole ordinaire dont la soutangente $= -x$ (699).

Dans la logarithmique, on a $x = A \log y$, & $dx = \frac{A\,dy}{y}$. Donc $\frac{y\,dx}{dy} = A$; *Sa soutangente est donc toujours égale au module* (730).

FIG. 159. 807. Soit maintenant une courbe quelconque BIOC avec une autre courbe BMA, telle que si on prolonge les ordonnées OP de la premiere jusqu'à la rencontre de la seconde, la ligne MO soit une fonction quelconque de l'arc BIO; il s'agit de mener par le point donné M la tangente MT.

Concevons l'ordonnée mp infiniment proche de MP, & Mr parallele à la tangente au point O; si on fait BIO $= z$, MO $= u$, on aura $mr = du$, $rM = Oo = dz$, & $du : dz :: u : OT = \frac{udz}{du}$. Or u étant une fonction de z, on aura $\frac{dz}{du}$ en prenant les différentielles; ainsi TO, ou le point T sera déterminé, d'où il est facile de mener la tangente MT.

Supposons, par exemple, $u = \frac{b}{a} z$, on aura $du = \frac{b\,dz}{a}$, & OT $= z =$ BIO. Si BIOC est un arc de cercle, alors AMB est une cycloïde, & cette construction est la même que celle que nous avons déja donnée.

160. Dans la quadratrice, si on compte les abscisses du centre, on a (737) $y = \frac{x}{a} \cot \frac{cx}{a}$; donc $dy = \frac{dx}{a} \cot \frac{cx}{a} - \ldots \frac{cx\,dx}{\sin^2 \frac{cx}{a}}$, & $\frac{x\,dy}{dx} = \frac{x}{a} \cot \frac{cx}{a} - \frac{cxx}{\sin^2 \frac{cx}{a}}$. Mais $-\frac{x\,dy}{dx} =$ OT, comme on peut le prouver par deux triangles semblables, savoir MOT, & le triangle différentiel que l'on imaginera en menant une ordonnée infiniment proche de MP. (Il faut $-dy$, parce que y diminue, lorsque x augmente).

Donc OT $= \frac{cxx}{\sin^2 \frac{cx}{x}} - \frac{x}{a} \cot \frac{cx}{a}$; & en ajoutant de part & d'autre CO $=$ PM $= y = \frac{x}{a} \cot \frac{cx}{a}$, on aura CT $= \frac{cxx}{\sin^2 \frac{cx}{a}} = \frac{c}{aa}$ CM².

Lorsque CM $=$ CT, ou au point D, on a comme nous l'avons déja trouvé, la base CD $= \frac{aa}{c}$, & par conséquent CT $= \frac{CM^2}{CD}$. Il faut donc prendre CT troisieme proportionelle à la base CD & au rayon CM, ce qui donnera le point T par laquelle, & par le point M si on mene la ligne MT, elle sera la tangente demandée. FIG.

808. Pour mener les tangentes aux spirales, il faut résoudre le problême suivant. Soit décrit un cercle d'un rayon quelconque CA, & soit une courbe CKM telle qu'en menant le rayon CMN, la ligne CM soit une fonction quelconque de l'arc ABN, il s'agit de mener par le point donné M la tangente NT. 161.

On imaginera les deux rayons infiniment proches CMN, Cmn, & le petit arc Mr décrit du centre C & du rayon CM, on menera ensuite CT perpendiculaire à CM.

Cela posé, soit CM$=y$, ABN$=x$, CA$=a$, on aura $a:y::N n\,(dx):Mr=\frac{y\,dx}{a}$, & $rm\,(dy):\frac{y\,dx}{a}::y:CT=\frac{y^2\,dx}{a\,dy}$.

Soit par exemple $y=\frac{ax}{\pi}$, la courbe CKM sera la spirale d'Archimede, & on aura $\frac{dx}{dy}=\frac{\pi}{a}$, $CT=\frac{y^2\pi}{aa}=\frac{axy}{aa}=\frac{xy}{a}=MQO'$.

Soit la spirale hyperbolique dont l'équation est $xy=ab$, on aura $x\,dy+y\,dx=0$, $y\,dx=-x\,dy$, $CT=-\frac{xy\,dy}{a\,dy}=-\frac{xy}{a}=-b$; ce que nous avons déja trouvé (746).

809. Dans la spirale logarithmique, où l'angle CMT est constant, on imaginera les rayons infiniment proches CM, Cm, & décrivant du centre C & d'un rayon quelconque CN un cercle, on fera CM $=z$, CN $=a$, & marquant sur la circonférence du cercle un point fixe A, on supposera l'abscisse AN $=x$ ce qui donnera la proportion .... $a:dx::z:Mr=\frac{z\,dx}{a}$. 164.

Soit $t=tang\,Mmr$, on aura $t=\frac{z\,dx}{a\,dz}$, ou $\frac{dx}{at}=\frac{dz}{z}=d\,(lz)$; donc $lz=\frac{x}{at}$, ou $\frac{x}{at}+$ une constante C, parce que la différentielle de l'équation $lz=\frac{x}{at}$ est la même que celle de $lz=\frac{x}{at}+C$.

Or cette équation $lz=\frac{x}{at}+C$, fait voir 1°, que la spirale fait une infinité de révolutions autour de son centre, tant pour s'en approcher que pour s'en éloigner; car au lieu de x on peut substituer successivement $x+\pi$, $x+2\pi$, $x+3\pi$, &c, $-\pi+x$, $-2\pi+x$. &c, π étant la circonférence ANB.

FIG.

2°, Que si on fait $C = lC'$, on aura $l\frac{z}{C'} = \frac{x}{at} = \frac{x}{at}\, le$, ou $\frac{z}{C'} = e^{\frac{x}{at}}$ & $z = C'e^{\frac{x}{at}}$; donc au point A où $x = 0$, on a $CD = C'$.

3°, Que les abscisses AN croissant en progression arithmétique .... x, $2x$, $3x$, &c, les ordonnées forment la progression géométrique .... $Ce^{\frac{x}{at}}$, $C'e^{\frac{2x}{at}}$, $C'e^{\frac{3x}{at}}$, &c. 4°, Que si $t = \infty$, on a $z = C'$, propriété du cercle qui coupe à angles droits tous ses rayons, comme on le sait déja.

Ces exemples suffisent pour mener les tangentes de toute sorte de courbes soit méchaniques soit géométriques. Au reste, on peut voir cette matiere traitée plus en détail dans l'*Analyse des infiniment petits* du Marquis de l'Hôpital.

Des Développées.

86. 810. Imaginons un fil ABC appliqué sur une courbe quelconque BC dont l'origine est en B, & dont AB est tangente en ce point; si on développe ce fil en le tenant toujours également tendu, son extrémité A décrira une courbe AM, qui aura les propriétés suivantes.

1°, La tangente MC de la courbe BC sera toujours perpendiculaire à la courbe AM; 2°, la longueur de cette ligne sera égale à la ligne AB + à l'arc BC; 3°, l'arc infiniment petit Mm pourra être regardé comme un arc de cercle décrit du centre C & du rayon CM; 4°, le point C sera le point de réunion des deux normales infiniment proches MN, mn.

811. La courbe BC se nomme *la Développée* de la courbe AM; la ligne MC est le rayon de la développée; on l'appelle aussi rayon osculateur, rayon de courbure.

Cela posé, on demande comment on pourroit déterminer pour chaque point M le rayon MC de la développée BC que l'on suppose connue.

Soient MP, mp deux perpendiculaires à l'arc AQ infiniment proches, & CO, rM paralleles au même axe; si on appelle MO, u... AP, x.... PM, y.... Mm ou $\sqrt{(dx^2 + dy^2)}$, ds, on aura.... $dx : ds :: u : MC = \frac{u\,ds}{dx}$. Mais pendant que AP, PM, & MO varient, MC devenant mC ne varie point; ainsi l'équation $MC = \frac{u\,ds}{dx}$ étant différentiée, on aura $(u\,dds + ds\,du)\,dx = u\,ds\,ddx$;

FIG.

& puisque $du = mr = dy$, on trouvera que $u = \frac{ds\,dx\,dy}{ds\,ddx - dx\,dds}$;

& que par conséquent $MC = \frac{ds^2\,dy}{ds\,ddx - dx\,dds} = \ldots$

$\frac{ds^3\,dy}{ds^2\,ddx - dx\,(dx\,ddx + dy\,ddy)} = \frac{ds^3}{dy\,ddx - dx\,ddy} =$

$\frac{ds^3}{-dx^2\,d\,(\frac{dy}{dx})}$.

Supposons maintenant, pour abréger, qu'une de ces différentielles soit constante, l'élément ds de la courbe, par exemple, & nous aurons $MC = \frac{ds\,dy}{ddx} = \frac{dy\sqrt{(dx^2 + dy^2)}}{ddx}$.

Si on eût supposé dy constante, on eût eu $ds\,dds = dx\,ddx$; d'où $dds = \frac{dx\,ddx}{ds}$, ce qui donne $MC = \frac{dy\,ds^3}{(ds^2 - dx^2)\,ddx}$

$= \frac{ds^3}{dy\,ddx} = \frac{(dx^2 + dy^2)^{\frac{3}{2}}}{dy\,ddx}$.

Mais si on suppose, comme on le fait ordinairement, que dx soit constante, alors $MC = \frac{ds^2\,dy}{-dx\,dds} = \frac{ds^3}{-dx\,ddy} = \frac{(dx^2 + dy^2)^{\frac{3}{2}}}{-dx\,ddy}$.

812. Comme les courbures des cercles sont en raison inverse de leurs rayons, on en déduit qu'en deux points différents d'une courbe quelconque, les courbures sont en raison inverse des rayons de la développée. Ainsi pour savoir en quels points la courbe a une plus grande courbure, il faut chercher le *minimum* du rayon de la développée.

Si la tangente en A est perpendiculaire à l'axe, alors pour déterminer la ligne droite BA, ou la distance du sommet A à l'origine 186
B de la développée, il faudra faire $x = o$ dans l'expression du rayon MC, & on aura la valeur de BA. Enfin pour trouver l'équation de la développée, menons CQ perpendiculaire à l'axe, & nommons AB, a ... BQ, t ... CQ, z; nous aurons d'abord, en supposant dx constante, $MO = \frac{dx^2 + dy^2}{-ddy}$, & $z = \frac{dx^2 + dy^2}{-ddy} - y$. Ensuite, $dx : dy :: \frac{dx^2 + dy^2}{-ddy} : CO = PQ = \frac{dy\,(dx^2 + dy^2)}{-dx\,ddy}$. Donc

$AP + PQ - AB = t = x - a + \frac{dy\,(dx^2 + dy^2)}{-dx\,ddy}$: valeurs qui

FIG. suffisent, avec l'équation de la courbe, pour déterminer l'équation de la développée.

813. Jusqu'ici nous avons supposé les ordonnées paralleles entre elles. Si elles partoient d'un même point B, voici comment on détermineroit le rayon MC.

187. J'imagine deux ordonnées infiniment proches BM, Bm, & CO, Co perpendiculaires à ces ordonnées; je décris ensuite du centre B l'arc Mr. Cela posé, soit BM $= y$, M$r = dx$, $mr = dy$, M$m = ds$ $= \sqrt{(dx^2 + dy^2)}$, MO $= u$; à cause des triangles semblables Mrm, CMO, on a $dx : u :: dy :$ CO $= \frac{u\,dy}{dx} :: ds :$ MC $= \frac{u\,ds}{dx}$. Différentiant cette derniere équation (en supposant dx constante) on a $du = -\frac{u\,dds}{ds}$, & la différentielle de CO qui est Co - CO $=$

$$-\text{OQ} = \frac{du\,dy + u\,ddy}{dx} = \frac{u\,ddy - \frac{u\,dy\,dds}{ds}}{dx} = \frac{u\,ddy}{dx} - \frac{u\,dy^2\,ddy}{ds^2\,dx}$$

$= \frac{+u\,dx\,ddy}{ds^2}$. Donc OQ $= -\frac{u\,dx\,ddy}{ds^2}$, & $y : dx :: y - u :$ $\frac{-u\,dx\,ddy}{ds^2}$. D'où on tire $u = \frac{y\,ds^2}{ds^2 - y\,ddy}$, & MC $= \frac{y\,ds^3}{ds^2dx - y\,dx\,ddy}$

$= \frac{y\,(dx^2 + dy^2)^{\frac{3}{2}}}{dx^3 + dx\,dy^2 - y\,dx\,ddy}$, qui se réduit à $\frac{ds^3}{-dx\,ddy}$ lorsque $y = \infty$, ou lorsque les ordonnées sont paralleles, comme nous l'avons déja trouvé. Passons maintenant à quelques exemples.

L'équation à l'ellipse & à l'hyperbole, lorsqu'on compte les abscisses du sommet, est généralement exprimée par $yy = px \pm \frac{pxx}{2a}$; où il est clair que si $a = \infty$, on a $yy = px$; équation à la parabole, qui n'est par conséquent qu'une ellipse ou une hyperbole dont le grand axe est infini. Ainsi l'équation $yy = px \pm \frac{pxx}{2a}$ est générale pour toutes les sections coniques. Elle peut donc servir à trouver leur rayon de courbure.

814. Observons d'abord que $\frac{y}{dx}\sqrt{(dx^2 + dy^2)}$, étant égale à la normale (804), si on le nomme n, le rayon de la développée, en supposant dx constante, sera exprimé par $\frac{n^3\,dx^2}{-y^3\,ddy}$; & puisque dans

FIG.

cet exemple, $yy = px \pm \frac{pxx}{2a}$, on a $2y\,dy = p\,dx \pm \frac{px\,dx}{a}$ ....
$2y\,ddy + 2dy^2 = \pm \frac{pdx^2}{a}$ .... $y^3\,ddy = \pm \frac{p}{2a} y^2 dx^2 - y^2$
$dy^2 = dx^2 [\pm \frac{p}{2a}(px \pm \frac{pxx}{2a}) - (\frac{p}{2} \pm \frac{px}{2a})^2] = - \frac{p^2}{4} dx^2$.
Donc le rayon de la développée pour toutes les sections coniques $= \frac{n^3}{\frac{1}{4}pp}$, c'est-à-dire, qu'*il est égal au cube de la normale divisée par le quart du quarré du parametre.* D'où il suit que dans le cercle où $n = \frac{1}{2}p$, le rayon de la développée est toujours égal à la normale, ce qui est évident. Quant à la développée du cercle, on voit bien qu'elle n'est autre chose que le point même qui sert de centre au cercle.

815. On a $n = \frac{y}{dx} \sqrt{(dx^2 + dy^2)} =$ ....
$\sqrt{[px \pm \frac{pxx}{2a} + \frac{pp}{4}(1 \pm \frac{2x}{a} + \frac{xx}{aa})]}$; & au sommet, lorsque $x = 0$, $n = \frac{1}{2}p$, & le rayon de la développée, ou la droite AB $= \frac{1}{2}p$. Dans l'ellipse, la développée a quatre branches BD, 188.
Db, bd, Bd, égales & faisant entre elles quatre points de rebroussement. La distance CB $=$ Cb $= a - \frac{1}{2}p$, & ED $= ed =$ la moitié du parametre du petit axe.

Dans la parabole, le rayon $MC = \frac{MN^3}{\frac{1}{4}pp} = NT \times \frac{MN}{PN}$, & 189.
par conséquent CO ou $PQ = NT = 2x + \frac{1}{2}p$; donc $AQ = 3x + \frac{1}{2}p = 3x + AB$, & par conséquent $BQ = 3x$, ce qui donne une construction bien simple pour déterminer le point C, ou le centre du cercle osculateur; prenez BQ $= 3$ AP, & menez CQ perpendiculaire à AQ, le point de concours C des deux lignes MC, CQ sera le centre du cercle cherché.

Pour trouver l'équation de la développée, soit $BQ = z$, $CQ = u$, on aura $x = \frac{1}{3}z$, & $\frac{1}{2}p : y :: QN : CQ :: 2x : u = \frac{4xy}{p} = \frac{4x\sqrt{px}}{p}$. Donc $\frac{pu^2}{16} = x^3 = \frac{1}{27}z^3$, & $z^3 = \frac{27}{16}pu^2$; ce qui fait voir que *la développée de la parabole ordinaire est une seconde parabole cubique, dont le parametre est les $\frac{27}{16}$ de celui de la parabole donnée.*

Par la nature des développées AB + BC = MC. Donc BC =

FIG.

$MC - \frac{1}{2}p = \frac{MN^3}{\frac{1}{4}pp} - \frac{1}{2}p$: or $MN = \sqrt{(px + \frac{1}{4}pp)} = \sqrt{(\frac{1}{3}pz + \frac{1}{4}pp)}$. On a donc, en faisant $\frac{27}{16}p = a$, $BC = \frac{8}{27} a[(1 + \frac{9z}{4a})^{\frac{3}{2}} - 1]$, expression d'un arc quelconque de la seconde parabole cubique dont l'équation est $z^3 = au^2$.

190. 816. Soit la cycloïde AMB*a*, son cercle générateur BODO', l'ordonnée MOP perpendiculaire à BD. Si on fait $BP = x$, $PM = y$, $BD = 2a$, on aura $y = BO + \sqrt{(2ax - xx)}$; or la différentielle de l'arc BO est $\frac{a\,d(\sin BO)}{\cos BO} = \frac{a}{a-x} d\sqrt{(2ax - xx)} = \frac{a\,dx}{\sqrt{(2ax - xx)}}$. Donc $dy = \frac{(2a - x)\,dx}{\sqrt{(2ax - xx)}} = dx\sqrt{(\frac{2a - x}{x})} = \frac{dx}{x}(2ax - xx)$, équation différentielle de la cycloïde.

Cela posé, pour trouver le rayon MC de la développée, supposons dx constante, & nous aurons en différentiant, $ddy = \frac{-a\,dx^2}{x\sqrt{(2ax - xx)}}$, $dx^2 + dy^2 = \frac{2a\,dx^2}{x}$. Donc le rayon $MC = \frac{(dx^2 + dy^2)^{\frac{3}{2}}}{-dx\,ddy} = 2\sqrt{2a(2a - x)} = 2\,OD$; or MNC est parallele à OD, puisque (733) la tangente MT est parallele à OB. Donc $OD = MN = NC$.

Il suit de-là 1°, que le rayon de la développée au point A est nul; & que par conséquent la développée passe par ce point. 2°. Que le rayon de la développée au point B est la ligne BE double de BD.

817. Pour déterminer la développée ACE, achevons le rectangle AE, & sur le côté AB' = DE = BD, comme diametre, décrivons un demi-cercle A'Q'B', menons AQ' parallele à CM, & joignons C & Q'; cela posé, l'angle NAQ' = NDO. Donc OD = AQ', & l'arc OID ou la droite AN = l'arc ALQ'. Or OD = CN. Donc CN = AQ', & par conséquent CQ' = AN = l'arc ALQ'; propriété distinctive de la cycloïde ordinaire; d'où il suit que la développée ACE est une demi-cycloïde égale à celle que l'on avoit déja, AMB. Elle n'en differe que par sa position. On auroit trouvé la même chose, en cherchant directement l'équation de la développée, par ce qui a été dit (812).

L'arc AC = MC = 2AQ'; donc *un arc quelconque de cycloïde est double de la corde correspondante du cercle générateur.*

Ainsi

Ainsi $MB = 2OB$, $AMB = 2BD$, & la cycloïde entiere ABa est quadruple du diametre BD. FIG. 191.

818. Soit la spirale logarithmique ADM dont le centre est A, on aura $cot\ MmA = \frac{mr}{Mr} = \frac{dy}{dx}$; & en différentiant, ($dx$ étant supposée constante), on aura $ddy = 0$, & le rayon de la développée $MC = \frac{y(dx^2 + dy^2)^{\frac{3}{2}}}{dx(dx^2 + dy^2) - ydxddy}$ se réduit à ... $\frac{y}{dx}\sqrt{(dx^2 + dy^2)}$. Donc si on mene AC perpendiculaire à MA, & MC perpendiculaire à la tangente en M, leur point de concours C sera sur la développée : car les triangles semblables Mrm & MAC donnent $Mm : Mr :: MC : MA$, c'est-à-dire ds ou $\sqrt{(dx^2 + dy^2)}$: $dx :: MC : y$; donc $MC = \frac{y}{dx}\sqrt{(dx^2 + dy^2)}$.

819. L'angle $ACM = 90° - AMC = AMT$; d'où il suit que la développée ABC est la même spirale logarithmique ADM; elle est seulement disposée d'une maniere différente. Il suit de-là que la tangente MC est égale en longueur à la spirale ABC, quoique celle-ci fasse une infinité de révolutions autour du point A. Donc aussi, si on mene AT perpendiculaire à AM, on aura $MT =$ l'arc ADM. *La spirale logarithmique & la cycloïde sont donc elles-mêmes leurs développées.*

Des Points d'inflexion, & de la méthode de Maximis *&* Minimis.

820. Si une courbe AMO de convexe qu'elle étoit, devient concave, le point M où ce changement arrive, est ce que l'on appelle un point d'inflexion. 192.

Pour déterminer ces sortes de points, on peut regarder la tangente en M comme étant tout à la fois tangente des deux parties MA, MO; & dans cette supposition on peut imaginer de part & d'autre du point M deux éléments Mm, Mm' en ligne droite, d'où il suit que le rayon de la développée au point M doit alors être infini. Mais comme ces éléments peuvent être supposés décroître de plus en plus, de maniere à s'évanouir tous deux, le rayon de la développée doit alors se réduire à zéro.

821. Donc *au point d'inflexion, le rayon de la développée est toujours infini, ou nul.* Donc en supposant dx constante, on aura

toujours $\frac{(dx^2+dy^2)^{\frac{3}{2}}}{-dxddy}$, ou $\frac{(1+\frac{dy^2}{dx^2})^{\frac{3}{2}}}{\frac{-ddy}{dx^2}} = \infty$ ou o : & par conséquent $\frac{-ddy}{dx^2} = o$, ou ∞.

On différentiera donc deux fois l'équation de la courbe, en supposant dx constante ; & on aura la valeur finie de $\frac{-ddy}{dx^2}$ que l'on égalera à zéro ou à l'infini. Au moyen de cette équation & de celle de la courbe, on déterminera les valeurs de x & de y qui conviennent au point d'inflexion, ou aux points d'inflexion, s'il y en a plusieurs.

822. Lorsque les ordonnées partent d'un point fixe, alors on a $\frac{dx^2+dy^2-yddy}{dx^2} = o$ ou $= \infty$.

Ex. I. Soit la premiere parabole cubique dont l'équation est $y^3 = a^2x$, on aura $y = x^{\frac{1}{3}}a^{\frac{2}{3}} \ldots dy = \frac{1}{3}x^{-\frac{2}{3}}dx \times a^{\frac{2}{3}} \ldots ddy = -\frac{2}{9}x^{-\frac{5}{3}}dx^2a^{\frac{2}{3}} \ldots \frac{ddy}{dx^2} = -\frac{2}{9}x^{-\frac{5}{3}}\sqrt[3]{aa} = o$ au point d'inflexion ; on a donc $x = o$. Ainsi le point d'inflexion est à l'origine.

Ex. II. Soit la conchoïde de Nicomede, dont l'équation est $y = \frac{b+x}{x}\sqrt{(aa-xx)}$; on a en differentiant ... $dy = \frac{-dx(aab+x^3)}{xx\sqrt{(aa-xx)}}$; différentiant de nouveau, en supposant dx constante, on a ... $-\frac{ddy}{dx^2} = \frac{a^2x^3+3a^2bx^2-2a^4b}{(a^2x^3-x^5)\sqrt{(aa-xx)}} = o$ au point d'inflexion. Donc $x^3+3bx^2-2a^2b = o$, équation qui étant résolue (338), donnera pour x la valeur qui convient au point d'inflexion.

Ex. III. Soit une courbe qui ait pour équation $y-a = (x-a)^{\frac{3}{5}}$, il s'agit de trouver les valeurs de x & de y qui répondent au point d'inflexion, au cas qu'il doive y en avoir.

En différentiant deux fois de suite, on a $-\frac{ddy}{dx^2} = \frac{6}{25(x-a)^{\frac{7}{5}}}$, qui étant égalée à zéro, ne fait rien connoître; il faut donc l'égaler à l'infini, & on a $x = a = y$; valeurs qui répondent au point d'inflexion.

823. Si l'ordonnée M P d'une courbe quelconque B M est plus grande ou plus petite que celles qui la précédent (pm), & que celles qui la suivent $(p'm')$, on lui donne alors le nom de *Maximum* ou de *Minimum*; & la méthode qui apprend à déterminer ces sortes de quantités, se nomme la méthode de *Maximis* & *Minimis*. 192.

824. Si C M est le rayon du cercle osculateur au point M, il est clair que l'ordonnée M P doit être plus grande ou plus petite que toute autre ordonnée correspondante à quelque point de l'arc K M D décrit du rayon C M; d'où il suit que l'ordonnée M P (prolongée dans le cas du *Minimum*) passe par le centre du cercle osculateur: donc la tangente en M est paralléle à l'axe A P, & par conséquent la soutangente $\frac{y\,dx}{dy} = \infty$. Donc $\frac{dy}{dx} = 0$.

Or y peut être considérée comme une fonction quelconque de l'abscisse A P (x), d'où il suit que pour savoir dans quels cas une quantité y dépendante de x peut devenir un *Maximum* ou un *Minimum*, il faut bien différentier l'équation qui exprime leur rapport, & égaler à zéro la quantité $\frac{dy}{dx}$. L'équation qui en résultera, combinée avec la premiere, donnera les valeurs de y & de x dans lesquelles y est un *Maximum* ou un *Minimum*.

825. Mais pour distinguer lequel de ces deux cas a lieu, *il faut observer que le rayon de la développée au point du* Maximum *est positif, & qu'il est négatif au point du* Minimum. Or l'expression du rayon osculateur est $\left(1 + \frac{dy^2}{dx^2}\right)^{\frac{3}{2}} : -\frac{ddy}{dx^2}$; & comme $\frac{dy}{dx} = 0$, on a $CM = \frac{-dx^2}{ddy}$. Donc, si y est un *Maximum*, $\frac{ddy}{dx^2}$ doit être négatif, & s'il est un *Minimum*, $\frac{ddy}{dx^2}$ doit être positif.

S'il arrive que $\frac{ddy}{dx^2}$ soit infini ou nul, alors M sera un point d'inflexion, ou de rebroussement, la tangente en M sera paralléle à l'axe, mais il pourra se faire que M P ne soit ni un *Maximum* ni un *Minimum*. Voyez la Fig. 192.

826. Il peut encore arriver que l'ordonnée P M soit un *Maximum* ou un *Mininum*, lorsque la tangente en M est perpendiculaire à l'axe. Or dans ce cas $\frac{y\,dx}{dy} = 0$, & par conséquent $\frac{dy}{dx}$

FIG. $=\infty$; formule qui déterminera ces sortes d'ordonnées. Alors MP peut être tout à la fois un *Maximum* & un *Minimum* à l'égard
195. des deux branches MB, MB'. Mais ce n'est qu'un cas particulier renfermé dans celui dont nous venons de parler, & dont voici quelques exemples.

827. I. Soit proposé de diviser une droite a en deux parties, telles que leur rectangle soit un *Maximum* ou un *Minimum*. En nommant x l'une de ces parties, $a-x$ sera l'autre, & on aura $ax-xx$ pour l'expression du *Maximum* ou du *Minimum*. Soit donc $y=ax-xx$, & on aura $\frac{dy}{dx}=a-2x=0$, d'où $x=\frac{1}{2}a$. Pour savoir maintenant si cette solution donne un *Maximum* ou un *Minimum*, je différentie l'équation $\frac{dy}{dx}=a-2x$, & j'ai $\frac{ddy}{dx^2}=-2$, quantité négative; d'où il suit que la valeur $x=\frac{a}{2}$ donne un *Maximum* $y=\frac{1}{4}a^2$.

En général, si $y=x^m(a-x)^n$, pour que cette quantité soit un *Maximum* ou un *Minimum*, il faut que $\frac{dy}{dx}=mx^{m-1}(a-x)^n-nx^m(a-x)^{n-1}=0=\frac{m}{x}-\frac{n}{a-x}$. Alors $x=\frac{am}{m+x}$; & cette valeur donne un *Maximum* pour y, parceque $\frac{ddy}{dx^2}=-\frac{m}{xx}-\frac{n}{(a-x)^2}$.

II. Trouver les diametres conjugués de l'ellipse qui font entre-eux le plus petit angle.

Soient m, n ces diametres, p l'angle qu'ils font entre-eux, on aura (684) $mn\sin p=ab$, & $m^2+n^2=a^2+b^2$. Donc $\sin p=\frac{ab}{n(a^2+b^2-n^2)^{\frac{1}{2}}}$, & $\frac{d\sin p}{dn}=\frac{-ab(a^2+b^2-2n^2)}{n^2(a^2+b^2-n^2)^{\frac{3}{2}}}=0$; donc $n=\sqrt{\frac{(a^2+b^2)}{2}}=m$.

Ainsi les diametres conjugués & égaux de l'ellipse sont ceux qui par leur intersection forment le plus petit angle cherché. Le sinus de cet angle est $\frac{2ab}{a^2+b^2}$.

138. Soit $\frac{b}{a}=\tang u$, on aura $\sin p=\frac{2\tang u}{1+\tang^2 u}=\frac{2\tang u}{\sec^2 u}$

$= 2 \sin u . \cos u = \sin 2u$; donc l'angle p est egal à celui que formene entre elles les deux lignes menées des deux extrémités du petit axe à une du grand. FIG. 138.

III. De toutes les paraboles que l'on peut couper dans le cône droit D C B, déterminer celle qui a le plus de surface. 196.

Soit $BD = a$, $CD = b$, $BP = x$, on aura $a : b :: x : AP = \frac{bx}{a} \ldots PM = \sqrt{(ax - xx)} \ldots$ la surface $mAMPm = \frac{4}{3} . \frac{bx}{a} \sqrt{(ax - xx)} = y$; donc $\frac{dy}{dx} = \frac{4}{3} . \frac{b}{a} \sqrt{(ax - xx)} + \frac{4}{3} . \frac{bx}{a} (\frac{a}{2} - x) : \sqrt{(ax - xx)} = 0 = ax - xx + x(\frac{a}{2} - x) = \frac{3}{2} ax - 2xx$. D'où $x = \frac{3}{4} a$, solution qui donne un *Maximum*, parce que $\frac{ddy}{dx^2} = -\frac{3}{2} a$.

IV. De tous les triangles construits sur la même base A B, & de même périmetre, quel est celui qui a le plus de surface ? 197.

Soit le demi-périmetre $= q$, la base $AB = a$, le côté $AM = x$, MB sera $2q - a - x$. Donc en appellant y la surface, on aura (492) $y = \sqrt{[q . q - a . q - x . (a + x - q)]} \ldots 2ly = lq + l(q-a) + l(q-x) + l(a+x-q) \ldots \frac{2dy}{y} = -\frac{dx}{q-x} + \frac{dx}{a+x-q} \ldots \frac{dy}{dx} = \frac{y}{2}(\frac{1}{a+x-q} - \frac{1}{q-x}) = 0$. Donc $a + x - q = q - x$, $2q - a - x = x$; & par conséquent le triangle cherché est isoscele.

828. Il suit de-là qu'entre tous les triangles *isopérimetres* ou de même contour, celui qui a le plus de surface est équilatéral. Car si A M B est le triangle cherché, il est clair qu'il doit avoir plus de surface que tout autre triangle isopérimetre A M B construit sur la même base A B; donc $AM = MB$. On prouvera de même que $AM = AB$.

829. Jusqu'ici nous n'avons considéré que le *Maximum* ou le *Minimum* des fonctions d'une seule variable x. Pour trouver dans quels cas une fonction quelconque Y de deux variables x & y devient un *Maximum* ou un *Minimum*, on peut se servir de la méthode suivante. (Le mot fonction est pris généralement pour toute expression dépendante de la valeur des deux variables).

Supposons que y a déja la valeur propre à rendre la fonction Y un *Maximum* ou un *Minimum*; il ne s'agira donc plus que de trouver la valeur convenable de x, c'est-à-dire qu'il faudra différentier la fonction Y en faisant varier x seule, & égaler le coefficient de dx à zéro. En faisant un raisonnement semblable, on verra que pour avoir y, il faut différentier la fonction Y en faisant varier y seule, & égaler le coefficient de dy à zéro. D'où il suit que si dY est représenté généralement par $P\,dx + Q\,dy$, on doit avoir $P = 0$, $Q = 0$, équations qui donneront les valeurs de x & de y propres à rendre la fonction Y *Maximum* ou *Minimum*.

Or il est aisé de voir que ce même raisonnement a lieu quel que soit le nombre des variables dont Y peut représenter une fonction. D'où il suit en général, que pour connoître les valeurs des variables qui rendent la fonction Y *Maximum* ou *Minimum*, il faut prendre la différentielle totale de Y, & égaler à zéro le coefficient de la différentielle de chaque variable, ce qui donnera autant d'équations que d'inconnues.

Par exemple, soit proposé de diviser le nombre donné a en trois parties dont le produit soit un *Maximum*.

En appellant x & y deux de ces parties, la troisieme sera exprimée par $a - x - y$, & on aura $xy\,(a - x - y)$ dont la différentielle $= (a - 2x - y)\,y\,dx + (a - 2y - x)\,x\,dy$. Egalant donc séparément à zéro le coefficient de dx & celui de dy, on aura $a - 2x - y = 0 = a - 2y - x$, d'où $y = x = \frac{1}{3}a$. Il faut donc diviser le nombre donné en trois parties égales.

Proposons-nous maintenant de trouver entre tous les triangles isopérimetres celui qui a le plus de surface. Nous avons déja résolu ce problême, mais indirectement.

Soient x, y deux de ses côtés, $2q$ le périmetre, $2q - x - y$ sera l'autre côté, & la surface $\sqrt{[q \,.\, q - x \,.\, q - y \,.\, (x + y - q)]}$ devant être un *Maximum*, si on la nomme Y, on aura $2\,l\,Y - l\,q = l\,(q - x) + l\,(q - y) + l\,(x + y - q)$. Donc $dY = \frac{Y\,dx}{2}$

$$\left(\frac{1}{x + y - q} - \frac{1}{q - x}\right) + \frac{Y\,dy}{2}\left(\frac{1}{x + y - q} - \frac{1}{q - y}\right),$$

égalant à zéro le coefficient de dy & celui de dx, on a $x + y - q = q - y = q - x$; d'où $x = y = \frac{2q}{3} = 2q - x - y$. Le triangle cherché est donc équilatéral, comme nous l'avons déja trouvé.

Pour s'exercer à la résolution de quelques autres problêmes de ce genre, on peut chercher la réponse aux questions suivantes.

I. De tous les quarrés inscrits dans un quarré donné, quel est le plus petit?

II. De toutes les fractions, quelle est celle qui surpasse sa puissance m de la plus grande quantité possible ?

III. Quel est le nombre x dont la racine x est un *Maximum* ?

IV. On voudroit construire une mesure cylindrique d'une capacité donnée, & dont la surface intérieure fût un *Minimum*. Quel rapport doit-il y avoir entre la hauteur de cette mesure & le diametre de sa base ?

V. Entre tous les cylindres que l'on peut inscrire dans une même sphere, quel est celui dont la surface convexe est un *Maximum* ?

VI. Parmi tous ces cylindres, lequel a le plus de solidité ?

VII. Quelles doivent être les dimensions du plus grand cylindre qu'il soit possible d'inscrire dans un cône donné ?

VIII. De tous les triangles qui ont même base, & qui sont inscrits dans le même cercle, quel est le plus grand ?

IX. Quel seroit, au contraire, le plus petit de ceux qui seroient circonscrits au même cercle ?

Des Fractions dont le Numérateur & le Dénominateur se réduisent à zéro dans certains cas.

830. On trouve quelquefois des expressions algébriques en forme de fractions, qui se réduisent à $\frac{0}{0}$. Telle est, par exemple, la quantité $\frac{x^2 - a^2}{x - a}$, lorsque $x = a$. Or, quoique indéterminés en apparence, ces résultats sont pourtant susceptibles de valeurs déterminées, & voici une méthode pour les trouver.

Soit $\frac{P}{Q}$ une fraction dont le numérateur & le dénominateur sont des fonctions de x qui se réduisent l'une & l'autre à 0 lorsque $x = a$. Pour en trouver la valeur, on substituera $x + dx$ au lieu de x dans P & dans Q, & on aura $\frac{P + dP}{Q + dQ}$: faisant ensuite $x = a$ dans cette fraction, elle se réduira à $\frac{dP}{dQ}$; & ce sera la valeur de la fraction proposée dans la supposition de $x = a + dx$, ou de $x = a$, si toutefois les termes de la fraction $\frac{dP}{dQ}$ ne s'anéantissent pas encore en faisant $x = a$.

Ex. On demande la valeur de $\frac{x^2-a^2}{x-a}$, lorſque $x=a$? . . .

Ici $P=x^2-a^2$, & $Q=x-a$; donc $\frac{dP}{dQ}=\frac{2x\,dx}{dx}=2x$ $=2a$, comme cela doit être (783).

Soit la progreſſion géométrique $\div x : x^2 : x^3 : \ldots\ldots x^n$, dont la ſomme eſt $\frac{x^{n+1}-x}{x-1}$; on demande la valeur de cette ſomme lorſque $x=1$? . . . . . On trouvera $\frac{dP}{dQ}=(n+1)x^n-1$ $=n$, ce qui eſt évident.

Soit la quantité $\frac{\sqrt{(2a^3x-x^4)}-a\sqrt[3]{(a^2x)}}{a-\sqrt[4]{ax^3}}$ qui devient $\frac{0}{0}$, lorſque $x=0$. En prenant les différentielles ſéparément, on aura $\frac{\frac{a^3-2x^3}{\sqrt{(2a^3x-x^4)}}-\frac{a}{3x}\sqrt[3]{a^2x}}{-\frac{3}{4}\sqrt[4]{\frac{a}{x}}}=\frac{16}{9}a$, valeur de la quantité propoſée.

831. Mais s'il arrive qu'en ſubſtituant a au lieu de x dans $\frac{dP}{dQ}$, cette fraction devienne auſſi $\frac{0}{0}$, on la traitera de même que la premiere & ainſi de ſuite, juſqu'à ce qu'on ait une valeur dont un des termes au moins ſoit fini.

Ex. Si on différentie la même équation $\div x : x^2 : x^3 : \ldots x^n =$ $\frac{x-x^{n+1}}{1-x}$, on aura après avoir diviſé par $\frac{dx}{x}$, $x+2x^2+3x^3$ $+nx^n=\frac{x+nx^{n+2}-(n+1)x^{n+1}}{(1-x)^2}$, qui ſe réduit à $\frac{0}{0}$ lorſque $x=1$. Ainſi $\frac{dP}{dQ}=\frac{1-x^n(n+1)^2+n(n+1)x^{1+n}}{-2(1-x)}$; mais cette nouvelle expreſſion donne encore $\frac{0}{0}$, en y ſubſtituant 1 à x; il faut donc différentier ſéparément ſon numérateur & ſon dénominateur, & on aura $\frac{-nx^{n-1}(n+1)^2+n.n+1.n+2.x^n}{2}$, qui en faisant $x = 1$, donne $\frac{n(n+1)}{2}$ somme de la progression arithmétique $\div 1 . 2 . 3 . . . n$.

Dans la Quadratrice, $y = \frac{a-x}{a} \; tang \; \frac{cx}{a}$; & cette expression se réduit à $\frac{0}{0}$, lorsque $x = a$. Donc $y = \frac{-dx}{a\,d\,cot\frac{cx}{a}} = \frac{\sin^2\frac{cx}{a}}{c} = \frac{aa}{c}$.

On peut avec ces principes trouver dans chaque cas particulier les valeurs indéterminées de $0 \times \infty$, & de $\infty - \infty$. Car $0 \times \infty$ se réduit à $\frac{0}{0}$, parce que $\infty = \frac{a}{0}$. On y ramene aussi $\infty - \infty$, en supposant que le premier ∞ provient de $\frac{a}{0}$, & le second de $\frac{b}{0}$. Par exemple, si $x = 1$, on a $\frac{1}{Lx} - \frac{x}{Lx} = \infty - \infty$; qui en différentiant $\frac{1-x}{Lx}$, se réduit à $-x = -1$.

Quelques autres Applications du Calcul Différentiel.

832. Nous avons déja trouvé des séries qui donnent les valeurs de $\sin z$ & de $\cos z$. Le Calcul différentiel va nous les faire retrouver.

Supposons $\sin z = Az + Bz^2 + Cz^3 + Dz^4 +$ &c .... & $\cos z = 1 + az + bz^2 + cz^3 +$ &c; comme le calcul que nous allons faire nous apprendroit que B, D, &c, a, c, &c sont zéro, faisons tout simplement $\sin z = Az + Bz^3 + Cz^5 + Dz^7 +$ &c, & $\cos z = 1 + az^2 + bz^4 + cz^6 +$ &c; maintenant, puisque $d(\sin z) = dz \cos z$, & $d(\cos z) = -dz \sin z$, on aura, après avoir divisé par dz, les deux équations suivantes.

$$A + 3Bz^2 + 5Cz^4 + 7Dz^6 + \&c = 1 + az^2 + bz^4 + cz^6 + \&c$$
$$A + Bz^2 + Cz^4 + Dz^6 + \&c = -2a - 4bz^2 - 6cz^4 - 8dz^6 - \&c.$$

D'où l'on tire $A = 1$, $a = -\frac{1}{2}$, $B = \frac{-1}{2 \cdot 3}$, $b = \frac{1}{2 \cdot 3 \cdot 4}$, $C = \frac{1}{2 \cdot 3 \cdot 4 \cdot 5}$, $d = \frac{-1}{2 \cdot 3 \cdot 4 \cdot 5 \cdot 6}$, &c. Donc $\sin z = z - \frac{z^3}{2 \cdot 3} + \frac{z^5}{2 \cdot 3 \cdot 4 \cdot 5} - \frac{z^7}{2 \cdot 3 \cdot 4 \cdot 5 \cdot 6 \cdot 7} +$ &c ..... Et $\cos z = 1 - \frac{z^2}{2} + \frac{z^4}{2 \cdot 3 \cdot 4} - \frac{z^6}{2 \cdot 3 \cdot 4 \cdot 5 \cdot 6} +$ &c, comme nous l'avons déja vu (562).

833. Cela posé, soit $x = ly$, on aura $dx = l(1 + \frac{dy}{y}) = l(1 + dx) = dx\, le = le^{dx}$; donc $e^{dx} = 1 + dx$, & $e^x = (1 + dx)^{\frac{x}{dx}}$. Soit donc $\frac{x}{dx} = \omega$, la quantité ω sera infiniment grande, & on aura $e^x = (1 + \frac{x}{\omega})^\omega$. Développant cette expression, & ayant égard à ce que $\omega - 1$, $\omega - 2$, &c. ne different pas de ω à cause qu'il est infini, on a $e^x = 1 + x + \frac{x^2}{2} + \frac{x^3}{2 \cdot 3} +$ &c $= (1 + \frac{x}{\omega})^\omega$. Comme on l'auroit déduit de la série déja trouvée

$(306) \ldots\ldots n = 1 + l\,n + \frac{l^2 n}{2} + \frac{l^3 n}{2.3} +$ &c, & en faisant $ln = x$.

Subſtituons ſucceſſivement $z\sqrt{-1}$ & $-z\sqrt{-1}$, dans la valeur de e^x à la place de x, nous aurons ......

$$e^{z\sqrt{-1}} = 1 + z\sqrt{-1} - \frac{zz}{2} - \frac{z^3\sqrt{-1}}{2.3} + \frac{z^4}{2.3.4} + \frac{z^5\sqrt{-1}}{2.3.4.5} - \&c.$$

$$e^{-z\sqrt{1}} = 1 - z\sqrt{-1} - \frac{zz}{2} + \frac{z^3\sqrt{-1}}{2} + \frac{z^4}{2.3.4} - \frac{z^5\sqrt{-1}}{2.3.4.5} - \&c.$$

Ajoutant & ſouſtrayant, il vient

$$e^{z\sqrt{-1}} + e^{-z\sqrt{-1}} = 2\left(1 - \frac{zz}{2} + \frac{z^4}{2.3.4} - \frac{z^6}{2.3.4.5.6} + \&c\right) = 2\,cof\,z;$$

$$\frac{e^{z\sqrt{-1}} - e^{-z\sqrt{-1}}}{\sqrt{-1}} = 2\left(z - \frac{z^3}{2.3} + \frac{z^5}{2.3.4.5} - \&c\right) = 2\,fin\,z.$$

Donc $fin\,z = \frac{e^{z\sqrt{-1}} - e^{-z\sqrt{-1}}}{2\sqrt{-1}} \ldots\ldots cof\,z = \frac{e^{z\sqrt{-1}} + e^{-z\sqrt{-1}}}{2}$,

ou $fin\,z = \frac{\left(1 + \frac{z\sqrt{-1}}{\omega}\right)^\omega - \left(1 - \frac{z\sqrt{-1}}{\omega}\right)^\omega}{2\sqrt{-1}}$ ......

$cof\,z = \frac{\left(1 + \frac{z\sqrt{-1}}{\omega}\right)^\omega + \left(1 - \frac{z\sqrt{-1}}{\omega}\right)^\omega}{2}$. Et par conſéquent

$$\frac{fin\,z}{cof\,z} = tang\,z = \frac{1}{\sqrt{-1}} \cdot \frac{e^{z\sqrt{-1}} - e^{-z\sqrt{-1}}}{e^{z\sqrt{-1}} + e^{-z\sqrt{-1}}} = \frac{1}{\sqrt{-1}} \cdot \frac{e^{2z\sqrt{-1}} - 1}{e^{2z\sqrt{-1}} + 1}.$$

On a auſſi $e^{z\sqrt{-1}} = cof\,z + \sqrt{-1}\,fin\,z$, $e^{-z\sqrt{-1}} = cof\,z - \sqrt{-1}\,fin\,z$; d'où l'on tire $e^{nz\sqrt{-1}} = (cof\,z + \sqrt{-1}\,fin\,z)^n \ldots$ $e^{-nz\sqrt{-1}} = (cof\,z - \sqrt{-1}\,fin\,z)^n \ldots\ldots (cof\,z \pm \sqrt{-1}\,fin\,z)^n = cof\,n\,z \pm \sqrt{-1}\,fin\,nz \ldots\ldots \frac{e^{nz\sqrt{-1}} + e^{-nz\sqrt{-1}}}{2} = cof\,n\,z = \frac{1}{2}(cof\,z + \sqrt{-1}\,fin\,z)^n + \frac{1}{2}(cof\,z - \sqrt{-1}\,fin\,z)^n$ ....

$$\frac{e^{nz\sqrt{-1}} - e^{-nz\sqrt{-1}}}{2\sqrt{-1}} = \sin nz = \ldots\ldots\ldots\ldots$$
$$\frac{(\cos z + \sqrt{-1}\sin z)^n - (\cos z - \sqrt{-1}\sin z)^n}{2\sqrt{-1}}.$$

Or les valeurs de $e^{z\sqrt{-1}}$, $e^{-z\sqrt{-1}}$ donnent, en prenant les logarithmes, $z\sqrt{-1} = l(\cos z + \sqrt{-1}\sin z) = l\cos z + l(1 + \sqrt{-1}\tang z)$ .... $-z\sqrt{-1} = l(\cos z - \sqrt{-1}\sin z) = l\cos z + l(1 - \sqrt{-1}\tang z)$; & en soustrayant

$$2z\sqrt{-1} = l\left(\frac{\cos z + \sqrt{-}\sin z}{\cos z - \sqrt{-1}\sin z}\right) = l\left(\frac{1 + \sqrt{-1}\tang z}{1 - \sqrt{-1}\tang z}\right);$$

d'où l'on déduiroit, comme on le fait déja (567) ....

$$z = \tang z - \frac{\tang^3 z}{3} + \frac{\tang^5 z}{5} - \&c.$$

834. Avec ces principes, on peut réduire une quantité exponentielle quelconque $a^x =$ en série, lorsque x est réel, & à des sinus lorsqu'il est imaginaire. Car si on fait $a^x = e^z$, on aura $x\,l\,a = z$,

$$\& \ a^x = e^z = 1 + x\,l\,a + \frac{x^2\,l^2\,a}{2} + \frac{x^3\,l^3\,a}{2\,.\,3} + \&c.$$

Supposant ensuite qu'on ait $a^{x\sqrt{-1}}$, on fera $e^{z\sqrt{-1}} = a^{x\sqrt{-1}}$;

d'où l'on déduira encore $z = x\,l\,a$, & $a^{x\sqrt{-1}} = \cos(x\,l\,a) + \sqrt{-1}\sin(x\,l\,a)$.

Reprenons l'équation $\pm z\sqrt{-1} = l\cos z + l(1 \pm \sqrt{-1}\tang z) = l(\cos z \pm \sqrt{-1}\sin z)$, & en supposant la demi-circonférence 3.1415 &c $= \pi$, si on fait $z = (2k + 1)\pi$, k étant un nombre entier quelconque, on aura $\sin z = 0$, & $\cos z = -1$: Donc $\pm(2h + 1)\pi\sqrt{-1} = l - 1$. Ainsi le logarithme de -1 a une infinité de valeurs toutes imaginaires ; ce qui ne doit pas paroître plus étonnant que la multiplicité des racines dans une équation algébrique, & que l'infinité d'arcs différents qui répondent à un même sinus.

835. On peut remarquer, en passant, que les logarithmes des quantités positives ont aussi une infinité de valeurs dont une seule est réelle. Il n'y a pourtant que celle-ci dont on fasse usage dans le calcul : on néglige les autres.

Pour s'assurer que ces logarithmes ont réellement un nombre infini de valeurs, on n'a qu'à supposer $z = 2k\pi$ dans la formule $l(\cos z \pm \sqrt{-1}\sin z) = \pm z\sqrt{-1}$, il en résultera $l\,1 = \pm 2k\pi\sqrt{-1}$. Donc le logarithme de $+1$ a une infinité de valeurs imaginaires, & une seule réelle, savoir zéro, que l'on obtiendra, en faisant $k = 0$.

836. Il est facile par ce qui précede 1°. de réduire des logarithmes de quantités imaginaires à des sinus ou des cosinus d'arcs réels. 2°. de trouver une expression simple des logarithmes des nombres négatifs, s'il en étoit jamais besoin.

En effet, soit d'abord $l(a + b\sqrt{-1})$ qui peut réprésenter le logarithme d'une quantité quelconque imaginaire, on fera $\frac{b}{a} = \text{tang}\, u$, u étant un arc réel déterminé par cette valeur. On aura donc $l(a + b\sqrt{-1}) = la + l(1 + \sqrt{-1}\,\text{tang}\, u) = la - l\cos u + u\sqrt{-1}$. Mais $\cos u = \frac{\sin u}{\text{tang}\, u} = \sqrt{1 - \cos^2 u} \times \frac{a}{b}$. Donc $\cos u = \frac{a}{\sqrt{(a^2 + b^2)}}$, & $l(a + b\sqrt{-1}) = l\sqrt{(a^2 + b^2)} + u\sqrt{-1} = + \frac{1}{2}l(a^2 + b^2) + u\sqrt{-1}$.

Soit maintenant $l - a$; puisqu'on a $l - a = la + l - 1$, & que $l - 1 = (2k + 1)\pi\sqrt{-1}$ on en déduit $l - a = la + (2k + 1)\pi\sqrt{-1}$. Donc encore une fois les logarithmes des nombres négatifs sont imaginaires. Mais comme leur expression est assez simple, quoiqu'elle dépende de la circonférence du cercle, on peut les traiter dans le calcul aussi facilement que les logarithmes des nombres positifs.

837. Reprenons maintenant les deux équations . . . . . .

$$\sin z = \frac{e^{z\sqrt{-1}} - e^{-z\sqrt{-1}}}{2\sqrt{-1}}, \quad \cos z = \frac{e^{z\sqrt{-1}} + e^{z\sqrt{-1}}}{2},$$

& faisons $z = \frac{(2i + 1)\pi}{m}$, i étant un nombre entier quelconque, nous aurons

$$\sin \frac{(2i + 1)\pi}{m} = \frac{e^{\frac{2i+1}{m}\pi\sqrt{-1}} - e^{-\frac{2i+1}{m}\pi\sqrt{-1}}}{2\sqrt{-1}}$$

$$cos\frac{(2i+1)\pi}{m}=\frac{e^{\frac{2i+1}{m}\pi\sqrt{-1}}+e^{-\frac{2i+1}{m}\pi\sqrt{-1}}}{2}.$$

Puisqu'on a $e^{\pi\sqrt{-1}}=-1$, on aura $e^{(2i+1)\pi\sqrt{-1}}=-1$, & par conséquent $e^{\frac{2i+1}{m}\pi\sqrt{-1}}=\sqrt[m]{-1}$; donc $sin\frac{(2i+1)\pi}{m}$ $=\frac{\sqrt[m]{-1}-\frac{1}{\sqrt[m]{-1}}}{2\sqrt{-1}}$, & $cos\frac{(2i+1)\pi}{m}=\frac{\sqrt[m]{-1}+\frac{1}{\sqrt[m]{-1}}}{2}$. Soit $\sqrt[m]{-1}=x$, on aura $x^m+1=0$, & $sin\frac{2i+1}{m}\pi=\frac{xx-1}{2x\sqrt{-1}}$ . . . $cos\frac{2i+1}{m}\pi=\frac{xx+1}{2x}$. On substituera donc à x toutes les racines de l'équation $x^m+1=0$, & on aura les valeurs de $sin\frac{2i+1}{m}\pi$ & de $cos\frac{2i+1}{m}\pi$.

Par exemple, si $m=3$, on a $x=-1$, $x=+\frac{1}{2}-\frac{1}{2}\sqrt{-3}$, $x=+\frac{1}{2}+\frac{1}{2}\sqrt{-3}$, & les trois valeurs de $sin\frac{2i+1}{3}\pi=sin(2i+1)\,60°$ sont 0, $-\frac{1}{2}\sqrt{3}$, $-\frac{1}{2}\sqrt{3}$, quel que soit le nombre entier que l'on prenne pour i. On trouvera de même que les trois valeurs de $cos(2i+1)\,60°$ sont -1, $+\frac{1}{2}$, $+\frac{1}{2}$. Il est aisé de vérifier tout cela.

838. Puisqu'on a $cos\frac{(2i+1)\pi}{m}=\frac{xx+1}{2x}$, il est clair que $xx-2x\,cos\frac{(2i+1)\pi}{m}+1=0$ est un facteur de l'équation $x^m+1=0$, & par conséquent que $xx-2ax\,cos\frac{(2i+1)\pi}{m}+aa=0$ est un facteur du second degré de l'équation $x^m+a^m=0$. Ensorte que si on substitue à i tous les nombres entiers possibles, on aura tous les facteurs du second degré de $x^m+a^m=0$. Il ne pourra donc y en avoir qu'un certain nombre. Aussi retrouvera-t-on les mêmes facteurs lorsque $2i+1$ sera plus grand que m. Par exemple, si on demande les facteurs du second degré de l'équation

$x^5 + a^5 = 0$, le facteur général sera dans ce cas

$$xx - 2ax\cos\frac{(2i+1)\pi}{5} + aa = 0.$$

Faisons $i = 0$, nous aurons pour premier facteur . . . $xx - 2ax \cos\frac{1}{5}\pi + aa = 0$. Soit $i = 1$, le facteur sera $xx - 2ax \cos\frac{3}{5}\pi + aa = 0$; soit $i = 2$, on aura $\cos\frac{2i+1}{5}\pi = -1$, & le facteur sera $xx + 2ax + aa = 0$, ou $x + a = 0$. Donc les facteurs de l'équation proposée sont $x + a = 0$ . . . . $xx - 2ax \cos\frac{1}{5}\pi + aa = 0$ . . . . $xx - 2ax\cos\frac{3}{5}\pi + aa = 0$, & par le moyen du cercle, connoissant $\cos\frac{1}{5}\pi$, $\cos\frac{3}{5}\pi$, l'équation proposée sera résolue.

839. Pour trouver de la même maniere les facteurs de $x^m - a^m = 0$, je reprends l'équation $2\cos z = e^{z\sqrt{-1}} + e^{-z\sqrt{-1}}$, & je fais $z = \frac{2k\pi}{m}$, k étant un nombre entier, ce qui donne

$$2\cos\frac{2k\pi}{m} = e^{\frac{2k}{m}\pi\sqrt{-1}} + e^{-\frac{2k}{m}\pi\sqrt{-1}}.$$

Or $e^{\pi\sqrt{-1}} = -1$, donc $e^{2k\pi\sqrt{-1}} = +1$, & $e^{\frac{2k\pi}{m}\sqrt{-1}} = \sqrt[m]{1}$. Soit $\sqrt[m]{1} = x$, on aura $2\cos\frac{2k\pi}{m} = \frac{xx+1}{x}$, & par conséquent $xx - 2x\cos\frac{2k\pi}{m} + 1 = 0$ est le facteur général de l'équation $x^m - 1 = 0$, ou $xx - 2ax\cos\frac{2k\pi}{m} + aa = 0$; celui de $x^m - a^m = 0$.

Par exemple, les cinq facteurs de $x^5 - a^5 = 0$ se déduisent facilement des trois équations $x - a = 0$ . . . $xx - 2ax\cos\frac{2}{5}\pi + aa = 0$ . . . $xx - 2ax\cos\frac{4}{5}\pi + aa = 0$; si on eût fait $k = 3$, $k = 4$, &c, on auroit trouvé les mêmes facteurs. Passons à quelques autres usages du Calcul différentiel.

840. Soit une fonction quelconque y de la variable x, on sait que si x devient $x + dx$, y deviendra $y + dy$, & par conséquent si x varie uniformément & devient $x + 2dx$, y deviendra $y + dy + d(y + dy) = y + 2dy + ddy$. De même si x devient $x + 3dx$,

y se changera en $y + 3dy + 3ddy + d^3y$, & en général si on substitue dans y, $x + ndx$ au lieu de x, y deviendra

$$y + ndy + \frac{n.n-1}{2} ddy + \frac{n.n-1.n-2}{2.3} d^3y + \frac{n.n-1.n-2.n-3}{2.3.4} d^4y + \&c.$$

Soit donc $ndx =$ à la quantité finie a, alors n étant infini on aura $n = n-1 = n-2$ &c. Donc si dans y on substitue $x + a$ au lieu de x, la fonction y se changera en $y + \frac{ady}{dx} + \frac{a^2 ddy}{2dx^2} + \frac{a^3 d^3y}{2.3.dx^3} + \frac{a^4 d^4 y}{2.3.4.dx^4} + \&c$, dx étant supposée constante.

Pour faire voir la vérité de cette formule dans un exemple simple, supposons $y = xx - 2x + 1$, & cherchons la valeur que cette quantité doit avoir si on substitue $x + 2$ à x, nous aurons $a = 1$, $\frac{dy}{dx} = 2x - 2$, $\frac{ddy}{dx^2} = 2$, $\frac{d^3y}{dx^3} = 0$, &c. Donc y se change en $xx - 2x + 1 + 2x - 2 + 1 = xx$, ce qui est évident.

Si on fait a négatif dans la formule générale, on aura $y - \frac{ady}{dx} + \frac{a^2 ddy}{2dx^2} - \frac{a^3 d^3y}{2.3dx^3} + \&c$, pour la valeur de y lorsqu'on y substitue $x - a$ au lieu de x. Voici quelques applications de cette formule.

Soit $y = x^m$, & on aura $\frac{dy}{dx} = mx^{m-1} \ldots \frac{ddy}{dx^2} = m.m-1.x^{m-2} \ldots \frac{d^3y}{dx^3} = m.m-1.m-2.x^{m-3}$, &c. Donc si x devient $x + a$, y deviendra $(x+a)^m = x^m + max^{m-1} + \frac{m.m-1}{2} a^2 x^{m-2} + \&c.$

Faisons $a = \frac{-bx}{x+b}$, nous aurons

$$(x+a)^m = \frac{x^{2m}}{(x+b)^m} = x^m - \frac{mbx^m}{x+b} + \frac{m.m-1.b^2x^m}{2(x+b)^2} - \&c,$$

ou $\frac{1}{(x+b)^m} = (x+b)^{-m} = x^{-m} - \frac{mx^{-m}b}{x+b} + \frac{m.m-1.x^{-m}b^2}{2(x+b)^2} - \&c$

$$= x^{-m}\left(1 - \frac{mb}{x+b} + \frac{m.m-1.b^2}{2(x+b)^2} - \frac{m.m-1.m-2.b^3}{2.3.(x+b)^3} + \&c\right);$$

série

série qui n'aura qu'un nombre fini de termes lorsque m sera un nombre entier.

Soit $-m = n$, on aura $(x+b)^m = x^m \left(1 + \frac{mb}{x+b} + \frac{m \cdot m+1\, b^2}{2(x+b)^2} + \&c\right)$: on peut vérifier ces formules en réduisant en séries les fractions $\frac{1}{x+b}$, $\frac{1}{(x+b)^2}$, &c. Or ces séries peuvent servir à trouver les racines des nombres d'une maniere prompte, parce qu'on peut toujours les rendre très-convergentes.

841. Soit maintenant $y = lx$; si on met $x+a$ au lieu de x, on aura (à cause de $\frac{dy}{dx} = \frac{1}{x}$ & de $\frac{ddy}{dx^2} = \frac{-1}{xx}$, &c)... $l(x+a) = lx + \frac{a}{x} - \frac{a^2}{2x^2} + \frac{a^3}{3x^3} - \frac{a^4}{4x^4} + \&c$ ... $l(x-a) = lx + \frac{a}{x}\left(1 + \frac{a}{2x} + \frac{a^2}{3x^2} + \&c\right)$. Soit $a = \frac{-xx}{b+x}$, on aura $l(x+a) = l\frac{bx}{b+x}$, ou $lbx - l(b+x) = lx - \frac{x}{b+x} - \frac{x^2}{2(b+x)^2} - \frac{x^3}{3(b+x)^3} - \&c$. Donc $l(b+x) = lb + \frac{x}{b+x}\left(1 + \frac{x}{2(b+x)} + \frac{x^2}{3(b+x)^2} + \&c\right)$...$l(b-x) = lb - \frac{x}{b-x}\left(1 - \frac{x}{2(b-x)} + \frac{x^2}{3(b-x)^2} - \&c\right)$; séries convergentes qui facilitent beaucoup le calcul des logarithmes.

Supposons $y = b^x$, nous aurons $\frac{dy}{dx} = b^x\, lb$ ... $\frac{ddy}{dx^2} = b^x l^2 b$, &c. Donc $b^{x+a} = b^x\left(1 + alb + \frac{a^2 l^2 b}{2} + \frac{a^3 l^3 b}{2 \cdot 3} + \&c\right)$, & par conséquent $b^a = 1 + alb + \frac{a^2 l^2 b}{2} + \frac{a^3 l^3 b}{2 \cdot 3} + \&c$.

842. Soit à présent y un arc de cercle dont le sinus $= x$, que nous désignerons par $y = A\, sin\, x$, alors on aura $x = sin\, y$...

$\frac{dy}{dx} = \frac{1}{\cos y} \ldots \frac{ddy}{dx^2} = \frac{\sin y}{\cos^3 y} = \frac{x}{(1-xx)^{\frac{3}{2}}} \ldots \frac{d^3 y}{dx^3}$ $= \frac{1+2xx}{(1-xx)^{\frac{5}{2}}}$, &c. Donc l'arc qui a pour ſinus $x+a$, ou

$$A\ \sin(x+a) = A\ \sin x + \frac{a}{(1-xx)^{\frac{1}{2}}} + \frac{a^2 x}{2(1-xx)^{\frac{3}{2}}} + \frac{a^3(1+2xx)}{6(1-xx)^{\frac{5}{2}}} + \&c.$$

On trouve de même que $A\ \sin(x-a)$

$$= A\ \sin x - \frac{a}{(1-xx)^{\frac{1}{2}}} + \frac{a^2 x}{2(1-xx)^{\frac{3}{2}}} - \&c.$$

Ces ſéries ſont très-propres à calculer d'une maniere facile l'arc qui répond à un ſinus donné. Pour cela on cherche dans les Tables l'arc qui en approche le plus; ſon ſinus x étant ôté du ſinus propoſé donnera la quantité a qui ſera toujours extrêmement petite; & comme on a immédiatement $\sqrt{(1-xx)}$, on trouvera l'arc cherché en ajoutant $\frac{a}{(1-xx)^{\frac{1}{2}}} + \frac{a^2 x}{2(1-xx)^{\frac{3}{2}}} + \&c$ à celui dont le ſinus eſt x.

Mais il faut obſerver 1°, que la ſérie ſera ſi convergente que les deux premiers termes ſuffiront toujours lorſqu'on ne voudra pas pouſſer l'approximation plus loin qu'environ juſqu'aux quintes. 2°, Que l'arc qu'on aura par cette ſérie ſera exprimé en parties du rayon 1, & que pour les exprimer en ſecondes, tierces, &c, il faudra les diviſer par la longueur de l'arc d'une ſeconde ou retrancher de leur logarithme celui de l'arc d'une ſeconde qui eſt 4.68557486682354, en ſuppoſant le logarithme de l'unité = 10 pour éviter les caractériſtiques négatives. Le reſte eſt le logarithme du nombre de ſecondes de l'arc cherché, ce qui donne auſſi-tôt les tierces, les quartes, &c.

843. Ex. Soit une hyperbole dont la puiſſance = 1, & l'angle fait par ſes Aſymptotes = A, on aura $\sin A\ l z$ pour la ſurface d'un trapeze aſymptotique compris entre les ordonnées 1, $\frac{1}{z}$. Donc pour que cet eſpace repréſente le logarithme tabulaire de l'abſciſſe z, il faut que $\sin$ A ſoit égal au module 0.4342944819; cherchons donc l'angle A dont le ſinus = 0.4342644819.

Or celui qui en approche le plus, dans les Tables ordinaires, eſt de 25° 44′. Son *ſinus* $x = 0.4341833$, & ſon *coſinus* $\sqrt{(1-xx)} = 0.9008245$. On a donc $a = 0.0001112$. Maintenant, pour trouver ce qu'il faut ajouter à 25° 44′ pour avoir l'arc cherché, calculons les deux premiers termes $\frac{a}{(1-xx)^{\frac{1}{2}}} + \frac{a^2 x}{2(1-xx)^{\frac{3}{2}}}$, & en faisant 25° 44′ $= y$, on aura $\frac{a}{\cos y} + \frac{a^2 \sin y}{2 \cos^3 y} = \frac{a}{2 \cos^3 y}$ $(2 \cos^2 y + a \sin y) = \frac{a}{2 \cos^3 y} (1 + \cos 2 y + a \sin y) =$ $\frac{a}{2 \cos^3 y} (1 + \cos 51° 28' + a \sin 25° 44') = \frac{a}{2 \cos^3 y}$, 1,62301807, dont le logarithme est 6,0914025 (en supposant celui de l'unité $= 10$); ôtant 4,6855748, il reste 1,4058277, pour le logarithme du nombre de secondes de l'arc demandé.

Or ce logarithme répond au nombre 25, 4582; l'arc cherché a donc 25″ + 0.4582″; multipliant par 60 cette fraction décimale, elle se réduit à 27‴ + 0.492‴; multipliant par 60, on a 29^IV + 0.52^IV, ou 29^IV + 31^V + 12^VI. Donc enfin l'angle que doivent faire entre elles les asymptotes d'une hyperbole dont les espaces asymptotiques représentent les logarithmes des Tables, ou celui qui a pour sinus le module, est de 25° 44′ 25″ 27‴; & si on prenoit le sinus x avec dix ou douze décimales, le calcul seroit exact jusqu'aux 12^VI.

844. Faisons actuellement $y = A . \cos (x)$, nous aurons $x = \cos y \ldots$ $\frac{dy}{dx} = \frac{-1}{\sin y} = \frac{-1}{\sqrt{(1-xx)}} \ldots \frac{ddy}{dx^2} = \frac{-x}{(1-xx)^{\frac{3}{2}}} \ldots \frac{d^3 y}{dx^3} = -$ $\frac{1+2xx}{(1-xx)^{\frac{5}{2}}}$, &c. Donc $A \cos (x+a) = A \cos x - \frac{a}{\sqrt{(1-xx)}} -$ $\frac{a^2 x}{2(1-xx)^{\frac{3}{2}}} - \frac{a^3 (1+2xx)}{6(1-xx)^{\frac{5}{2}}}$ — &c, & $A \cos (x-a) =$

$$A \cos x + \frac{a}{\sqrt{(1-xx)}} - \frac{a^2 x}{2(1-xx)^{\frac{3}{2}}} + \frac{a^3 (1+2xx)}{6(1-xx)^{\frac{5}{2}}} - \&c,$$

séries dont on fera le même usage que des précédentes. On en trouvera de semblables pour l'arc dont la tangente ou la cotangente est $x \pm a$.

845. Supposons maintenant $y = \sin x$, nous aurons $\frac{dy}{dx} = \cos x$, $\frac{ddy}{dx^2} = -\sin x$, $\frac{d^3y}{dx^3} = -\cos x$, &c, Donc ....

$$\sin(x+a) = \sin x + a\cos x - \tfrac{1}{2}a^2 \sin x - \tfrac{1}{6}a^3 \cos x + \tfrac{1}{24}a^4 \sin x + \&c$$
$$\sin(x-a) = \sin x - a\cos x - \tfrac{1}{2}a^2 \sin x + \tfrac{1}{6}a^3 \cos x + \tfrac{1}{24}a^4 \sin x - \&c.$$

De même, si $y = \cos x$, on aura ......

$$\cos(x+a) = \cos x - a\sin x - \tfrac{1}{2}a^2 \cos x + \tfrac{1}{6}a^3 \sin x + \tfrac{1}{24}a^4 \cos x - \&c$$
$$\cos(x-a) = \cos x + a\sin x - \tfrac{1}{2}a^2 \cos x - \tfrac{1}{6}a^3 \sin x + \tfrac{1}{24}a^4 \cos x + \&c.$$

Ces formules sont d'un très-grand usage, pour interpoler les Tables des sinus; il nous suffit de l'indiquer.

Faisons $x = 0$, les valeurs de $\sin(x+a)$, $\cos(x+a)$, deviendront, à cause de $\sin x = 0$, & de $\cos x = 1$ .....

$$\sin a = a - \frac{a^3}{2.3} + \frac{a^5}{2.3.4.5} - \frac{a^7}{2.3....7} + \frac{a^9}{2.3....9} - \frac{a^{11}}{2.3....11} + \&c$$
$$\cos a = 1 - \frac{a^2}{2} + \frac{a^4}{2.3.4} - \frac{a^6}{2.3.4.5.6} + \frac{a^8}{2.3....8} - \frac{a^{10}}{2.3....10} + \&c,$$

comme on le sait déja.

846. Supposons encore $y = \text{tang}\, x$, nous aurons $\frac{dy}{dx} = \frac{1}{\cos^2 x}$ .... $\frac{ddy}{2\,dx^2} = \frac{\sin x}{\cos^3 x}$ .... $\frac{d^3y}{2\,dx^3} = \frac{1}{\cos^2 x} + \frac{3\sin^2 x}{\cos^4 x} = \frac{3}{\cos^4 x} - \frac{2}{\cos^2 x}$ &c. Donc $\text{tang}(x+a) = \text{tang}\, x + \frac{a}{\cos^2 x} + \frac{a^2 \sin x}{\cos^3 x} + \frac{a^3}{\cos^4 x} + \frac{a^4 \sin x}{\cos^5 x} + \&c - \frac{2a^3}{3\cos^2 x} - \frac{a^4 \sin x}{3\cos^3 x} - \&c.$

Or $\frac{a}{\cos^2 x} + \frac{a^2 \sin x}{\cos^3 x} + \frac{a^3}{\cos^4 x} + \frac{a^4 \sin x}{\cos^5 x} + \&c$ est une progression géométrique dont le premier terme $= \frac{a}{\cos^2 x} + \frac{a^2 \sin x}{\cos^3 x}$, & dont le quotient $= \frac{a^2}{\cos^2 x}$. Donc la somme $= \frac{a + a^2\, \text{tang}\, x}{\cos^2 x - aa}$, & par conséquent $\text{tang}(x+a) = \text{tang}\, x +$

$\frac{a + a^2 \, tang\, x}{cos^2 x - aa} - \frac{2a^3}{3\, cos^2 x} - \frac{a^4 \, sin\, x}{3\, cos^3 x}$ — &c $= \frac{a + sin\, x\, cos\, x}{cos^2 x - aa}$ $- \frac{2a^3}{3\, cos^2 x} - \frac{a^4 \, sin\, x}{3\, cos^3 x}$ — &c. On trouvera de semblables formules pour $cot\, (x \pm a)$.

847. Soit maintenant $y =$ le logarithme tabulaire de $sin\, x = m\, l\, sin\, x$, si m représente le module, on aura $\frac{dy}{dx} = \frac{m\, cos\, x}{sin\, x}$ . . . $\frac{ddy}{dx^2} = - \frac{m}{sin^2 x}$ . . . $\frac{d^3 y}{dx^3} = \frac{2m\, cos\, x}{sin^3 x}$, &c. Donc $log\, sin\, (x + a)$ $= log\, sin\, x + am \frac{cos\, x}{sin\, x} - \frac{ma^2}{2\, sin^2 x} + \frac{a^3 m\, cos\, x}{3\, sin^3 x}$ &c. . . . . . $log\, sin\, (x - a) = log\, sin\, x - am \frac{cos\, x}{sin\, x} - \frac{ma^2}{2\, sin^2 x} - \frac{a^3 m\, cos\, x}{3\, sin^3 x}$ &c.

Si $y = log\, cos\, x$, on aura $\frac{dy}{dx} = \frac{-m\, sin\, x}{cos\, x}$ . . . $\frac{ddy}{dx^2} = \frac{-m}{cos^2 x}$ . . . $\frac{d^3 y}{dx^3} = - \frac{2m\, sin\, x}{cos^3 x}$, &c. Donc $log\, cos\, (x + a) = log\, cos\, x - \frac{am\, sin\, x}{cos\, x} - \frac{a^2 m}{2\, cos^2 x} - \frac{a^3 m\, sin\, x}{3\, cos^3 x}$ — &c . . . . . & $log\, cos\, (x - a) = log\, cos\, x + \frac{am\, sin\, x}{cos\, x} - \frac{a^2 m}{2\, cos^2 x}$ + &c. Soit $y = log\, tang\, x$, on aura $\frac{dy}{dx} = \frac{2m}{sin\, 2x}$ . . . . $\frac{ddy}{2dx^2} = \frac{-2m\, cos\, 2x}{sin^2\, 2x}$ . . . . &c, & par conséquent $log\, tang\, (x + a) = log\, tang\, x + \frac{2am}{sin\, 2x} - \frac{2a^2 m\, cos\, 2x}{sin^2\, 2x}$ &c. Il en seroit de même pour $l\, cot\, x$.

848. Si on suppose maintenant que y soit l'arc dont le logarithme du sinus $= x$, ou $y = A\, l\, sin\, x$, on aura $x = l\, sin\, y$, & par conséquent $\frac{dy}{dx} = \frac{sin\, y}{m\, cos\, y}$, $\frac{ddy}{dx^2} = \frac{sin\, y}{m^2\, cos^3\, y}$, &c. Donc $A\, l\, sin\, (x + a) = y + \frac{a\, sin\, y}{m\, cos\, y} + \frac{a^2\, sin\, y}{2m^2\, cos^3\, y}$ + &c.

Soit $y = A\, l\, tang\, x$, il viendra $\frac{dy}{dx} = \frac{\mathit{ſin}\, 2y}{2m}$, $\frac{ddy}{dx^2} = \frac{\mathit{ſin}\, 4y}{4mm}$, $\frac{d^3y}{dx^3} = \frac{\mathit{ſin}\, 2y\, \mathit{coſ}\, 4y}{2m^3}$, &c. Donc $A\, l\, tang\, (x + a) = y + \frac{a\, \mathit{ſin}\, 2y}{2m} + \frac{a^2\, \mathit{ſin}\, 2y\, \mathit{coſ}\, 2y}{4mm} + \frac{a^3\, \mathit{ſin}\, 2y\, \mathit{coſ}\, 4y}{12m^3} +$ &c. Ces formules peuvent ſervir à réſoudre d'une maniere très-approchée les problêmes relatifs à l'uſage de Tables des ſinus.

ELÉMENTS DU CALCUL INTÉGRAL.

DANS le Calcul différentiel on suppose connu le rapport des quantités variables, & on cherche celui de leurs différentielles; dans le Calcul intégral, au contraire, on détermine le rapport des variables par celui de leurs différentielles.

849. On se sert de la lettre $\int$ pour indiquer une *intégrale*; $\int a\,dx$, par exemple, est l'expression générale de toutes les quantités qui par leur différentiation produisent $a\,dx$; & comme $a\,dx$ peut également provenir ou de ax seul, ou de $ax +$ une quantité constante, on ajoute à chaque intégrale une constante C que l'on détermine ensuite par les conditions du problême.

La quantité ax étant en quelque sorte la somme de tous ses éléments $a\,dx$, on prononce *somme de* $a\,dx$ l'expression $\int a\,dx$; & *sommer*, *intégrer*, ou *trouver la fluente*, sont des mots synonymes.

S'il n'y avoit de différentielles que celles qui proviennent d'une différentiation exacte, chacune auroit son intégrale : mais comme on entend par différentielle toute quantité affectée de dx, dy, &c, il y en a plusieurs qui ne sont susceptibles d'aucune intégration, parce qu'elles ne peuvent provenir d'aucune quantité différentiée : $y\,dx$, par exemple, est de ce nombre.

Il y en a beaucoup d'autres que l'on n'a pu intégrer jusqu'à présent que par approximation. Telles sont les différentielles des logarithmes, des arcs de cercle, & en général de toutes les quantités que l'on appelle transcendantes. Voyons d'abord celles dont on a trouvé les intégrales exactes, ou algébriques.

Des Quantités susceptibles d'une Intégration exacte.

850. Puisque la différentielle de x^n est $nx^{n-1}dx$, il est clair que l'intégrale de $nx^{n-1}dx$ doit être réciproquement x^n; donc $\int x^{n-1}dx = \frac{x^n}{n}$; & faisant $n - 1 = m$, on aura $\int x^m\,dx = \frac{x^{m+1}}{m+1}$, ou $\frac{x^{m+1}}{m+1} + C$; formule qui donne pour l'intégration des différentielles monomes la regle inverse de leur différentiation (848).

851. Ainsi *pour intégrer les différentielles monomes, il faut d'abord augmenter d'une unité l'exposant de la variable, & diviser ensuite par l'exposant ainsi augmenté, & par la différentielle de la variable.*

852. Cette regle est cependant sujette à exception dans le cas où $m=-1$; car alors l'intégrale devient $\frac{1}{0}+C$, c'est-à-dire, qu'elle prend une forme infinie. Mais comme la différentielle $x^m\,dx$ se réduit dans ce cas à $\frac{dx}{x}$, que l'on sait d'ailleurs être la différentielle du logarithme hyperbolique de x, son intégrale est $l\,x$. Ainsi $\int\frac{dx}{x}=l\,x+C$, & par conséquent les différentielles monomes à une variable peuvent s'intégrer exactement, ou du moins par approximation au moyen des logarithmes. Voici plusieurs autres différentielles que l'on peut intégrer de la même maniere.

853. Supposons $dy=dx\,(a+b\,x+c\,x^2+\&c.)=a\,dx+b\,x\,dx+c\,x^2\,dx+\&c$, & nous aurons $y=C+a\,x+\frac{b\,x^2}{2}+\frac{c\,x^3}{3}+\&c.$

Soit $dy=a\,dx\,(b+x)^m$; si on fait $b+x=z$, on aura $dx=dz$, & $dy=a\,z^m\,dz$; d'où $y=\frac{a\,z^{m+1}}{m+1}=\frac{a}{m+1}(b+x)^{m+1}+C$; & lorsque $m=-1$, on aura $y=\int\frac{a\,dx}{b+x}=a\,l\,(b+x)+C=l\,c\,(b+x)^a$, en faisant $C=l\,c$.

854. Soit maintenant $dy=a\,x^{n-1}\,dx\,(b+x^n)^m$, on aura $y=C+\frac{a}{n(m+1)}(b+x^n)^{m+1}$; & en général, si on a $dy=x^n\,dx\,(a+b\,x^m)^k$, on trouvera, en développant cette expression... $dy=a^k\,x^n\,dx+k\,a^{k-1}\,b\,x^{m+n}\,dx+\frac{k.k-1}{2}a^{k-2}\,b^2\,x^{2m+n}\,dx+\&c.$ dont l'intégrale est $y=C+\frac{a^k\,x^{n+1}}{n+1}+\frac{k}{m+n+1}a^{k-1}\,b\,x^{m+n+1}+\frac{k.k-1}{2(2m+n+1)}a^{k-2}\,b^2\,x^{2m+n+1}+\ldots\ldots\ldots\ldots\frac{k.k-1.k-2}{2.3(3m+n+1)}a^{k-3}\,b^3\,x^{3m+n+1}+\&c.$ Or cette intégrale sera toujours finie, lorsque k sera un nombre entier positif. Mais on doit observer que si après avoir développé le binome, il y a

des termes de la forme $\frac{dx}{x}$, il faut les intégrer par logarithmes. La méthode est la même pour $x^m dx (a + bx + cx^2 + \&c)^k$.

855. Concluons donc que toute différentielle binome représentée par la formule $x^n dx (a + bx^m)^k$ est intégrable algébriquement, 1°, toutes les fois que $n = m - 1$, quelles que soient d'ailleurs les valeurs de m & de k; 2°, toutes les fois que k est un nombre entier positif, quels que soient m & n. Voici encore deux autres cas où l'intégration exacte est possible.

856. 1°. Soit $a + bx^m = z$; on aura $x^{n+1} = \frac{(z-a)^{\frac{n+1}{m}}}{b^{\frac{n+1}{m}}}$.

$x^n dx = \frac{1}{mb^{\frac{n+1}{m}}} . dz (z - a)^{\frac{n+1}{m} - 1}$, & $x^n dx (a + bx^m)^k =$

$\frac{1}{mb^{\frac{n+1}{m}}} z^k dz (z-a)^{\frac{n+1}{m} - 1}$, différentielle intégrable toutes les fois que $\frac{n+1}{m}$ sera un nombre entier positif.

Soit, par exemple, $x^3 dx (a^2 + x^2)^{\frac{1}{3}}$, qui donne $\frac{n+1}{m} = 2$. La transformée devient alors . . . .

$\int \frac{1}{2} z^{\frac{1}{3}} dz (z - a^2) = \int \frac{1}{2} z^{\frac{4}{3}} dz - \int \frac{1}{2} a^2 z^{\frac{1}{3}} dz = \frac{\frac{1}{2} z^{\frac{7}{3}}}{\frac{7}{3}} - \frac{1}{2} a^2 . \frac{z^{\frac{4}{3}}}{\frac{4}{3}} =$

$\frac{3}{14} z^{\frac{7}{3}} - \frac{3}{8} a^2 z^{\frac{4}{3}} = 3 z^{\frac{4}{3}} (\frac{1}{14} z - \frac{1}{8} a^2) = 3 (a^2 + x^2)^{\frac{4}{3}}$ . . . . . $(\frac{1}{14} (a^2 + x^2) - \frac{1}{8} a^2) = \frac{3}{56} (a^2 + x^2)^{\frac{4}{3}} (4x^2 - 3a^2)$. Donc $\int x^3 dx (a^2 + x^2)^{\frac{1}{3}} = C + \frac{3}{56} (a^2 + x^2)^{\frac{4}{3}} (4x^2 - 3a^2)$.

857. 2°. $x^n dx (a + bx^m)^k = x^{mk+n} dx (b + ax^{-m})^k$; or cette différentielle est intégrable, suivant ce que nous venons de dire, si $\frac{mk + n + 1}{-m}$, ou $-k - (\frac{n+1}{m})$ est un nombre entier

positif. Soit, par exemple, $x^{-2}dx(a+x^3)^{-\frac{5}{3}}$; on aura . . . . $\frac{mk+n+1}{-m}=2$, & $x^{-7}dx(1+ax^{-3})^{-\frac{5}{3}}=x^{mk+n}dx(b+ax^{-m})^k$. Je suppose $1+ax^{-3}=z$, & j'ai $-\frac{1}{3aa}\cdot z^{-\frac{5}{3}}dz(z-1)$, ou $-\frac{1}{3aa}z^{-\frac{2}{3}}dz+\frac{1}{3aa}z^{-\frac{5}{3}}dz$, dont l'intégrale est $-\frac{1}{aa}z^{+\frac{1}{3}}-\frac{1}{2aa}z^{-\frac{2}{3}}$, qui donne . . . .

$$\int x^{-2}dx(a+x^3)^{-\frac{5}{3}}=C-\frac{1}{aa}\left(1+\frac{a}{x^3}\right)^{\frac{1}{3}}\left(1+\frac{1}{2(1+ax^{-3})}\right).$$

Lorsqu'une différentielle binome n'a pas les conditions que nous venons d'indiquer, on tâche de la ramener à quelque autre différentielle connue, telle, par exemple, que celle de la quadrature du cercle, ou celle des logarithmes, &c. Si cette réduction est possible, voici une maniere de l'effectuer.

Méthode pour ramener l'intégration de plusieurs différentielles binomes à celle d'autres différentielles connues.

858. Soit proposé d'intégrer la différentielle $x^n dx(a+bx^m)^k$, en supposant connue l'intégrale de $x^p dx(a+bx^m)^k$, & n étant plus grand que p.

Je considere la quantité $x^{q+1}(a+bx^m)^{k+1}$, dont la différentielle $d(x^{q+1}(a+bx^m)^{k+1})=(aq+a)x^q dx(a+bx^m)^k+(bmk+bm+bq+b)x^{m+q}dx(a+bx^m)^k$. Donc

$$\int x^{m+q}dx(a+bx^m)^k=\frac{x^{q+1}(a+bx^m)^{k+1}}{b(mk+m+q+1)}-\ldots\ldots\frac{a(q+1)\int x^q dx(a+bx^m)^k}{b(mk+m+q+1)}.$$

Soit $m+q=n$, ou $q=n-m$, on aura $\int x^n dx(a+bx^m)^k=$

$$\frac{x^{1+n-m}(a+bx^m)^{k+1}}{b(mk+n+1)}-\ldots\ldots\ldots\ldots\ldots$$

$\frac{a(n-m+1)}{b(mk+n+1)}\int x^{n-m} dx(a+bx^m)^k$. Par la même formule,

$$x^{n-m} dx(a+bx^m) = \frac{x^{1+n-2m}(a+bx^m)^{k+1}}{b(1+n+mk-m)} - \ldots$$

$\frac{a(1+n-2m)}{b(1+n+mk-m)}\int x^{n-2m} dx(a+bx^m)^k$. Donc $\int x^n dx(a+bx^m)^k$

$$= \frac{x^{1+n-m}(a+bx^m)^{k+1}}{b(mk+n+1)} - \frac{a(n-m+1)x^{1+n-2m}}{b^2(mk+n+1)} \times$$

$$\frac{(a+bx^m)^{k+1}}{(1+n+mk-m)} + \frac{a^2(1+n-m)(1+n-2m)}{b^2(1+n+mk)(1+n+mk-m)}\int x^{n-2m} dx(a+bx^m)^k.$$

On peut donc réduire l'intégrale de la différentielle proposée $x^n dx(a+bx^m)^k$ à celle de $x^{n-m} dx(a+bx^m)^k$, ou même de $x^{n-2m} dx(a+bx^m)^k$; & en général, on la réduira à celle de $x^{n-im} dx(a+bx^m)^k$, i étant un nombre entier positif, par cette formule qui se déduit des précédentes. . . . . $S x^n dx(a+bx^m)^k =$

$$\frac{x^{1+n-m}(a+bx^m)^{k+1}}{b(mk+n+1)} - \frac{a(1+n-m)x^{1+n-2m}(a+bx^m)^{k+1}}{b^2(mk+n+1)(mk+n+1-m)} +$$

$$\frac{a^2(1+n-m)(1+n-2m)x^{1+n-3m}(a+bx^m)^{k+1}}{b^3(mk+n+1)(mk+n+1-m)(mk+n+1-2m)} - \&c. \mp$$

$$\frac{a^{i-1}(1+n-m)(1+n-2m)\ldots(1+n-m(i-1))x^{1+n-im}(a+bx^m)^{k+1}}{b^i(mk+n+1)(mk+n+1-m)\ldots(mk+n+1-m(i-1))}$$

$$\pm \frac{a^i(1+n-m)(1+n-2m)\ldots(1+n-im)}{b^i(mk+n+1)(mk+n+1-m)\ldots(mk+n+1-m(i-1))}\int x^{n-im} dx(a+bx^m)^k$$

Le signe supérieur a lieu lorsque i est pair ; le signe inférieur, toutes les fois que i est impair.

859. Cela posé, si $n-im=p$, ou si $\frac{n-p}{m}$ différence des exposants de x hors du binome, divisée par l'exposant de x dans le

binome donne un quotient i entier & positif, on pourra réduire l'intégrale de $x^n dx (a+bx^m)^k$ à celle de $x^p dx (a+bx^m)^k$, par le moyen de la formule précédente.

Ex. Soit la différentielle $x^{10} dx (1-xx)^{\frac{1}{2}}$, dont on propose de réduire l'intégrale à celle de $dx (1-xx)^{\frac{1}{2}}$ qui dépend de la quadrature du cercle, comme on le verra bientôt. On aura $m=2$, $n=10$, $p=0$, $k=\frac{1}{2}$, $a=1$, $b=-1$; $\frac{n-p}{m}=5=i$; donc la réduction est possible, & on trouvera que ...... $\int x^{10} dx (1-xx)^{\frac{1}{2}} = -\frac{x^9 (1-xx)^{\frac{3}{2}}}{12} -$

$$\frac{9x^7 (1-xx)^{\frac{3}{2}}}{12.10} - \frac{9.7x^5 (1-xx)^{\frac{3}{2}}}{12.10.8} - \frac{9.7.5x^3 (1-xx)^{\frac{3}{2}}}{12.10.8.6} -$$

$$\frac{9.7.5.3x (1-xx)^{\frac{3}{2}}}{12.10.8.6.4} + \frac{9.7.5.3.1}{12.10.8.6.4} \int dx (1-xx)^{\frac{1}{2}}.$$

860. Soit proposé maintenant de réduire l'intégrale de ...... $x^n dx (a+bx^m)^p$ à celle de $x^r dx (a+bx^m)^q$. Puisqu'on a $d[x^{n+1} (a+bx^m)^p] = (n+1) x^n dx (a+bx^m)^p + \ldots\ldots$ $bmp x^{m+n} dx (a+bx^m)^{p-1}$, il est clair que $\int x^n dx (a+bx^m)^p = \frac{x^{n+1} (a+bx^m)^p}{n+1} - \frac{bmp}{n+1} \int x^{m+n} dx (a+bx^m)^{p-1}$. Par la même raison $\int x^{m+n} dx (a+bx^m)^{p-1} = \frac{x^{m+n+1} (a+bx^m)^{p-1}}{m+n+1}$ $- \frac{bm(p-1)}{m+n+1} \int x^{n+2m} dx (a+bx^m)^{p-2}$; donc ......

$$\int x^n dx (a+bx^m)^p = \frac{x^{n+1} (a+bx^m)^p}{n+1} - \ldots\ldots\ldots$$

$$\frac{bpmx^{m+n+1} (a+bx^m)^{p-1}}{(n+1)(n+1+m)} + \frac{b^2 m^2 . p . p-1 . \int x^{n+2m} dx (a+bx^m)^{p-2}}{(n+1)(n+1+m)}.$$

& en général $\int x^n dx\,(a+bx^m)^p = \frac{x^{n+1}(a+bx^m)^p}{n+1} - \ldots$

$\frac{bpmx^{m+n+1}(a+bx^m)^{p-1}}{(n+1)(n+1+m)} + \frac{b^2m^2 \cdot p(p-1)x^{n+1+2m}(a+bx^m)^{p-2}}{(1+n)(1+n+m)(1+n+2m)}$ - &c.

$\pm \frac{b^{i-1}m^{i-1} \cdot p \cdot p-1 \cdot p-2 \ldots\ldots (p-i+2)}{(1+n)(1+n+m)(1+n+2m)\ldots[1+n+m(i-1)]} \times \ldots$

$x^{1+n+m(i-1)}(a+bx^m)^{p-i+1} \mp \int x^{n+im}dx\,(a+bx^m)^{p-i}$

$\times \frac{b^i m^i \cdot p \cdot p-1 \ldots (p-i+1)}{(1+n)(1+n+m)\ldots[1+n+m(i-1)]}$; le signe supérieur est pour le nombre entier i impair, & l'inférieur pour i pair.

Il est clair à présent que si $p-i=q$, ou si $p-q$ est un nombre entier i, l'intégrale de $x^n dx\,(a+bx^m)^p$ se réduira à celle de $x^{n+im}dx\,(a+bx^m)^q$, laquelle pouvant être réduite à ...... $\int x^r dx\,(a+bx^m)^q$, lorsque $\frac{n+im-r}{m}$, ou $\frac{n-r}{m}$ est un nombre entier positif, la formule proposée pourra s'y réduire aussi.

Qu'il s'agisse, par exemple, de ramener $\int x^4 dx\,(1-xx)^{\frac{5}{2}}$ à $\int dx\,(1-xx)^{\frac{1}{2}}$; on aura $a=1$, $b=-1$, $n=4$, $m=2$, $p=\frac{5}{2}$, $q=\frac{1}{2}$, $r=0$, $p-q=i=2$. Donc $\int x^4 dx\,(1-xx)^{\frac{5}{2}} =$

$\frac{x^5(1-xx)^{\frac{5}{2}}}{5} + \frac{5x^7(1-xx)^{\frac{3}{2}}}{5 \cdot 7} + \frac{5 \cdot 3}{5 \cdot 7}\int x^8 dx\,(1-xx)^{\frac{1}{2}}$; mais

$\int x^8 dx\,(1-xx)^{\frac{1}{2}} = \frac{-x^7(1-xx)^{\frac{3}{2}}}{10} - 7x^5\frac{(1-xx)^{\frac{3}{2}}}{10.8} - \ldots$

$\frac{7 \cdot 5}{10.8.6}x^3(1-xx)^{\frac{3}{2}} - \frac{7 \cdot 5 \cdot 3}{10.8.6.4}x(1-xx)^{\frac{3}{2}} + \ldots\ldots$

$\frac{7 \cdot 5 \cdot 3}{10.8.6.4}\int dx\,(1-xx)^{\frac{1}{2}}$. Donc $\int x^4 dx\,(1-xx)^{\frac{5}{2}} =$

$\frac{x^5(1-xx)^{\frac{5}{2}}}{5} + \frac{x^7(1-xx)^{\frac{3}{2}}}{10} - \frac{3}{10.8}x^5(1-xx)^{\frac{3}{2}} - \ldots$

$\frac{3 \cdot 5}{10 \cdot 8 \cdot 6} x^3 (1 - xx)^{\frac{3}{2}} - \frac{3 \cdot 5 \cdot 3}{10 \cdot 8 \cdot 6 \cdot 4} x (1 - xx)^{\frac{3}{2}} + \ldots \frac{3 \cdot 5 \cdot 3}{10 \cdot 8 \cdot 6 \cdot 4} \int dx (1 - xx)^{\frac{1}{2}} + C.$

861. La méthode réussira toujours, lorsque $p - q$ sera un nombre entier positif; mais s'il étoit négatif, ou si q étoit plus grand que p, au lieu de ramener $\int x^n\, dx\, (a + bx^m)^p$ à la formule ..... $\int x^r\, dx\, (a + bx^m)^q$, il faudroit réduire celle-ci à la premiere, & on auroit une intégrale de cette forme

$$\int x^r\, dx\, (a + bx^m)^q = X + A \int x^n dx\, (a + bx^m)^p;$$

d'où par une simple transposition on déduiroit

$$\int x^n\, dx (a + bx^m)^p = \frac{1}{A} \int x^r\, dx\, (a + bx^m) - \frac{X}{A}.$$

EXEMPLE. Soit la différentielle $x^4\, dx\, (1 + xx)^{-3}$ qu'il faut ramener à $dx (1 + xx)^{-1}$. Je suppose, au contraire, qu'il faut ramener celle-ci à la premiere, & j'ai $n = 0$, $a = 1$, $b = 1$, $m = 2$, $p = -1$, $q = -3$, $r = 4$, $p - q = i = 2$. Donc $\int dx (1 + xx)^{-1} = x (1 + xx)^{-1} + \frac{2}{3} x^3 (1 + xx)^{-2} + \frac{8}{3} \int x^4\, dx\, (1 + xx)^{-3}$, & par conséquent, sans avoir recours à la premiere formule, j'ai $\int x^4\, dx (1 + xx)^{-3} = -\frac{3}{8} x (1 + xx)^{-1} - \frac{1}{4} x^3 (1 + xx)^{-2} + \frac{3}{8} \int dx (1 + xx)^{-1}$. Or $\int dx (1 + xx)^{-1} = \int \frac{dx}{1 + xx} =$ l'arc de cercle dont le rayon est 1, & dont la tangente est x; car $d (tang\, z) = \frac{dz}{\cos^2 z}$; donc $dz = \frac{d\, tang\, z}{1 + tang^2 z} = \frac{dx}{1 + xx}$, si on fait $tang\, z = x$.

En général, cette méthode peut servir à ramener l'intégrale de $x^{2k} dx (1 + xx)^{-m}$ à celle de $dx (+ xx)^{-1}$, ou à un arc de cercle.

De l'Intégration des Fractions différentielles rationelles.

862. Supposons que $\frac{P\,dx}{Q}$ soit une fraction rationelle, & que le plus grand exposant de x dans P soit plus petit, au moins d'une unité que dans Q. S'il ne l'est pas, on divisera le numérateur par le dénominateur, jusqu'à ce que cette derniere condition ait lieu. Soit, par exemple, $\frac{x^4\,dx}{a+bx^3}$; on aura en divisant $\frac{x\,dx}{b}$ — $\frac{\frac{a}{b}.\,x\,dx}{a+bx^3}$, dont la seconde partie est telle que nous l'avons supposée pour $\frac{P\,dx}{Q}$.

863. Cela posé, on cherchera les facteurs de Q, comme si on avoit à résoudre l'équation $Q=0$; & s'ils sont tous du premier degré, réels & inégaux, alors la fraction proposée sera de cette forme $\frac{ax^{m-1}+bx^{m-2}\text{ \&c.}\ldots+\alpha}{(x-f)(x-g)(x-h)\text{ \&c.}}\,dx$ en supposant que le nombre des facteurs $x-f$, $x-g$, &c soit m. Pour intégrer dans ce cas on décomposera cette fraction en celles-ci . . . . $\frac{A\,dx}{x-f}+\frac{B\,dx}{x-g}+$ &c, dont l'intégrale est $Al(x-f)+Bl(x-g)$ + &c. . . . . avec une constante, & on déterminera les coefficients A, B, &c, en réduisant d'abord au même dénominateur, en transposant ensuite, & égalant successivement à zéro le coefficient de chaque puissance de x, ce qui donnera autant d'équations que d'inconnues.

Ex. On demande l'intégrale de $\frac{dx}{(aa-xx)x}$? je décompose cette fraction en celles-ci, $\frac{A\,dx}{x}+\frac{B\,dx}{a-x}+\frac{C\,dx}{a+x}$, & réduisant au même dénominateur, transposant & ordonnant, je trouve . . . .

$$\left.\begin{array}{l} Aa^2+Bax+Bxx \\ -1+Ca-A \\ \qquad\quad -C \end{array}\right\}=0.$$

Donc $A = \frac{1}{aa}$, $B = \frac{1}{2aa}$, $C = -\frac{1}{2aa}$, & $\frac{dx}{(aa-xx)x} = \frac{1}{aa} \cdot \frac{dx}{x} + \frac{1}{2aa} \cdot \frac{dx}{a-x} - \frac{1}{2aa} \cdot \frac{dx}{a+x}$, dont l'intégrale est $\frac{lx}{aa} - \frac{l(a-x)}{2aa} - \frac{l(a+x)}{2aa} + \frac{lc}{aa} = \frac{1}{aa} l \frac{xc}{\sqrt{(a^2-x^2)}}$. On trouvera de même que $\int \frac{dx}{a^2-x^2} = \int \frac{\frac{1}{2a}dx}{a+x} + \int \frac{\frac{1}{2a}dx}{a-x} = \frac{1}{2a} l \frac{c(a+x)}{a-x}$.

864. Cette méthode réussira toujours lorsque les facteurs du dénominateur proposé seront tous réels & inégaux; mais si quelques-uns d'entre eux étoient égaux, si $(x-a)^m$ par exemple, représentoit un nombre m de ces facteurs, alors on décomposeroit la fraction en celles-ci, $\frac{A\,dx}{x-f} + \frac{B\,dx}{x-g} + \&c. \ldots + \frac{A'x^{m-1} + B'x^{m-2} + \&c. \ldots + R}{(x-a)^m} dx$; & après avoir déterminé les coefficients, comme ci-dessus, on intégreroit $\frac{A'x^{m-1}}{(x-a)^m} dx + \frac{B'x^{m-2}}{(x-a)^m} dx + \&c$, ou en général, $x^k dx (x-a)^{-m}$, en faisant $x - a = z$.

Ex. Soit $\frac{(x^3+x^2+2)dx}{x(x-1)^2(x+1)^2}$, dont on cherche l'intégrale. Je suppose $\frac{(x^3+x^2+2)dx}{x(x-1)^2(x+1)^2} = \frac{A\,dx}{x} + \frac{(Bx+C)dx}{(x-1)^2} + \ldots \frac{(Dx+E)dx}{(x+1)^2}$, d'où $A = 2$, $B = -\frac{3}{4}$, $C = \frac{7}{4}$, $D = -\frac{5}{4}$, $E = -\frac{7}{4}$; ainsi $\frac{(x^3+x^2+2)dx}{x(x-1)^2(x+1)^2} = \frac{2dx}{x} + \frac{1}{4}\frac{(7-3x)dx}{(x-1)^2} - \frac{1}{4}\frac{(5x+7)dx}{(x+1)^2}$. Maintenant pour intégrer la fraction $\frac{(7-3x)dx}{(x-1)^2}$, je fais $x - 1 = z$, ce qui la change en $\frac{(4-3z)dz}{zz} = \frac{4dz}{zz} - \frac{3dz}{z}$, dont l'intégrale est $-\frac{4}{z} - 3lz = \frac{-4}{x-1} - 3l(x-1)$; & en traitant de la même maniere l'autre fraction, je trouve pour l'intégrale totale,

$2lx$

$$2lx - \frac{1}{x-1} + \frac{1}{2}.\frac{1}{x+1} - \frac{3}{4}l(x-1) - \frac{5}{4}l(x+1) + C.$$

865. S'il y avoit dans Q des facteurs imaginaires, en représentant l'un d'eux par $x + a + b\sqrt{-1}$, il y en auroit un autre de la forme $x + a - b\sqrt{-1}$. Donc leur produit $x^2 + 2ax + a^2 + b^2$ seroit un facteur réel de Q. On chercheroit donc (347) les coefficients $2a$, $a^2 + b^2$, & le facteur réel du second degré $x^2 + 2ax + a^2 + b^2$, ou pour abréger, le facteur $x^2 + mx + n$ seroit déterminé. Ainsi on supposeroit que $\frac{(Ax+B)dx}{x^2+mx+n}$ est une des fractions partielles de $\frac{Pdx}{Q}$, & on détermineroit A & B comme ci-dessus.

Ensuite, faisant $x + \frac{1}{2}m = z$, la fraction deviendroit $\frac{(A'z+B')dz}{zz+b'b'} = \frac{A'zdz}{zz+b'b'} + \frac{B'dz}{zz+b'b'}$. Or $\int \frac{A'zdz}{zz+b'b'} = \frac{A'}{2}l(zz+b'b')$, &

$\int \frac{B'dz}{zz+b'b'} = \frac{B'}{b'}\int \frac{\frac{dz}{b'}}{1+\frac{zz}{b'b'}} = \frac{B'}{b'} \times$ *Arc de cercle dont la tangente est* $\frac{z}{b'} = \frac{B'}{b'} \times$ *Arc tang* $\frac{z}{b'} + C$; on auroit donc l'intégrale demandée.

Ex. Soit $\frac{(z^2-z+1)dz}{(1+z)(1+zz)} = \frac{Adz}{1+z} + \frac{(Bz+C)dz}{1+zz}$; on trouvera $A = \frac{3}{2}$, $B = -\frac{1}{2}$, $C = -\frac{1}{2}$, ce qui change la fraction en celles-ci ... $\frac{3}{2}\frac{dz}{1+z} - \frac{1}{2}\frac{zdz}{1+zz} - \frac{1}{2}\frac{dz}{1+zz}$, dont l'intégrale est $\frac{3}{2}l(1+z) - \frac{1}{4}l(1+zz) + \frac{1}{2}$ *Arc tang* $z + C$.

Soit encore $\frac{dx}{x(1+x)^2(1+x+xx)}$ qui se réduit à $\frac{dx}{x} - \frac{(2x+3)dx}{(1+x)^2} + \frac{xdx}{1+x+xx}$. Pour intégrer cette derniere quantité, je fais $x = z - \frac{1}{2}$, & elle devient $\frac{(z-\frac{1}{2})dz}{zz+\frac{3}{4}} =$

$\frac{z\,dz}{zz+\frac{3}{4}} - \frac{1}{2}\,\frac{dz}{zz+\frac{3}{4}}$ dont l'intégrale est $\frac{1}{2}\,l(zz+\frac{3}{4}) - \frac{1}{\sqrt{3}}$ *Arc tang* $\frac{2z}{\sqrt{3}}$. Substituant donc la valeur de z, j'ai pour l'intégrale entiere,

$$lx - 2\,l(1+x) + \frac{1}{2}\,l(1+x+xx) + \frac{1}{1+x} - \frac{1}{\sqrt{3}}\,\text{Arc tang}\,\frac{(2x+1)}{\sqrt{3}} + C.$$

866. Le dernier cas qui nous reste à traiter est celui où le dénominateur Q auroit un ou plusieurs facteurs de cette forme. . . . . $(xx+ax+b)^m$. Alors on supposera que la fraction partielle provenue de ce facteur est $dx\,\frac{(Ax^{2m-1}+Bx^{2m-2}+\&c+R)}{(xx+ax+b)^m}$, & on déterminera les coefficients A, B, &c, comme ci-dessus. Ensuite, faisant $x = z - \frac{1}{2}a$, & substituant, la fraction deviendra de cette forme, $\frac{A'z^{2m-1}+B'z^{2m-2}+\&c\ldots+R'}{(zz+b'b')^m}\,dz$, que l'on peut décomposer ainsi, $\frac{A'z^{2m-1}}{(zz+b'b')^m}\,dz + \frac{B'z^{2m-2}}{(zz+b'b')^m}\,dz + \&c.$ Or les termes où le numérateur a une puissance impaire, sont intégrables, en partie algébriquement, & en partie par logarithmes (854); & ceux où z dans le numérateur a une puissance paire, étant de la forme $\frac{Mz^{2r}dz}{(zz+b'b')^m}$, peuvent se ramener (861) à $\frac{dz}{zz+b'b'}$, c'est-à-dire, qu'on peut les intégrer, en partie algébriquement, & en partie par arcs de cercle; on aura donc par ce moyen l'intégrale de la fraction proposée.

867. Pour éclaircir ces différentes méthodes, voici un exemple qui les comprend toutes.

Soit la fraction $\frac{dx}{(1+x)\,xx\,(xx+2)\,(xx+1)^2} = \frac{A\,dx}{1+x} + \frac{(Bx+C)\,dx}{xx} + \frac{(Dx+E)\,dx}{xx+2} + \frac{(Fx^3+Gx^2+Hx+I)\,dx}{(xx+1)^2}$.

On trouvera, en réduisant au même dénominateur $A = \frac{1}{12}$, $B = -\frac{1}{2}$, $C = \frac{1}{2}$, $D = \frac{1}{6}$, $E = -\frac{1}{6}$, $F = \frac{1}{4}$, $G = -\frac{1}{4}$, $H = \frac{1}{4}$,

$1 = -\frac{1}{4}$, & la fraction proposée $= \frac{1}{12}\cdot\frac{dx}{1+x} + \frac{1}{2}\cdot\frac{(1-x)\,dx}{xx} + \frac{1}{6}\cdot\frac{(x-1)\,dx}{xx+2} + \frac{(\frac{1}{4}x^3 - \frac{1}{4}x^2 + \frac{3}{4}x - \frac{1}{4})\,dx}{(xx+1)^2}$. Or $\int\frac{1}{12}\cdot\frac{dx}{1+x} = \frac{1}{12}l(1+x)\ldots\int\frac{1}{2}\frac{(1-x)\,dx}{xx} = \frac{1}{2}l\frac{1}{x} - \frac{1}{2x}\ldots\int\frac{1}{6}\frac{x\,dx - dx}{xx+2} = \frac{1}{12}\int\frac{2x\,dx}{xx+2} - \frac{1}{6\sqrt{2}}\cdot\int\frac{\frac{dx}{\sqrt{2}}}{\frac{1}{2}xx+1} = \frac{1}{12}l(xx+2) - \frac{1}{6\sqrt{2}}$ *Arc tang* $\frac{x}{\sqrt{2}}\ldots\int\frac{1}{4}\cdot\frac{x^3\,dx}{(xx+1)^2} = \frac{1}{8}l(xx+1) + \frac{1}{8(xx+1)}$, $\int\frac{3}{4}\cdot\frac{x\,dx}{(xx+1)^2} = -\frac{3}{8(xx+1)}$. Pour intégrer $-\frac{1}{4}\cdot\frac{x^2\,dx}{(xx+1)^2}$, $-\frac{1}{4}\cdot\frac{dx}{(1+xx)^2}$, il faut se proposer de ramener $\int\frac{dx}{1+xx}$ à la premiere, & on aura (861) $\int\frac{dx}{1+xx} = \frac{x}{1+xx} + 2\int x^2\,dx(1+xx)^{-2}$. Donc $\int x^2\,dx(1+xx)^{-2} = -\frac{\frac{1}{2}x}{1+xx} + \frac{1}{2}$ *Arc tang* x. Or $\int x^2\,dx(1+xx)^{-2} = -x(1+xx)^{-1} + \int dx(1+xx)^{-2}$. Donc $\int dx(1+xx)^{-2} = x(1+xx)^{-1} + \int x^2\,dx(1+xx)^{-2} = \frac{\frac{1}{2}x}{1+xx} + \frac{1}{2}$ *Arc tang* x. Réunissant donc toutes ces intégrales, on a pour celle de la fraction proposée $\ldots\int\frac{dx}{(1+x)xx(xx+2)(xx+1)^2} = \frac{1}{12}l(1+x) + \frac{1}{12}l(xx+2) + \frac{1}{8}l(xx+1) + \frac{1}{2}l\frac{1}{x} - \frac{1}{2x} - \frac{\frac{1}{4}(x+1)}{1+xx} - \frac{1}{2}$ *Arc tang* $x - \frac{1}{6\sqrt{2}}$ *Arc tang* $\frac{x}{\sqrt{2}} + C$.

868. Il suit de ce qui précéde que toute différentielle fractionaire & rationelle est intégrable, ou algébriquement, ou par logarithmes, ou par arcs de cercle. La seule difficulté consiste à trouver les facteurs du dénominateur Q. Mais c'est plutôt un défaut de l'Algébre ordinaire, que de la méthode d'intégration que nous venons de donner.

Lorsqu'on pourra donc rendre rationelle une fraction différentielle, on sera sûr d'en trouver l'intégrale ; or voici quelques cas où cette réduction est possible.

869. Soit d'abord une quantité où il n'entre point d'autres radicaux que des radicaux monomes, telle que $\left(\frac{\sqrt[3]{x}+x\sqrt{x}+xx}{x+\sqrt[4]{x}}\right)dx$; je l'écris ainsi $\frac{x^{\frac{4}{12}}dx+x^{\frac{18}{12}}dx+xxdx}{x+x^{\frac{3}{12}}}$. Or il est clair que si je fais $x^{\frac{1}{12}}=z$, ce qui donne $x=z^{12}$, & $dx=12z^{11}dz$, la différentielle deviendra rationelle, & par conséquent intégrable.

Soit maintenant X une fonction rationelle de x; pour trouver l'intégrale de $dy=Xdx\sqrt{(a+bx+cxx)}$, je cherche les deux facteurs de $a+bx+cxx$; s'ils sont réels, j'ai $\sqrt{(a+bx+cxx)}=\sqrt{(m+nx)(p+qx)}$. Je suppose cette quantité $=(m+nx)z$, & en élevant au quarré, j'ai $p+qx=(m+nx)zz$, d'où je tire $x=\frac{p-mzz}{nzz-q}$.... $dx=\frac{2zdz(mq-pn)}{(nzz-q)^2}$......$(m+nx)z=\frac{(pn-mq)z}{nzz-q}=\sqrt{(a+bx+cx^2)}$. Or ces valeurs étant substituées dans la formule $Xdx\sqrt{(a+bx+cx^2)}$ la rendront rationelle, & par conséquent intégrable. On voit que la même chose auroit lieu, si on avoit à intégrer $dy=\frac{Xdx}{\sqrt{(a+bx+cxx)}}$.

Ex. Soit $dy=dx\sqrt{(aa-xx)}$, on fera $\sqrt{(aa-xx)}=(a-x)z$, donc $x=\frac{-a+az^2}{1+zz}$...$dx=\frac{4azdz}{(1+zz)^2}$...$(a-x)z=\frac{2az}{1+zz}=$... $\sqrt{(aa-xx)}$...$dy=\frac{8a^2z^2dz}{(1+zz)^3}$, quantité rationelle & facile à intégrer.

Soit encore $dy=\frac{dx}{\sqrt{(xx-aa)}}$; en faisant $\sqrt{(xx-aa)}=(x-a)z$, on aura $dy=\frac{-2dz}{z^2-1}$...$y=l\frac{c(z+1)}{z-1}=l\frac{c}{a}(x+\sqrt{(xx-aa)})$.

870. Lorsque les facteurs de $a+bx+cx^2$ sont imaginaires, il faut faire évanouir le second terme de cette quantité en supposant $x+$

$\frac{b}{2c}=z$, & alors $Xdx\sqrt{(a+bx+cxx)}$ devient de cette forme ... $Zdz\sqrt{(zz+b'b')}$. Soit donc $\sqrt{(zz+b'b')}=z+u$, on aura $\frac{b'b'-uu}{2u}=z$ ... $\sqrt{(zz+b'b')}=z+u=\frac{b'b'+uu}{2u}$ ... $dz=-\frac{du}{2uu}(b'b'+uu)$; ces valeurs étant substituées dans la formule .. $\frac{Zdz}{\sqrt{(zz+b'b')}}$; ou $Zdz\times\sqrt{(zz+b'b')}$, la rendront rationelle.

Soit, par exemple, $dy=dx\sqrt{(xx+aa)}$; en faisant $\sqrt{(xx+aa)}=x+z$, on aura $dy=xdx+zdx$; or $dx=-\frac{dz}{2zz}(aa+zz)$. Donc $dy=xdx-\frac{aa}{2}.\frac{dz}{z}-\frac{zdz}{2}$, & $y=C+\frac{1}{2}xx-\frac{aa}{2}\,lz-\frac{1}{4}z^2=C-\frac{1}{4}aa+\frac{x}{2}\sqrt{(xx+aa)}+\frac{1}{2}aal(x+\sqrt{xx+aa})-aala$; soit donc $C-\frac{1}{4}aa-aala=C'$, on aura $y=C'+\frac{x}{2}\sqrt{(xx+aa)}+\frac{1}{2}aal(x+\sqrt{xx+aa})$.

871. On peut appliquer la même méthode au premier cas où $a+bx+cx^2$ a deux facteurs réels; car en faisant évanouir le second terme, on aura à intégrer $dz\sqrt{(zz-bb)}$, ou $dz\sqrt{(bb-zz)}$. Or si on suppose $\sqrt{(zz-bb)}=z-u$, ou $\sqrt{(bb-zz)}+b-uz$, on rendra rationelles l'une & l'autre différentielles.

Méthodes pour intégrer par Séries.

872. LORSQU'UNE différentielle n'est pas susceptible d'une intégration exacte, on a recours aux approximations, & les séries sont alors une des dernieres ressources. On voit bien, en effet, qu'en réduisant en série une fonction X de la variable x, on aura une suite de termes monomes dont les intégrales réunies donneront une valeur approchée de $\int X\,dx$.

Par exemple, on sait que l'intégrale de $\frac{dx}{a+x}$ est $l(a+x)$, & que $\frac{dx}{a+x}=\frac{dx}{a}-\frac{xdx}{a^2}+\frac{x^2dx}{a^3}-$ &c. Donc $\int\frac{dx}{a+x}$ ou $l(a+x)$

$= \frac{x}{a} - \frac{x^2}{2a^2} + \frac{x^3}{3x^3}$ — &c. + C. Mais si on fait $x = 0$, la constante $C = la$; on aura donc $l(a+x) = la + \frac{x}{a} - \frac{x^2}{2a^2} + \frac{x^3}{3a^3}$ — &c, & par conséquent $l(a-x) = la - \frac{x}{a}\left(1 + \frac{x}{2a} + \frac{x^2}{3a^2} + \&c\right)$. Supposons maintenant $\frac{x}{a} = \frac{z}{a+z}$, ou $x = \frac{az}{a+z}$, & nous aurons $l(a-x) = 2la - l(a+z) = la - \frac{z}{a+z} - \frac{z^2}{2(a+z)^2}$ — &c; donc $l(a+z) = la + \frac{z}{a+z} + \frac{z^2}{2(a+z)^2}$ + &c, série d'autant plus convergente que z sera plus petit que a. Par exemple, $l\,100 = l(99+1) = l\,99 + \frac{1}{100} + \frac{1}{2(100)^2}$ + &c $= 4{,}60517018$; & $l\,11 = l(10+1) = l\,10 + \frac{1}{11} + \frac{1}{2.\,11^2}$ + &c $= 2{,}397$ &c.

Si on a $dy = \frac{dx}{1+xx}$, alors $y =$ *Arc tang* x; mais $\frac{dx}{1+xx}$ étant réduit en série, donne $dy = dx - x^2dx + x^4dx - x^6dx$ + &c; donc y ou *Arc tang* $x = x - \frac{1}{3}x^3 + \frac{1}{5}x^5 - \frac{1}{7}x^7$ + &c.

Soit à présent y un arc quelconque, x son sinus, ou $y =$ *Arc sinus* x, on aura $dy = \frac{dx}{\sqrt{(1-xx)}} = dx(1-xx)^{-\frac{1}{2}} = dx\left(1 + \frac{1}{2}x^2 + \frac{1.\,3}{2.\,4}x^4 + \frac{1.\,3.\,5}{2.\,4.\,6}x^6 + \&c\right)$. Donc y, ou *Arc sin* $x = x + \frac{1}{2}.\frac{x^3}{3} + \frac{1.\,3}{2.\,4}.\frac{x^5}{5} + \frac{1.\,3.\,5}{2.\,4.\,6}.\frac{x^7}{7}$ + &c, intégrale à laquelle il n'y a pas de constante à ajouter; soit $x = 1$, & la demi-circonférence $= \pi$, on aura $\frac{\pi}{2} = 1 + \frac{1}{2}.\frac{1}{3} + \frac{1.\,3}{2.\,4}.\frac{1}{5} + \frac{1.\,3.\,5}{2.\,4.\,6}.\frac{1}{7}$ + &c. Si $x = \frac{1}{2}$, l'arc y devient $\frac{\pi}{6} = 1 + \frac{1}{2}.\frac{1}{3.\,2^3} + \frac{1.\,3}{2.\,4}.\frac{1}{5.\,2^5} + \frac{1.\,3.\,5}{2.\,4.\,6}.\frac{1}{7.\,2^7}$ + &c.

873. Ces exemples suffisent pour faire entendre la méthode précédente. Celle qui suit, est digne d'attention.

La formule $d(xy) = x\,dy + y\,dx$, donne $xy = \int x\,dy + \int y\,dx$; Donc, en général, $\int x\,dy = xy - \int y\,dx$, & si on désigne par X une fonction quelconque de x, on aura pareillement $\int X\,dx = Xx - \int x\,dX$. Je suppose $dX = X'\,dx$; donc par le même principe, $\int x\,dX$, ou $\int X'\,x\,dx = \frac{X'\,xx}{2} - \frac{\int xx\,dX'}{2}$.

Soit maintenant $dX' = X''$, on aura . . . . $\int \frac{xx\,dX'}{2} = \frac{x^3}{2.3} X'' - \int \frac{x^3}{2.3} dX''$, &c. Substituant ces différentes valeurs dans la premiere expression, on trouve . . . $\int X\,dx = Xx - \frac{x^2}{2} X' + \frac{x^3}{2.3} X'' - \frac{x^4}{2.3.4} X''' + \frac{x^5}{2.3.4.5} X^{IV} - $ &c, ou bien en supposant dx constante, $\int X\,dx = Xx - \frac{x^2\,dX}{2.dx} + \frac{x^3\,ddX}{2.3.dx^2} - \frac{x^4\,dddX}{2.3.4.dx^3} + $ &c.

Ex. Soit $X = \frac{1}{a+x}$, on aura $\frac{dX}{dx} = \frac{-1}{(a+x)^2}$, $\frac{ddX}{dx^2} = \frac{2}{(a+x)^3}$, $\frac{dddX}{dx^3} = \frac{-2.3}{(a+x)^4}$, &c. Donc $\int \frac{dx}{a+x} = \frac{x}{a+x} + \frac{x^2}{2(a+x)^2} + \frac{x^3}{3(a+x)^3} + $ &c. . . . . $+ C$, ou bien $l(a+x) = la + \frac{x}{a+x} + \frac{xx}{2(a+x)^2} + \frac{x^3}{3(a+x)^3} + $ &c, comme nous l'avons déja trouvé.

874. Soit maintenant $dy = m(a+x)^{m-1}dx$, dont l'intégrale est $y = (a+x)^m$; on aura $X = m(a+x)^{m-1}$, $\frac{dX}{dx} = m.(m-1)(a+x)^{m-2}$, $\frac{ddX}{dx^2} = m.m-1.m-2.(a+x)^{m-3}$, &c.

Donc y, ou $(a+x)^m = C + mx(a+x)^{m-1} - \frac{m.m-1}{2} x^2 (a+x)^{m-2} + \frac{m.m-1.m-2}{2.3} x^3 (a+x)^{m-3} - $ &c. Soit

$x=0$, on aura $C=a^m$, & $(a+x)^m = a^m + mx(a+x)^{m-1} - \frac{m.m-1}{2} x^2 (a+x)^{m-2} +$ &c. Faisons $a+x=z$, nous aurons $z^m = (z-x)^m + mxz^{m-1} + \frac{m.m-1}{2} x^2 z^{m-2} +$ &c; donc $(z-x)^m = z^m - mxz^{m-1} + \frac{m.m-1}{2} x^2 z^{m-2} -$ &c....

$(z+x)^m = z^m + mxz^{m-1} + \frac{m.m-1}{2} x^2 z^{m-2} +$ &c....

$\frac{(z+x)^m}{z^m} = 1 + m.\frac{x}{z} + \frac{m.m-1}{2}.\frac{x^2}{z^2} +$ &c.... & $\frac{(z+x)^{-m}}{z^{-m}} = \frac{z^m}{(z+x)^m} = 1 - m.\frac{x}{z} + \frac{m.m+1}{2}.\frac{x^2}{z^2} - \frac{m.m+1.m+2}{2.3}.\frac{x^3}{z^3} +$ &c. Maintenant si $z+x=b$, on aura $(b-x)^m = b^m(1 - \frac{mx}{b-x} + \frac{m.m+1}{2}.\frac{x^2}{(b-x)^2} -$ &c$)$, & $(b+x)^m = b^m(1 + \frac{mx}{b+x} + \frac{m.m+1}{2}.\frac{x^2}{(b+x)^2} + \frac{m.m+1.m+2}{2.3}.\frac{x^3}{(b+x)^3} +$ &c$)$.

875. Pour trouver la valeur de $y=a^x$, je différentie, & j'ai $dy = a^x dx\, la$ (796). Donc $X = a^x la$, $\frac{dX}{dx} = a^x l^2 a$, $\frac{ddX}{dx^2} = a^x l^3 a$, &c. ce qui donne y, ou $a^x = C + a^x x\, la - \frac{xx\, l^2 a}{2} a^x + \frac{x^3 l^3 a}{2.3} a^x -$ &c. Soit $x=0$, on aura $C=1$, & $a^x = 1 + x\, la.a^x - \frac{xx\, l^2 a}{2} a^x +$ &c; divisant par a^x, il viendra $1 = a^{-x} + x\, la - \frac{xx\, l^2 a}{2} +$ &c. Donc $a^{-x} = 1 - x\, la + \frac{x^2 l^2 a}{2} -$ &c; & par conséquent en supposant x positive, ses puissances impaires doivent changer de signe, ce qui rend la série toute positive... $a^x = 1 + x la + \frac{x.\, l^2 a}{2} + \frac{x\, l^3 a}{2.3} +$ &c, comme on le sait d'ailleurs.

876. Soit maintenant y un arc quelconque, x sa tangente, on

aura $dy = \frac{dx}{1+xx}$; mais comme en faisant $X = \frac{1}{1+xx}$, on trouveroit une série trop compliquée pour la valeur de l'arc y, on pourra modifier ainsi la méthode précédente.

D'abord il est clair que $y = \frac{x}{1+xx} - \int x\, d\left(\frac{1}{1+xx}\right) = \frac{x}{1+xx} + \int \frac{2x^2\, dx}{(1+xx)^2}$. Il est clair ensuite que $\int \frac{2x^2\, dx}{(1+xx)^2} = \frac{\frac{2}{3} x^3}{(1+xx)^2} + \int \frac{2 \cdot 4 \cdot x^4\, dx}{3(1+xx)^3}$. De même $\int \frac{2 \cdot 4 \cdot x^4\, dx}{3(1+xx)^3} = \ldots \frac{2 \cdot 4 \cdot x^5}{3 \cdot 5 (1+xx)^3} + \int \frac{2 \cdot 4 \cdot 6\, x^6\, dx}{3 \cdot 5 (1+xx)^4}$, &c. Donc *Arc tang* $x = \frac{x}{1+xx} + \frac{2x^3}{3(1+xx)^2} + \frac{2 \cdot 4 \cdot x^5}{3 \cdot 5 (1+xx)^3} + \frac{2 \cdot 4 \cdot 6 \cdot x^7}{3 \cdot 5 \cdot 7 (1+xx)^4}$ + &c. Donc en général, $y = \cos y \left(\sin y + \frac{2}{3} \sin^3 y + \frac{2 \cdot 4}{3 \cdot 5} \sin^5 y + \frac{2 \cdot 4 \cdot 6}{3 \cdot 5 \cdot 7} \sin^7 y + \&c.\right) = \ldots \frac{\sin 2y}{2}\left(1 + \frac{2}{3} \sin^2 y + \frac{2 \cdot 4}{3 \cdot 5} \sin^4 y + \frac{2 \cdot 4 \cdot 6}{3 \cdot 5 \cdot 7} \sin^6 y + \&c\right)$. Si $y = 45^\circ$, on aura ......

$$\pi = 2\left(1 + \frac{1}{1 \cdot 3} + \frac{1 \cdot 2}{1 \cdot 3 \cdot 5} + \frac{1 \cdot 2 \cdot 3}{1 \cdot 3 \cdot 5 \cdot 7} + \&c\right).$$

De l'intégration des différentielles Logarithmiques & Exponentielles.

877. POUR intégrer la différentielle logarithmique $X\,dx\,lx$, en supposant X une fonction quelconque de x, soit $y = lx$, & $dz = X\,dx$, on aura $\int X\,dx\,lx = \int y\,dz = yz - \int z\,dy = lx \int X\,dx - \int z \frac{dx}{x}$. Donc l'intégrale de la quantité proposée se réduit à celle de $X\,dx$, & de $\frac{dx}{x} \int X\,dx$. On pourra donc la trouver par les regles précédentes, si $\int X\,dx$ ne contient pas de transcendante.

EXEMPLES. Soit $X = x^n$; on aura $\int X\,dx = z = \frac{x^{n+1}}{n+1}$, &

$\int z\frac{dx}{x}=\frac{x^{n+1}}{(n+1)^2}$. Donc $\int x^n\, dx\, l x=\frac{1}{n+1}\, x^{n+1}(l x-\frac{1}{n+1})$; intégrale qui n'est sujette à d'autre exception qu'à celle du cas où $n=-1$. Mais alors on a $\int\frac{dx}{x}\; l x=\int l x\, d\, l x=\frac{1}{2}\, l^2\, x$.

Soit encore $X=\frac{1}{(1-x)^2}$, on aura $\int X\, dx=\frac{1}{1-x}$, $\int\frac{z\, dx}{x}=\int\frac{dx}{x(1-x)}=\int\frac{dx}{x}+\int\frac{dx}{1-x}=l\, x-l\,(1-x)$. Donc $\int\frac{dx\, l x}{(1-x)^2}=\frac{l x}{1-x}-l x+l\,(1-x)=\frac{x\, l x}{1-x}+l(1-x)$.

878. Si X est toujours une fonction de x, & qu'il s'agisse d'intégrer $d X\, l^n x$, on mettra cette expression sous la forme $\int d X\, l^n x=X l^n x-n\int\frac{X\, dx}{x}\; l^{n-1} x$; & supposant ensuite $\int\frac{X\, dx}{x}=X'$, on aura par la même formule, $\int d X'\, l^{n-1} x=X'\, l^{n-1} x-(n-1)\int\frac{X'\, dx}{x}\; l^{n-2} x$. Si on fait $\int\frac{X'\, dx}{x}=X''$, on aura $\int d X''\, l^{n-2} x=X''\, l^{n-2} x-(n-2)\int\frac{X''\, dx}{x}\; l^{n-3} x$, &c. Donc $\int d\, X\, l^n x=X l^n x-n X'\, l^{n-1}\, x+n\,.\,n-1\,.\,X''\, l^{n-2} x-n\,.\,n-1\,.\,n-2\,.\,X'''\, l^{n-3} x+$ &c ; expression qui ne dépend que de l'intégration de quantités algébriques, & qui n'aura qu'un nombre fini de termes, lorsque n sera entier & positif.

Soit, par exemple, $d\, X=x^m\, d\, x$, on aura $X=\frac{x^{m+1}}{m+1}$, $\int\frac{X\, dx}{x}=X' =\frac{x^{m+1}}{(m+1)^2}$, $\int\frac{X'\, dx}{x}=X''=\frac{x^{m+1}}{(m+1)^3}$, $X'''=\frac{x^{m+1}}{(m+1)^4}$, &c. Donc $\int x^m\, d\, x\, l^n\, x=\frac{x^{m+1}}{m+1}\,(l^n\, x-\frac{1}{m+1}\, l^{n-1} x+\frac{n\,.\,n-1}{(m+1)^2}\, l^{n-2}\, x-\frac{n\,.\,n-1\,.\,n-2}{(m+1)^3}\; l^{n-3}\; x+$ &c). Le seul cas qui échappe à la formule générale est celui où $m=-1$, & alors on a $\int\frac{dx}{x}\; l^n\, x=\frac{l^{n+1}\, x}{n+1}$.

879. Cette formule générale s'applique également au cas où n est négatif. Mais comme on a alors pour intégrale une série infinie, voici un autre moyen d'intégrer.

Proposons-nous la quantité $\frac{X\,dx}{(lx)^n}$, qui étant mise sous cette forme, $Xx \cdot \frac{dlx}{(lx)^n}$, donne $\int \frac{X\,dx}{(lx)^n} = \frac{-Xx}{(n-1)\,l^{n-1}x} + \frac{1}{n-1}\int \frac{1}{l^{n-1}x}$ $d(Xx)$. Faisant maintenant $d(Xx) = X^{I}\,dx$, $dX^{I}x = X^{II}\,dx$, $dX^{II}x = X^{III}\,dx$, &c, nous aurons $\int \frac{X\,dx}{(lx)^n} = \frac{-Xx}{(n-1)\,l^{n-1}x}$ $- \frac{X^{I}x}{(n-1)(n-2)\,l^{n-2}x} - \frac{X^{II}x}{(n-1)(n-2)(n-3)\,l^{n-3}x}$ — &c, jusqu'à un terme de la forme $\frac{1}{n-1\,.\,n-2\,.\,n-3\,\ldots\,2\,.\,1}\int \frac{X\,dx}{lx}$, dont l'intégration, si elle est possible, donnera celle de la formule proposée.

Soit par exemple $X = x^m$, nous aurons $X^{I} = x^m\,(m+1)$, $X^{II} = (m+1)^2\,x^m$, $X^{III} = (m+1)^3\,x^m$, &c. Donc.....

$$\int \frac{x^m\,dx}{l^n x} = \frac{-x^{m+1}}{(n-1)\,l^n x}\left(lx + \frac{m+1}{n-2}\,l^2 x + \frac{(m+1)^2}{n-2\,.\,n-3}\,l^3 x + \frac{(m+1)^3}{n-2\,.\,n-3\,.\,n-4}\,l^4 x + \&c\right) + \frac{(m+1)^{n-2}}{n-1\,.\,n-2\,\ldots\,1}\int \frac{x^m\,dx}{lx};$$

l'intégrale proposée se réduit donc à celle de $\frac{x^m\,dx}{lx}$. Or si on fait $x^{m+1} = u$, cette quantité deviendra $\frac{du}{lu}$, différentielle qu'on n'a pas encore pu intégrer. C'est pourquoi on ne peut avoir l'intégrale de $\frac{x^m\,dx}{l^n x}$ que par séries, excepté dans le cas où $m = -1$; car alors on trouve par la série précédente, & sans son secours, $\int \frac{dx}{x\,l^n x} = \frac{1}{1-n}\,l^{1-n}x$.

880. Soit maintenant la formule exponentielle $a^x\,X\,dx$ qu'il s'agisse

d'intégrer. J'obſerve d'abord que $a^x\, dx\, l a = d(a^x)$; donc $\int a^x dx = \frac{1}{la}. a^x$, & puiſque $\int a^x X dx = X \int a^x dx - \int dX \int a^x dx$, on a $\int a^x X dx = \frac{a^x X}{la} - \frac{1}{la} \int a^x dX$. Soit $dX = X' dx$, on aura $\int a^x dX = \int a^x X' dx = \frac{a^x X'}{la} - \frac{1}{la} \int a^x dX'$; ſoit $dX' = X'' dx$, & on aura $\int a^x dX' = \frac{a^x X''}{la} - \frac{1}{la} \int a^x dX''$, &c. Donc $\int a^x X dx = \frac{1}{la} a^x X - \frac{1}{l^2 a} a^x X' + \frac{1}{l^3 a} a^x X'' -$ &c, juſqu'à ce qu'on arrive à une intégrale $\int a^x dx'$, qui ſera au moins la plus ſimple des intégrales tranſcendantes de ſon eſpéce, ſi elle n'eſt pas ſuſceptible d'une intégration exacte.

881. Remarquons que ſi e eſt le nombre dont le logarithme $= 1$, on a $\int e^x X dx = e^x X - e^x X' + e^x X'' - e^x X''' + e^x X^{\text{IV}} - e^x X^{\text{V}} +$ &c. Soit, par exemple, $X = x^n$, on aura $X' = n x^{n-1}$, $X'' = n.n-1.x^{n-2}$, $X''' = n.n-1.n-2.x^{n-3}$, &c. Donc $\int a^x x^n dx = \frac{a^x}{la}\left(x^n - \frac{n x^{n-1}}{la} + \frac{n.n-1}{(la)^2} x^{n-1} - \frac{n.n-1.n-2}{(la)^3} x^{n-3} + \text{\&c}\right)$, & par conſéquent $\int e^x x^n dx = e^x (x^n - n x^{n-1} + n.n-1.x^{n-2} - n.n-1.n-2.x^{n-3} + \text{\&c})$.

882. Pour trouver l'intégrale de $\frac{a^x dx}{x}$, comme les regles précédentes deviennent inutiles, je réduis en ſérie, & j'ai $\frac{a^x dx}{x} = \frac{dx}{x} \left(1 + x la + \frac{x^2 l^2 a}{2} + \frac{x^3 l^3 a}{2.3} + \text{\&c.}\right) = \frac{dx}{x} + dx\, la + \frac{x dx}{2} l^2 a +$ &c. Donc $\int \frac{a^x dx}{x} = C + lx + x la + \frac{1}{2}. \frac{x^2 l^2 a}{2} + \frac{1}{3}. \frac{x^3 l^3 a}{2.3} +$ &c, & $\int \frac{e^x dx}{x} = C + lx + x + \frac{1}{2}. \frac{xx}{2} + \frac{1}{3}. \frac{x^3}{2.3} +$ &c. Soit $e^x = z$, on aura $\frac{e^x dx}{x} = \frac{dz}{lz}$ différentielle d'une quantité tranſcendante qui eſt égale à la ſérie infinie

$C + l.lz + lz + \frac{1}{2}\frac{l^2 z}{2} + \frac{1}{3}\frac{l^3 z}{2.3}$ + &c. Puiſqu'on a $\int \frac{dz}{lz} =$ $z\,llz - \int dz\,llz$, il eſt clair que $\int dz\,llz = z\,llz - \int \frac{dz}{lz}$, intégrale qui dépend encore de la quantité tranſcendante $\int \frac{dz}{lz}$.

883. Lorſque les regles précédentes ne pourront pas s'appliquer à l'intégration d'une quantité exponentielle, on la réduira en ſéries par la formule $a^x = 1 + x\,la + \frac{x^2 l^2 a}{2} + \frac{x^3 l^3 a}{2.3} + \frac{x^4 l^4 a}{2.3.4}$ + &c, & il ſera facile d'intégrer.

Soit $dy = x^{mx} dx$; on aura par les ſéries, $dy = dx\,(1 + mx\,lx + \frac{m^2 x^2 l^2 x}{2} + \frac{m^3 x^3 l^3 x}{2.3}$ + &c$) = dx + mx\,dx\,lx + \frac{m^2}{2} x^2\,dx\,l^2 x$ + &c, dont l'intégrale ſe trouve par celle de $x^m\,dx\,l^n x$ (878), & on a $\int x^{mx} dx = x\,(1 - \frac{mx}{2^2} + \frac{m^2 x^2}{3^3} - \frac{m^3 x^3}{4^4}$ + &c$) + mx^2\,lx\,(\frac{1}{2} - \frac{mx}{3^2} + \frac{m^2 x^2}{4^3}$ − &c$) + \frac{m^2 x^3 l^2 x}{2}$ $(\frac{1}{3} - \frac{mx}{4^2} + \frac{m^2 x^2}{5^3}$ − &c$)$ + &c, qui dans le cas particulier de $x = 1$ ſe réduit à la ſérie convergente $1 - \frac{m}{2^2} + \frac{m^2}{3^3} - \frac{m^3}{4^4}$ + &c. Cet exemple ſuffit pour faire voir comment on peut intégrer ces ſortes de quantités par ſéries.

De l'Intégration des Quantités différentielles où il entre des Sinus, des Coſinus, &c.

884. Puiſque $dx\,coſ\,x = d\,ſin\,x$, & que $-dx\,ſin\,x = d\,coſ\,x$, il eſt évident que $\int dx\,coſ\,x = ſin\,x$, que $\int dx\,ſin\,x = -coſ\,x$, que $\int dy\,coſ\,ny = \frac{1}{n}\int n\,dy\,coſ\,ny = \frac{1}{n}\,ſin\,ny$, & que $\int dy\,ſin\,ny = -\frac{1}{n}\,coſ\,ny$. Il eſt clair auſſi que $\int dz\,coſ\,z\,(ſin\,z)^m$

$= \int (\sin z)^n \, d \sin z = \frac{1}{n+1} (\sin z)^{n+1}$, & que $\int (dz \sin z) \cos^n z = - \frac{1}{n+1} (\cos z)^{n+1}$. De même, si on avoit à intégrer $dy \sin y \cos ay$, on feroit $\sin y \cos ay = \frac{1}{2} \sin (a+1) y - \frac{1}{2} \sin (a-1) y$, & l'intégrale deviendroit $- \frac{1}{2(a+1)} \cos (a+1) y + \frac{1}{2(a-1)} \cos (a-1) y$.

885. Il en seroit de même pour $dx \sin x \sin ax$, pour $dx \cos x \cos ax$, &c. On traiteroit avec la même facilité $dx \sin x \sin ax \cos bx$, &c, en réduisant ces produits à des sinus ou à des cosinus simples, par le moyen des valeurs de $\sin a \cos b$, $\sin a \sin b$, &c. On pourroit donc intégrer par cette méthode, $dx \sin^2 x$, $dx \sin^3 x$, $dx \cos^2 x$, &c : mais il est plus simple de les intégrer de la maniere suivante.

886. La formule $dx \sin^n x = dx \sin x . \sin^{n-1} x$. On a donc $\int dx \sin^n x = \sin^{n-1} x \int dx \sin x - \int [d (\sin^{n-1} x) . \int dx \sin x] = - \cos x \sin^{n-1} x + (n-1) \int dx \sin^{n-2} x \cos^2 x = - \cos x \sin^{n-1} x + (n-1) \int dx \sin^{n-2} x - (n-1) \int dx \sin^n x$; & en transposant, $\int dx \sin^n x = - \frac{1}{n} \cos x \sin^{n-1} x + \frac{n-1}{n} \int dx \sin^{n-2} x$. On a donc aussi $\int dx \sin^{n-2} x = - \frac{1}{n-2} \cos x \sin^{n-3} x + \frac{n-3}{n-2} \int dx \sin^{n-4} x$; & par conséquent $\int dx \sin^n x = - \frac{1}{n} \cos x \sin^{n-1} x - \frac{n-1}{n.n-2} \cos x \sin^{n-1} x + \frac{n-1.n-3}{n.n-2} \int dx \sin^{n-4} x = - \frac{1}{n} \cos x \sin^{n-1} x - \frac{n-1}{n.n-2} \cos x \sin^{n-3} x - \frac{n-1.n-3}{n.n-2.n-4} \cos x \sin^{n-5} x - \frac{n-1.n-3.n-5}{n.n-2.n-4.n-6} \cos x \sin^{n-7} x -$ &c .... $- \frac{n-1.n-3 .... 2}{n.n-2.n-4 .... 4} \cos x$; formule qui n'a lieu que dans les cas où n est impair, & alors l'intégrale ne dépend que des quantités $\cos x$, $\sin x$. Mais lorsqu'il est pair, au lieu du dernier

terme de la série, qui seroit de cette forme $-\frac{n-1.n-3\ldots 1}{n.n-2\ldots\ldots 0}.\frac{\cos x}{\sin x}$

on auroit $+\frac{n-1.n-3\ldots\ldots\ldots 1}{2.4\ldots\ldots\ldots n-2.n}\int dx \sin^{n-n} x =$

$+\frac{n-1.n-3\ldots\ldots 1}{2.4\ldots\ldots\ldots\ldots n} x$. L'intégrale seroit donc alors .....

$-\frac{1}{n}\cos x \sin^{n-1} x - \frac{n-1}{n.n-2}\cos x \sin^{n-3} x -$ &c. ....

$+\frac{n-1.n-3\ldots\ldots 1}{2.4\ldots\ldots\ldots\ldots n} x.$

Ex. $\int dx \sin^5 x = -\frac{1}{5}\cos x \sin^4 x - \frac{4}{5.3}\cos x \sin^2 x - \frac{4.2}{5.3}\cos x$;

& $\int dx \sin^6 x = -\frac{1}{6}\sin^5 x \cos x - \frac{5}{6.4}\sin^3 x \cos x - \frac{5.3}{6.4.2}\sin x \cos x$

$+\frac{5.3.1}{2.4.6} x.$

887. Faisons $x = 90° - z$, nous aurons $dx = -dz \ldots \sin x = \cos z$,

& $\int dz \cos^n z = \frac{1}{n}\sin z \cos^{n-1} z + \frac{n-1}{n.n-2}\sin z \cos^{n-3} z + \ldots$

$\frac{n-1.n-3}{n.n-2.n-4}\sin z \cos^{n-5} z + \frac{n-1.n-3.n-5}{n.n-2.n-4.n-6}\sin z \cos^{n-7} z + \ldots$

$+\frac{n-1.n-3.n-5\ldots 2}{n.n-2.n-4\ldots\ldots 1}\sin z$, si n est impair; & s'il est pair, le

dernier terme $= +\frac{n-1.n-3\ldots\ldots 1}{n.n-2\ldots\ldots 2} z$. Par exemple, $\int dy \cos^5 y =$

$\frac{1}{5}\sin y \cos^4 y + \frac{4}{5.3}\sin y \cos^2 y + \frac{4.2}{5.3.1}\sin y$, & $\int dy \cos^6 y$

$= \frac{1}{6}\sin y \cos^5 y + \frac{5}{6.4}\sin y \cos^3 y + \frac{5.3}{6.4.2}\sin y \cos y + \frac{5.3.1}{6.4.2} y.$

888. Soit maintenant à intégrer $dy \sin^m y \cos^n y$; puisque

$d(\sin^p y \cos^q y) = p \cos^{q+1} y \sin^{p-1} y . dy - q \cos^{q-1} y \sin^{p+1} y$

$. dy$, on a $\int dy \sin^{p-1} y \cos^{q+1} y = \frac{1}{p}\sin^p y \cos^q y + \frac{q}{p}\int dy$

$cos^{q-1} y \, sin^{p+1} y$. Donc $\int dy \, sin^m y \, cos^n y = \frac{1}{m+1} sin^{m+1} y$ $cos^{n-1} y + \frac{n-1}{m+1} \int dy \, cos^{n-2} y \, sin^{m+2} y$. Substituant $1 - cos^2 y$ à la place de $sin^2 y$, & transposant, on a $\int dy \, sin^m y \, cos^n y =$ $\frac{1}{m+n} sin^{m+1} y \, cos^{n-1} y + \frac{n-1}{m+n} \int dy \, sin^m y \, cos^{n-2} y = \frac{1}{m+n}$ $sin^{m+1} y \, cos^{n-1} y + \frac{n-1}{m+n \, . \, m+n-2} sin^{m+1} y \, cos^{n-3} y + \ldots$ $\frac{n-1 \, . \, n-3 \, . \, sin^{m+1} y \, cos^{n-5} y}{m+n \, . \, m+n-2 \, . \, m+n-4} + \&c \ldots + \frac{n-1 . n-3 \ldots 2 \, sin^{m+1} y}{m+n . m+n-2 \ldots m+1}$, si n est impair, ou jusqu'au dernier terme $+ \ldots\ldots$ $\frac{n-1 \, . \, n-3 \ldots\ldots 1}{m+n \, . \, m+n-2 \ldots m+2} \int dy \, sin^m y$, si n est pair.

889. Faisons $y = 90° - z$, nous aurons $\int dz \, cos^m z \, sin^n z =$ $- \frac{1}{m+1} sin^{n-1} z \, cos^{m+1} z - \frac{n-1 \, . \, sin^{n-3} z \, cos^{m+1} z}{m+n \, . \, m+n-2} - \ldots$ $\frac{n-1 \, . \, n-3 \, cos^{m+1} z \, sin^{n-5} z}{m+n \, . \, m+n-2 \, . \, m+n-4} - \&c \ldots - \frac{n-1 \, . \, n-3 \ldots 2 \, cos^{m+1} z}{m+n \, . \, m+n-2 \ldots m+1}$ si n est impair, & jusqu'au terme $+ \frac{n-1 \, . \, n-3 \ldots 1 \int dz \, cos^m z}{m+n \, . \, m+n-2 \ldots m+2}$, s'il est pair.

Par exemple, la premiere formule donne ... $\int dy \, cos^3 y \, sin^5 y =$ $\frac{1}{8} sin^6 y \, (cos^2 y + \frac{1}{3}) = \frac{1}{8} sin^6 y \, (\frac{4}{3} - sin^2 y)$, & la seconde ...... $\int dy \, cos^3 y \, sin^5 y = -\frac{1}{8} cos^4 y \, (sin^4 y + \frac{2}{3} sin^2 y + \frac{1}{3})$. Il faut donc que ces deux résultats soient égaux, ou tout au moins qu'ils ne différent que d'une quantité constante. Dans le cas présent, cette quantité est $\frac{1}{24}$, en réduisant tout en sinus, & comparant les deux résultats.

890. Considérons maintenant les fractions où il entre des sinus ; & comme les plus simples sont $\frac{dy}{sin \, y} \ldots \frac{dy}{cos \, y} \ldots \frac{dy \, cos \, y}{sin \, y} \ldots\ldots$ $\frac{dy \, sin \, y}{cos \, y}$; commençons par les intégrer.

La

La premiere, $\frac{dy}{\sin y} = \frac{dy \sin y}{\sin^2 y} = \frac{-d \cos y}{1 - \cos^2 y} = \frac{-\frac{1}{2} d \cos y}{1 + \cos y} - \frac{\frac{1}{2} d \cos y}{1 - \cos y}$. Donc $\int \frac{dy}{\sin y} = \frac{1}{2} l \frac{1 - \cos y}{1 + \cos y} = \frac{1}{2}\, l\, tang^2 \frac{1}{2} y$ (557) $= l\, tang \frac{1}{2} y$.

Pour intégrer la seconde, soit $y = 90° - z$, & on aura $dy = -dz$; $\sin y = \cos z$; donc $\int \frac{dz}{\cos z} = -\, l\, tang\, (45° - \frac{1}{2} z) = -\, l \cot (45° + \frac{1}{2} z) = l\, tang\, (45° + \frac{1}{2} z)$.

La troisieme de ces fractions, $\int \frac{dy \cos y}{\sin y}$, a pour intégrale $\int \frac{d \sin y}{\sin y} = l \sin y = \int dy \cot y$.

La quatrieme, $\int \frac{dy \sin y}{\cos y} = -\, l \cos y = l\, séc\, y = \int dy\, tang\, y$; de même $\int \frac{dy}{\sin y \cos y} = \int \frac{2\, dy}{\sin 2 y} = l\, tang\, y$.

891. Cela posé, cherchons l'intégrale de la formule $\frac{dy}{\sin^m y}$. Nous avons déja vu (886) que $\int dy \sin^n y = -\frac{1}{n} \cos y \sin^{n-1} y + \frac{n-1}{n} \int dy \sin^{n-2} y$; faisons donc $n - 2 = -m$, ou $n = 2 - m$, & nous aurons $\int \frac{dy}{\sin^{m-2} y} = \frac{1}{m-2} \cos y \sin^{1-m} y + \frac{1-m}{2-m} \int \frac{dy}{\sin^m y}$; donc $\int \frac{dy}{\sin^m y} = -\frac{1}{m-1} . \frac{\cos y}{\sin^{m-1} y} + \frac{m-2}{m-1} \int \frac{dy}{\sin^{m-2} y} = -\frac{1}{m-1} . \frac{\cos y}{\sin^{m-1} y} - \frac{m-2}{m-1 . m-3} . \frac{\cos y}{\sin^{m-3} y} - \frac{m-2 . m-4}{m-1 . m-3 . m-5} . \frac{\cos y}{\sin^{m-5} y}$ — &c. . . . . . . jusqu'au terme $+ \frac{m-2 . m-4 . . . . . 1}{m-1 . m-3 . . . . . 2} \int \frac{dy}{\sin y}$, c'est-à-dire, $\frac{m-2 . m-4 . . . . . 1}{m-2 . m-3 . . . . . 1}\, l\, tang \frac{1}{2} y$, si m est impair, & jusqu'à $\frac{m-1 . m-4 . . . . 2}{m-1 . m-3 . . . . 1} . \frac{\cos y}{\sin y}$ si m est pair.

892. Supposons $y = 90° - z$, & la formule précédente donnera

$\int \frac{dz}{\cos^m z} = \frac{1}{m-1} \cdot \frac{\sin z}{\cos^{m-1} z} + \frac{m-2}{m-1 \cdot m-3} \cdot \frac{\sin z}{\cos^{m-3} z} + \frac{m-2 \cdot m-4}{m-1 \cdot m-3 \cdot m-5} \cdot \frac{\sin z}{\cos^{m-5} z} +$ &c .... jusqu'au terme $+ \frac{m-2 \cdot m-4 \ldots\ldots 2}{m-1 \cdot m-3 \ldots\ldots 1} \cdot \frac{\sin z}{\cos z}$, si m est pair, & jusqu'au terme $+ \frac{m-2 \cdot m-4 \ldots\ldots 1}{m-1 \cdot m-3 \ldots\ldots 2} \cdot \int \frac{dz}{\cos z} = \frac{m-2 \cdot m-4 \ldots\ldots 1}{m-1 \cdot m-3 \ldots\ldots 2} \, l\,tang\,(45° + \tfrac{1}{2} z)$, si m est impair. Par exemple, $\int \frac{dy}{\cos^7 y} = \frac{1}{6} \cdot \frac{\sin y}{\cos^6 y} + \frac{5}{6.4} \cdot \frac{\sin z}{\cos^4 y} + \frac{5 \cdot 3}{6 \cdot 4 \cdot 2} \cdot \frac{\sin y}{\cos^2 y} + \frac{5 \cdot 3 \cdot 1}{6 \cdot 4 \cdot 2} \, l\,tang\,(45° + \tfrac{1}{2} y)$.

893. Il est donc facile d'intégrer la formule $\frac{dy \cos^m y}{\sin^n y}$: car si m est un nombre impair $2k+1$, on a $\frac{dy \cos^{2k+1} y}{\sin^n y} = \frac{d(\sin y)}{\sin^n y} (1 - \sin^2 y)^k$, qui est évidemment intégrable, quel que soit n. Si m est un nombre pair $2k$, alors $\frac{dy \cos^{2k} y}{\sin^n y} = \frac{dy (1 - \sin^2 y)^k}{\sin^n y}$, expression qui étant développée s'intégrera facilement par la formule $\int \frac{dy}{\sin^m y}$.

894. Il en seroit de même pour $\frac{dy \sin^m y}{\cos^n y}$, & la formule ... $\frac{dy}{\sin^m y \cos^n y}$ s'intégreroit par les mêmes principes; ensorte qu'il est aisé d'intégrer les différentielles où il entre des sinus & des cosinus, lorsqu'elles sont susceptibles d'intégration.

De l'Intégration des Différentielles à plusieurs Variables.

895. SOIT $P\,dx + Q\,dy$ une différentielle à deux variables, dans laquelle P & Q sont des fonctions quelconques de x & de y. Si T est son intégrale, on aura $dT = P\,dx + Q\,dy$. Donc si on ne prend la différentielle de T qu'en faisant varier y, on

aura $dT = Q\,dy$, & si on ne prend la différentielle de T qu'en faisant varier x, on aura $dT = P\,dx$.

Marquant donc par $d^y T$ la différentielle de T prise en faisant varier y seul, & par $d^x T$ sa différentielle en ne faisant varier que x; on aura $d^y T = Q\,dy$, $d^x T = P\,dx$. Donc $d^x(d^y T) = dy\,d^x Q$, $d^y(d^x T) = dx\,d^y P$. Or il est clair que $d^x d^y T = d^y d^x T$. Donc $dy\,d^x Q = dx\,d^y P$, ou $\frac{d^x Q}{dx} = \frac{d^y P}{dy}$; c'est-à-dire, que *si la différentielle* P dx + Q dy *peut être intégrée, la différentielle de* Q *prise en faisant varier* x *seule & divisant par* dx, *doit être égale à la différentielle de* P *prise en faisant varier* y *seul & divisant par* dy.

896. Cette condition ayant lieu, il sera facile d'intégrer. Car puisque $d^x T = P\,dx$, si on marque par $\int^x$ les intégrales prises en ne considérant que x comme variable, on aura $T = \int^x P\,dx +$ une constante qui peut être une fonction Y de y comme il est évident. Ainsi T ou $\int(P\,dx + Q\,dy) = \int^x(P\,dx) + Y$. On a de même $T = \int(P\,dx + Q\,dy) = \int^y(Q\,dy) +$ une fonction X de x. Donc $\int^y(Q\,dy) + X = \int^x(P\,dx) + Y$, ou $\int^y Q\,dy - \int^x P\,dx = Y - X$. On fera donc dans la quantité qu'on aura pour la valeur de $\int^y(Q\,dy) - \int^x(P\,dx)$, $x = 0$, & on aura Y. Si on fait $y = 0$, on aura la valeur de $-X$, & par-là l'intégrale de $P\,dx + Q\,dy$ sera déterminée.

Soit, par exemple, la quantité $(3z^2 + 2bzy - 3y^2)\,dz + (bz^2 - 6zy + 3cy^2)\,dy$, qui est intégrable, parce que

$$\frac{d^y(3z^2 + 2bzy - 3yy)}{dy} = 2bz - 6y = \frac{d^z(bz^2 - 6zy + 3cy^2)}{dz}.$$

On aura $\int^z(P\,dz) = z^3 + byzz - 3y^2 z$, $\int^y(Q\,dy) = bz^2 y - 3zy^2 + cy^3$. Par conséquent $Y - X = cy^3 - z^3$, faisant $z = 0$, on a $Y = cy^3$, & si on suppose $y = 0$, on aura $X = z^3$. Donc l'intégrale de la différentielle proposée est $z^3 + bz^2 y - 3zy^2 + cy^3 + C$.

897. On pourroit trouver la quantité Y sans avoir besoin de

$\int^y Q\,dy$. Car puisque $\int(P\,dx + Q\,dy) = \int^x P\,dx + Y$, il est clair que si on différentie $\int^x (P\,dx)$ en faisant varier y seul, en sorte que le résultat soit $P'\,dy$, on doit avoir $Q\,dy = P'\,dy + dY$; donc $Y = \int(Q - P')\,dy$. Ainsi dans l'exemple précédent, $\int^z P\,dz = z^3 + bz^2y - 3zy^2$, dont la différentielle prise en faisant varier y seul donne $P'\,dy = (bz^2 - 6zy)\,dy$. Donc $Y = \int(Q - P')\,dy = \int 3cy^2\,dy = cy^3$.

898. Si on a une différentielle à trois variables $P\,dx + Q\,dy + R\,dz$, en appellant son intégrale T, on aura $d^xT = P\,dx$, $d^yT = Q\,dy$, $d^zT = R\,dz$. Donc pour que la différentielle proposée soit complette, ou puisse être intégrée, il faut qu'on ait $\frac{d^yP}{dy} = \frac{d^xQ}{dx}$, $\frac{d^zP}{dz} = \frac{d^xR}{dx}$, $\frac{d^zQ}{dz} = \frac{d^yR}{dy}$. Ces trois conditions ayant lieu, l'intégrale sera $\int^x P\,dx + V$, V étant une fonction des deux autres variables y & z.

899. Pour la déterminer, on différentiera $\int^x P\,dx$, en faisant varier y & z, & on aura une quantité de cette forme, $P'\,dy + P''\,dz$; il faudra donc qu'on ait $dV + P'\,dy + P''\,dz = Q\,dy + R\,dz$, & par conséquent $V = \int[(Q - P')\,dy + (R - P'')\,dz]$, intégrale où il n'entrera que deux variables, & qu'on aura par la méthode précédente. Il est clair qu'on pourroit trouver l'intégrale par le moyen de $\int^y Q\,dy$, ou par $\int^z R\,dz$, de la même maniere que par $\int^x P\,dx$.

Soit, par exemple, la quantité $(2xy^2 + 4bz^2x^3)\,dx + \left[\frac{y}{\sqrt{(yy+zz)}} + 3y^2 + 2yx^2\right]dy + \left[4z^3 + 2bx^4z + \frac{z}{\sqrt{(yy+zz)}}\right]dz$ qui a les trois conditions nécessaires pour être intégrable; on aura $\int^x P\,dx = y^2x^2 + bz^2x^4$, dont la différentielle, prise en faisant varier y & z, donne $P' = 2yx^2$, $P'' = 2bzx^4$. Donc $dV = \left[\frac{y}{\sqrt{(yy+zz)}} + 3y^2\right]dy + \left[4z^3 + \frac{z}{\sqrt{(yy+zz)}}\right]dz = 4z^3\,dz + 3y^2\,dy + \frac{y\,dy + z\,dz}{\sqrt{(yy+zz)}}$, dont l'intégrale s'apperçoit tout de ſuite, ſans le ſecours de la méthode précédente, & on a $V = z^4 + y^3 + \sqrt{(yy + zz)}$. Donc celle de la différentielle propoſée eſt $z^4 + y^3 + \sqrt{(yy + zz)} + y^2 x^2 + b z^2 x^4 + C$. Il n'eſt pas difficile à préſent de trouver les conditions que doivent avoir les différentielles à un plus grand nombre de variables, & d'intégrer lorſque ces conditions ont lieu.

900. Cela poſé, voyons comment on integre les différences ſecondes. Soit d'abord la différentielle du ſecond ordre $P\,ddx + Q\,dx^2$, dans laquelle P & Q ſont des fonctions quelconques de la variable x. Si on conſidere dx comme une variable y, la différentielle propoſée ſera $P\,dy + Q\,y\,dx$. Or pour qu'elle ſoit intégrable, il faut que $\frac{d^x P}{dx} = \frac{d^y Qy}{dy}$; mais il n'entre que des x dans P, il n'y a point de y dans Q. Donc $\frac{dP}{dx} = \frac{Q\,dy}{dy} = Q$, ou $dP = Q\,dx$; condition néceſſaire pour qu'une différentielle du ſecond ordre $P\,ddx + Q\,dx^2$ ſoit intégrable. Si cette condition a lieu, on a $\int (P\,ddx + Q\,dx^2) = \int (P\,ddx + dx\,dP) = \int^y P\,dy = Py = P\,dx$.

Exemple. La différentielle $m x^{m-1} ddx + m \,.\, m - 1 \,.\, x^{m-2} dx^2$ eſt intégrable, parce que $dP = m \,.\, m - 1 \,.\, x^{m-2} dx = Q\,dx$; & l'intégrale eſt $m x^{m-1} dx$, qui étant intégrée de nouveau donne $x^m + C$.

901. Si dx a été ſuppoſée conſtante, la différentielle eſt $Q\,dx^2$, dont l'intégrale (à cauſe de $P = \int Q\,dx$) eſt $dx \int Q\,dx$ + la conſtante $C\,dx$. Par exemple, $\int dx^2 (1 - xx) = dx \int (dx - xx\,dx) = dx (x - \frac{1}{3} x^3) + C\,dx$, & en intégrant de nouveau, on a $Cx + C' + \frac{1}{2} xx - \frac{1}{12} x^4$.

902. Soit une différentielle générale du ſecond ordre $P\,ddx + Q\,dx^2$; ſi on la différentie, on aura $P\,d^3x + (dP + 2Q\,dx)\,ddx + dQ\,dx^2$. Donc réciproquement une différentielle générale du troiſieme ordre $R\,d^3x + S\,dx\,ddx + T\,dx^3$ ſera intégrable, ou réductible à une différentielle du ſecond ordre, ſi $\frac{S}{2} - \frac{dR}{2dx} = \int T\,dx$; alors l'intégrale ſera $R\,ddx + dx^2 \int T\,dx$. Par exemple, $xx\,d^3x + 2x^3\,dx\,ddx + (3xx - 1)\,dx^3$, a la condition néceſſaire pour être intégrable, & ſon intégrale eſt $xx\,ddx + dx^2 (x^3 - x)$.

903. Si dx est constante, alors il est clair que, sans aucune condition, $\int T\,dx^3 = dx^2 \int T\,dx + C\,dx^2$, l'intégrale de cette différentielle est $dx \int (dx \int T\,dx) + C\,x\,dx + C'\,dx$; enfin l'intégrale de celle-ci est $\int dx \int dx \int T\,dx + \frac{C\,xx}{2} + C'\,x + C''$.

C'est ainsi que $\int x^m\,dx^3 = \frac{x^{m+3}}{m+1 \,.\, m+2 \,.\, m+3} + \frac{1}{2} C\,x^2 + C'\,x + C''$. On trouveroit de la même maniere les intégrales des différentielles plus élevées, & les conditions de leurs coefficients.

904. Considérons maintenant les différentielles du second ordre à deux variables, représentées généralement par $P\,ddx + Q\,ddy + R\,dx^2 + S\,dx\,dy + T\,dy^2$. Pour trouver les conditions des coefficients P, Q, R, &c, je prends la différentielle de $A\,dx + B\,dy$, dans laquelle A & B sont des fonctions quelconques de x & de y, & j'ai $A\,ddx + B\,ddy + dA\,dx + dB\,dy$. Or $dA = \frac{d^x A}{dx} \,.\, dx + \frac{d^y A}{dy} \,.\, dy$; on a donc $A\,ddx + B\,ddy + \frac{d^x A}{dx} \,.\, dx^2 + \left(\frac{d^y A}{dy} + \frac{d^x B}{dx}\right) dx\,dy + \frac{d^y B}{dy} \,.\, dy^2$; d'où il suit que la différentielle proposée est intégrable, toutes les fois que $R = \frac{d^x P}{dx}$, que $S = \frac{d^y P}{dy} + \frac{d^x Q}{dx}$, & que $T = \frac{d^x Q}{dy}$.

905. Ces conditions ayant lieu, l'intégrale sera $P\,dx + Q\,dy$, & si dx a été supposée constante, l'intégrale de $Q\,ddy + R\,dx^2 + S\,dx\,dy + T\,dy^2$ sera $Q\,dy + dx \int^x R\,dx + C\,dx$, (à cause de $P = \int^x R\,dx$), & les conditions de cette nouvelle différentielle seront $T = \frac{d^y Q}{dy}$, $S = \frac{d^x Q}{dx} + \frac{d^y \int^x R\,dx}{dy}$. Par exemple, $6x^2\,dx\,dy + 6\,x\,y\,dx^2 + x^3\,ddy$ dans laquelle dx est constante, a les conditions précédentes, & son intégrale est $x^3\,dy + 3\,x^2\,y\,dx + C\,dx$, qui en intégrant de nouveau donne $x^3\,y + C\,x + C'$. On trouveroit de la même maniere les conditions pour un plus grand nombre de variables.

Applications du Calcul Intégral.

LES applications du Calcul Intégral s'étendent à toutes les parties des Mathématiques : mais pour nous borner à celles qui sont purement géométriques, & qui servent de fondement aux autres, nous déterminerons les formules des quadratures & des rectifications des courbes, les solidités des corps, celles des solides de révolution, ainsi que leurs surfaces, & nous finirons par quelques usages de la méthode inverse des tangentes.

De la Quadrature des Courbes.

906. SOIT la courbe AM, son axe AP, PM l'ordonnée au 198.
point M ; pour trouver la quadrature de l'espace AMP, je mene une autre ordonnée mp, & la ligne Mr parallele à Pp ; alors j'ai la surface de l'espace MmpP $=$ MP $\times$ Pp $+$ Mmr : imaginons maintenant que le point m s'approche du point M, le triangle Mmr diminuera de plus en plus, mais ne pourra devenir zéro que lorsque le point m tombera sur le point M ; alors MmpP s'évanouira & sera la différentielle de l'espace AMP ; Pp sera dx, & on aura d(AMP) $= y\,dx$, & par conséquent AMP $= \int y\,dx + C =$ (873) $C + xy - \frac{xx\,dy}{2\,dx} + \frac{x^3\,ddy}{2.3.dx^2} - \frac{x^4\,d^3y}{2.3.4\,dx^3} + \&c.$ Donc l'espace AQM $= \int x\,dy = C + xy - \frac{yy\,dx}{2\,dy} + \frac{y^3\,d^2x}{2.3.dy^2} - \&c.$

907. Ex. I. Soit un quart de cercle décrit du centre A & du 199
rayon a, on aura $y = \sqrt{(aa - xx)}$, & l'espace AQMP $=$ $\int dx\sqrt{(aa-xx)} + C = C + ax - \frac{x^3}{2.3a} - \frac{1.x^5}{2.4.5a^3} - \frac{1.3x^7}{2.4.6.7a^5} - \frac{1.3.5}{2.4.6.8}.\frac{x^9}{9a^7} - \frac{1.3.5.7}{2.4.6.8.10}.\frac{x^{11}}{11a^9} - \&c.$ Faisons $x = 0$, nous aurons AQMP $= 0$, & par conséquent $C = 0$. Donc AQMP $= ax - \frac{1}{2}.\frac{x^3}{3a} - \frac{1}{2.4}.\frac{x^5}{5a^3} - \frac{1.3}{2.4.6}.\frac{x^7}{7a^5} - \&c.$ (712).

1G. Ex. II. Dans l'ellipse, $y = \frac{b}{a}\sqrt{(aa - xx)}$. Donc $\int y\,dx = \frac{b}{a}\left(ax - \frac{1}{2}\cdot\frac{x^3}{3a} - \frac{1}{2\cdot4}\cdot\frac{x^5}{5a^3} - \&c\right)$, comme nous l'avons déja trouvé (714).

Ex. III. Dans la parabole, $y\,dx = p^{\frac{1}{2}}x^{\frac{1}{2}}\,dx$, & $\int y\,dx =$
98. $\frac{2}{3}p^{\frac{1}{2}}x^{\frac{3}{2}} = \frac{2}{3}xy$, ou l'espace APM est les deux tiers du rectangle circonscrit (715). L'équation aux paraboles de tous les degrés est $y^m = x^n a^{m-n}$; donc $m\,ly = n\,lx + (m-n)\,la$; donc $\frac{m\,dy}{y} = \frac{n\,dx}{x}$, ou $m : n :: y\,dx : x\,dy :: \int y\,dx : \int x\,dy ::$ AMP : AMQ. Par conséquent l'espace AMP est au rectangle circonscrit APMQ :: $m : m+n$.

Ex. IV. Dans l'hyperbole équilatere, $xy = aa$, & $y\,dx =$
00. $\frac{aa\,dx}{x}$. Donc $\int y\,dx = aa\,lx + C$. Si on veut compter les espaces depuis l'origine A, lorsque $x = 0$, l'espace sera $= 0$. Donc $C = -aa\,l0$, & l'espace Q'APMN $= aa\,lx - aa\,l0 = \infty$.

Si $x =$ AD, alors Q'ADBN $= aa\,la - aa\,l0$; donc BDPM $= aa\,lx - aa\,la = aa\,l\frac{x}{a}$, comme on le savoit déja.

01. EXEMPLE V. Dans la cissoïde, $y = \frac{x^2}{\sqrt{ax - xx}}$, & $y\,dx = x^{\frac{3}{2}}dx\,(a-x)^{-\frac{1}{2}}$; donc $\int y\,dx$ ou l'espace AKMPA $= \int x^{\frac{3}{2}}dx\,(a-x)^{-\frac{1}{2}}$. Or $\int dx\,(ax-xx)^{\frac{1}{2}} =$ le demi-segment AONP, & si on se propose de ramener $\int x^{\frac{1}{2}}dx\,(a-x)^{\frac{1}{2}}$ à $\int x^{\frac{3}{2}}dx\,(a-x)^{-\frac{1}{2}}$, on trouvera que la réduction est possible, & que l'on a (860), $\int x^{\frac{1}{2}}dx\,(a-x)^{\frac{1}{2}} = \frac{2}{3}x^{\frac{3}{2}}(a-x)^{\frac{1}{2}} + \frac{1}{3}\int x^{\frac{3}{2}}dx\,(a-x)^{-\frac{1}{2}}$. Donc $\int x^{\frac{3}{2}}dx\,(a-x)^{-\frac{1}{2}} = 3\int dx\,(ax-xx)^{\frac{1}{2}} - 2x\,(ax-xx)^{\frac{1}{2}}$, ou APMKA $= 3$ APNOA $- 4$ ANP $= 3$ AONA $-$ ANP. Donc l'espace infiniment long MKABQ est triple du demi-cercle générateur ANB.

02. Ex. VI. Dans la logarithmique, $y\,dx = m\,dy$, & $\int y\,dx$, ou

ABPM $= my + C$. Mais lorsque $y = 1 = AB$, l'espace ABMP devient nul. Donc $C = -m$, & $ABMP = m(y-1) =$ le rectangle OIQM. Si on fait $y = 0$, on aura l'espace infiniment long $BXYA = -m =$ le rectangle PQIT. FIG.

Ex. VII. Soit une courbe BM qui ait pour équation $y = x^x$, on aura (883) l'espace $ABMP = S x^x dx = x\left(1 - \frac{x}{2^2} + \frac{x^2}{3^3} - \frac{x^3}{4^4} + \&c.\right) + x\,x\,lx\left(\frac{1}{2} - \frac{x}{3^2} + \frac{xx}{4^3} - \&c.\right) + \frac{x^3 l^2 x}{2}\left(\frac{1}{5} - \frac{x}{4^2} + \frac{x^2}{5^3} - \&c.\right) + \&c$; & lorsque $x = AP = PM = 1$, on a l'espace $ABMP = 1 - \frac{1}{2^2} + \frac{1}{3^3} - \frac{1}{4^4} + \frac{1}{5^5} - \frac{1}{6^6} + \&c$, $= 0{,}78343049 7589$. 203.

Ex. VIII. Soit la courbe des sinus AMA′M′, &c dont l'équation est $y = \sin x$, on aura $APM = \int dx \sin x = C - \cos x$. Faisons $x = 0$, nous aurons $C = 1$, & $APM = 1 - \cos x$. Soit $x = 180° = \pi$, on aura $AMA'A = 2 =$ le double du quarré du rayon. Si on suppose $x = 2\pi = AA''$, on aura l'espace $AMA'A + A'M'A''A' = 0$, ce qui est évident, puisque l'un est positif & l'autre négatif. En général si $x = 2k\pi$, l'espace sera zéro, & si $x = (2k+1)\pi$, l'espace sera $= 2$. 204.

Si on met l'origine des x au point A, milieu de A′ A′, on aura $y = \cos x$. Donc l'espace $ABMP = \sin x$, l'espace $ABA'A = 1$, & $A'MBA'A = 0$, ou $= 2$, si on ne fait pas attention à ses deux parties, l'une positive, l'autre négative. 205.

908. Si les ordonnées partent d'un point fixe C, voici comment on peut trouver la quadrature de la courbe. On menera les deux rayons CM, Cm, & on décrira du centre C & du rayon CM l'arc Mr; alors le triangle $CMm = \frac{Mr \times CM}{2} + Mmr$. Mais lorsque le point m est infiniment proche de M, l'espace Mmr s'évanouit, & il reste $d(COMC) = \frac{Mr \times CM}{2}$. Soit donc $Mr = dx$, $CM = y$, on aura $COMC = \frac{1}{2}\int y\,dx + C$. 206.

FIG. Si on nomme φ l'angle que fait C M avec une ligne fixe partant du point C, ou l'arc qui mesure cet angle dans un cercle dont le rayon est 1, on aura $Mr = y d\varphi$, & $COMC = \frac{1}{2}\int yy d\varphi + C$.

207. 909. Ex. I. Soit la conchoïde AM, son pôle P, $PM = y$, $QM = a$, $PB = b$, & l'angle $APM = \varphi$; on aura $cos\ \varphi : b :: 1 : PQ = \frac{b}{cos\ \varphi}$; & $y = \frac{b}{cos\ \varphi} \pm a$. Donc l'espace $APM = \frac{1}{2}\int \frac{b^2 d\varphi}{cos^2\ \varphi} \pm ab\int \frac{d\varphi}{cos\ \varphi} + \int \frac{a^2 d\varphi}{2} = \frac{b^2}{2} tang\ \varphi \pm a\ b\ l\ tang\ (45° + \frac{1}{2}\varphi) + \frac{a^2 \varphi}{2}$, sans constante. Donc $\pm APM \mp PBQ$, ou $ABQM = ab\ l\ tang\ (45° + \frac{1}{2}\varphi) \pm \frac{a^2 \varphi}{2}$, & $AAMM = 2\ a\ b\ l\ tang\ (45° + \frac{1}{2}\varphi)$.

201. Ex. II. Dans la cissoïde, si on fait $AM = y$, $MAB = \varphi$, $AQ = \frac{a}{cos\ \varphi}$, $AO = MQ = a\ cos\ \varphi$, & $y = \frac{a}{cos\ \varphi} - a\ cos\ \varphi = \frac{a\ sin^2\ \varphi}{cos\ \varphi}$, donc $AKMOA = \frac{1}{2}\int \frac{a^2 d\varphi}{cos^2\ \varphi} - \int aa d\varphi + \frac{1}{2}\int a\ a\ d\varphi\ cos^2\ \varphi = \frac{1}{2}\ aa\ tang\ \varphi - aa\ \varphi + \frac{1}{2}\ aa\ (\frac{1}{2}\ sin\ \varphi\ cos\ \varphi + \frac{1}{2}\varphi) = \frac{1}{2}\ a\ a\ tang\ \varphi + \frac{1}{8}\ a\ a\ sin\ 2\ \varphi - \frac{3}{4} a^2\ \varphi$. Donc $AKMPA = \frac{3}{4}\ a^2 \varphi - \frac{3}{8} a^2\ sin\ 2\ \varphi + \frac{1}{16}\ a^2\ sin\ 4\ \varphi$, & l'espace infiniment long MKABQ $= \frac{3}{4} a^2\ \varphi = 3$ AONB.

206. Ex. III. Dans la spirale d'Archimede, $AGFBN = x$, $AGFBA = c$, $CM = y$, $CA = a$, $Mr = \frac{y\ dx}{a}$, $d\ (COMC) = \frac{y^2\ dx}{2\ a}$, $x = \frac{cy}{a}$, $dx = \frac{c\ dy}{a}$, $COMC = \frac{c}{2\ aa} \cdot \frac{y^3}{3}$, sans constante. Donc l'espace $COMAC = \frac{ac}{2} \cdot \frac{1}{3}$ = le tiers de tout le cercle.

Remarquez qu'on ne doit pas étendre l'intégrale $\frac{1}{2}\int yy\ d\varphi$ au-delà de $\varphi = 360°$: car passé 360°, les triangles élémentaires $\frac{1}{2} yy\ d\varphi$ contiennent ceux qu'on a déja sommés.

Du reste il seroit aisé de suppléer à ce défaut en calculant les trapezes élémentaires compris entre deux spires voisines. Le même inconvénient auroit lieu pour la formule ordinaire $\int y\,dx$, si plusieurs ordonnées répondoient à la même abscisse. FIG. 208.

Ex. IV. Dans la spirale hyperbolique, $a : -dx :: y : Mr = -\frac{y\,dx}{a}$; donc COMC $= \frac{1}{2}\int \frac{-yy\,dx}{a}$. Or $xy = ab$, donc $\frac{-yy\,dx}{a} = b\,dy$, & l'espace compris entre la courbe & deux ordonnées $= \frac{1}{2}by + C$.

De la Rectification des Courbes.

910. Si on imagine le point m infiniment proche de M, Mm sera la différentielle de l'arc A M, & on aura dA M $= \sqrt{(dx^2 + dy^2)}$. Par conséquent A M $= \int \sqrt{(dx^2 + dy^2)} + C$; formule qui a lieu soit que les ordonnées soient paralleles, soit qu'elles partent d'un point fixe. 209.

911. Ex. I. Dans le cercle $y = \sqrt{(aa - xx)} \ldots dy^2 = \frac{x^2\,dx^2}{aa - xx}$, & Q M $= \int \frac{a\,dx}{\sqrt{(aa - xx)}} = x + \frac{1}{2} \cdot \frac{x^3}{3aa} + \frac{1 \cdot 3}{2 \cdot 4} \cdot \frac{x^5}{5a^4} + \frac{1 \cdot 3 \cdot 5}{2 \cdot 4 \cdot 6} \cdot \frac{x^7}{7a^6} +$ &c; donc l'arc M B $= y + \frac{1}{2} \cdot \frac{y^3}{3aa} + \frac{1 \cdot 3}{2 \cdot 5} \cdot \frac{y^5}{5a^4} +$ &c, comme nous l'avons déja trouvé (567). 199.

Ex. II. Dans la parabole, A M $= \int dy \sqrt{\left(1 + \frac{4yy}{pp}\right)} = \int \frac{2\,dy}{p} \sqrt{\left(\frac{1}{4}pp + yy\right)}$. Or nous avons trouvé (870) $\int dx \sqrt{xx + aa} = C + \frac{1}{2}x\sqrt{(xx + aa)} + \frac{1}{2}aa\,l\,(x + \sqrt{xx + aa})$. Donc A M $= C + \frac{y}{p}\sqrt{(yy + \frac{1}{4}pp)} + \frac{1}{4}p\,l\,[y + \sqrt{(yy + \frac{1}{4}pp)}]$; faisons 198.

FIG. $y = 0$, nous aurons $C = -\frac{1}{2} p\, l \frac{1}{2} p$. Donc $AM = \frac{y}{p} \sqrt{(yy + \frac{1}{4} pp)}$ $+ \frac{1}{4} p\, l \left(\frac{y + \sqrt{yy + \frac{1}{4} pp}}{\frac{1}{2} p} \right)$.

912. On peut remarquer que si du centre A & du demi-grand axe $BA = \frac{1}{2} p$, on décrit une hyperbole équilatere BN′, l'espace ABN′Q sera $\int dy \sqrt{(yy + \frac{1}{4} pp)}$. Donc $AM \times \frac{1}{2} p = ABN'Q$; d'où il suit que *la rectification de la parabole dépend de la quadrature de l'hyperbole, & réciproquement.*

210. Ex. III. Dans l'ellipse, si on suppose le demi-grand axe $= 1$, on aura $y = b \sqrt{(1 - xx)}$, & en faisant $\sqrt{(1 - bb)}$ ou la demi-distance des foyers $= c$, on a $BM = \int \frac{dx \sqrt{(1 - ccxx)}}{\sqrt{(1 - xx)}}$, intégrale qu'on ne peut avoir par les regles précédentes. Il faut donc réduire en séries; mais pour simplifier, nous ne réduirons que $\sqrt{(1 - ccxx)}$; alors nous aurons . . . . . .

$$BM = \int \frac{dx}{\sqrt{(1 - xx)}} \left(1 - \frac{1}{2} ccxx - \frac{1}{2.4} c^4 x^4 - \frac{1.3}{2.4.6} c^6 x^6 - \frac{1.3.5}{2.4.6.8} c^8 x^8 - \&c.\right) = \int \frac{dx}{\sqrt{(1 - xx)}} - \frac{1}{2} cc \int \frac{xx\,dx}{\sqrt{(1 - xx)}} - \frac{1}{2.4} c^4 \int \frac{x^4\,dx}{\sqrt{(1 - xx)}} - \frac{1.3}{2.4.6} c^6 \int \frac{x^6\,dx}{\sqrt{(1 - xx)}} - \&c.$$

Or (858)

$$\int x^{2i} dx (1 - xx)^{-\frac{1}{2}} = -\frac{x^{2i-1} (1 - xx)^{\frac{1}{2}}}{2i} - \frac{(2i - 1) x^{2i-3} (1 - xx)^{\frac{1}{2}}}{2i \,.\, 2i - 2} - \&c. \ldots - \frac{(2i - 1)(2i - 3) \ldots 3}{2i \,.\, 2i - 2 \ldots 2} x (1 - xx)^{\frac{1}{2}} + \frac{1.3 \ldots 5 \ldots (2i - 1)}{2.4.6 \ldots 2i} \int \frac{dx}{\sqrt{(1 - xx)}}.$$

Donc

$$BM = \left(1 - \frac{c^2}{2^2} - \frac{3c^4}{2^2.4^2} - \frac{3^2.5c^6}{2^2.4^2.6^2} - \frac{3^2.5^2.7c^8}{2^2.4^2.6^2.8^2} - \&c.\right) \int \frac{dx}{\sqrt{(1 - xx)}} + c^2 x (1 - xx)^{\frac{1}{2}} \left[\frac{1}{2^2} + \frac{3c^2}{2^2.4^2} + \frac{3^2.5c^4}{2^2.4^2.6^2} + \&c.\right] + c^4 x^3 (1 - xx)^{\frac{1}{2}} \left[\frac{1}{2.4^2} + \frac{3.5c^2}{2.4^2.6^2} + \frac{3.5^2.7c^4}{2.4^2.6^2.8^2} + \&c\right].$$

210. Or $DN = \int \frac{dx}{\sqrt{(1 - xx)}}$, on connoît donc

toutes les quantités qui entrent dans cette ſuite dont il eſt facile de reconnoître la loi. FIG.

Soit $x = 1$, on aura . . . .

$AMB = (1 - \frac{c^2}{2^2} - \frac{3c^4}{2^2 . 4^2} - \frac{3^2 . 5c^6}{2^2 . 4^2 . 6^2} - \&c)\ AND$. Donc la périphérie de l'ellipſe eſt à celle du cercle circonſcrit : : $1 - \frac{1}{2^2} . \frac{c^2}{a^2} - \frac{1 . 1^2}{2^2 . 4^2} . \frac{3c^4}{a^4} - \frac{1 . 1^2 . 3^2}{2^2 . 4^2 . 6^2} . \frac{5c^6}{a^6} - \&c. : 1$, (en ſuppoſant a le demi-grand axe). Cette ſuite ſera très-convergente, lorſque les foyers ſeront peu éloignés. Par exemple, ſi $c = \frac{1}{10} a$, la circonférence de l'ellipſe ſera à celle du cercle circonſcrit . . . . .

: : 0,997 495 292 861 261 : 1.

913. La rectification de l'hyperbole ſe trouve en ſuivant à peu-près la même méthode, & on peut voir dans les Mémoires de Berlin, an. 1746, & ſuiv. la maniere de ramener à la rectification de ces deux courbes, les intégrales d'un grand nombre d'autres différentielles.

Ex. IV. L'équation à la ſeconde parabole cubique eſt $y^3 = ax^2$. Donc $\int \sqrt{(dx^2 + dy^2)} = \int dy \sqrt{(1 + \frac{9y}{4a})} = \frac{8}{27} a (1 + \frac{9y}{4a})^{\frac{3}{2}} + C$, faiſant $y = 0$, on a $C = -\frac{8}{27} a$, & un arc quelconque de cette courbe compté depuis l'origine $= \frac{8}{27} a [(1 + \frac{9y}{4a})^{\frac{3}{2}} - 1]$.

Ex. V. Dans la cycloïde, $dy = dx \sqrt{(\frac{a - x}{x})}$. Donc 211. $\sqrt{(dx^2 + dy^2)} = dx \sqrt{\frac{a}{x}}$: intégrant, on a $AM = 2\sqrt{ax} = 2AN$ (817).

Ex. VI. Dans la logarithmique $ydx = ady$, $\sqrt{(dx^2 + dy^2)} = \frac{dy}{y} \sqrt{(yy + aa)}$, ſoit $\sqrt{(yy + aa)} = z$, on aura $yy = zz - aa$, $\frac{dy}{y} = \frac{zdz}{zz - aa}$, $\sqrt{(dx^2 + dy^2)} = dz + \frac{aadz}{zz - aa}$, dont l'intégrale eſt $z + \frac{a}{2} l \frac{z - a}{z + a}$, ou $\sqrt{(aa + yy)} -$

FIG. $al[\frac{a+\sqrt{(aa+yy)}}{y}]+C$, expression d'un arc quelconque de logarithmique dans laquelle C est facile à déterminer.

206. Ex. VII. Dans la spirale d'Archimede, si on fait AGFBN $=x$, CM $=y$, on aura $Mr=\frac{ydx}{a}$, $Mm=d(COM)$ $=\sqrt{(dy^2+\frac{y^2dx^2}{a^2})}$. Or $x=\frac{cy}{a}$. Donc COM $=\int\frac{c}{a^2}dy(yy+\frac{a^4}{c^2})^{\frac{1}{2}}$. Décrivons une parabole CN dont le parametre $=\frac{2a^2}{c^2}$, nous aurons, en faisant CQ $=$ CM, & menant l'ordonnée QN, $CN'=\int\frac{c}{a^2}dy\sqrt{(\frac{a^4}{c^2}+yy)}$. Donc CN' $=$ COM. D'où l'on peut conclure qu'il regne une certaine analogie entre la spirale d'Archimede & la parabole.

208. Ex. VIII. Dans la spirale hyperbolique, l'arc COM $=\int\frac{dy}{y}\sqrt{(bb+yy)}$. Donc si on décrit une logarithmique NK dont la soutangente $=b=$ celle de la spirale, on aura MOC $=$ l'arc infini NK, en prenant l'ordonnée NR $=$ CQ $=$ CM. Mais si on veut avoir l'expression d'un arc de spirale ou de logarithmique compris entre les deux ordonnées y, y', on trouvera $\sqrt{(bb+yy)}-\sqrt{(bb+y'y')}+bl\frac{y(b+\sqrt{bb+yy})}{y'(b+\sqrt{bb+y'y'})}$.

91. Ex. IX. Dans la spirale logarithmique, $cos\,Mmr(c):mr(dy)$ $::1:Mm=\frac{dy}{c}$. Donc ADM $=\frac{y}{c}=$ MT.

De la Mesure des Solidités.

914. Un solide étant proposé à mesurer, on l'imaginera décomposé en une infinité de petites tranches paralleles entre elles. Nommant donc t la surface d'une de ces tranches, dx son épaisseur ou une portion infiniment petite d'une ligne perpendiculaire à cette tranche, $\int(tdx)+C$ sera la solidité du solide proposé ; il ne s'agira plus que d'avoir t en x.

915. Par exemple, soit B la base du solide, H sa hauteur ou la distance de cette base à son sommet; si on suppose que les surfaces de ces tranches soient proportionnelles à une puissance m de leur distance x au sommet, on aura $H^m : B :: x^m : = \frac{Bx^m}{H^m}$. Donc la solidité d'une portion du solide sera $C + \frac{Bx^{m+1}}{(m+1)H^m}$, ou simplement $\frac{Bx^{m+1}}{(m+1)H^m}$, si cette portion commence au sommet. Donc le solide entier $= \frac{BH}{m+1}$. Ainsi dans les pyramides cette solidité $= \frac{1}{3}BH$, parce que $m = 2$. FIG.

916. Si une courbe quelconque AM tourne autour de son axe AP, elle engendrera un solide de révolution dont chaque coupe perpendiculaire à l'axe sera un cercle qui aura pour expression πyy, en faisant $PM = y$, & $\pi = 3.141$ &c. Donc un solide quelconque de révolution $= C + \int \pi yy\, dx$. 213.

Ex. I. Dans la sphere, $yy = 2ax - xx$. Donc la solidité d'un segment sphérique (535), $= \pi xx(a - \frac{1}{3}x)$, & la sphere $= \frac{2}{3} . 2a^3\pi =$ les deux tiers du cylindre circonscrit.

Ex. II. Dans l'ellipse, $yy = \frac{bb}{aa}(2ax - xx)$. Donc le solide engendré par sa révolution autour du grand axe est à la sphere circonscrite :: $bb : aa$, ou = les deux tiers du cylindre qui lui est circonscrit.

917. On nomme *Ellipsoïde allongé* celui que nous venons de considérer, & *Ellipsoïde applati* celui qui est formé par la révolution de l'ellipse autour de son petit axe. Or il est aisé de trouver que ce dernier solide est aussi les deux tiers du cylindre qui lui est circonscrit. Donc l'ellipsoïde allongé est à l'ellipsoïde applati :: $abb : aab :: b : a$.

Ex. III. Si une parabole d'un ordre quelconque dont l'équation est $y^m = x^n a^{m-n}$ tourne autour de son axe, elle engendrera un solide qui aura pour expression $\int \pi y^2 dx = \frac{m}{m+2n}\pi xy^2$, ou qui sera au cylindre circonscrit :: $m : m + 2n$; ainsi le paraboloïde

FIG. ordinaire dans lequel $m = 2$, $n = 1$, est la moitié du cylindre circonscrit.

212. Ex. IV. De même, si l'hyperbole dont l'équation est $y^m x^n = a^{m+n}$ tourne autour de l'asymptote CP, en prenant CD = AD = a, le solide décrit par le trapeze ADMP aura pour expression ....
$\frac{m}{2n-m} \pi (a^3 - xy^2)$, & par conséquent le solide décrit par l'espace infiniment long OADX est au cylindre décrit par ACDE : : $m : 2n - m$, & = ce cylindre dans l'hyperbole ordinaire.

Des Surfaces courbes des Solides de révolution.

213. 918. La différentielle de la surface décrite par la courbe AM = le petit cône tronqué décrit par l'élément Mm. Donc cette surface courbe $= \int Mm \; circ \; PM = 2\pi \int y \sqrt{(dx^2 + dy^2)} + C = 2\pi \int n\,dx + C$, en appellant n la normale MN.

Ex. I. Dans la sphere, $n = a$. Donc la surface d'une calotte sphérique quelconque $= 2a\pi x$, & celle de la sphere $= 4a^2\pi = 4$ grands cercles.

214. Ex. II. La surface du paraboloïde, est, à cause de $n = \sqrt{(yy + \frac{1}{4}pp)}$, $\frac{2\pi}{p} \int 2y\,dy\,(yy + \frac{1}{4}pp)^{\frac{1}{2}} + C = \frac{4\pi}{3p}(y^2 + \frac{1}{4}p^2)^{\frac{3}{2}} + C$. Soit $y = 0$, on aura $C = -\frac{4\pi}{3p} \cdot \frac{1}{8}\,p\,p^2$, & la surface du solide $=$
$\frac{\pi}{6p}[(pp + 4yy)^{\frac{3}{2}} - p^3]$.

Ex. III. Dans l'ellipse, $y = \frac{b}{a} \sqrt{(aa - xx)}$. Donc la surface décrite par la révolution de l'arc AM autour de l'axe a, sera exprimée par $\frac{2b\pi}{a} \int - dx \sqrt{[aa - (aa - bb)\frac{xx}{aa}]}$, & comme a est l'axe de révolution, il désignera le demi-grand axe dans l'ellipsoïde allongé, & la moitié du petit dans l'ellipsoïde applati.

Dans le premier cas, soit $aa - bb = mm$, on aura $\frac{2b\pi m}{aa}$

$\int -$

FIG. 214.

$-dx\sqrt{(\frac{a^4}{m^2}-x^2)}$. Donc si du rayon CD $=\frac{a^2}{m}$ on décrit un arc de cercle DBN, on aura pour l'expression de la surface décrite par la révolution de AM autour de AP, $\frac{2b\pi m}{aa}\times$ ABNP.

Dans le second cas, en faisant $bb-aa=mm$, on aura ..... $\frac{2b\pi m}{aa}\int dx\sqrt{(\frac{a^4}{m^2}+x^2)}=\frac{b\pi mx}{aa}\sqrt{(xx+\frac{a^4}{m^2})}+\frac{aab\pi}{m}$ $l\frac{m}{aa}[x+\sqrt{(\frac{a^4}{m^2}+x^2)}]=$ la surface décrite par la révolution de AM autour de CE. On doit remarquer qu'ici CE $=a$, CA $=b$, CQ $=x$, QM $=y$.

Ex. IV. Dans l'hyperbole, $y=\frac{b}{a}\sqrt{(xx-aa)}$. Donc si cette courbe tourne autour de l'axe AP, la surface décrite par l'arc AM sera, en faisant $aa+bb=mm$, & déterminant la constante, $\frac{2b\pi m}{aa}\int dx\sqrt{(xx-\frac{a^4}{m^2})}=\frac{b\pi mx}{aa}\sqrt{(xx-\frac{a^4}{m^2})}-bb\pi-$ $\frac{a^2b\pi}{m}\,l\,\frac{mx+\sqrt{(m^2x^2-a^4)}}{a(m+b)}$. Et si elle tourne autour du second axe CQ, alors $y=$ MQ $=\frac{a}{b}\sqrt{(bb+xx)}$. Donc la surface décrite par l'arc AM $=\frac{a\pi mx}{bb}\sqrt{(xx+\frac{b^4}{m^2})}+\frac{a\pi bb}{m}$ $l[\frac{mx}{bb}+\sqrt{(1+\frac{m^2x^2}{b^4})}]$.

De la Méthode inverse des Tangentes, & des Equations différentielles.

919. ON appelle *Méthode inverse des Tangentes*, celle qui apprend à trouver l'équation d'une courbe, dans laquelle on connoît une propriété quelconque des tangentes.

920. Cherchons, par exemple, la courbe dans laquelle la soutnormale est constante, ou $=a$. Puisque nous savons d'ailleurs que l'expression génerale de cette ligne est $\frac{ydy}{dx}$, nous aurons $\frac{ydy}{dx}$

$= a$, $y\,dy = a\,dx$, & en intégrant, pour exprimer que la propriété donnée convient à tous les points de la courbe, on a $yy = 2a(x+c)$ équation à la parabole qui résout le problême proposé.

921. La méthode inverse des tangentes se réduit toujours à la solution d'une équation différentielle; ainsi comme nous n'avons pas encore parlé de ces sortes d'équations, il est à propos d'en dire quelque chose, avant d'aller plus loin.

On appelle équations différentielles du premier ordre, celles où il n'entre que des différences premieres. Les équations différentielles du second ordre sont celles où il entre des différences secondes, sans différentielles d'un ordre plus élevé; & ainsi de suite.

922. Soient donc en général P & Q deux fonctions quelconques des variables x & y, $P\,dx + Q\,dy = 0$ représentera généralement toute équation différentielle du premier ordre à deux variables x & y, & il est évident qu'elle sera intégrable, 1°. lorsque P sera une fonction de x ou de y seule, & qu'il en sera de même de Q. 2°. Lorsqu'on aura $\frac{d^y P}{dy} = \frac{d^x Q}{dx}$.

923. Mais lorsque ces conditions n'ont pas lieu, on tâche de *séparer l'équation*, c'est-à-dire, de la partager en deux membres qui ne renferment l'un & l'autre qu'une seule variable avec sa différentielle. Il s'en faut bien qu'on ait des méthodes générales pour faire cette séparation dans tous les cas. En voici cependant quelques-uns où elle réussit.

924. Si $P = XY$, & $Q = X'Y'$, X & X' étant des fonctions de x, Y & Y' des fonctions de y, on aura $\frac{X\,dx}{X'} = -\frac{Y'\,dy}{Y}$ équation séparée, & reduite à l'intégration des différentielles à une seule variable.

925. Si P & Q sont des fonctions homogenes de x & de y, c'est-à-dire s'il y a dans tous leurs termes le même nombre de dimensions de x & de y, alors, en faisant $\frac{x}{y} = z$, on voit aisément que $\frac{Q}{P}$ sera une fonction Z de z. Ainsi, on aura $dx + Z\,dy = 0$, ou $z\,dy + y\,dz + Z\,dy = 0$, & en séparant on trouvera $\frac{dz}{Z+z} = -\frac{dy}{y}$.

Par exemple $(ax+by)dx=(mx+ny)dy$ devient en faisant $\frac{x}{y}=z \ldots -\frac{dy}{y}=\frac{(az+b)dz}{az^2+(b-m)z-n}$; équation facile à intégrer.

926. Soit maintenant l'équation $(ax+by+c)dx+(mx+ny+p)dy=0$, on fera $ax+by+c=u$, $mx+ny+p=z$, & on aura $x=\frac{nu-bz+bp-cn}{an-mb}$, $y=\frac{az-mu+mc-ap}{an-bm}$; substituant, on a $(nu-mz)du+(az-bu)dz=0$ dont l'intégrale est facile à trouver par ce qui précede.

Soit encore $axdy+bydx+x^m y^n(fxdy+gydx)=0=\frac{ady}{y}+\frac{bdx}{x}+x^m y^n(\frac{fdy}{y}+\frac{gdx}{x})$. Si on fait $y^a x^b=z$, $y^f x^g=t$, on aura $\frac{ady}{y}+\frac{bdx}{x}=\frac{dz}{z}$, $\frac{fdy}{y}+\frac{gdx}{x}=\frac{dt}{t} \ldots y^{ap}x^{bp}=z^p \ldots y^{fq}x^{gq}=t^q \ldots y^{ap-fq}x^{bp-gq}=z^p t^{-q}$. Soit $ap-fq=m$, $bp-gq=n$, on aura $p=\frac{ng-mf}{ag-bf}$, $q=\frac{bn-am}{ag-bf}$, & en substituant $\frac{dz}{z}+\frac{dt}{t}z^p t^{-q}=0$, ou $z^{-p-1}dz+t^{-q-1}dt=0$; intégrant, $qz^{-p}+pt^{-q}=C$, ou $(bn-am)(y^a x^b)^{\frac{mf-ng}{ag-bf}}+(ng-mf)(y^f x^g)^{\frac{am-bn}{ag-bf}}=(ag-bf)C=C'$.

927. Soit à présent $dy+Pydx=aQdx$, P & Q étant des fonctions de x, on fera, selon la méthode de Bernoulli, $y=Xz$, X étant une autre fonction de x, alors $Xdz+zdX+PXzdx=aQdx$. Supposons $zdX+PXzdx=0$, nous aurons $\frac{dX}{X}=-Pdx$, $lX=-\int Pdx$, $X=e^{-\int Pdx}$, & par conséquent $aQdx=e^{-\int Pdx}dz$. Donc $z=a\int(e^{\int Pdx}Qdx) \ldots ye^{\int Pdx}=a\int(e^{\int Pdx}Qdx)+C$.

Par exemple, l'équation $dy+ydx=ax^m dx$ donne $y=ae^{-x}$

FIG. $(C+\int e^x x^m dx) = aCe^{-x} + a(x^m - mx^{m-1} + m.m-1.x^{m-2} - \&c)$.

928. On intégrera par la même méthode l'équation $Xy^m dy +$ $X'y^{m+1}dx = X''y^n dx$, en divisant par Xy^n & faisant $y^{m-n+1} = z$.

Il y a peu d'autres cas où la séparation générale d'une équation soit possible. Voyons maintenant quelques applications de ces principes à la méthode inverse des tangentes.

Prob. I. Trouver la courbe dont la soutangente $\frac{ydx}{dy} = \frac{m}{n}x$, on aura donc en séparant $\frac{ndx}{x} = \frac{mdy}{y}$, & en intégrant $nlx = mly +$ $(n-m)lc$, d'où l'on tire $y^m = x^n c^{m-n}$, équation cherchée.

Prob. II. Quelle est la courbe dont la soutangente $\frac{ydx}{dy} =$ $\frac{aa+xx}{x}$? on aura d'abord $\frac{dy}{y} = \frac{xdx}{aa+xx}$; puis, $yy = \frac{b^2}{a^2}$
216. $(aa+xx)$, équation à l'hyperbole.

Prob. III. Quelle est la courbe dans laquelle l'espace $APM = \frac{m}{n}$ AMQ? On a donc $\frac{m}{n}\int xdy = \int ydx$, $\frac{mdy}{y} = \frac{ndx}{x}$, $y^m = x^n a^{m-n}$.

Prob. IV. Trouver la courbe BM dont l'espace ABMP = l'arc
217. BM multiplié par une constante a, ou telle que $\int ydx = a\int\sqrt{(dx^2+dy^2)}$. Donc $dx = \frac{ady}{\sqrt{(yy-aa)}}$, & $\frac{x}{a} = l\frac{y+\sqrt{(yy-aa)}}{c}$ est l'équation cherchée.

218. Prob. V. Trouver la courbe AM dans laquelle le rayon osculateur $MC = \frac{m}{n}MN$.

Si on suppose dx constante, on aura $\frac{m}{n}y = \frac{dx^2+dy^2}{-ddy}$, ou $\frac{m}{n}yddy + dx^2 + dy^2 = 0$. Pour intégrer, soit $dx = pdy$, on aura $ddy = -\frac{dpdy}{p}$, & $\frac{n}{m}.\frac{dy}{y} = \frac{dp}{p(p^2+1)}$. Donc.

$\frac{n}{m} l \frac{y}{c} = l \frac{p}{\sqrt{(p^2+1)}} \ldots p = \frac{\pm y^{\frac{n}{m}}}{\sqrt{(c^{\frac{2n}{m}} - y^{\frac{2n}{m}})}}$, & $dx =$

$\frac{\pm y^{\frac{n}{m}} dy}{\sqrt{(c^{\frac{2n}{m}} - y^{\frac{2n}{m}})}}$: c'eſt l'équation différentielle du premier ordre de la courbe cherchée.

Si $n = m$, on a $dx = \pm y dy (cc - yy)^{-\frac{1}{2}}$, & $x = c' \pm \sqrt{(cc - yy)}$ équation au cercle. Si $m = 2n$, on a $dx = \frac{\pm dy \sqrt{y}}{\sqrt{(c - y)}}$, équation à la cycloïde.

Prob. VI. Trouver une courbe BM, telle qu'en menant par l'origine A une droite AO, qui faſſe avec l'axe un angle de 45°, on ait toujours cette proportion .... l'ordonnée PM eſt à la ſoutangente PT :: une ligne donnée a : OM.

On voit par l'énoncé de ce problême, que $dy : dx :: a : y - x$, & $a dx = (y - x) dy$. Soit $y - x = z$, on aura $\frac{dy}{a} = \frac{dz}{a - z}$, $\frac{y}{a} = l \frac{C}{a - z}$, & $x = y - a + Ce^{-\frac{y}{a}}$. On auroit pu trouver immédiatement cette intégrale, en comparant l'équation $dx + \frac{x}{a} dy = \frac{y dy}{a}$, avec celle des numéros 926 & 927. La plus petite ordonnée BD ſe trouve en faiſant $\frac{dy}{dx} = \infty$, & alors on a $BD = AD = a l \frac{C}{a}$; l'eſpace $DBMP = xy - \frac{1}{2} yy + aa l \frac{a}{C} + \frac{1}{2} aa l^2 \frac{a}{C}$.

Prob. VII. Trouver la courbe BM qui faſſe par tout avec l'ordonnée PM un angle EMP proportionel à l'abſciſſe AP.

On aura donc $EMP = \frac{x}{m}$, m étant conſtant, & *tang* EMP $= tang \frac{x}{m} = \frac{dx}{dy}$; par conſéquent $\frac{dy}{m} = \frac{dx}{m} \cot \frac{x}{m} = \frac{\frac{dx}{m} \cos \frac{x}{m}}{\sin \frac{x}{m}}$. Donc $y = C \pm m \log \sin \frac{x}{m}$; équation qui fait voir que la courbe rencontre la ligne des abſciſſes en des points E, F, E′, F′, &c, tels que $\log \sin \frac{x}{m} = -\frac{C}{m}$; & que par conſéquent $x = m$ multiplié par tous les arcs dont le ſinus $= e^{-\frac{C}{m}}$: or le nombre de ces arcs eſt infini ; car ſi le premier eſt a, & ſi l'arc de 180° eſt c, ceux qui auront le même ſinus, formeront la ſuite a, $c - a$, $2c + a$, $3c - a$, $4c + a$, $5c - a$, &c : ainſi les diſtances où la courbe rencontrera la ligne des abſciſſes, ſeront repréſentées par ma, $m(c-a)$, $m(2c+a)$, $m(3c-a)$, &c.

On prendra donc $AE = ma$, $AF = mc - ma$, $AE' = 2mc + ma$, $AF' = 3mc - ma$, &c ; & on aura les valeurs poſitives de x. On trouveroit de même ſes valeurs négatives, c'eſt-à-dire, les abſciſſes comptées vers la gauche de AS, & on verroit que les intervalles EF, E′F′, &c. ſont égaux.

Cherchons maintenant en quel point l'ordonnée de cette courbe eſt un *Maximum*. Pour cela, ſoit $\frac{dy}{dx} = 0$, on aura $\cot \frac{x}{m} = 0$, & par conſéquent $\sin \frac{x}{m} = 1$. Or les valeurs qui ſatisfont dans le ſens poſitif à cette équation, ſont . . . .

$$\frac{x}{m} = \frac{1}{2}c,\ \frac{x}{m} = \frac{5}{2}c,\ \frac{x}{m} = \frac{9}{2}c,\ \frac{x}{m} = \frac{13}{2}c,\ \&c.$$

Et puiſque $\sin \frac{x}{m}$ eſt égal à 1 dans ce cas, on a $y = C$; donc aux points les plus élevés C, C′, &c. les ordonnées ſont égales entre elles & à la conſtante.

Pour trouver les aſymptotes, on ſuppoſera $y = \infty$ ce qui donnera $\sin \frac{x}{m} = 0$, équation qui aura lieu ſoit que $\frac{x}{m} = 0$, ſoit que $\frac{x}{m} = \pm c$, ou $\pm 2c$, ou $\pm 3c$, &c. Alors x aura une des valeurs ſuivantes, 0, $\pm cm$, $\pm 2cm$, $3cm$, à l'infini. La courbe doit donc avoir une infinité d'aſymptotes perpendiculaires à l'axe. La premiere paſſe par l'origine des abſciſſes, c'eſt AS, la ſeconde paſſe à la diſtance $AD = cm$, la troiſieme, à une diſtance $AD' = 2AD = 2cm$, &c. Il en eſt de même dans le ſens négatif. FIG.

PROB. VIII. Entre toutes les courbes iſopérimetres qui paſſent par les points B & D, trouver celle qui rend l'aire ABDE un 221. *Maximum*, en ſuppoſant la ligne AE donnée de poſition.

Si on conſidere les trois éléments conſécutifs MN, NS, SV, il faudra qu'entre tous les iſopérimetres qui paſſent par les points M & V, MNSV ſoit propre à rendre l'aire MPTVM *Maximum*. Suppoſons donc les dy conſtantes, & nommons $PM = a$, $NQ = b$, $SR = c$, $Nr = Sn = Vs = m$, $Mr = u$, $Nn = t$, $Ss = z$, on aura 1°, à cauſe des points M & V dont la diſtance eſt conſtante $du + dt + dz = 0$. 2°, à cauſe de l'arc MNSV dont la longueur eſt conſtante auſſi, $\sqrt{(u^2 + m^2)} + \sqrt{(t^2 + m^2)} + \sqrt{(z^2 + m^2)} =$ à une conſtante; & par conſéquent $\frac{u\,du}{\sqrt{(u^2 + m^2)}} + \frac{t\,dt}{\sqrt{(t^2 + m^2)}} + \frac{z\,dz}{\sqrt{(z^2 + m^2)}} = 0$. 3°, l'eſpace MPTV étant un *Maximum*, on a $a\,du + b\,dt + c\,dz = 0$. Éliminant dz & dt au moyen de ces trois équations, & ayant égard à ce que $b - c = -m$, & que $a = c = -2m$, on a $-\frac{u}{MN} + \frac{2t}{NS} - \frac{z}{SV} = 0$, ou $\frac{Nn}{NS} - \frac{Mr}{MN} + \left(\frac{Nn}{NS} - \frac{Ss}{SV}\right) = 0$. Or il ſuit des principes du Calcul différentiel que $-\frac{Mr}{MN} + \frac{Nn}{NS} = d\frac{Mr}{MN}$, & que $\left(\frac{Ss}{SV} - \frac{Nn}{NS}\right) - \left(\frac{Nn}{NS} - \frac{Mr}{MN}\right) = d\left(-\frac{Mr}{MN} + \frac{Nn}{NS}\right)$. Donc $dd\left(\frac{Mr}{MN}\right) = 0$.

Exprimant cette équation à la maniere accoutumée, c'eſt-à-dire faiſant $Mr = dx$, $MN = \sqrt{(dx^2 + dy^2)}$, on a . . . . . $dd\frac{dx}{\sqrt{(dx^2 + dy^2)}} = 0$. Donc $d\frac{dx}{\sqrt{(dx^2 + dy^2)}} = \frac{dy}{C}$, & $\frac{dx}{\sqrt{(dx^2 + dy^2)}} = \frac{y + C'}{C}$. Donc $\frac{dx^2 + dy^2}{dx^2} = \frac{C^2}{(y + C')^2}$

$= 1 + \frac{dy^2}{dx^2}$, & $\pm \frac{dv}{dx} = \sqrt{\left(\frac{C^2}{(y+C')^2} - 1\right)}$; donc $dx =$ $\frac{\pm dy(y+C')}{\sqrt{[C^2-(y+C')^2]}}$, & en intégrant ....

$$x = C'' \pm \sqrt{[C^2 - (y+C')^2]};$$

équation au cercle. Donc *le cercle est la courbe qui, sous le même périmetre, renferme le plus de surface.*

929. Pour déterminer les constantes C'', C', C, ou pour décrire le cercle cherché, on aura ces trois conditions. 1°, lorsque $x = 0$ $y =$ AB. 2°, lorsque $x =$ AE, $y =$ DE. 3°, on cherchera par l'équation précédente la longueur de l'arc BMD, & comme cette longueur est supposée connue, on aura la troisieme condition nécessaire pour déterminer les constantes C'', C', C.

Résultats des Solutions de quelques Problêmes énoncés dans le cours de l'Ouvrage.

Pages		
5	A....	Soixante-quinze.
Ibid.	B....	Huit cents quatre-vingt-treize.
Ibid.	C....	Mille cent-onze.
Ibid.	D....	Soixante-ſept mille cinq cents-neuf.
Ibid.	E....	Dix millions deux cents mille ſept cents-un.
Ibid.	F........................	302.
Ibid.	G........................	8001.
Ibid.	H......................	15016.
Ibid.	I....................	50001000.
Ibid.	K.................	22004000079.
7	L........................	24619.
Ibid.	M......................	181164.
Ibid.	N....................	11167080.
10	O........................	2000.
Ibid.	P..........................	145.
Ibid.	Q........................	1111.
Ibid.	R..........................	429.
Ibid.	S........................	73616.
14	T..............	15317010848432.
Ibid.	U.............	4943221371825660.
Ibid.	X............	121932631112635269.
27.	Y......................	$999 \frac{2443}{2568}$.
Ibid.	Z.....................	$387 \frac{21998}{99887}$.
Ibid.	A'...................	$1024 \frac{112735}{683679}$.
35	B'.........................	$\frac{7}{16}$.
Ibid.	C'........................	$\frac{13}{21}$.

Pages.

35 D'.................... $\frac{3}{8}$.

Ibid. E'................irréductible.

38 F'.................... $\frac{1}{3}$.

Ibid. G'................... $\frac{2}{3}$.

Ibid. H'................... 1.

39 I'.................... $\frac{1}{2}$.

Ibid. K'...................4.

Ibid. L'................... 1.

Ibid. M'................... 19.

41 N'...Un dixieme.

Ibid. O'...Trois unités quarante-deux centiemes.

Ibid. P'...Trois cents cinquante-quatre unités soixante-trois dix milliemes.

Ibid. Q'...Huit unités sept mille deux cents-un millioniemes.

42 R'.............. 0,0003.

Ibid. S'.............1000,004.

Ibid. T'...............9,000002.

Ibid U'...............0,00013000.

66 A''..........$5x - 34xy$.

Ibid. B''.......... $\frac{3}{7}$. $\frac{a}{b} - \frac{77}{20}$, $a - u^2$.

Ibid. C''.......... $295\,\alpha\beta + \phi$.

71 D''.......... $2xy^3 - \frac{16}{5}x^2yz - 5uy^2z^3 + 8uxz^4$.

Ibid. E''...........$a^2 + 2ab + b^2 - c^2 - 2cd - d^2$.

Ibid. F''........... $\alpha^3\beta^2 + \beta^5$.

103. D''............853,6 &c.

Ibid. E''..........33333.

Ibid. F''...........30000,00045 — &c.

110 G''........2,828427124746.

Pages 248, 249, 250.

H''

I. Soit A le Courrier de Paris, B celui de Fontainebleau, le rapport de leurs vîtesses respectives :: $m : n$, la distance de Paris à Fontainebleau $= d$, la distance de Paris au lieu de rencontre sera $x = \frac{md}{m+n}$. Faisant dans cette formule $d = 14$, $m = 3$, $n = 4$, on trouvera $x = 6$.

II. Si on appelle x le nombre des pas que le lévrier doit faire avant d'atteindre le lievre, 1°. on trouvera $x = \frac{mnp}{mp-(m+a)q}$; 2°. Le lévrier n'atteindra le lievre que dans le cas où $mp > (m+a)q$.

III. Si on nomme x l'argent de B, y celui de C, & a le gain de ce dernier; on trouvera $y = 9$, par conséquent B aura 6 de reste; mais la seconde partie du problême est indéterminée, & en donnant à a une valeur arbitraire, l'argent du second sera.... $y = 4a\sqrt{\frac{a}{3}}$.

IV. La montre marquoit 5 heures 27 $\frac{3}{11}$ minutes.

V. Le temps demandé $T''' = \frac{E'''}{\frac{E}{T} + \frac{E'}{T'} + \frac{E''}{T''}}$.

VI. Les parties qui composent le mélange, seront........ $x = \frac{c(m-b)}{a-b}$, & $y = \frac{c(a-m)}{a-b}$.

VII. La Regle de double fausse position ne résoud exactement que les Equations du premier degré, & dans les applications qu'on en fait ordinairement, on ne considere qu'une seule inconnue; il est donc nécessaire lorsqu'il y en a plusieurs, que ces inconnues aient entre elles & celle que l'on considere des rapports immédiats & bien déterminés, afin que l'on puisse déduire facilement leurs valeurs d'après les différentes suppositions qu'on fera pour la valeur de celle que l'on considere. Cela posé, tout problême du premier degré sera censé n'avoir qu'une seule inconnue ; on pourra donc exprimer toutes ses conditions par une équation de cette forme $Ax = B$: A & B étant des quantités que les conditions du problême feroient trouver si on en avoit besoin, & par conséquent connues. Cela posé, on fera pour x deux suppositions S, S′; il en résultera deux erreurs e, e', & l'équation $Ax = B$ se changera en ces deux autres $AS = B + e$, $AS' = B + e'$: multipliant la premiere par e' & la seconde par e, les produits seront $Ae'S = Be' + ee'$, $AeS' = Be + e'e$. Soustrayant la premiere équation de la seconde, on trouvera pour reste $A(eS' - e'S) = B(e - e')$, & par conséquent $\frac{eS' - e'S}{e - e'} = \frac{B}{A} = x$, équation dans laquelle on reconnoît la regle de double fausse position.

VIII. La somme a été placée au denier 13,463, ou à 7,428 pour $\frac{0}{0}$.

IX. $\frac{a^2 - x^2}{a + bx - x^2} = a - bx + \frac{b^2 + a - 1}{a} . x^2 - \frac{b^3 + (2a - 1)b}{a^2} . x^3 + \frac{b^4 + (3a - 1)b^2 + a^2 - a}{a^3} . x^4 -$ &c.

X. On trouvera $y = \frac{8}{3}x - \frac{1120}{81} . x^2 + \frac{1111868}{10935} . x^3 -$ &c.

XI. Soit a le nombre des habitants pour une époque quelconque, t le nombre d'années écoulées durant la population, b leur nombre à la fin de ce temps, l'accroissement annuel $= \frac{1}{x}$, on trouvera $a = \frac{bx^t}{(x+1)^t}$ . . . $b = \frac{a(x+1)^t}{x^t}$ . . . $t = \frac{Lb - La}{L(x+1) - Lx}$ . . .
$L(1 + \frac{1}{x}) = \frac{Lb - La}{t}$.

XII. Le plus grand des deux nombres est 32, & le plus petit est 5.

XIII. Le plus petit nombre est $= q[\sqrt[3]{(\frac{a}{2} + \sqrt{(\frac{a^2}{4} + \frac{q^3}{27})})} + \sqrt[3]{(\frac{a}{2} - \sqrt{(\frac{a^2}{4} + \frac{q^3}{27})})}]$, qui étant ôté de a donnera le plus grand nombre pour reste.

XIV. Ce nombre est 923.

XV. Les quatre racines sont imaginaires, & se trouveront aisément en résolvant les deux facteurs du second degré $x^2 + 2x + 3$, $x^2 - x + 1$, dont l'équation proposée a été composée.

XVI. La Garnison étoit de 700 hommes.

XVII. Le Voiturier avoit tiré $39 \frac{1}{2}$ bouteilles environ.

XVIII. On trouvera 1°. $\sqrt{(14 + 6\sqrt{5})} = 3 + \sqrt{5}$, 2° & 3°. impossible, 4°. $\sqrt{10\sqrt{-1}} = (1 + \sqrt{-1})\sqrt{5}$.

XIX. On trouvera 1°. $\sqrt[3]{(22 + 10\sqrt{7})} = 1 + \sqrt{7}$, 2°. impossible.

XX. On trouvera $x = 8,9540686$, les deux autres sont imaginaires.

XXI. Les quatres racines sont $x = 3,208245 \ldots x = 3,472092 \ldots x = 1,284723 \ldots x = 0,034940$.

XXII. On trouvera $y = 4,8278$.

XXIII. On pourra combiner de 43 manieres différentes.

XXIV. Le nombre 301 satisfait aux conditions.

XXV.	Deux manieres.	Caffé à 50f.	4 ...... 11.
		Caffé à 38.	20 ..... 7.
		Caffé à 24.	40 ..... 46.

XXVI.	Quatre solutions.	Maîtres.	1 ..... 1 ..... 2 3
		Domestiques	2 ..... 5 ..... 3 1
		Chevaux.	8 ..... 4 ..... 4 4

XXVII. Probléme impossible.

XXVIII.	153 Solutions qui commencent ainsi.	*in-folio.*	1 .... 2 .... 3 153
		in-4°.	457 .. 454 .. 451 1
		in-12.	542 .. 544 .. 546 846

XXIX. En 1582.

XXX. En l'année 1680.

FAUTES A CORRIGER.

Pag.	*lig.*	*fautes.*	*corrections.*
2.	8	dût	dut
7.	dernier	diſ	dif-
35.	23 & 24	expreſſion ; $3\frac{3}{5}$	expreſſion $3\frac{1}{2}$
36.	23	$5\frac{3}{8}$	$5\frac{5}{8}$.
44.	26	parce	parce que
46.	30	418445	418443
57.	14	57 ₶ 14 ſ. 10 d. $\frac{1}{6}$	557 ₶ 14 ſ. 10 d. $\frac{1}{6}$
71.	19	parqu'en	parce qu'en
78.	25	$a^2 = b^2$	$a^2 - b^2$
83.	12	multipiié	multiplié
180.	29	22140	22114
Ibid.	30	$-qt$	$-q_t$.
211.	23	(307)	(312)
228.	16	$-\frac{1}{2}\sqrt{-3}$	$+\frac{1}{2}\sqrt{-3}$
283.	27	B	A
290.	32	A B	E B.
303.	dern.	$\frac{m x^2}{n}$	$\frac{m x^2}{2 n}$
304.	1	$\frac{a^2 n m}{m^2 + n^2}$	$\frac{1}{2}.\frac{a^2 n m}{m^2 + n^2}$
Ibid.	16	la ſurface	la double ſurface
308.	1	ſur les deux plans *q*	ſur les deux plans *pq* & PQ.
327.	5	l'arc C E B	l'arc E B
331.	7	$\int m^2 \frac{1}{2} q$	$\sin^2 \frac{1}{2} q$
363.	12	*tang* A C	*tang* C
364.	30	A B C	A C B
394.	19 & 20	le point T	les points T & D
400.	5	$\frac{x^5}{6a} - \frac{x^3}{40a^3}$	$\frac{x^3}{6a} - \frac{x^5}{40a^4}$

401.	20	$\frac{x^5}{5m^3}+$	$\frac{x^5}{5m^3}-$
407.	37	A T	A G
439.	16	$\frac{d\,tang^2x}{1+tang^2x}$	$\frac{d\,tang\,x}{1+tang^2x}$
458.	14	d	c
459.	6	$\frac{z^3\sqrt{-1}}{2}$	$\frac{z^3\sqrt{-1}}{2.3}$
471.	32	(848)	(787)
511.	27	$x^m a^{m-n}$	$x^n a^{m-n}$
512.	20	$\frac{1}{8}pp$	$\frac{1}{8}p^3$.

DE L'IMPRIMERIE DE PH.-D. PIERRES,
Imprimeur Ordinaire du Roi, &c. 1784.

Pl. 1. Fig. 1.

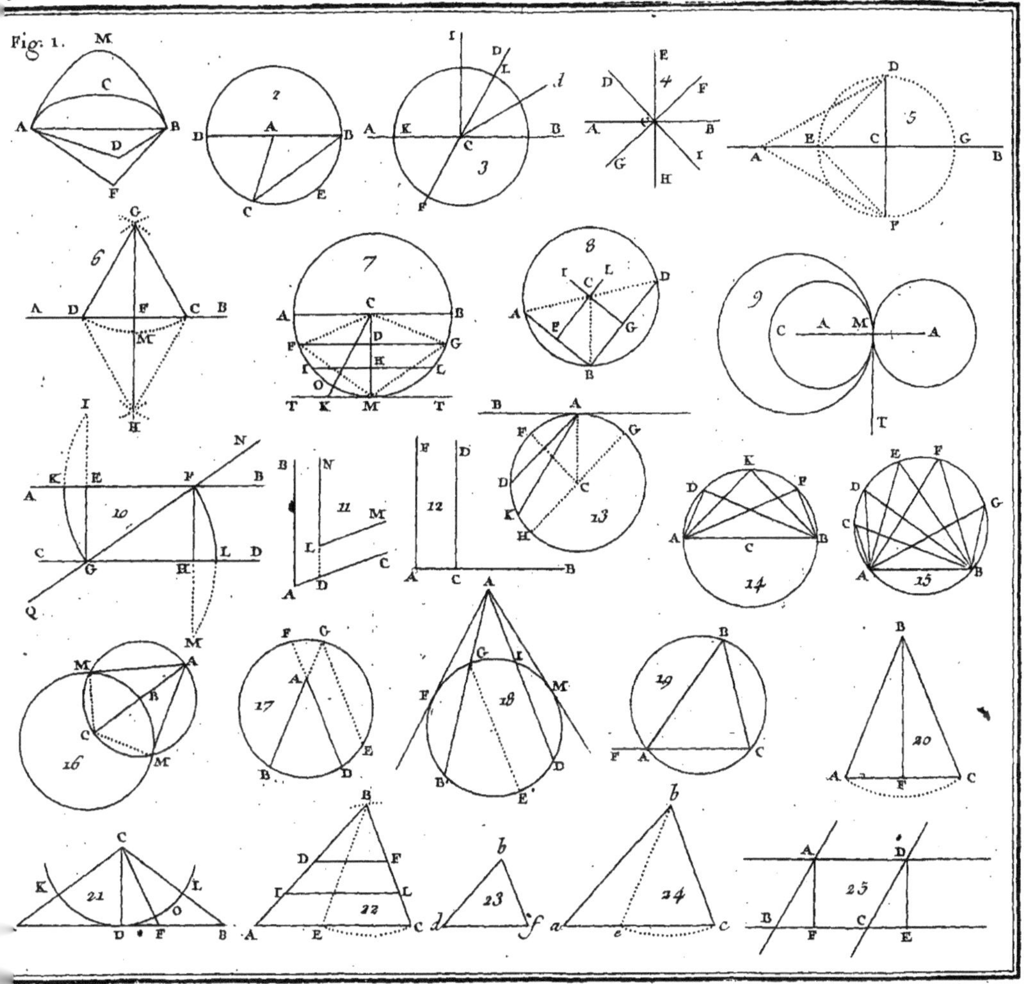

la Gardette Sculp. Fig. 25.

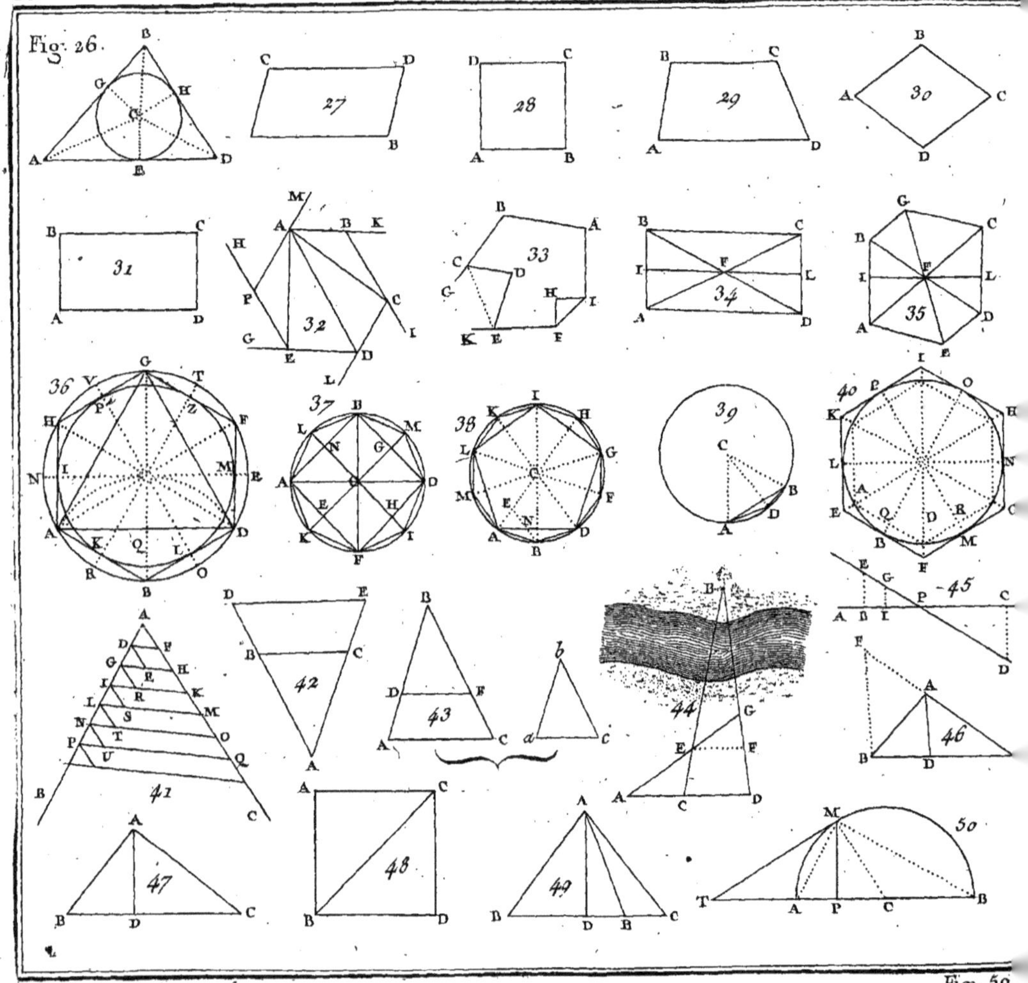

la Gardette Sculp.

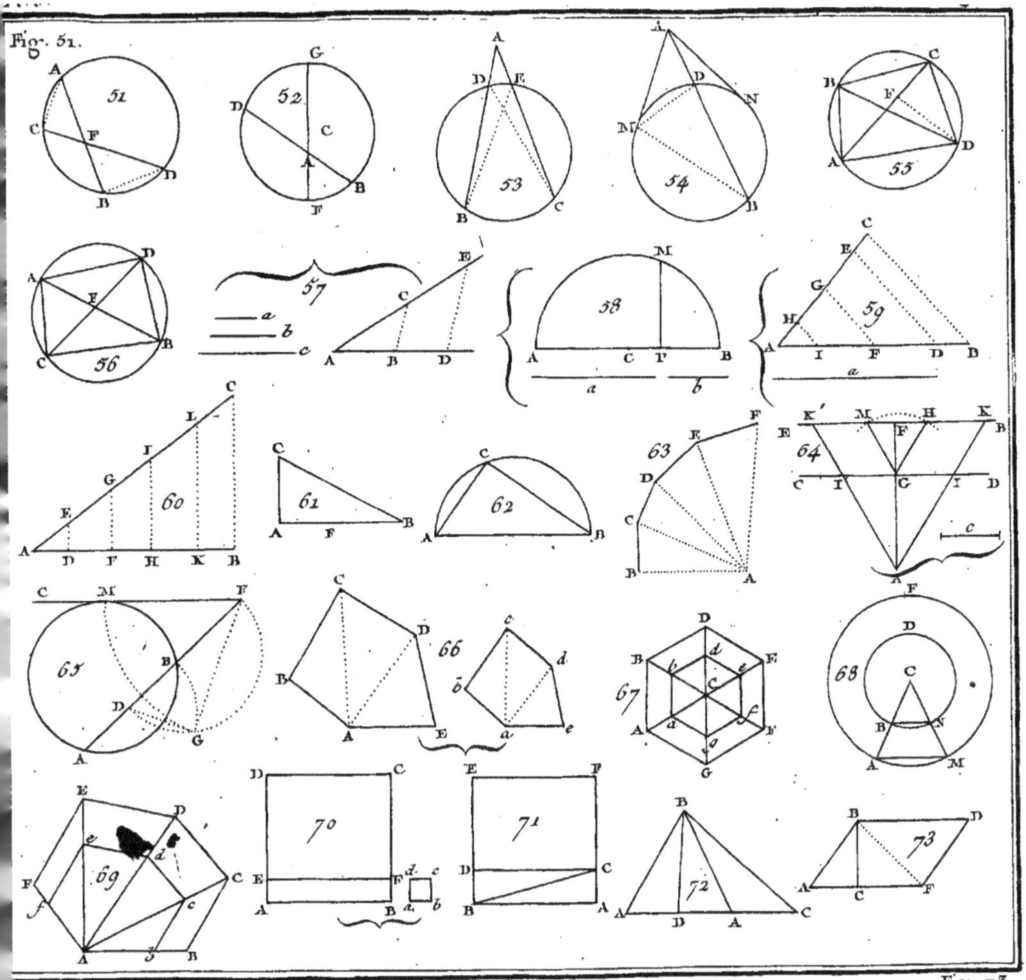

De la Gardette Sculp.

Fig. 73.

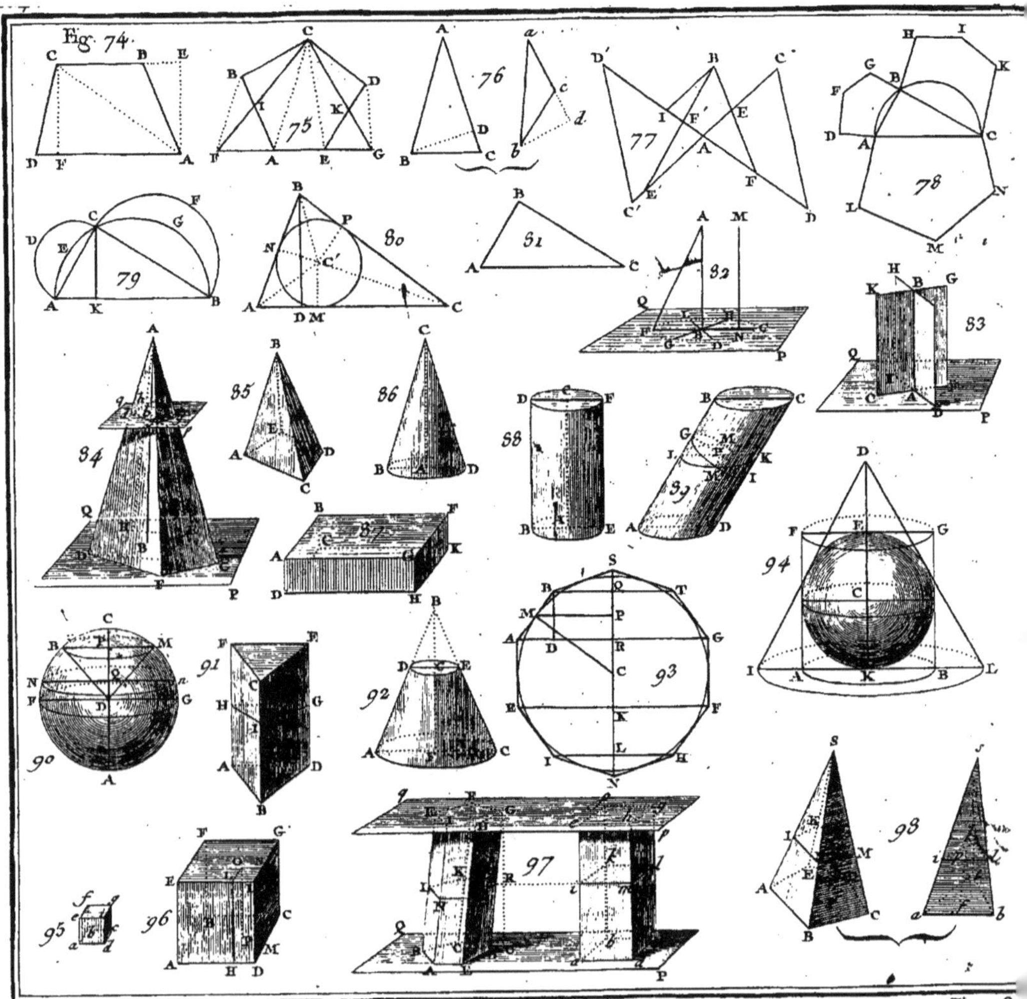

De la Gardette Sculp.

Fig. 98

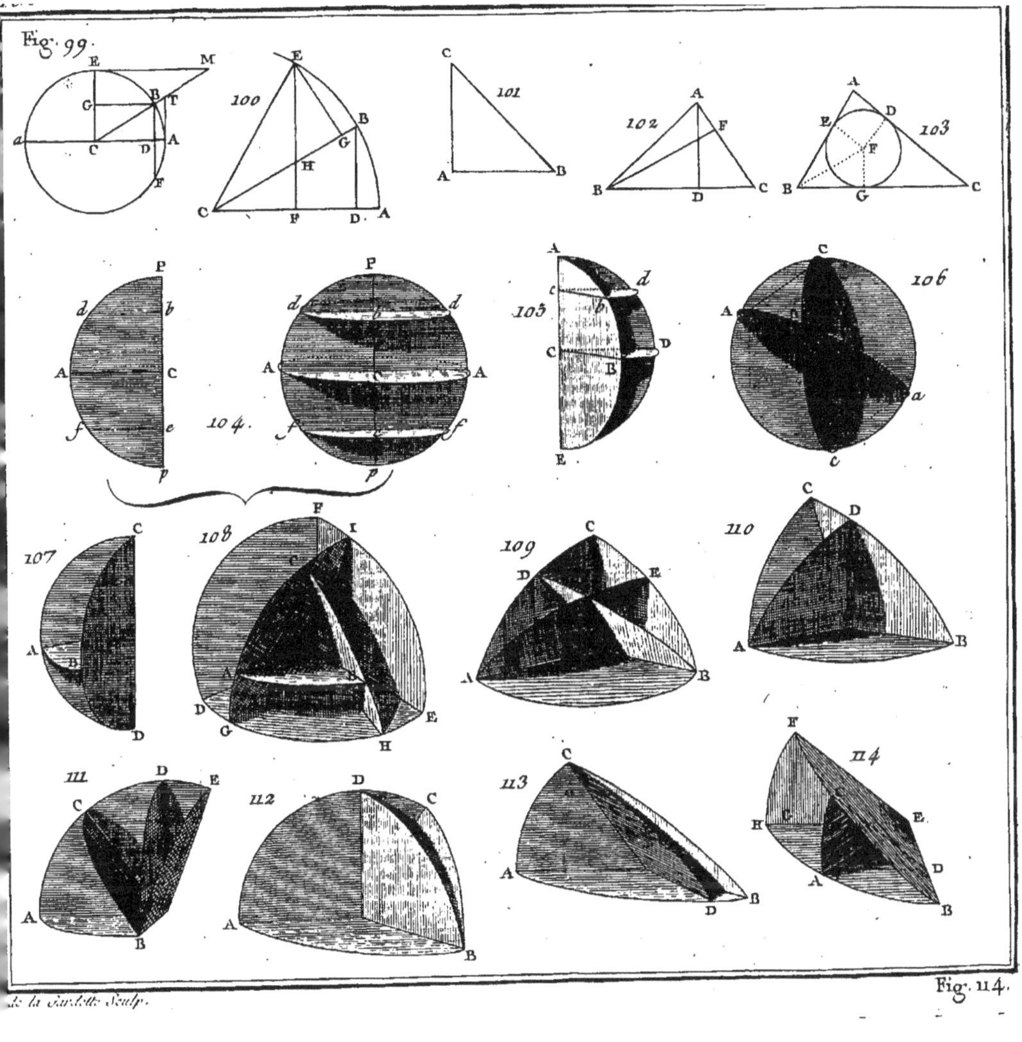

Fig. 114.

de la Gardette Sculp.

Fig. 115.

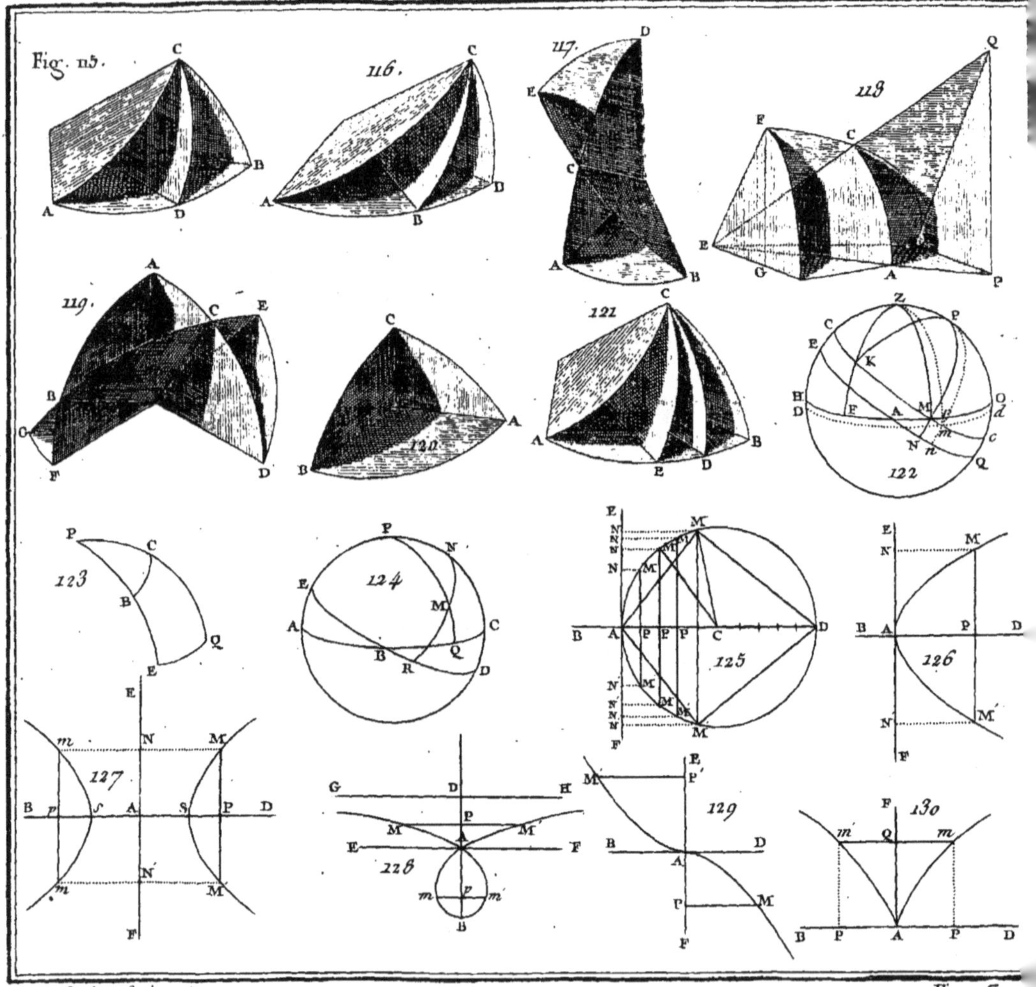

De la Gardette Sculp.

Fig. 130.

Fig.131.

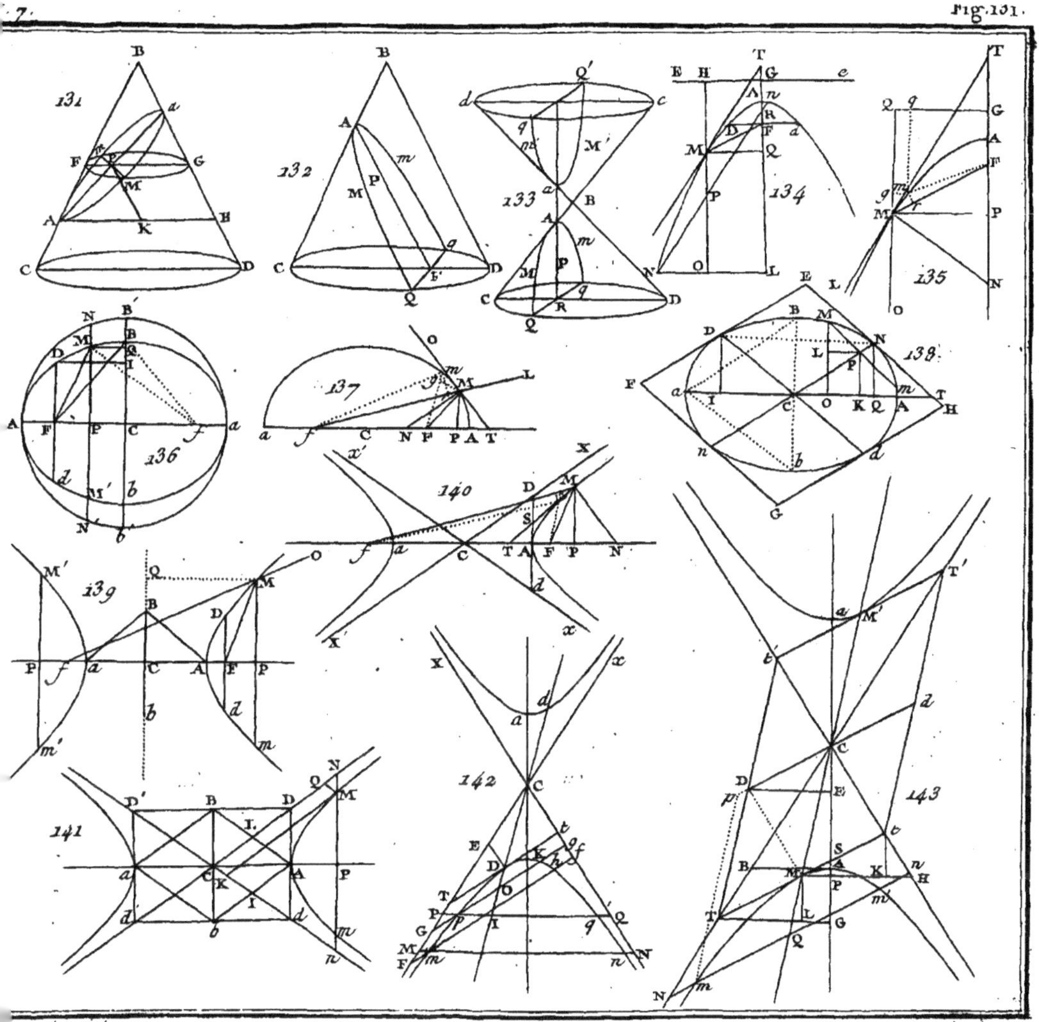

Fig.143.

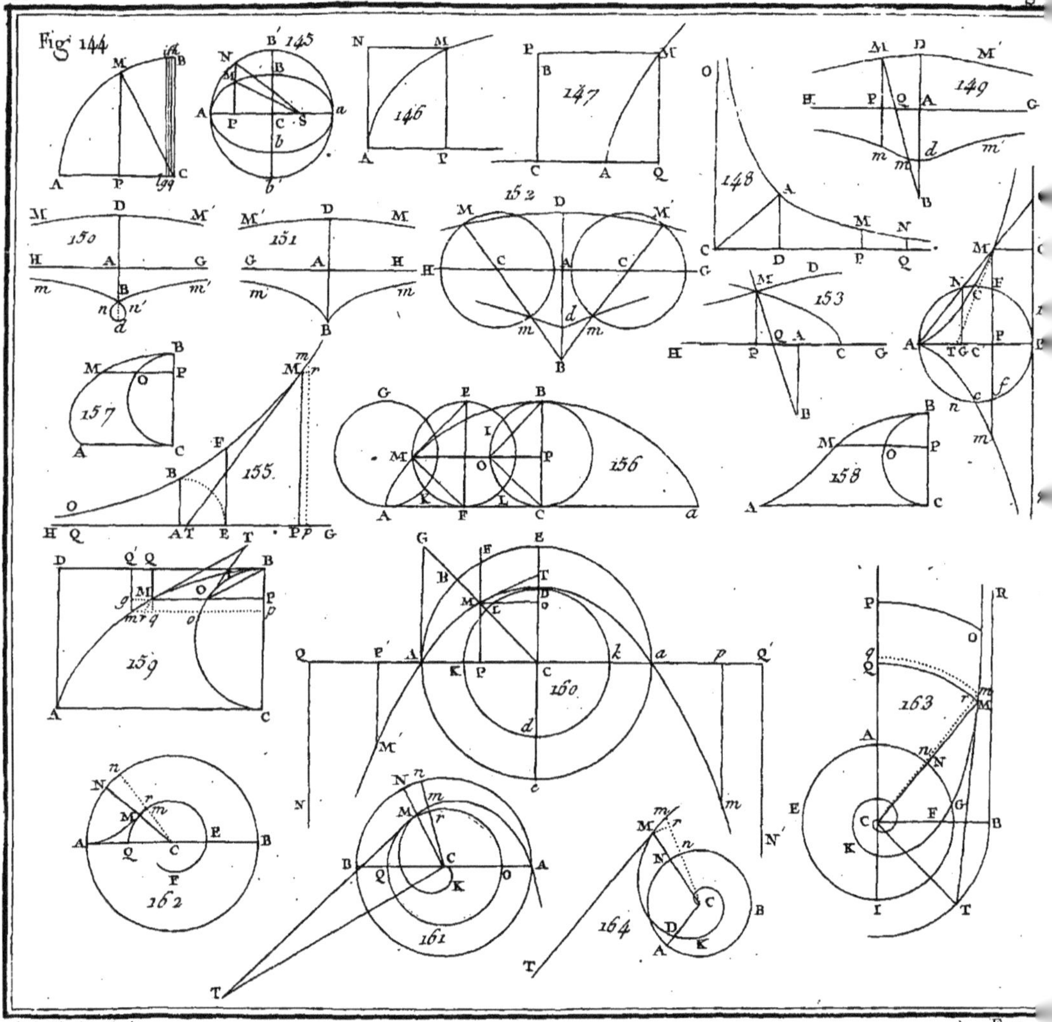

Fig. 144
145
146
147
148
149
150
151
152
153
155
156
157
158
159
160
161
162
163
164

Fig.

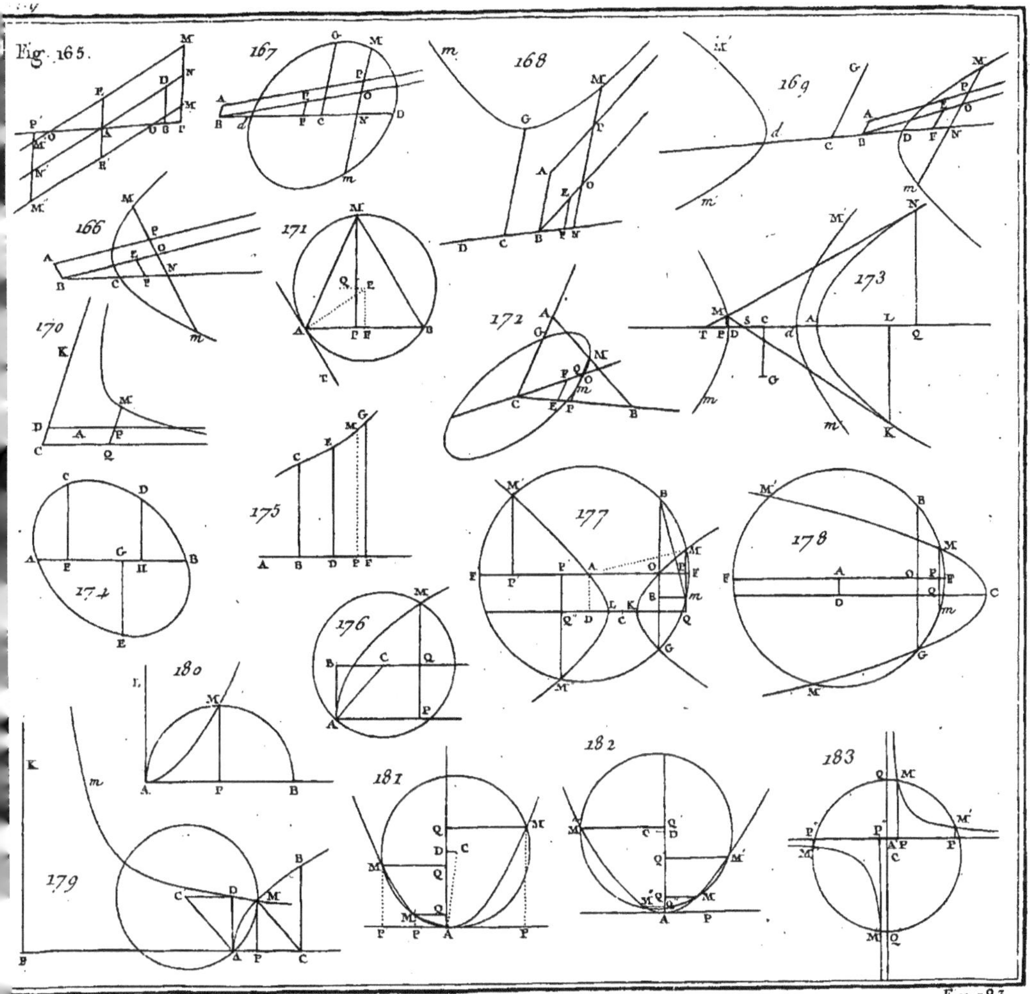
Fig. 165.
166
167
168
169
170
171
172
173
174
175
176
177
178
179
180
181
182
183

Fig. 183.

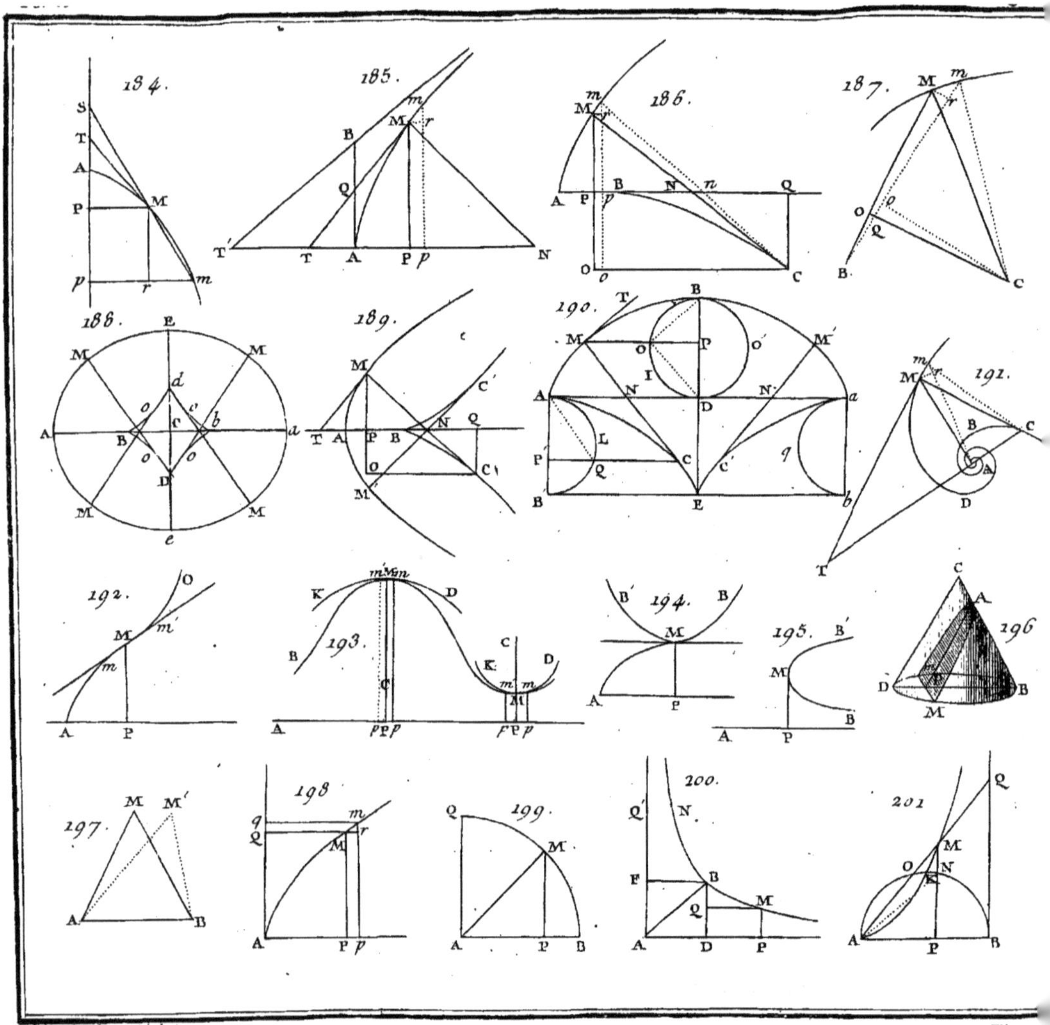

de la Gardette Sculp.

Fig.

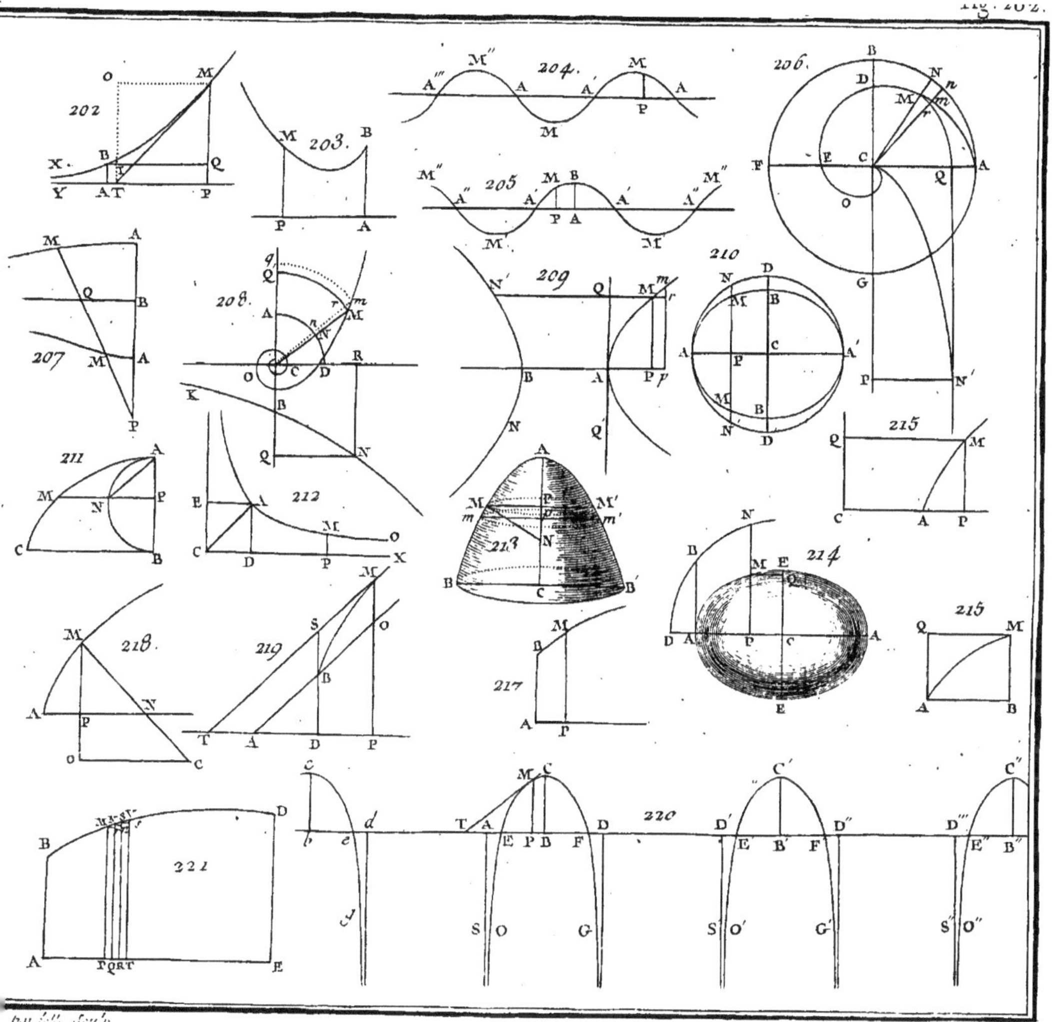

Guillot Sculp.

www.ingramcontent.com/pod-product-compliance
Lightning Source LLC
Chambersburg PA
CBHW031358210326
41599CB00019B/2806